工业和信息化部"十四五"规划专著

含能材料前沿科学技术丛书

唑类高能材料化学

Chemistry of Azole Energetic Materials

陆　明　王鹏程　许元刚　林秋汉　著

科 学 出 版 社

北 京

内 容 简 介

本书结合近些年已取得的许多重要进展以及作者在唑类高能材料方面的研究基础，系统地介绍了唑类高能材料的制备方法与结构表征、爆轰性能与安全特性、应用方向等多方面的内容。全书共分七章，第 1 章为绪论，第 2 章为单环唑类高能材料，第 3 章为双环唑类高能材料，第 4 章为三环唑类高能材料，第 5 章为多环唑类高能材料，第 6 章为唑并嗪类高能材料，第 7 章为唑类高能金属有机骨架。

本书可供从事高能材料科研、生产、管理的技术人员参考，也可作为高等院校从事相关研究和教学工作的教师和研究生的参考书。

图书在版编目(CIP)数据

唑类高能材料化学 / 陆明等著. —北京：科学出版社，2023.10

(含能材料前沿科学技术丛书)

ISBN 978-7-03-075162-1

Ⅰ. ①唑…　Ⅱ. ①陆…　Ⅲ. ①高能－功能材料－应用化学－研究　Ⅳ. ①TB3

中国国家版本馆 CIP 数据核字(2023)第 044638 号

责任编辑：李涪汁　高　微　曾佳佳 / 责任校对：郝璐璐
责任印制：张　伟 / 封面设计：许　瑞

科学出版社出版
北京东黄城根北街 16 号
邮政编码：100717
http://www.sciencep.com
北京中科印刷有限公司印刷
科学出版社发行　各地新华书店经销
*
2023 年 10 月第　一　版　开本：720 × 1000　1/16
2023 年 10 月第一次印刷　印张：24 3/4
字数：500 000

定价：189.00 元

(如有印装质量问题，我社负责调换)

“含能材料前沿科学技术丛书”编委会

丛 书 序

含能材料是一类含有爆炸性基团或含有氧化剂和可燃剂、能独立进行化学反应的化合物或混合物。一般含能材料包括含能化合物、混合炸药、发射药、推进剂、烟火剂、火工药剂等。含能材料主要应用于陆、海、空及火箭军各类武器系统，是完成发射、推进和毁伤的化学能源材料，是武器装备实现“远程打击”和“高效毁伤”的关键材料之一，是国家战略资源和国防安全的关键与核心技术的重要组成，也被形象化地称为“武器装备的粮食”。

含能化合物，也称高能化合物，或高能量密度材料，是含能材料(火炸药)配方的主体成分。随着现代战争对武器装备要求的不断提升，发展高能量密度材料一直受到各国的高度重视。新型高能物质的出现，将产生新一代具有更远射程、更高毁伤威力的火炸药配方产品和武器装备。

武器与含能材料相互依存与促进。武器的需求牵引与技术进步为含能材料发展和创新提供条件和机遇；含能材料性能的进一步提高，促进武器发射能力、精确打击能力、机动性和毁伤威力的增强，可促进和引领新一代武器及新概念武器的发展和创新。含能材料通过与武器的合理优化组合，可以使武器获得更优的战术技术性能，同时也可使含能材料的能量获得高效发挥。

鉴于含能化合物和含能材料的重要性，世界各国对含能材料进行了长期持续的投入研究，以期获得性能更优、安全性更好、工艺可靠、成本合理的新型含能化合物及其含能材料配方。CHON 类三代高能含能材料的发展及应用，可将武器的作战效能提升许多，催生一大批新的原理和前沿理论。能量比常规含能材料高出至少一个数量级的超高能含能材料，因能量惊人而受到美、俄等越来越多国家的重视并被采取积极措施大力发展。超高能含能材料存在常态不稳定、制备过程复杂、工程化规模放大困难等缺陷，导致研究进展缓慢，前进道路曲折，更需我们含能材料研究人员的一辈子、一代一代的不懈努力。

进入 21 世纪以来，我国在含能材料的基础理论、基本原理和应用技术方面，取得了许多令人鼓舞的研究成果，研究重点主要在含能材料的高能量、低感度、安全性、环境友好性、高效毁伤性等方面。含能材料理论与技术正在不断进步革新，随着专业人员队伍的年轻化，含能材料先进科学技术知识的需求不断增加，“含能材料前沿科学技术丛书”的出版，将缓解和完善我国这方面高水平系列著作的空缺，对含能材料行业的健康、持续、快速发展具有重要意义。

“含能材料前沿科学技术丛书”分别从含能化合物分子设计、合成方法、制备工艺、改性技术、配方设计应用技术、性能测试与评估、安全技术、战斗部毁伤技术等方面，全面系统地总结了我国近年在含能材料科学领域的研究进展。丛书依托南京理工大学、北京理工大学、中北大学、中国兵器工业集团204所、中国工程物理研究院903所、中国航天科技集团42所等单位的专家学者共同撰写完成。丛书编辑委员会由各分册编著专家学者组成，特别邀请了庞爱民、葛忠学、吕龙等知名学者加入，对丛书提出建设性建议。

本套丛书具有原始创新性、科学系统性、学术前瞻性与工程实践性，可作为高等院校兵器科学与技术、特种能源材料、含能材料、爆炸力学、航天推进等专业本科生、研究生的学习资料，也可作为相关专业研究机构、企业人员的参考用书。

王泽山

2023年1月于南京

前　言

含能化合物，也称高能量密度材料(HEDM)或高能化合物，是高能材料(火炸药)配方的主体成分，是武器发射、推进、毁伤的化学能源，是武器装备实现“远程打击”和“高效毁伤”的关键材料之一，是国家战略资源和国防安全的关键与核心技术的重要组成。随着现代战争对武器装备要求的不断提升，发展新型高能材料一直受到世界各国的高度重视。当前，随着高能材料学科发展的不断深入，传统碳氢氧氮(CHON)类高能材料面临能量密度瓶颈(理论密度不大于 2.2 g/cm^3，爆速不大于 10 km/s)，新一代高能材料创制亟需新理论和新体系支撑。高能材料创制人员应该从空间尺度研究高能材料的元素、介观/微观、宏观结构与性能本构关系，从时间维度研究高能材料分解、燃烧、爆炸规律，推动高能材料化学与工程技术的发展、革新和升级。

含能化合物一般可分为两类化合物，一类靠分子内氧化元素与可燃元素的快速氧化还原反应产生大量的能量，这类化合物分子内有含能基团(—C—NO_2、—N—NO_2和—O—NO_2)；另一类是分子中含有像 N—N、N═N、C—N 这些“高势能化学键”，通过生成更多“低势能键”来释放大量能量的多(高)氮化合物(如 TKX-50、N_5^-)。第一类化合物一般由母体化合物和含能基团组成，其能量密度主要取决于分子结构中所含的含能基团的比例；含能化合物的稳定性主要取决于非含能基团比例、提供可燃元素的母体框架的立体结构，以及非含能基团与含能基团的相互作用，包括分子内外氢键作用、电子云分布的对称性、连接键的结合强度、含能基团的空间立体构型等。

在设计新型含能化合物时，要考虑含能化合物母体环的立体骨架结构和母体环的组成(一般由 C、N 两种元素构成)。含能化合物母体环或母体的结构，从前期的纯碳结构［如苯环(TNT、TATB、HNS)、烷(烯)基(PETN、NG、FOX-7)］到对称氮杂环(RDX、HMX、CL20、LLM-105)，目前发展不对称多氮杂环富氮含能化合物也成为研究的热门方向之一。

富氮含能化合物大多是唑类、嗪类含能化合物。富氮含能化合物(HNECs)通常指分子中氮的质量分数超过 70%的化合物。分子中高氮原子含量使整个分子具有高化学键能，化合物具有很高的正生成焓；富氮化合物的能量输出主要依赖于分子中的高正生成焓，高氮低碳氢含量表现出双重效应，既能提高材料密度，又易于实现氧平衡。此外，富氮化合物的分解产物主要是氮气，具有信号特征低、环境友好的特点。富氮杂环的含能基团不同，富氮化合物主要包括叠氮类富氮化合物、氨基类富氮化合物、硝基类富氮化合物。富氮含能化合物离子化可得到其相应的阴离子或阳离子，将不同特性的富氮含能阴阳离子相结合获得富氮含能离子盐。与同类含能化合物分子相比，这类离子盐具有蒸气压小、热稳定性好、密度高、对环境危害低的优点，安全性大大提高。

从分子母环结构中只有两个氮原子的咪唑，到三唑、四唑，随着杂环上氮原子数的增加，它们的生成焓也相应增加。相对于咪唑、三唑、三嗪和四嗪，四唑具有更高的含氮量和正生成焓，同时由于其五元环的芳香性而具有的良好热稳定性，而得到了科学家的青睐。四唑类含能化合物表现了很大的优势，包括含氮量高、具有很高的正生成焓、分解后释放出大量氮气、更符合绿色环保要求。

全氮化合物(N_n，$n>4$)近年来成为高能材料领域关注的重点，这种全部由N—N 键或 N═N 键组成的化合物分解生成 N_2 分子，同时放出大量的能量，其储-释能规律也有别于传统 CHON 类高能材料。理论计算表明，全氮化合物具有更高的生成焓，能量可达 3～10 倍 TNT 当量，理论推进比冲可达 350～500 s，且具有生成焓高、爆轰产物清洁无污染等优点。因此，设计合成新型全氮含能化合物是高能材料的重要发展方向，可显著提升高能材料的能量水平，已成为高能材料领域的研究前沿和热点之一。

2014 年，南京理工大学采用间氯过氧苯甲酸-甘氨酸亚铁氧化切断方法，获得 N_5^- 离子的质谱后，进行了一系列 N_5^- 基含能衍生物设计、合成和晶体结构研究，实现了由金属到非金属、由无机到有机、由 1D 到 3D 的各项关键技术难点的突破，完成了 30 种常温常压下稳定的全氮阴离子 N_5^- 含能化合物的合成、单晶制备与内在结构特征表征工作，揭示了化合物分子内部结构与稳定性、爆炸性能之间的规律性联系，以及 N_5^- 离子与金属和非金属阳离子的键合作用机制，为超高能离子型全氮材料的设计组装制备提供了基础理论和科学依据，推动了氮化学和超高能材料探索研究的发展进程，是我国在超高能材料基础科学研究领域取得的一次前沿技术突破，处于国际领先地位。

本书作者及其所指导的数届博士、硕士研究生，长期一直从事含能化合物的创制研究，近期主要进行了唑类高能材料的设计和合成工作。本专著以作者和其学生多年来在 *Nature*、*Science*、*Chem. Soc. Rev.*、*JMC A*、*CEJ*、*Sci. Chin. Chem*、*Sci. Chin. Mater.*等国际期刊发表的高水平论文为基础，同时汇编收集了一些国内外有影响力专家学者的研究成果论文，归类整理形成。本书注重系统性、新颖性、理论性和基础性的统一，系统性体现在从二唑到五唑，从单环到多环唑类；新颖性体现在主要内容大部分来源于近几年发表的科技论文，特别 N_5^- 五唑高能化合物的相关内容，为近期国际前沿热点；理论性和基础性体现在著作内容涉及高能化合物分子设计、合成方法、反应机理分析、化合物结构的单晶表征、爆炸性能的理论预估、热稳定性的 DSC-TG 分析等系统基础理论，研究项目先后获得国家自然科学基金面上项目和重点项目（NSFC, No.11076017、51374131、U1530101、21771108、11702141、21805138、11972195、21975127、22105102 和 22135003 等）的资助支持。本书力求让从事和学习高能材料的读者阅读后，能获得一些新的知识，受到一些新的启迪，有所收获。

与本书密切相关，作者发表的高水平论文如下：

1. Xu Y G, Shen C, Lin Q H, Wang P C, Jiang C, Lu M. 1-Nitro-2-trinitromethyl substituted imidazoles: a new family of high performance energetic materials. Journal of Materials Chemistry A, 2016, 4 (45): 17791-17800.

2. Shen C, Xu Y G, Lu M. A series of high-energy coordination polymers with 3,6-bis (4-nitroamino-1,2,5-oxadiazol-3-yl) -1,4,2,5-dioxadiazine, a ligand with multi-coordination sites, high oxygen content and detonation performance: syntheses, structures, and performance. Journal of Materials Chemistry A, 2017, 5 (35): 18854-18861.

3. Sun Q, Shen C, Li X, Lin Q H, Lu M. Combination of four oxadiazole rings for the generation of energetic materials with high detonation performance, low sensitivity and excellent thermal stability. Journal of Materials Chemistry A, 2017, 5 (22): 11063-11070.

4. Xu Y G, Wang Q, Shen C, Lin Q H, Wang P C, Lu M. A series of energetic metal pentazolate hydrates. Nature, 2017, 549 (7670): 78-81.

5. Zhang C, Sun C, Hu B, Yu C, Lu M. Synthesis and characterization of the pentazolate anion cyclo-N_5^- in $(N_5)_6(H_3O)_3(NH_4)_4Cl$. Science, 2017, 355 (6323): 374-376.

6. Wang P, Lin Q, Xu Y, Lu M. Pentazole anion cyclo-N_5^-: a rising star in nitrogen chemistry and energetic materials. Science China Chemistry, 2018, 61 (11): 1355-1358.

7. Wang P, Xu Y, Lin Q, Lu M. Recent advances in the syntheses and properties of polynitrogen pentazolate anion cyclo-N_5^- and its derivatives. Chemical Society Reviews, 2018, 47 (20): 7522-7538.

8. Wang P C, Xu Y G, Wang Q, Shao Y L, Lin Q H, Lu M. Self-assembled energetic coordination polymers based on multidentate pentazole cyclo-N_5^-. Science

China Materials, 2019, 62(1): 122-129.

9. Xu Y, Wang P, Lin Q, Du Y, Lu M. Cationic and anionic energetic materials based on a new amphotère. Science China Materials, 2019, 62(5): 751-758.

10. Xu Y, Tian L, Li D, Wang P, Lu M. A series of energetic cyclo-pentazolate salts: rapid synthesis, characterization, and promising performance. Journal of Materials Chemistry A, 2019, 7(20): 12468-12479.

11. Sun Q, Li X, Lin Q, Lu M. Dancing with 5-substituted monotetrazoles, oxygen-rich ions, and silver: towards primary explosives with positive oxygen balance and excellent energetic performance. Journal of Materials Chemistry A, 2019, 7(9): 4611-4618.

12. Lin Q, Wang P, Xu Y, Lu M. Pentazolate anion cyclo-N_5^-: development of a new energetic material. Engineering, 2020, 6(9): 964-966.

13. Lang Q, Sun Q, Wang Q, Lin Q, Lu M. Embellishing bis-1,2,4-triazole with four nitroamino groups: advanced high-energy-density materials with remarkable performance and good stability. Journal of Materials Chemistry A, 2020, 8(23): 11752-11760.

14. Sun Q, Li X, Bamforth C, Lin Q H, Murugesu M, Lu M. Higher performing and less sensitive CN_7^--based high-energy-density material. Science China Materials, 2020, 63(9): 1779-1787.

15. Li X, Sun Q, Lin Q, Lu M. [N—N═N—N]-linked fused triazoles with π-π stacking and hydrogen bonds: towards thermally stable, insensitive, and highly energetic materials. Chemical Engineering Journal, 2021, 406: 126817.

16. Ding L, Wang P, Lin Q, Li D, Xu Y, Lu M. Synthesis, characterization and properties of amphoteric heat-resistant explosive materials: fused [1,2,5]oxadiazolo [3′,4′:5,6]pyrido[4,3-*d*][1,2,3]triazines. Chemical Engineering Journal, 2022, 432: 134293.

17. Yang F, Xu Y, Wang P, Lin Q, Lu M. Oxygen-enriched metal-organic frameworks based on 1-(trinitromethyl)-1*H*-1,2,4-triazole-3-carboxylic acid and their thermal decomposition and effects on the decomposition of ammonium perchlorate. ACS Applied Materials & Interfaces, 2021, 13(18): 21516-21526.

18. Wang S, Xu Y, Jiang S, Yang F, Li D, Wang P, Lin Q, Lu M. 4,4′-Bis(trinitromethyl)-3,3′-azo/azoxy-furazan: high-energy dense oxidizers. Chemical Engineering Journal, 2023, 454: 140358.

19. Lang Q, Li X, Zhou J, Xu Y, Lin Q, Lu M. Two silver energetic coordination

polymers based on a new *N*-amino-contained ligand: towards good detonation performance and excellent laser-initiating ability. Chemical Engineering Journal, 2023, 452: 139473.

限于作者水平，书中难免存在疏漏之处，恳请读者批评指正。

作　者

2023 年 1 月

目　录

第 1 章　绪论

第 2 章　单环唑类高能材料

第3章 双环唑类高能材料

第4章 三环唑类高能材料

第5章 多环唑类高能材料

第6章 唑并嗪类高能材料

第7章 唑类高能金属有机骨架

第 1 章 绪论

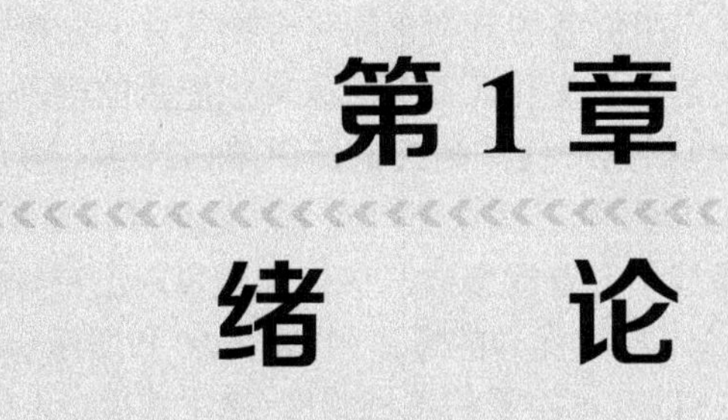

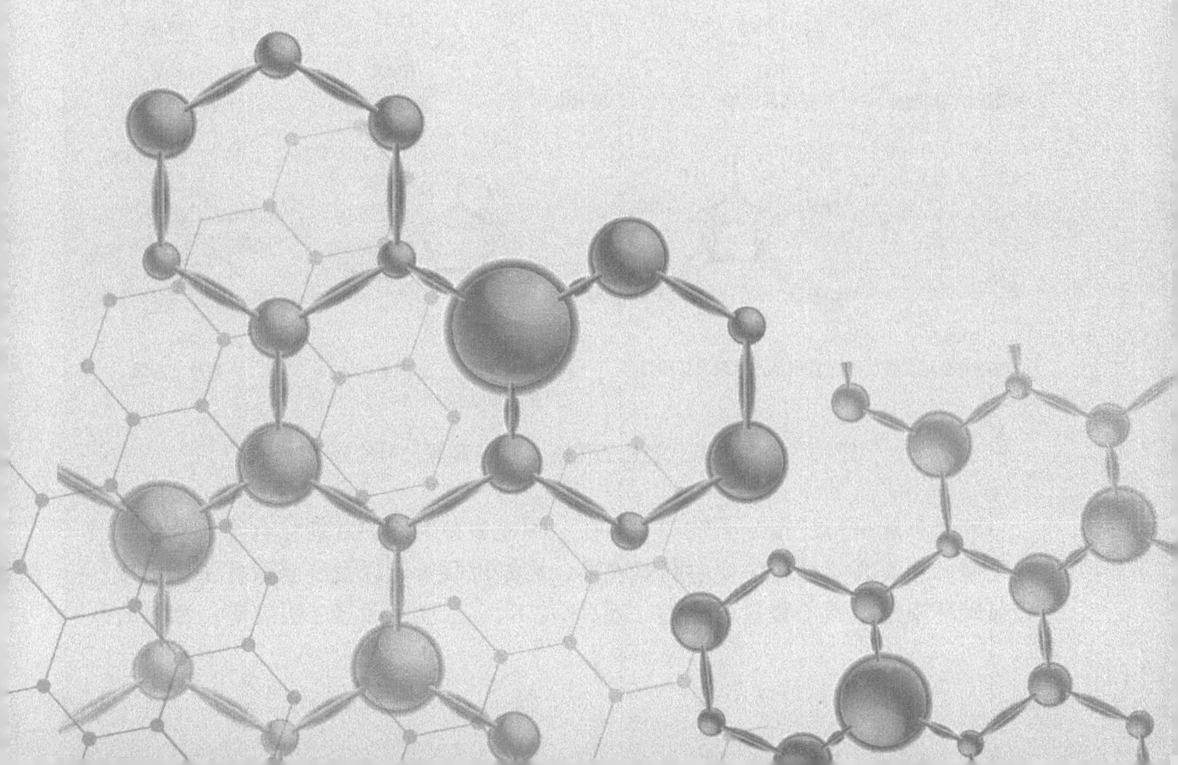

1.1 唑类高能材料的定义

高能材料是一类在一定的外界刺激下，能够自主地进行氧化还原反应，释放出大量能量的化合物或混合物，具有高速、高压、高温反应特征。仅包含一种含有爆炸性基团的分子的化合物称为单质炸药，最常见的爆炸性基团有—CNO_2、—NNO_2和—O—NO_2。由单质炸药和各种添加剂、氧化剂混合而成的炸药称为混合炸药。高能材料是推进剂、发射药、猛炸药和烟火剂中的高能量组分，具有广泛的应用价值，应用于所有战略以及常规武器系统中，在所有兵种装备中均有使用，不断研发具有应用价值的新型含能化合物具有十分重要的意义[1-4]。目前广泛运用的猛炸药主要是依靠氧化还原反应来释放能量的硝基官能化的CHON类化合物(图 1.1)，主要包括第一代炸药三硝基甲苯(TNT)、第二代炸药黑索金(RDX)和奥克托今(HMX)以及第三代炸药六硝基六氮杂异伍兹烷(CL-20)。其中 CL-20由美国海军水面作战中心首次合成，该化合物表现出特殊的笼状结构，具有极高的密度(2.04 g/cm^3)、极其优异的爆速(9730 m/s)和爆压(44.4 GPa)，同时具有好的热稳定性(215℃)以及可接受的机械感度(撞击感度：4 J；摩擦感度：48 N)[5]。

PETN 季戊四醇四硝酸酯　TNT 三硝基甲苯　RDX 黑索金　HMX 奥克托今　TATB 三氨基三硝基苯

TNAZ 三硝基氮杂环丁烷　CL-20 六硝基六氮杂异伍兹烷　TEX 4,10-二硝基-2,6,8,12-四氧杂-4,10-二氮杂四环[5.5.0.0^{5,9}.0^{2,11}]十二烷　ONC 八硝基立方烷

图 1.1　几种具有代表性的传统 CHON 高能材料的分子结构

唑类高能材料是指分子结构中存在一种或多种唑环的含能化合物。从分子结构上看，唑类高能材料主要由高氮唑环、高氮桥联单元以及高能取代基团组成。高氮唑环根据氮原子数量可分为二唑、噁二唑、三唑、四唑、五唑等；高氮桥联

单元主要包括亚氨基、偶氮基、联氨基等；高能取代基团包括氨基、硝基、叠氮基等。唑类高能材料的释能方式不仅包括氧化还原反应，还包括其结构中大量高能键的断裂，如 C—N 键、C═N 键、N—N 键和 N═N 键，使得这类化合物表现出更高的能量密度[6-8]。

1.2　唑类高能材料的主要分类和基本性能特征

1.2.1　唑类高能材料的主要分类

唑环作为唑类高能材料的基本骨架，对分子整体的物理化学性能发挥着重要作用，是新型多氮高能材料的重要组成部分。唑类高能材料高氮低碳氢的组分特点使其燃烧分解产物以 N_2 和 H_2O 为主，对环境更加友好。根据分子所含唑环种类的不同，可分为二唑类高能材料、噁二唑类高能材料、三唑类高能材料、四唑类高能材料、五唑类高能材料(图 1.2)。它们作为能量化合物的核心，是最受欢

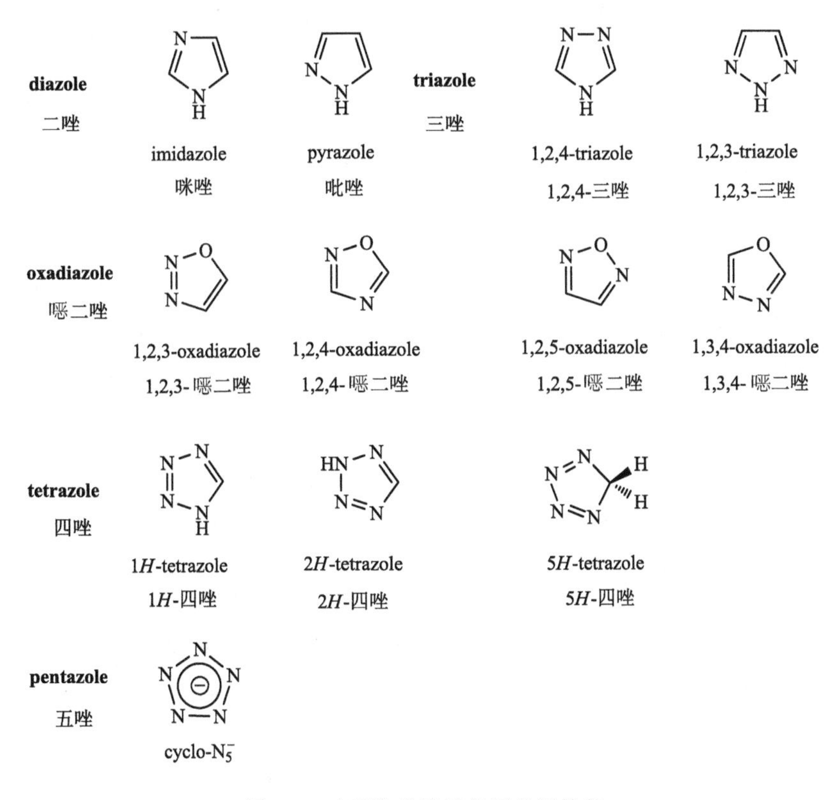

图 1.2　唑环的分类及其同分异构体

迎的用于合成新型含能分子、含能离子盐、含能共晶和高能金属有机配合物的五元杂环(图 1.3)。随着唑环中氮原子的增加，其氮含量和环张力逐渐增加，热稳定性和安全性也随之降低。根据所含唑环数量的不同，可分为单环唑类高能材料、双环唑类高能材料、三环唑类高能材料、复杂多环类高能材料。唑环也可与其他氮杂环联合形成新的高氮骨架。金属与唑环配位可形成唑类高能金属有机骨架。现代新型唑类高能材料的设计与合成更加注重分析分子晶体结构以及分子间相互作用力与性能之间的联系。平面对称的结构有利于提高材料的稳定性和密度，致密的氢键作用和非共价作用可提高材料的密度和爆轰性能[9-12]。

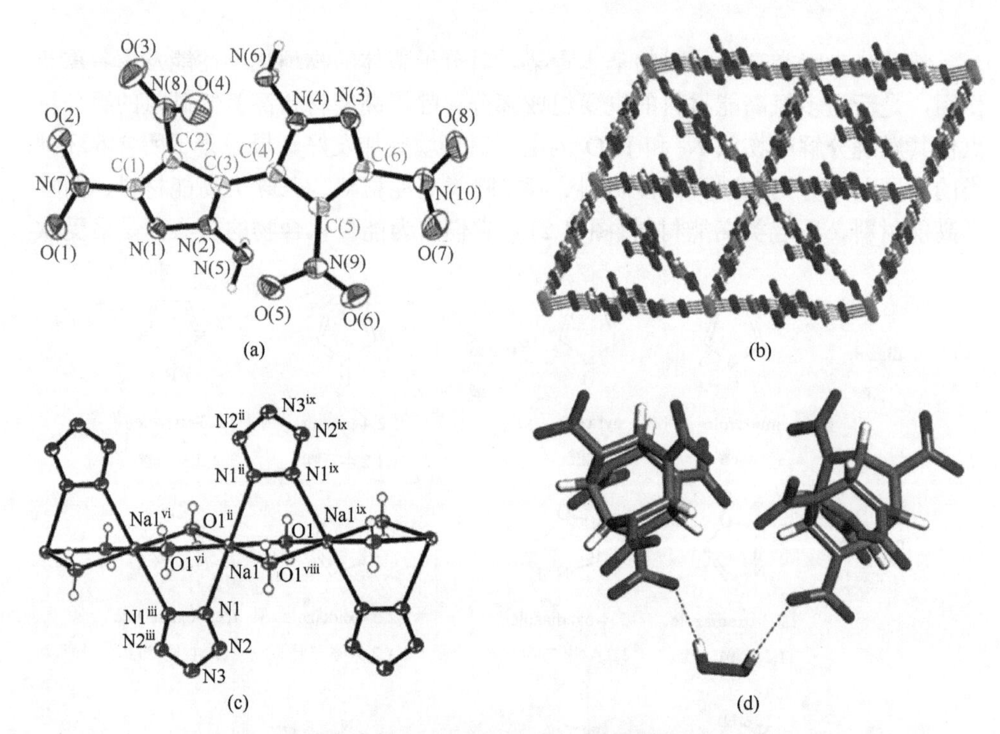

图 1.3　不同类型高能材料的晶体结构

(a)共价型；(b)含能配合物；(c)含能离子盐；(d)含能共晶

二唑包括 1,3-二唑(咪唑)和 1,2-二唑(吡唑)[13]。咪唑和吡唑环上有三个可修饰的碳位点和一个 NH 位点，通过向这四个位点引入不同的取代基团，可设计并合成出种类丰富的二唑含能化合物。咪唑类和吡唑类含能化合物通常具有较低的感度，如 4-氨基-3,5-二硝基吡唑(LLM-116)。以单键、双键相连的双环二唑化合物，一般比对应的单环二唑化合物具有更好的热稳定性和机械稳定性，因此具有更高的安全性。但二唑本身的氮含量比较低，可通过引入叠氮基或偶氮基

等富氮连接基团提高总体氮含量和生成焓，但随着能量的增加也会面临稳定性下降的问题。

噁二唑环是一类含有两个碳原子、两个氮原子和一个氧原子的五元杂环，有四种同分异构体，分别为1,2,3-噁二唑、1,2,4-噁二唑、1,2,5-噁二唑（呋咱）和1,3,4-噁二唑[14,15]。噁二唑环的含氮量为40.0%，含氧量为22.8%，可有效提高化合物的氧平衡和能量密度。在四种噁二唑环中，呋咱具有最高的生成焓，为185 kJ/mol，因而在新型高能材料的设计中，呋咱环受到了广泛关注。呋咱环具有芳香性和共平面性，因此具有良好的稳定性和较高的密度。呋咱类含能化合物由于氮、氧原子的电负性较高，环内可以形成类苯结构的大π键，而大π键的形成使得整个化合物具有钝感、热稳定性好的特点。很多报道的呋咱含能衍生物表现出高能量密度、高生成焓、高氮含量以及高耐热性的性能特点。此外，取代呋咱化合物不含氢原子，所以又称“无氢炸药”或“零氢炸药”，在低特征信号推进剂中也发挥着重要作用。呋咱环被氧化后可形成氧化呋咱环。氧化呋咱环内含有两个活性氧原子，含氧量和晶体密度更高，是理想的高能材料的结构单元。

三唑环是一种含三个氮原子的五元杂环，分为1,2,3-三唑和1,2,4-三唑[16-18]。三唑环中存在大量N—N单键和N═N双键，表现出较高的生成焓和分子热稳定性。1,2,3-三唑的生成焓（+268 kJ/mol）比1,2,4-三唑的生成焓（+194 kJ/mol）高，但1,2,4-三唑化合物的稳定性比1,2,3-三唑化合物高，且合成较为容易，因此，目前所报道的三唑类高能材料以1,2,4-三唑居多，也出现过分子内同时有两种三唑环的化合物。三唑类高能材料表现出较高的密度、优异的爆轰性能以及优良的机械稳定性。例如，3-硝基-1,2,4-三唑-5-酮（NTO）的爆速比三氨基三硝基苯（TATB）高出6%，稳定性则接近TATB，远高于RDX和HMX，有望成为新一代钝感单质炸药。

四唑是一种重要的四氮五元芳杂环，具有三种同分异构体，分别为1*H*-四唑、2*H*-四唑和5*H*-四唑[19,20]。四唑具有平面结构和多氮富电子的共轭体系，这赋予了四唑类化合物既能给电子又能接受电子的特性。四唑既可以在碱的作用下发生质子化反应形成四唑的阴离子盐，也可在强酸中形成阳离子盐。四唑类化合物可发生多种非共价相互作用，如形成氢键、与金属离子配位、π-π堆积、静电作用等。四唑可由叠氮化物和氰基化合物的成环反应来制备，例如利用氰基胍与叠氮化钠合成 5-氨基四唑。5-氨基四唑作为四唑环合成子引入各种高能材料中的前体被广泛应用于合成四唑含能衍生物。四唑类化合物具有非常高的氮含量，呈现出高密度、高生成焓的特点，因而具有广泛的应用前景。但四唑类化合物的稳定性也是制约其发展的重要因素，例如5-叠氮基四唑对撞击、摩擦和静电均非常敏感，在制备和使用过程中容易发生危险事故。

五唑是一种仅由氮组成的特殊唑环，以五唑阴离子(cyclo-N_5^-)的形式存在，分子中五个氮原子以 N—N 键和 N═N 键形成的五元环结构具有芳香性，具有较好的热稳定性。对五唑阴离子的合成研究起于 1903 年，但一直未获成功，直到 2016 年，研究人员首次在质谱中检测到 cyclo-N_5^- 信号，2017 年，陆明课题组首次合成了室温稳定的、含有 cyclo-N_5^- 离子的复合盐$(N_5)_6(H_3O)_3(NH_4)_4Cl$，打开了五唑高能材料的大门，这对全氮高能材料的发展具有重大意义。报道的五唑衍生物包括金属离子盐、非金属含能离子盐、配位聚合物、多孔无机骨架等。与其他唑环相比，对五唑环的基团修饰较为困难，原因是五唑环在强酸和强碱环境下容易分解。作为最后被发现的唑类家族成员，五唑被赋予了极高的期待值，对其进一步开发具有广阔的前景[21-23]。

1.2.2 唑类高能材料的基本性能特征

唑类高能材料的基本性能特征与传统高能材料相似，主要有密度、生成焓、氧平衡、感度、安定性与相容性、爆炸特性等[24,25]。

1. 密度

高能材料的密度会直接或间接影响材料的能量与爆炸性能，如爆速、爆压、爆热等。因此，密度是高能材料必须测定的数据之一。密度为单位体积内含有的高能材料的质量。若体积等于晶体的体积，则为晶体密度；若为装药时的体积，则为装药密度；若为容器内装填的材料体积，则为装填密度。目前，ε-CL-20 的密度仍位居所有合成的高能材料榜首，为 2.04 g/cm^3。八硝基立方烷(ONC)的理论计算密度为 2.123～2.135 g/cm^3，有望达到高能材料领域所期待的最高密度。目前文献报道的唑类高能材料密度的计算方法大致有两种，分别用于计算共价型化合物［式(1.1)］与离子型化合物［式(1.2)］。

$$\rho = \alpha M / V_{\mathrm{m}} + \beta(\nu\sigma_{\mathrm{tot}}^2) + \gamma \tag{1.1}$$

式中，ν 代表分子表面正负电势之间的电荷平衡度；σ_{tot}^2 代表分子表面总静电势的方差；α、β、γ 的值分别为0.9183、0.0028、0.0443。

$$\rho = \alpha M / V_{\mathrm{m}} + \beta V_{\mathrm{s+}} / A_{+} + \gamma V_{\mathrm{s-}} / A_{-} + \delta \tag{1.2}$$

式中，$V_{\mathrm{s+}}$ 代表阳离子表面正电势的平均值；$V_{\mathrm{s-}}$ 代表阴离子表面负电势的平均值；A_+代表阳离子表面正电势部分的面积；A_-代表阴离子表面负电势部分的面积；α、β、γ、δ 的值分别为1.0260、0.0514、0.0419、0.0227。

2. 生成焓

生成焓是评价高能材料化学性能与爆炸性能的重要参数。生成焓可为正值，也可为负值。正生成焓表明由元素组成生成化合物时吸热；负生成焓表明由元素组成生成化合物时放热。唑类高能材料生成焓的计算方法很多，如原子化法、等键方程法等。

3. 氧平衡

高能材料的氧平衡是用于评价材料被氧化程度的参数。它的定义是将氢、碳和金属氧化为水、二氧化碳和金属氧化物后，剩余或缺少的 O_2 量，用符号 OB 表示。若氧化反应后，还剩余氧，则为正氧平衡；若氧化反应后氧无剩余，可燃物有剩余，则为负氧平衡。若高能材料所含氧能恰好将 C 氧化为 CO_2，将 H 氧化为 H_2O，将金属氧化为金属氧化物，则为零氧平衡，是比较少见的一种情况。

对组成为 $C_aH_bN_cO_d$、分子量为 M_w 的高能材料，基于一氧化碳的氧平衡 (OB_{CO}) 可用式 (1.3) 计算，基于二氧化碳的氧平衡 (OB_{CO_2}) 可用式 (1.4) 计算，单位均为%。

$$OB_{CO} = \left(d - a - \frac{b}{2} \right) \Big/ M_w \times 1600 \tag{1.3}$$

$$OB_{CO_2} = \left(d - 2a - \frac{b}{2} \right) \Big/ M_w \times 1600 \tag{1.4}$$

若分子组成中含有金属，则用式 (1.5) 计算氧平衡。式中，n 为高能材料所含金属原子数。

$$OB = \left(d - a - \frac{b}{2} - n \right) \Big/ M_w \times 1600 \tag{1.5}$$

从高能材料的氧平衡也可以预测出爆炸后所产生的气体类型。零氧平衡或正氧平衡的化合物所释放的气体大多为无毒无害的二氧化碳和水，而氧平衡为大的负值的化合物中的 C 无法充分氧化为 CO_2，产生了有毒的 CO 气体，对环境产生负担。因此，为满足高能材料日后的应用要求，应尽可能改善化合物的氧平衡。

4. 感度

感度是指高能材料在外界激发下发生爆轰的难易程度，是高能材料能否具有实际应用的重要性能之一。感度主要可分为撞击感度、摩擦感度、冲击波感度、静电火花感度、热感度、激光感度等。由于提高能量与降低感度往往呈现对立的关系，即提高高能材料的能量，其感度也会随之提高。因此，如何平衡唑类高能材料能量与感度之间的关系成为一项重要课题。

5. 安定性与相容性[26-28]

安定性是指在一定条件下，高能材料的物理化学性能不超过允许范围变化的能力，可分为物理安定性和化学安定性。物理安定性指延缓高能材料发生吸湿、老化、渗油、机械强度降低等的能力，化学安定性指延缓高能材料发生分解、水解、氧化等反应的能力。储存温度、化学组成、紫外线、静电放电等因素会对高能材料的安定性产生一定的影响。

相容性是指高能材料与其他材料发生接触时，它们的物理、化学、爆轰性能不发生超过允许范围变化的能力。相容性数据可保证正确选择用于炸药、推进剂和烟火药配方的组分。正确评估高能材料的安定性与相容性对其运输、储存、使用时的安全性、可靠性是十分重要的。通用的测试方法有气体分析法、热分析法、机械感度测定法(MST)、自然储存实验法(NST)、分子动力学模拟方法(MD)、红外光谱法(IR)等。其中，气体分析法又可分为真空安定性法(VST)、布氏压力计法(BGM)、动态真空安定性法(DVST)。热分析法可分为差示扫描量热法(DSC)、恒温热失重法(ITG)、微量热计法(MC)。最为常用的测试方法为真空安定性法。

6. 爆炸特性[29-31]

爆炸特性是综合评价高能材料能量水平的特性参数，主要包括爆速、爆压、爆热、爆温、爆容。爆热指当炸药被引发而迅速燃烧时，主要由于氧化反应而放出热能，在绝热条件下放出的热能，以 Q 表示。猛炸药和推进剂的爆热一般较高。爆速是指炸药在发生爆轰时，爆轰波沿炸药柱传播的速度。爆压是指冲击波前沿的动力压峰值。爆热、爆速、爆压是决定高能材料能量水平的三个关键因素。爆温是指全部爆热用来定容加热爆轰产物所能达到的最高温度。爆温越高，气体产物的压力越高，做功能力越大。爆容是指单位质量高能材料爆炸时生成的气态产物在标准状态(0℃，101.325 kPa)下的体积。爆容越大，表明越易于将爆热转化为功。

当高能材料用于军用时，还需要满足其他要求，如挥发性、毒性、吸湿性、寿命、成本、环境友好性等。

(1)挥发性。一般要求军用炸药即使在最高储存温度下的挥发性都应尽量低。过高的挥发性会使高能材料的安定性减弱，增加发生危险的可能。

(2)毒性。由于材料的化学结构，高能材料是一类有毒危害物。不同高能材料的毒性有所差异。用于军用的高能材料的毒性应尽可能低，高毒性的高能材料无法得到广泛使用。

(3)吸湿性。湿气作为一种惰性物质，对高能材料的能量和安定性都存在不利影响。当湿气进入高能材料内部，高能材料爆炸时的反应温度和能量会有所减少，发挥不出原本的威力。因此，高能材料的吸湿性应尽可能小。

(4) 寿命。军方要求弹头和弹药的寿命至少为 12～15 年，因此，高能材料的寿命也应与此保持相同或高于 15 年。

(5) 成本。近几年，不管是民用还是军用高能材料，都更加注重材料的生产成本和工艺的简单化。用户和研制生产部门都希望高能材料易于加工成型，生产工艺尽量简单、稳定、安全，生产成本降低以适应工业化生产应用。

(6) 环境友好性。随着各国环境保护意识的增强，高能材料的绿色化也成为行业努力的方向。所有炸药、推进剂和烟火药配方都是几种成分的混合物，包括金属可燃剂、聚合物黏结剂、增塑剂、固化剂和其他添加剂。氧化剂高氯酸铵(AP)广泛用于复合推进剂，但其燃烧会产生含氯化氢和其他含氯气体的废气，不仅污染空气，还会消耗臭氧。近几年多种无氯推进剂被研发出来，有望代替传统推进剂，降低对环境的负担。起爆药叠氮化铅(LA)中的重金属铅属于三大重金属污染物之一，严重危害人体健康和环境。因此，研制不含重金属元素的绿色起爆药代替铅基起爆药刻不容缓。

1.3 唑类高能材料的地位和应用

1.3.1 唑类高能材料的地位

高能材料根据作用不同可分为发射药、推进剂、炸药等。发射药是主要用于枪炮膛内发射弹丸的火药；推进剂可以有规律地燃烧，释放能量，产生气体，以推送火箭和导弹；炸药可以在激发后极短的时间内发生爆炸，产生巨大能量。炸药根据爆炸的性质和作用方式可分为起爆药、猛炸药和氧化剂。起爆药是指在较弱的外部激发下即能够发生燃烧并迅速转变为爆轰的炸药，感度高且爆轰成长期短，常用于引爆其他猛炸药，因而也被称为初发炸药。常用的起爆药有雷汞(MF)、叠氮化铅(PbN_6)、2-重氮基-4,6-二硝基苯酚(DDNP)等。许多钾基或叠氮基唑类起爆药也处于开发中，如 1,1′-二硝胺基-5,5′-联四唑钾盐、4,5-二偕二硝基呋咱钾盐、6-硝基-7-叠氮基吡唑[3,4-*d*][1,2,3]三嗪-2-氧化物(ICM-103)等。与传统起爆药相比，唑类起爆药的分解产物更为环保，起爆能力更为出色，是理想的新型起爆药的候选物。猛炸药的感度较低，具有一定的稳定性，主要利用爆轰释放能量对外做功，具有更高的爆速和更猛烈的破坏力。应用广泛的三硝基甲苯(TNT)、黑索金(RDX)、奥克托今(HMX)等都属于猛炸药的范畴。氧化剂又称三级炸药，对外界刺激更为钝感，需用猛炸药制成的传爆药柱才能将其引爆，最常用的氧化剂有硝酸铵(AN)和高氯酸铵(AP)等。

唑类含能化合物的能量特性可以通过含氮骨架与不同官能团之间的修饰来加以调控，从而可衍生出多种应用。例如，叠氮基取代的唑类化合物往往具有较高的机械感度，可作为起爆药使用；硝胺基与唑环结合可以大大提高化合物的密度与性能，可用于高性能猛炸药；氨基官能化的含能化合物则表现出较高的热稳定性，可作为耐热炸药。总体而言，唑类含能化合物的种类丰富，在高能量钝感炸药、无焰低温灭火剂、气体发生剂、无烟烟火等领域都有所应用，是一类潜力巨大的新型高能材料[32-34]。

高能材料最早可追溯到1000多年前我国发明的黑火药，后经由阿拉伯国家传入欧洲。随后，三硝基苯酚(苦味酸)、雷汞、硝化纤维、三硝基甲苯、黑索金等陆续出现，使高能材料在军用、民用、医药等领域得到了广泛应用，对人类生活和社会发展做出了巨大贡献。在军事上，高能材料是武器作战的能量来源，是火力系统不可缺少的组成部分。它是国家军事实力和威慑力量的技术和物质基础，是国家安全保证的重要因素。在民用方面，矿山开采、隧道开凿、土木工程等行业对高能材料的需求量极大。另外，一些军用炸药及装置也可用于民用，如雷管、飞行员座椅的弹出系统、金属包覆和焊接等领域都可以看到高能材料的身影。随着社会发展，对高能材料的要求也增加。唑类高能材料分子结构中的高氮含量可带来高的正生成焓，含氧高能基团的引入可调节氧平衡和密度，这些都有利于能量水平的提升。唑环间的大π键和分子间氢键相互作用又有利于化合物的稳定。唑类高能材料作为高能材料领域一颗冉冉升起的新星，以新的姿态、新的技术、新的能量水平扩大着高能材料的影响力，推动着高能材料走向新时代[35,36]。

1.3.2 唑类高能材料的应用

1. 军用

对军用炸药的要求完全不同于工业用炸药，军用炸药应具备比工业用炸药更高的猛度和爆碎能力。在军事上，猛炸药可用于装填火箭和导弹弹头、炸弹和炮弹等，因此对这类军用高能材料的基本要求是单位体积的威力大、爆速高、热稳定性高、对冲击或撞击不敏感。军用高能材料可用于炮弹、炸弹、手榴弹、鱼雷、聚能装药、弹头等。炮弹是装有猛炸药的中空弹射体，从炮中用发射药发射。炮弹可产生致敌方伤亡的碎片并破坏敌方设备。手榴弹是含有破片、爆破剂、烟或气体的军火，是一种杀伤性武器。手榴弹的钢质弹体沿交叉线变薄，以便爆炸时能产生预定大小的尖锐破片。鱼雷的炸药装于弹头内，其后舱装有燃料、发动机和控制装置，所装的猛炸药应是高密度、高爆速的高性能炸药。弹头装于火箭及导弹中，导弹可将弹头发射至既定目标，弹头爆炸后可损毁目标。弹头可分为：聚能装药弹头，用于反坦克及反装甲武器；破片性弹头，用于防空及杀伤性武器；

爆破型弹头，用于毁损软和半硬目标；爆破兼对地冲击型弹头，用于毁损飞机跑道和重型掩体；燃烧型弹头，用于破坏燃料库和军火库(图 1.4)。

图 1.4　唑类高能材料的应用

(a) 坦克；(b) 火箭发射；(c) 原子弹；(d) 东风-41 导弹；(e) 建筑爆破；(f) 汽车安全气囊

2. 民用

矿山和土木工程对炸药的需求量逐年增长。煤矿、有色金属矿、铁矿、金矿等的开采，都使用了相当数量的民用炸药。其他土木建筑工程，如修路、隧道开凿、开辟运河等也都需要炸药。民用爆破简称民爆，指各种民用炸药、雷管及类似的火工产品。除上述开矿等应用外，高能材料也应用于一些机械加工，如爆炸切割、爆炸成形、爆炸焊接等。利用火炸药燃烧产生的高压气体做功的装置，也可用来发射人工降雨装置、打开安全通道、森林和高层建筑灭火及发射麻醉弹药等。利用高能材料的热能和声、光、烟效应，可用于电力装置的自动熔断器。发声剂、发光剂、发烟剂也广泛应用于运动界和影视界等。

3. 宇宙空间的应用

火箭是导弹的一个重要组成部分，也是发射卫星和控制卫星运行的主要动力来源。火箭系统包含火箭发动机、喷嘴和点火装置。在火箭发动机内装有推进剂，推进剂点燃后燃烧产生高温气态产物，以高速从喷嘴喷出，向反方向产生推力，推动火箭运行。目前最广泛应用的固体推进剂为高氯酸铵(AP)。对于大型火箭，燃尽时间可达 100～120s，燃烧室压力可达大气压的 30～50 倍，燃烧室内温度可达 2400～4400K。因此，用于火箭制造的材料必须可以承受上述高温高压。另一种液体推进剂火箭，包含两个储槽，分别储存可燃剂和氧化剂。只有当火箭要点火时，可燃剂和氧化剂才输送至储槽。通过可控流动系统，液体火箭发动机可关闭和控制燃烧。但相比于固体火箭发动机，这种液体推进剂更为复杂且成本更高。采用固体复合推进剂和液体推进剂的火箭已广泛应用于空间探索、气象研究等领域。除推进剂外，装有烟火药的烟火装置也发挥着重要作用。火箭发动机的点火、各级火箭发动机的分离、挡热板的分离、推进剂的排出、阀门的启动等一系列指令的完成都依赖于烟火装置。近些年，在开发新型推进剂方面，唑类高能材料由于高氮含量、高生成焓、高分子稳定性也受到了重要关注。高氮正生成焓的化合物能够吸收大量能量，当发生燃烧或爆轰时，就会释放所储存的能量，能量越高，其单元推进剂的比冲值也越高。例如，二叠氮基偶氮氧化呋咱的比冲可达 2757.9 N·s/kg。

4. 核应用

核武器分为裂变武器和聚变武器。裂变武器的能量来源于核裂变，可制成原子弹或 A 弹。聚变武器也可制成氢弹或 H 弹。核聚变反应需要极高的温度和密度，比核裂变反应的核武器释放的能量更高。原子弹是第一个被人所研发并应用的核武器，由美国于 1945 年先后在日本广岛、长崎投掷，造成了巨大伤亡，此后，这类核武器从未在战争中使用。炸药可用于在核武器中产生聚爆，将辐射装置的两半合在一起，这种将一个亚临界核材料压入一个超临界核材料中的方法称为向心聚爆发。此法有两个主要配件：一是由推动器、反射器、中子引发器及裂变材料组成的组合配件；二是由带雷管的猛炸药制成的炸药透镜。炸药透镜由几种炸药以特殊的方式装药组成，也称平面冲击波发生装置。根据光波传播的惠更斯(Huygens)原理，采用调整高、低爆速炸药爆速的方法，最终使各个方面的冲击波达到同一平面。炸药透镜中的两种炸药，最好是一种爆速尽可能最高和一种爆速尽可能低，这种组合可以最大限度地提高折射率，如最高爆速的炸药 HMX(*D*：9110 m/s)和最低爆速的炸药 Baratol(*D*：4870 m/s)。在加工和制造炸药时，发生过一些致命的事故，因此武器的安全性也受到了越来越多的关注，钝感炸药在核武器领域也得到了多种应用。但目前唑类高能材料在核领域的应用较为少见，还需加强对这方面的探索研究。

1.4 对唑类高能材料的应用要求

一般来说，唑类含能化合物具备以下几个特点：一是该含能化合物本身蕴含着较大的能量，并且无外界物质的参与可发生分解反应并释放大量能量；二是该化合物所蕴含的能量在发生分解反应时能够以足够快的速度释放出来，即爆轰效应；三是该化合物分解反应具有体积膨胀效应，即产生大量的气体，具有较强的对外做功能力；四是该化合物具有较高的密度，由于受到弹体容积的限制，弹药装药应该尽可能地提高装药密度；五是化合物自身具有一定的安定性与安全性。为了满足实际应用对含能化合物的更高要求，设计和合成能量高、感度水平可接受、热稳定性好、环境友好的新型含能化合物成为国内外高度关注的研究方向。根据唑类高能材料的特点，为适应工业生产要求，以下几个方面应着重考虑：供应和价格、能量水平、感度、加工性、相容性、化学稳定性和热稳定性、燃速和压力指数、机械性能与温度的关系。

1. 供应和价格

适用于工业大批量生产的高能材料，其原料应来源广泛且成本低。若生产成本太高，会使最终材料的价格过高而影响其市场流通性。例如，FOX-7 是一种优秀的钝感高能材料，但它的合成过程复杂，成本过高，最终售价昂贵，无法达到实际应用的标准，还需要进一步探索新的合成方法。由此可见，简单的反应路径和低廉易得的原料对唑类高能材料的应用至关重要，研究人员在实验研究阶段就应该多注重这方面。

2. 能量水平

高能量是现代唑类高能材料长期努力的方向。高的能量水平决定材料能在多方面多领域得到广泛应用。对于发射药来说，应满足装药能量密度和炮口动能的需要，具备良好稳定的燃烧性能、力学性能，能够按照设定程序有规律地释放气体和能量。对于固体推进剂，应具有较高的能量和密度，对冲击波、摩擦、热能、静电等的感度低，力学性能良好等特点，以适应火箭和导弹发射与飞行时所受到各种力的复杂作用等。对于混合炸药，应满足高爆速、高爆压、高爆热和高爆容的特点，容易被引爆，且能完全爆轰。传统高能材料及部分唑类高能材料的爆炸性能示于表 1.1。目前所报道的唑类高能材料中，不乏一些具有高密度、高爆速、高爆压的化合物，有些化合物的爆速、爆压可与 CL-20 相当。例如 1,1′-二羟基-5,5′-联四唑二羟胺盐（TKX-50）理论爆速为 9698 m/s，接近 CL-20，理论爆压为 42.4 GPa，高于 HMX。二硝胺基呋咱的理论爆速为 9376 m/s，理论爆压为 40.5 GPa，整体能量性能可与 HMX 相当。

表 1.1　传统高能材料与部分唑类高能材料的爆炸性能对比

化合物	生成焓 H_f /(kJ/mol)	密度 ρ /(g/cm^3)	理论爆速 D_{calc} /(m/s)	理论爆压 P_{calc} /GPa
TNT	−70.5	1.654	6881	19.53
RDX	72.0	1.80	8795	34.9
HMX	60.5	1.91	9320	39.63
CL-20	220.0	2.04	9730	44.4
FOX-7	−85.77	1.885	9044	36.05
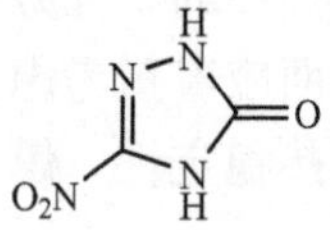 (NTO)	—	1.93	8560	—
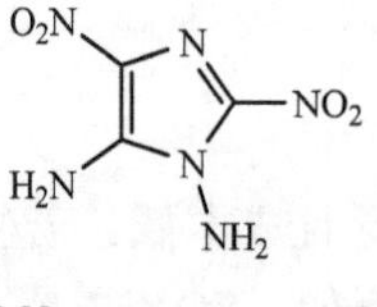	124.5	1.87	8806	34.0
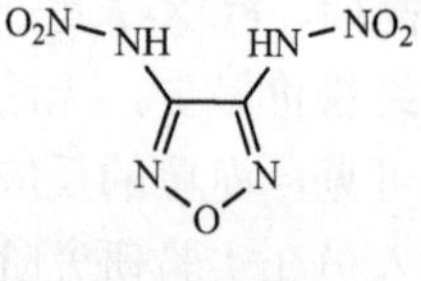	286.9	1.89	9376	40.5
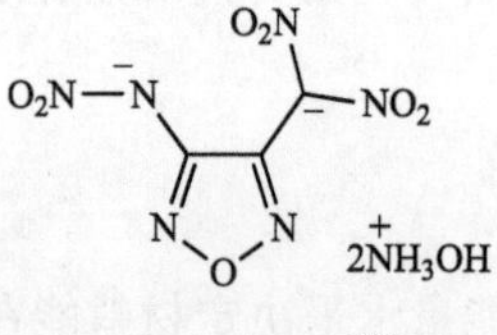	62.1	1.93	9646	43.0
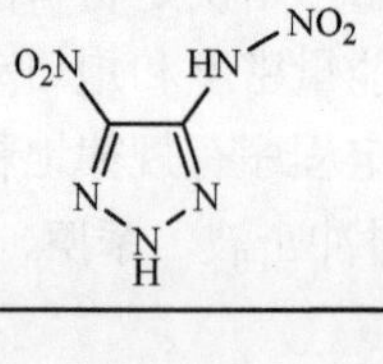	226.6	1.87	8876	36.9

续表

化合物	生成焓 H_f /(kJ/mol)	密度 ρ /(g/cm^3)	理论爆速 D_{calc} /(m/s)	理论爆压 P_{calc} /GPa
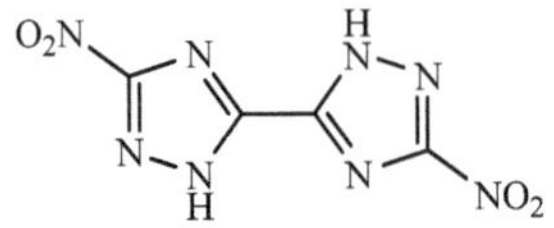	302.8	1.90	8413	32.0
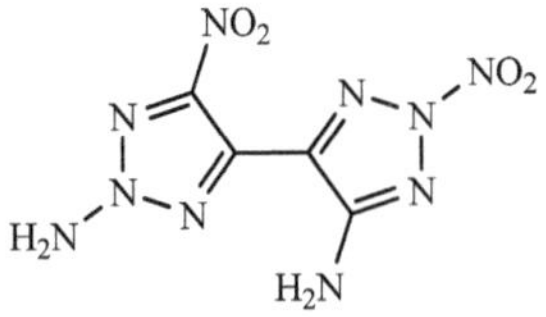	576.1	1.85	8884	33.9
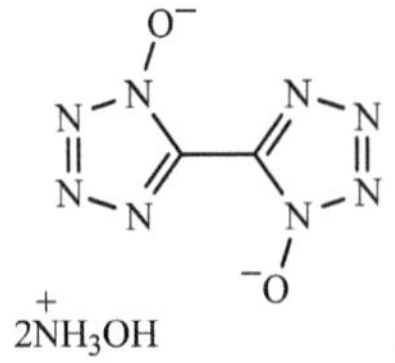 $2\overset{+}{N}H_3OH$ (TKX-50)	446.6	1.877	9698	42.4

3. *感度*

对于唑类高能材料，在追求高密度、高能量的同时，也需要关注它们的感度。通常可以通过测量摩擦感度和撞击感度来预测整体材料的不敏感度。在最终设计配方时，力求达到化学结构的最佳平衡。研发不敏感唑类高能材料也不一定要采用新组分，通过改善晶体质量，降低或消除结晶中的化学杂质和多相性，都可以降低材料的感度。区别粗品和最后精品材料的感度是不可忽视的。现代加工方法的目的之一是降低复配炸药的感度，使之低于单个组分的感度。奥克托今(HMX)是目前能量水平较高的一种猛炸药，但机械感度也较高。为了降低 HMX 的感度而不影响其能量特性，可采取溶液重结晶法，用一种钝感高能材料进行包覆。例如，3-硝基-1,2,4-三唑-5-酮(NTO)的爆速接近 RDX，感度接近 TATB，作为一种包覆材料已应用于硝铵炸药的包覆研究中。研究表明，在某些高能混合炸药中加入 NTO，可大大降低感度，而能量仅仅略微减少。除 NTO 外，TKX-50 的分解温度为 221℃，摩擦感度为 120 N，撞击感度为 20 J，由于其高能低感的特点也受到了众多关注。许多研究者对 TKX-50 的合成放大工艺进行了探索、改造，使其具有了一定规模的生产制备条件。表 1.2 对比了传统高能材料与部分唑类高能材料的感度。从表中可以看出，硝胺基、偶氮基团的引入虽可以提升材料的能量密度，但也会带来不良的稳定性，而 C—C 键与稠环的连接方式有利于改善化合物的机械感度与热稳定性。除撞击感度和摩擦感度以外，也要求高能材料对冲击波、热能、静电、光能等的感度低，以保证其在生产、使用、保管过程中的安全。

表 1.2　传统高能材料与部分唑类高能材料的感度对比

化合物	摩擦感度 FS/N	撞击感度 IS/J	分解温度 T_d/℃
TNT	353	15	295
RDX	120	7.4	205
HMX	120	7.4	280
CL-20	48	4	215
TATB	353	50	378
FOX-7	＞360	24.7	220
NTO	353	43	273
TKX-50	120	20	221
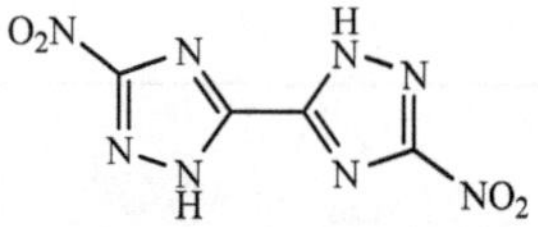	10	360	251
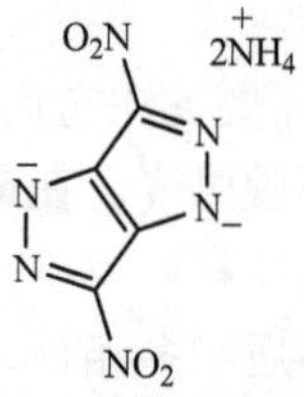	＞40	＞360	328
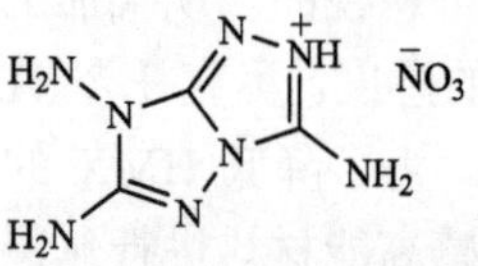	40	360	279
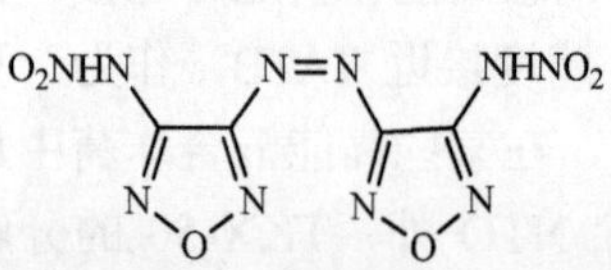	2	10	100

4. 加工性

应用于工业生产的唑类高能材料要求具有一定的可加工性。唑类高能材料的结晶粒径分布、晶型、化学纯度、晶体缺陷、过滤性、流散性等会决定最终的

“产品质量”。产品的晶型受结晶所用溶剂或结晶生长动力学影响。有些材料的性能，如撞击感度和摩擦感度会受到晶体平均粒径和晶型的影响。高能材料的化学纯度、晶体缺陷、流散性也会对其安全性造成一定影响。一般而言，任何一种材料的加工制造，都会增加产品的价值，因为通过加工要满足该产品应用所必需的要求。工业生产高能材料，十分重视选择最适当的生产工艺、设备和所用溶剂，同时优化工艺条件，并且这些生产工艺必须节约成本，这样才能具有市场竞争力。

5. 相容性

当唑类高能材料真正用于实际时，往往会以由多组分配制成的混合高能材料的形式出现。在选择成分及确定配方时，要根据武器装备的性能指标要求通过合理的设计和大量的试验加以确定。一个实用的混合高能材料配方的确定，一般要经历配方设计、实验室配方、初样配方、试样配方、正样配方等几个阶段。其主要过程是根据混合高能材料中主要组分的热力学性质进行能量计算，通过组分间相容性进行筛选，并进行燃烧性能或爆轰性能、力学性能、工艺性能等的测试。因此，相容性是了解混合高能材料应用性的重要指标。若不提前了解各组分间的相容性，可能会造成危险事故的发生。例如，氯酸盐炸药与AN是不相容的，两者接触时会自动分解，产生氯酸铵。黏结剂、增塑剂、固化剂等添加剂和高能材料之间的相容性也需要关注。全面掌握各组分间的相容性是唑类高能材料应用前必不可少的一步。例如，TKX-50与TNT、RDX、NC等材料的相容性较差，可作为其应用过程中的一个参考。

6. 化学稳定性和热稳定性

高能材料作为一类高能量物质，本身就具有一定的危险性。因此，唑类高能材料应具备一定的化学稳定性和热稳定性，以确保运输、储存和使用时的安全性。在运输和储存时，唑类高能材料不能变质、不能分解造成事故，要保证在气候条件变化范围大的情况下可以长期储存，并保持性能不变。要求唑类高能材料的分解温度不能低于150℃，否则将不利于材料的实际应用。

7. 燃速和压力指数

对于固体火箭推进剂，最重要的应用性能是比冲(I_{sp})和燃速特性。反应热越大、燃烧产物的火焰温度越高、燃烧产物的分子量越小，比冲越大。另外一个重要的性能参数则是燃速和压力指数（n）。理想情况下，燃速与压力无关，即$n=0$，为平台燃烧。但在一般情况下，固体火箭推进剂的燃速随输入系统能量的增加而增大。当压力指数过高，例如当 $n>0.7$ 时，推进剂是无法实际应用的。加入专门的燃速改性剂，能改变固体火箭推进剂的燃速和压力指数，使之符合实际应用要求。固体火箭推进剂的比冲一般在燃烧时压力为 7 MPa 下进行比较。双基(DB)固体火箭推进剂是目前常用的一类火箭推进剂，主要含有硝化甘油及硝化棉，同时含有加工助剂及燃速调节剂。比冲为 2100～2300 N·s/kg，燃速低到中等，为 10～25 mm/s，在 7 MPa 的压力指数为 0～0.3。图 1.5 列出了部分唑类推进剂的能量性能，可以看出在唑类高能材料中，三唑、四唑分子结构中存在大量 N—N、N═N 键，使化合物的生成焓较高，有利于提高分子的爆热和比冲。除此之外，含偶氮基团的呋咱或氧化呋咱类化合物的生成焓值也普遍较高，具有较高的比冲特性。部分化合物的比冲可达 2700 N·s/kg 以上，具有非常可观的开发前景。但有些唑类化合物的燃烧温度较低，燃气量高，例如偶氮四唑胍盐的燃烧温度只有 1222 K，其铵盐的燃烧温度也仅为 1591 K，这类化合物可作为低温发射药及燃气发生剂的原料使用[37]。

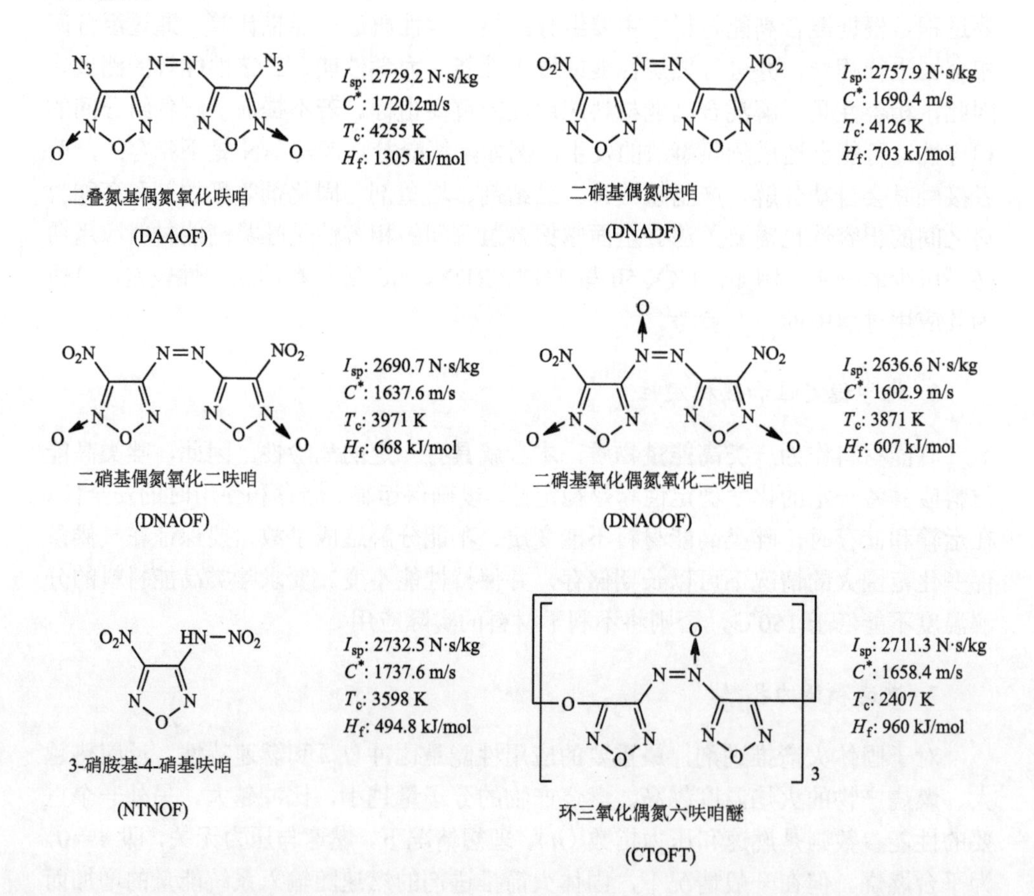

环四氧化偶氮四呋咱

(CTAOF)

I_{sp}: 2697.8 N·s/kg
C^*: 1735.5 m/s
T_c: 4450 K
H_f: 1491.13 kJ/mol

4,4′-二硝基-双呋咱基-胺

(DNDFA)

I_{sp}: 2700.0 N·s/kg
C^*: 1663.5 m/s
T_c: 3871 K
H_f: 487.05 kJ/mol

环双偶氮四呋咱

(CDATF)

I_{sp}: 2610.5 N·s/kg
C^*: 1620.6 m/s
T_c: 3918 K
H_f: 1755.18 kJ/mol

偶氮四唑肼盐

(AOTHS)

I_{sp}: 2587.5 N·s/kg
C^*: 1647.4 m/s
T_c: 2593 K
H_f: 1104 kJ/mol

4,4′-双(4-硝基呋咱基-3-氧化偶氮基)氧化偶氮呋咱

(BNFAAF)

I_{sp}: 2787.5 N·s/kg
C^*: 1718.1 m/s
T_c: 4229 K
H_f: 1502.14 kJ/mol

图 1.5　部分唑类推进剂的能量性能

I_{sp}：比冲；C^*：声速；T_c：爆温；H_f：生成焓

1.5　唑类高能材料的发展趋势

现代武器装备的快速发展对高能材料提出了更高的要求，也促进了唑类高能材料的发展。未来唑类高能材料的发展方向：一是高能化，即高爆速、高爆压、高密度和高生成焓；二是钝感化，即具有低的撞击感度、摩擦感度和电火花感度。并且在上述两点的前提下，开发对环境污染小的新型高能材料。具体表现如下：

(1) 发展能量水平更高的唑类高能材料。从第一代高能材料 TNT 到第三代高能材料 CL-20，高能材料的能量性能取得了巨大进步。一直以来，高能材料的高能量都是研究人员所努力的方向，设计并合成能量密度高于 CL-20 的新型唑类高能材料是未来的发展重点。在结构中引入硝基或硝胺基以达到合适的氧平衡与氮含量，可使化合物具有更高的能量。全氮含能化合物的发展在未来仍充满着机遇与挑战。目前所报道的全氮五唑阴离子的衍生物能量水平有限，无法满足未来武器装备的使用，要不断研究与开发新技术、新思路，进一步提高五唑衍生物的能量水平[38,39]。在众多高性能的唑类高能材料中，应筛选出合成简单、成本合理的化合物进行工业化生产，加快这些材料投入使用的步伐。在五唑基础上，设计和发展更多的高能稳定的全氮离子单元N_x^-、N_x^+（$x = 4, 6, 7, \cdots$），以及组装获得真正意义的离子型全氮化合物——全氮盐(如$N_5^+N_5^-$、$N_5^+N_3^-$)。

(2)发展低感度、高能量密度唑类高能材料。高能材料的高能特质使得它们在运输、储存、使用时都应格外小心，避免事故的发生。这就要求唑类高能材料需具备一定的机械稳定性和热稳定性。但能量与感度往往呈现矛盾的对立面，高能性的化合物会呈现较高的感度，在保持材料高能性的同时，如何尽可能降低材料的感度和提高材料的热分解温度是一项重大难题。目前，已有TKX-50、LLM-105、NTO等不敏感的单质炸药被开发，但这些材料还处于实验室阶段，下一步应控制生产成本，优化生产工艺，尽快实现工业化生产。在加强应用研究的同时，继续开展新型低感唑类含能化合物的设计与合成，目标分子的感度应与RDX相当或更低，热分解温度高于200℃。对于钝感的高能材料，要求应更为严苛，整体稳定性应在TATB的基础上更上一层楼。对于混合型炸药，针对不同的应用场景，也可通过不同的配方配比合理调节性能和感度。

(3)发展环境友好型唑类高能材料。在高能材料的发展过程中，存在着许多对环境有害的因素，如分子结构中的重金属元素(如铅)或有毒元素(如氯)、合成过程中使用的硝化剂、制备所产生的废酸废碱等。开发新的清洁合成与环境友好的唑类高能材料是时代赋予高能材料的一项新要求。要从源头上解决高能材料生产的污染问题，就必须从合成路径着手，提高原子利用率，开发更加绿色的硝化技术，优化生产工艺，从而达到降低“三废”排放的目的。目前，已有许多新技术得以应用：用N_2O_5硝化方法取代传统的硝化试剂，利用有机反应合成无铅起爆药等。这些生态友好的高能材料虽然目前还处于研究阶段，但相信在未来，这些新材料、新技术会得到巨大的发展与应用。

(4)功能材料高能化。在高能材料的使用过程中还混合着大量功能材料，如黏合剂、增塑剂、键合剂、催化剂等。传统功能材料往往是惰性的，对高能材料的能量性能没有提升，反而会降低混合高能材料使用时的能量。因此，将功能材料高能化也是一种提升高能材料在具体使用时能量水平的有效途径。已有一系列新的黏合剂(如GAP、NHTPB、聚硝化缩水甘油等)和高能增塑剂(BTTN、TEGDN、K-10等)正处于实验研究中。带含氟氨基的聚合物作为黏合剂和增塑剂，对高能材料的应用很有意义，因为氟聚合物在燃烧时会产生氟化氢(HF)气体而释放能

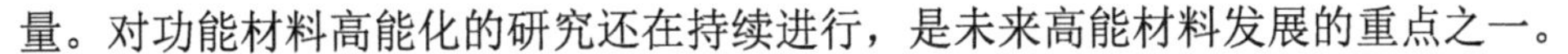

量。对功能材料高能化的研究还在持续进行，是未来高能材料发展的重点之一。

(5)唑类高能材料的组分复合。为发展高能钝感的高能材料，将含能组分复合化是一种有效方法。在当前高能材料发展缓慢的背景下，如何最大限度地发挥高能材料的化学潜力成为重中之重。将唑类高能材料的组分复合有诸多好处，一是能够有效提高高能材料燃烧和爆炸效率，极大地发挥含能化合物的化学潜能；二是通过加入安全性与相容性好的组分来改善高能材料的稳定性，使其得以在工业中应用；三是可以有效地调控高能材料的综合性能，是一种高效的性能调节手段。因此，唑类高能材料的组分复合化是未来发展的方向之一。

参考文献

[1] Teipel U. 高能材料. 欧育湘, 译. 北京：国防工业出版社, 2009: 2.

[2] Agrawal J P. 高能材料(火药, 炸药和烟火药). 欧育湘, 译. 北京: 国防工业出版社, 2013: 4.

[3] 欧育湘. 炸药学. 北京：北京理工大学出版社, 2006: 1.

[4] 罗运军. 新型高能材料. 北京：国防工业出版社, 2015: 1.

[5] Zhang J, Mitchell L A, Parrish D A, et al. Enforced layer-by-layer stacking of energetic salts towards high-performance insensitive energetic materials. Journal of the American Chemistry, 2015, 137: 10532-10535.

[6] 王宏社，杜志明，韩志跃. 含氧富氮含能化合物的合成研究进展. 含能材料，2018，26: 708-719.

[7] Gao H, Shreeve J M. Azole-based energetic salts. Chemistry Reviews, 2011, 11: 7377-7436.

[8] Yin P, Zhang Q, Shreeve J M. Dancing with energetic nitrogen atoms: versatile *N*-functionalization strategies for *N*-heterocyclic frameworks in high energy density materials. Accounts of Chemistry Research, 2016, 49: 4-16.

[9] Tang Y, Kumar D, Shreeve J M. Balancing excellent performance and high thermal stability in a dinitropyrazole fused 1,2,3,4-tetrazine. Journal of the American Chemistry Society, 2017, 139: 13684-13687.

[10] Li S, Wang Y, Qi C, et al. 3D energetic metal-organic frameworks: synthesis and properties of high energy materials. Angewandte Chemie International Edition, 2013, 52: 1-6.

[11] Xu Y, Wang Q, Shen C, et al. A series of energetic metal pentazolate hydrates. Nature, 2017, 549: 78-81.

[12] Bennion J C, Chowdhury N, Kampf J W, et al. Hydrogen peroxide solvates of 2,4,6,8,10,12-hexanitro-2,4,6,8,10,12-hexaazaisowurtzitane. Angewandte Chemie International Edition, 2016, 55: 13118-13121.

[13] 李光磊，黄海丰，杨军，等. 吡唑含能离子盐的合成研究进展. 有机化学，2021，41: 1466-1488.

[14] Fershtat L L, Makhova N N. 1,2,5-Oxadiazole-based high-energy-density materials: synthesis and performance. ChemPlusChem, 2020, 85: 13-42.

[15] Du Y, Qu Z, Wang H, et al. Review on the synthesis and performance for oxadiazole-based energetic materials. Propellants Explosives Pyrotechnics, 2021, 46: 860-874.

[16] Chavez D E, Bottaro J C, Petrie M, et al. Synthesis and thermal behavior of a fused, tricyclic 1,2,3,4-tetrazine ring system. Angewandte Chemie International Edition, 2015, 127: 13165-13167.

[17] Klapötke T M, Petermayer C, Piercey D G, et al. 1,3-Bis(nitroimido)-1,2,3-triazolate anion, the *N*-nitroimide moiety, and the strategy of alternating positive and negative charges in the design of energetic materials. Journal of the American Chemistry Society, 2012, 134: 20827-20836.

[18] Zhang Y, Parrish D A, Shreeve J M. Derivatives of 5-nitro-1,2,3-2*H*-triazole-high performance energetic materials. Journal of Materials Chemistry A, 2013, 1: 585-593.

[19] He P, Zhang J, Yin X, et al. Energetic salts based on tetrazole *N*-oxide. Chemistry—A European Journal, 2016, 22: 7670-7685.

[20] Witkowski T G, Richardson P, Gabidullin B, et al. Synthesis and investigation of 2,3,5,6-tetra-(1*H*-tetrazol-5-yl)pyrazine based energetic materials. Chemistry—A European Journal, 2018, 83: 984-990.

[21] Zhang C, Sun C, Hu B, et al. Synthesis and characterization of the pentazolate anion cyclo-N_5^- in $(N_5)_6(H_3O)_3(NH_4)_4Cl$. Science, 2017, 355: 374-376.

[22] Xu Y, Tian L, Li D, et al. A series of energetic cyclo-pentazolate salts: rapid synthesis, characterization, and promising performance. Journal of Materials Chemistry A, 2019, 7: 12468-12479.

[23] Wang P, Xu Y, Lin Q, et al. Recent advances in the syntheses and properties of polynitrogen pentazolate anion cyclo-N_5^- and its derivatives. Chemistry Society Reviews, 2018, 47: 7522-7538.

[24] 刘宁, 肖川, 张倩, 等. 超高温耐热高能材料研究进展. 兵器装备工程学报, 2021, 42: 115-121.

[25] 雷晴, 卢艳华, 何金选. 固体推进剂高能氧化剂的合成研究进展. 固体火箭技术, 2019, 42: 175-185.

[26] 曾贵玉, 齐秀芳, 刘晓波. 高能材料领域的几类颠覆性技术进展. 含能材料, 2020, 28: 1211-1220.

[27] Hu L, Yin P, Zhao G, et al. conjugated energetic salts based on fused rings: insensitive and highly dense materials. Journal of the American Chemistry Society, 2018, 140: 15001-15007.

[28] Zhang J, Shreeve J M. Nitroaminofurazans with azo and azoxy linkages: a comparative study of structural, electronic, physicochemical, and energetic properties. Journal of Physical Chemistry C, 2015, 119: 12887-12895.

[29] Hermann T S, Klapötke T M, Krumm B, et al. Synthesis, characterization, and properties of di- and trinitromethyl-1,2,4-oxadiazoles and salts. Asian Journal of Organic Chemistry, 2018, 7: 739-750.

[30] Szimhardt N, Wurzenberger M H H, Klapötke T M, et al. Highly functional energetic complexes: stability tuning through coordination diversity of isomeric propyl-linked

ditetrazoles. Journal of Materials Chemistry A, 2018, 6: 6565-6577.

[31] Dalinger I L, Suponisky K Y, Shkineva T K, et al. Bipyrazole bearing ten nitro groups: a novel highly dense oxidizer for forward-looking rocket propulsions. Journal of Materials Chemistry A, 2018, 6: 14780-14786.

[32] Yu Q, Imler G H, Parrish D A, et al. *N,N'*-methylenebis (*N*-(1,2,5-oxadiazol-3-yl) nitramide) derivatives as metal-free green primary explosives. Dalton Transactions, 2018, 47: 12661-12666.

[33] Lang Q, Sun Q, Wang Q, et al. Embellishing bis-1,2,4-triazole with four nitroamino groups: advanced high-energy-density materials with remarkable performance and good stability. Journal of Materials Chemistry A, 2020, 8: 11752-11760.

[34] Yang J, Yin X, Wu L, et al. Alkaline and earth alkaline energetic materials based on a versatile and multifunctional 1-aminotetrazol-5-one ligand. Inorganic Chemistry, 2018, 57: 15105-15111.

[35] Chang J, Zhao G, Zhao X, et al. New promises from an old friend: iodine-rich compounds as prospective energetic biocidal agents. Accounts of Chemical Research, 2021, 54: 2332-2343.

[36] Zhang W, Zhang J, Deng M, et al. A promising high-energy-density material. Nature Communications, 2017, 8: 181.

[37] 田德余. 固体推进剂配方优化设计. 北京：国防工业出版社, 2013: 8.

[38] Deng M, Feng Y, Zhang W, et al. A green metal-free fused-ring initiating substance. Nature Communications, 2019, 10: 1339.

[39] 陆明, 许元刚, 王鹏程, 等. N_5^-与金属离子及有机阳离子的键合作用. 火炸药学报, 2019, 42: 1-5.

第2章 单环唑类高能材料

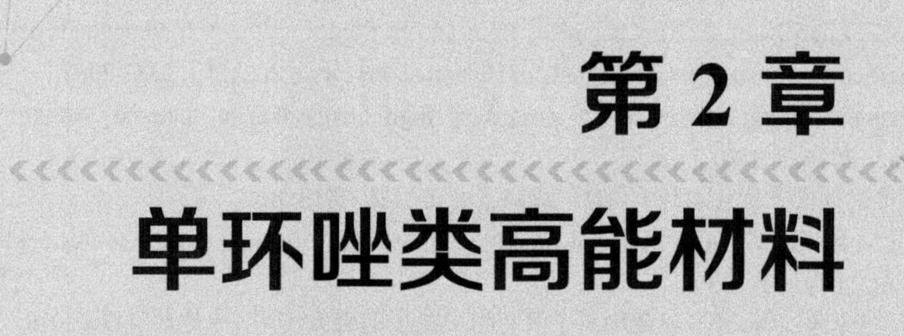

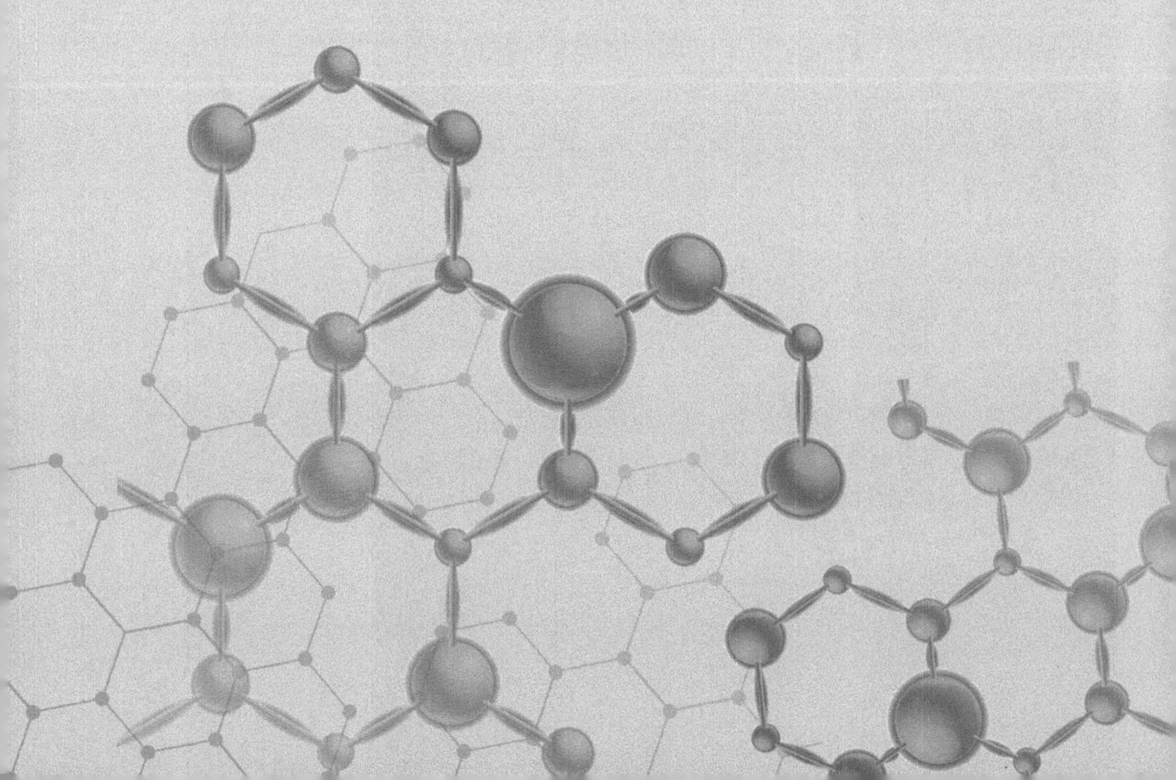

2.1　二唑类高能材料

2.1.1　咪唑类高能材料

一直以来硝基咪唑类杂环化合物作为药物被广泛研究，直至最近几十年才发现多硝基咪唑类杂环化合物具有优良的炸药特性，是一类值得深入探索研究的新型炸药。单环多硝基咪唑类杂环化合物中研究较多的是 1-甲基-2,4,5-三硝基咪唑(MTNI，**2-1**)。2002 年，Cho 等[1]以咪唑为原料经过五步反应首次合成 MTNI (图 2.1)，同时对其感度及热稳定性进行了分析，指出 MTNI 是高能、钝感、热稳定性高的单质炸药，可作为 TNT 的替代品。该方法是以咪唑为原料在硝硫混酸中硝化得到 4-硝基咪唑，然后再硝化得到 1,4-二硝基咪唑，接着在氯苯中重排得到 2,4-二硝基咪唑，硝化得 2,4,5-三硝基咪唑的钾盐，最后在重氮甲烷中甲基化得到 MTNI。五步合成法的主要缺陷是步骤烦琐、总产率低(＜10%)，同时氯苯会对环境造成严重污染，重氮甲烷在操作过程中危险性高。

70% HNO_3, H_2SO_4 / 回流；HNO_3, AcOH, Ac_2O；PhCl / 回流；1. HNO_3, H_2SO_4 2. K_2CO_3, KCl；1. HCl 2. CH_2N_2, Et_2O

2-1

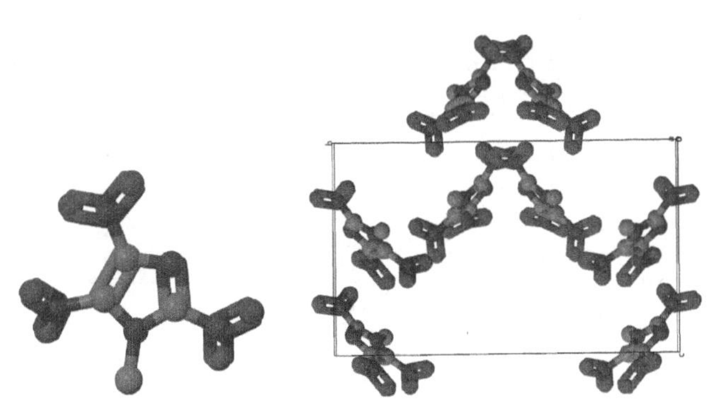

图 2.1　MTNI 的五步合成路线及其单晶结构

除 MTNI 之外，其他含能基团(氨基、硝胺基或叠氮基等)取代的单环咪唑类化合物也有研究。2,4-二硝基咪唑的氮氨基化[2]及其进一步的硝化[3]和成盐[4]反应可以合成多种含能离子盐(图 2.2)。1-硝胺基-2,4-二硝基咪唑(**2-2**)的分解温度高达 234℃，爆速略低于黑索金(RDX)，但撞击感度较高(IS = 2.5 J)。**2-2** 的离子盐热稳定性有所降低，分解温度均低于 200℃。其中肼盐密度高达 1.93 g/cm^3，爆速 9209 m/s，爆压大于 40 GPa，爆轰性能优于奥克托金(HMX)，而且撞击感度低于 HMX(IS = 12 J)。

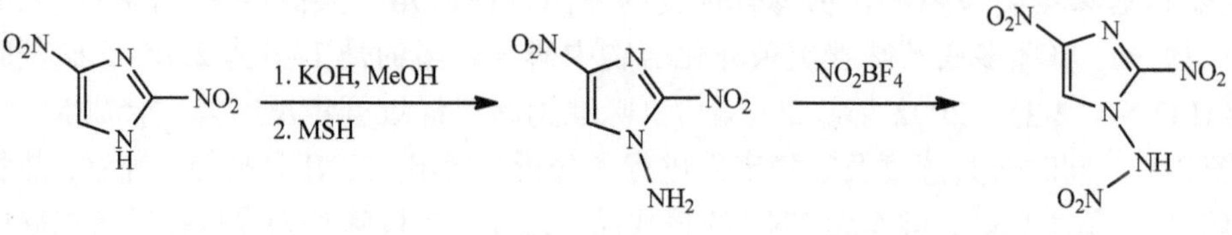

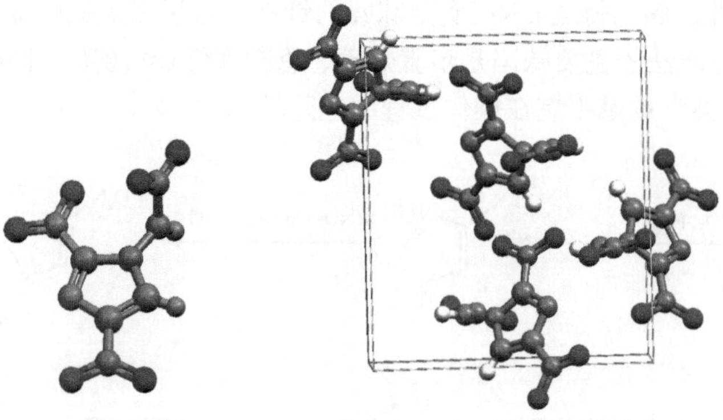

图 2.2　1-硝胺基-2,4-二硝基咪唑的合成路线及其晶体结构

氨基取代的咪唑可以发生氨基的重氮化和叠氮化，从而衍生为叠氮基咪唑化合物，2-叠氮基-4,5-二硝基咪唑(**2-3**)[5](图 2.3)和 1-氨基-4-硝基-5-叠氮基咪唑(**2-5**)[6](图 2.4)均是利用这种方法合成的。**2-5** 的密度只有 1.65 g/cm^3，分解温度只有 144℃，撞击感度也只有 3.5 J；**2-3** 的密度达到了 1.83 g/cm^3，爆速为 8410 m/s，分解温度也比较低(表 2.1)。

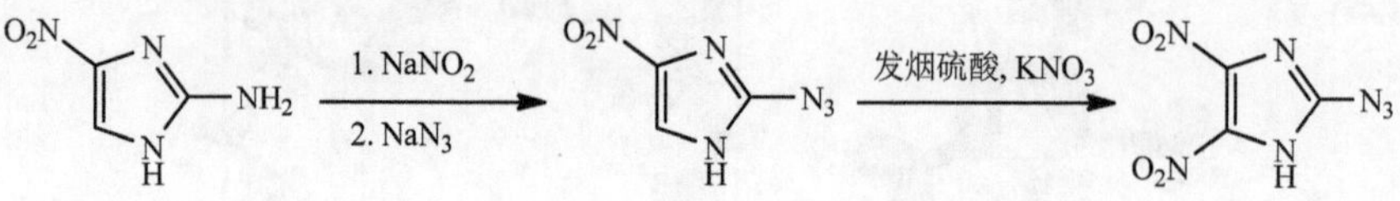

图 2.3　2-叠氮基-4,5-二硝基咪唑的合成路线

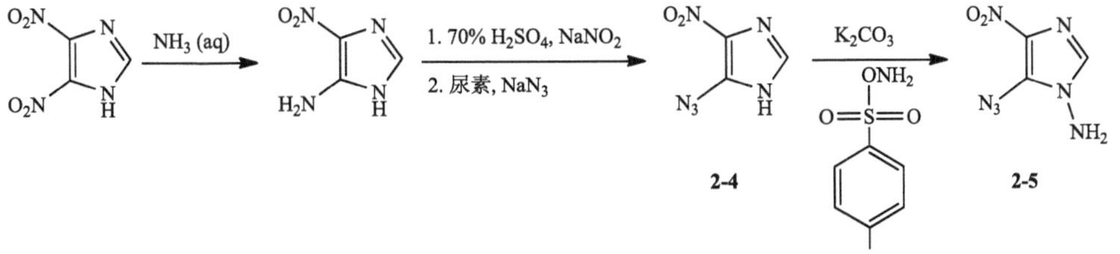

图 2.4　1-氨基-4-硝基-5-叠氮基咪唑的合成路线

表 2.1　化合物 2-3～2-5 的物化性能数据表

化合物	密度/(g/cm^3)	熔点/℃	分解温度/℃	生成焓/(kJ/mol)	爆速/(m/s)	爆压/GPa	撞击感度/J
2-3	1.83	—	105.2	346.5	8410	31.6	—
2-4	1.71	—	220.2	331.7	7490	24.1	—
2-5	1.65	77	144	470.3	8048	25.9	3.5

1,5-二氨基-2,4-二硝基咪唑(**2-8**)[7]是根据 TATB 和 1,1-二氨基-2, 2-二硝基乙烯(FOX-7)的结构来设计合成的(图 2.5)。其理论爆速 8806 m/s，爆压 34.0 GPa，爆轰性能与 RDX 相当，机械感度(IS＞40 J，FS＞360 N)达到了 TATB 的钝感程度，但分解温度仅 190.2℃，低于 TATB 的分解温度(324℃)(表 2.2)。

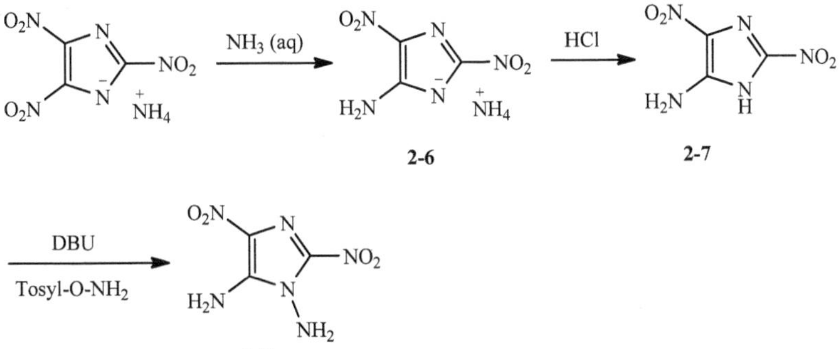

图 2.5　1,5-二氨基-2,4-二硝基咪唑的合成路线

表 2.2　化合物 2-6～2-8 的物化性能数据表

化合物	密度/(g/cm^3)	分解温度/℃	生成焓/(kJ/mol)	爆速/(m/s)	爆压/GPa	撞击感度/J	摩擦感度/N
2-6	1.73	220.2	−10.5	8279	27.1	40	360
2-7	1.76	105.2	−193.1	8159	27.9	30	360
2-8	1.87	190.2	124.5	8806	34.0	＞40	＞360

2-硝基咪唑和 4-硝基咪唑可以进行 *N*-三硝基甲基化[8] (图 2.6)，而 2,4-二硝基咪唑和 4,5-二硝基咪唑在相同的实验条件下则不能生成类似的产物。1-硝仿基-2-硝基咪唑和 1-硝仿基-4-硝基咪唑的爆速接近 9000 m/s，但它们的分解温度只略高于 100℃，感度也比 RDX 敏感。咪唑的氨基化产物还可作为与三硝基乙醇反应的前体，用来合成含有硝仿基的单环多硝基的咪唑类高能材料(**2-9**～**2-12**)[6] (图 2.7 和表 2.3)。

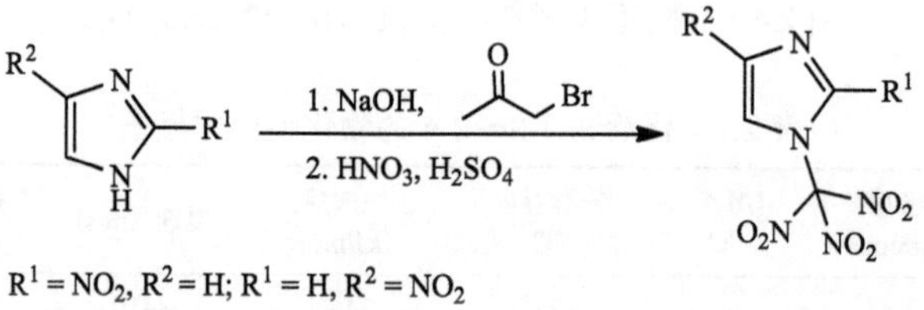

1. NaOH, (溴丙酮)
2. HNO_3, H_2SO_4

$R^1 = NO_2, R^2 = H; R^1 = H, R^2 = NO_2$

图 2.6　1-硝仿基-2-硝基咪唑和 1-硝仿基-4-硝基咪唑的合成路线

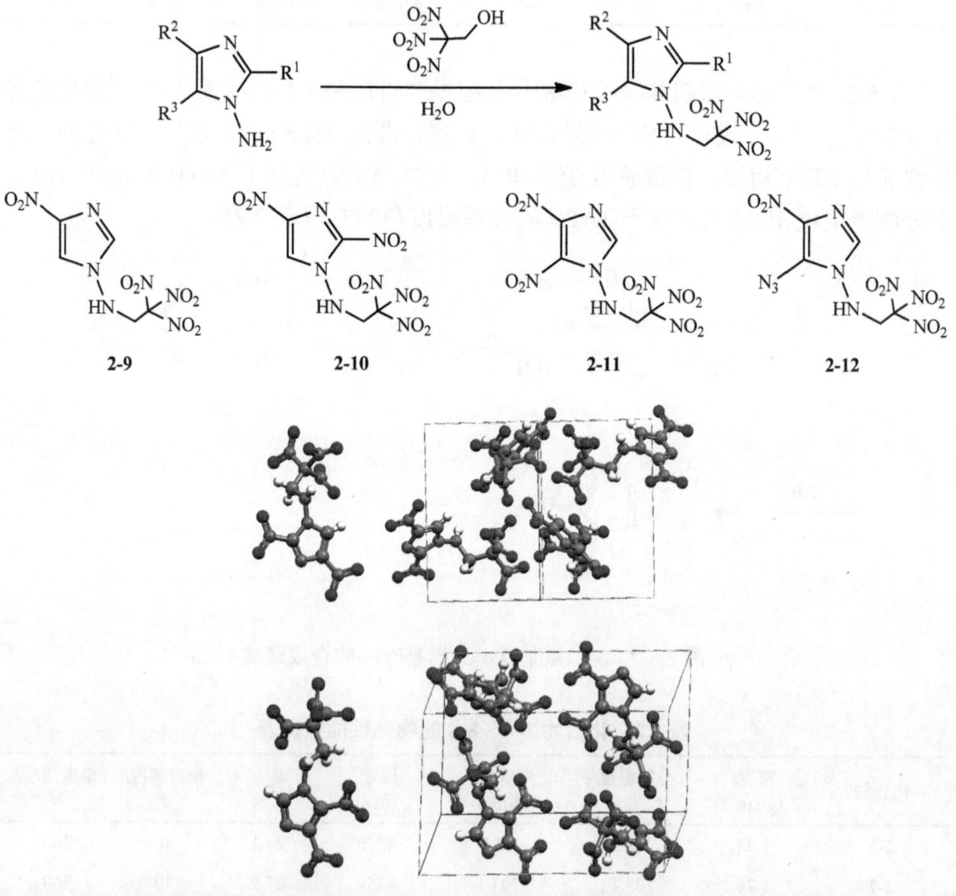

$(O_2N)_3CCH_2OH$, H_2O

2-9　**2-10**　**2-11**　**2-12**

图 2.7　咪唑的氨基化产物与三硝基乙醇反应制备多硝基咪唑以及 **2-10** 和 **2-11** 的晶体结构

表 2.3　化合物 2-9～2-12 的物化性能数据表

化合物	密度/(g/cm^3)	熔点/℃	分解温度/℃	生成焓/(kJ/mol)	爆速/(m/s)	爆压/GPa	撞击感度/J
2-9	1.84	—	139	86.8	8218	30.4	10
2-10	1.79	—	136	418.8	8513	33.0	2
2-11	1.83	163	171	108.4	8659	35.9	3
2-12	1.84	—	172	91.3	8649	35.8	7

1,1-二氨基-2,2-二硝基乙烯(FOX-7)由于其氨基的独特活性而能够与乙二胺类和丙二醛反应生成咪唑的 2 位被二硝基乙烯基所取代的多硝基咪唑衍生物[9]，通过与乙二胺、甲基乙二胺和乙二醛反应分别得到了化合物 **2-13**、**2-14** 和 **2-15**(图 2.8)。它们的分解温度高于 150℃，而爆速大于 7000 m/s，它们的爆轰性能低，所以难以满足当今各领域对高能材料的需求。通常咪唑环上 N—H 键在硝酸和酸酐的条件下能够被硝化为硝胺基(N-NO_2)，这种结构在咪唑和吡唑上往往表现出低的熔点。在进一步用硝酸和酸酐体系硝化化合物 **2-13**、**2-14** 和 **2-15** 后成功得到了 1-硝基-2-三硝基甲基取代的咪唑衍生物(**2-16**、**2-17** 和 **2-18**)，它们不仅具有较高的氧平衡、较高的爆速(大于 8000 m/s)，部分化合物(**2-17** 和 **2-18**)还表现了较低的熔点[10](表 2.4)。

H_2N　NO_2　H_2N　NO_2

NH_2　NH_2　EtOH,80℃

NH_2　NH_2　NMP,80℃

O　O　pH = 7～8, 70℃

H N　NO_2　N H　NO_2　**2-13**

H N　NO_2　N H　NO_2　**2-14**

O_2N　H N　NO_2　O_2N　N H　NO_2　**2-15**

Ac_2O　HNO_3

N　NO_2　NO_2　N　NO_2　NO_2　**2-16**

N　NO_2　NO_2　N　NO_2　NO_2　**2-17**

AcO　N　NO_2　NO_2　AcO　N　NO_2　NO_2　**2-18**

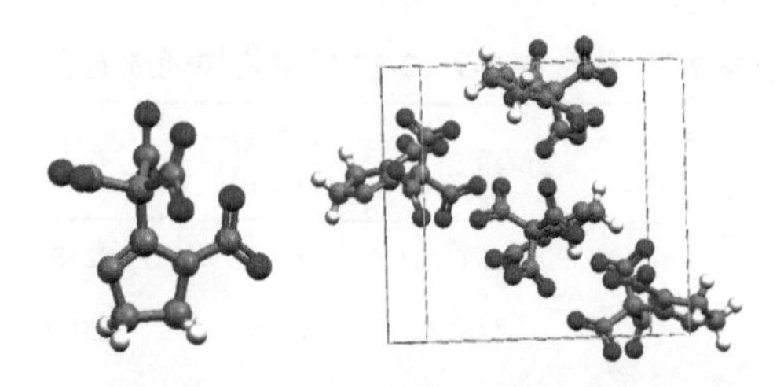

图 2.8　由 FOX-7 与乙二胺类衍生物和乙二醛反应制备多硝基咪唑的过程及 **2-16** 的晶体结构

NMP：*N*-甲基吡咯烷酮

表 2.4　化合物 2-13～2-18 的物化性能数据表

化合物	密度/ (g/cm^3)	熔点/ ℃	分解温度/ ℃	生成焓/ (kJ/mol)	爆速/ (m/s)	爆压/ GPa	撞击感度/ J	摩擦感度/ N
2-13	1.69	—	257.0	−5.7	8394	28.6	40	360
2-14	1.72	146.5	237.8	53.3	7720	23.0	40	360
2-15	1.66	—	165.3	−529.9	7310	20.0	40	360
2-16	1.75	—	129.8	256.2	8504	31.9	4	40
2-17	1.77	70.8	117.2	305.4	8688	34.4	10	85
2-18	1.77	96.1	118.1	−292.9	8131	29.6	25	240

氰基能与羟胺反应得到氨基肟类官能团，这类官能团在稀盐酸和亚硝酸钠的反应体系中进一步反应得到氨基被氯取代的偕氯肟，在高能材料制备工艺中偕氯肟是被广泛用来制备二硝基甲基的重要前体(图 2.9)。根据以上合成经验，以 2-氨基-4,5-二氰基咪唑为原料能够成功制备 4,5-双(氯二硝基甲基)-2-重氮咪唑(**2-19**，图 2.10)，它具有良好的爆轰性能(表 2.5)，但低的分解温度(97.24℃)是其主要的缺点[11](图 2.11)。

图 2.9　由氰基制备偕二硝基甲基的一般过程

TFAA：三氟乙酸酐

图 2.10　由 2-氨基-4,5-二氰基咪唑为原料制备多硝基咪唑

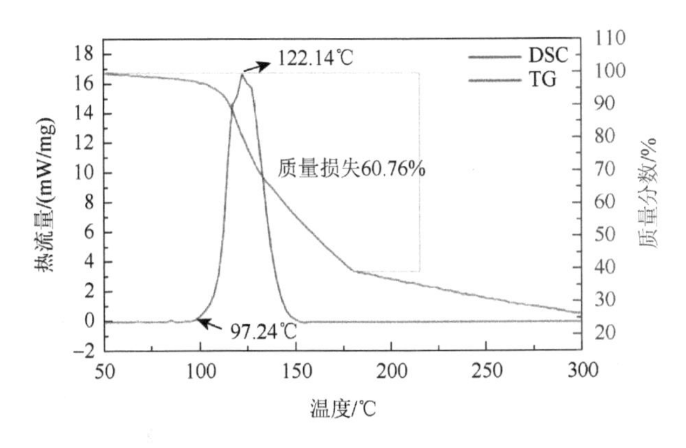

图 2.11　4,5-双(氯二硝基甲基)-2-重氮咪唑的 TG-DSC 图

表 2.5　化合物 2-19 的物化性能数据表

化合物	密度/(g/cm^3)	分解温度/℃	生成焓/(kJ/mol)	爆速/(m/s)	爆压/GPa	撞击感度/J	摩擦感度/N
2-19	1.69	97.24	−5.7	8394	28.6	40	360

2.1.2　吡唑类高能材料

氮杂环唑类化合物在医药、农药、材料等众多领域都具有广阔的应用，颇受人们的青睐，吡唑及其衍生物就是其中重要的一类化合物。吡唑及其衍生物是具有芳香性的稳定物质，其显著的特点是耐氧化、耐热、耐水解，可广泛应用于医药、农药、光敏材料、精细化工等领域。吡唑结构上存在 π 电子体系，环上易于发生亲电取代、硝化、碘化、卤化等反应，经硝化之后便可得到硝基吡唑。硝基吡唑衍生物氮元素的质量分数高于碳氢，普遍具有生成焓高、感度较低、热稳定性高、环境友好等优点，是一类高密度、高能量、低感度的耐热炸药，该类化合物易于制备，性能优良，与大多数高能材料相容性好，是一类具有潜在应用价值的候选含能催化剂。图 2.12 为几种典型硝基吡唑类化合物的结构(**2-20**～**2-26**)。

Dalinger 等[12]和 Ravi 等[13]对上述化合物的合成及性能进行了报道，并表明它们具有能量密度较高的性能，1-甲基-3,4,5-三硝基吡唑(MTNP，**2-26**)的性能尤其优良，是潜在的熔铸炸药载体。2013 年，李雅津等[14]在国内首次合成了 MTNP，方法是甲基吡唑碘化再硝化，但产率较低，且产生中间体碘代物的过程会污染环境，因此需要进一步改进其合成工艺。李雅津等[14]和仪建红等[15]对硝基吡唑类化合物进行了相关的理论计算，表明其具有良好的爆轰性能，是新型高能材料。为此，本节重点介绍了能量相当于 TNT、感度低于 TNT 或能量更高的吡唑类低熔

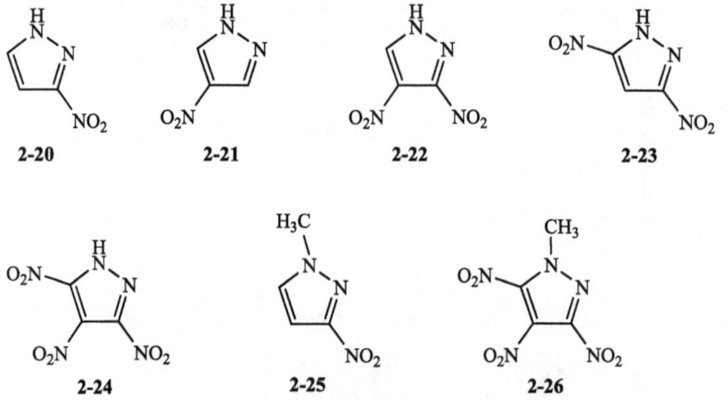

图 2.12 几种典型硝基吡唑类化合物的结构

点系列含能化合物，如 3,4-二硝基吡唑(3,4-DNP)、MTNP，期望为高密度、高能量、低感度炸药以及可替代 TNT 的熔铸炸药载体的进一步研究提供帮助。以下分别对几种硝基吡唑类化合物的合成及应用进行了介绍。

1. 3-硝基吡唑(3-NP，**2-27**)

3-NP 的熔点 174℃、爆速 7020 m/s、爆压 20.08 GPa、密度 1.57 g/cm^3，可用作高能材料及进一步制得其他高能材料的中间体。1971 年，Janssen 等[16]合成得到了 3-NP，方法是将 1-硝基吡唑溶解到苯甲醚中，145℃下油浴反应 10 h，冷却析出白色结晶固体，过滤、减压干燥得到 3-NP 的粗品，苯重结晶得纯品。2004 年，李翠屏等[17]将吡唑加入硝酸-硫酸的混合介质中，在温度不超过 15℃的条件下反应 3.5 h，得到 1-硝基吡唑，1-硝基吡唑于正辛醇中 185～190℃加热回流，得到转位产物，合成路线如图 2.13 所示。

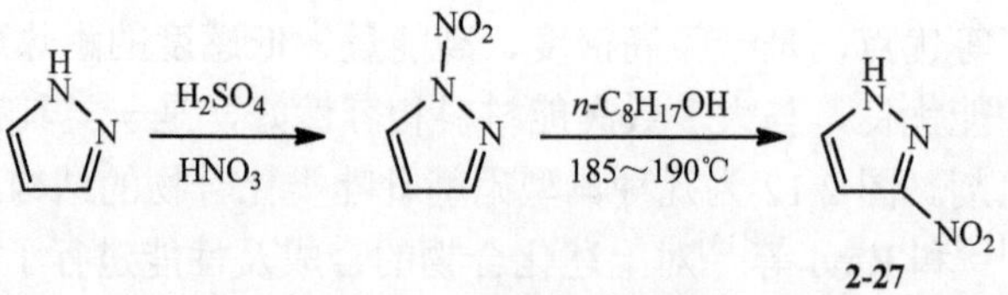

图 2.13 3-NP 的合成路线

2007 年，李洪丽等将吡唑加入冰醋酸、浓硝酸和乙酸酐体系，室温下反应，得到 1-硝基吡唑，1-硝基吡唑在苯甲腈中回流，得到 3-NP[18]。上述合成路线中，均由 1-硝基吡唑重排得到目标产物 3-NP，重排所用高沸点溶剂分别为苯甲醚、正

辛醇和苯甲腈(对应的沸点分别为 155.5℃、194.5℃、190.7℃)，苯甲醚沸点较低，重排反应需要较长时间；苯甲腈和正辛醇作为溶剂有利于提高回流温度，缩短反应时间；采用正辛醇作为反应介质时产品质量较差，可能是高温条件下正辛醇受到氧化所致；而采用苯甲腈作为介质可以避免反应时间长、产品质量差等缺点。因此，应考虑选用苯甲腈为反应介质。

2. 4-硝基吡唑(4-NP，**2-28**)

4-NP 的熔点 163℃、密度 1.52 g/cm^3、爆速 6860 m/s、爆压 18.81 GPa (表 2.6)，可作为高能材料中间体。1988 年，Kanishchev 等[19]将吡唑加入硝硫混酸中，110℃下反应 48 h 得到 4-NP。2013 年，Rao 等[20]将 1-硝基吡唑加入 H_2SO_4 中，室温下搅拌 20 h，反应混合液倒入冰水中，乙醚萃取，硫酸钠干燥有机层，蒸馏得到无色固体物质 4-NP，乙醚/己烷重结晶得到其纯净物，合成路线如图 2.14 所示。

图 2.14　4-NP 的合成路线

3. 3,4-二硝基吡唑(3,4-DNP，**2-29**)

3,4-DNP 是多氮杂环含能化合物的典型代表，其熔点 86～88℃(图 2.15)、爆速 8100 m/s、爆压 29.4 GPa，密度 1.87 g/cm^3(表 2.6)[16]，与 TNT(熔点 81℃，爆速 6856 m/s、爆压 21.0 GPa、密度 1.66 g/cm^3)相比，3,4-DNP 具有密度高、熔点高、爆速高等优点。

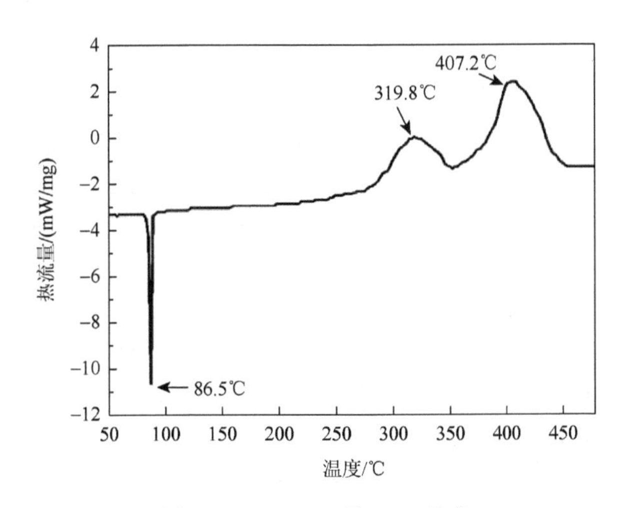

图 2.15　3,4-DNP 的 DSC 曲线

汪营磊[21]以吡唑为原料，经在冰醋酸和发烟硝酸 N-硝化、苯甲腈中热重排、硝硫混酸中 C-硝化等三步反应合成了目标物3,4-DNP，热重排得率为92.67%（图2.16）。蒋秋黎[22]对其热稳定性及与其他组分的相容性进行了研究，结果表明 3,4-DNP 具有较高的热稳定性，能与 2,4-二硝基苯甲醚（DNAN）、1,3,3-三硝基氮杂环丁烷（TNAZ）、RDX、HMX、CL-20、AP、A1 和微晶蜡相容。田新[23]也经三步反应得到目标产物，并探讨了 1-硝基吡唑重排为 3-硝基吡唑过程中，高沸点溶剂苯甲腈和苯甲醚对产率的影响。结果发现在苯甲腈中，反应温度 180℃、反应时间 3 h 的条件下，产物得率为 91%；在苯甲醚中，反应温度 150℃、反应时间 9 h 的条件下，产物得率为 62%，因此苯甲腈作介质时的效果较好。杜闪等[24]将吡唑溶解在冰醋酸、发烟硝酸和 Ac_2O 中硝化得到 1-硝基吡唑，将 1-硝基吡唑溶解在正辛醇中，加热回流，185～190℃下热重排，得到 3-硝基吡唑，产率 87.8%，再将发烟硝酸和浓硫酸组成的混酸溶液慢慢滴加到 3-硝基吡唑和浓硫酸组成的溶液中，反应 1 h 后处理得到目标产物，该工艺已经较成熟，已能够提供千克级的样品。以后的研究重点主要是新的绿色合成线路的探索及其与其他炸药组分的组合，以满足现代的混合炸药的新要求。

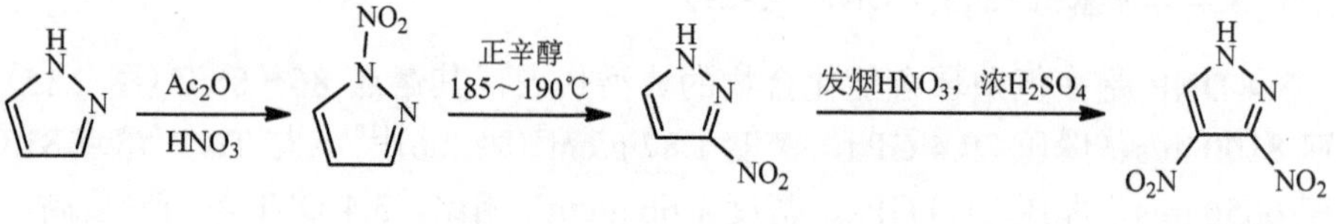

Ac_2O / HNO_3；正辛醇 185～190℃；发烟HNO_3，浓H_2SO_4 → **2-29**

图 2.16　3,4-DNP 的合成路线

4. 3,5-二硝基吡唑（3,5-DNP，**2-30**）

3,5-DNP 的熔点 173～174℃、爆速 8340 m/s、爆压 30.67 GPa、密度 1.80 g/cm^3、分解温度 316.8℃（表 2.6）[25]，且分子呈对称分布，比较稳定，可以作为一种单质炸药，也可以作为一种关键中间体用于不敏感炸药的合成。1973 年，Janssen 等[26]将 1,3-二硝基吡唑溶在苯甲腈中重排，得到的混合物用己烷稀释并用 NaOH 溶液萃取，得到含少量 5-硝基吡唑的产物，用苯结晶得到 3,5-DNP。

2007 年，汪营磊等[27]合成了 3,5-DNP，方法是向溶有 3-硝基吡唑的冰醋酸中滴加浓硝酸和乙酸酐，反应结束后倒入碎冰，析出白色固体，过滤、洗涤、干燥得到 1,3-DNP。将 1,3-DNP 溶在苯甲腈中，油浴加热至 147℃，保温，冷却至室温，通氨气，得到 3,5-二硝基吡唑铵盐，溶于水，并用盐酸中和，乙醚萃取，无水硫酸镁干燥，过滤，除去乙醚得到 3,5-DNP，水重结晶，得到其纯净物。其主要合成路线见图 2.17。

图 2.17　3,5-DNP 的合成路线

5. 3,4,5-三硝基吡唑(TNP，**2-31**)

TNP 的熔点 188～190℃、爆速 9000 m/s、爆压 37.09 GPa、密度 1.89 g/cm^3 (表 2.6)，显弱酸性，其在 260～350℃范围内能够热分解[28]。它是迄今为止所有完全硝化芳香族中热稳定性和化学稳定性最高的化合物[29]。

2009 年，Dalinger 等[12]将 5-氨基-3,4-二硝基吡唑溶在 H_2SO_4 中，0～5℃的条件下加入 H_2O_2，将混合液加热至室温，反应结束后将反应液倒入碎冰中，乙醚反复萃取，无水硫酸镁干燥，真空中浓缩得到 TNP。2010 年，Herve 等[28]提出了以下合成目标产物的方法(图 2.18)。

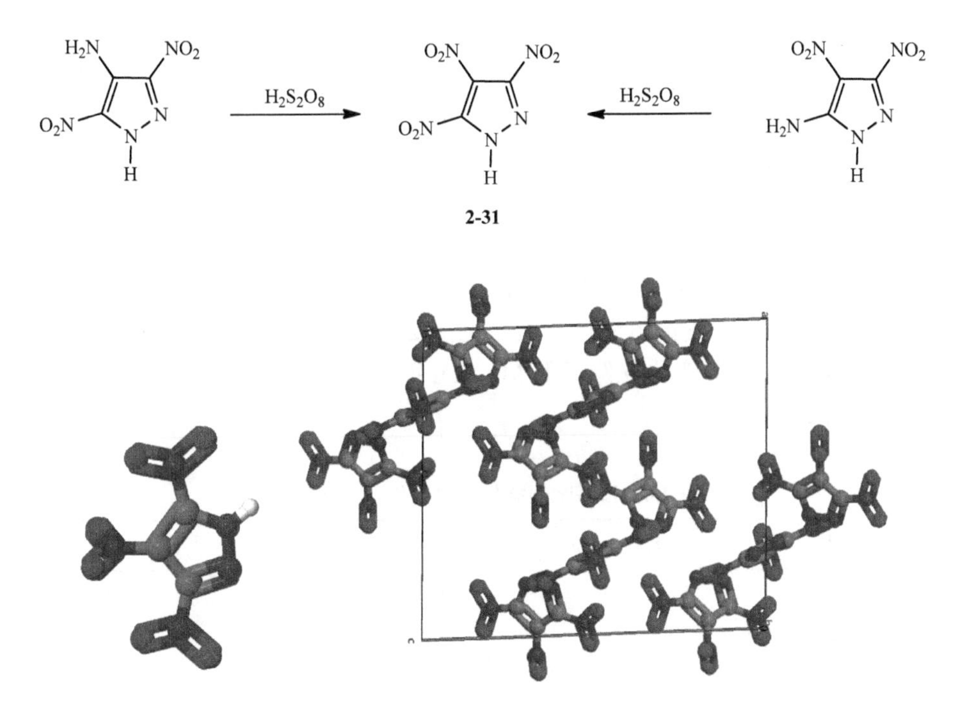

图 2.18　TNP 的合成路线及其晶体结构

6. 1-甲基-3-硝基吡唑(**2-32**)

该化合物的熔点为 80～83℃、爆速 6620 m/s、爆压 17.11 GPa、密度 1.47 g/cm^3[15]。Katritzky 等[30]在冰浴条件下将 1-甲基吡唑加入三氟乙酐中保温 1h，在冷却条件下，将浓硝酸加入上述混合物中，室温下搅拌 12 h，将过量的三氟乙酸(TFA)和硝酸在真空条件下移去，得到硝化衍生物粗品，柱色谱纯化得到 1-甲基-3-硝基吡唑，合成路线见图 2.19。

$(CF_3CO)_2O$, HNO_3 → NO_2, N, N, CH_3, **2-32**

图 2.19　1-甲基-3-硝基吡唑的合成路线

7. 1-甲基-3,4,5-三硝基吡唑(MTNP，**2-33**)

MTNP 是一种淡黄色固体，易溶于有机溶剂，微溶于水，爆速 8650 m/s、爆压 33.7 GPa(比 TNT 高出约 13 GPa)、熔点 91.5℃，是一种高能、钝感、低熔点炸药(表 2.6)[31]。Ravi 等[31]对 MTNP 进行了大量合成及性能研究，具体方法是将 98% H_2SO_4 溶液在温度低于 15℃的条件下，逐滴加入发烟硝酸中，搅拌 15 min 后，加入 1-甲基吡唑，升温至 110℃，反应结束后倒入碎冰中，饱和 $NaHCO_3$ 中和，乙酸乙酯反复萃取并合并有机层，水和盐水洗涤，无水硫酸镁干燥，蒸去液体得到浅黄色固体物质，见图 2.20 合成路线 1。Dalinger 等[32]将 TNP 在 $NaHCO_3$ 水溶液的条件下用 Me_2SO_4 甲基化得到目标产物(图 2.20 合成路线 2 和图 2.21)。

表 2.6　硝基吡唑类化合物物化性能数据表

化合物	密度/(g/cm^3)	熔点/℃	爆速/(m/s)	爆压/GPa
2-27	1.57	174	7020	20.08
2-28	1.52	163	6860	18.81
2-29	1.87	86	8100	29.4
2-30	1.80	173	8340	30.67
2-31	1.89	188	9000	37.09

续表

化合物	密度/(g/cm³)	熔点/℃	爆速/(m/s)	爆压/GPa
2-32	1.47	80	6620	17.11
2-33	1.83	91.5	8650	33.7

合成路线1：

CH_3 N N　$\xrightarrow[HNO_3]{H_2SO_4}$　CH_3 N N O_2N O_2N NO_2 **2-33**

合成路线2：

H N N O_2N O_2N NO_2　$\xrightarrow{Me_2SO_4}$　CH_3 N N O_2N O_2N NO_2 **2-33**

图 2.20　MTNP 的合成路线 1 和合成路线 2

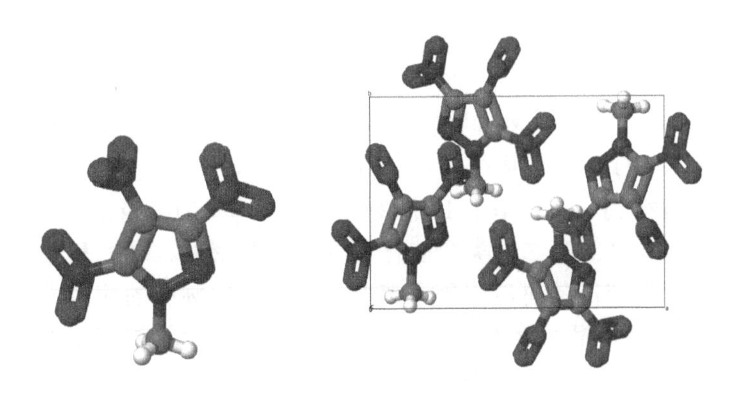

图 2.21　MTNP 的晶体结构

该法使用的原料 TNP 需要经过三步硝化来合成，较为烦琐，得率不高，且 Me_2SO_4 有剧毒。因此，寻找合成 TNP 的较优工艺及使用低毒的碳酸二甲酯和三氟甲磺酸甲酯来代替 Me_2SO_4 作为甲基化试剂显得尤为重要。李雅津等[14]借鉴了以上的线路，在 0～10℃恒温水浴下的冰醋酸中加入碘单质，然后将溶解有碘酸的硫酸溶液与 1-甲基吡唑滴入上述混合物，最后加入 CCl_4，升温至 80℃，反应 2.5 h，倒入冰水浴中析出白色絮状物，抽滤，饱和 Na_2SO_4 溶液和氯化钠溶液冲洗，烘干，得到 1-甲基-3,4,5-三碘吡唑，丙酮/水精制得到乳白色粉末状固体。1-甲基-3,4,5-三碘吡唑加入硝酸中加热回流 1.5 h，倒入冰水中，$NaHCO_3$ 中和，乙醚反复萃取，Na_2SO_4 干燥，蒸去溶剂得到浅黄色固体 MTNP，合成路线见图 2.22。硝基吡唑类化合物表现出较好的含能化合物的性能，特别是 MTNP 与 3,4-DNP 的综合性能优良，是潜在的熔铸炸药载体。

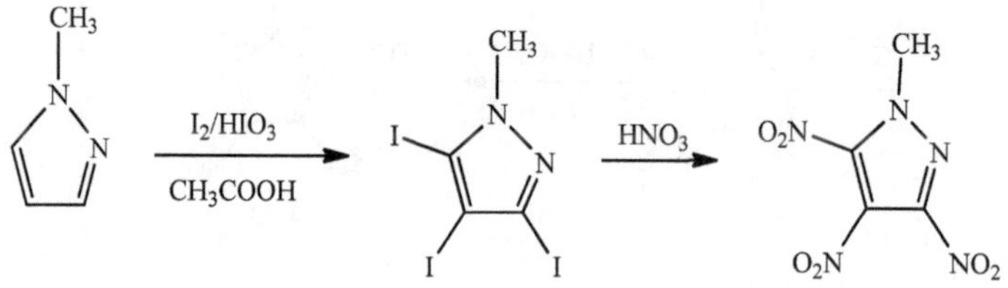

I_2/HIO_3, CH_3COOH; HNO_3

2-33

图 2.22　MTNP 的合成路线 3

2.1.3　1,2,4-噁二唑类高能材料

在目前所探索的诸多类型的新型高能材料中，噁二唑类含能化合物以其高密度、高氮含量、高氧平衡和高热稳定性等特点得到了广泛关注[33]。高生成焓以及化学键断裂所释放出的键能是噁二唑类含能化合物的主要能量来源[34]。四种噁二唑异构体中 1,2,5-噁二唑(呋咱)的生成焓值最高(216.3 kJ/mol)，且结构中的 N—N 键和 N—O 键的数量最多，因而在之前很长一段时间内深受科研工作者的青睐，并合成得到一系列基于 1,2,5-噁二唑结构单元的高能化合物[35-38]。然而进一步研究表明 1,2,5-噁二唑类含能化合物虽然在密度、爆速和爆压等方面有着突出的优势，但较高的感度阻碍了该类化合物在实际中的应用[39]。考虑到高能和低感始终是一对相互矛盾的因素，在保证密度不降低的前提下适当降低主体结构的生成焓可能是一种使爆轰性能和感度达到理想平衡的方法。因而在最近一段时间，国内外一些研究机构已逐渐将关注目光转移至另一种噁二唑异构体——1,2,4-噁二唑[40-42]。最新研究发现，1,2,4-噁二唑类化合物的总体能量水平略低于 1,2,5-噁二唑类化合物，但在感度性能方面则要相对低感，可在侧链上引入高能化学基团(如呋咱基、偶氮基、硝基、硝胺基及硝仿基等)[43,44]，可进一步提高 1,2,4-噁二唑类化合物的能量密度，因此 1,2,4-噁二唑类化合物的性能还有较大的提升空间。本节综述了国内外关于单环 1,2,4-噁二唑类含能化合物的最新

研究成果，并对部分化合物的性能进行了阐述。通过与传统硝胺类高能材料 RDX 和 HMX 的综合性能对比，发现 1,2,4-噁二唑类含能化合物具有高氧平衡、高能及不敏感特性。

单环 1,2,4-噁二唑一般可通过酰基、氰基等基团与氨基肟结构单元发生环加成反应合成得到[45]，而如何在合成 1,2,4-噁二唑环的同时尽可能多地引入高反应活性或高能基团(如氨基、乙酸乙酯基、呋咱基、硝基、硝胺基等)是 1,2,4-噁二唑类化合物合成的难点。Huttunen 等[46]以二氰基胺钠为原料，在二甲基胺的催化作用下与盐酸羟胺发生反应得到 **2-34**。同时，他们认为该反应机理为二氰基胺钠与二甲基胺发生作用得到过渡态 **2**，再与盐酸羟胺发生加成反应得到过渡态 **3**，最后 **3** 脱去一分子二甲基胺，并发生合环反应得到 **2-34**(图 2.23)。

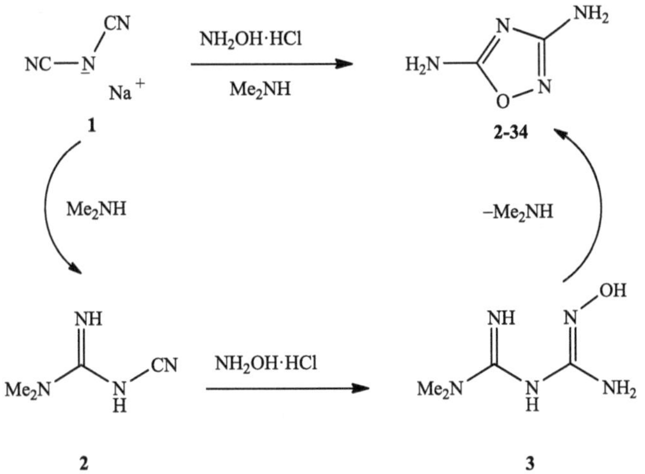

图 2.23　二氨基-1,2,4-噁二唑的合成路线

利用 **2-34** 在 3、5 位上的氨基，可以进行硝化、成盐等衍生反应得到含能化合物。Tang 等[47]以氯甲酸乙酯为亲电试剂，使其在回流的二氧六环体系中与 **2-34** 发生亲电取代反应得到 **2-35**，再经硝酸/乙酸酐硝化得到 **2-36**(由于分子结构重排，**2-36** 存在伯胺和仲胺两种分子构型)，**2-36** 在水合肼的作用下脱去一分子甲酸乙酯，并与肼结合得到含能离子盐 **2-37**，经盐酸酸化得到酸性母体 **2-38**。利用 **2-38** 自身较强的酸性，可以直接与氨水或羟胺反应得到两种含能离子盐 **2-39** 和 **2-40**(图 2.24)。**2-38** 及其三种含能离子盐的爆速均高于 8000 m/s，撞击感度不低于 16 J，摩擦感度不低于 240 N，是一类性能优异的钝感高能材料(表 2.7)。

除了以上通过环加成得到单环 1,2,4-噁二唑类结构的反应之外，近年来科研工作者还发现了多个通过其他氮杂环结构进行重排反应合成单环 1,2,4-噁二唑结构的实例[42]。Katritzky 等[48]以 1-乙酰基四唑为原料，先后在硫酸二甲酯和硝硫混酸介质中反应，重排得到一种硝基-1,2,4-噁二唑化合物 **2-41**（图 2.25）。Katritzky 认为该反应的机理为：首先 1-乙酰基四唑与硫酸二甲酯发生甲基化反应，再在硝硫混酸体系中进行硝化得到过渡态，最后脱除一分子二氧化氮重排得到一种硝基-1,2,4-噁二唑化合物 **2-41**。其晶体密度为 1.694 g/cm^3，熔点为 125～126℃，其他性能尚未见报道。

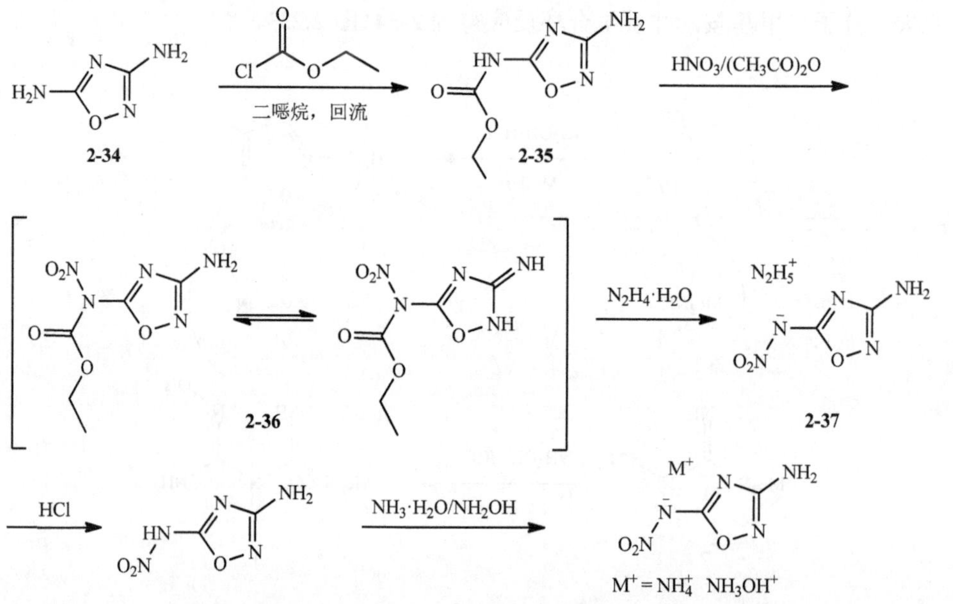

图 2.24 3-氨基-5-硝胺基-1,2,4-噁二唑及其含能离子盐的合成路线

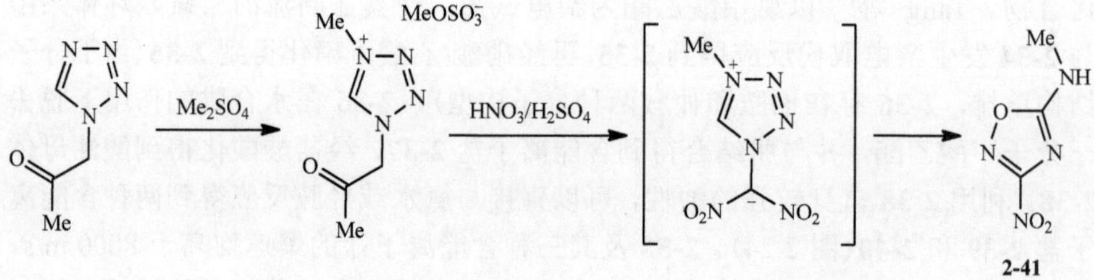

图 2.25 3-硝基-5-亚氨基甲基-1,2,4-噁二唑的合成路线

陈甫雪等[49,50]以葫芦脲为原料，在乙腈水溶液体系中经 4,5-二甲基-1,3-二氧杂环戊烯-2-酮(DMDO)氧化重排得到 1,2,4-噁二唑化合物 **2-42**，并利用 **2-42** 侧链上的高活性胍基，分别进行衍生反应，如图 2.26 所示。**2-42**～**2-49** 这一系列化合物基本都表现出较高的密度(1.72～1.88 g/cm^3)，并且还具有较高热稳定性(分解温度均高于 219℃)和较低感度(撞击感度均大于 10 J)，是理想的高能钝感化合物(详细性能参数见表 2.7)。

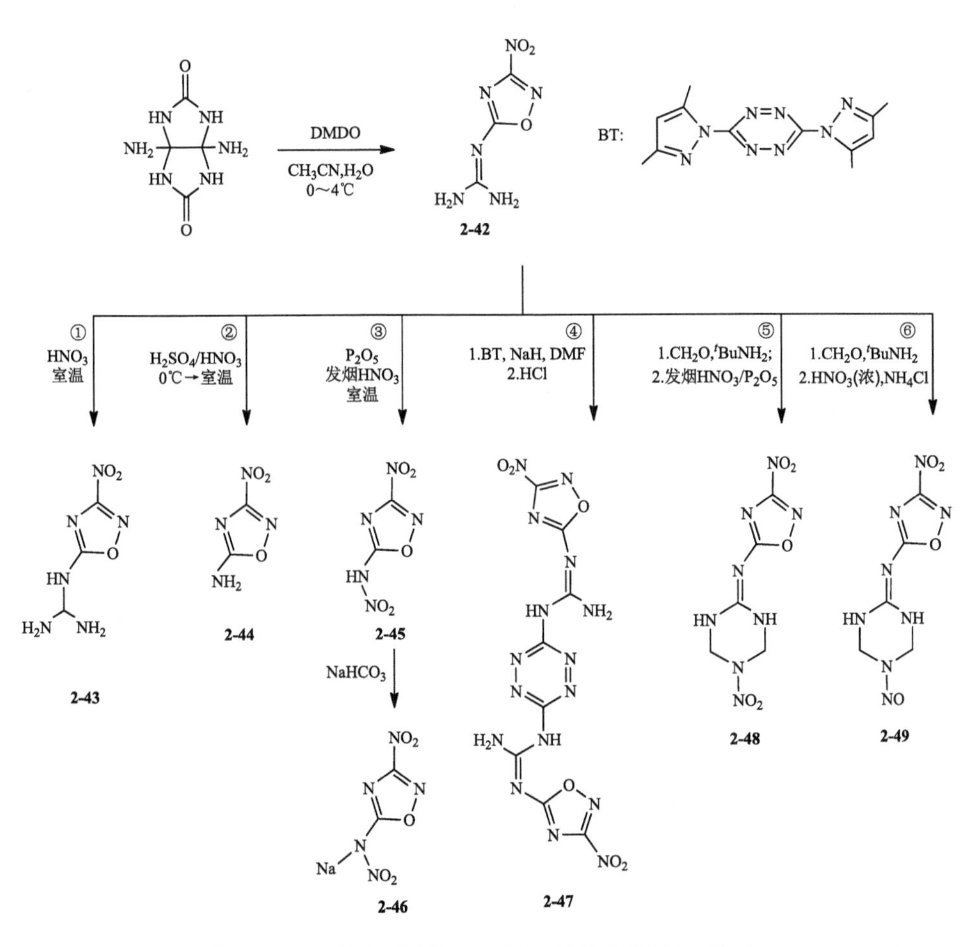

图 2.26　3-硝基-5-胍基-1,2,4-噁二唑衍生物的合成路线

在后续研究中，陈甫雪等[51]还针对 **2-42** 的衍生反应做了进一步的研究(图 2.27)。**2-50** 与 **2-51** 的密度分别为 1.69 g/cm^3 和 1.73 g/cm^3，爆速分别为 7630 m/s 和 7592 m/s，撞击感度分别为 20 J 和 30 J(详细性能参数见表 2.7)。

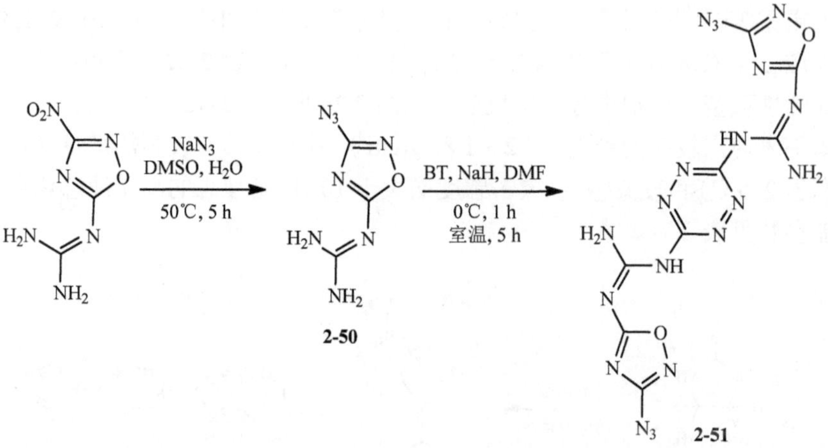

图 2.27　3-叠氮基-5-胍基-1,2,4-噁二唑及其衍生物的合成路线

DMSO：二甲基亚砜；BT：3,6-二(3,5-二甲基-1*H*-吡唑-1-基)-1,2,4,5-四嗪；DMF：*N*,*N*-二甲基甲酰胺

表 2.7　单环 1,2,4-噁二唑含能化合物的性能对比

化合物	生成焓/(kJ/mol)	分解温度/℃	密度/(g/cm^3)	爆速/(m/s)	爆压/GPa	撞击感度/J	摩擦感度/N
2-37	271.2	152	1.70	8897	30.6	20	240
2-38·H_2O	−196.3	168	1.70	8033	25.6	40	360
2-39	116.7	214	1.68	8493	27.5	28	360
2-40	179.0	144	1.73	8854	32.5	16	240
2-42	235.1	290	1.77	8013	28.2	>40	—
2-44	177.0	265	1.72	8316	30.3	—	—
2-45	227.7	219	1.88	9095	37.7	15	—
2-47	957	329	1.81	8002	28.5	770	—
2-48	298.2	269	1.78	8013	28.2	10	—
2-50	535.0	196	1.69	7630	24.9	20	—
2-51	1564.0	210	1.73	7592	25.0	30	—

2.1.4　1,2,5-噁二唑类高能材料

1,2,5-噁二唑又称呋咱，在所有噁二唑环的同分异构体中具有最高的生成焓

(185 kJ/mol)，且含有最多的 C═N 和 N—O 键，因此在设计 CHON 型含能化合物中，1,2,5-噁二唑环成为非常有效的结构单元。位于 1,2,5-噁二唑环上的氨基具有很高的反应活性，人们研究较多的是氨基的氧化。由于呋咱环的强吸电子效应，氨基呋咱属于弱碱性胺，因此氧化该氨基要使用 30%～40%过氧化氢溶液和乙酸(或硫酸)的混合体系，同时还需要 Na_2WO_4 作为催化剂[52-54]。而当呋咱环上存在其他强吸电子官能团(叠氮基、氰基、硝基等)时，则需要使用高浓度的过氧化氢溶液(85%～90%)和 100%硫酸溶液，且在 Na_2WO_4 或 $(NH_4)_2S_2O_8$ 的催化作用下才能氧化氨基。类似的氧化条件也可以用来将 4-氨基氧化呋咱氧化为 4-硝基氧化呋咱(图 2.28)。

H_2O_2, AcOH 或 H_2SO_4 / Na_2WO_4 或 $(NH_4)_2S_2O_8$, MeCN

R = Alk, Ar, N_3, CN, NH_2, NO_2

H_2O_2, TFA 或 H_2SO_4 / Na_2WO_4 或 $(NH_4)_2S_2O_8$, MeCN

R = Ph, Ac, $CONH_2$, CON_3, COOEt, CH_2OH

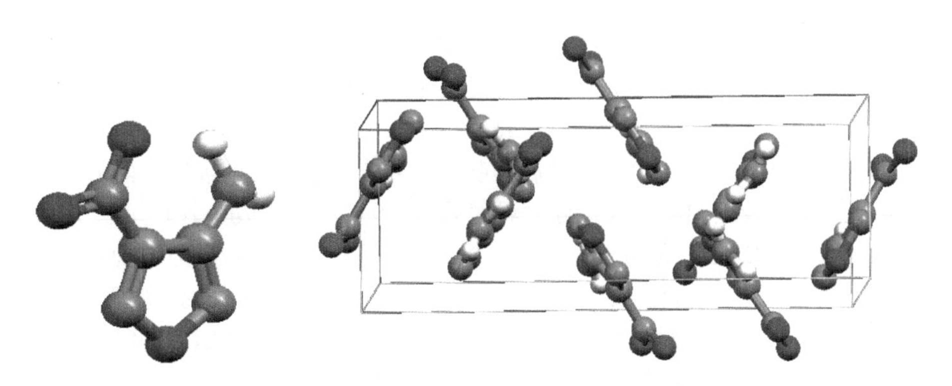

图 2.28　氨基呋咱的氧化和 3-氨基 4-硝基呋咱的晶体结构

此外，研究人员对 3,4-二氨基呋咱的氧化进行了深入细致的研究(图 2.29)。研究发现，90%过氧化氢溶液和硫酸体系可以有效地氧化氨基得到 3,4-二硝基呋咱，然而高浓度的过氧化氢溶液存在巨大的安全隐患[52]。而在该体系中加入

Na_2WO_4或$(NH_4)_2S_2O_8$等催化剂时，使用50%过氧化氢溶液也可以达到同样效果，这极大地降低了反应的安全风险[55,57]。而HNO_3/H_2SO_4或HNO_3体系则无法氧化呋咱环上的氨基，只能将其硝化为硝胺基[58,59]。

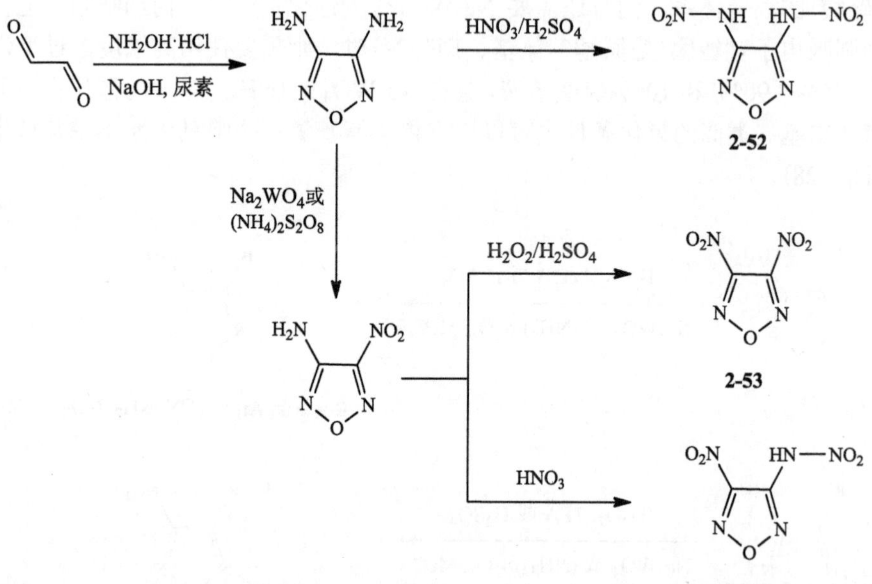

图2.29　3,4-二氨基呋咱的氧化

在设计新型含能化合物的探索中，研究人员发现在含能骨架中引入硝胺基可以有效提高密度和氧平衡，从而提高爆轰性能。2015年，汤永兴报道了3,4-二硝胺基呋咱及其一系列含能离子盐的合成(图2.30)[60]。使用100% HNO_3硝化3,4-二氨基呋咱可以直接得到3,4-二硝胺基呋咱(**2-55**)，由于两个致爆基团的存在，该化合物表现出较差的稳定性，分解温度只有99℃，撞击感度小于1 J，摩擦感度小于5 N。为解决这一问题，进一步将3,4-二硝胺基呋咱与碱反应得到相应的含能离子盐。其中，二肼盐的爆轰性能最好，爆速(D)高达9849 m/s，爆压(P)高达40.9 GPa，优于其硝化母体(D = 9376 m/s，P = 40.5 GPa)和HMX，同时，其稳定性也有了一定改善，分解温度升高到206℃，撞击感度12 J，摩擦感度160 N，有着良好的应用前景(表2.8)。此外，还有研究人员通过两步一锅法从3,4-二氨基呋咱合成了3,4-二硝胺基呋咱二铵盐，再通过置换铵根离子可以得到其他的含能离子盐[61]。

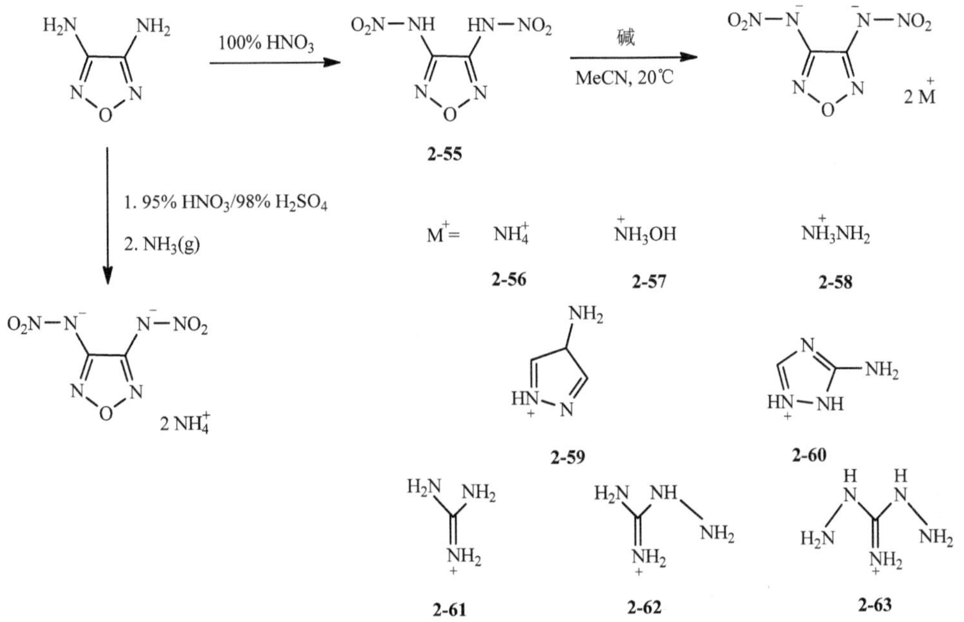

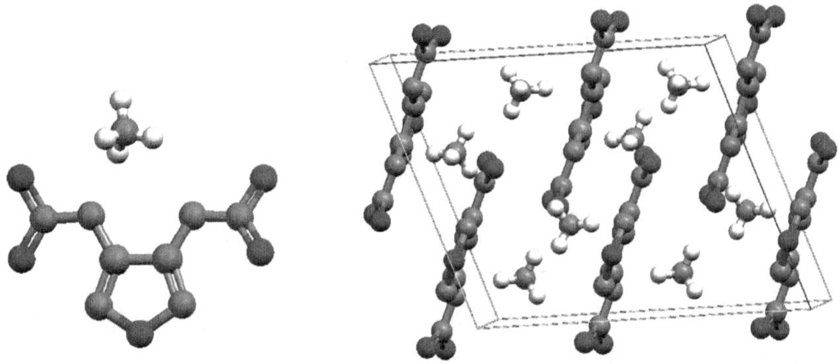

图 2.30　3,4-二硝胺基呋咱及其含能离子盐的合成路线及 **2-56** 的晶体结构

表 2.8　3,4-二硝胺基呋咱及其离子盐的物理化学性能

化合物	分解温度/℃	密度/(g/cm^3)	生成焓/(kJ/mol)	爆速/(m/s)	爆压/GPa	撞击感度/J	摩擦感度/N
2-55	99	1.899	286.90	9376	40.5	<1	<5
2-56	191	1.716	35.84	8702	30.3	8	240
2-57	181	1.857	154.60	9579	40.4	5	120
2-58	206	1.873	348.16	9849	40.9	12	160
2-59	172	1.787	882.88	8942	32.1	22	240
2-60	122	1.700	640.82	8332	26.5	28	360

续表

化合物	分解温度/℃	密度/(g/cm³)	生成焓/(kJ/mol)	爆速/(m/s)	爆压/GPa	撞击感度/J	摩擦感度/N
2-61	282	1.654	120.12	8196	24.6	30	360
2-62	217	1.645	351.52	8434	26.2	28	360
2-63	213	1.736	566.72	9100	31.3	25	360

由于 3,4-二硝胺基呋咱二肼盐性能优异，研究人员又开发了一条方便且安全的三步合成路线(图 2.31)[60]。该方法先用氯甲酸乙酯和 3,4-二氨基呋咱发生酰化反应，接着硝化上一步得到的 3,4-二(甲酸乙酯基硝胺基)呋咱，然后用水合肼与二硝胺产物反应得到最终产物。总之，该方法可以避免分离得到敏感的二硝胺基呋咱，保证了生产安全性。

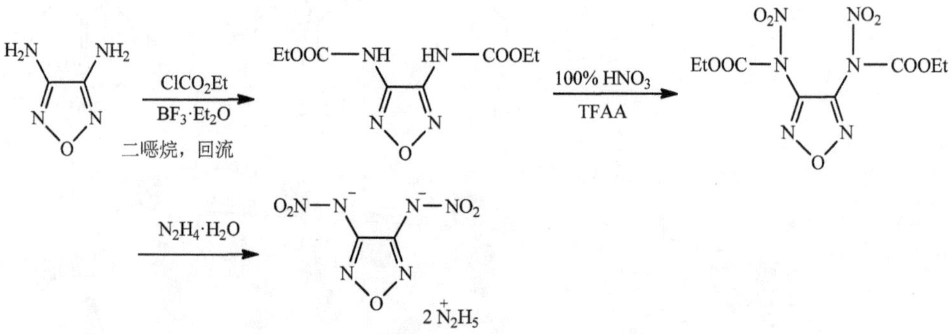

图 2.31　二硝胺基呋咱二肼盐的替代合成路线

相比于硝胺基，偕二硝基有更多的硝基，从而氧含量更高。此外，偕二硝基的平面性和更高的 C—NO_2 键解离能可以提高目标化合物的密度和氧平衡，同时降低感度。2017 年，蔺向阳教授课题组报道了硝胺基偕二硝基呋咱钾盐的合成(图 2.32)[62]。使用 N_2O_4/N_2O_5 混合硝化体系对 3-氨基-4-偕氯肟进行硝化，接着与 KI 反应得到目标钾盐。该钾盐的分解温度达到 281℃，但机械感度不理想，撞击感度只有 2 J，摩擦感度只有 72 N。为改善这一问题，该课题组又制备了 3-硝胺基-4-偕二硝基呋咱的非金属盐。先对钾盐进行酸化，然后分别与含氮碱发生中和反应得到一系列含能非金属盐。其中，二羟胺盐表现出优异的爆轰性能，密度高达 1.932 g/cm³，爆速高达 9646 m/s，爆压高达 43.0 GPa，都优于 HMX 和 RDX，在感度方面，撞击感度为 8 J，摩擦感度为 64 N，只有撞击感度相比于钾盐有一定改善(表 2.9)[63]。

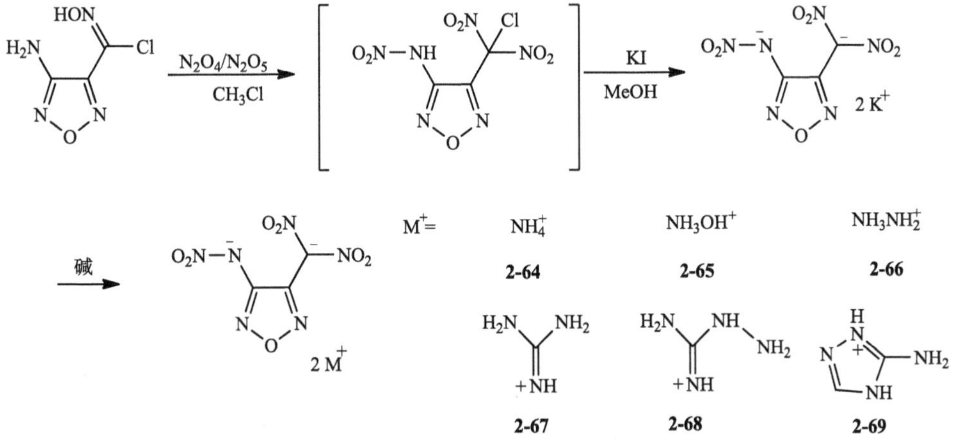

图 2.32　硝胺基偕二硝基呋咱及离子盐的合成路线

表 2.9　硝胺基偕二硝基呋咱及离子盐的性能对比

化合物	分解温度/℃	密度/(g/cm^3)	生成焓/(kJ/mol)	爆速/(m/s)	爆压/GPa	撞击感度/J	摩擦感度/N
2-64	163	1.765	−43.4	8572	32.2	6	120
2-65	175	1.932	62.1	9646	43.0	8	64
2-66	192	1.746	291.2	8843	34.1	3	72
2-67	205	1.706	−37.1	7777	26.0	14	>360
2-68	119	1.620	219.5	7710	24.7	2	84
2-69	99	1.795	482.7	8059	28.8	2	96

为进一步提高爆轰性能，2018 年，葛忠学教授课题组合成了 3,4-二(偕二硝基)呋咱(图 2.33)[64]。从起始物质 1,2,5-噁二唑-3,4-二羧酸开始，经过酯化、氨解和脱水生成 3,4-二氰基呋咱。接着，经过肟化反应得到 3,4-二(氨基肟基)呋咱，再氯代得到 3,4-二(氯肟基)呋咱。最后，使用 HNO_3/TFAA 体系硝化并和 4 eq. KI 反应得到 3,4-二(偕二硝基)呋咱二钾盐，通过复分解反应可以得到一系列含能离子盐。这些离子盐都展现了优异的爆轰性能和较低的感度。尤其是二铵盐，其密度高达 1.938 g/cm^3，同时其爆速和爆压也最高，分别为 9679 m/s 和 41.54 GPa，优于 HMX 和 RDX(表 2.10)。值得注意的是，该盐的感度和 TNT 处于同一水平。此外，该课题组还使用选择性氟代试剂与该二钾盐反应得到了相应的 3,4-二(氟代偕二硝基)呋咱。

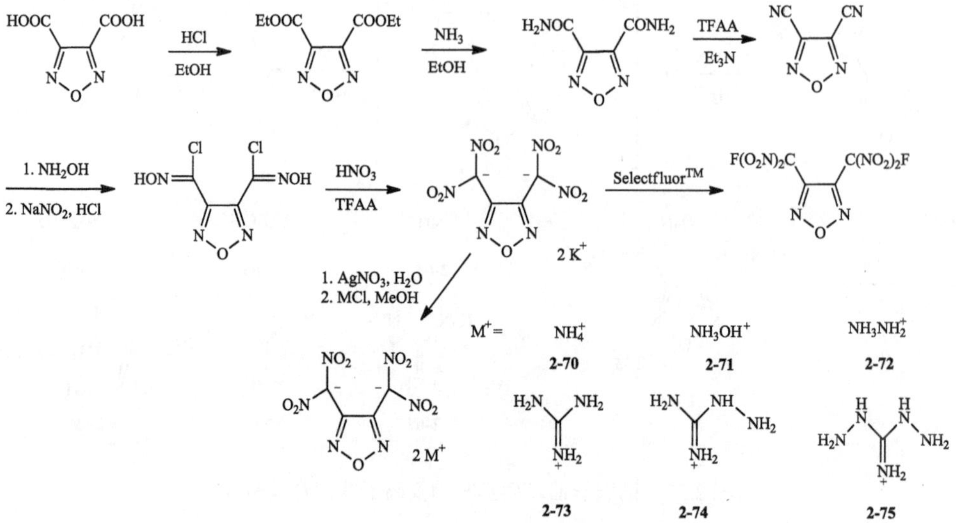

图 2.33　二(偕二硝基)呋咱离子盐的合成路线

表 2.10　二(偕二硝基)呋咱离子盐的性能对比

化合物	分解温度/℃	密度/(g/cm^3)	生成焓/(kJ/mol)	爆速/(m/s)	爆压/GPa	撞击感度/J	摩擦感度/N
2-70	156.9	1.938	27.7	9679	41.54	14	280
2-71	195.2	1.770	275.2	8954	34.9	11	160
2-72	105.3	1.636	−23.3	8208	28.15	19	240
2-73	202.1	1.813	−59.9	8550	29.77	22	280
2-74	140.4	1.701	192.5	8347	27.38	28	360
2-75	165.4	1.686	661.3	8725	29.52	32	360

氧化呋咱的氧含量比呋咱更高，更有利于提高高能材料的氧平衡。Shreeve 教授课题组以氰基乙酸为原料，通过三步反应合成出 3,4-二偕氯肟氧化呋咱，接着用 HNO_3/TFAA 体系硝化，再与 KI 成盐，最后得到 3,4-二(偕二硝基)氧化呋咱二钾盐(**2-76**，图 2.34)[65]。由于分子结构内含有两个偕二硝基基团和一个配位氧原子，所以化合物 **2-76** 有着正 CO_2 氧平衡(+4.3%)，钾离子对环境友好，且该化合物较为敏感(IS = 2 J，FS = 5 N)，所以该化合物可以用作绿色起爆药。另外，陈三平课题组通过复分解反应制备了二肼盐(**2-77**)[66]。相比于金属盐，非金属盐较为钝感，该二肼盐的撞击感度为 9 J，摩擦感度为 170 N。同时，其爆轰性能也有了提升，爆速达到 9295 m/s，远高于钾盐(D = 7759 m/s)。

NC COOH
CF_3COOH/HNO_3
40～50℃
NC CN
N O N
NH_2OH/H_2O
EtOH
H_2N NH_2
HON= =NOH
$NaNO_2/HCl$
Cl Cl
NOH= =NOH
$HNO_3/TFAA$
CH_3Cl
O_2N NO_2
Cl Cl
O_2N NO_2
KI
MeOH
O_2N NO_2
O_2N NO_2
2 K^+
1. $AgNO_3$
2. $N_2H_4{\cdot}H_2O$,MeCN
O_2N NO_2
O_2N NO_2
2 $\overset{+}{N}H_3NH_2$
2-76
2-77

图 2.34　二(偕二硝基)氧化呋咱含能离子盐的合成路线

除了硝化偕氯肟基团得到偕二硝基以外，还可以通过氨基与二硝基乙醇钾反应引入偕二硝基基团。周志明教授课题组通过此方法成功制备了一系列 3,4-双(二硝基乙基)氨基呋咱含能离子盐(图 2.35)[67]。这些含能离子盐中，肼盐的密度最高，为 1.94 g/cm^3，这也导致了其爆轰性能最好，爆速可以达到 9388 m/s(表 2.11)。此外，这些离子盐都表现出较为理想的机械感度，都较 RDX 更为钝感。

H_2N NH_2
N O N
O_2N NO_2
K^+ CH_2OH
NO_2 O_2N
O_2N NO_2
NH HN
2 K^+
2 M^+
HCl/CH_2Cl_2 | H_2O
M^+=
H_2N NH_2 $^+NH_2$
H_2N NH NH_2 $^+NH_2$ O
2-78
2-79
MeOH/CH_2Cl_2
H H
H_2N N N NH_2
$^+NH_2$
H_2N NH NH_2
$^+NH_2$
2-80
2-81
NH_2
M^+= H_2N N NH_2
N—NH
$\overset{+}{N}H_3NH_2$
2-82
2-83

图 2.35　3,4-双(二硝基乙基)氨基呋咱含能离子盐的合成路线

表 2.11　3,4-双(二硝基乙基)氨基呋咱含能离子盐的性能对比

化合物	分解温度/℃	密度/(g/cm³)	生成焓/(kJ/mol)	爆速/(m/s)	爆压/GPa	撞击感度/J
2-78	152	1.72	105.9	8367	27.9	12.4
2-79	154	1.73	567.7	8743	30.9	12.4
2-80	153	1.78	−488.7	8055	26.1	25
2-81	172	1.72	−104.7	8176	26.6	13.1
2-82	143	1.89	479.8	8918	33.9	27.5
2-83	128	1.94	71.5	9388	39.4	12.6

相比于偕二硝基，硝仿基和三硝基乙基有更多的硝基，将这两种基团引入呋咱环中，可以有效提高氧平衡和能量密度，因此受到研究人员的青睐。Chavez 等以盐酸为介质通过曼尼希缩合反应制备了 3,4-二(三硝基乙氨基)呋咱(**2-84**)(图 2.36)[68]。研究结果显示，化合物 **2-84** 在不同的溶剂中可以析出四种晶型(α、β、γ 和 δ)，其中，α 晶型的密度最大(ρ = 1.905 g/cm³)，因此其爆轰性能也最好，爆速为 8889 m/s，爆压为 38.6 GPa，均超过 RDX。在感度方面，该化合物的感度也与 RDX 处于同一水平。而于琼等以 $FeCl_3$ 溶液为介质也制备了该化合物[69]。

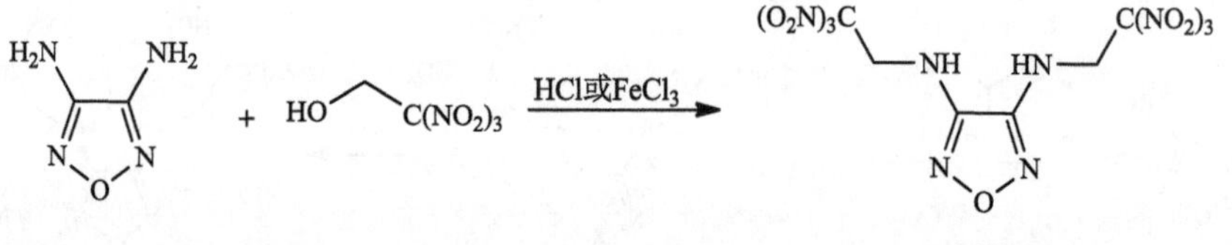

H_2N NH_2 + HO C$(NO_2)_3$ —HCl或$FeCl_3$→ $(O_2N)_3C$ NH HN C$(NO_2)_3$ N O N **2-84**

图 2.36　二(三硝基乙氨基)呋咱的合成路线

有趣的是，硝化 3,4-二(三硝基乙氨基)呋咱得到的 3,4-二(三硝基乙基硝胺基)呋咱不仅不会增加爆轰性能，还会降低热稳定性。俄罗斯研究人员采用两步一锅法合成了该系列化合物(图 2.37)[70]。合成路线的一个显著优势在于使用了环境友好的离子液体[bmpyrr]OTf，该离子液体还可以作为硝化反应的安全反应媒介。这些呋咱类含能化合物的爆速为 8330～8745 m/s，爆压为 30.9～36.1 GPa，与 RDX 相当(表 2.12)。

1. HO⌒C(NO$_2$)$_3$, [bmpyrr]OTf, 50℃; 2. HNO$_3$, TFAA, 25℃

1. HO⌒C(NO$_2$)$_3$, [bmpyrr]OTf, 50℃; 2. HNO$_3$, TFAA, 25℃

R = NO$_2$, Me, CN, C(NO$_2$)$_3$

2-85 2-86 2-87 2-88

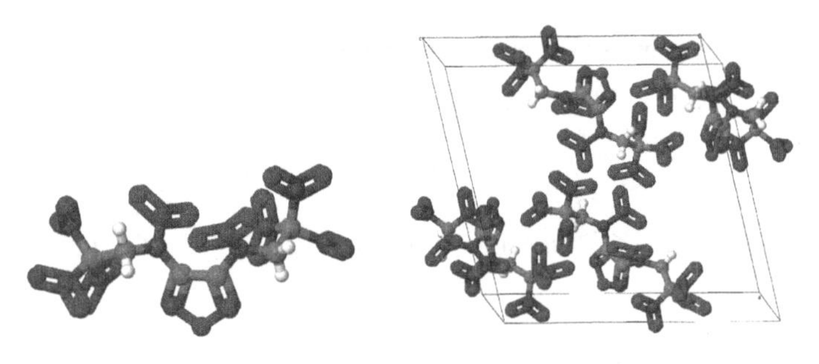

图 2.37　四硝基乙氨基呋咱的合成路线及其晶体结构

表 2.12　四硝基乙氨基呋咱的性能对比

化合物	(N + O)/%	分解温度/℃	密度 /(g/cm^3)	生成焓 /(kJ/mol)	爆速 /(m/s)	爆压/GPa	比冲/s
2-85	85.19	135	1.810	662.3	8330	30.9	242.51
2-86	78.80	138	1.731	529.5	8440	31.2	256.96
2-87	80.48	156	1.860	902.9	8745	36.1	252.16
2-88	85.25	127	1.879	503.5	8618	34.5	242.89

叠氮基在所有含能基团中具有最高的氮含量，常被用于合成高氮含能化合物。但叠氮化物一般感度较高，稳定性较差，在合成与使用过程中应多加注意。将二氨基呋咱溶于浓硫酸与亚硝酸钠的溶液中，加入叠氮化钠，可将分子中的一个氨基转化为叠氮基，即 3-叠氮基-4-氨基呋咱(**2-89**，图 2.38)[71]。化合物 **2-89** 的密度为 1.66 g/cm^3，本身是一种含能化合物，还是合成三唑联呋咱、多叠氮基呋咱、氰基呋咱等多类化合物的重要中间体。

图 2.38　3-叠氮基-4-氨基呋咱的合成路线

2.1.5　1,3,4-噁二唑类高能材料

1994 年，俄罗斯科学院 A. N. Nesmeyanov 有机化合物研究所与 N. D. Zetinsky 有机化学研究所 Fainzil'berg 研究员等[72]设计合成了带有强吸电子基团的 2,5-双(氟二硝基甲基)-1,3,4-噁二唑(**2-90**)，以双(二硝基甲基)-1,3,4-噁二唑的二钾盐为原料，在水中与 F_2/Ar 混合气反应完成氟化(图 2.39)。尤其对于 1,3,4-噁二唑，取代两个氟二硝基甲基后，赋予了最强的诱导效应($\rho = 2.53$ g/cm^3)。

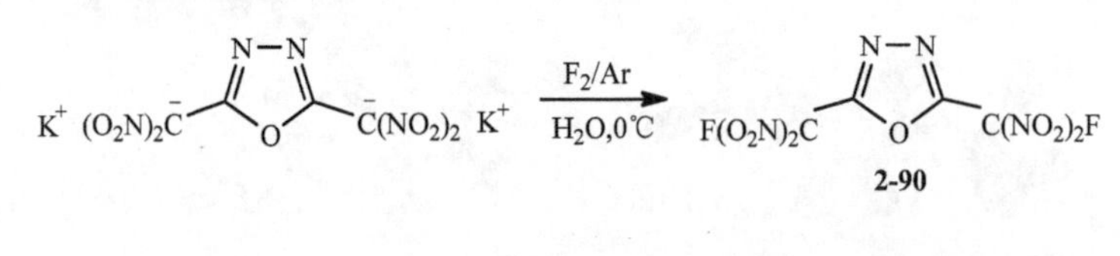

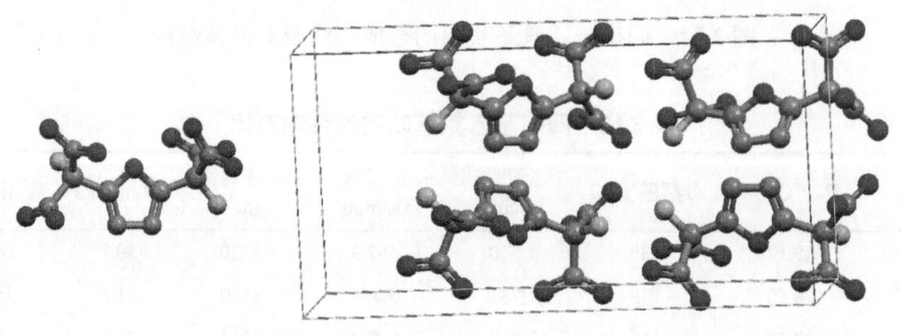

图 2.39　2,5-双(氟二硝基甲基)-1,3,4-噁二唑的合成路线及其晶体结构

21 世纪，含能领域的研究热点渐渐转向了多环高氮化合物，单环呋咱类含能化合物的研究少有报道，合成潜力有待挖掘。2017 年，二乙酸二乙酯取代的单环 1,3,4-噁二唑作为含能前体，引起了高能材料研究人员的注意。爱达荷大学 Shreeve 教授课题组通过对二乙酸二乙酯-1,3,4-噁二唑进行硝化得到偕二硝基官能化的 1,3,4-噁二唑，并得到系列含能离子盐(图 2.40)[73]。对偕二硝基-1,3,4-噁二唑进行进一步硝化可以得到硝仿基取代的 1,3,4-噁二唑，该化合物密度高达 1.92 g/cm^3，并且表现出很高的正氧平衡(39.15%)，是所有 1,3,4-噁二唑化合物的

最高值。偕二硝基-1,3,4-噁二唑的羟胺盐与肼盐也表现出优异的爆轰性能，它们的爆速分别为 9266 m/s 和 8900 m/s，爆压分别为 38.9 GPa 和 36.3 GPa，优于猛炸药 RDX，并且它们也具有可接受的机械感度，撞击感度分别为 20 J 和 19 J，优于 RDX 与 HMX(表 2.13)。

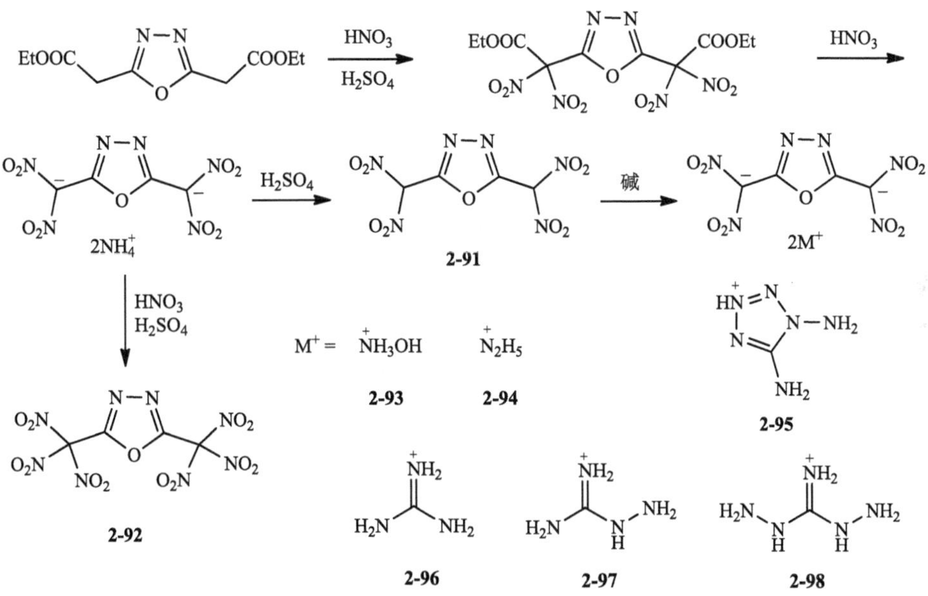

图 2.40　偕二硝基与硝仿基取代的 1,3,4-噁二唑

表 2.13　偕二硝基与硝仿基取代的 1,3,4-噁二唑的性能对比

化合物	分解温度/℃	密度/(g/cm³)	生成焓/(kJ/mol)	爆速/(m/s)	爆压/GPa	撞击感度/J	摩擦感度/N
2-91	86	1.91	−55.6	8967	36.9	3	160
2-92	102	1.92	29.44	8229	29.2	4	240
2-93	146	1.89	−199.52	9266	38.9	20	360
2-94	190	1.84	9.27	8900	36.3	19	80
2-95	178	1.67	434.98	8510	27.7	28	240
2-96	235	1.71	−273.24	8050	25.4	>40	>360
2-97	145	1.65	−8.52	8055	24.7	>40	>360
2-98	142	1.70	943.92	8623	31.0	11	120

2020 年，中国工程物理研究院化学材料研究所张庆华团队报道了一系列两性1,3,4-噁二唑含能化合物(图 2.41)[74]。2-偕二硝基-5-亚氨基-4,5-二氢-1,3,4-噁二唑(**2-99**)通过四步反应得到。将化合物 **2-99** 与氨化试剂邻甲苯磺酰基羟胺(THA)和1,8-二氮杂双环[5.4.0]十一碳-7-烯(DBU)反应可生成 2-偕二硝基-4-氨基-5-亚氨基-4,5-二氢-1,3,4-噁二唑(**2-100**)。化合物 **2-99** 在氨水中可生成 2-偕二硝基-5-氨基-1,3,4-噁二唑铵盐(**2-101**)。这三种化合物中，**2-99** 和 **2-100** 的密度较高，为1.87 g/cm^3，而化合物 **2-101** 的密度略低，为 1.78 g/cm^3。这三种化合物的爆速分别为 8828 m/s、8982 m/s、8554 m/s，爆压分别为 34.6 GPa、35.9 GPa、30.1 GPa，由此可见，化合物 **2-99** 和 **2-100** 的爆轰性能比化合物 **2-101** 的性能高。但化合物 **2-99** 和 **2-100** 的分解温度较低，仅为 138℃和 143℃，热稳定性有待提高。这三种化合物都表现出较好的机械稳定性，撞击感度分别为 25 J、28 J、20 J，摩擦感度分别为 120 N、128 N、160 N。

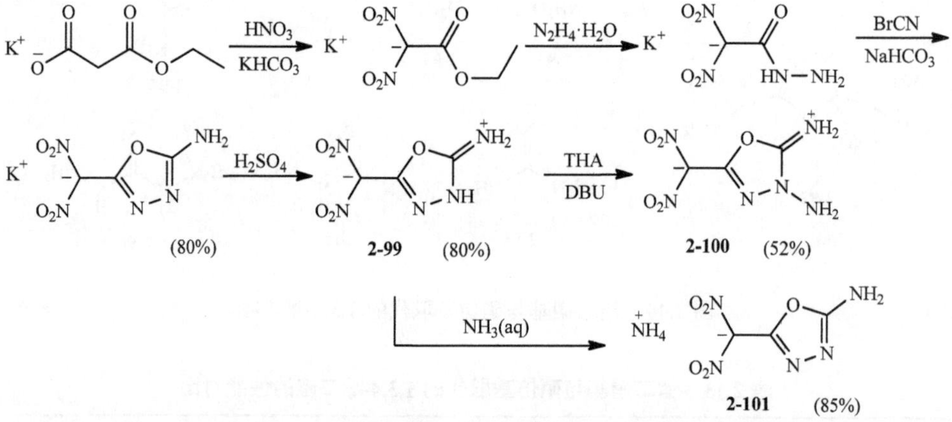

图 2.41　偕二硝基取代的氨基-1,3,4-噁二唑

在上述的合成方法中，中间体的感度很高，不适合长途运输与储存，造成了整个合成路线安全性难以保证。因此，爱达荷大学 Shreeve 教授课题组针对偕二硝基取代的氨基-1,3,4-噁二唑提出了另一种更加安全的合成路线(图 2.42)[75]。在碳酸氢钾溶液中，将 2-(2-甲基-1,3-二氧杂戊-2-基)乙酰肼与溴化氰酰化，然后用盐酸将其脱保护，再用碳酸氢钠处理，最终硝化并随后用氨水和羟胺中和后，得到最终产物 **2-101** 和 **2-102**。新路线使用相对便宜的原材料，并且不包含不稳定的中间体，整体合成方法更安全，更具成本效益。羟胺盐 **2-102** 具有很高的密度，为 1.88 g/cm^3，且它的爆轰性能也有所提升，爆速为 8956 m/s，爆压为37.1 GPa(表 2.14)。

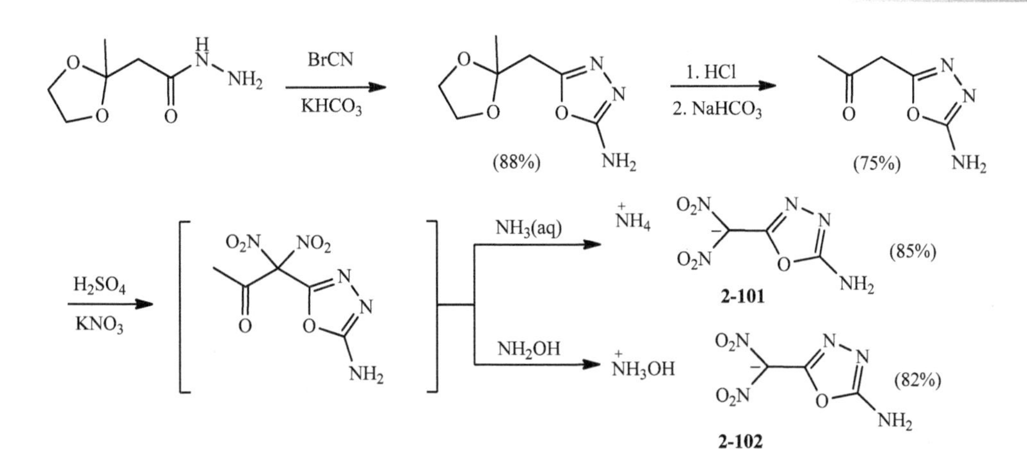

图 2.42　偕二硝基取代的氨基-1,3,4-噁二唑的新合成路线

表 2.14　偕二硝基取代的氨基-1,3,4-噁二唑的性能对比

化合物	分解温度/℃	密度/(g/cm^3)	生成焓/(kJ/mol)	爆速/(m/s)	爆压/GPa	撞击感度/J	摩擦感度/N
2-99	138	1.87	62.37	8828	34.6	25	120
2-100	143	1.87	139.4	8982	35.9	28	128
2-101	202	1.78	−72.1	8554	30.1	20	160
2-102	145	1.88	−31.08	8956	37.1	30	240

2.2　三唑类高能材料

近年来，富氮杂环含能化合物(如 1,2,3-三唑、1,2,4-三唑、1,2,3,4-四唑、1,3,5-三嗪、1,2,4,5-四嗪等)因其分子结构具有氮含量高、正生成焓高、爆轰产物清洁、气体生成量大等优点，成为当前世界各国高能材料研究者普遍关注的热点[76-81]。在这些功能框架中，1,2,3-三唑和 1,2,4-三唑因其高稳定性和高生成焓被广泛研究，相比于吡唑，1,2,3-三唑和 1,2,4-三唑拥有更高的生成焓(图 2.43)，因此，1,2,3-三唑和 1,2,4-三唑在设计和合成高能量高能材料方面具有重要的研究性。

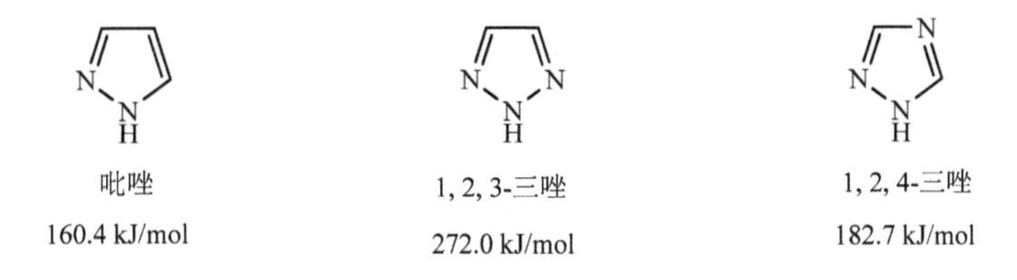

图 2.43　吡唑、1,2,3-三唑和 1,2,4-三唑的结构和生成焓

此外，1,2,3-三唑和1,2,4-三唑具有丰富的活化位点，可进一步被多种含能官能团取代，从而调节目标化合物的性质。含硝基等含能基团取代的富氮杂环化合物由于分子中氮、氧原子具有未使用的孤电子对，且电负性较高，从而导致整个氮杂芳环体系形成类似苯环的大 π 键共轭结构，因此具有热稳定性高、对机械刺激(摩擦、撞击)和电火花刺激钝感等特点，国内外研究者已经设计合成出多种富氮杂环含能化合物，且大多具有优良的爆轰性能[82-86]。偕二硝甲基基团作为一种重要的新型高能材料致爆基团，已成功应用于多种新型含能化合物的分子结构设计及合成，含有该官能团的化合物大多具有较高的热稳定性和较低的感度，与传统的硝胺类、硝酸酯类、叠氮类含能化合物相比，含偕二硝甲基基团的化合物大多具有较高的密度、适宜的感度、较高的氧平衡和良好的爆轰性能[87]。

2.2.1 1,2,3-三唑类高能材料

顾昊等[88]以二氨基马来腈为原料，经三步反应合成了 4,5-双(偕氯肟)-1,2,3-三唑(图 2.44)。通过控制反应条件，可选择性地合成化合物 **2-103** 和 **2-104**，最后经成盐反应可生成 4,5-双(偕二硝基)-1,2,3-三唑二钾盐(**2-105**)。该化合物的热稳定性较差，起始分解温度仅有 120℃，峰值分解温度为 131℃。然而该化合物的理论爆速达到了 8715 m/s，优于 2-重氮-4,6-二硝基苯酚(DDNP)(7651 m/s)和叠氮化铅(5877 m/s)，与 RDX(8795 m/s)相当。其理论爆压达到了 28.3 GPa，高于 DDNP(23.8 GPa)，略低于叠氮化铅(33.4 GPa)。在机械感度方面，该化合物的撞击感度为 1 J，摩擦感度为 60 N，优于 DDNP(IS = 1 J, FS = 5 N)。虽然其撞击感度相比于叠氮化铅(2.5～4 J)较为敏感，但是其摩擦感度却比叠氮化铅(0.1～1 N)更钝感。其爆炸产物主要为 N_2(g, 48.1%)，高于 4,5-双(二硝基甲基)氧化呋咱的 N_2 产率(低于 25%)。其他爆炸产物为 O_2(g，17.1%)、CO_2(g，13.8%)、K_2CO_3(s，13.8%)和 H_2O(g，6.9%)，这表明该化合物是一种绿色起爆药。

Wang 等[89]以 1-氨基-1,2,3-三唑与氟二硝基乙醇缩合，合成 *N*-(2-氟-2,2-二硝基乙烷)-1*H*-1,2,3-三唑-1-胺(图 2.45)，结果表明，所报道的化合物 **2-106** 爆速达到 8107 m/s，比 TNT 的敏感度小，撞击感度为 35.5 J，摩擦感度大于 360 N。该材料用 DSC 以 5℃/min 的升温速率测定了这些化合物的热分解温度，分解温度为 132℃(表 2.15)。

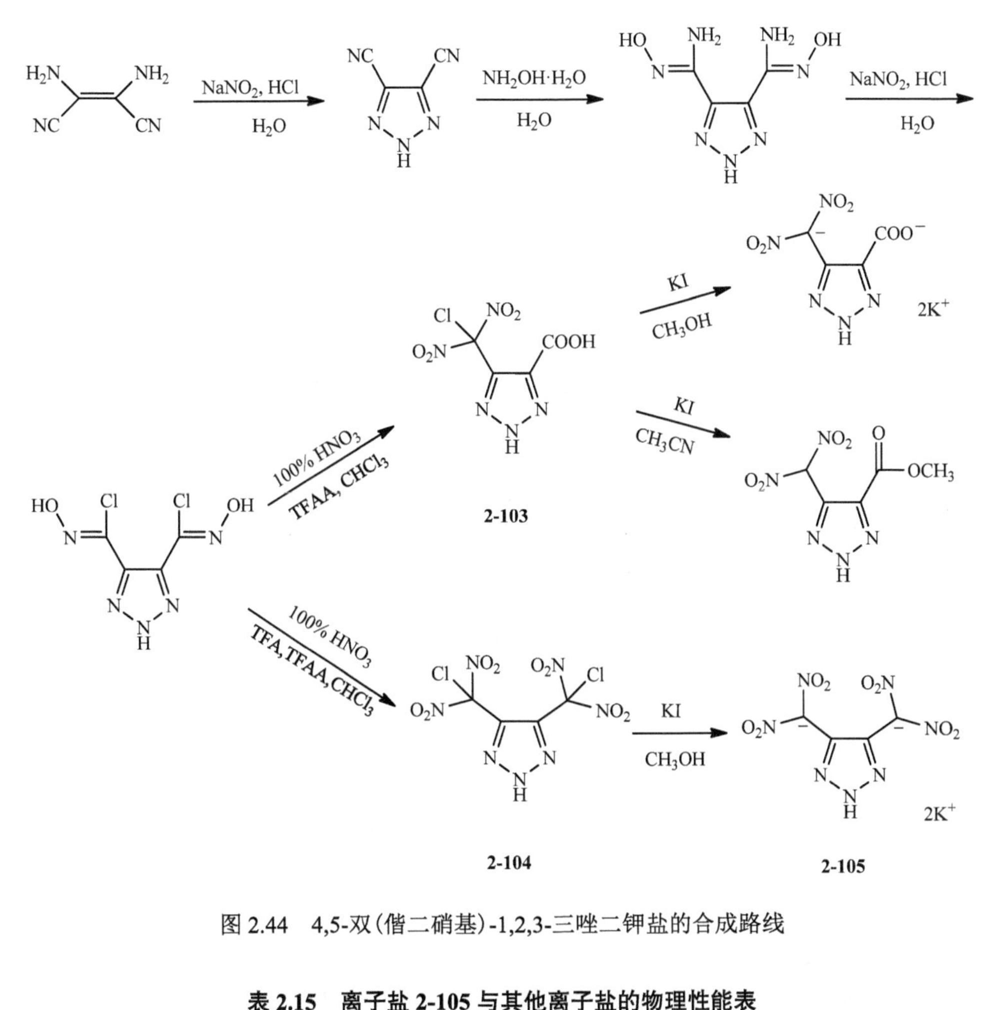

图 2.44　4,5-双(偕二硝基)-1,2,3-三唑二钾盐的合成路线

表 2.15　离子盐 2-105 与其他离子盐的物理性能表

化合物	撞击感度/J	摩擦感度/N	爆速/(m/s)	爆压/(GPa)	N + O/%	密度/(g/cm^3)	生成焓/(kJ/mol)	分解温度/℃
2-105	1	60	8715	28.3	64.0	2.04	−135	131
2-106	35.5	>360	8107	28.2	67.28	1.66	181.8	132
2-107	6	180	8588	29.6	—	1.65	242.9	185
2-108	1	20	8823	36.7	—	1.922	256.1	210
DDNP	1	5	7651	23.8	64.7	1.73	139	157
$Pb(N_3)_2$	2.5～4	0.1～1	5877	33.4	28.9	4.8	450.1	315

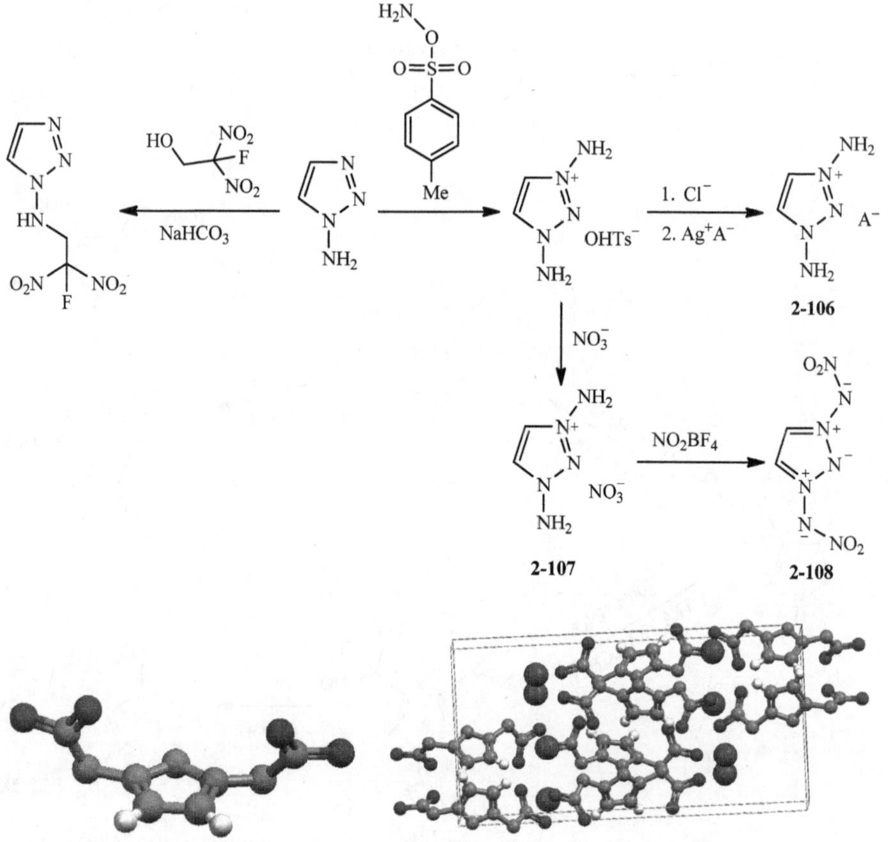

图 2.45　以 1-氨基-1,2,3-三唑为底物的含能化合物的合成路线及 **2-108** 钾盐的晶体结构

Klapötke 教授等[90]报道了通过 1-氨基-1,2,3-三唑与胺化试剂 *O*-甲苯磺酰基羟胺反应制备 1,3-氨基-1,2,3-三唑阳离子(图 2.45)，并以此为底物，通过将甲苯磺酸盐分别与负载氯化物和硝酸盐的离子交换树脂搅拌过夜来制备氯化盐和硝酸盐。其中硝酸盐 **2-107** 爆速达到 8588 m/s，撞击感度为 6 J，摩擦感度为 180 N，阳离子表现出较高的生成焓(242.9 kJ/mol)。此外，1-氨基-1,2,3-三唑的氨化可以合成 1,3-二氨基-1,2,3-三唑盐，其硝酸盐可以被四氟化硼硝(NO_2BF_4)硝化为 1,3-二硝胺基-1,2,3-三唑(图 2.45)。1,3-二硝胺基-1,2,3-三唑的羟胺盐、铵盐和肼盐爆速在 9300 m/s 以上，但机械感度对于实际应用来说太高[91]。

Zhang 等[92]报道了一系列 5-硝基-1,2,3-2*H*-三唑类含能衍生物(图 2.46)，包括 4-硝胺基-5-硝基-1,2,3-2*H*-三唑(**2-109**)及其甲基衍生物(**2-110**)，4-叠氮基-5-硝基-1,2,3-2*H*-三唑(**2-111**)及其甲基(**2-112**)和氨基(**2-113**)衍生物，以及 4,5-二硝基-1,2,3-2*H*-三唑的甲基(**2-114**)和氨基(**2-115**)衍生物，氨基衍生物表现出更高的

爆轰性能，并且比相应的甲基衍生物更敏感。虽然 4-叠氮基-5-硝基-1,2,3-2*H*-三唑(**2-111**)及其甲基(**2-112**)和氨基(**2-113**)衍生物显示出优异的爆轰性能，但它们的高撞击感度限制了它们的实际应用。**2-109** 和 **2-115** 表现出相近的爆轰性能(**2-109**，$P = 36.9$ GPa，$D = 8876$ m/s；**2-115**，$P = 36.2$ GPa，$D = 8843$ m/s，均与 RDX 相当($P = 35.0$ GPa，$D = 8795$ m/s，表 2.16)。化合物 **2-115** 具有良好的热稳定性($T_d = 190$℃)和较低的撞击感度(24 J)是在这项工作中制备的最有前途的高性能能量材料。

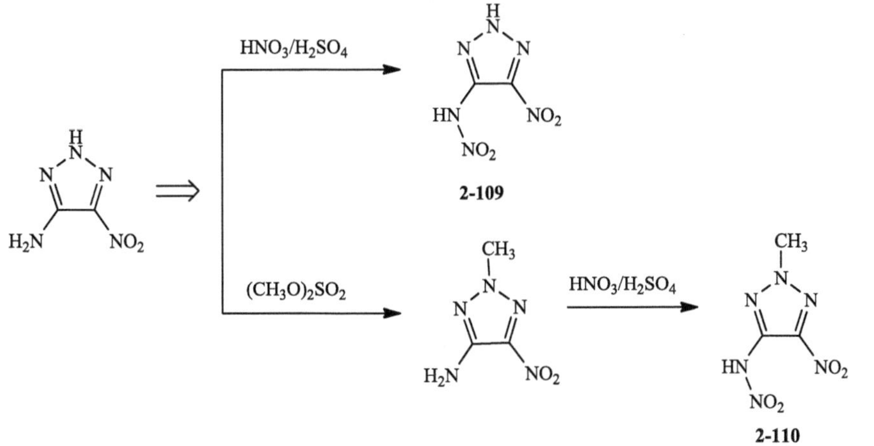

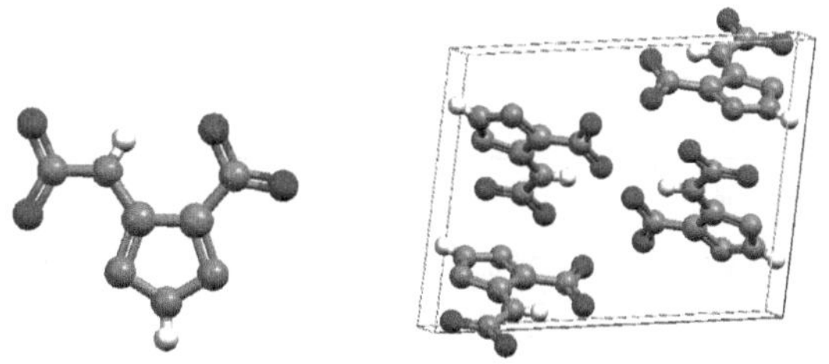

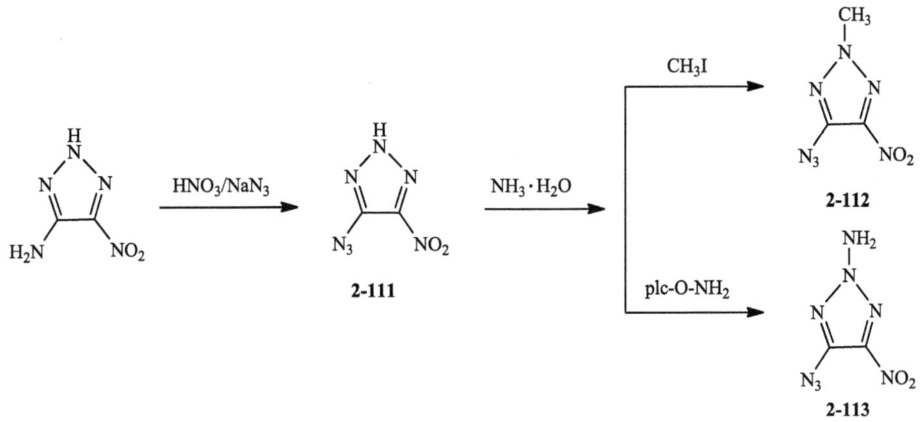

H_2N NO_2 ⟹
HNO_3/H_2SO_4
HN NO_2 NO_2
2-109
$(CH_3O)_2SO_2$
CH_3 H_2N NO_2
HNO_3/H_2SO_4
CH_3 HN NO_2 NO_2
2-110

H_2N NO_2
HNO_3/NaN_3
N_3 NO_2
2-111
$NH_3 \cdot H_2O$
CH_3I
CH_3 N_3 NO_2
2-112
plc-O-NH_2
NH_2 N_3 NO_2
2-113

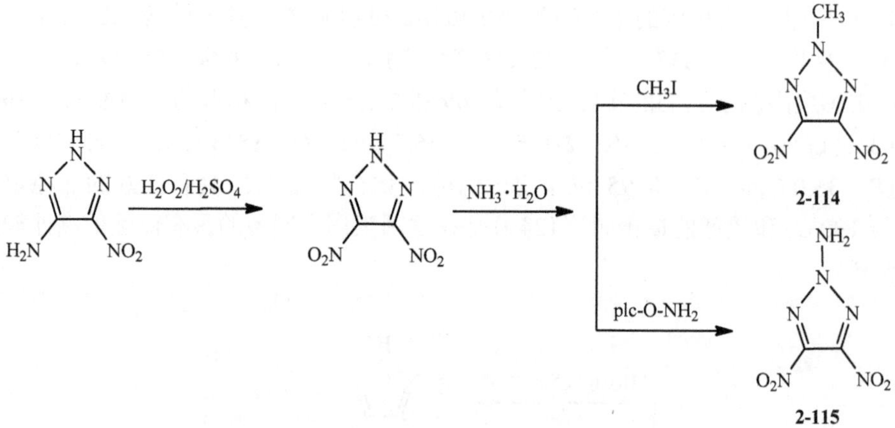

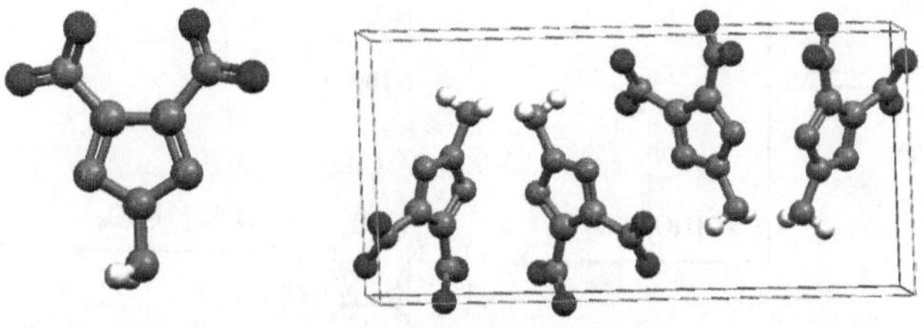

图 2.46　5-硝基-1,2,3-2*H*-三唑类含能衍生物的合成路线及 **2-109** 和 **2-115** 的晶体结构

表 2.16　5-硝基-1,2,3-2*H*-三唑类含能衍生物的性能对比

化合物	撞击感度/J	爆速/(m/s)	爆压/GPa	密度/(g/cm^3)	生成焓/(kJ/mol)	分解温度/℃
2-109	3.5	8876	36.9	1.87	226.6	130
2-110	25	8350	30.0	1.74	196.1	112
2-111	4	8669	32.9	1.77	523.0	149
2-112	8	8096	26.3	1.65	493.9	—
2-113	3	8756	33.0	1.75	594.6	141
2-114	35	8126	28.5	1.70	174.0	—
2-115	24	8843	36.2	1.83	274.6	190

2.2.2　1,2,4-三唑类高能材料

常见单环 1,2,4-三唑有 3-硝基-1,2,4-三唑、3-硝基-5-氨基-1,2,4-三唑、1-甲基-3,5-

二硝基-1,2,4-三唑和 1-氨基-3,5-二硝基-1,2,4-三唑等，它们的晶体结构如图 2.47 所示。

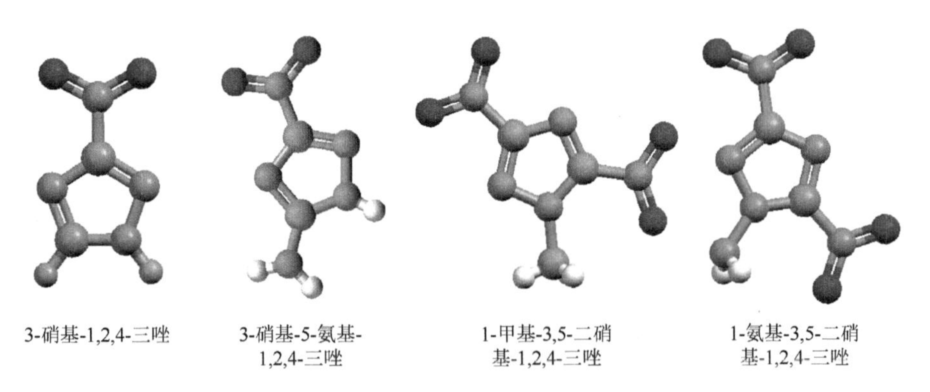

图 2.47　几种常见的硝基取代的 1,2,4-三唑的晶体结构

陆明等[93]报道了一系列基于硝仿取代的 1,2,4-三唑类的高氧平衡高能 MOF 的合成(图 2.48)，该目标化合物以 2-羧基-4-三硝基甲基-1,2,4-三唑为原料，分别与碘化金属盐和硝酸金属盐反应，得到 2-羧基-4-二硝基甲基-1,2,4-三唑的钾(**2-116**)、铷(**2-117**)和铯(**2-118**)的高能金属盐(即[K(dntrza)]$_n$、[Rb(dntrza)]$_n$和[Cs_3(dntrza)$_2$(H_2O)$_3$]$_n$)，以及 2-羧基-4-三硝基甲基-1,2,4-三唑的钾盐(**2-119**)和银盐(**2-120**)([K(tntrza)]$_n$和[Ag(tntrza)]$_n$)。在这些 MOF 中[Ag(tntrza)]$_n$表现出最高的氧平衡［OB(CO_2) = −4.3%］、最高的热稳定性(T_d = 189℃)和最出色的爆轰性能(D = 8740 m/s，P = 41.1 GPa)，同时其含有大多数银的高能 MOF 所共有的对高氯酸铵分解的促进作用。

碘化金属盐 → M = K, Rb, Cs **2-116, 2-117, 2-118**

硝酸金属盐 → M = K, Ag **2-119, 2-120**

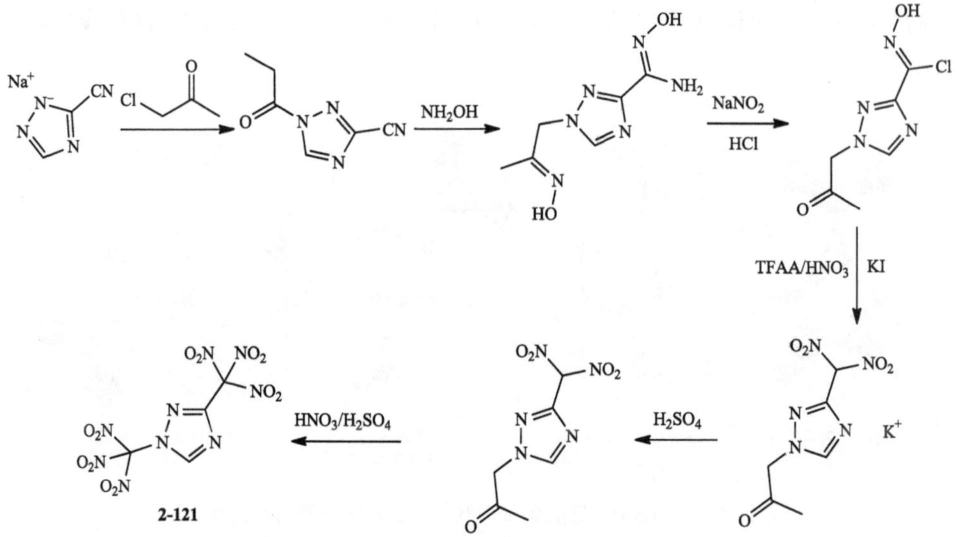

图 2.48 **2-116～2-121** 的合成路线

2019 年 Jean’ne M. Shreeve 等[94]以 3-氰基-1,2,4-三唑为原料经过六步反应得到了具有两个硝仿基团的高氧平衡［OB(CO$_2$) = 15.3%］三唑含能化合物，值得一提的是最终的产物是前体(酮基偕氯肟三唑)经过两步硝化得到，这也是与陆明课题组的工作的极大不同之处(图 2.48)。化合物 **2-121** 具有大多数硝仿含能化合物所具有的高密度和低分解温度的特性，其密度在室温下的实测值为 $\rho = 1.89\ g/cm^3$，分解温度为 $T_d = 157℃$(与 ADN 相当)。此外，高氧平衡所带来的低生成焓导致它的爆轰性能并不理想，其爆速和爆压分别为 8434 m/s 和 30.7 GPa。

在硝仿三唑的合成研究工作中，张庆华等[95]选择以 3-硝基-5-二氨基-1,2,4-三唑为前体经过与陆明和 Jean’ne M. Shreeve 相同的氮原子的酮基化和酮基硝化的步骤得到了三唑环上含有三种不同含能官能团(硝基、硝胺基和硝仿基)的化合物 *N*-(3-硝基-1-(三硝基甲基)-1*H*-1,2,4-三唑-5-基)硝胺，并进一步制备了它的高氮含能盐(图 2.49)。*N*-(3-硝基-1-(三硝基甲基)-1*H*-1,2,4-三唑-5-基)硝胺具有比二硝仿三唑高的氧平衡［OB(CO$_2$) = 15.6%］、密度($\rho = 1.97\ g/cm^3$)和爆轰性能($D = 9033$ m/s)。但遗憾的是它的低分解温度阻碍了其进一步被作为含能氧化剂的可能。

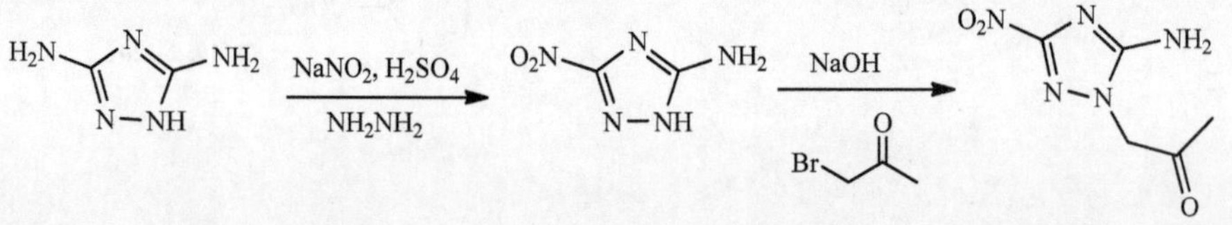

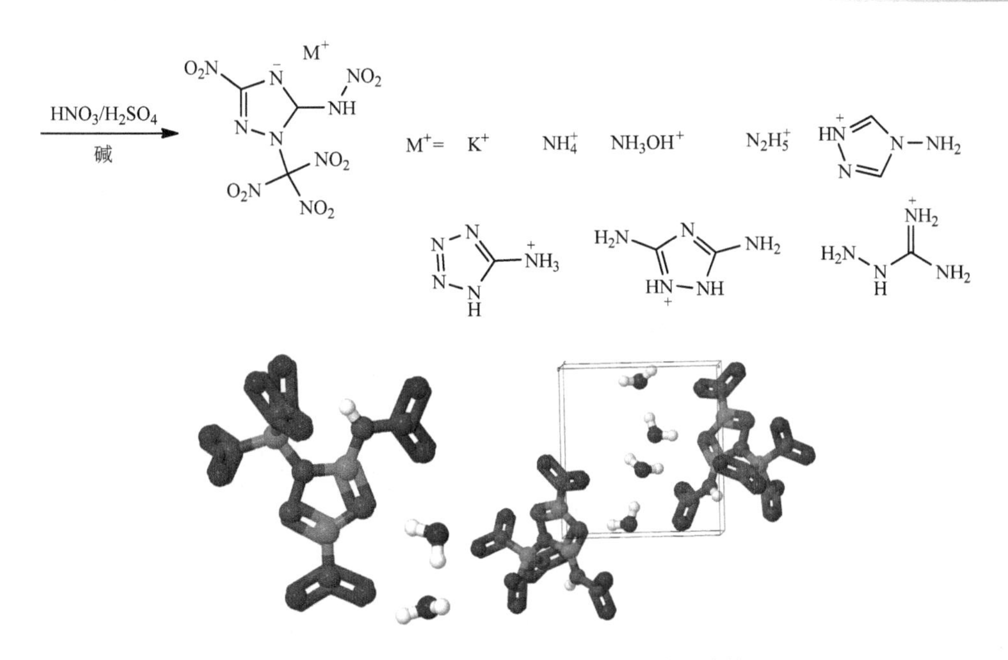

图 2.49　硝仿取代的硝基 1,2,4-三唑的合成路线

2.3　四唑类高能材料

四唑在碱的作用下可以非常容易地去质子化形成四唑的阴离子盐，也可以与强酸(如高氯酸)发生质子化反应形成阳离子盐[96,97]。除成盐之外，基于四唑的进一步衍生化反应较少。5-氨基四唑作为将四唑环合成子引入各种高能材料中的前体在合成各种四唑含能衍生物中被广泛应用。图 2.50 是基于 5-氨基四唑衍生的单环四唑高能材料及其合成路线。5-氨基四唑中的氨基可以发生重氮化反应，继而被取代为 5-叠氮基四唑[98]和 5-硝基四唑[99]，5-硝基四唑可以被氨化为 2-氨基-5-硝基四唑[100]，其铵盐可以被 Oxone(单过硫酸氢钾复合盐 $2KHSO_5·KHSO_4·K_2SO_4$)氧化为 2-*N*-氧化-5-硝基四唑铵盐[101]。5-硝基四唑还可以与溴丙酮反应得到 2-丙酮基-5-硝基四唑，然后硝化、取代得到 2-三硝基甲基-5-硝基四唑(不稳定)和 2-氟二硝基甲基-5-硝基四唑[102]。5-氨基四唑钠盐可以被氨化为 1,5-二氨基四唑[103]，进而衍生出 1,5-二氨基-4-甲基-1*H*-四唑二硝酰胺盐[104]、*N*-氟二硝基乙基-1*H*-四唑 -1,5-二胺[105]和 1-硝胺基-5-氨基四唑[106]。5-氨基四唑可以反应生成四唑[107]，然后被氨化为 1-氨基四唑，再与三硝基乙醇缩合为 1-三硝基乙基氨基四唑。100%的硝酸可以将 5-氨基四唑硝化为 5-硝胺基四唑[108]，5-氨基四唑中的氨基还可以被缩合为硝基胍基[109]。碘甲烷或硫酸二甲酯

对 5-氨基四唑进行甲基化，可得到 1-甲基-5-氨基四唑和 2-甲基-5-氨基四唑，类似于 5-氨基四唑的硝化和氧化体系下可分别得到其硝胺基[110,111]和硝基产物[112]。1-甲基-5-氨基四唑的氨基在碱性条件下还可以与氟二硝基乙醇缩合，缩合产物的 N-H 可以被硝化为 $N\text{-}NO_2$[113]，而 *N*-氟二硝基乙基-1*H*-四唑-1,5-二胺就不能进行类似的硝化[114]。

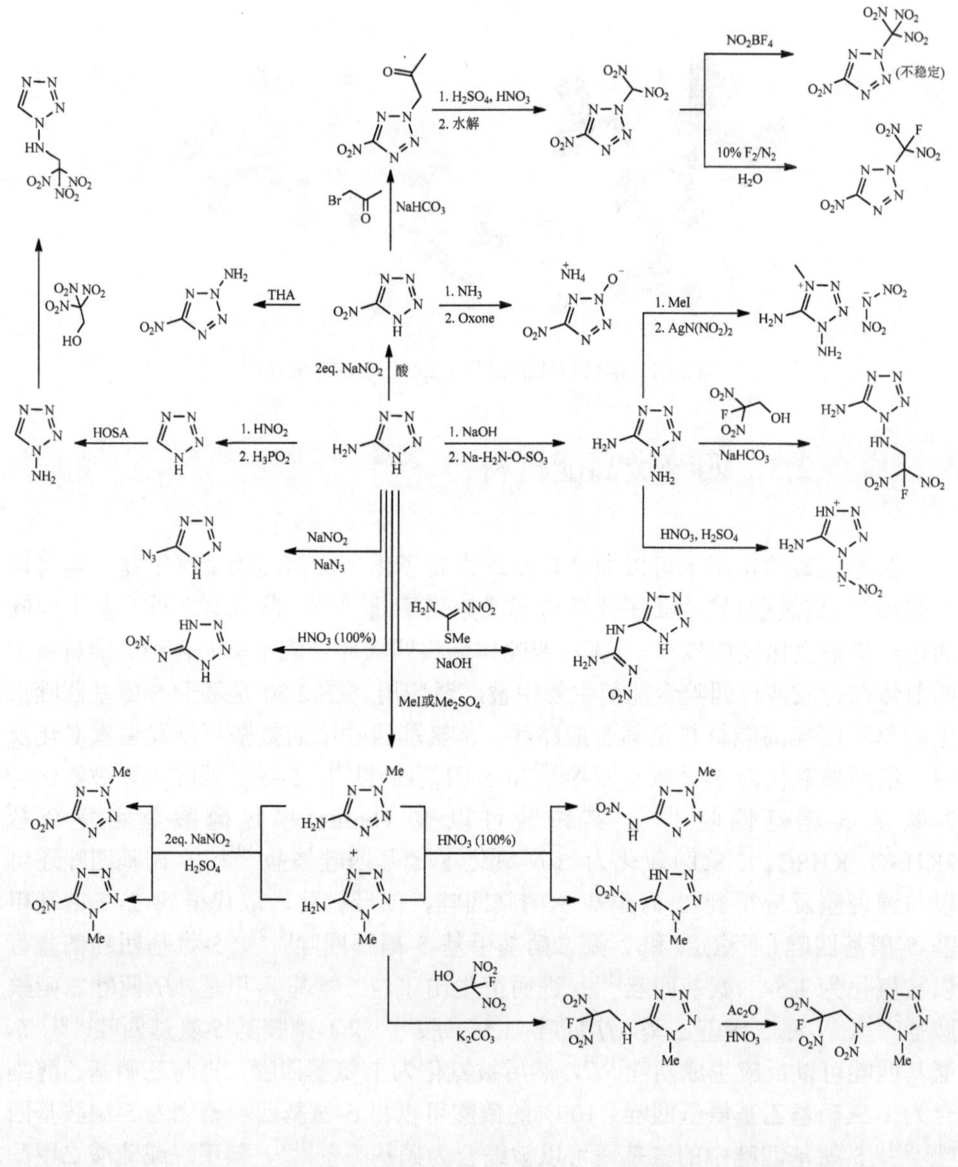

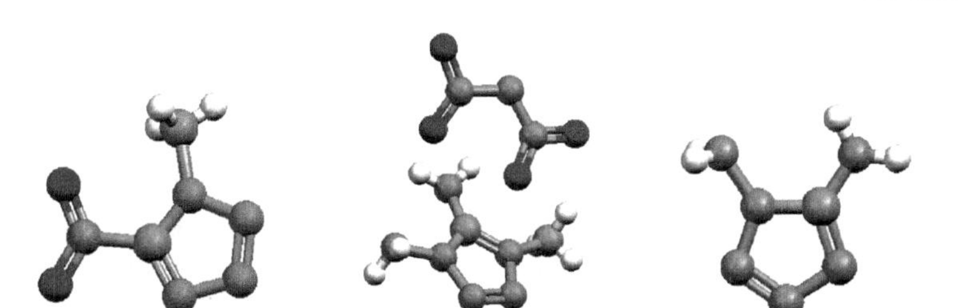

1-甲基-5-硝基四唑　　1,5-二氨基-4-甲基四唑二硝酰胺盐　　1,5-二硝基四唑

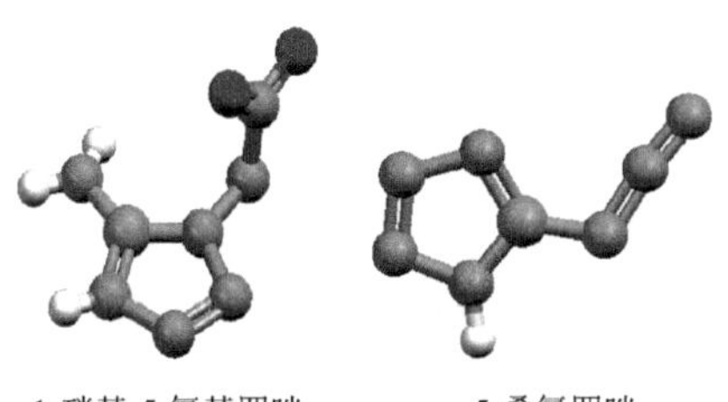

1-硝基-5-氨基四唑　　5-叠氮四唑

图 2.50　基于 5-氨基四唑衍生的单环四唑高能材料的合成路线及部分化合物单晶结构

除 5-氨基四唑衍生的一系列单环四唑高能材料外，德国慕尼黑大学的 Klapötke 教授课题组还报道了 1-羟基-5-硝胺基四唑[112,113]、1,5-二硝胺基四唑[115]和 1-二叠氮甲基亚氨基-5-叠氮四唑[115-117](图 2.51～图 2.53)。1-羟基-5-硝胺基四

NH_2OH —— 1. $NC-N_3$; 2. HCl → 1-羟基-5-氨基四唑 —— 1. NaOH, H_2O; 2. $ClC(O)OEt$ → —— 1. N_2O_5; 2. KOH, H_2O; 3. HCl → **2-122** —— 碱 → M^+ 盐

$M^+ = NH_4^+$ (**2-123**)　$N_2H_5^+$ (**2-124**)　NH_3OH^+ (**2-125**)

图 2.51　1-羟基-5-硝胺基四唑及其离子盐的合成路线

唑(**2-122**)和 1,5-二硝胺基四唑(**2-126**)具有相似的合成路线，成环反应为羟胺或甲基肼基甲酸酯与叠氮化氰反应，硝胺基都是通过五氧化二氮(N_2O_5)的硝化引入。1-羟基-5-硝胺基四唑的羟胺盐(**2-125**)[113]和 1,5-二硝胺基四唑的铵盐(**2-127**)、肼盐(**2-128**)和羟胺盐(**2-129**)[115]的爆速均超过 9000 m/s，但它们的分解温度较低、感度较高，在一定程度上限制了它们的应用。1,5-二硝胺基四唑的钾盐分解温度高达 240℃、爆速大于 10000 m/s、爆压大于 50 GPa，被 Klapötke 等推荐用作环境友好且热稳定的敏化剂[114]。

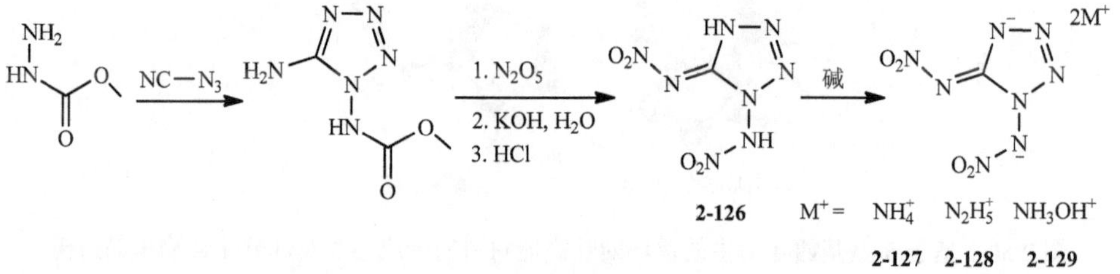

$NC-N_3$；1. N_2O_5　2. KOH, H_2O　3. HCl；碱；**2-126**；M^+ = NH_4^+ $N_2H_5^+$ NH_3OH^+；**2-127** **2-128** **2-129**

图 2.52　1,5-二硝胺基四唑及其离子盐的合成路线

1-二叠氮甲基亚氨基-5-叠氮四唑(C_2N_{14})和 1-氨基-5-叠氮基四唑通过在水中用 2 eq.亚硝酸钠重氮化三氨基胍盐酸盐，然后在不同碱性条件下闭环来合成(图 2.53)。由于电荷分布不均，1-叠氮基氨基甲基亚氨基-5-叠氮四唑(**2-130**)机械感度极高(撞击感度 IS＜0.25 J；摩擦感度 FS＜1 N)。此外，由于极高的生成焓(1495 kJ/mol)和非常高的氮含量 89.09%，这种化合物的爆速接近 9000 m/s。1-氨基-5-叠氮基四唑(**2-131**)的感度比 1-叠氮基氨基甲基亚氨基-5-叠氮四唑稍钝感，爆速也接近 9000 m/s[118]。

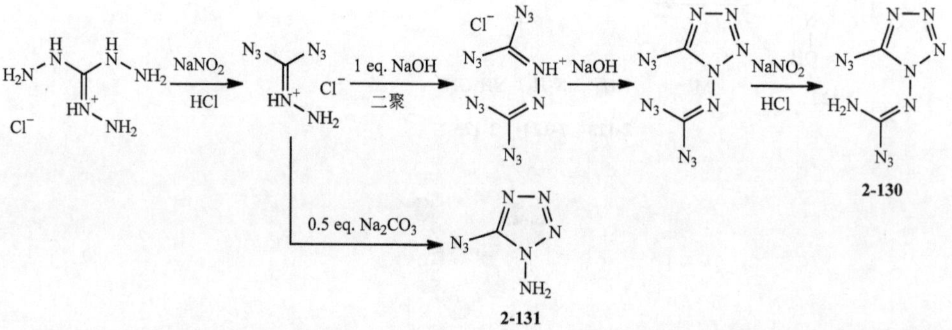

$NaNO_2$, HCl；1 eq. NaOH，二聚；NaOH；$NaNO_2$, HCl；**2-130**；0.5 eq. Na_2CO_3；**2-131**

2-130

2-131

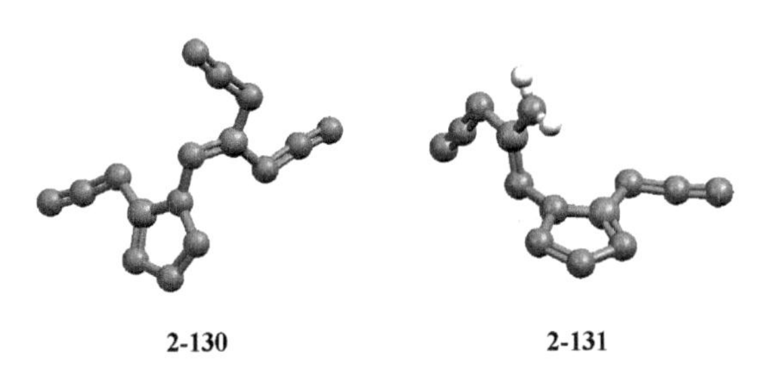

图 2.53　1-二叠氮甲基亚氨基-5-叠氮四唑及其衍生物的合成路线及部分化合物的晶体结构

2015 年，美国南加利福尼亚大学的 Haiges 和 Christe 教授通过氰基与叠氮酸(HN_3)的环加成反应制备了 5-氟代二硝基甲基-2*H*-四唑(图 2.54)[119]。5-氟代二硝基甲基-2*H*-四唑及其铵盐和银盐的撞击感度都比较高(IS＜5 J)，这给应用带来了困难。

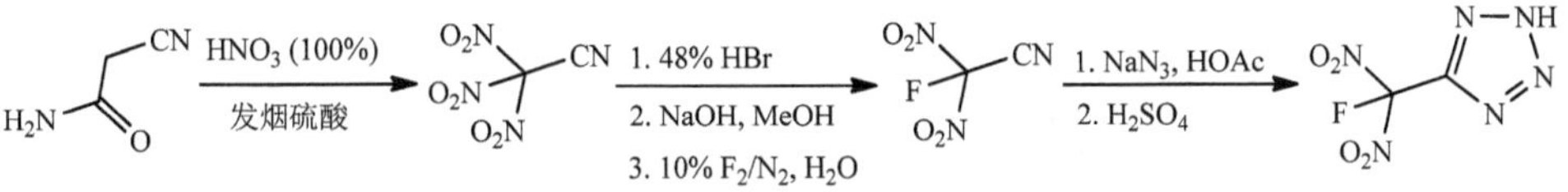

图 2.54　5-氟代二硝基甲基-2*H*-四唑的合成路线

近年来，其他 5-取代四唑作为高能材料的探索也在如火如荼地进行，林秋汉于 2013 年首次通过稀盐酸裂解偶氮二四唑的方法得到了 5-肼基四唑(图 2.55)[120]，化合物 **2-132** 具有比 5-氨基四唑更高的氮含量和生成焓，同时也更容易与富氧酸形

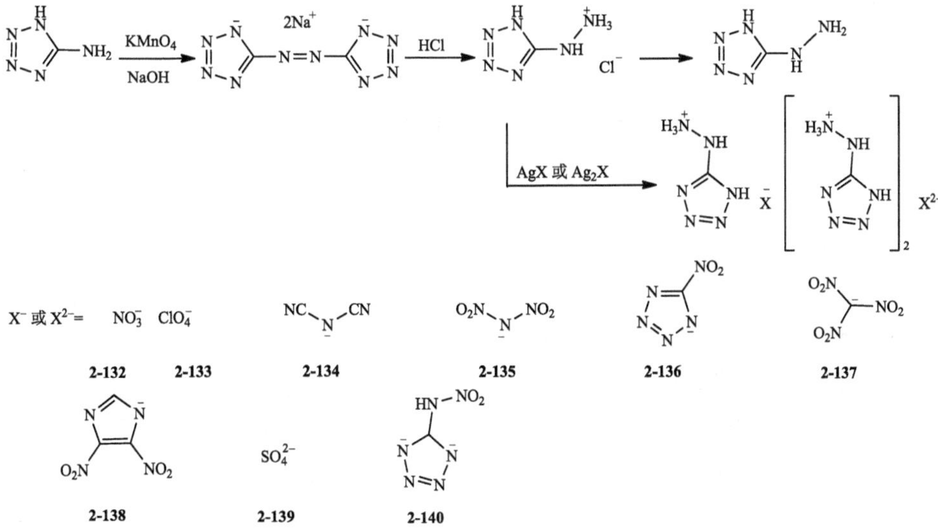

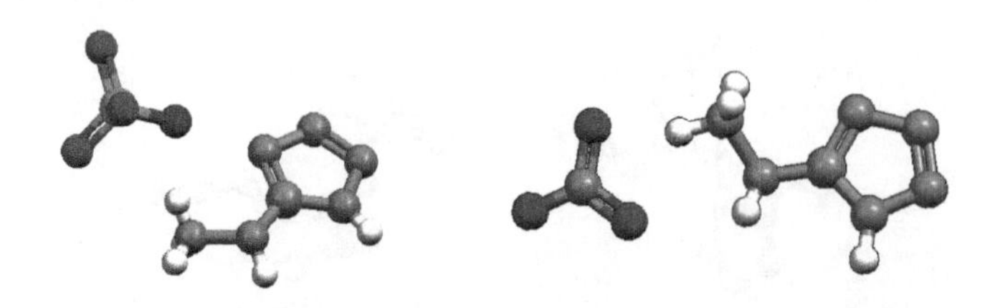

图 2.55　5-肼基四唑-2H-四唑含能盐的合成路线及部分化合物的晶体结构

成含能盐，这些含能盐(**2-133**～**2-140**)的爆速在 7000～9700 m/s 之间，并且具有低于 CL-20 的撞击感度。与传统高能材料 RDX 和 HMX 相比，虽然在性能方面有足够的优势，但低的分解温度(T_d = 150～198℃)却是其很难被广泛接受的缺点。

同样作为 5-取代的四唑高氮含能前体，5-胍基四唑的报道相对较少，并且被报道作为高能材料的文献只有一篇(图 2.56)[121]。作者通过叠氮酸与氰基胍反应直接获得了 5-胍基四唑(**2-141**)。作为高氮含能前体，它表现出极高的热稳定性(T_d = 335℃)，这是其最为吸引人的优点。但胍基难被进一步官能化的缺陷使得 5-胍基四唑只能与 5-肼基四唑一样作为高氮阳离子才能直接被运用于高能材料中。虽然 5-胍基四唑具有极高的热稳定性，但其硝酸盐却并未表现出同样的高热稳定性的特点，5-胍基四唑的硝酸盐(**2-142**)的分解温度只有 191℃。

NaN_3 / HCl；70% HNO_3

2-141　**2-142**

图 2.56　5-胍基四唑-2H-四唑硝酸盐的合成路线

陆明等[122]通过将 5-甲基四唑、四唑、5-氨基四唑和 5-硝基四唑分别与银的富氧酸盐反应得到相应的金属盐，之后与硝酸和高氯酸重组得到了一系列的高氧平衡的双阴离子高能金属有机骨架$[Ag_7MT_4(NO_3)_3]_n$(**2-143**)、$[Ag_3HT_2NO_3]_n$(**2-144**)、$[Ag_7AT_4(NO_3)_3]_n$(**2-145**)、$[Ag_5NT_4NO_3]_n$(**2-146**)和$[Ag_5NT_4ClO_4]_n$(**2-147**)(图 2.57)。与上面提到的单纯的 5-取代四唑的富氧酸盐不同的是这些高能有机框架具有十分出众的热稳定性(T_d = 251～348℃)。其中，$[Ag_5NT_4NO_3]_n$和$[Ag_5NT_4ClO_4]_n$对机械和静电火花的高敏感性使得它们成为潜在的起爆药。

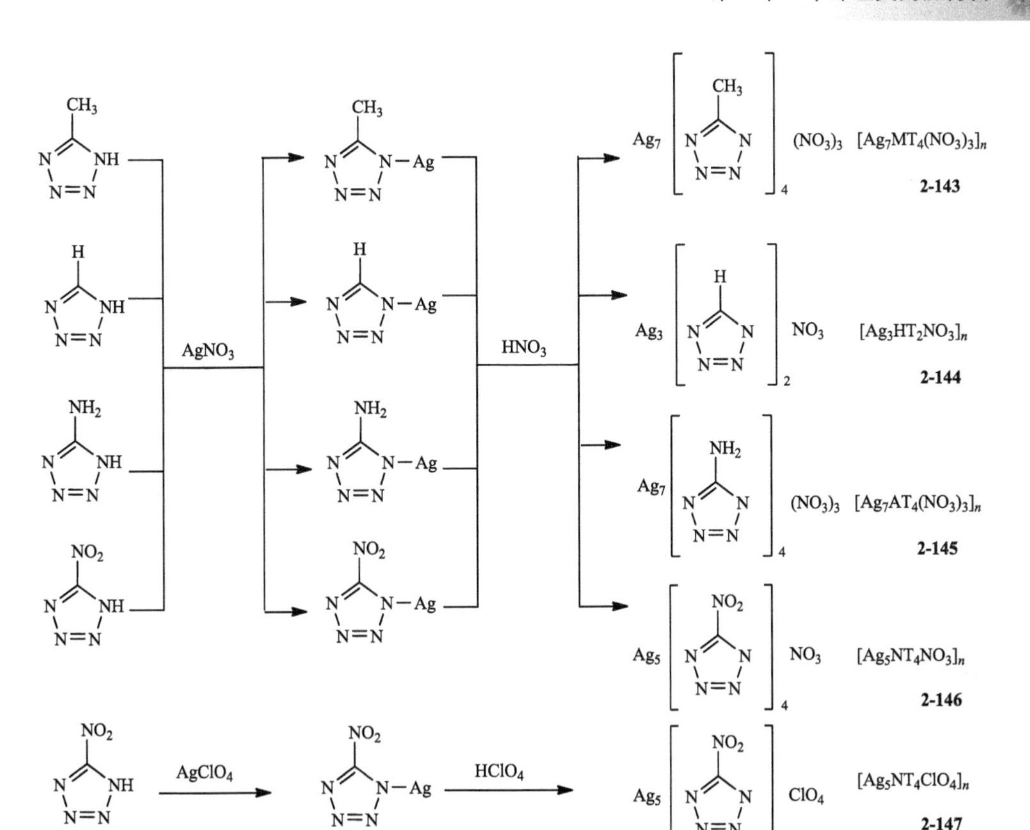

图 2.57　$[Ag_7MT_4(NO_3)_3]_n$、$[Ag_3HT_2NO_3]_n$、$[Ag_7AT_4(NO_3)_3]_n$、$[Ag_5NT_4NO_3]_n$ 和 $[Ag_5NT_4ClO_4]_n$ 的合成路线

乙酸基四唑被作为含能前体被陈三平等报道，他们通过水热法用 5-乙酸基四唑与硝酸银反应得到了两种高能金属有机骨架 $[Ag_7(tza)_3(Htza)_2(H_2tza)(H_2O)]_n$ (**2-148**) 和 $[Ag_7(tza)_3(Htza)_2(H_2tza)]_n$ (**2-149**)（图 2.58）[123]，它们不仅具有良好的热稳定性（T_d = 260℃和 250℃），还表现了出色的催化高氯酸铵分解的特性。在能量性能方面得益于四唑的高生成焓，$[Ag_7(tza)_3(Htza)_2(H_2tza)(H_2O)]$ 和 $[Ag_7(tza)_3(Htza)_2(H_2tza)]$ 的爆速达到了 8000 m/s。

$$\text{OH} + Ag^+ \xrightarrow{80℃} [Ag_7(tza)_3(Htza)_2(H_2tza)(H_2O)]_n\ (\textbf{2-148}) \xrightarrow[-H_2O]{200℃} [Ag_7(tza)_3(Htza)_2(H_2tza)]_n\ (\textbf{2-149})$$

图 2.58　$[Ag_7(tza)_3(Htza)_2(H_2tza)(H_2O)]_n$ 和 $[Ag_7(tza)_3(Htza)_2(H_2tza)]_n$ 的合成路线

同样是陈三平课题组[124]，通过选择四唑氮原子上的羧基结构得到了新的四唑银的金属有机骨架$[Ag(tza)]_n$和$[Ag(atza)]_n$，与上面提到的$[Ag_7(tza)_3(Htza)_2(H_2tza)(H_2O)]_n$和$[Ag_7(tza)_3(Htza)_2(H_2tza)]_n$不同，此两种金属有机骨架在具备相似的热稳定性的情况下具有更高的密度($\rho = 2.834\ g/cm^3$，$2.625\ g/cm^3$)和爆轰性能(＞8600 m/s)。作为银金属有机骨架的共性，这两种金属有机骨架也有良好的对高氯酸铵分解的促进作用。

2.4 五唑类高能材料

2.4.1 五唑类高能材料的基本结构性质

五唑是环戊二烯阴离子的全氮等电子相似物，也是唑系最后的成员，相关研究始于一个世纪前。研究者相继合成出从吡咯、吡唑、三唑到四唑等一系列唑类化合物。但由于五唑全由氮元素组成，稳定性差，因此对它的合成具有相当大的挑战性。

1903年，Hantzsch[125]试图利用苯基重氮基叠氮重排反应制备芳基五唑($Ar\text{-}N_5$)，进而制备N_5^-离子，但在制备$Ar\text{-}N_5$的过程中就以失败而告终。1956年，Huisgen和Ugi[126-129]首次解决了$Ar\text{-}N_5$合成的难题，证实连接芳基的重氮离子和叠氮根(N_3^-)可以形成芳基重氮基叠氮，低温下闭环可得到$Ar\text{-}N_5$，随后在低温下分离出一系列对位取代的$Ar\text{-}N_5$的晶体。但是，进一步在尝试切断$Ar\text{-}N_5$中的C—N键获取五唑负离子(N_5^-)的实验中发现，$Ar\text{-}N_5$中的唑环很容易破裂，分解形成芳基叠氮和N_2。而后的数十年中，基于取代$Ar\text{-}N_5$制备独立的五唑负离子的实验方面始终没有取得明显的进展。

直至2002年N_5^-离子首先被美国空军研究实验室(AFRL)的Vij和Christe教授[130]在液相色谱-质谱(LC-MS)实验中检测到(图2.59)。其方法是先合成芳基五唑，然后通过质谱的强电场环境破坏芳基五唑中的C—N键，并在二级质谱捕捉N_5^-环状负离子的片段信号。2003年，瑞典国防研究所(FOI) Östmark教授等[131]提出可以通过激光解吸电离飞行时间质谱(LDI-TOF-MS)的方法直接从对二甲氨基苯基五唑固体样品中获得N_5^-的质谱信号，并通过量子化学计算推测了对二甲氨基苯基五唑可能的分解路径。然而LC-MS或者LDI-TOF-MS方法仅能证明N_5^-的存在，无法获得N_5^-样品。

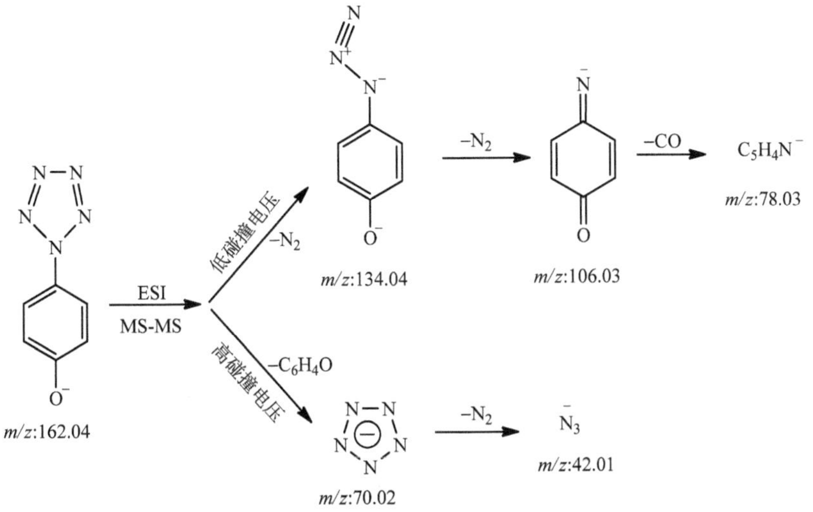

图 2.59　低和高碰撞电压下电子轰击芳基五唑离子得到的 ESI-MS-MS 碎片

随后 Butler 等[132,133]采用硝酸铈铵(CAN)作为切断试剂，在切断时使得铈离子与五唑相结合从而稳定五唑负离子，并给出了五唑的核磁表征。美国南加利福尼亚大学的 Schroer 和 Christe 等[134]重复该实验后，发现铈离子并未与 N_5^- 离子结合且无法检测到 N_5^- 离子，并认为其所谓的五唑核磁谱图并非 N_5^- 离子，而是加入的硝酸根的核磁峰。而后的实验研究基本停滞在寻求多种手段来切断芳基五唑的 C—N 键获得凝聚相的 N_5^- 离子，可惜氧化[135]、还原[136]和光裂解[137-139]等方法均失败了。

以色列希伯来大学的 Haas 等研究人员在研究光裂解法的过程中还通过紫外光谱原位监测了 Ar-N_5 的分解过程。研究发现其分解几乎全部始于五唑环内部，分解产物主要为 N_2/ArN_3 以及少量的 Ar- N_2^+ / N_3^-，没有在实验过程中检测到 N_5^- 的产生。这表明 Ar-N_5 正常自发分解过程无法获得 N_5^-，采用直接切断 C—N 键来获得 N_5^- 的方法，也将会先造成 N_5^- 环状负离子的破碎，不能得到 N_5^- 离子。瑞典皇家理工学院的 Brinck 等[140]认为芳环上的取代基对五唑的解离有影响，给电基团相对于吸电基团能提高五唑的稳定性，从而更有利于五唑阴离子的获得。南京理工大学的 Gong 等[141]比较了切断芳基与五唑环 C—N 键所需的能量和五唑解离的能量后，认为这种提升是杯水车薪。

直至 2016 年，Haas 等[142]首次通过碱金属络合的方法，实现苯基五唑(Ph-N_5)中 C—N 键的选择性断裂，并通过一级质谱检测到 N_5^- 的信号，证明了 N_5^- 离子可以存在于溶液中并且在–40℃下能够长期稳定。

2017 年，陆明等[143]在 *Science* 上报道了一种甘氨酸亚铁和间氯过氧苯甲酸体系氧化切断 Ar-N_5 中的 C—N 键制备含 N_5^- 的固体化合物的方法(图 2.60)。这是首次分离出室温稳定的 N_5^- 离子。热分析结果显示其分解温度(T_d)高达 116.8℃，具有非常好的热稳定性。至此，N_5^- 成为第四个常温常压下稳定的全氮物种。它标志着 N_5^- 离子在凝聚相的成功合成，是全氮化合物史上具有里程碑意义的一步。

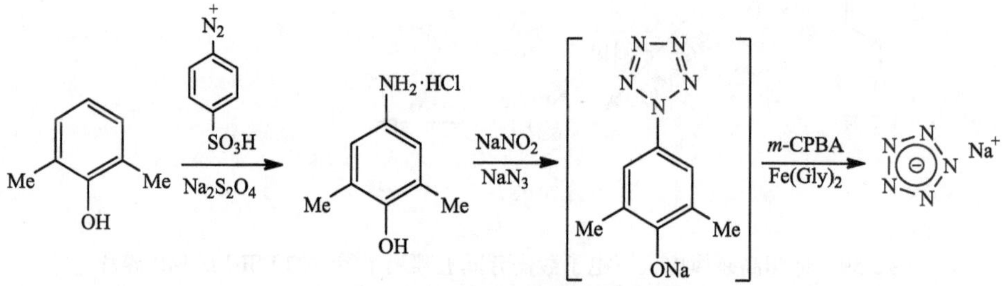

图 2.60　五唑钠的合成路线

m-CPBA：间氯过氧苯甲酸

2.4.2　五唑类含能衍生物的制备

1. 五唑金属含能衍生物的制备

五唑金属含能衍生物[81,144-147]通过复分解反应合成(图 2.61 和图 2.62)，晶体大部分是通过挥发法培养的，少数通过液相扩散法培养，溶剂主要为极性较大的甲醇和乙醇(95%)。

2. 五唑非金属含能衍生物的制备

五唑非金属含能衍生物[148-150]也可以通过复分解反应合成(图 2.63～图 2.79)，第一种是以五唑钠水合物为原料，通过生成氯化钠的复分解反应合成五唑非金属含能衍生物；另一种是以五唑银为原料，通过生成氯化银的复分解反应合成五唑非金属含能衍生物。

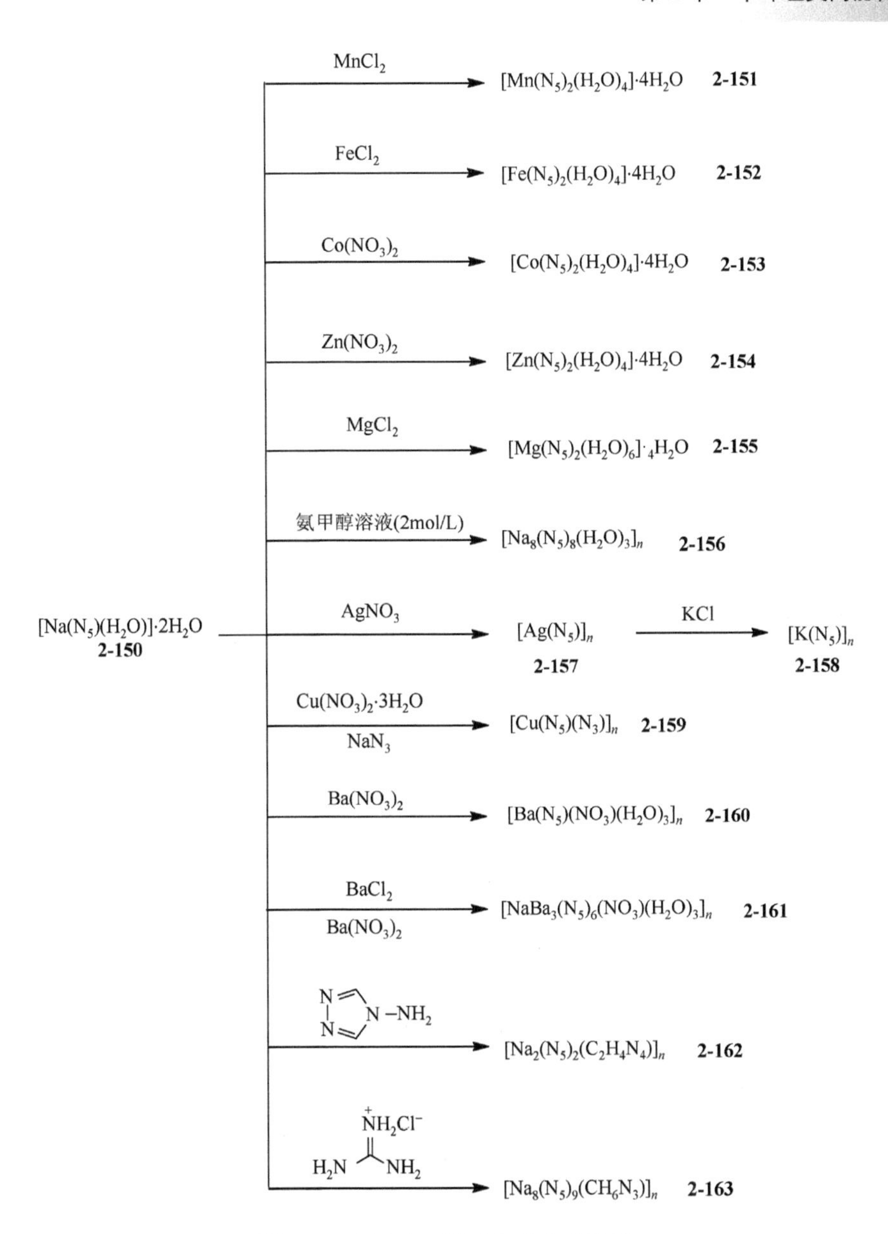

图 2.61　五唑金属配合物的合成路线

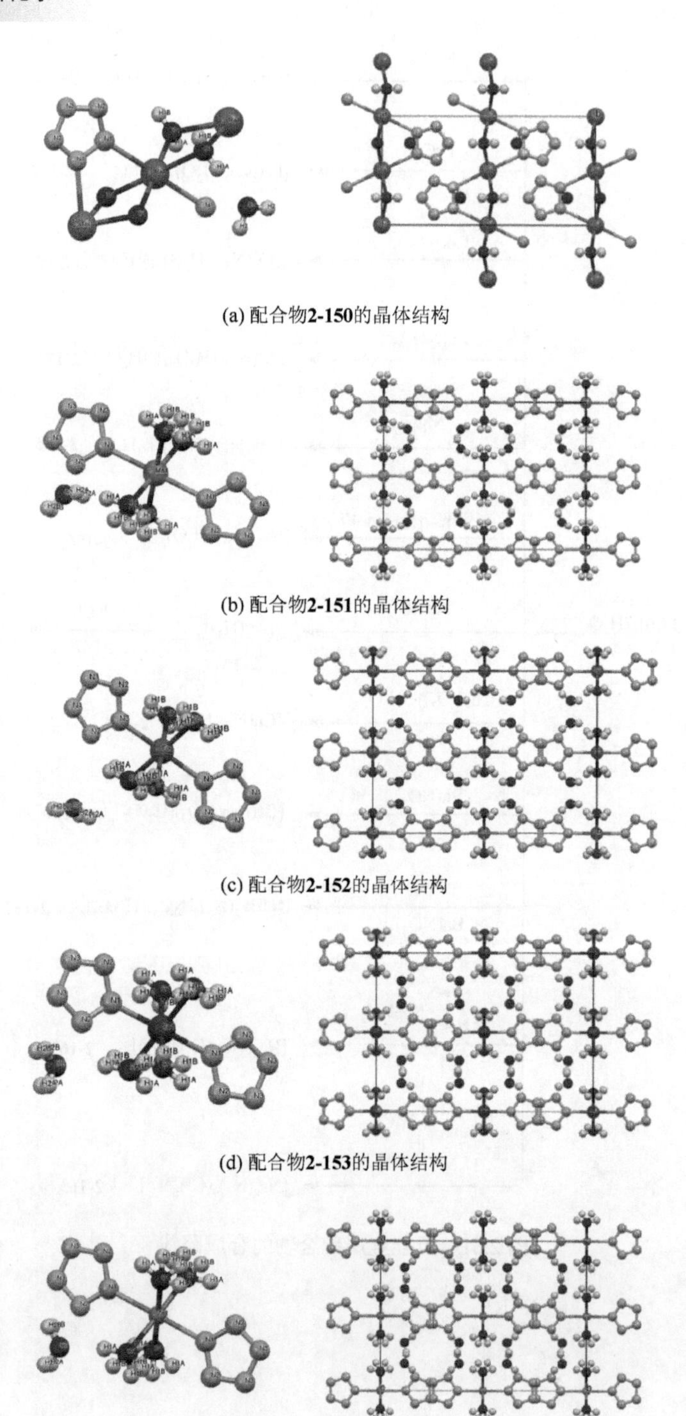

(a) 配合物**2-150**的晶体结构

(b) 配合物**2-151**的晶体结构

(c) 配合物**2-152**的晶体结构

(d) 配合物**2-153**的晶体结构

(e) 配合物**2-154**的晶体结构

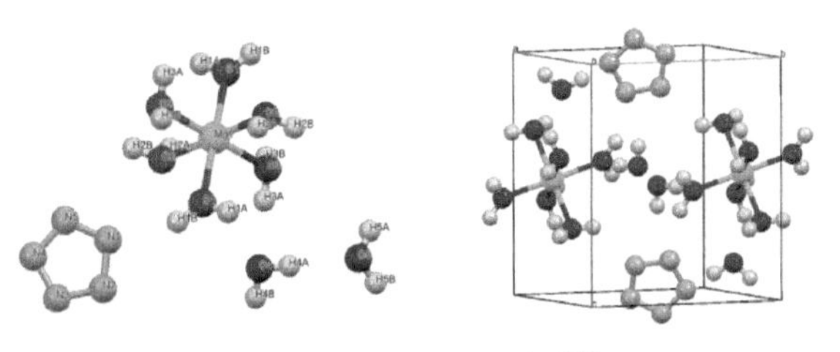

(f) 配合物**2-155**的晶体结构

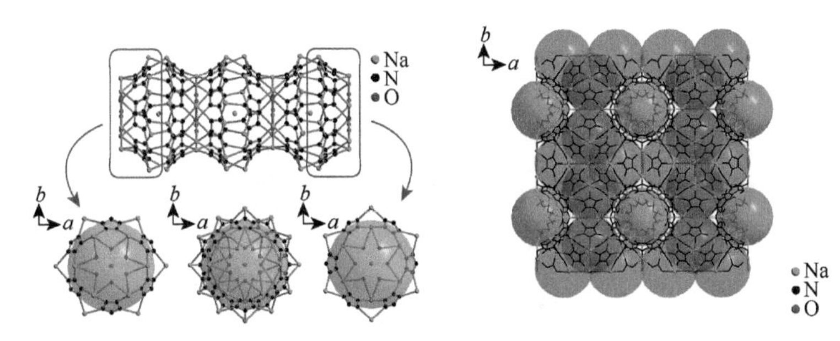

(g) 配合物**2-156**的晶体结构

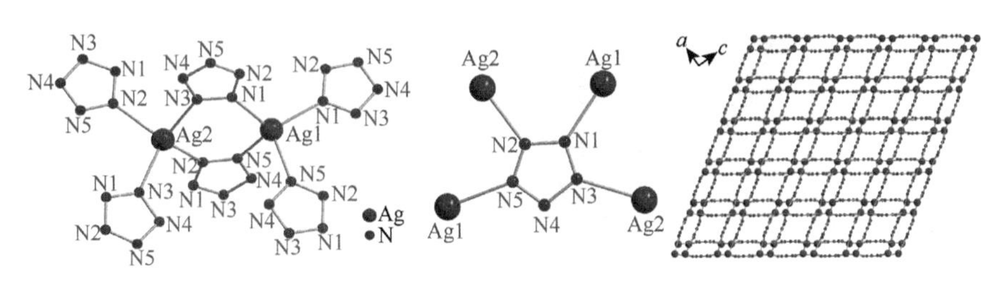

(h) 配合物**2-157**的金属配位环境、N_5^-配体的配位模式和晶胞堆积结构

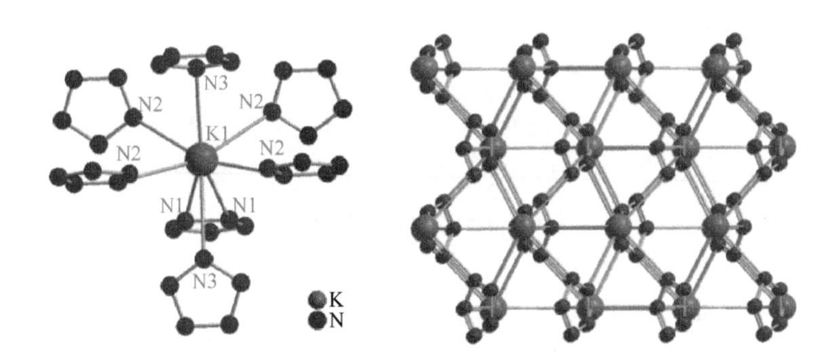

(i) 配合物**2-158**的晶体结构

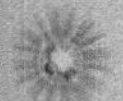

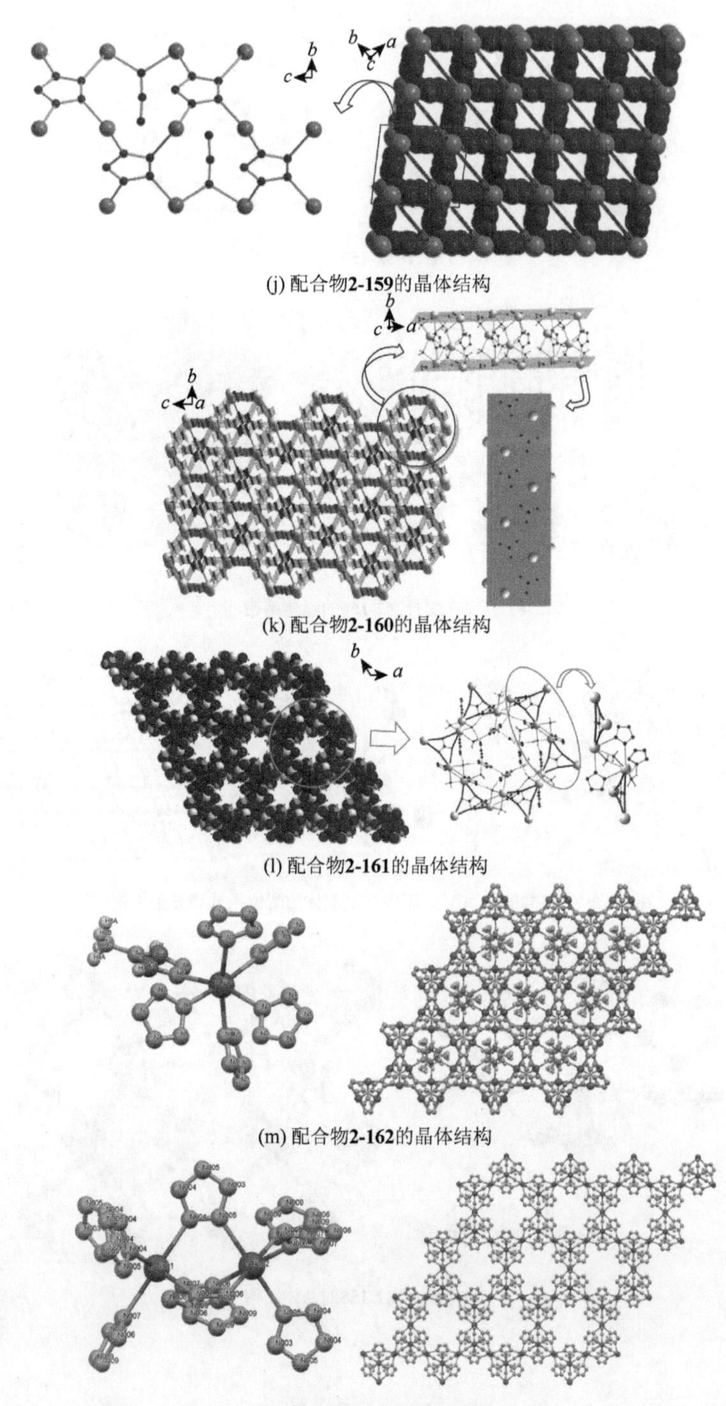

(j) 配合物**2-159**的晶体结构

(k) 配合物**2-160**的晶体结构

(l) 配合物**2-161**的晶体结构

(m) 配合物**2-162**的晶体结构

(n) 配合物**2-163**的晶体结构

图 2.62　五唑金属衍生物的结构图

(a)

(b)

图 2.63　(a) $DABTT^{2+}Cl_2^-$ 和 DABTT 的合成路线；(b) 以 **2-150** 为原料的五种五唑离子盐的合成路线

TABT：4,4′,5,5′-四氨基-3,3′-双-1,2,4-三唑；DABTT：3,9-二氨基-6,7-二氢-5*H*-双([1,2,4]三唑)[4,3-*e*：3′,4′-*g*][1,2,4,5]四氮杂庚烷

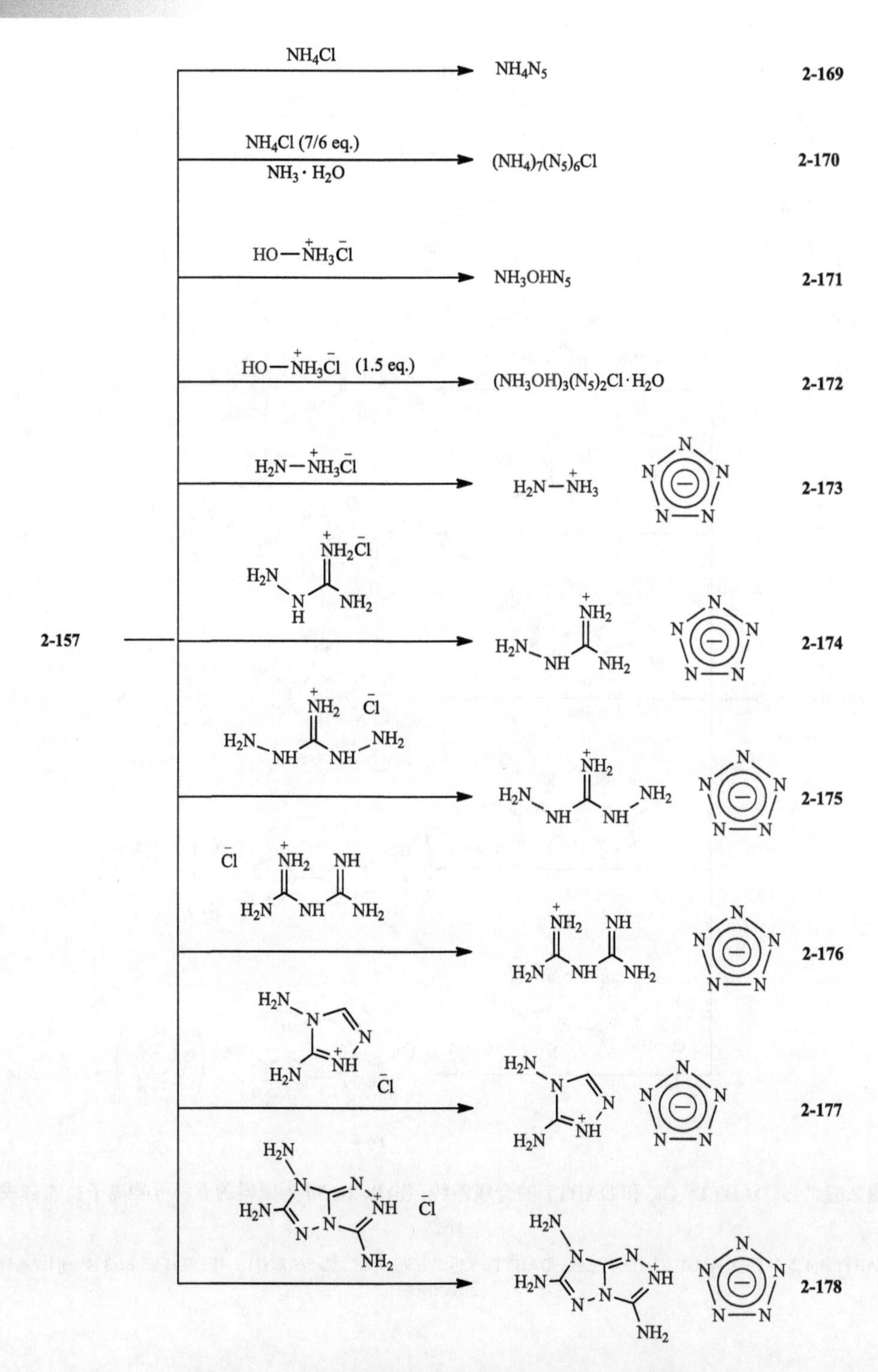

图 2.64　以 **2-157** 为原料的十种五唑离子盐的合成路线

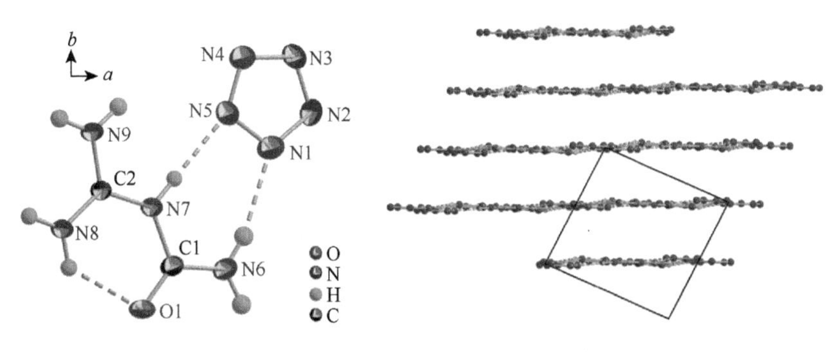

图 2.65　离子盐 **2-164** 的晶体结构

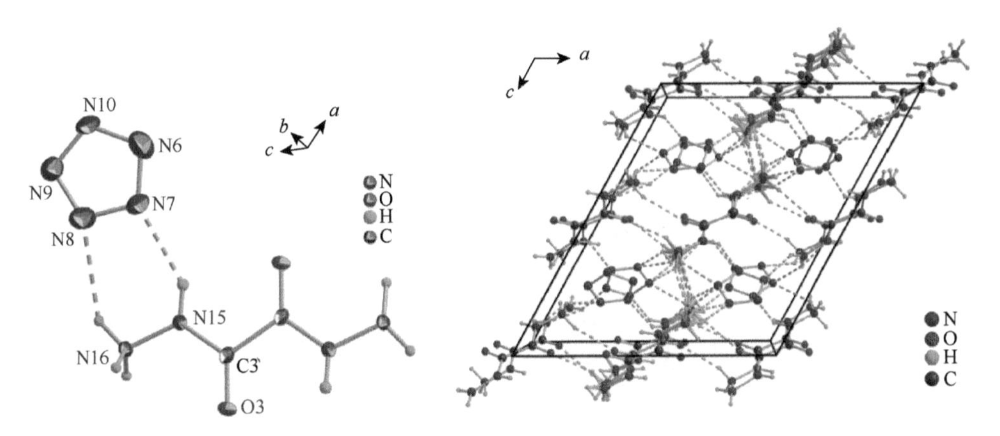

图 2.66　离子盐 **2-165** 的晶体结构

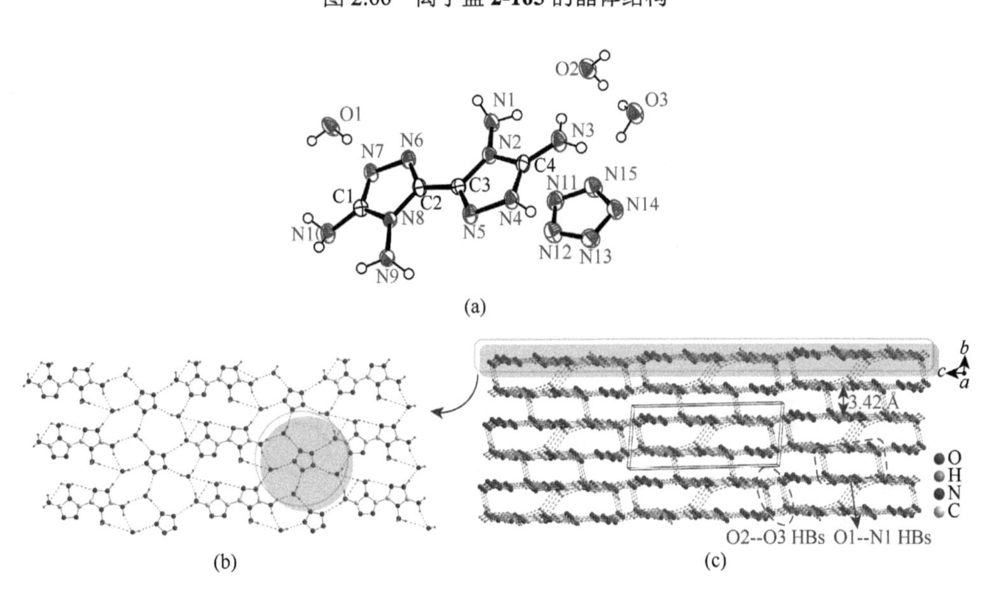

图 2.67　离子盐 **2-166** 的晶体结构

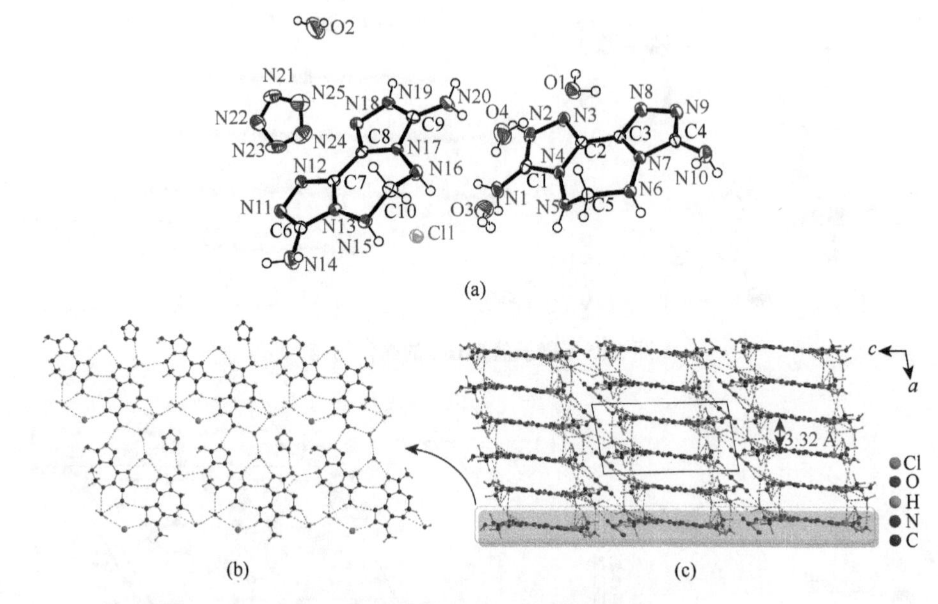

图 2.68　离子盐 **2-167** 的晶体结构

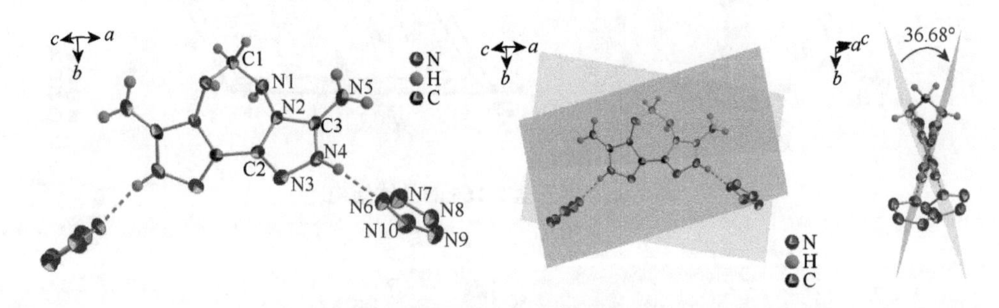

图 2.69　离子盐 **2-168** 的晶体结构

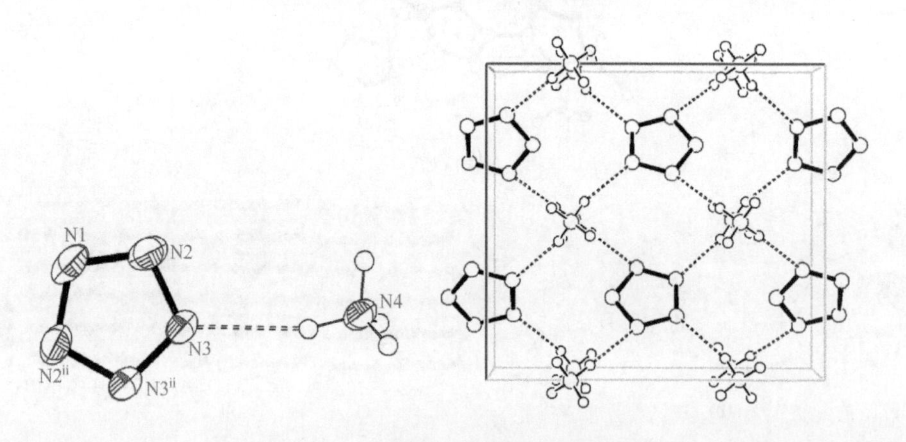

图 2.70　离子盐 **2-169** 的晶体结构

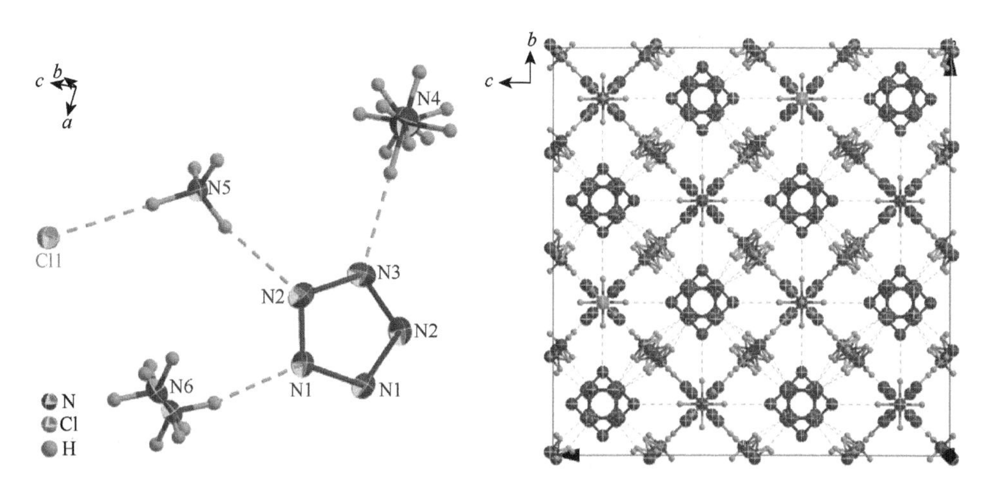

图 2.71　离子盐 **2-170** 的晶体结构

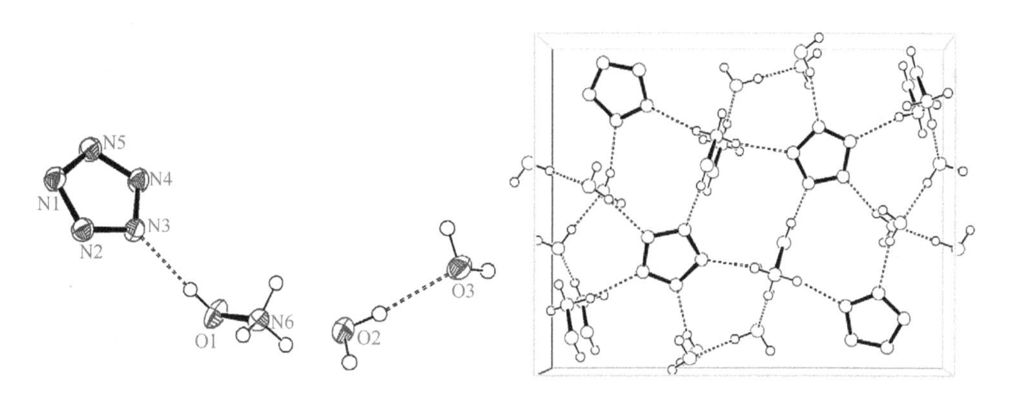

图 2.72　离子盐 **2-171**·2H_2O 的晶体结构

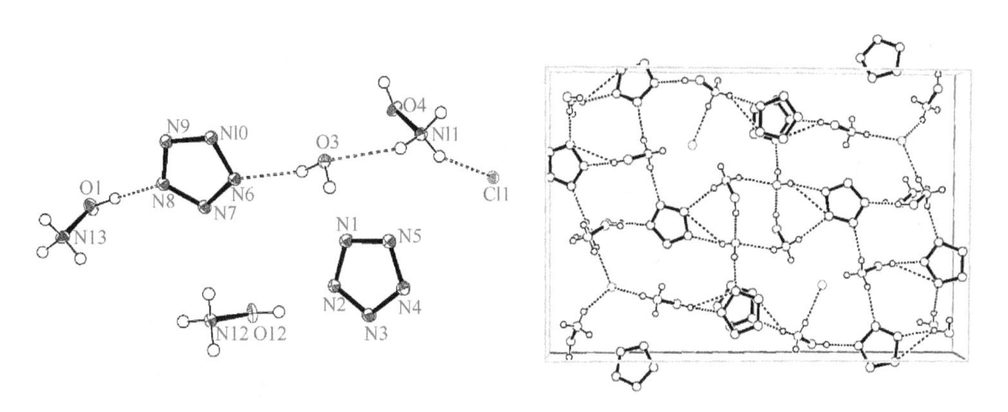

图 2.73　离子盐 **2-172** 的晶体结构

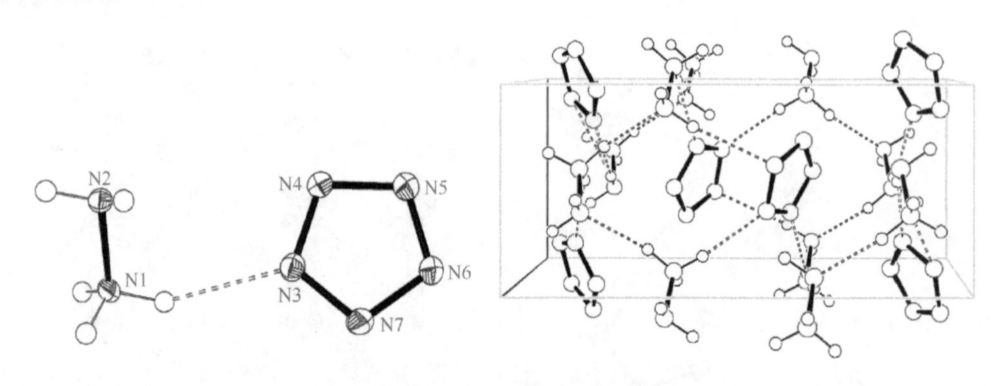

图 2.74　离子盐 **2-173** 的晶体结构

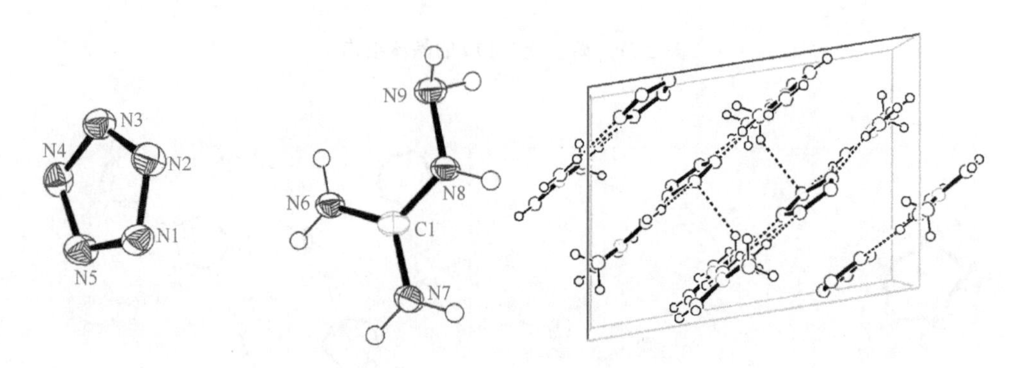

图 2.75　离子盐 **2-174** 的晶体结构

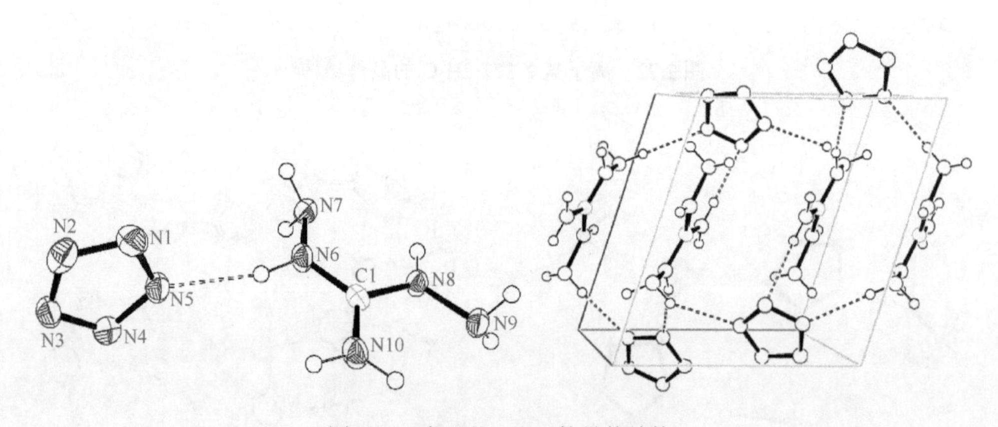

图 2.76　离子盐 **2-175** 的晶体结构

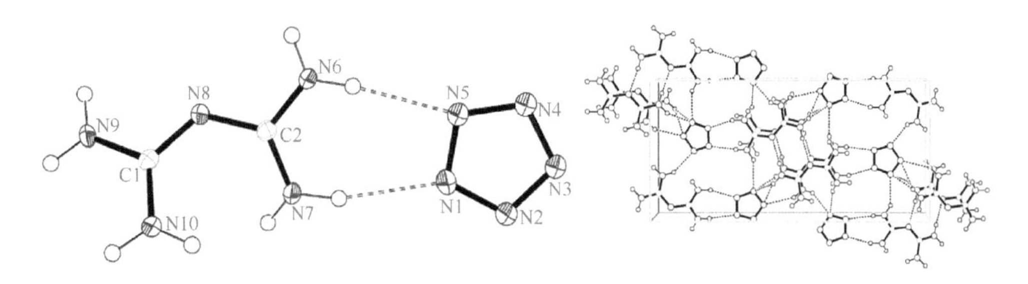

图 2.77　离子盐 **2-176** 的晶体结构

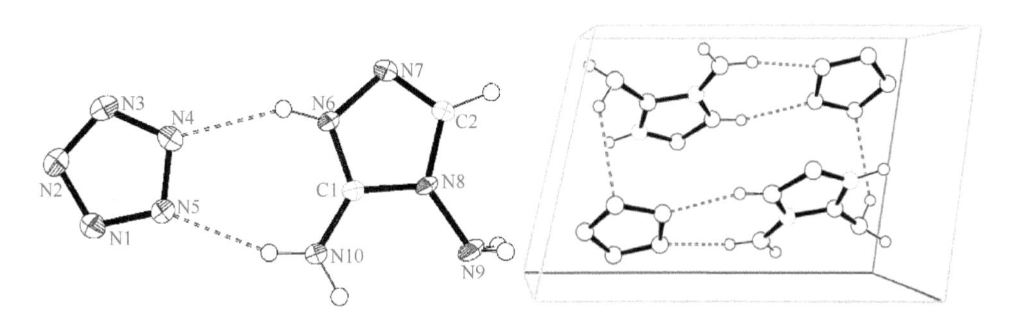

图 2.78　离子盐 **2-177** 的晶体结构

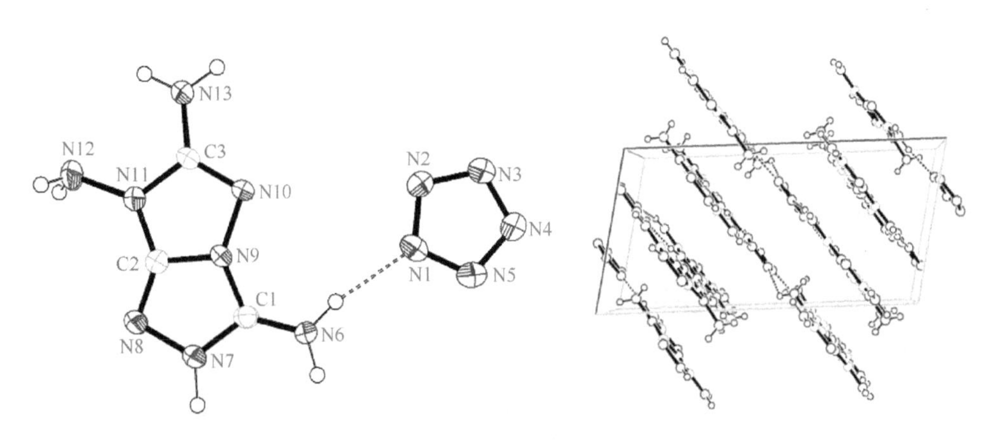

图 2.79　离子盐 **2-178** 的晶体结构

2.4.3　五唑类含能衍生物的性能特征

1. 五唑负离子的性能特征

对配合物 **2-150** 进行质谱分析，得到如图 2.80 所示的质谱图。可以看出，负离子模式下只检测到 70.0 一个质谱峰。对其进行高分辨质谱分析(图 2.81)，负离子模式下也只检测到 70.0156 一个质谱峰，与 N_5^- 的理论计算值 70.0154 吻合，证明常温常压下稳定存在的确是 N_5^- 离子。

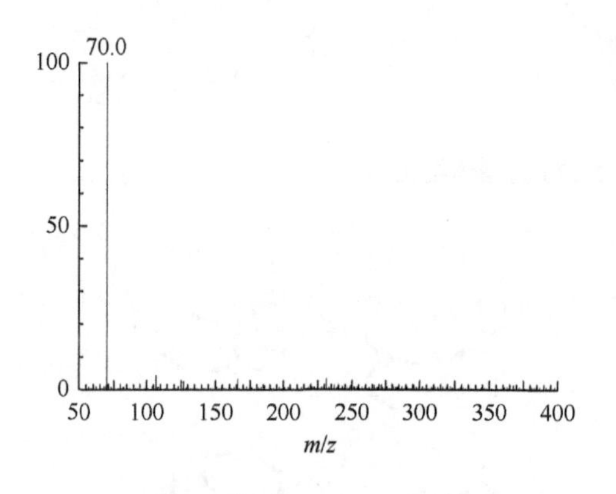

图 2.80　配合物 **2-150** 的质谱图

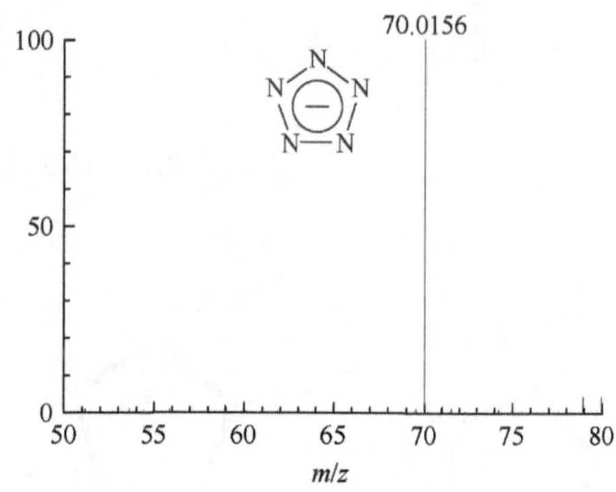

图 2.81　配合物 **2-150** 的高分辨质谱图

未经过 ^{15}N 同位素标记的化合物 **2-150** 溶于氘代二甲基亚砜(DMSO-d_6)然后进行液体核磁氮谱分析(图 2.82)，氮谱中仅有一个 N_5^- 的峰($\delta = -5.7$ ppm)被观测到，峰的化学位移与文献中理论计算的 N_5^- 的化学位移相吻合(–6.5～0 ppm)[151-153]。此外，在五唑钠的合成过程中使用 $Na^{15}NO_2$ 对 N_5^- 环进行单个氮标记(见图中反应式)，然后把浓缩的反应液溶于氘代甲醇(CD_3OD-d_4)进行液体核磁氮谱分析(图 2.82)。结果发现被标记的 N_5^- 环上的 N 的核磁峰出现在化学位移为–3.0 ppm 处，此外还检测到粗产物中残留的硝酸根(–12.4 ppm，文献值[154,155]：-10 ± 2 ppm)和 N_5^- 分解产生的少量氮气(–71.4 ppm)。

2. 五唑金属含能衍生物的性能特征

1)振动分析

从本章大部分化合物中 N_5^- 环的几何构型(包括键长、键角、二面角、配位模式等)可以看出，N_5^- 环虽然具有与环戊二烯环相似的结构，但没有保持 D_{5h} 对称($A_1' + E_1' + 2E_2' + E_2''$)，而是由 D_{5h} 转化而来的 C_{2v} 对称[$A_1 + (A_1 + B_2) + 2(A_1 + B_2) + (A_2 + B_1)$]。其中，由 E_2'' 衍生出的($A_2 + B_1$)既无红外也无拉曼活性；由 E_1' 衍生出的($A_1 + B_2$)是红外活性；由 A_1' 和 $2E_2'$ 衍生出的 A_1 和 $2(A_1 + B_2)$ 为拉曼活性(图 2.83)。所以，从理论上分析，具有 C_{2v} 对称的 N_5^- 环应具有两个红外吸收谱带和五个拉曼峰。

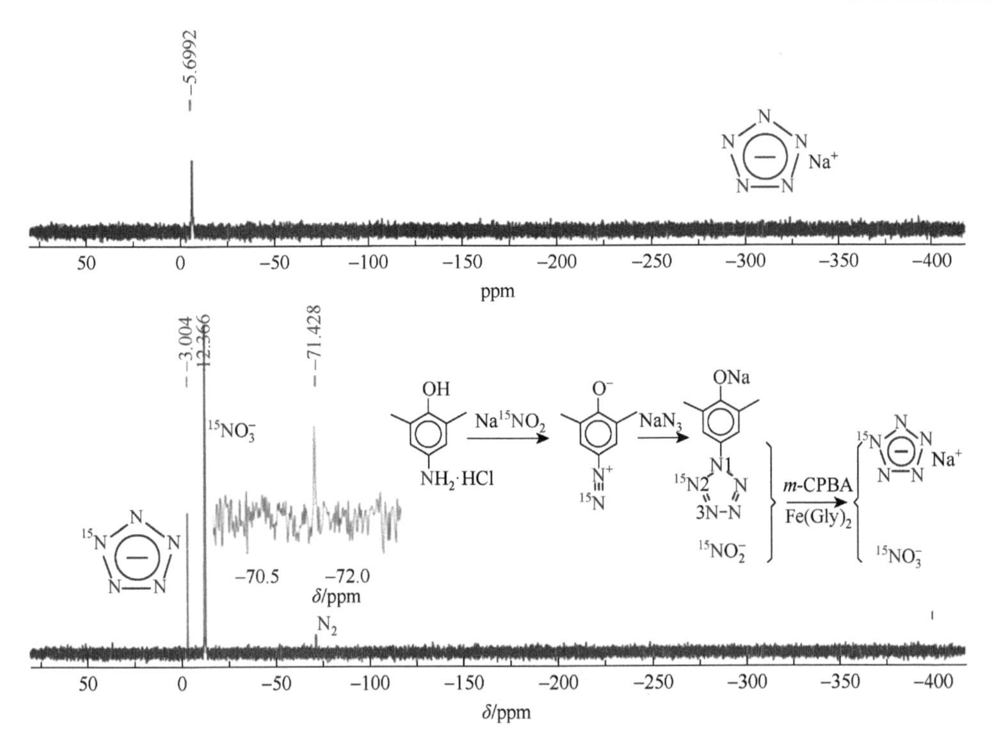

图 2.82　配合物 **2-150** 和 ^{15}N 标记的五唑钠合成实验中浓缩的反应液的核磁氮谱图

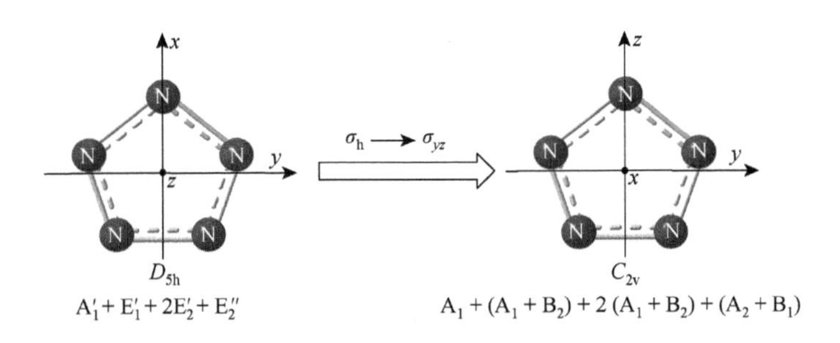

图 2.83　D_{5h} 到 C_{2v} 对称性的转化

实验测得的 14 个配合物的红外光谱如图 2.84 所示，非三维配合物(**2-150**～**2-155**)的红外均有 1244～1258 cm^{-1} (B_2) 和 1219～1238 cm^{-1} (A_1) 两个吸收峰，与理论分析相对应。而 N_5^- 的三维配合物(**2-156**～**2-163**)中两个吸收峰没有裂分得很清楚，呈现为一个强而窄的吸收峰，峰的波数在 1217～1248 cm^{-1}。由于 N_5^- 的三维配合物(**2-156**～**2-163**)在微观上为多孔结构，晶胞间隙和孔洞中可能含有溶剂，再加上除了 N_5^- 之外，还有 N_3^-、NO_3^-、4-氨基-1,2,4-三唑等配体和胍阳离子等未配位组分，导致其拉曼光谱比较复杂。本节仅选取非三维配合物

(**2-150**～**2-155**)的拉曼光谱(图 2.85)对 N_5^- 的拉曼振动进行针对性的分析。理论上 N_5^- 应有 A_1 和 $2(A_1+B_2)$ 五个拉曼峰，实验测得六个配合物在 1188～1199 cm^{-1} 范围内都具有一个强峰(A_1)，$2(A_1+B_2)$ 的四个峰强度较低仅有三个在拉曼光谱中呈现出来，分别位于 1234～1239 cm^{-1}、1120～1124 cm^{-1} 和 1005～1037 cm^{-1} 范围内。

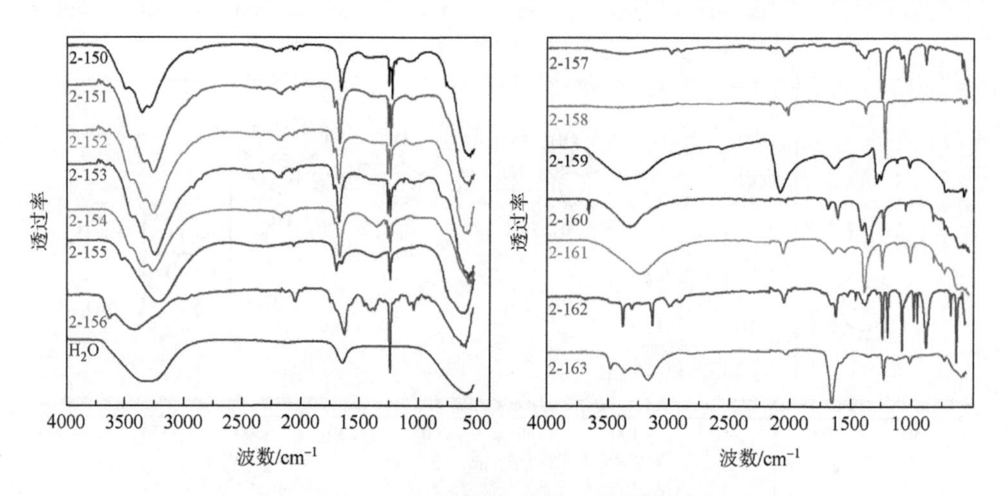

图 2.84　14 个配合物在母液中测试的红外光谱

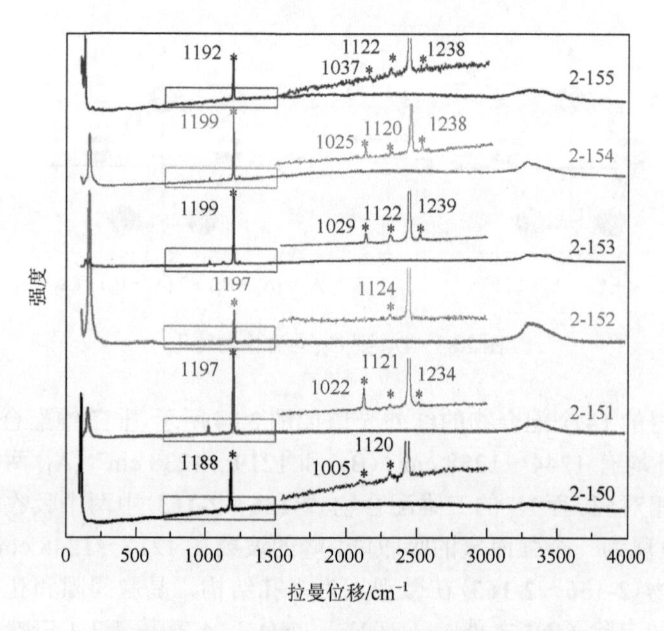

图 2.85　非三维的 N_5^- 金属配合物的拉曼光谱

2) 拓扑分析

使用 Topos 软件对 N_5^- 的三维配合物(**2-156**～**2-163**)进行拓扑分析，得到如图 2.86 所示的八个拓扑结构，它们的拓扑类型以及图例见表 2.17。结果显示，只有配合物 **2-157** 为已知的 PtS 拓扑类型，其他均为新拓扑类型。配合物 **2-156**、**2-162** 和 **2-163** 的金属相同，且都以 N_5^- 为主要配体，但它们的拓扑类型差别很大。

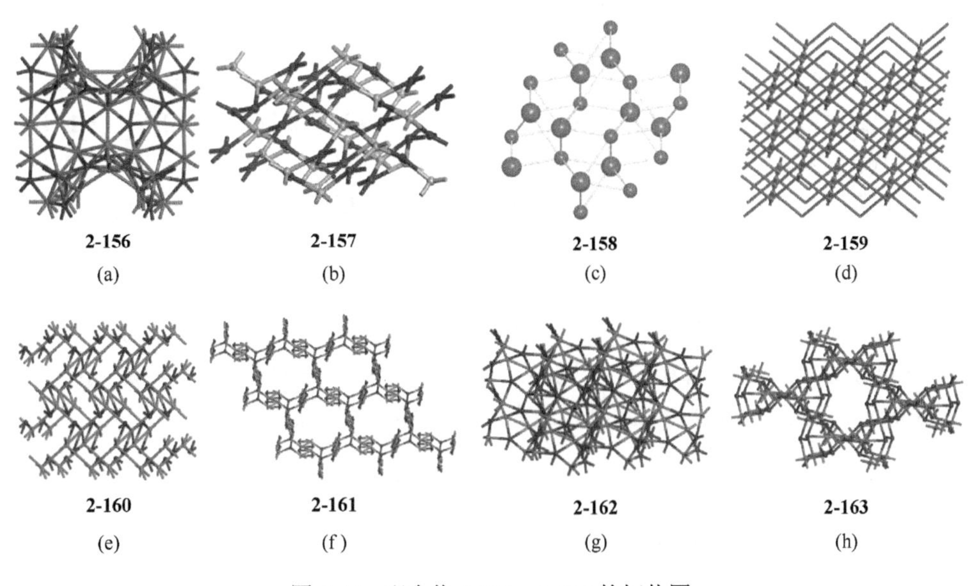

图 2.86　配合物 **2-156**～**2-163** 的拓扑图

表 2.17　配合物 2-156～2-163 的拓扑类型

化合物	拓扑类型	说明
2-156	$\{3.4^4.5^2.6^3\}_{12}\{3^2.4^4.5^2.6^2\}_{12}\{3^4.4^8.5^6.6^3\}_{12}\{3^8.4^8.5^8.6^4\}_3\{4^{12}.6^3\}_8$	N_5^-：蓝球; Na^+：紫球
2-157	PtS, $\{4^2.8^4\}$	N_5^-：蓝球; Ag^+：灰球
2-158	$\{4^{15}.6^6\}\{4^{17}.6^4\}$	N_5^-：小球; K^+：大球
2-159	$\{3^2.6^2.7^2\}\{3^4.4^2.6^4.7^5\}$	N_5^-：绿棒; Cu^{2+}：黄球
2-160	$\{3^2.4\}\{3^4.4^3.5^2.6^{10}.7^2\}$	N_5^-：蓝球; Ba^{2+}：绿球
2-161	$\{3^2.4\}_3\{3^4.4^3.5^2.6.8^4.9\}_3\{8^3\}$	N_5^-：蓝球; Ba^{2+}：绿球
2-162	$\{3.4^4.5^2.6^3\}\{3^2.4^8.5^3.6^2\}$	N_5^-：蓝球; Na^+：紫球
2-163	$\{4^{12}.6^3\}_2\{4^2.6\}_6\{4^3.6^2.8\}_3\{4^6.8^4.10^5\}_3$	N_5^-：蓝球; Na^+：紫球

3. 热稳定性分析

为了研究 N_5^- 配合物的热行为，对其进行了差示扫描量热(DSC)和热失重(TG)测试，结果见图 2.87 和图 2.88。

2-150～**2-154** 和 **2-161** 在 150℃之前仅有一个明显的吸热过程，而对于化合物 **2-155** 和 **2-160**，在第一个放热峰之前分别观测到三个和两个吸热峰。除了 **2-153** 和 **2-158**，所有样品均显示出至少两个放热阶段。第一个放热峰是相似的，依次发生在 111.3℃(**2-150**)、104.1℃(**2-151**)、114.7℃(**2-152**)、107.9℃(**2-154**)、103.5℃(**2-155**)、129.0℃(**2-156**)、98.2℃(**2-157**)、89.5℃(**2-159**)、119.1℃(**2-160**)、112.1℃(**2-161**)、126.5℃(**2-162**)、118.4℃(**2-163**)，但是第二个放热峰的位置变化很大。其中，**2-160** 和 **2-161** 两个配合物的第一个放热峰与前面的吸热峰相连，可能不是单一的分解过程。14 个配合物中，热稳定性最好的为 **2-156**，分解温度高达 129.0℃，其次为 **2-162** 和 **2-163**。这三个化合物的共性是金属中心为钠离子，主要配体为 N_5^-，都是三维结构。图 2.88 为了方便对它们的比较，将其 DSC 放于同一温度轴上，它们的热行为非常相似，放热峰的位置相差不到 20℃。其中 **2-156** 第一个分解过程的放热量最多(373 J/g)，其次为 **2-162**(304 J/g)，最少的为 **2-163**(280 J/g)。

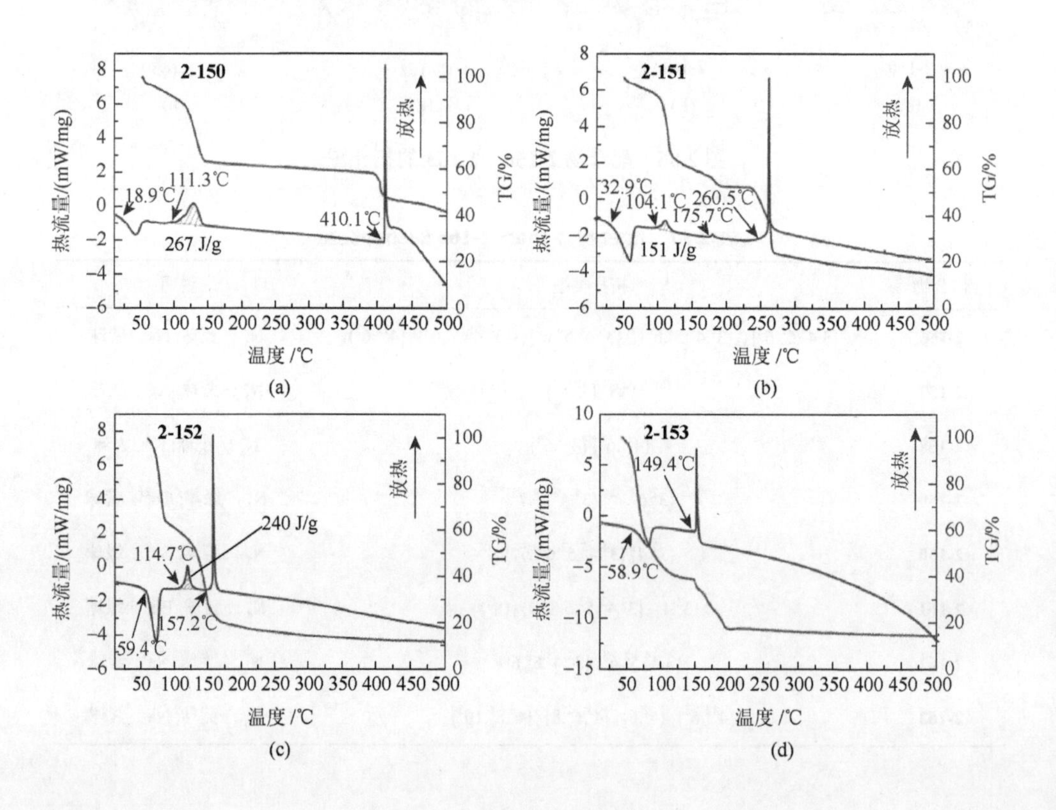

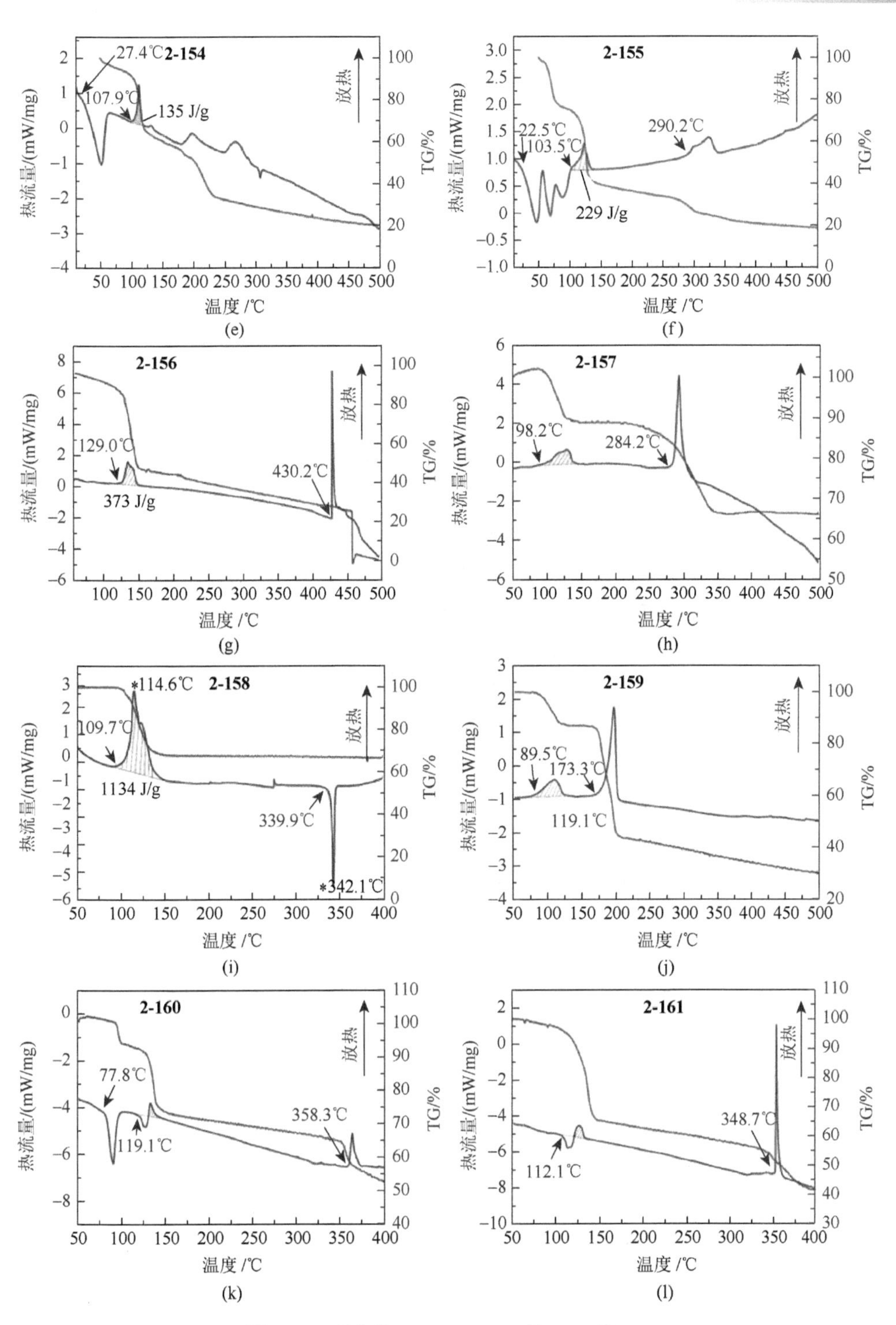

图 2.87　配合物 **2-150**～**2-161** 的 DSC 和 TG

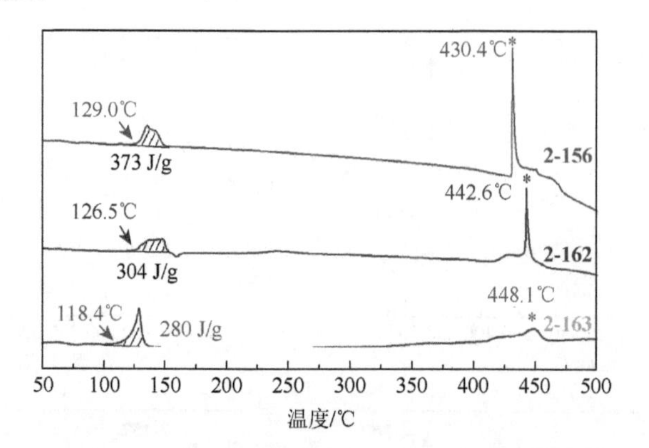

图 2.88　配合物 **2-162** 和 **2-163** 的 DSC 以及与 **2-156** 的 DSC 对比

为了进一步研究 N_5^- 配合物的分解过程，对 **2-150**、**2-153** 和 **2-155** 进行了热失重-差示扫描量热-质谱联用(TG-DSC-MS)分析(图 2.89～图 2.91)。在 100℃之前的吸热过程伴随着明显的失重，对应质谱峰为 *m/z* 18，因此与失水有关。为了进一步研究吸热过程，配合物 **2-150**、**2-153** 和 **2-155** 在 60℃下保持 0.5 h，产物记为 **2-150′**、**2-153′**和 **2-155′**，然后进行红外分析［图 2.92(a)］。结果发现在 **2-150′**和 **2-155′**的红外谱图中没有 N_3^- 的特征峰，即没有 N_5^- 环的分解，而 **2-153′**的红外谱图中 N_3^- 的特征峰很明显，说明只有 **2-153** 的失水导致了 N_5^- 的分解(注意：叠氮化钴稳定性较差，易爆炸)。对 **2-153** 和 **2-155** 测试的变温红外表明，其实在吸热过程结束之后样品中仍有水存在，加热至较高温度除去所有水的同时会导致 N_5^- 环的分解(图 2.93)。配合物 **2-153** 的特殊热行为可能是因为 Co—N 键［2.122(4) Å］比其他大部分金属-N_5 键更短，因此失水后被拉近的两个 N_5^- 环更易分解。总而言之，这些研究结果也说明了水有助于稳定这些 N_5^- 配合物体系。

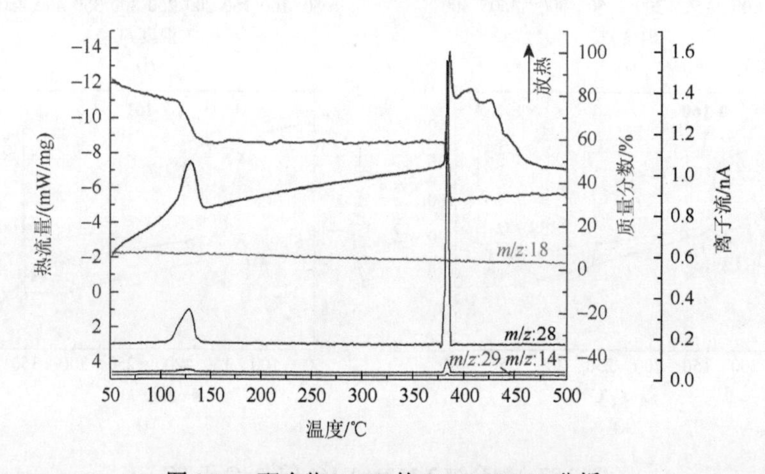

图 2.89　配合物 **2-150** 的 TG-DSC-MS 分析

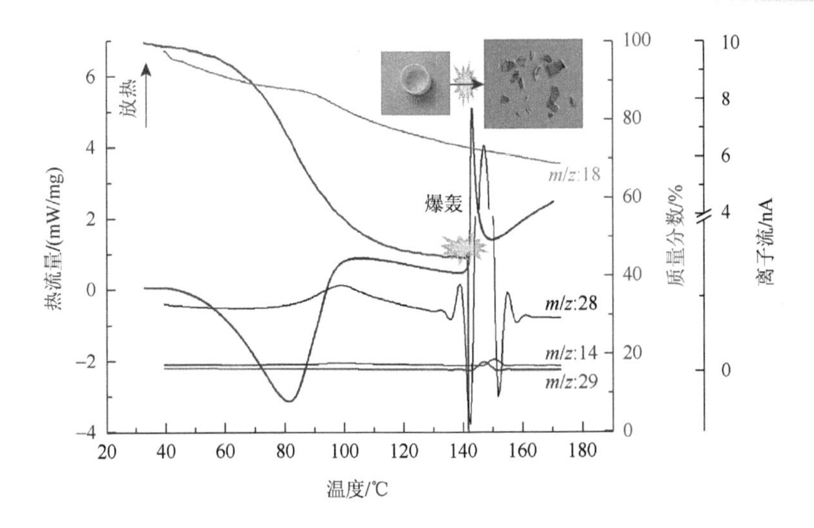

图 2.90　配合物 **2-153** 的 TG-DSC-MS 分析

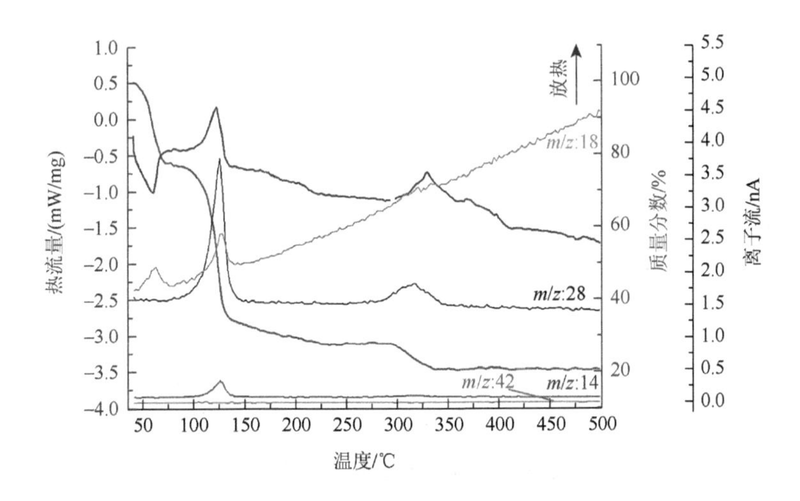

图 2.91　配合物 **2-155** 的 TG-DSC-MS 分析

在第一个放热过程中，配合物 **2-150** 和 **2-155** 存在 *m/z* 14 和 28 的质谱峰，表明在分解过程中产生了 N 和 N_2。为了进一步研究放热过程，配合物 **2-150**、**2-153** 和 **2-155** 在 110℃下保持 0.5 h，产物记为 **2-150″**、**2-153″**和 **2-155″**，然后用与之前相同的方法分析［图 2.92(b)］。结果发现在此过程中，所有 N_5^- 环分解成 N_3^-。由于 **2-153** 在早期失水步骤中已经形成 N_3^-，所以在 149.4℃处的单个放热峰归因于分解产生的 N_3^- 的进一步分解。

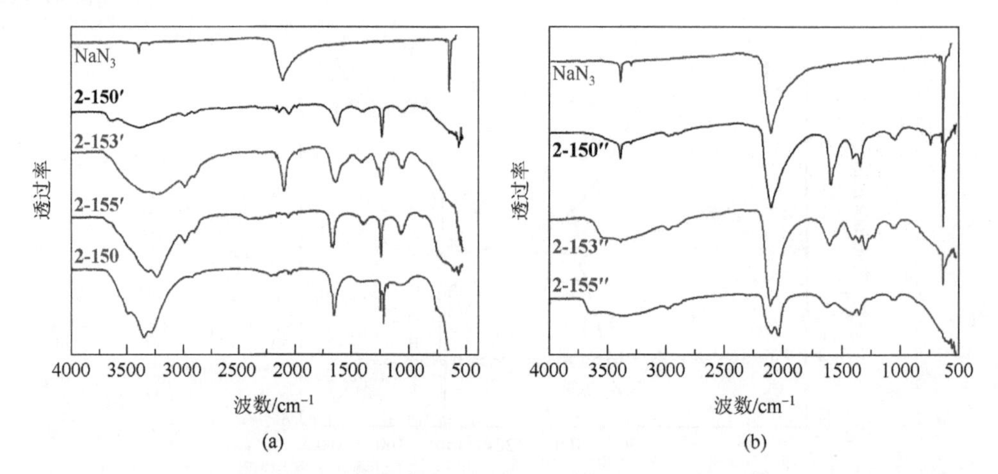

图2.92 (a) **2-150′**、**2-153′**和**2-155′**的红外谱图及其与**2-150**和NaN_3红外谱图的对比；(b) **2-150″**、**2-153″**和**2-155″**的红外谱图及其与NaN_3红外谱图的对比

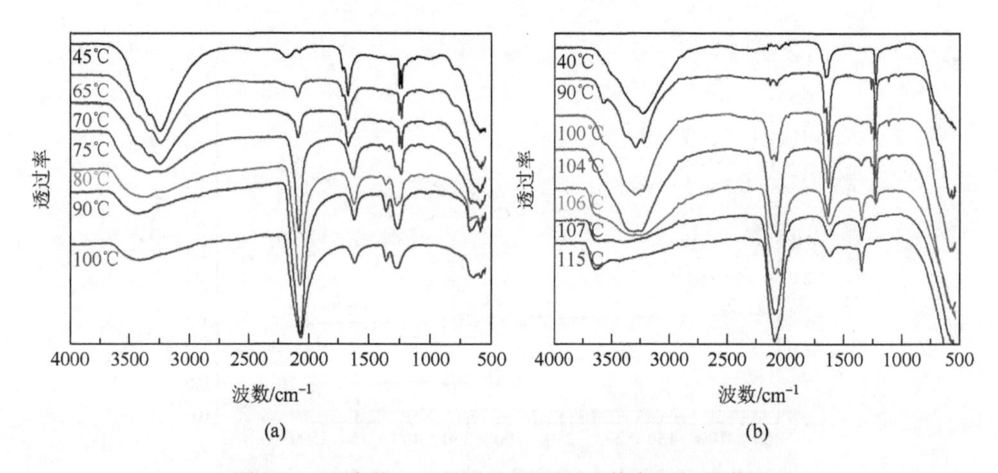

图 2.93 配合物 **2-153** (a) 和 **2-155** (b) 的变温红外谱图

总结以上对N_5^-配合物的热分解研究，可以得出N_5^-环的热分解可以分为两个阶段，第一个阶段为N_5^-环中的两个 N—N 键断裂，五元环开环，分解为稳定的氮气和相对稳定的N_3^-离子；第二个阶段为叠氮化物的进一步分解。所以大部分配合物的 DSC 图中可见两个明显的放热峰。其中比较特殊的配合物 **2-153** 的第一个放热峰被包含在失水吸热峰中，且失水的吸热效应大于N_5^-破环的放热效应，综合表现为吸热；配合物 **2-158** 的第一个放热峰正常，但第二个放热峰测试到 400℃仍未出现，在 342℃出现了一个 TG 无失重的吸热峰，原因是第一阶段分解产生的KN_3稳定性较高，在 342℃熔融吸热，但至 400℃仍未分解。

N_5^- 的分解，也就是这些配合物分解的第一个阶段，无疑是受到重点关注的分解过程，对 **2-150**、**2-151**、**2-152** 和 **2-155** 进行进一步的热分解动力学测试(图 2.94)。从 DSC 上获得不同升温速率的分解峰温，由 Kissinger 法[156]获得 **2-150**、**2-151**、**2-152** 和 **2-155** 中 N_5^- 的热分解活化能分别为 98.36 kJ/mol、106.65 kJ/mol、108.39 kJ/mol 和 118.18 kJ/mol(图 2.95)。N_5^- 配合物的热分解活化能在 100 kJ/mol 左右，明显低于硝化甘油(209 kJ/mol)、PETN(197 kJ/mol)、苦味酸(240 kJ/mol)等的热分解活化能。虽然 N_5^- 配合物的热分解活化能未达到传统高能材料分解活化能的标准(一般大于 125～146 kJ/mol)，但相对于 N_5^+ 等其他全氮物种的配合物来说，N_5^- 的稳定性已经相当突出了。

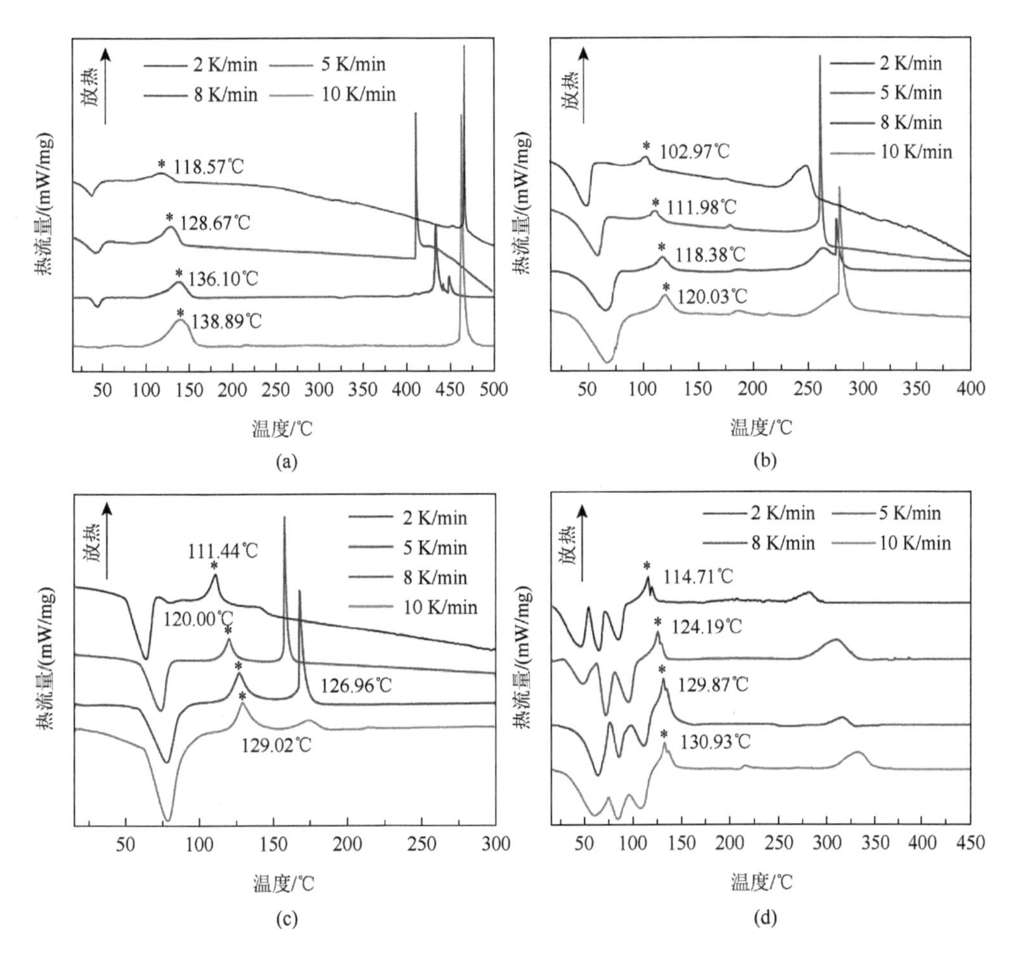

图 2.94　配合物 **2-150**(a)、**2-151**(b)、**2-152**(c)和 **2-155**(d)在不同升温速率下的 DSC 曲线

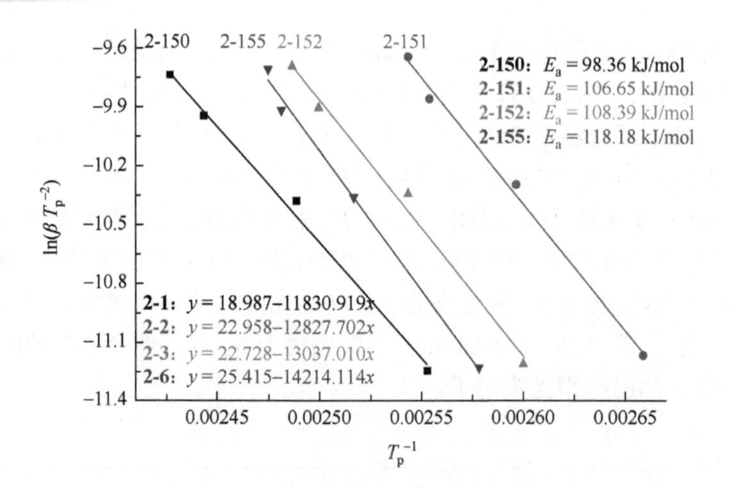

图 2.95　**2-150**、**2-151**、**2-152** 和 **2-155** 的分解活化能计算

β：升温速率；T_p：峰值温度

4. 五唑非金属含能衍生物的性能特征

1) 核磁分析

未经过 ^{15}N 同位素标记的离子盐 **2-164** 溶于氘代二甲基亚砜($DMSO-d_6$)，然后进行液体核磁氮谱分析(图 2.96)，氮谱中有四个峰出现，其中 N_5^- 的化学位移为 –5.95 ppm，与 **2-150** 的氮谱峰化学位移(–5.7 ppm)吻合。氨基甲酰基胍阳离子有三个氮谱峰，分别位于–269.19 ppm、–291.28 ppm 和–296.49 ppm，其三种与 H 相连的 N 原子比 N_5^- 的化学位移值更负。N2 原子(NH)在三个位移的最低场(–269.19 ppm)，两种不同的 NH_2 基团分别在–291.28 ppm(N3)和–296.49 ppm(N4)处具有非常相似的化学位移。与文献报道的氨基甲酰基胍硝酸盐的氮谱[157]相比，**2-164** 中阳离子(N2、N3 和 N4)的信号向低场移动了约 2 ppm。

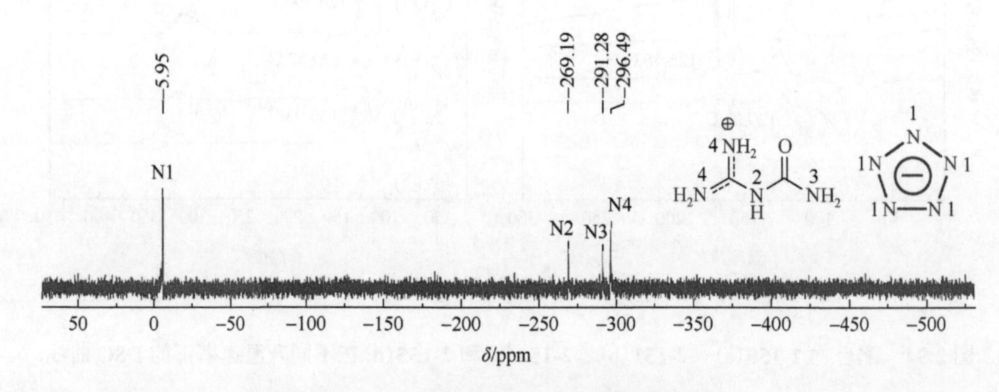

图 2.96　离子盐 **2-164** 的核磁氮谱图

2) 红外分析

从 N_5^- 非金属盐的红外谱图(图 2.97)可以看出，N_5^- 的红外振动吸收位于 1212～1222 cm^{-1} 之间，与 N_5^- 的金属配合物的红外振动相吻合。本章所有 N_5^- 离子盐的阳离子中都含有 N—H 结构，在 3000～3500 cm^{-1} 之间可观测到 N—H 键的伸缩振动。在 **2-164**、**2-166**～**2-168**、**2-174**～**2-178** 的红外光谱中观察到的最强谱带分别是位于 1692 cm^{-1}、1627 cm^{-1}、1608 cm^{-1}、1683 cm^{-1}、1667 cm^{-1}、1668 cm^{-1}、1644 cm^{-1}、1629 cm^{-1} 和 1652 cm^{-1} 处的 C═N 键伸缩振动。此外，在它们谱图的 500～1000 cm^{-1} 之间的指纹区，可以观察到许多拉伸、变形和弯曲振动模式的组合。

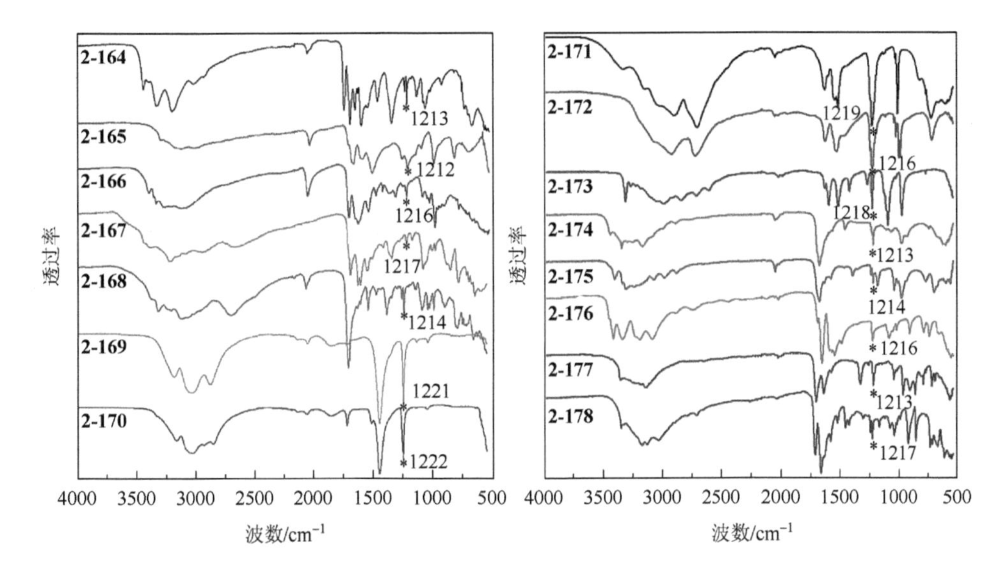

图 2.97　五唑非金属离子盐的红外谱图

3) 稳定性分析

利用 DSC 和 TG 对 N_5^- 的非金属含能离子盐的单晶(**2-171** 为水合物)进行热分析，结果如图 2.98 所示。除 **2-166**、**2-167**、**2-171** 和 **2-172** 四个含结晶水的离子盐外，其余 11 个离子盐都是直接分解，在放热之前没有吸热峰。离子盐的首个放热峰(100℃左右)伴随着明显的失重，标志着 N_5^- 的分解。除 **2-165**～**2-168**、**2-171**·$2H_2O$ 和 **2-177** 外，其他离子盐的放热峰之后都紧跟一个吸热峰，这可能是由于 N_5^- 分解产生的 N_3^- 形成的叠氮酸(HN_3)挥发所致。

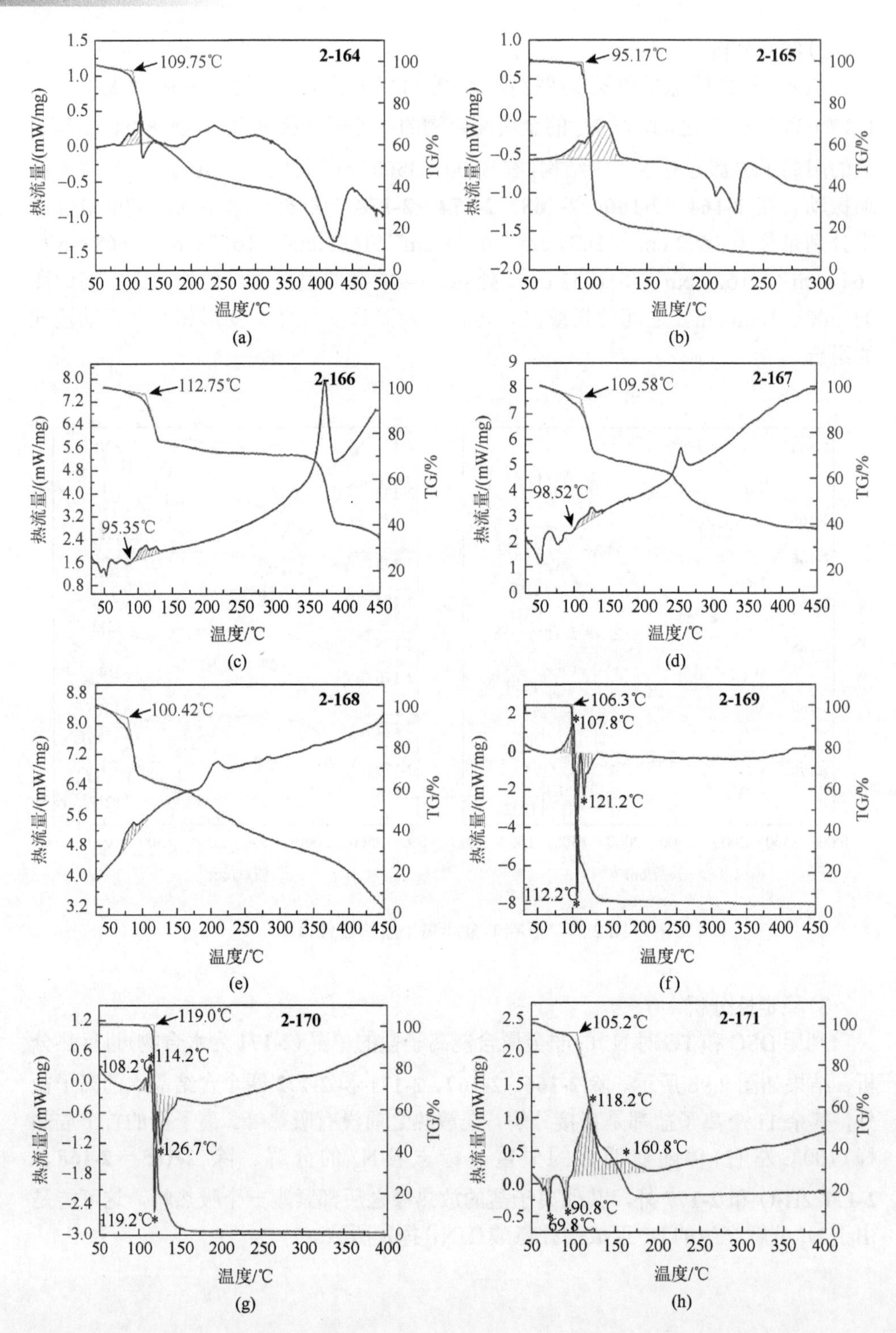
2-164
109.75℃
2-165
95.17℃
2-166
112.75℃
95.35℃
2-167
109.58℃
98.52℃
2-168
100.42℃
2-169
106.3℃
107.8℃
121.2℃
112.2℃
2-170
119.0℃
108.2℃
114.2℃
126.7℃
119.2℃
2-171
105.2℃
118.2℃
160.8℃
90.8℃
69.8℃
热流量/(mW/mg)
TG/%
温度/℃
(a)
(b)
(c)
(d)
(e)
(f)
(g)
(h)

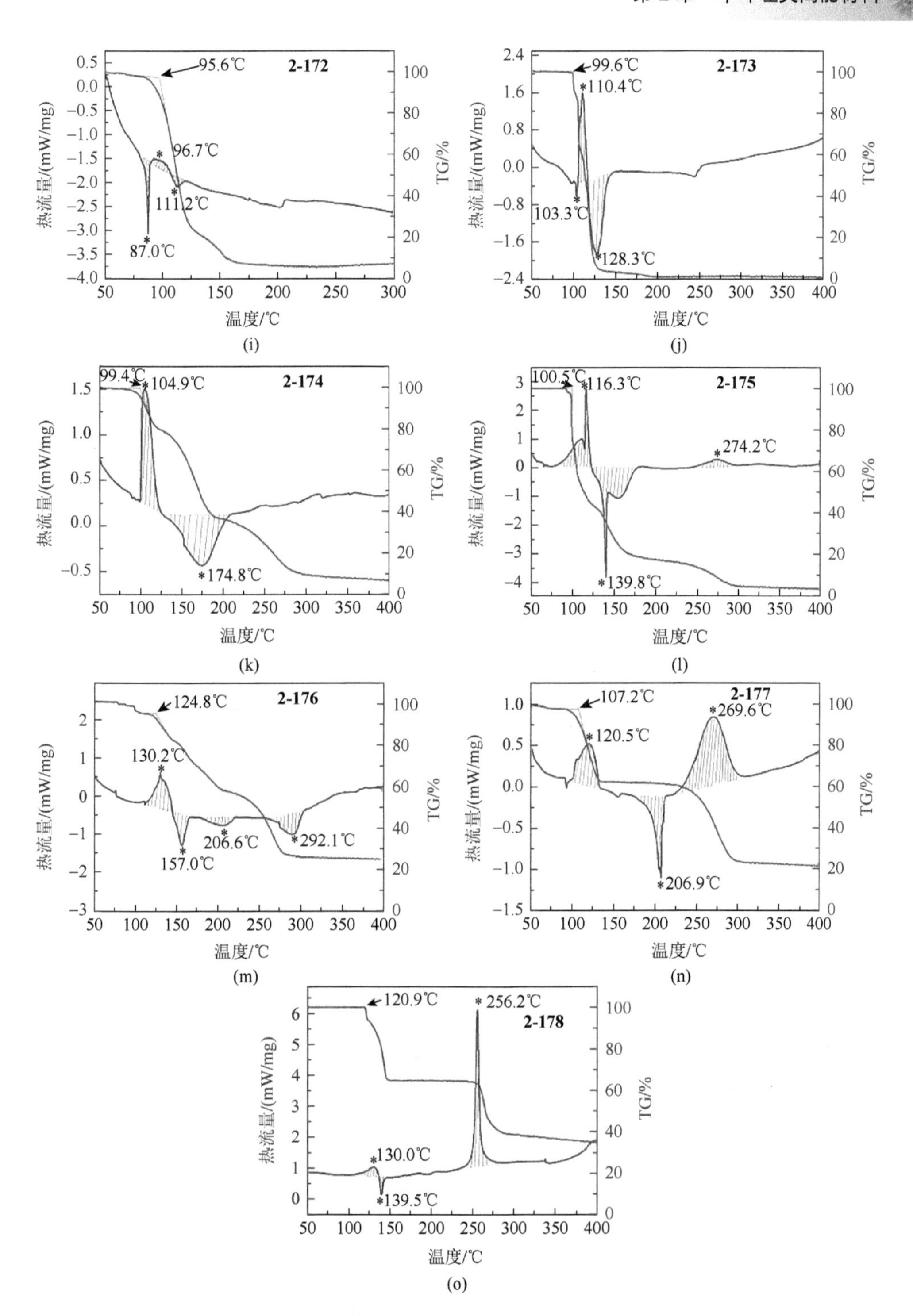

图 2.98　五唑非金属离子盐 **2-164**～**2-178** 的 DSC 和 TG 图

这些离子盐的起始分解温度通过其 TG 曲线得出，它们的热稳定性优异，起始分解温度均大于 95.17℃。除化合物 **2-165**、**2-172**～**2-174** 外，其他 N_5^- 的含能离子盐的分解温度均高于 100℃，尤其是离子盐 **2-176** 和 **2-178** 表现出出色的热稳定性，分解温度分别为 124.8℃和 120.9℃。N_5^- 环分解后，它们的失重过程取决于阳离子的类型：当阳离子为铵根、羟胺离子、肼离子之类的简单阳离子时(**2-169**～**2-173**)，TG 曲线显示在 90～170℃的较窄范围内明显失重；当阳离子为含碳的胍类、三唑类、稠环类等复杂阳离子时，TG 曲线显示在 90～300℃相对较宽的范围内明显失重。

为了进一步研究 N_5^- 非金属离子盐的热分解机理，对 **2-170** 进行了 TG-DSC-MS 联用分析(图 2.99)。对分解产生的气体产物实时监测的质谱表明，在 100～150℃范围内明显的质量损失(90%)产生了 $m/z = 14$、28、29，15、16、17，42、43 三组质谱峰，分别对应分解产生的氮气(N_2)、氨气(NH_3)和叠氮酸(HN_3)。然而，测试全过程(40～350℃)$m/z = 18$ 的质谱信号曲线未见明显波动，分解过程中未检测到水的生成。

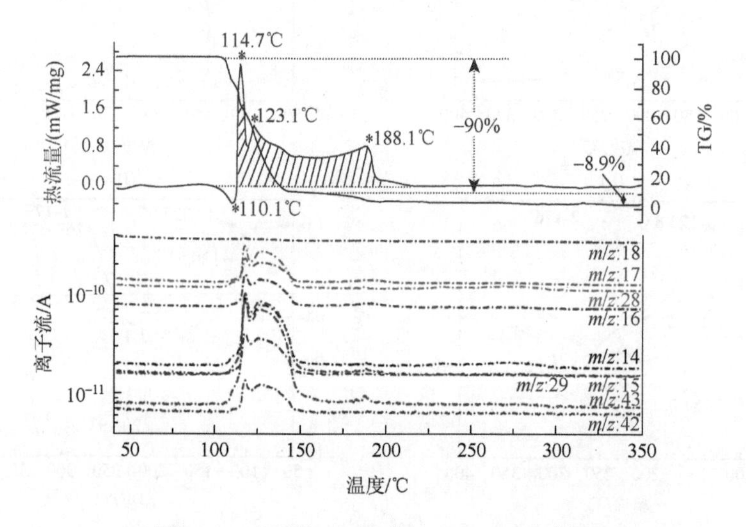

图 2.99　离子盐 **2-170** 的 TG-DSC-MS 谱图

根据热分析的结果，**2-170** 可能的热分解机理为：第一步，1 mol $(NH_4)_7(N_5)_6Cl$ 分解产生 6 mol N_2、7 mol NH_3、7 mol HN_3 和 1 mol 氯化铵(NH_4Cl)，此步反应从 100℃左右 N_5^- 中 N—N 键断裂开始，到 150℃左右结束，造成 90.8%的理论失重；第二步，NH_4Cl 分解为 NH_3 和 HCl，对应 9.2%的理论失重。推测反应机理(图 2.100)的理论失重与实际测试的两段失重吻合，但从 DSC 和 TG 曲线上看，第一步的反应过程比较复杂，可能还包含几种吸放热过程。

对不含结晶水的二元五唑含能离子盐进行了撞击和摩擦感度测试，结果显示，离子盐 **2-165** 和 **2-171** 是其中比较敏感的，撞击感度分别为 6 J 和 5.5 J；摩擦感度

第一步　$(NH_4)_7(N_5)_6Cl\ (s) \xrightarrow{100\sim150℃} 6N_2(g) + 6NH_3(g) + 6HN_3(g) + NH_4Cl(s)$

90.8% *vs.* 90% (图2.99)

第二步　$NH_4Cl\ (s) \xrightarrow{>150℃} NH_3\ (g) + HCl\ (g)$

9.2% *vs.* 8.9% (图2.99)

图 2.100　离子盐 **2-170** 的可能热分解机理

分别为 80 N 和 50 N。离子盐 **2-164**、**2-168**、**2-169** 和 **2-173** 的撞击感度在 7.4～14 J 之间；摩擦感度在 120～160 N 之间，比 RDX 和 HMX（IS = 7.4 J，FS = 120 N）更加钝感。离子盐 **2-175** 和 **2-176** 的撞击感度分别为 25 J 和 35 J；摩擦感度分别为 240 N 和 300 N，可以与 *N*-脒基脲二硝基酰胺盐（FOX-12：IS = 30 J，FS = 350 N）相媲美。离子盐 **2-174**、**2-177** 和 **2-178** 对撞击和摩擦不敏感（IS＞40 J，FS＞360 N），这也突出了它们作为钝感高能材料的应用潜力。

氢键诱导的二维平面分子排布和二维平面的层状堆积方式可以通过将机械刺激产生的动能转化为层与层之间的滑移来吸收它，从而降低其敏感性。根据感度测试结果，**2-174**、**2-177** 和 **2-178** 的不敏感性可能与它们逐层堆积的排列方式以及层与层之间的面对面 π-π 相互作用有关。为了深入研究分子结构与机械感度之间的关系，使用 CrystalExplorer17 软件[158]对晶体和相关的赫什菲尔德（Hirshfeld）表面和二维指纹谱进行了分析。Hirshfeld 曲面上的红色和蓝色区域分别代表强和弱的相互作用。如图 2.101 所示，所有晶体的二维指纹谱中左下角有一对明显的尖峰（H…N 和 N…H 相互作用），表示相邻分子之间的氢键。此外，**2-165**、**2-174**、**2-175**、**2-176** 和 **2-178** 中尖峰的 di + de 值较小（＜2）表示的 N—H…N 氢键很强。值得注意的是，一对类似翅膀状的相互作用为离子盐 **2-174**、**2-177** 和 **2-178** 晶体中存在的 π-π 相互作用，尖峰和翅膀是不敏感高能材料的重要特征。离子盐 **2-164**、**2-174**、**2-177** 和 **2-178** 的三维 Hirshfeld 表面呈平板状表明其对外界刺激不敏感，因为这代表平面共轭分子结构。它们的红点（主要是分子间的相互作用）位于平板的侧面边缘。以这种方式，各层由 π-π 相互作用支撑，从而维持最大的外部刺激。Hirshfeld 表面的这两个特征与以上关于晶体堆积的讨论一致，即层内分子间氢键支撑层形成 π-π 相互作用，为 **2-164**、**2-174**、**2-177** 和 **2-178** 的不敏感提供了合理的解释。在图 2.102 中原子相互作用对 Hirshfeld 表面贡献的百分比也证实了该结论，其中 N…H 和 H…N 相互作用在 **2-164**、**2-174**、**2-177** 和 **2-178** 的全部弱相互作用中占 50.2%、63.8%、65.2% 和 64.1%。对于这些离子盐，π-π 堆积主要以 N…C 和 C…N 相互作用的形式出现，而 **2-177**（5.5%）和 **2-178**（7.6%）中它们的百分比几乎是 **2-174**（2%）的 3～4 倍。总之，Hirshfeld 表面很好地解释了实验上获得的 IS 和 FS 值。

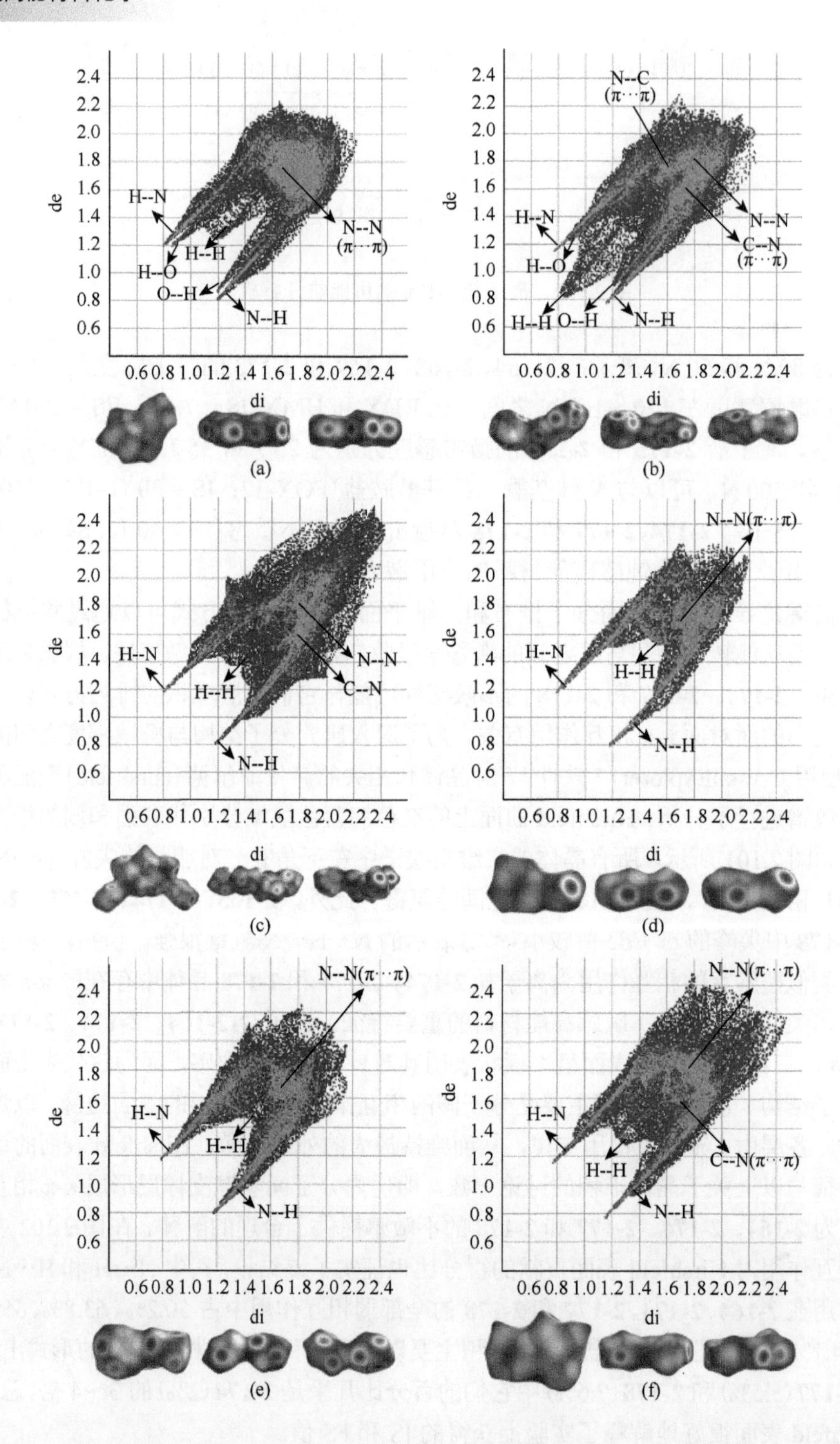

de
di
H--N
H--H
H--O
O--H
N--H
N--N
(π···π)
N--C
(π···π)
C--N
(π···π)
H--H
C--N
N--N(π···π)
C--N(π···π)
(a)
(b)
(c)
(d)
(e)
(f)

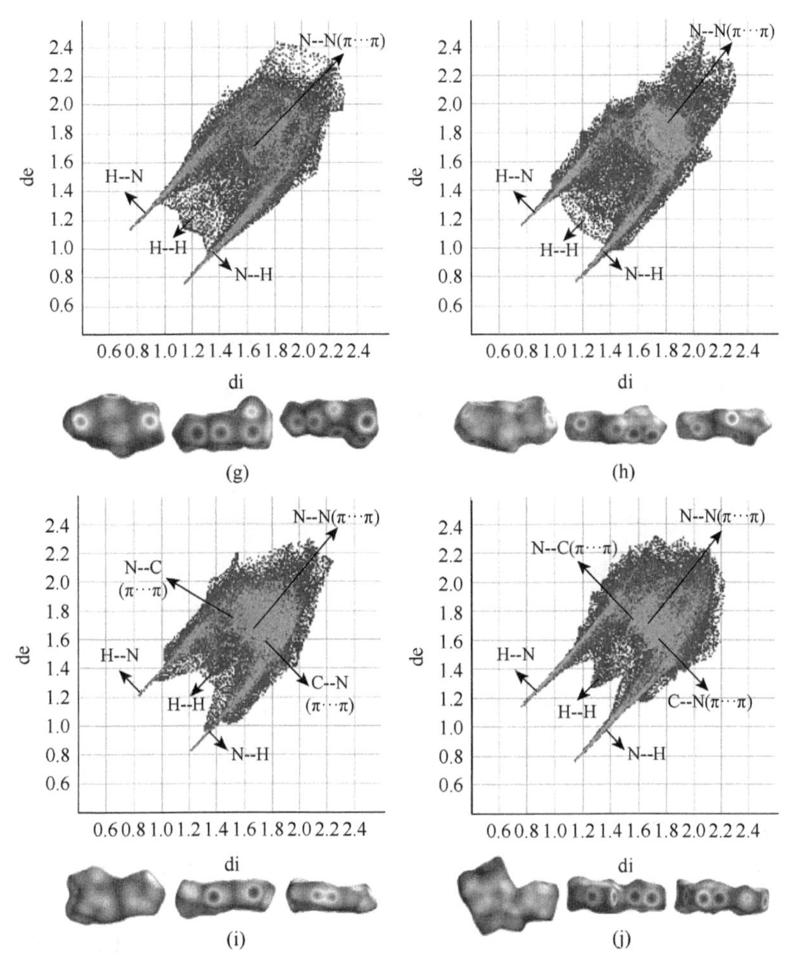

图 2.101　单晶 **2-164**(a)、**2-165**(b)、**2-168**(c)、**2-169**(d)、**2-173**～**2-178**(e～j) 的 Hirshfeld 表面及其二维指纹谱

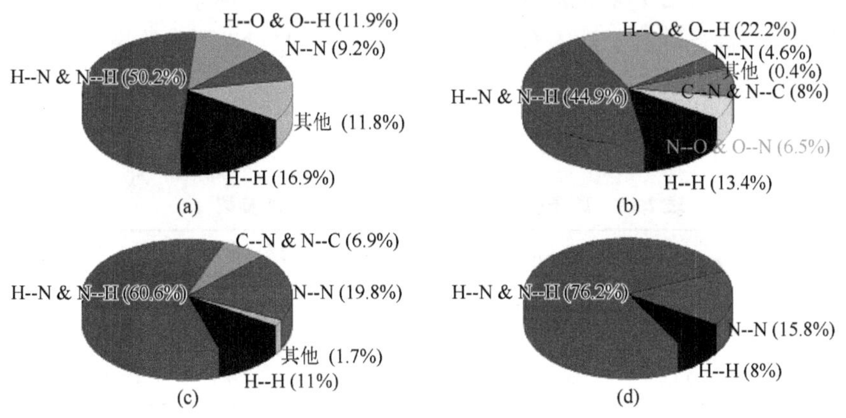

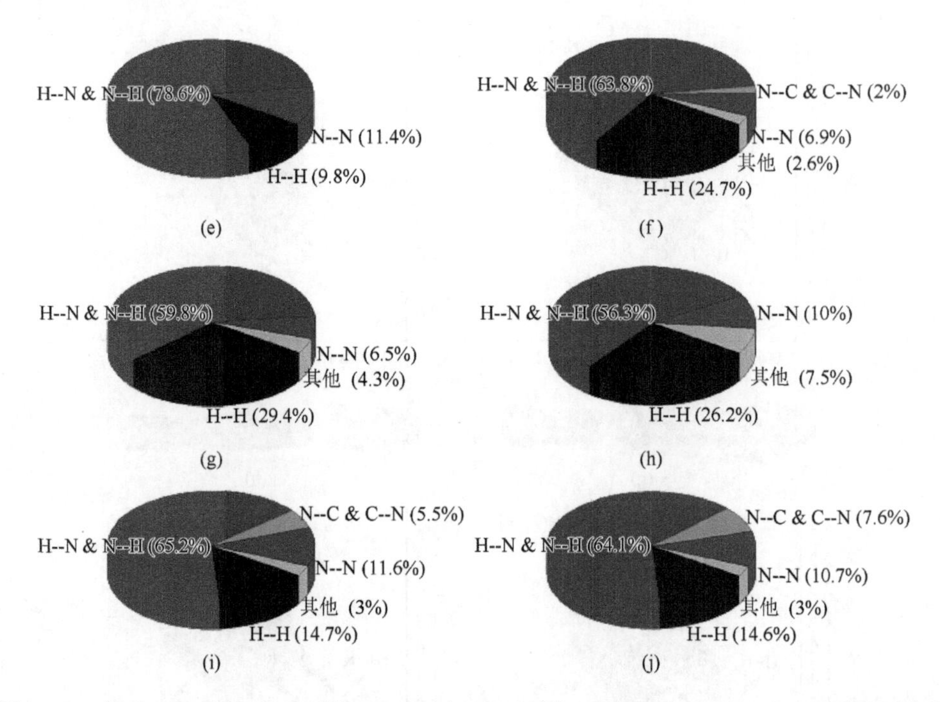

图 2.102　单晶 **2-164**(a)、**2-165**(b)、**2-168**(c)、**2-169**(d)、**2-173**～**2-178**(e～j)中原子相互作用对 Hirshfeld 表面贡献的百分比

4)密度

在武器中被用来初步评估固态高能材料潜在性能的最重要的物理特性之一就是其密度。298.15 K 下离子盐的密度根据低温下测得的晶体密度和上章所述计算方法计算得到。经计算，这些五唑离子盐的密度在 1.312～1.650 g/cm^3 之间(表 2.18)，远远低于理论预测的全氮化合物的密度(2.0～3.9 g/cm^3)[159]，甚至低于 TNT 的密度(1.65 g/cm^3)[160]。这些五唑离子盐中，稠环三唑类阳离子与 N_5^- 形成的离子盐(**2-168** 和 **2-178**)密度较高，且 5/7/5 稠环三唑阳离子比 5/5 并环三唑阳离子更有利于提高五唑离子盐的密度，单环三唑阳离子与 N_5^- 形成的离子盐密度最低。另外，对比化合物 **2-164** 和 **2-176** 发现，含氧的阳离子有利于提高五唑离子盐的密度。

表 2.18　离子盐 2-164～2-178 的能量性能参数

化合物	密度[a]/(g/cm^3)	生成焓/(kJ/mol)	爆速[b]/(m/s)	爆压[c]/GPa	撞击感度/J	摩擦感度/N	氧平衡/%	氮含量/%
2-164	1.567/1.596(173 K)	203.4	6920	18.9	14	160	−41.6	72.81
2-165	1.650/1.681(173 K)	388.1	8320	27.1	6	80	−29.6	66.65

续表

化合物	密度[a]/(g/cm³)	生成焓/(kJ/mol)	爆速[b]/(m/s)	爆压[c]/GPa	撞击感度/J	摩擦感度/N	氧平衡/%	氮含量/%
2-166	1.492/1.520 (173 K)	—	—	—	—	—	—	65.40
2-167	1.587/1.617 (173 K)	—	—	—	—	—	—	59.66
2-168	1.629/1.660 (173 K)	1341.2	7615	23.6	10	120	−45.7	79.98
2-169	1.486/1.519 (150 K)	269.1	7757	23.2	8	130	−36.4	95.42
2-170	1.312/1.341 (150 K)	—	—	—	—	—	—	89.06
2-171	1.601/1.636 (153 K)[85]	327.6	9005	32.7	5.5	50	−15.4	80.75
2-172	1.543/1.589 (100 K)	—	—	—	—	—	—	61.59
2-173	1.583/1.618 (150 K)	429.6	8796	30.8	7.4	120	−38.8	95.11
2-174	1.444/1.476 (150 K)	392.1	7189	19.6	>40	>360	−49.7	86.86
2-175	1.438/1.465 (173 K)	508.0	7505	21.2	25	240	−50.0	87.46
2-176	1.491/1.524 (150 K)	1362.0	9257	33.0	35	300	−55.8	81.36
2-177	1.583/1.618 (150 K)	639.7	7824	24.5	>40	>360	−47.06	82.33
2-178	1.615/1.645 (173 K)	853.8	7791	24.6	>40	>360	−46.2	80.86

a. 密度，由低温 X 射线密度公式 $\rho_{298\ \mathrm{K}} = \rho_T + 1.5\times10^{-4}(298-T)$ 重新计算。斜杠后面的值为晶体密度。

b. 由 EXPLO5 V6.01 计算的爆速。

c. 由 EXPLO5 V6.01 计算的爆压。

为了获得有关分子间和分子内弱相互作用的更多信息并研究它们对晶体密度的影响，通过 Multiwfn 软件[161]分析了不含结晶水的二元五唑含能离子盐的非共价相互作用(NCI)(图 2.103)。从约化密度梯度函数(RDG)等值面图中，我们可以通过简单地观察其颜色来识别不同类型的区域。根据默认设置，蓝色越深，表示吸引力越强。可以看出，在 **2-165**、**2-175** 和 **2-178** 中的椭圆形平板呈深蓝色，因此可以判断有强的吸引作用，为 N_5^- 与阳离子的 N—H 之间的强氢键。**2-174**、**2-175** 和 **2-176** 中的一些椭圆形平板显示绿色，这意味着绿色圆板处存在弱氢键。其他椭圆形平板处为中等强度的氢键(浅蓝色)。范德瓦耳斯(vdW)相互作用区域的映射颜色为绿色或浅棕色，这表明该区域中的电子密度较低。π-π 相互作用广泛存在于这些参与分析的化合物中，其中面对面的 π-π 相互作用一般在平行的 N_5^- 环之间或 N_5^- 环与相邻层的阳离子环之间可以被观察到。**2-165**、**2-168**、**2-177** 和 **2-178** 比其他离子盐中的 π-π 相互作用区域更大且更多，这在一定程度上造成了它们比其他离子盐的密度更高。

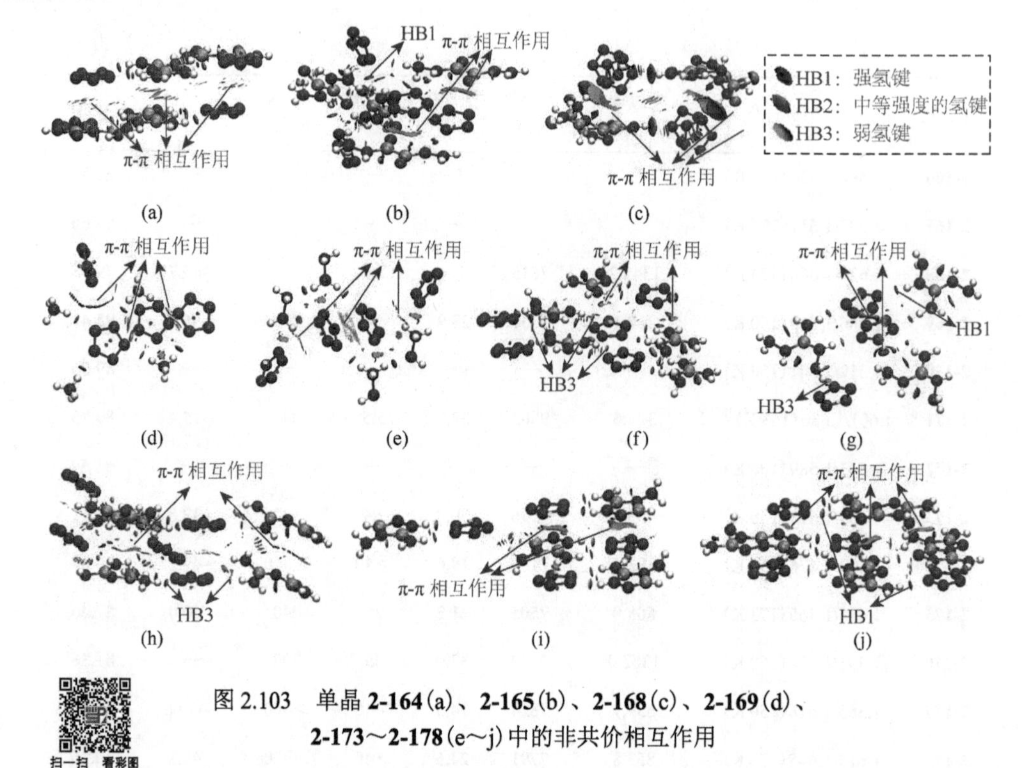

扫一扫 看彩图

图 2.103 单晶 **2-164**(a)、**2-165**(b)、**2-168**(c)、**2-169**(d)、**2-173**～**2-178**(e～j)中的非共价相互作用

5)生成焓和爆轰性能

N_5^- 离子盐的生成焓根据上一章所述的基于 Born-Haber 能量循环[162]的方法进行计算。结果显示，除含结晶水和氯离子的 N_5^- 离子盐(**2-166**、**2-167**、**2-170** 和 **2-172**)之外，所有 N_5^- 离子盐都具有较高的正生成焓(ΔH_f)，介于 203.4(**2-164**)～1362.0(**2-176**) kJ/mol(表 2.18)之间，超过了 TNT(–67 kJ/mol)、RDX(80.0 kJ/mol)和 HMX(74.8 kJ/mol)这些传统高能材料的生成焓。其中，由于缩二胍阳离子的生成焓非常高(1618 kJ/mol)，五唑缩二胍盐 **2-176** 具有这些盐中最高的生成焓(1362.0 kJ/mol)。因此，可以认为将高生成焓的阳离子与 N_5^- 结合是增加 N_5^- 高能离子盐生成焓的有效方法。

根据所计算的生成焓和 298 K 下的密度，这些盐的爆炸性能通过 EXPLO5 软件[163]计算得到(表 2.18)。计算的爆速(D)和爆压(P)值分别在 6920～9257 m/s 和 18.9～33.0 GPa 的范围内，高于 TNT(6881 m/s，19.5 GPa)。**2-165** 的爆轰性能与 FOX-12 相媲美；**2-173** 和 **2-171** 的爆速(8796 m/s，9005 m/s)超过了 FOX-12 和 RDX(8323 m/s，8795 m/s)；**2-176** 的爆速达到了 9257 m/s，显著超过了 HMX(9144 m/s)。相比爆速而言，**2-171**、**2-173** 和 **2-176** 的爆压(32.7 GPa、30.8 GPa、33.0 GPa)没有那么突出，仅仅高于 FOX-12(26.6 GPa)，与 RDX(34.9 GPa)相当。

总之，所合成的非金属 N_5^- 含能离子盐的密度低（<1.650 g/cm^3），但生成焓高（>203.4 kJ/mol），最终爆轰性能不会受密度的影响而降低太多。

参考文献

[1] Cho J R, Kim K J, Cho S G, et al. Synthesis and characterization of 1-methyl-2,4,5-trinitroimidazole (MTNI). Journal of Heterocyclic Chemistry, 2002, 39: 141-147.

[2] Qu Y, Chen Y, Chi Y, et al. Synthesis of 1-amino-2,4-dinitroimidazole optimized by online infrared spectroscopy and its energetic properties. ChemPlusChem, 2017, 82: 287-294.

[3] Duddu R, Dave P R, Damavarapu R, et al. Synthesis of *N*-amino- and *N*-nitramino-nitroimidazoles. Tetrahedron Letter, 2010, 51: 399-401.

[4] Song J, Wang K, Liang L, et al. High-energy-density materials based on 1-nitramino-2,4-dinitroimidazole. RSC Advance, 2013, 3:10859-10866.

[5] Hou K, Ma C, Liu Z. Synthesis of 2-azido-4-nitroimidazole and its derivatives for high-energy materials. Chinese Journal of Chemistry, 2013, 31: 1539-1545.

[6] Yin P, Zhang Q, Zhang J, et al. *N*-Trinitroethylamino functionalization of nitroimidazoles: a new strategy for high performance energetic materials. Journal of Materials Chemistry A, 2013, 1: 7500-7510.

[7] He C, Yin P, Mitchell L A, et al. Energetic aminated-azole assemblies from intramolecular and intermolecular N—H···O and N—H···N hydrogen bonds. Chemical Communications, 2016, 52: 8123-8126.

[8] Yin X, Li J, Zhang G, et al. Design and synthesis of energetic materials towards versatile applications by *N*-trinitromethyl and *N*-nitromethyl functionalization of nitroimidazoles. ChemPlusChem, 2018, 83: 787-796.

[9] Gao H, Shreeve J M. The many faces of FOX-7: a precursor to high-performance energetic materials. Angewandte Chemie International Edition, 2015, 54: 6335-6338.

[10] Xu Y, Shen C, Lin Q, et al. 1-Nitro-2-trinitromethyl substituted imidazoles: a new family of high performance energetic materials. Journal of Materials Chemistry A, 2016, 4: 17791-17800.

[11] Zhang P, Yang F, Lu M. Synthesis and properties of 4,5-bis (chloro-dinitro-methyl) -2-diazoimidazole. Chinese Journal of Energetic Materials, 2021, 29 (8): 700-704.

[12] Dalinger I L, Popova G P, Vatsadze I A, et al. Synthesis of 3,4,5-trinitropyrazole. Russian Chemical Bulletin, 2009, 58 (10): 2185.

[13] Ravi P, Koti Reddy C, Saikia A, et al. Nitrodeiodination of polyiodopyrazoles. Propellants, Explosives, Pyrotechnics, 2012, 37: 167-171.

[14] 李雅津, 曹端林, 杜耀, 等. 1-甲基-3,4,5-三硝基吡唑的合成与表征. 火炸药学报, 2013, 36 (3): 28-30.

[15] 仪建红, 胡双启, 刘胜楠, 等. 硝基吡唑类衍生物的结构和爆轰性能的理论研究. 含能材料, 2010, 18 (3): 252-256.

[16] Janssen J, Habraken C L. Pyrazoles. VIII. Rearrangement of *N*-nitropyrazoles. The formation of

3-nitropyrazoles. Journal of Organic Chemistry, 1971, 36(21): 3081-3084.

[17] 李翠屏, 孙天旭, 陈新志. 3-硝基吡唑的合成. 染料与染色, 2004, 41(3):168-169.

[18] 李洪丽, 熊彬, 姜俊, 等. 3-硝基吡唑及其盐类的合成与表征. 火炸药学报, 2007, 31(2): 102-108.

[19] Kanishchev M I, Korneeva N V, Shevelev S A, et al. Nitropyrazoles(Review). Plenum Publishing Corporation, 1988, 4: 435-453.

[20] Rao E N, Ravi P, Tewari S P. Experimental and theoretical studies on the structure and vibrational properties of nitropyrazoles. Journal of Molecular Structure, 2013(1043): 121-131.

[21] 汪营磊, 姬月萍, 陈斌, 等. 3,4-二硝基吡唑合成与性能研究. 含能材料, 2011, 19(4): 377-379.

[22] 蒋秋黎, 王浩, 罗一鸣, 等. 3,4-二硝基吡唑的热行为及其与某些炸药组分的相容性. 含能材料, 2013, 21(3): 297-300.

[23] 田新. 3,4-二硝基吡唑合成及性能研究. 北京: 中国工程物理研究院, 2012.

[24] 杜闪, 李永祥, 王建龙, 等. 3,4-二硝基吡唑合成方法及性能研究综述. 化学研究, 2011, 22(5): 106-110.

[25] Lebedev V P, Matyushim Y N, Inolemtcev Y D. Thermochemical and explosive properties of nitropyrazoles. 29th Fraunhofer-Institut für Chemische Technologie, 1998, 180.

[26] Janssen J, Koeners H J, Kruse C G, et al. Pyrazoles. XII. Preparation of 3(5)-nitropyrazoles by thermal rearrangement of *N*-nitropyrazoles. Journal of Organic Chemistry, 1973, 38(10): 1777-1782.

[27] 汪营磊, 张志忠, 王伯周, 等. 3,5-二硝基吡唑合成研究. 含能材料, 2007, 15(6): 574-576.

[28] Herve G, Roussel C, Graindorge H. Selective preparation of 3,4,5-trinitro-1*H*-pyrazole: a stable all-carbon-nitrated arene. Angewandte Chemie International Edition, 2010, 49: 3177-3181.

[29] 曹端林, 李雅津, 杜耀, 等. 熔铸炸药载体的研究评述. 含能材料, 2013, 21(2): 157-165.

[30] Katritzky A R, Scriven E F V, Majumder S, et al. Direct nitration of five membered heterocycles. ARKIVOC, 2005, (3):179-191.

[31] Ravi P, Gore G M, Sikder A K, et al. Thermal decompositionkinetics of 1-methyl-3,4,5-trinitropyrazole. Thermochimica Acta, 2012, 528: 53-57.

[32] Dalinger I L, Vatsadze A, Shkineva T K. The specific re-activity of 3,4,5-trinitro-1*H*-pyrazole. Mendeleev Communications, 2010, 20(5): 253-254.

[33] Fischer D, Klaptke T M, Reymann M, et al. Dense energetic nitraminofurazanes. Chemistry—A European Journal, 2014, 20(21): 6401-6411.

[34] Zhang Q, Zhang J, Qi X, et al. Molecular design and property prediction of high density polynitro [3,3,3]-propellane-derivatized frameworks as potential high explosives. Journal of Chemical Physics, 2014, 118(45): 10857-10865.

[35] 何金选, 卢艳华, 雷晴, 等. 3,3′-二硝基-4,4′-偶氮氧化呋咱的合成及性能. 火炸药学报, 2011, 34(5): 9-12.

[36] Makakhova N N, Ovchinnikov I V, Kulikov A S, et al. Monocyclic and cascade rearrangements of furoxans. Pure and Applied Chemistry, 2004, 76(9): 1691-1703.

[37] 林智辉, 高莉, 李敏霞, 等. 几种呋咱类含能化合物的合成、热行为及理论爆轰性能预估.

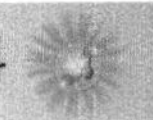

火炸药学报, 2014, 37(3): 6-10.

[38] Zhang J, Shreeve J M. 3,3′-Dinitroamino-4,4′-azoxyfurazan and its derivatives: an assembly of diverse NO building blocks for high-performance energetic materials. Journal of the American Chemical Society, 2014, 136(11): 4437-4445.

[39] 王浩, 王亲会, 黄文斌, 等. DNAN 降低 DNTF 冲击波感度研究. 含能材料, 2010, 18(4): 435-438.

[40] Kettner M, Klapötke T M. 5,5′-Bis-(trinitromethyl)-3,3′-bi-(1,2,4-oxadiazole): a stable ternary CNO-compound with high density. Chemical Communications, 2014, 50(18): 2268-2270.

[41] Axthammer Q, Kettner M, Klapötke T M, et al. Progress in the development of high energy dense oxidizers based on CHNO(F) materials. New Trends in Research of Energetic Materials, Czech Republic: University of Pardubice, 2013: 29-39.

[42] 付占达, 王阳, 陈甫雪. 新型异呋咱类含能材料 NOG 的热行为. 含能材料, 2012, 20(5): 583-586.

[43] Tang Y, Gao H, Mitchell L A, et al. Syntheses and promising properties of dense energetic 5,5′-dinitramino-3,3′-azo-1,2,4-oxadiazole and its salts. Angewandte Chemie International Edition, 2016, 128(9): 3252-3255.

[44] Tang Y, Gao H, Parrish D A, et al. 1,2,4-Triazole links and N-azo bridges yield energetic compounds. Chemistry—A European Journal, 2015, 21(32): 11401-11407.

[45] Goldberg K, Clarke D S, Scott J S. A facile synthesis of 3-trifluoromethyl-1,2,4-oxadiazoles from cyanamides. Tetrahedron Letters, 2014, 55(32): 4433-4436.

[46] Huttunen K M, Leppnen J, Kemppainen E, et al. Towards metformin prodrugs. Synthesis, 2008, 40(22): 3619-3624.

[47] Tang Y, Gao H, Mitchell L A, et al. Enhancing energetic properties and sensitivity by incorporating amino and nitramino groups into a 1,2,4-oxadiazole building block. Angewandte Chemie International Edition, 2015, 54(3): 1-5.

[48] Katritzky A, Sommen G, Gromova A, et al. Synthetic routes towards tetrazolium and triazolium dinitromethylides. Chemistry of Heterocyclic Compounds, 2005, 41(1): 111-118.

[49] Fu Z, Su R, Wang Y, et al. Synthesis and characterization of energetic 3-nitro-1,2,4-oxadiazoles. Chemistry—A European Journal, 2012, 18(7): 1886-1889.

[50] Fu Z, He C, Chen F X. Synthesis and characteristics of a novel, high-nitrogen, heat-resistant, insensitive material(NOG2Tz). Journal of Materials Chemistry, 2012, 22(1): 60-63.

[51] Fu Z, Wang Y, Yang L, et al. Synthesis and characteristics of novel, high-nitrogen 1,2,4-oxadiazoles. RSC Advances, 2014, 4(23): 11859-11861.

[52] Novikova T S, Mel′nikova T M, Kharitonova O V, et al. An effective method for the oxidation of aminofurazans to nitrofurazans. Mendeleev Communications, 1994, 4: 138-140.

[53] Lotmentsev T M, Kondakova N N, Bakeshko A V, et al. 3-Alkyl-4-nitrofurazans-plasticizers for polymers. Chemistry of Heterocyclic Compounds, 2017, 53: 740-745.

[54] Mel′nikova S F, Pirogov S V, Vergizov S N, et al. Synthesis and reactions of 3-(2-azidoethoxy)-4-aminofurazan. Russian Journal of Organic Chemistry, 1999, 35: 137-140.

[55] Makhova N N, Kulikov A S. Advances in the chemistry of monocyclic amino- and nitrofuroxans.

Russian Chemical Reviews, 2013, 82: 1007-1033.

[56] Qiu S, Ge Z, Jiang J, et al. Synthesis of unsymmetrical nitrofurazanyl ethers. Asian Journal of Chemistry, 2012, 24: 1453-1455.

[57] Ren H, Liu Z, Lu J, et al. The $[Bmim]_4W_{10}O_{23}$ catalyzed oxidation of 3,4-diaminofurazan to 3,4-dinitrofurazan in hydrogen peroxide. Industrial & Engineering Chemistry Research, 2011, 50: 6615-6619.

[58] Sheremetev A B, Aleksandrova N S, Suponitsky K Y, et al. One-pot synthesis of 4,6,8-trinitro-4, 5,7,8-tetrahydro-6*H*-furazano[3,4-*f*]-1,3,5-triazepine in ionic liquids. Mendeleev Communications, 2010, 20: 249-252.

[59] Zelennov V P, Lobanova A A. Nitration of primary aminofurazans with aqueous nitric acid. Russian Chemical Bulletin, 2011: 334-338.

[60] Tang Y, Zhang J, Mitchell L A, et al. Taming of 3,4-di(nitramino)furazan. Journal of the American Chemical Society, 2015, 137: 15984-15987.

[61] Huang H, Shi Y, Liu Y, et al. High-oxygen-balance furazan anions: a good choice for high-performance energetic salts. Chemistry-An Asian Journal, 2016, 11: 1688-1696.

[62] Li Y, Huang H, Shi Y, et al. Potassium nitraminofurazan derivatives: potential green primary explosives with high energy and comparable low friction sensitivities. Chemistry—A European Journal, 2017, 23: 7353-7360.

[63] Huang H, Li Y, Yang J, et al. Materials with good energetic properties resulting from the smart combination of nitramino and dinitromethyl group with furazan. New Journal of Chemistry, 2017, 41: 7697-7704.

[64] Guo T, Wang Z, Tang W, et al. A good balance between the energy density and sensitivity from assembly of bis(dinitromethyl) and bis(fluorodinitromethyl) with a single furazan ring. Journal of Analytical and Applied Pyrolysis, 2018, 134: 218-230.

[65] He C, Shreeve J M. Potassium 4,5-bis(dinitromethyl)furoxanate: a green primary explosive with a positive oxygen balance. Angewandte Chemie International Edition, 2016, 55: 772-775.

[66] Zhai L, Qu X, Wang B, et al. High energy density materials incorporating 4,5-bis(dinitromethyl)-furoxanate and 4,5-bis(dinitromethyl)-3-oxy-furoxanate. ChemPlusChem, 2016, 81: 1156-1159.

[67] Liang L, Cao D, Song J, et al. Synthesis and characteristics of novel energetic salts based on bis(*N*-dinitroethyl)aminofurazan. Journal of Materials Chemistry A, 2013, 1: 8857-8865.

[68] Chavez D, Klapötke T M, Parrish D, et al. The synthesis and energetic properties of 3,4-bis(2,2,2-trinitroethylamino)furazan(BTNEDAF). Propellants Explosives Pyrotechnics, 2014, 39: 641-648.

[69] Yu Q, Wang Z, Hu B, et al. A study of *N*-trinitroethyl-substituted aminofurazans: high detonation performance energetic compounds with good oxygen balance. Journal of Materials Chemistry A, 2015, 3: 8156-8164.

[70] Sheremetev A B, Aleksandrova N S, Palysaeva N V, et al. Ionic liquids as unique solvents in one-pot synthesis of 4-(*N*,2,2,2-tetranitroethylamino)-3-*R*-furazans. Chemistry—A European Journal, 2013, 19: 12446-12457.

[71] 李洪珍, 黄明, 李金山, 等. 3-叠氮-4-氨基呋咱的合成及其晶体结构. 合成化学, 2007, 6, 710-713.

[72] Batsanov A S, Struchkov Y T, Gakh A A, et al. Crystal and molecular structure of 2,5-bis (fluorodinitromethyl) -1,3,4-oxadiazole. Russian Chemical Bulletin, 1994, 43 (4): 588-590.

[73] Yu Q, Ping Y, Zhang J, et al. Pushing the limits of oxygen balance in 1,3,4-oxadiazoles. Journal of the American Chemical Society, 2017, 139 (26): 8816-8819.

[74] Liu T, Liao S, Song S, et al. Combination of gem-dinitromethyl functionality and a 5-amino-1,3,4-oxadiazole framework for zwitterionic energetic materials. Chemical Communications, 2020, 56: 209-212.

[75] Ma J, Zhang J, Imler G H, et al. gem-Dinitromethyl-functionalized 5-amino-1,3,4-oxadiazolate derivatives: alternate route, characterization, and property analysis. Organic Letters, 2020, 22: 4771-4775.

[76] Li Y, Qi C, Li S, et al. 1,1′-Azobis-1,2,3-triazole: a high-nitrogen compound with stable N-8 structure and photochromism. Journal of the American Chemical Society, 2010, 132: 12172-12173.

[77] Klapötke T M, Martin F A, Stierstorfer J. C_2N_{14}: an energetic and highly sensitive binary azidotetrazole. Angewandte Chemie International Edition, 2011, 50: 4227-4229.

[78] Baxter A F, Martin I, Christe K O, et al. Formamidinium nitroformate: an insensitive RDX alternative. Journal of the American Chemical Society, 2018, 140: 15089-15098.

[79] Tang Y, Yang H, Wu B, et al. Synthesis and characterization of a stable, catenated N11 energetic salt. Angewandte Chemie International Edition, 2013, 52: 4875-4877.

[80] Zhang C, Yang C, Hu B, et al. A symmetric $Co(N_5)_2(H_2O)_4 \cdot 4H_2O$ high-nitrogen compound formed by cobalt (Ⅱ) cation trapping of a cyclo-N_5^- anion. Angewandte Chemie International Edition, 2017, 56: 4512-4514.

[81] Xu Y, Wang Q, Shen C, et al. A series of cyclo-N_5^- hydrates. Nature, 2017, 549: 78-81.

[82] Christe K O, Wilson W W, Sheehy J A, et al. N_5^+ : a novel homoleptic polynitrogen ion as a high energy density material. Angewandte Chemie International Edition, 1999, 38: 2004-2009.

[83] Zhang W, Wang K, Li J, et al. Stabilization of the pentazolate anion in a zeolitic architecture with $Na_{20}N_{60}$ and $Na_{24}N_{60}$ nanocages. Angewandte Chemie International Edition, 2018, 57: 592-2595.

[84] Sun C, Zhang C, Jiang C, et al. Synthesis of AgN_5 and its extended 3D energetic framework. Nature Communications, 2018, 9: 1269-1275.

[85] Yang C, Zhang C, Zheng Z, et al. Synthesis and characterization of cyclo-pentazolate salts of NH_4^+, NH_3OH^+, $N_2H_5^+$, $C(NH_2)_3^+$, and $N(CH_3)_4^+$. Journal of the American Chemical Society, 2018, 140: 16488-16494.

[86] Xu Y, Lin Q, Wang P, et al. Stabilization of the pentazolate anion in three anhydrous and metal-free energetic salts. Chemistry-An Asian Journal, 2018, 13: 924-928.

[87] Decken A, Passmore J, Wood D J. Preparation, characterization, X-ray crystal structure, and energetics of cesium 5-cyano-1,2,3,4-tetrazolate: Cs[NCCNNNN]. Inorganic Chemistry, 2000,

39: 1840-1848.

[88] Gu H, Ma Q, Huang S, et al. Gem-dinitromethyl-substituted energetic metal-organic framework based on 1,2,3-triazole from in situ controllable synthesis. Chemistry-An Asian Journal, 2018, 13(19): 2786-2790.

[89] Wang W, Cheng G, Xiong H, et al. Functionalization of fluorodinitroethylamino derivatives based on azole: a new family of insensitive energetic materials. New Journal of Chemistry, 2018, 42(4): 2994-3000.

[90] Klapötke T M, Piercey D G, Stierstorfer J. The 1,3-diamino-1,2,3-triazolium cation: a highly energetic moiety. European Journal of Inorganic Chemistry, 2013, (9): 1509-1517.

[91] Klapötke T M, Petermayer C, Piercey D G, et al. 1,3-Bis(nitroimido)-1,2,3-triazolate anion, the *N*-nitroimide moiety, and the strategy of alternating positive and negative charges in the design of energetic materials. Journal of the American Chemical Society, 2012, 134(51): 20827-20836.

[92] Liu L, Zhang Y, Li Z, et al. Nitrogen-rich energetic 4-R-5-nitro-1,2,3-triazolate salts (R = $-CH_3$, $-NH_2$, $-N_3$, $-NO_2$ and $-NHNO_2$) as high performance energetic materials. Journal of Materials Chemistry A, 2015, 3(28): 14768-14778.

[93] Yang F, Xu Y, Wang P, et al. Oxygen-enriched MOFs based on 1-(trinitromethyl)-1*H*-1,2,4-triazole-3-carboxylic acid and their thermal decomposition and effects on the decomposition of ammonium perchlorate. ACS Applied Materials & Interfaces, 2021, 18: 21516-21526.

[94] Zhao G, Kumar D, Yin P, et al. Construction of polynitro compounds as high-performance oxidizers via a two-step nitration of various functional groups. Organic Letters, 2019, 21: 1073-1077.

[95] Liu T, Qi X, Wang K, et al. Green primary energetic materials based on *N*-(3-nitro-1-(trinitromethyl)-1*H*-1,2,4-triazol-5-yl) nitramide. New Journal of Chemistry, 2017, 41: 9070-9076.

[96] Klapötke T M, Stein M, Stierstorfer J. Salts of 1*H*-tetrazole—synthesis, characterization and properties. Zeitschrift für Anorganische und Allgemeine Chemie, 2008, 634(10): 1711-1723.

[97] Klapötke T M, Stierstorfer J. Azidoformamidinium and 5-aminotetrazolium dinitramide—two highly energetic isomers with a balanced oxygen content. Dalton Transactions, 2009, (4): 643-653.

[98] Fronabarger J W, Williams M D, Sanborn W B, et al. DBX-1—A lead free replacement for lead azide. Propellants Explosives Pyrotechnics, 2011, 36(6): 541-550.

[99] Hammerl A, Klapötke T M, Mayer P, et al. Synthesis, structure, molecular orbital calculations and decomposition mechanism for tetrazolylazide CHN_7, its phenyl derivative $PhCN_7$ and tetrazolylpentazole CHN_9. Propellants Explosives Pyrotechnics, 2005, 30(1): 17-26.

[100] Klapötke T M, Piercey D G, Stierstorfer J. Amination of energetic anions: high-performing energetic materials. Dalton Transactions, 2012, 41(31): 9451-9459.

[101] Göbel M, Karaghiosoff K, Klapötke T M, et al. Nitrotetrazolate-2*N*-oxides and the strategy of *N*-oxide introduction. Journal of the American Chemical Society, 2010, 132(48): 17216-17226.

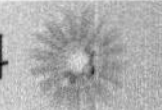

[102] Semenov V V, Kanischev M I, Shevelev S A, et al. Thermal ring-opening reaction of *N*-polynitromethyl tetrazoles: facile generation of nitrilimines and their reactivity. Tetrahedron, 2009, 65(17): 3441-3445.

[103] 齐书元, 张同来, 杨利, 等. 1,5-二氨基四唑及其系列化合物研究进展. 含能材料, 2009, 17(4): 486-490.

[104] Klapötke T M, Mayer P, Schulz A, et al. 1,5-Diamino-4-methyltetrazolium dinitramide. Journal of the American Chemical Society, 2005, 127(7): 2032-2033.

[105] Wang W, Cheng G, Xiong H, et al. Functionalization of fluorodinitroethylamino derivatives based on azole: a new family of insensitive energetic materials. New Journal of Chemistry, 2018, 42(4): 2994-3000.

[106] Liu L, He C, Li C, et al. Synthesis and characterization of 5-amino-1-nitriminotetrazole and its salts. Journal of Chemical Crystallography, 2012, 42(8): 816-823.

[107] Ye C, Xiao J, Twamley B, et al. Energetic salts of azotetrazolate, iminobis(5-tetrazolate) and 5,5′-bis(tetrazolate). Chemical Communications, 2015,(21): 2750-2752.

[108] 魏蕾, 张建国, 李敬玉, 等. 5-硝胺基四唑高氮盐的合成及性能. 火炸药学报, 2011, 34(2): 6-11.

[109] Wang R, Guo Y, Zeng Z, et al. Nitrogen-rich nitroguanidyl-functionalized tetrazolate energetic salts. Chemical Communications, 2009,(19): 2697-2699.

[110] Klapötke T M, Stierstorfer J. Nitration products of 5-amino-1*H*-tetrazole and methyl-5-amino-1*H*-tetrazoles—structures and properties of promising energetic materials. Helvetica Chimica Acta, 2007, 90(11): 2132-2150.

[111] Klapötke T M, Stierstorfer J, Wallek A U. Nitrogen-rich salts of 1-methyl-5-nitriminotetrazolate: an auspicious class of thermally stable energetic materials. Chemistry of Materials, 2008, 20(13): 4519-4530.

[112] Klapötke T M, Sabaté C M, Stierstorfer J. Neutral 5-nitrotetrazoles: easy initiation with low pollution. New Journal of Chemistry, 2009, 33(1): 136-147.

[113] Li J, Zhang G, Zhang Z, et al. Synthesis and characterization of N^5-(2-fluoro-2, 2-dinitroethyl)-N^1-methyl-1*H*-tetrazole-5-amine and its nitramide based on functionalized amino group in 5-amino-1*H*-tetrazole. ChemistrySelect, 2018, 3(24): 6902-6906.

[114] Fischer D, Klapötke T M, Stierstorfer J. 5-Nitriminotetrazole 1-oxide: an exciting oxygen-and nitrogen-rich heterocycle. European Journal of Inorganic Chemistry, 2015,(28): 4628-4632.

[115] Fischer D, Klapötke T M, Piercey D G, et al. Synthesis of 5-aminotetrazole-1*N*-oxide and its azo derivative: a key step in the development of new energetic materials. Chemistry—A European Journal, 2013, 19(14): 4602-4613.

[116] Fischer D, Klapötke T M, Stierstorfer J. 1,5-Di(nitramino)tetrazole: high sensitivity and superior explosive performance. Angewandte Chemie International Edition, 2015, 54(35): 10299-10302.

[117] 肖啸, 刘庆, 毕福强, 等. 1-二叠氮甲基亚氨基-5-叠氮四唑的合成与理论研究. 含能材料, 2015, 23(3): 226-231.

[118] Klapötke T M, Krumm B, Martin F A, et al. New azidotetrazoles: structurally interesting and

extremely sensitive. Chemistry-An Asian Journal, 2012, 7(1): 214-224.

[119] Haiges R, Christe K O. 5-(Fluorodinitromethyl)-2H-tetrazole and its tetrazolates—preparation and characterization of new high energy compounds. Dalton Transactions, 2015, 44(22): 10166-10176.

[120] Lin Q, Li Y, Qi C, et al. Nitrogen-rich salts based on 5-hydrazino-1*H*-tetrazole: a new family of high-density energetic materials. Journal of Materials Chemistry A, 2013, 1: 6776-6785.

[121] Nimesh S, Ang H G. Crystal structure and improved synthesis of 1-(2*H*-tetrazol-5-yl) guanidium nitrate. Propellants Explosives Pyrotechnics, 2016, 4(41): 719-729.

[122] Sun Q, Li X, Lin Q, et al. Dancing with 5-substituted monotetrazoles,oxygen-rich ions, and silver: towards primary explosives with positive oxygen balance and excellent energetic performance. Journal of Materials Chemistry A, 2019, 7: 4611-4618.

[123] Ma X, Cai C, Sun W, et al. Enhancing energetic performance of multinuclear Ag(Ⅰ)-cluster MOF-based high-energy-density materials by thermal dehydration. ACS Applied Materials & Interfaces, 2019, 11: 9233-9238.

[124] Cao S, Ma X, Ma X, et al. Modulating energetic performance through decorating nitrogen-rich ligands in high-energy MOFs. Dalton Transactions, 2020, 49: 2300-2307.

[125] Hantzsch A. Ueber diazoniumazide, Ar.N_5. Berichte der Deutschen Chemischen Gesellschaft , 1903, 36(2): 2056-2058.

[126] Huisgen R, Ugi I. Zur Lösung eines klassischen problems der organischen stickstoff-chemie. Angewandte Chemie International Edition, 1956, 68(22): 705-706.

[127] Huisgen R, Ugi I, Pentazole I. Die lösung eines klassichen problems der organischen stickstoff-chemie. Chemische Berichte, 1957, 90: 2914-2927.

[128] Ugi I, Perlinger H, Behringer L. et al. Kristallisierte aryl-pentazole. Chemische Berichte, 1958, 91: 2324-2329.

[129] Ugi I. München: pentazole. Angewandte Chemie International Edition, 1961, 73(5): 172-173.

[130] Vij A, Pavlovich J G, Wilson W W, et al. Experimental detection of the pentaazacyclopentadienide (pentazolate) anion, cyclo-N_5^-. Angewandte Chemie International Edition, 2002, 41(16): 3051-3054.

[131] Östmark H, Wallin S, Brinck T, et al. Detection of pentazolate anion(cyclo-N_5^-) from laser ionization and decomposition of solid *p*-dimethylaminophenylpentazole. Chemical Physics Letters, 2003, 379(5-6): 539-546.

[132] Butler R N, Stephens J C, Burke L A. First generation of pentazole (HN_5, pentazolic acid), the final azole, and a zinc pentazolate salt in solution: a new *N*-dearylation of 1-(*p*-methoxyphenyl) pyrazoles, a 2-(*p*-methoxyphenyl) tetrazole and application of the methodology to 1-(*p*-methoxyphenyl) pentazole. Chemical Communications, 2003, (8): 1016-1017.

[133] Butler R N, Hanniffy J M, Stephens J C, et al. A ceric ammonium nitrate *N*-dearylation of *N*-*p*-anisylazoles applied to pyrazole, triazole, tetrazole, and pentazole rings: release of parent azoles. generation of unstable pentazole, HN_5/N_5^-, in solution. Journal of Organic Chemistry, 2008, 73(4): 1354-1364.

[134] Schroer T, Haiges R, Schneider S, et al. The race for the first generation of the pentazolate

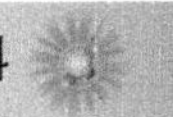

anion in solution is far from over. Chemical Communications, 2005, (12): 1607-1609.

[135] Benin V, Kaszynski P, Radziszewski G. Arylpentazoles revisited: experimental and theoretical studies of 4-hydroxyphenylpentazole and 4-oxophenylpentazole anion. Journal of Organic Chemistry, 2002, 67 (4): 1354-1358.

[136] Portius P, Davis M, Campbell R, et al. Dinitrogen release from arylpentazole: a picosecond time-resolved infrared, spectroelectrochemical, and DFT computational study. Journal of Physical Chemistry A, 2013, 117 (48): 12759-12769.

[137] Geiger U, Haas Y, Grinstein D. The photochemistry of an aryl pentazole in liquid solutions: the anionic 4-oxidophenylpentazole (OPP). Journal of Photochemistry and Photobiology A: Chemistry, 2014, 227: 53-61.

[138] Geiger U, Haas Y. Photochemistry of aryl pentazoles: para-methoxyphenylpentazole. Journal of Physical Chemistry B, 2015, 119 (24): 7338-7348.

[139] Bazanov B, Haas Y. Solution photochemistry of [*p*-(dimethylamino) phenyl]pentazole (DMAPP) at 193 and 300 nm. Journal of Physical Chemistry A, 2015, 119 (11): 2661-2671.

[140] Carlqvist P, Östmark H, Brinck T. The stability of arylpentazoles. Journal of Physical Chemistry A, 2004, 108 (36): 7463-7467.

[141] Zhang X, Yang J, Lu M, et al. Theoretical studies on the stability of phenylpentazole and its substituted derivatives of -OH, $-OCH_3$, $-OC_2H_5$ and $-N(CH_3)_2$. RSC Advances, 2014, 4 (99): 56095-56101.

[142] Bazanov B, Geiger U, Carmieli R, et al. Detection of cyclo-N_5^- in THF solution. Angewandte Chemie International Edition, 2016, 55 (42): 13233-13235.

[143] Zhang C, Sun C, Hu B, et al. Synthesis and characterization of the pentazolate anion cyclo-N_5^- in $(N_5)_6(H_3O)_3(NH_4)_4Cl$. Science, 2017, 355 (6323): 374-376.

[144] Xu Y, Liu W, Li D, et al. *In situ* synthesized 3D metal-organic frameworks (MOFs) constructed from transition metal cations and tetrazole derivatives: a family of insensitive energetic materials. Dalton Transactions, 2017, 46 (33): 11046-11052.

[145] Xu Y, Wang P, Lin Q, et al. A carbon-free inorganic-metal complex consisting of an all-nitrogen pentazole anion, a Zn(Ⅱ) cation and H_2O. Dalton Transactions, 2017, 46 (41): 14088-14093.

[146] Xu Y, Lin Q, Wang P, et al. Syntheses, crystal structures and properties of a series of 3D metal-inorganic frameworks containing pentazolate anion. Chemistry-An Asian Journal, 2018, 13 (13): 1669-1673.

[147] Wang P, Xu Y, Wang Q, et al. Self-assembled energetic coordination polymers based on multidentate pentazole cyclo-N_5^-. Science China Materials, 2019, 62 (1): 122-129.

[148] Xu Y, Tian L, Li D, et al. A series of energetic cyclo-pentazolate salts: rapid synthesis, characterization, and promising performance. Journal of Materials Chemistry A, 2019, 7 (20): 12468-12479.

[149] Xu Y, Lin Q, Wang P, et al. Stabilization of the pentazolate anion in three anhydrous and metal-free energetic salts. Chemistry-An Asian Journal, 2018, 13 (8): 924-928.

[150] Xu Y, Tian L, Wang P, et al. Hydrogen bonding network: stabilization of the pentazolate anion in two nonmetallic energetic salts. Crystal Growth & Design, 2019, 19 (3): 1853-1859.

[151] Burke L A, Butler R N, Stephens J C. Theoretical characterization of pentazole anion with metal counter ions. Calculated and experimental ^{15}N shifts of aryldiazonium, -azide and -pentazole systems. Journal of the Chemical Society, Perkin Transactions 2, 2001, (9): 1679-1684.

[152] Tsipis A C, Chaviara A T. Structure, energetics, and bonding of first row transition metal pentazolato complexes: a DFT study. Inorganic Chemistry, 2004, 43 (4): 1273-1286.

[153] Perera S A, Gregušová A, Bartlett R J. First calculations of ^{15}N-^{15}N *J* values and new calculations of chemical shifts for high nitrogen systems: a comment on the long search for HN_5 and its pentazole anion. Journal of Physical Chemistry A, 2009, 113 (13): 3197-3201.

[154] Bayar I, Khedhiri L, Soudani S, et al. Crystal structure, quantum mechanical investigation, IR and NMR spectroscopy of two new organic salts: $(C_8H_{12}NO)\cdot[NO_3]$ (Ⅰ) and $(C_8H_{14}N_4)\cdot[ClO_4]_2$ (Ⅱ). Journal of Molecular Structure, 2018, 1161: 185-193.

[155] Crawford M J, Mayer P. Structurally characterized ternary U-O-N compound, UN_4O_{12}: $UO_2(NO_3)_2\cdot N_2O_4$ or $NO^+UO_2(NO_3)_3^-$? Inorganic Chemistry, 2005, 44 (23): 8481-8485.

[156] Kissinger H E. Reaction kinetics in differential thermal analysis. Analytical Chemistry, 1957, 29 (11): 1702-1706.

[157] Klapötke T M, Sabaté C M. Low energy monopropellants based on the guanylurea cation. Zeitschrift für Anorganische und Allgemeine Chemie, 2010, 636 (1): 163-175.

[158] Turner M J, McKinnon J J, Wolff S K, et al. CrystalExplorer17. Perth: University of Western Australia, 2017.

[159] Zarko V E. Searching for ways to create energetic materials based on polynitrogen compounds (Review). Combustion Explosion and Shock Waves, 2010, 46 (2): 121-131.

[160] Zhang S, Yang Q, Liu X, et al. High-energy metal-organic frameworks (HE-MOFs): synthesis, structure and energetic performance. Coordination Chemistry Reviews, 2016, 307 (2): 292-312.

[161] Lu T, Chen F. Multiwfn: a multifunctional wavefunction analyser. Journal of Computational Chemistry, 2012, 33 (5): 580-592.

[162] Gao H, Ye C, Piekarski C M, et al. Computational characterization of energetic salts. Journal of Physical Chemistry C, 2007, 111 (28): 10718-10731.

[163] Sućeska M. EXPLO5 6.01. Croatia: Brodarski Institute, 2013.

第3章 双环唑类高能材料

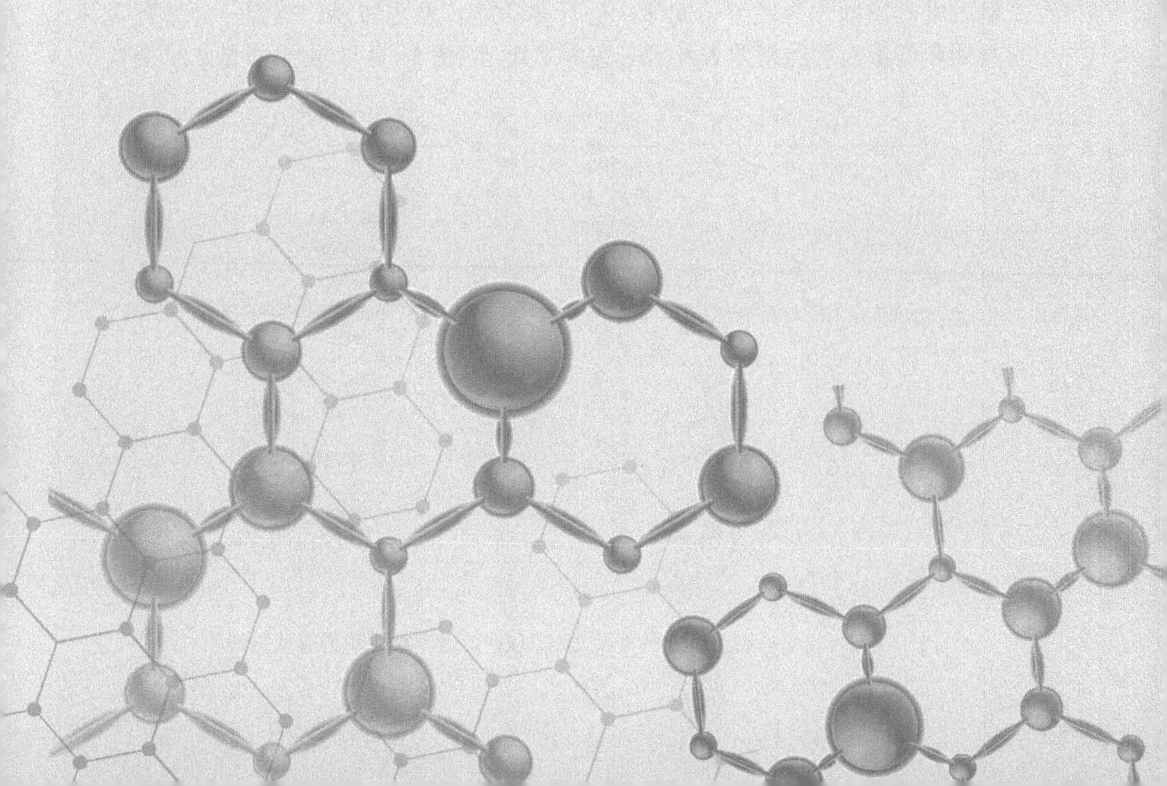

3.1 联唑类高能材料

随着新一代先进高能材料需求的不断增长，具有多种富氮含能骨架的合理组装对高能材料的综合性能具有极大的吸引力。毫无疑问，多功能 *N*-杂环化合物的出现促进了高能量密度材料(HEDM)的发展。氮杂环基高能材料有两个主要优点：一方面，*N*-杂环化合物的含氮量、生成焓和密度均高于碳环化合物；另一方面，大部分含能官能团，如硝基、硝胺基、偶氮基、偶氮氧基、氨基和叠氮基都与 *N*-杂环相容，从而大大扩展了含能化合物的设计。在这些 *N*-杂环中，最常用的含能骨架化合物是五元唑，如吡唑、咪唑、1,2,4-三唑、1,2,3-三唑，四唑和五唑，而唑类高能材料之间的相互组装连接是高能材料设计合成的策略之一，本节主要总结了联唑类高能材料的合成与性能。

3.1.1 联二唑类高能材料

N,N-桥联唑类的发展丰富了构建各种含能化合物的合成策略。近年来合成了多种 *N,N*-亚乙基桥联的四唑，并通过实验和理论研究评价了它们的能量性能，表明 *N,N*-亚乙基桥联能够平衡含能分子的爆轰性能和分子稳定性。受氮桥联官能团优势的启发，P. Yin 对吡唑骨架进行了广泛的研究。使用容易制备的 4-氨基-3,5-二硝基吡唑胺盐作为关键中间体，进行多功能官能团转换，得到一类具有多种官能团和能量性质的新型 *N,N*-亚乙基桥联吡唑(图 3.1)[1]。由于能量水平类似于

图 3.1 *N,N*-亚乙基桥联 4,4-二氨基(吡唑)及其衍生物的合成路线

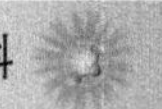

黑索金，硝胺基、叠氮基和硝基官能化的 *N,N*-亚乙基桥联吡唑可被归类为烈性炸药。然而，就热稳定性、化学稳定性和机械稳定性而言，硝基官能化产物 **3-5** 优于硝胺基和叠氮基官能化类似物。

使用亚硝酸钠/硫酸和叠氮化钠，制备 4,4-二叠氮基双(吡唑)化合物的最初尝试产生了意想不到的重氮盐(**3-3**)。然后，以 4-氯吡唑为原料，通过三步合成法生成了所需产物 **3-8**。此外，*N,N*-亚乙基桥联成功地连接了 5-氨基-3,4-二硝基吡唑分子，而通过使用 100%硝酸处理 **3-10**，很容易获得硝基产物 **3-11**(图 3.2)。**3-1**～**3-11** 的性能见表 3.1。

图 3.2　(a) *N,N*-亚乙基桥联 4,4-二叠氮双(吡唑)(**3-8**)的合成路线；(b) *N,N*-亚乙基桥联 5,5-二氨基双(吡唑)(**3-10**)及其硝胺衍生物(**3-11**)的合成路线

表 3.1　化合物 3-1～3-11 的物理性能表

化合物	分解温度/℃	密度/(g/cm^3)	生成焓/(kJ/mol)	爆速/(m/s)	爆压/GPa	撞击感度/J	摩擦感度/N
3-1	311	1.77	218.9	8189	27.9	＞40	＞360
3-2	80	1.84	380.6	8753	34.3	7	80
3-3	247	1.72	441.9	7803	24.2	20	80

续表

化合物	分解温度/℃	密度/(g/cm^3)	生成焓/(kJ/mol)	爆速/(m/s)	爆压/GPa	撞击感度/J	摩擦感度/N
3-4	112	1.78	1233.9	8797	33.4	4	60
3-5	250	1.84	306.9	8759	34.1	25	160
3-7	319	1.88	230.0	7877	27.0	＞40	＞360
3-8	135	1.76	1013.9	8558	31.0	3	60
3-10	256	1.75	237.9	8127	27.3	＞40	＞360
3-11	81	1.83	368.1	8710	33.7	6	60

所有亚乙基桥联双硝基吡唑的正生成焓(ΔH_f)在230.0～1233.9 kJ/mol之间。其中，叠氮化合物**3-4**和**3-8**的生成焓最高，这是因为叠氮基团的显著贡献。利用BAM落锤装置和BAM摩擦试验机分别测量了撞击灵敏度和摩擦灵敏度。二氨基化合物(**3-1**和**3-10**)的撞击不敏感，因为它们倾向于形成强氢键(IS＞40 J)。硝胺和叠氮衍生物(**3-2**、**3-4**、**3-8**和**3-11**)表现出较低的撞击感度，介于3～7 J之间，而重氮盐**3-3**和六硝基双(吡唑)**3-5**的敏感性较低(**3-3** 20 J；**3-5** 25 J)。此外，这些化合物的摩擦敏感性介于非常敏感(**3-2**、**3-3**、**3-4**、**3-8**和**3-11** 60～80 N)、相对较不敏感(**3-5** 160 N)和不灵敏(**3-1**、**3-7**和**3-10** ＞360 N)之间。基于生成焓和密度，使用Explo5 v6.01计算爆轰特性。计算的爆压(P)的范围在24.2～34.3 GPa之间，而计算的爆速(D)的范围在7803～8797 m/s之间。一些化合物如**3-2**、**3-5**、**3-6**和**3-11**，显示出良好的爆轰性能。其中，二叠氮双(吡唑)**3-4**表现出良好的性能($P = 33.4$ GPa，$D = 8797$ m/s)；然而，其热稳定性和撞击感度($T_d = 112$℃，IS = 4J)可能妨碍其进一步应用。与叠氮基(**3-4**和**3-8**)和硝胺(**3-2**和**3-11**)衍生物相比，六硝基双(吡唑)**3-5**具有最好的综合能量特性($T_d = 250$℃，$P = 34.1$ GPa，$D = 8759$ m/s，IS = 25 J，FS = 160 N)。

分别通过在室温下缓慢蒸发乙酸乙酯和氯仿溶液获得适用于单晶X射线衍射的**3-4**和**3-5**的晶体。如图3.3所示，8个晶胞在单斜空间群$P2_1/n$中以良好的计算密度[($1.863\ g/cm^3$(173 K)]结晶。C-NO_2基团中C4—N2键的长度与[N3—C1，1.442(3)Å；N4—C2，1.449(3)Å；N5—C3，1.432(3)Å]相似，比*N,N*-亚乙基桥联的C—N键略短[N2—C4，1.468(2)Å)。除了O(3)和O(4)，三个硝基与吡唑环几乎共平面[N1—C1—N2—C4，178.44(19)°；O5—N5—C3—C2，−13.0(3)°；O4—N4—C2—C3，102.6(3)°]，在两个3,4,5-三硝基-1*H*-吡唑(TNP)部分之间，观察到N1—N2—C4—C4A的二面角为−95.3(2)°。

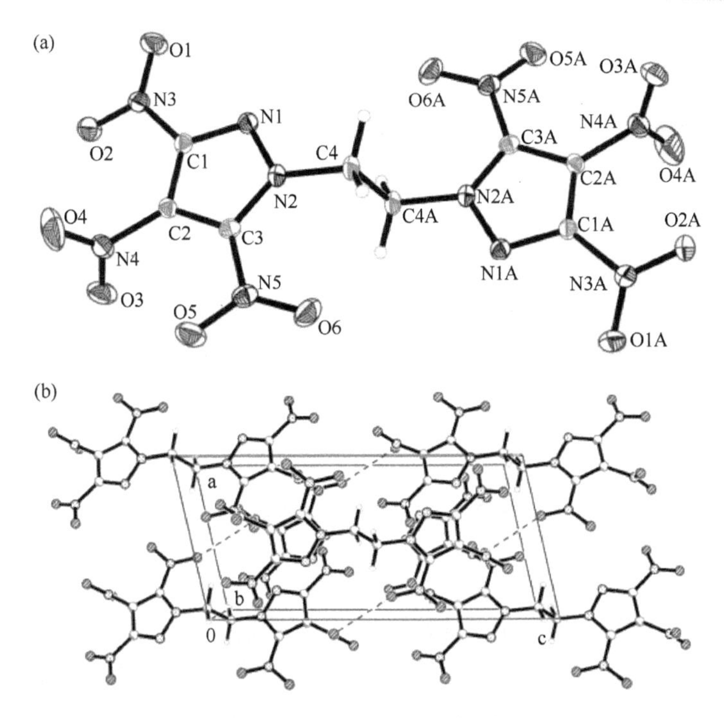

图 3.3　化合物 **3-4** 的单晶图

如图 3.4 所示，化合物 **3-5** 在单斜空间群 $P2_1/n$ 中结晶，晶胞中有两个分子，密度为 1.819 g/cm^3(150 K)。吡唑环原子 N1 和 N2 之间的键长为 1.3599(15) Å，比 **3-11** 的键长[1.335(2) Å]长。叠氮基的三个氮原子几乎呈线形[N15—N14—N13 = 169.54(14)°]，然而每个叠氮基吡唑单元都是扭曲的，并形成约–44°的二面角。

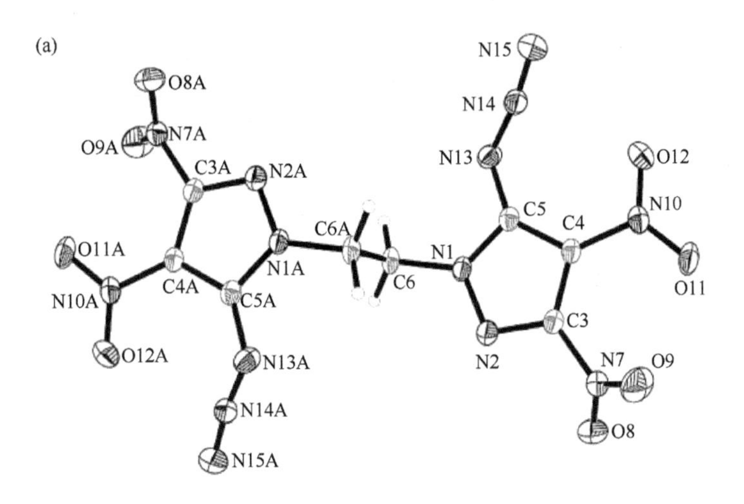

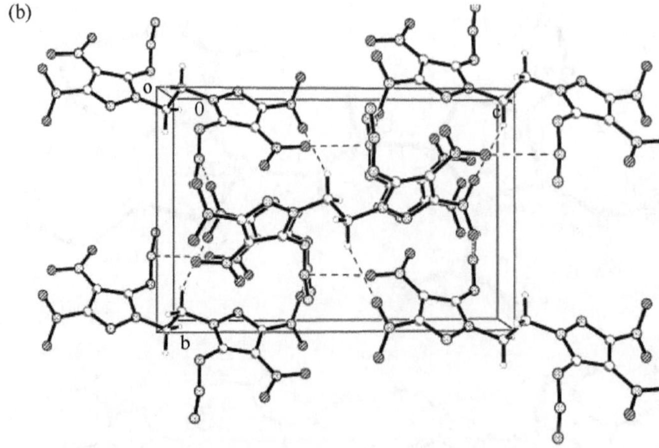

(b)

图 3.4　化合物 **3-5** 的单晶图

双(杂环)是最有吸引力的含能骨架之一，因为它具有良好的热稳定性和高密度。TNP 与各种唑的反应经历了区域特异性亲核取代，产生了一些新的双(唑)骨架[2]。然而，尝试用高密度 4-氨基-3,4-二硝基吡唑亲核取代 TNP 未能产生目标双吡唑 **3-14**。相反，通过使用 4-氯-3,5-二硝基-1*H*-1,4-双吡唑作为中间体，通过两步法成功合成了吡唑胺盐(**3-13**)(图 3.5)[3]。采用新制备的对甲苯磺酰羟胺(THA)，

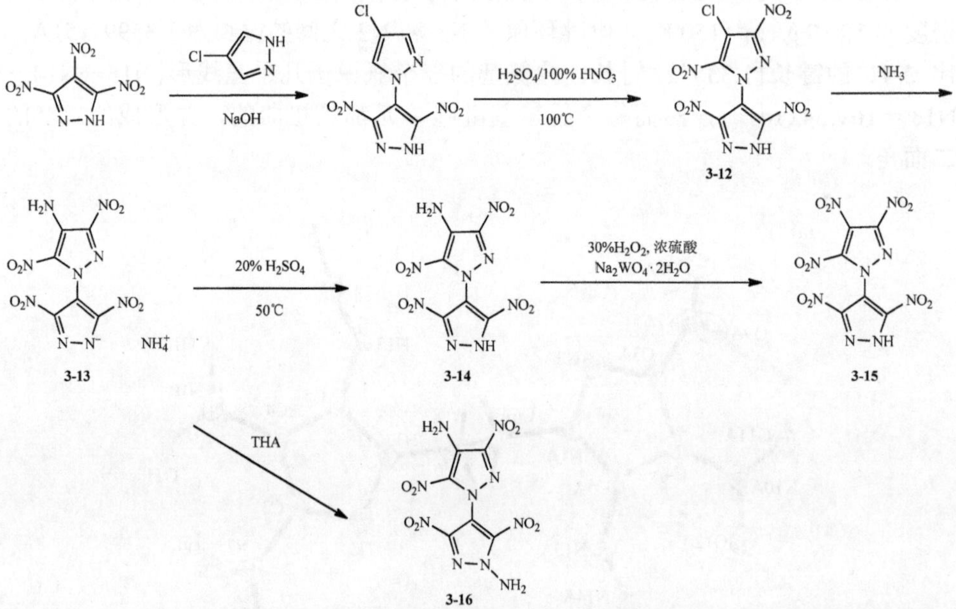

图 3.5　多硝基取代双吡唑的合成路线

将 *N*-氨基引入 **3-13** 中，得到 **3-16**。在浓硫酸、二水合钨酸钠、30%过氧化氢组成的氧化体系中，氨基氧化生成粗产物五硝基双吡唑 **3-15**，可在乙醇和水的混合物中进一步重结晶提纯。这些新型双吡唑的主要能量参数，如热稳定性、撞击感度、密度和爆轰性能等，均可与 RDX 相媲美，甚至优于 RDX。更重要的是，**3-14** 的富氮盐具有低撞击敏感性，有利于安全制备和储存(图 3.6)。**3-12**～**3-25** 的性能列于表 3.2。

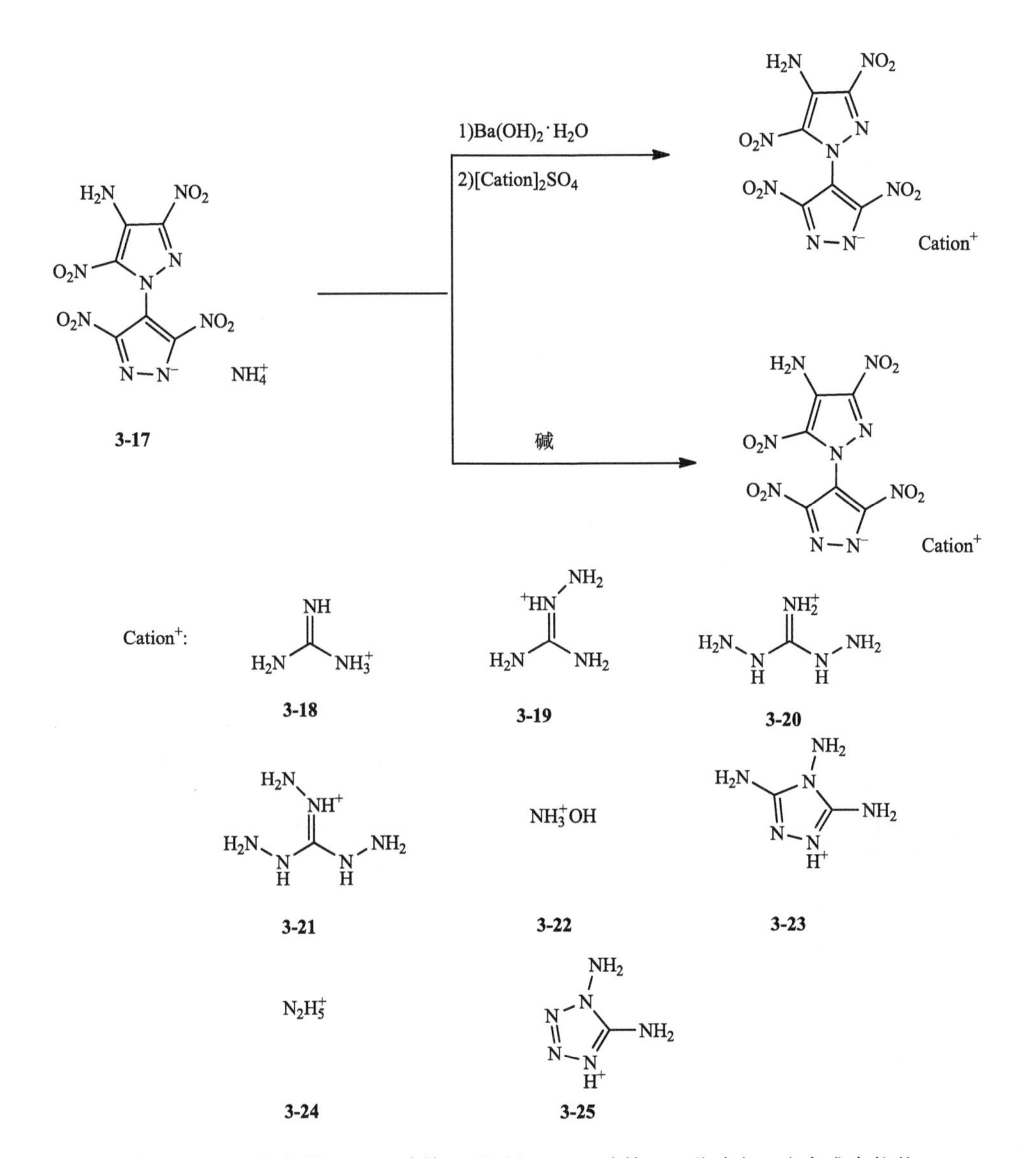

图 3.6　以 4-(4-氨基-3,5-二硝基-1-吡唑)-3,5-二硝基-1*H*-吡唑(**3-17**)合成含能盐

表 3.2　化合物 3-12～3-25 的物理性能表

化合物	分解温度/℃	密度/(g/cm³)	生成焓/(kJ/mol)	爆速/(m/s)	爆压/GPa	摩擦感度/N
3-12	308	1.96	185.4	8724	36.0	>40
3-13	262	1.88	274.7	8615	34.6	>40
3-14	242	1.89	388.1	8626	35.9	>40
3-15	297	1.82	824.2	8814	36.0	28
3-16	284	1.87	477.9	8648	35.1	>40
3-18	228	1.73	246.5	8019	27.3	>40
3-19	272	1.67	506.4	7862	26.7	>40
3-20	272	1.71	448.4	8014	27.9	>40
3-21	266	1.72	558.0	8064	28.7	>40
3-22	259	1.75	331.2	8330	30.5	>40
3-23	297	1.82	557.0	8348	31.0	>40
3-24	260	1.80	428.1	8429	32.2	>40
3-25	261	1.72	700.4	8217	28.9	>40

适用于化合物 **3-17** 的 X 射线晶体结构测定的单晶从水和甲醇的混合溶液中获得，盐 **3-20** 和 **3-23** 均来自水溶液。X 射线晶体结构 **3-17**、**3-20** 和 **3-23** 示于图 3.7～图 3.9 中。对于 **3-17**、**3-20**、**3-23**，连接两个吡唑环的 C—N 键长分别为 1.418 Å、1.415 Å 和 1.411 Å，均比正常的 C—N 单键(1.490 Å)短。该结果可能归因于制备的多硝基取代的双吡唑具有优异的稳定性。

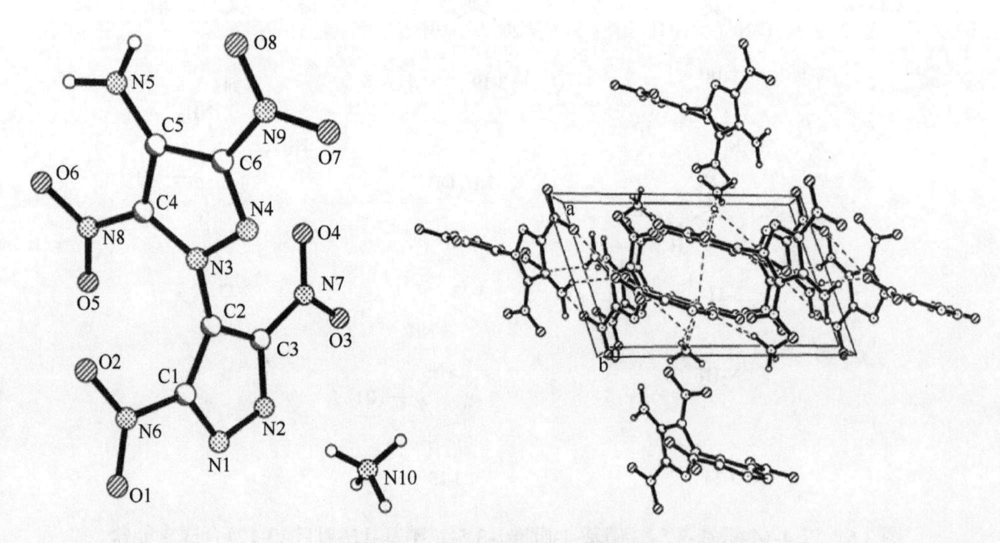

图 3.7　化合物 **3-17** 的单晶图

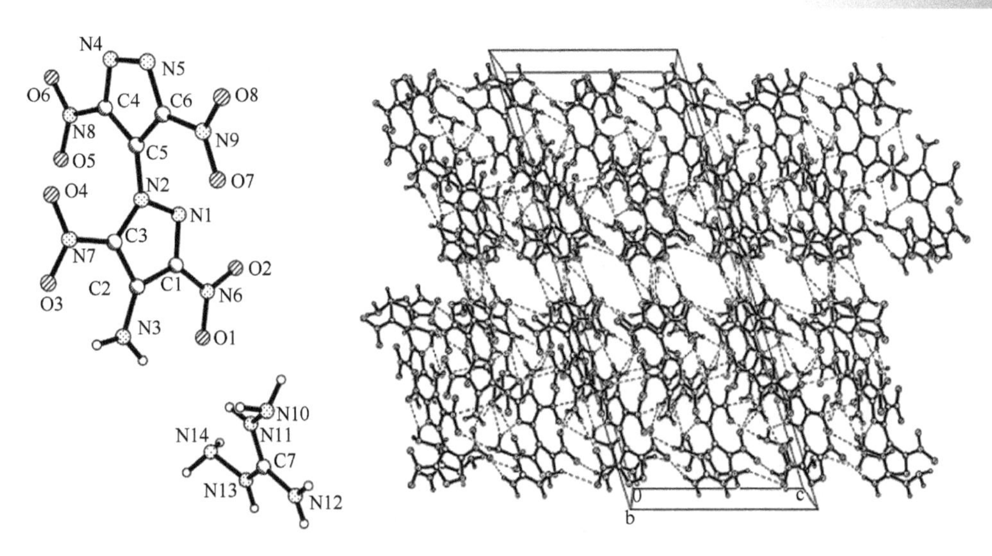

图 3.8　化合物 **3-20** 的单晶图

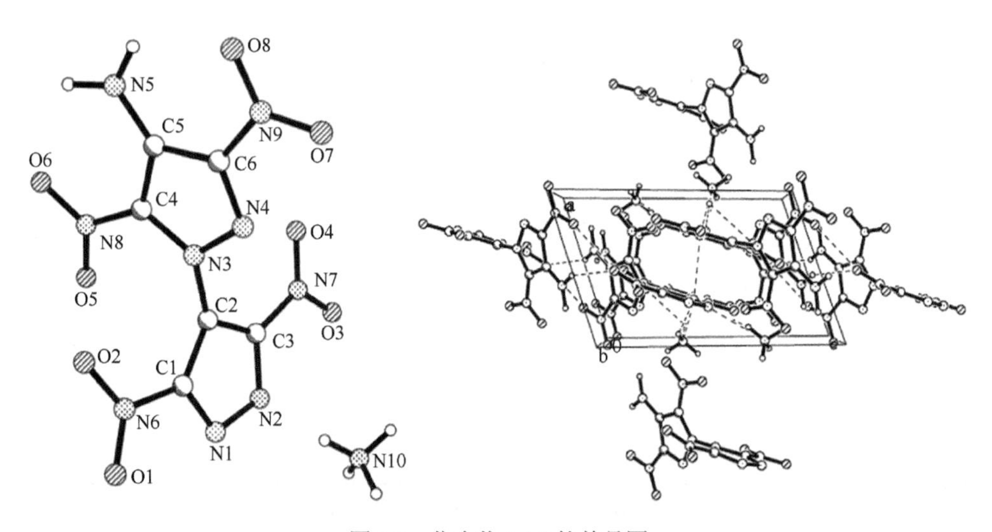

图 3.9　化合物 **3-23** 的单晶图

由于双吡唑基 HEDM 密度高、灵敏度低，其研究热点日益突出。而 **3-14** 中的两个吡唑环采用直接 C—N 键连接，而新的双吡唑化合物则采用能量更高的 *N*,*N*-2-硝基丙基相连接用于构建新的双吡唑(图 3.10)[4,5]。在 TNP 的 *N*-烷基化反应中，观察到 5 位的氯化反应，生成二(3,4-二硝基-5-氯吡唑)-*N*-硝基甲胺(**3-31**)，可转化为高能量和极敏感的 5,5-重氮产物 **3-33**。这些桥接的双吡唑中，**3-30** 拥有最佳整体能量性能(ρ = 1.86 g/cm^3; P = 34.7 GPa; D = 8639 m/s; FS＞40 J)(表 3.3)，优于钝感炸药 TATB，与高爆炸性的黑索金相当。

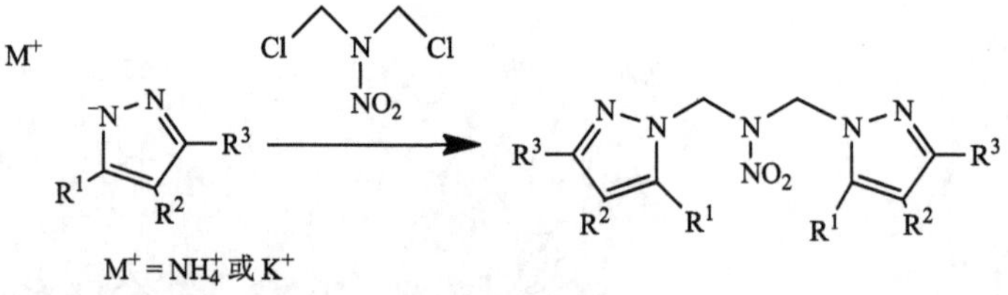

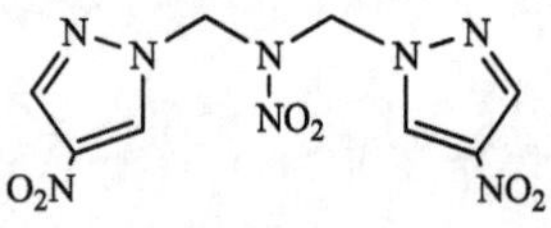

$M^+ = NH_4^+$ 或 K^+

3-26 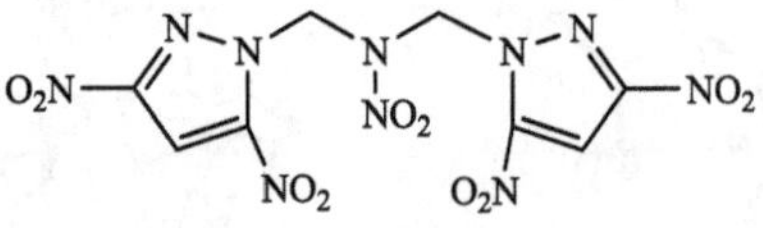　3-27 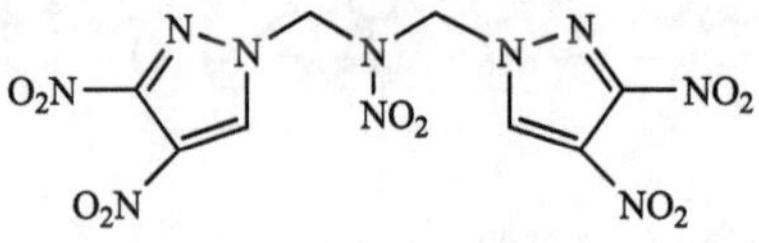　3-28 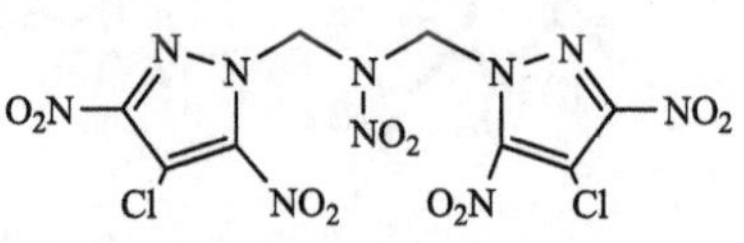　3-29 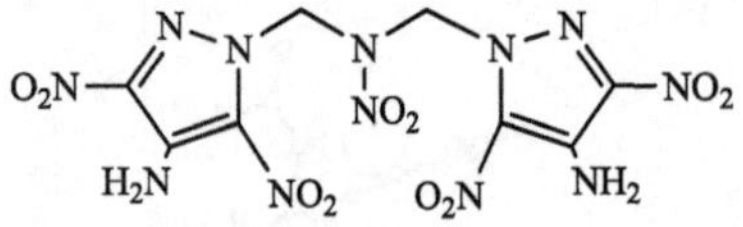　3-30 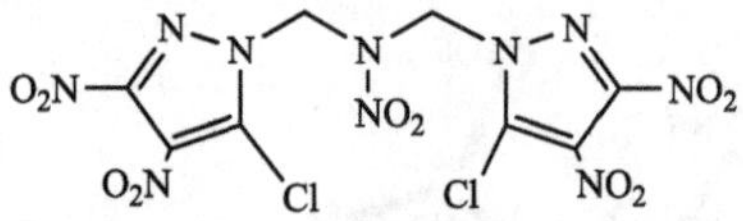　3-31 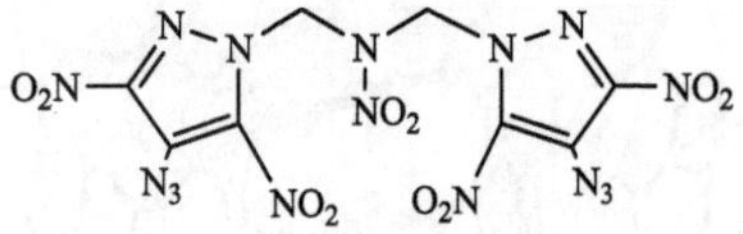　3-32 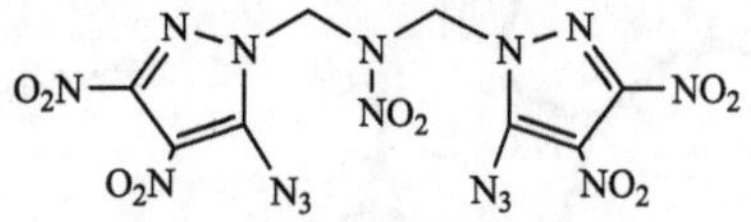　3-33

图 3.10　*N,N*-2-硝基丙基桥联双(吡唑)的合成路线

表 3.3　化合物 3-26～3-33 的物理性能表

化合物	分解温度/℃	密度/(g/cm³)	生成焓/(kJ/mol)	爆速/(m/s)	爆压/GPa	摩擦感度/N
3-26	262	1.69	377.2	7867	25.1	>40
3-27	250	1.78	388.0	8258	30.9	10
3-28	261	1.78	398.0	8265	31.0	>40
3-29	252	1.90	371.8	8055	30.6	11
3-30	232	1.86	486.4	8639	34.7	>40
3-31	354	1.89	381.3	8038	30.4	>40
3-32	166	1.83	1108.2	8717	35.1	2
3-33	169	1.83	1118.7	8724	35.2	2

分别在室温下缓慢蒸发乙腈，二氯甲烷和丙酮溶液的混合物，分别获得了适合单晶 X 射线衍射分析的 **3-27** 和 **3-29**·CH_3CN 晶体。它们的结构如图 3.11 和图 3.12 所示。两者都在单斜晶系空间群 $P2_1/c$ 中结晶，晶胞体积分别为 1493.7(3) $Å^3$ 和 1900.8(3) $Å^3$。温度为 150 K 时，**3-27** 计算密度为 1.789 g/cm^3，**3-29**·CH_3CN 的计算密度为 1.790 g/cm^3。这两个分子的化学式非常相似，唯一的区别是吡唑环上 4 位的取代基不同；然而，这两种分子的几何形状并不相似。**3-29**·CH_3CN 的分子结构显示出相对于 3,5-二硝基吡唑基取代基的顺式构象。对于 **3-27**，N9—C8—N7 和 N1—C6—N7 角度分别在 112.93°和 112.66°处弯曲远离硝胺基团。相比之下，化合物 **3-29**·CH_3CN 中的 N9—C8—N7 角度和 N1—C6—N7 角度朝硝胺基团向上弯曲。N-NO_2 的键长在 **3-27** 中为 1.380 Å，在 **3-29**·CH_3CN 中为 1.392 Å，与这些吡唑取代基共轭的硝基被完美地保持，因此使取代基几乎保持平面。

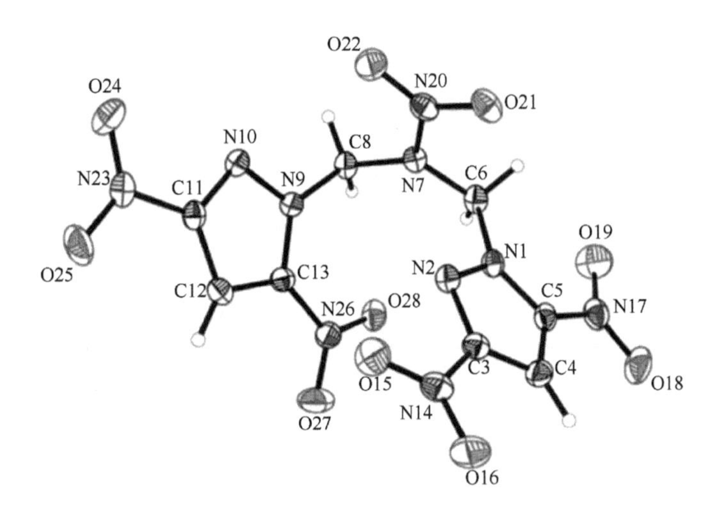

图 3.11　化合物 **3-27** 的单晶图

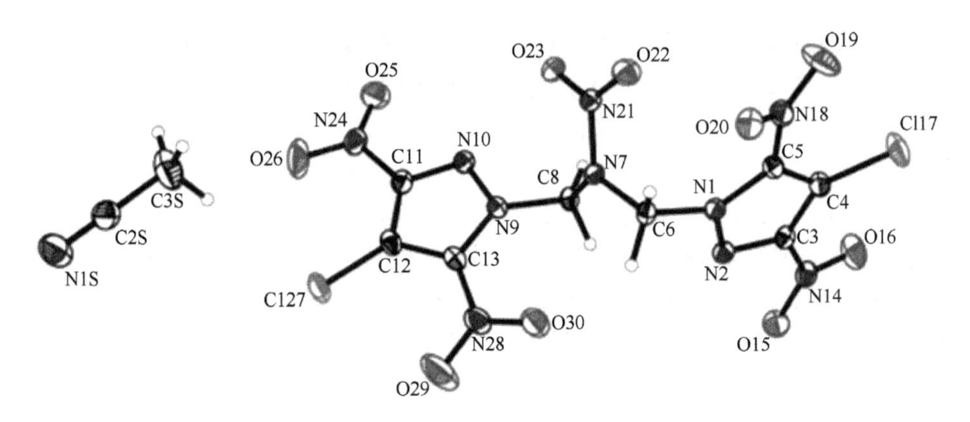

图 3.12　化合物 **3-29**·CH_3CN 的单晶图

除了 *N,N*-2-硝基丙基桥联之外，*N,N*-偶氮基团是连接两个唑环的另一个有前景的连接方法。与 *N,N*-烷基化合物相比，*N,N*-偶氮官能团的一个独特特征是，它会导致平面分子的形成，这有利于提高热稳定性和机械稳定性。通过吡唑的钾盐或胺盐的 *N*-胺基化，然后与二氯异氰尿酸钠(SDIC)氧化偶联，合成了 *N,N*-偶氮桥联的双吡唑(图 3.13)[6]。化合物 **3-35** 和 **3-36** 表现出高密度、优异的热稳定性、良好的爆速和爆压，同时具有可接受的撞击和摩擦敏感性(表 3.4)。

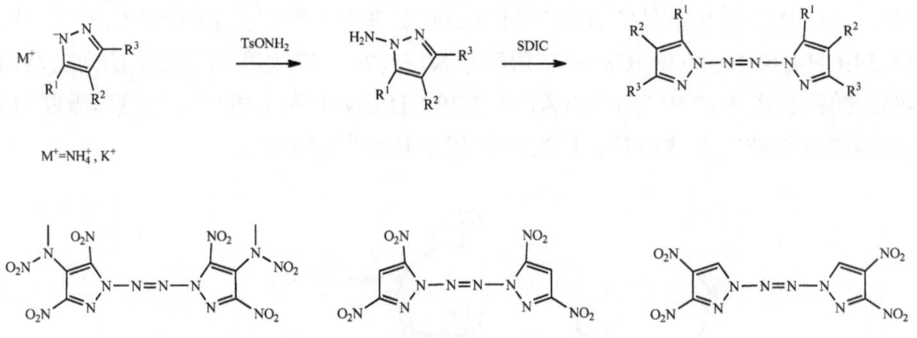

$M^+=NH_4^+, K^+$

TsONH$_2$ SDIC

3-34 3-35 3-36

图 3.13 *N,N*-偶氮桥联双吡唑的合成路线

表 3.4 化合物 3-34～3-36 的物理性能表

化合物	分解温度/℃	密度/(g/cm^3)	生成焓/(kJ/mol)	爆速/(m/s)	爆压/GPa	撞击感度/J	摩擦感度/N
3-34	195	1.80	789.3	8834	34.6	2	40
3-35	258	1.85	591.9	8979	35.6	15	160
3-36	232	1.83	612.4	8932	35.1	10	120

三硝基咪唑的热稳定性和化学稳定性都不如全碳-硝化的 TNP。然而，全碳-硝化双咪唑，即 4,4,5,5-四硝基-1*H*,1*H*-2,2-双咪唑在能量性能和灵敏度方面具有良好的竞争力，并已作为富氮盐的前体进行了研究[7]。双咪唑的 HEDM 的进一步研究工作集中在 *N*-硝胺化功能的利用上，类似于之前报道的 *N*-胺化，P. Yin 以中等产量获得了 *N,N*-二氨基化合物(**3-37**)(图 3.14)。用浓硫酸和发烟硝酸进行改进硝化得到 *N,N*-二硝胺基化合物 **3-38**，收率为 81%[8]。**3-37** 和 **3-38** 最令人兴奋的特点是实验密度高，超过 HMX(**3-37**，1.93 g/cm^3；**3-38**，1.94 g/cm^3；HMX，1.90 g/cm^3)(表 3.5)。化合物 **3-38** 通过单晶 X 射线晶体学进一步证实。对于 **3-38**，100 K 时的晶体密度为 2.007 g/cm^3，与实验数据相匹配，在任何报道的咪唑基 CHNO 化合物中排名最高。

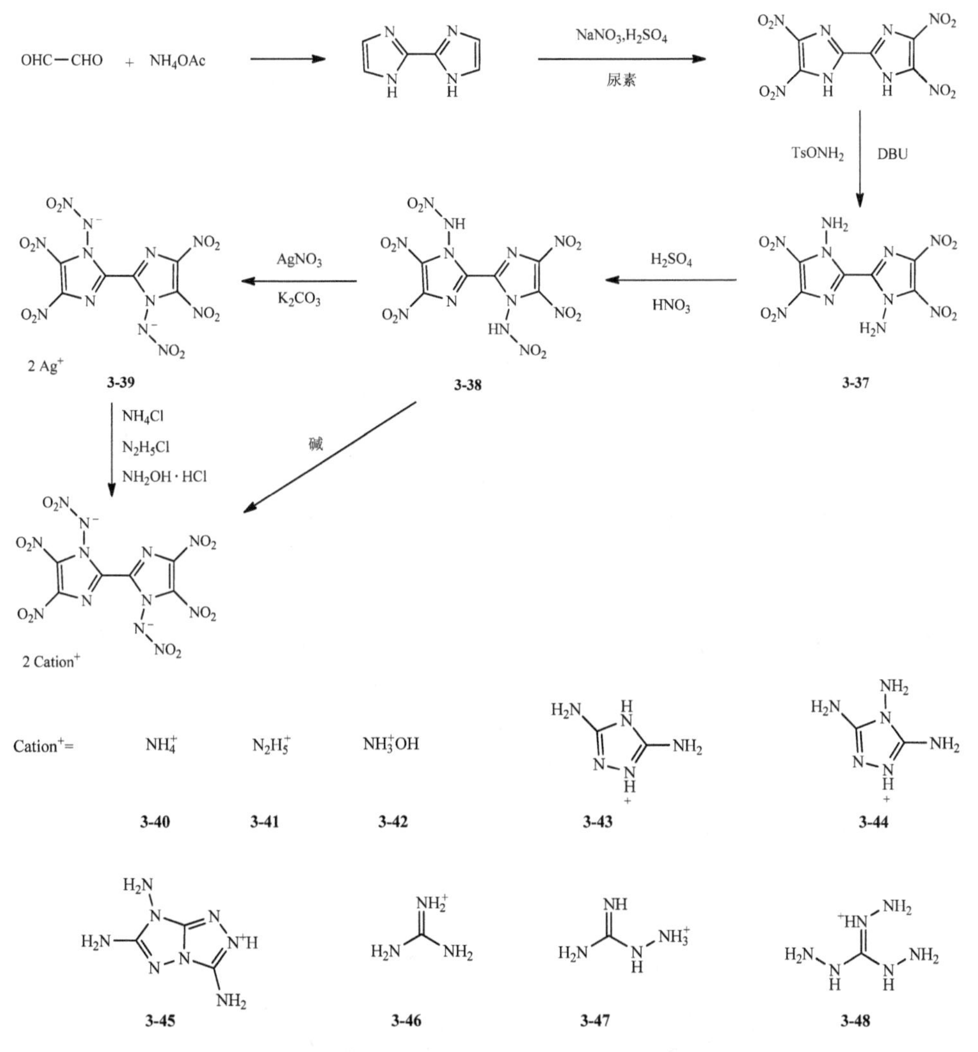

图 3.14　*N,N*-硝胺基-4,4,5,5-四硝基-2,2-双咪唑及其含能盐的合成路线

表 3.5　化合物 3-37、3-38 及其含能盐的物理性能表

化合物	分解温度/℃	密度/(g/cm^3)	生成焓/(kJ/mol)	爆速/(m/s)	爆压/GPa	撞击感度/J	摩擦感度/N
3-37	217	1.93	309.7	9012	36.6	15	160
3-38	116	1.94	719.1	9350	40.1	3	20
3-40	135	1.78	378.1	8715	33.6	8	80
3-41	128	1.79	662.6	8916	35.7	5	80
3-42	135	1.85	482.6	9169	38.2	6	80
3-43	113	1.78	752.5	8499	30.4	30	240
3-44	133	1.8	1554.1	8996	35.4	5	60

续表

化合物	分解温度/℃	密度/(g/cm^3)	生成焓/(kJ/mol)	爆速/(m/s)	爆压/GPa	撞击感度/J	摩擦感度/N
3-45	203	1.85	1455.2	8899	33.8	10	120
3-46	158	1.75	325.9	8409	29.5	30	240
3-47	141	1.81	553.2	8786	33	25	160
3-48	140	1.77	995.7	8898	32.8	9	80

由于其高密度和正生成焓，**3-38** 具有优良的爆轰性能，属于高爆炸药。此外，**3-38** 制备的含能盐具有良好的密度和良好的爆轰性能(P = 29.5～38.2 GPa，D = 8409～9169 m/s)，具有中等到良好的撞击和摩擦敏感性(IS = 5～30J，FS = 60～240 N)。与昂贵的四氟硼酸硝\u9e8b盐相比，在低温下使用 H_2SO_4/HNO_3 对酸敏感的 *N*-氨基进行硝化，可以经济地获得富含氮和氧的高能材料。

3-46 进一步通过单晶 X 射线衍射表征(图 3.15)。通过将氯仿扩散到 **3-46** 的甲醇中，获得 **3-46** 的晶体，在 100 K 时计算密度为 1.813 g/cm^3，**3-46** 在单斜空间群 $P2_1/c$ 中结晶，晶胞中有两个分子(图 3.15)。与一些报道的胍盐如硝酸胍和二硝胺胍相比，盐 **3-46** 表现出更高的密度，这是由 C/N-完全多硝基官能化阴离子引起的。四个 C-NO_2 的 C—N 键长相似[N4—C2 1.441(2) Å，N5—C3 1.438(2) Å]。一般来说，硝基起着氢键受体的作用。在胍离子和 *N*-硝胺基阴离子之间发现了 12 个氢键相互作用(N7—H7A···O2，N8—H8A···O2，N7—H7A···O6，和 N9—H9A···O2)。

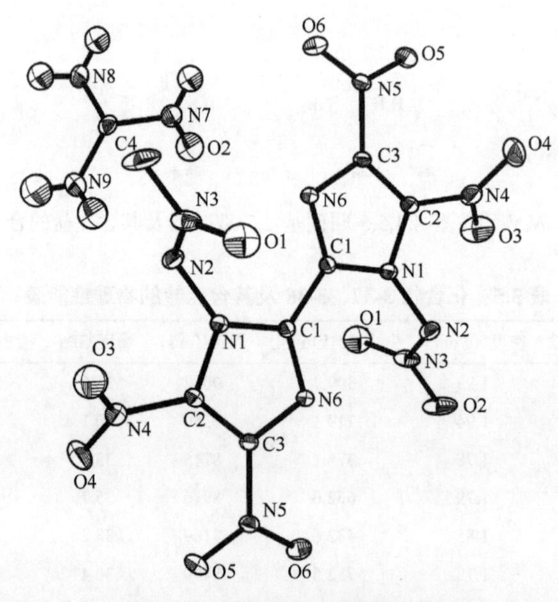

图 3.15 化合物 **3-46** 的单晶图

高能偶氮呋咱 3,3-二氨基-4,4-偶氮呋咱(DAAzF，**3-49**)化合物已被发现用作钝感炸药以及高能添加剂，以改变火箭推进剂和炸药配方的性能[9,10]。DAAzF(**3-49**)是一种深橙色晶体，感度不敏感，撞击感度(H_{50}＞320 cm，H_{50} 是坠落高度，有50%的概率引起爆炸)、静电感度(＞0.36 J)和摩擦感度(＞36 kg，BAM 落锤)。与常用的炸药 TATB、2,2,4,4,6,6-六硝基苯乙烯(HNS)和 TNT 相比，DAAzF 中大量的爆轰能量来自由于偶氮键存在而产生的高生成焓(ΔH_f)，而不是碳主链的氧化。例如，DAAzF 中的氢被氧化成水后，没有多余的氧气来氧化分子中的碳，然而它比 HNS 具有更好的爆炸性能，可将其 64%的碳部分氧化为 CO。DAAzF 可以容易地通过 DAF 与$(NH_4)_2S_2O_8$、$Na_2S_2O_8$、$KMnO_4$或 NaClO 的氧化来生产(图 3.16)。

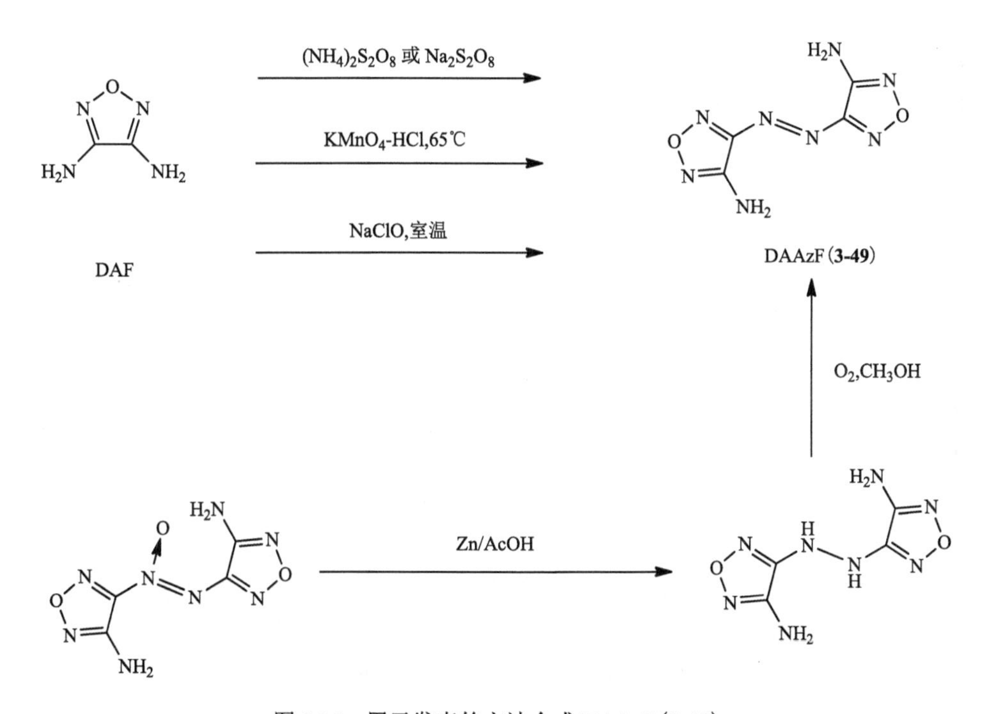

图 3.16　用已发表的方法合成 DAAzF(**3-49**)

二氨基呋咱也能形成相当大的低聚物，以及具有二氨基、硝胺基和二硝基取代的偶氮连接的双呋环体系(图 3.17)。DNAzF(**3-50**)最初是高阶氨基呋咱衍生物与 ANF 偶联反应的副产物。在进一步研究 DNAzF 合成方法的基础上，用过硫酸铵/过氧化氢在硫酸中反应生成 ANF，再用高锰酸钾处理生成偶氮衍生物 DNAzF(**3-50**)。Churakov 和 Sheremetev[11,12]等报道了一种硝基-NNO-偶氮氧基基团，该基团具有较高的晶体密度和优良的爆轰性能[12]。从那篇报道开始，以

3,4-二氨基呋咱(DAF)为原料，HNO_3为硝化剂，设计合成了一种新的化合物(双-3,3-(硝基-NNO-偶氮氧基)-4,4-偶氮呋咱(BNOAF，**3-52**)，性能见表 3.6。

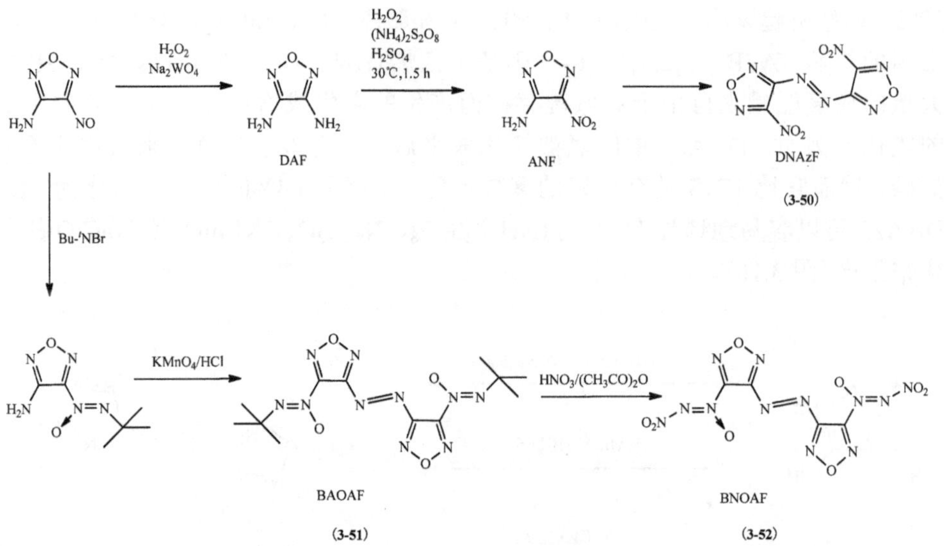

图 3.17　二硝基偶氮呋唑(DNAzF)(**3-50**)及其衍生物 **3-51** 和 **3-52** 的合成路线

表 3.6　3-51 和 3-52 的物理性能表

化合物	分解温度/℃	密度/(g/cm³)	生成焓/(kJ/mol)	爆速/(m/s)	爆压/GPa	撞击感度/J	摩擦感度/N
3-51	166	1.86	157.4	8492	30.5	5	120
3-52	194	1.77	622.6	8937	33.8	17	160

在高能材料中引入硝基呋咱是制造具有理想性能的偶氮炸药的有效策略，如 **3-53**。在这类高能材料中，两个硝基呋咱分子通过偶氮桥联到第三个呋咱环上，形成了三呋咱结构，可归为新型无氢硝基呋咱。Sheremetev 等以乙腈为原料，与氢氧化钠和过氧化氢混合反应，合成了 4-羟基-4-硝基偶氮呋咱(**3-54**)，产率低(18%)。在 0～5℃，盐 **3-55** 产量为 43%(图 3.18)[13]。

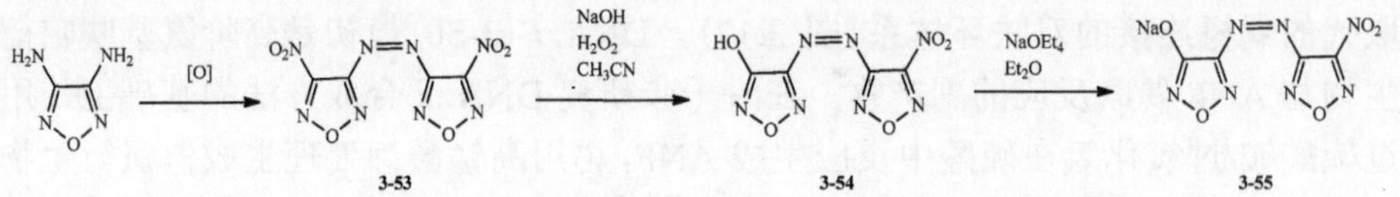

图 3.18　偶氮桥联的双呋咱 **3-55** 的合成路线

含吸电子取代基的氨基呋咱，在浓 H_2SO_4 或 H_3PO_4 混合物中与硝硫混酸重氮化，再用叠氮化钠处理重氮盐，很容易转化为叠氮化合物。叠氮呋咱与不饱和化合物发生偶极环加成反应，在某些情况下，反应具有区域特异性。因此，3-氨基-4-叠氮呋咱与 1-吗啉基酰基-2-硝基乙烯反应生成 4-硝基-1,2,3-三唑(**3-56**，图 3.19)。同样的叠氮化物也可用于与炔烃的环加成反应，得到区域异构体混合物作为产物(**3-57**)，叠氮呋咱与烯醇化的β-酮酯缩合也可制得三唑呋咱(**3-58**)。

3-56

3-57

3-58

图 3.19　以 3-氨基-4-叠氮呋咱为原料的联呋咱化合物的合成路线

偶氮桥联的生成焓比氧桥联的要高。因此，呋咱氮杂环、偶氮桥联和硝胺(图 3.20)[14]、硝仿基或氟代硝仿基(图 3.21)[15]在分子中的结合应该会导致关于各种能量性质的有趣结果，研究了偶氮呋咱氮杂环类化合物的能量表现，结果汇总于表 3.7。根据示差扫描量热法(DSC)测量，**3-66** 在 166℃分解，中性 **3-67** 在 140℃分解，而高氮含量含能盐 **3-68**、**3-69** 和 **3-70** 分别在 202℃、189℃和 127℃分解。在这些新化合物中，二硝胺取代物 **3-59** 密度最高，为 1.89 g/cm^3。化合物 **3-67** 表现出中等密度，为 1.81 g/cm^3，而盐的密度在 1.73～1.86 g/cm^3。此外，表中所有化合物的生成焓均为正值，介于 175.8～1372.9 kJ/mol。

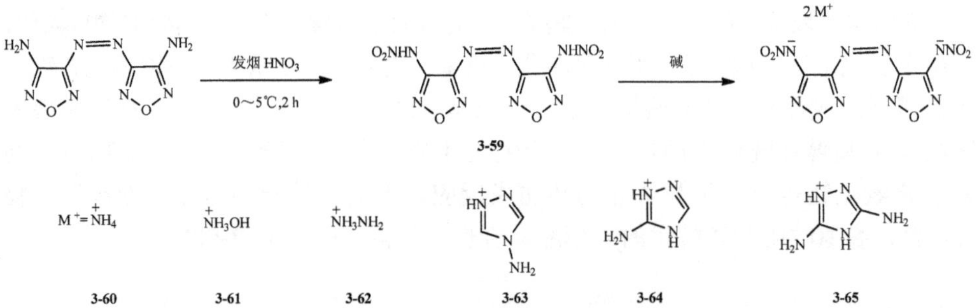

图 3.20 4,4-双(硝胺基)偶氮呋咱及其含能盐

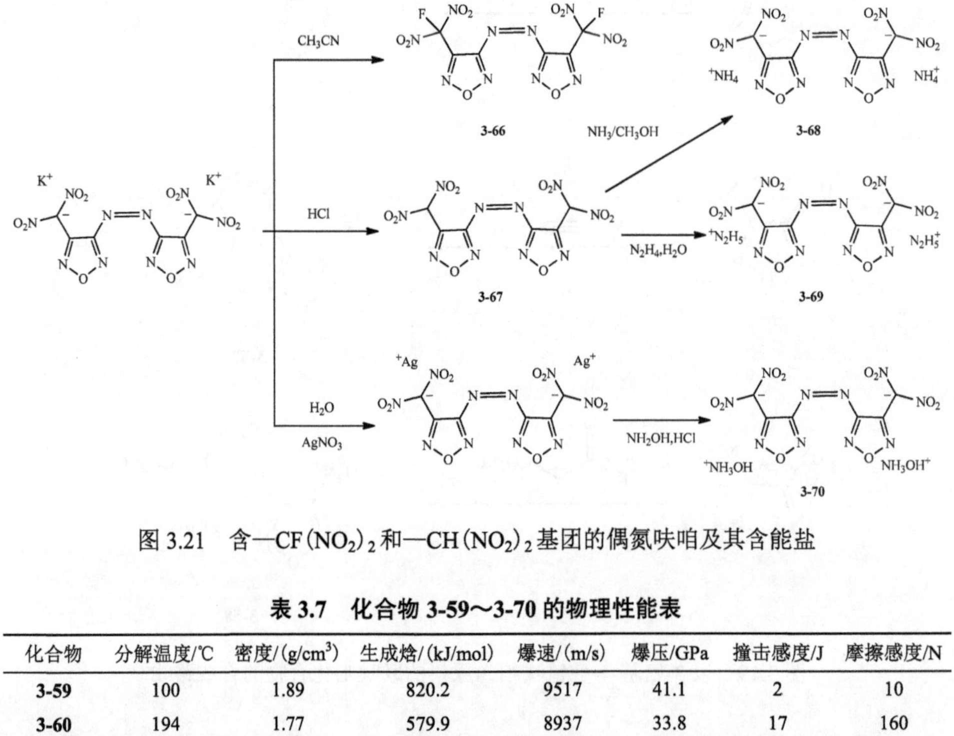

图 3.21 含—$CF(NO_2)_2$和—$CH(NO_2)_2$基团的偶氮呋咱及其含能盐

表 3.7 化合物 3-59～3-70 的物理性能表

化合物	分解温度/℃	密度/(g/cm^3)	生成焓/(kJ/mol)	爆速/(m/s)	爆压/GPa	撞击感度/J	摩擦感度/N
3-59	100	1.89	820.2	9517	41.1	2	10
3-60	194	1.77	579.9	8937	33.8	17	160
3-61	177	1.85	693.8	9328	39.8	12	120
3-62	176	1.82	900.0	9418	37.8	7	120
3-63	180	1.74	1372.9	8670	30.3	24	160
3-64	198	1.78	1099.4	8664	30.3	16	160
3-65	197	1.73	1058.5	8458	27.7	28	240
3-66	166	1.86	175.8	8492	30.5	5	120
3-67	140	1.81	526.2	8936	34.6	2	40
3-68	202	1.74	193.1	8507	31.5	12	240
3-69	189	1.80	637.5	8916	35.2	4	120
3-70	127	1.78	444.0	8815	35.0	3	120

在室温下缓慢蒸发甲醇和乙醇的混合溶液获得了适合单晶 X 射线衍射分析的 **3-59**。单晶 X 射线结构如图 3.22 所示。晶体 **3-59** 在具有不同空间群的单斜晶系中结晶：$P2_1/c$ 和 P_n。在 150K 下计算的晶体密度为 1.957 g/cm^3。如图所示两个呋咱唑环和 N-硝基部分对每个分子共面，使其填充系数最大化。

图 3.22　化合物 **3-59** 的单晶图

适合单晶X射线衍射分析的晶体**3-66**是通过从三氯甲烷和乙腈的混合溶液中缓慢蒸发获得的，而 **3-67** 从三氯甲烷和丙酮的溶液中结晶。化合物 **3-66** 在单斜 $P2_1/n$ 空间群中结晶为透明的黄色块状晶体，每个晶胞有两个分子，在 150 K 下的计算密度为 1.920 g/cm^3。分子结构如图 3.23 所示，N14—N14A 的键长为 1.2586(15) Å。正如预期的那样，在 **3-66** 的晶体结构中，偶氮桥联的呋咱环近似共面，N12—C13—N14—N14A 二面角为 174.46(10)°。与氢键相互作用一样，包括 O⋯O、O⋯N 和 N⋯N 相互作用在内的短分子间接触也在高能材料领域发挥重要作用。在图 3.23 中可以看到 **3-66** 的晶体结构内的短分子间接触。这种相互作用涉及 N12⋯O6^{i} = 3.0418(12) Å，N12⋯N5^{i} = 3.0405(12) Å，N12⋯O1^{i} = 3.1992(13) Å，O6⋯O1^{ii} = 2.8601(12) Å，N10^{iii}⋯O2^{iv} = 3.0968(13) Å 都小于相应的范德瓦耳斯半径之和(N 和 O 的范德瓦耳斯半径之和为 3.27 Å 加上 0.2 Å 的公差值，而 O 和 O 的范德瓦耳斯半径之和为 3.04 Å)。

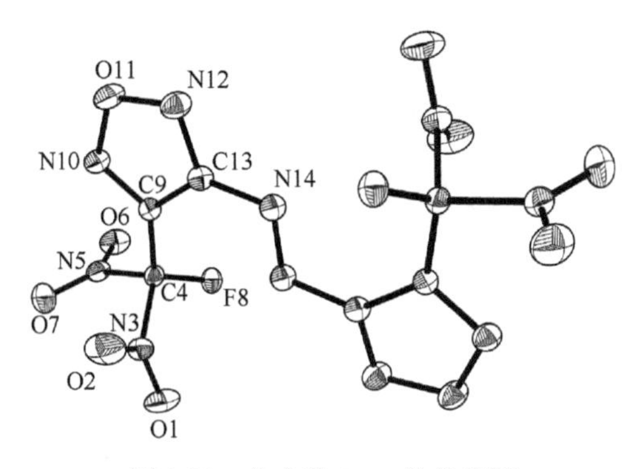

图 3.23　化合物 **3-66** 的单晶图

化合物 **3-67** 也在单斜空间群 $P2_1/n$ 中结晶，晶胞中有两个分子($Z = 2$)。它在 150 K 下的计算密度为 1.874 g/cm^3，远高于 3,3′-双(二硝基甲基)-5,5′-偶氮-1*H*-1,2,4-三唑的密度(1.798 g/cm^3)。**3-67** 的结构如图 3.24 所示。偶氮键 N13—N13A [1.262(2) Å]比 **3-66** 中的长。类似地，偶氮呋咱部分显示出平面组装。此外，三个短相互作用[O1⋯O6^{i} = 3.0064(17) Å，O1⋯O7^{i} = 2.9801(17) Å，N11^{ii}⋯N3^{iii} = 3.0916(18) Å]如图 3.24 所示。然而，没有发现氢键。

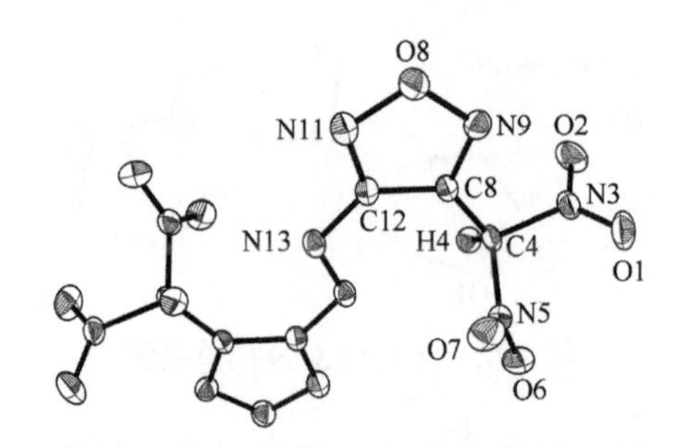

图 3.24　化合物 **3-67** 的单晶图

3.1.2　联三唑类高能材料

除了硝基取代的唑外，破坏性硝化还会产生双(1,2,4-三唑)，得到偶氮桥联产物 **3-71**(图 3.25)[16]。此外，使用三甲基硅烷化重氮甲烷尝试对 **3-71** 进行类似的甲基化得到了 **3-72**。通过实验和理论研究，这些多硝基取代的 1,2,4-三唑表现出优异的能量特性，如密度、爆轰性能和撞击敏感性。

图 3.25　偶氮桥联三硝基甲基-1,2,4-三唑的合成路线

以 1,3-二氯-2-硝基丙烷为原料，将 5-氨基-3-硝基-1,2,4-三唑(ANTA)和 3,5-二硝基-1,2,4-三唑功能化。ANTA 的 *N*-烷基化产生的产物 **3-73** 和少量异构体结构如图 3.26 所示[5]。在 1,3-二(3,5-二硝基-1,2,4-三唑-1-基)-2-硝基丙烷(**3-73**)的制备中，由于反应温度高，副反应为氯取代反应，而在室温下进行的反应产率低，产物纯度高。在能量特性方面，**3-74** 表现出更高的密度和爆轰性能(ρ = 1.90 g/cm^3，P = 37.3 GPa，D = 9089 m/s)(表 3.8)。

K^+　R=NH_2, NO_2

NaBr,CH_3COCH_3,12h,室温

R=NH_2(**3-73**)

R=NO_2(**3-74**)

图 3.26　1,3-二氯-2-硝基丙烷合成含能硝基三唑

化合物 **3-74** 在单斜空间群 $P2_1/n$ 中结晶，每个晶胞有四个分子，在 173 K 下的密度为 1.933 g/cm^3(图 3.27)。

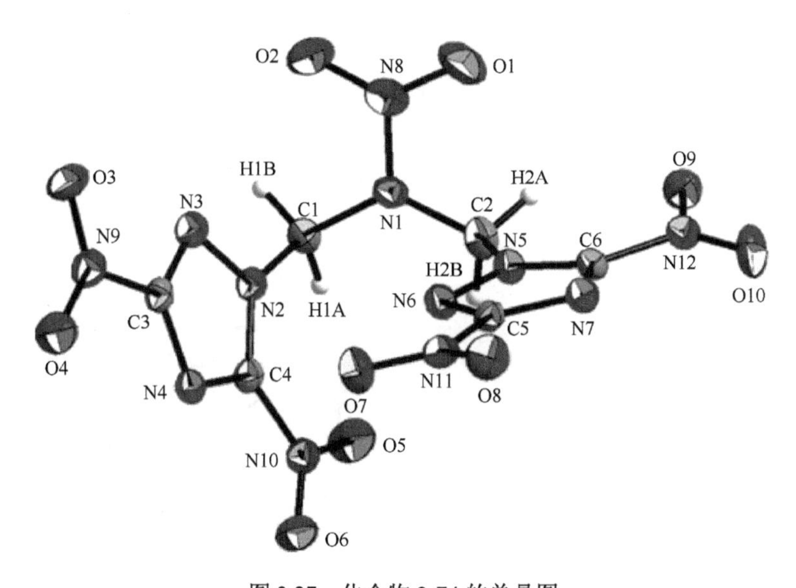

图 3.27　化合物 **3-74** 的单晶图

最近对 5,5-二氨基双(1,2,4-三唑)的制备方法进行了改进，并通过官能团转化获得了硝基、硝胺基和叠氮基取代的衍生物(**3-75**～**3-77**)(图 3.28)[17]。

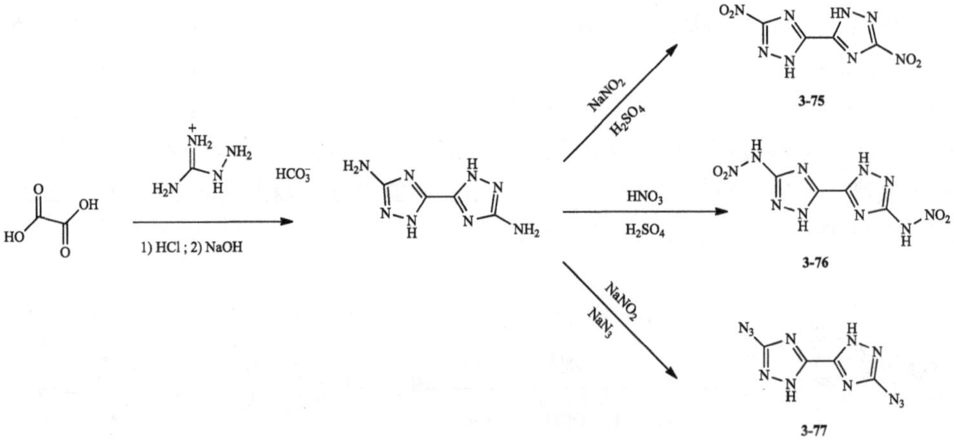

图 3.28　含能双(1,2,4-三唑)衍生物的合成路线

3-75 在单斜空间群 $P2_1/n$ 中结晶，晶胞体积为 394.73(8) Å^3，在单位晶胞中有一个分子。173 K 下的计算密度为 1.902 g/cm^3，高于二水合物的密度(1.764 g/cm^3)。同样，该分子显示出完全平面组装，硝基朝向三唑环的二面角为 2.9(2)°。化合物 **3-75** 的分子式单元连同原子标记如图 3.29 所示。

叠氮化合物 **3-77** 在三斜空间群 $P\overline{1}$ 中结晶，晶胞体积为 256.34(9) Å3，每个晶胞中有一个分子。如图 3.30 所示，质子位于 N1 原子上，靠近叠氮基团，而不是像硝基化合物 **3-75** 那样位于 C—C 键旁边。叠氮基的三个氮原子呈略微弯曲排列，N4—N5—N6 角为 172.34(17)°，两个叠氮基团平行组装并指向相反方向。

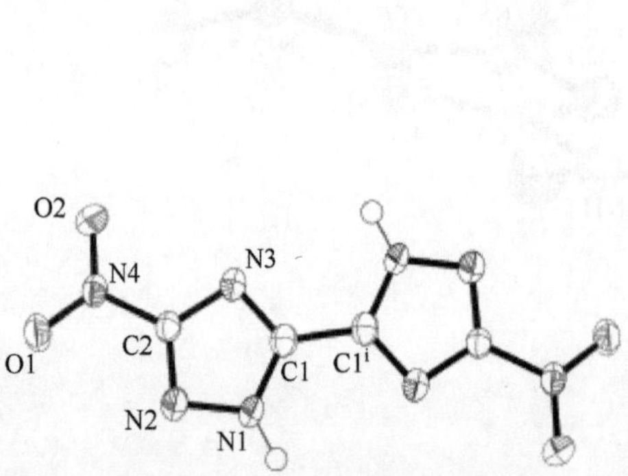

图 3.29　化合物 **3-75** 的单晶图

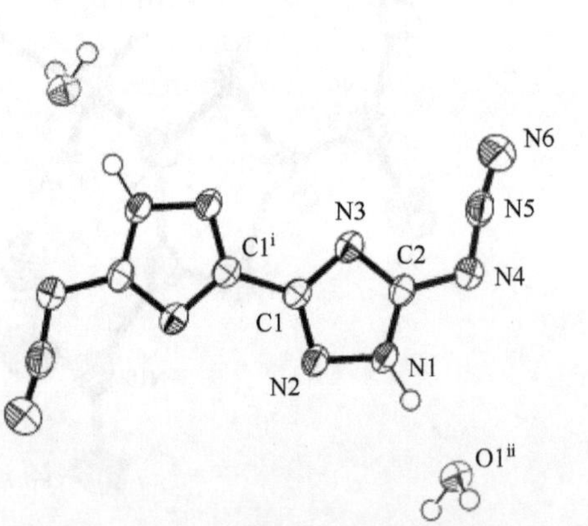

图 3.30　化合物 **3-77** 的单晶图

相比之下，合成 5,5-二硝基甲基双(1,2,4-三唑)(**3-78**)的方法更复杂。首先通过氰化钠在乙醇中的氯化反应形成草酸二乙酯，以及随后与肼和 3-乙氧基-3-亚氨

基丙酸乙酯盐酸盐反应产生二乙酸酯中间体，然后通过硝化、脱羧和酸化将其转化为 **3-78**(图 3.31)。化合物 **3-78** 的密度为 1.95 g/cm^3，撞击感度为 20 J(表 3.8)。

图 3.31　高密度 5,5-二硝基甲基双(1,2,4-三唑)的合成路线

表 3.8　化合物 3-71～3-78 的物理性能表

化合物	分解温度/℃	密度/(g/cm^3)	生成焓/(kJ/mol)	爆速/(m/s)	爆压/GPa	撞击感度/J	摩擦感度/N
3-71	150	1.83	555.1	8964	36.6	1.5	—
3-72	165	1.78	505.8	8742	33.8	5.5	—
3-73	173	1.69	313	8012	25.0	0.75	＞40
3-74	209	1.90	414	9089	37.3	0.15	＜1
3-75	251	1.90	285	8413	32.0	10	360
3-76	194	1.80	405	8355	30.0	3	108
3-77	201	1.70	971	7944	25.0	3	48
3-78	121	1.95	298	8499	34.1	20	360

3-78 在单斜空间群 $P2_1/c$ 中结晶为二水合物。化合物 **3-78** 的分子式单元连同原子标记如图 3.32 所示。与所有其他双-1,2,4-三唑相比，化合物 **3-78** 的密度非常高，为 1.95 g/cm^3。

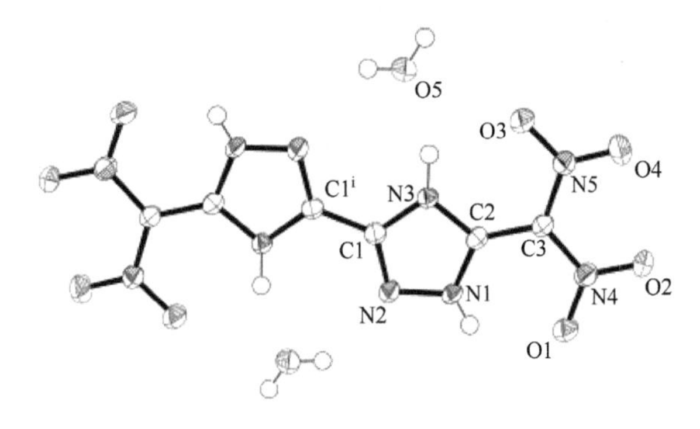

图 3.32　化合物 **3-78** 的单晶图

一般来说，N-O 官能团的引入对含能杂环的密度有重要的积极影响。以乙酸钾为 pH 缓冲

液，Oxone 和 **3-75** 反应得到二硝基双-1,2,4-三唑-1,1-二醇(**3-79**)，收率为 81%(图 3.33)[18]。随后，**3-80** 与各种富含硝基的试剂反应，如一水合肼、碳酸胍和氯化三氨基胍，产生了一个新的高密度高能材料(HIEM)家族。其中，**3-82** 的整体含能性能优于目前使用的 RDX(**3-82**，ρ = 1.90 g/cm^3，P = 39.0 GPa，D = 9087 m/s，IS＞40 J，FS＞360 N；RDX，ρ = 1.80 g/cm^3，P = 34.9 GPa，D = 8795 m/s，IS = 7 J，FS = 120 N)(表 3.9)。

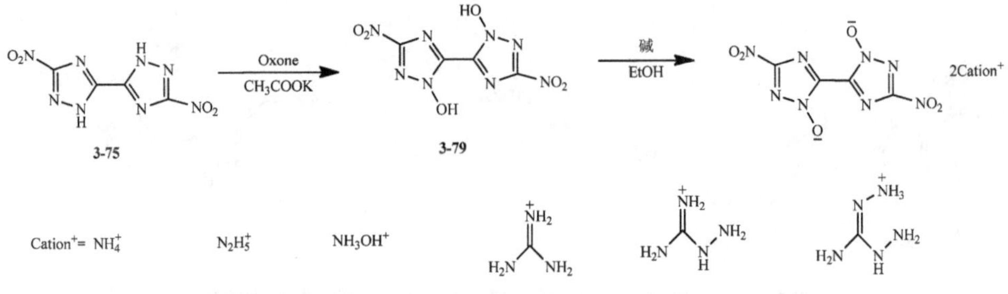

图 3.33　二硝基双-1,2,4-三唑-1,1-二醇及其含能盐的合成路线

表 3.9　3-79 及其含能盐的物理性能表

化合物	分解温度/℃	密度/(g/cm^3)	生成焓/(kJ/mol)	爆速/(m/s)	爆压/GPa	撞击感度/J	摩擦感度/N
3-79	191	1.92	290	8729	36.2	10	360
3-80	257	1.76	104	8388	29.7	＞40	360
3-81	228	1.8	413	8915	34.2	15	324
3-82	217	1.90	213	9087	39.0	＞40	＞360
3-83	329	1.75	98	8102	26.3	＞40	＞360
3-84	246	1.72	339	8268	27.2	35	＞360
3-85	207	1.78	812	8919	32.8	＞40	＞360

除了引入 N-O 官能化外，还报道了单、双-1,2,4-三唑的 N 官能化。引入 *N*-氨基、*N*-硝基和 *N*-硝胺基，并对所得化合物进行了全面表征。*N*-氨基产物 **3-89**，具有中等密度和爆炸性能的低灵敏度(图 3.34)[19]。大多数硝基取代的高能分子都比硝胺类似物更稳定，而 *N,N*-硝基化合物 **3-90** 的稳定性则比 *N,N*-硝基化合物 **3-88** 表现出更好的化学和热稳定性。通过与富氮阳离子配对，含能盐的稳定性因氢键相互作用的增加而增强。综合性能评价表明，**3-95** 羟胺盐与高爆炸药 HMX 性能相当(**3-95**，ρ = 1.86 g/cm^3，P = 39.1 GPa，D = 9330 m/s，IS = 8 J，FS = 120 N；HMX，ρ = 1.90 g/cm^3，P = 39.5 GPa，D = 9320 m/s，IS = 7 J，FS = 120 N)(表 3.10)。

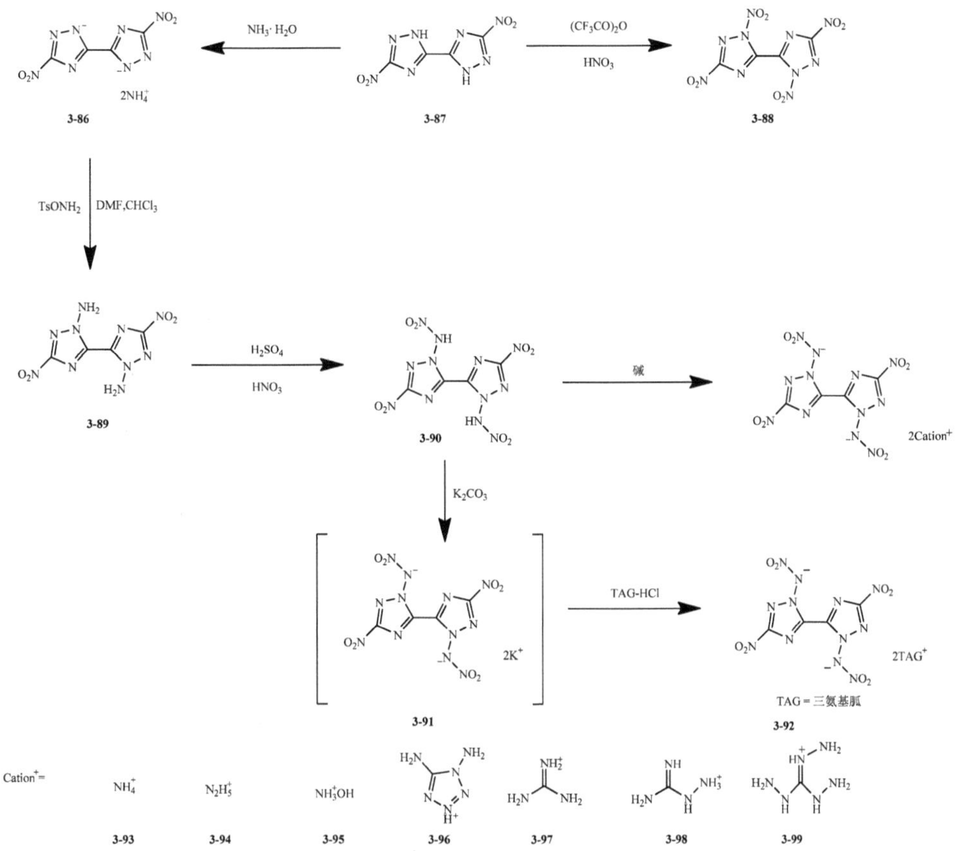

图 3.34　*N*-官能化 1,2,4-三唑的合成路线

表 3.10　化合物 3-89～3-99 的物理性能表

化合物	分解温度/℃	密度/(g/cm³)	生成焓/(kJ/mol)	爆速/(m/s)	爆压/GPa	撞击感度/J	摩擦感度/N
3-89	271	1.83	439.5	8677	31.8	40	360
3-90	121	1.88	591.7	9243	38.2	3	40
3-93	223	1.77	434.9	8769	33.1	10	120
3-94	170	1.81	746.9	9170	36.4	7	120
3-95	1667	1.86	535.6	9330	39.1	8	120
3-96	160	1.79	1667.9	9131	35.5	5	80
3-97	252	1.74	431.5	8456	28.4	40	360
3-98	197	1.72	680.3	8570	28.9	40	360
3-99	200	1.73	1123.9	31.3	8927	10	160

以 SDIC 为关键试剂，通过同时氯化和 *N*-氧化，得到一系列 *N,N*-偶氮桥联的

氯代双(1,2,4-三唑)。室温下在二甲基甲酰胺(DMF)中处理叠氮化钠，很容易制备得到叠氮基取代的衍生物(**3-100**～**3-103**)，随后使用三苯基膦和稀释的盐酸水溶液还原得到相应的氨基取代的化合物(**3-104**～**3-107**)(图 3.35)[20]。

通过理论评估，3,3,5,5-四-(叠氮基)偶氮-1,2,4-三唑(**3-103**)在迄今报道的高能材料中具有最高的正生成焓 6.933 kJ/g(2274 kJ/mol)。氮含量为 85.36%，密度为 1.79 g/cm^3，**3-103** 的爆速和爆压与 HMX 相当(表 3.11)。

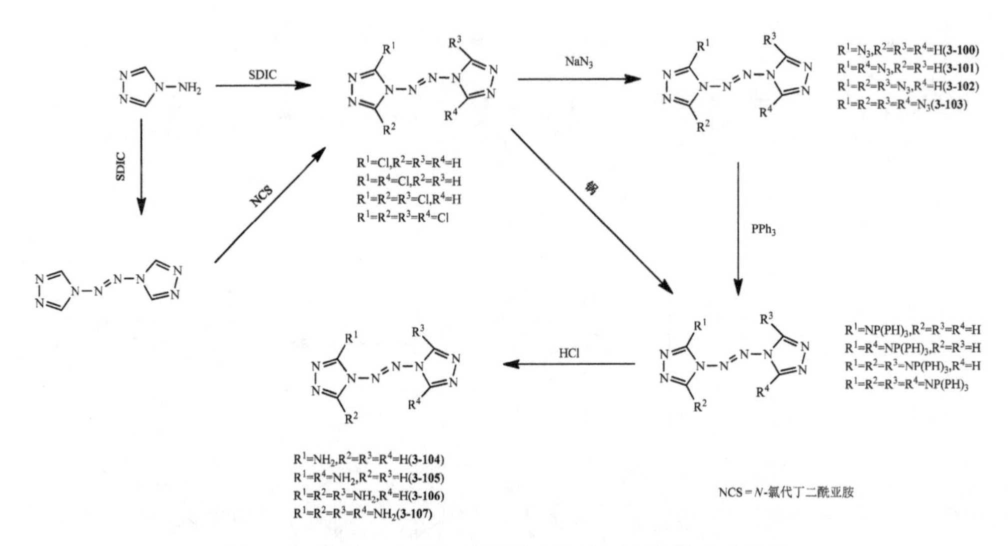

图 3.35　基于 *N,N*-偶氮连接的多取代衍生物的合成路线

表 3.11　化合物 3-100～3-109 的物理性能表

化合物	分解温度/℃	密度/(g/cm^3)	生成焓/(kJ/mol)	爆速/(m/s)	爆压/GPa	撞击感度/J	摩擦感度/N
3-100	190	1.63	1227	8280	27.2	12	—
3-101	185.7	1.66	1549	8540	29.62	8	—
3-102	136	1.74	1925	8950	34.09	<3	—
3-103	136	1.79	2274	9370	38.43	<3	—
3-104	248	1.53	829.8	7640	21.52	>40	—
3-105	245	1.68	799.0	7840	23.04	>40	—
3-106	246	1.57	774.3	7730	22.08	>40	—
3-107	290	1.57	748.9	7700	21.70	>40	—
3-108	283.1	1.61	838.8	8115	23.30	>40	>360
3-109	244.7	1.71	1382.8	8042	26.30	>40	>360

从 CH_2Cl_2 和石油醚的混合物中获得适合于晶体结构分析的 **3-103** 的晶体。化合物 **3-103** 在单斜晶系(空间群 $P2_1/n$，图 3.36)中结晶并且具有 1.795 g/cm^3(在

153 K 下)的密度。仅观察到化合物 **3-103** 的一种构象，尽管先前报道其类似物(TAAT)是多晶型的。从水中获得的化合物 **3-107** 的晶体含有两个水分子。化合物 **3-107**·$2H_2O$ 在单斜空间群 $P2_1/c$ 中结晶(图 3.37)，密度为 1.645 g/cm^3(在 293 K)。化合物 **3-103** 和 **3-107**·$2H_2O$ 都有两个几乎平面的三唑环和一个平面的 N_4 链，化合物 **3-103** 中的四个叠氮基完全位于母环平面内。

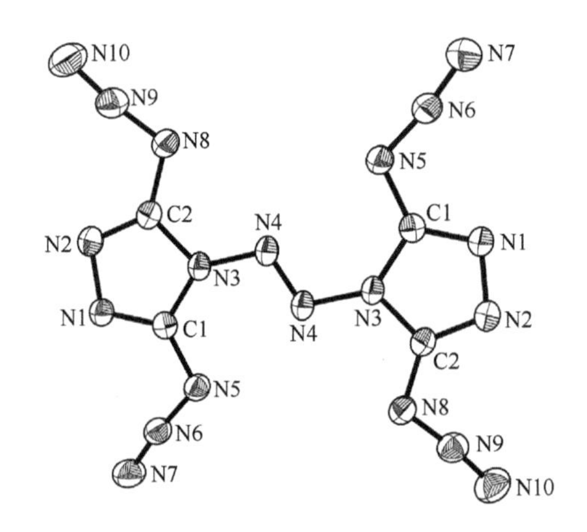

图 3.36　化合物 **3-103** 的单晶图

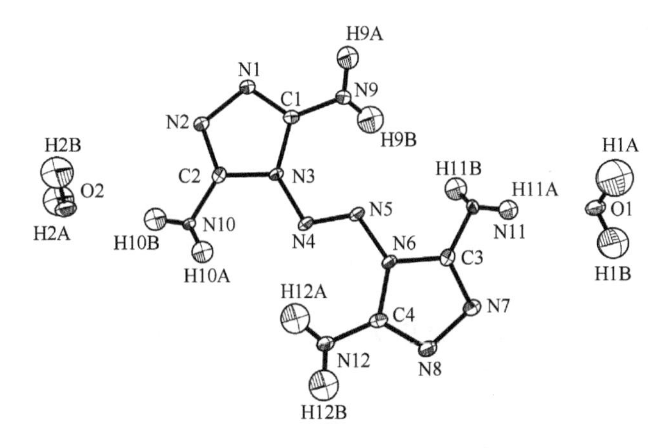

图 3.37　化合物 **3-107**·$2H_2O$ 的单晶图

3-105 具有出色的热稳定性和氮含量，被用作高能阳离子，与各种阴离子反应，包括硝酸盐、高氯酸盐、二硝酰胺、三硝基甲烷酸盐和 5-硝基四唑酸盐[17]。含能盐 **3-113** 具有 1.87 g/cm^3 的优异密度和 6.4%的正氧平衡，表现出最高的爆轰特性($P = 42.9$ GPa，$D = 9569$ m/s)(图 3.38)。此外，**3-110** 具有良好的爆轰性能和机械灵敏度，优于 RDX 和 HMX。

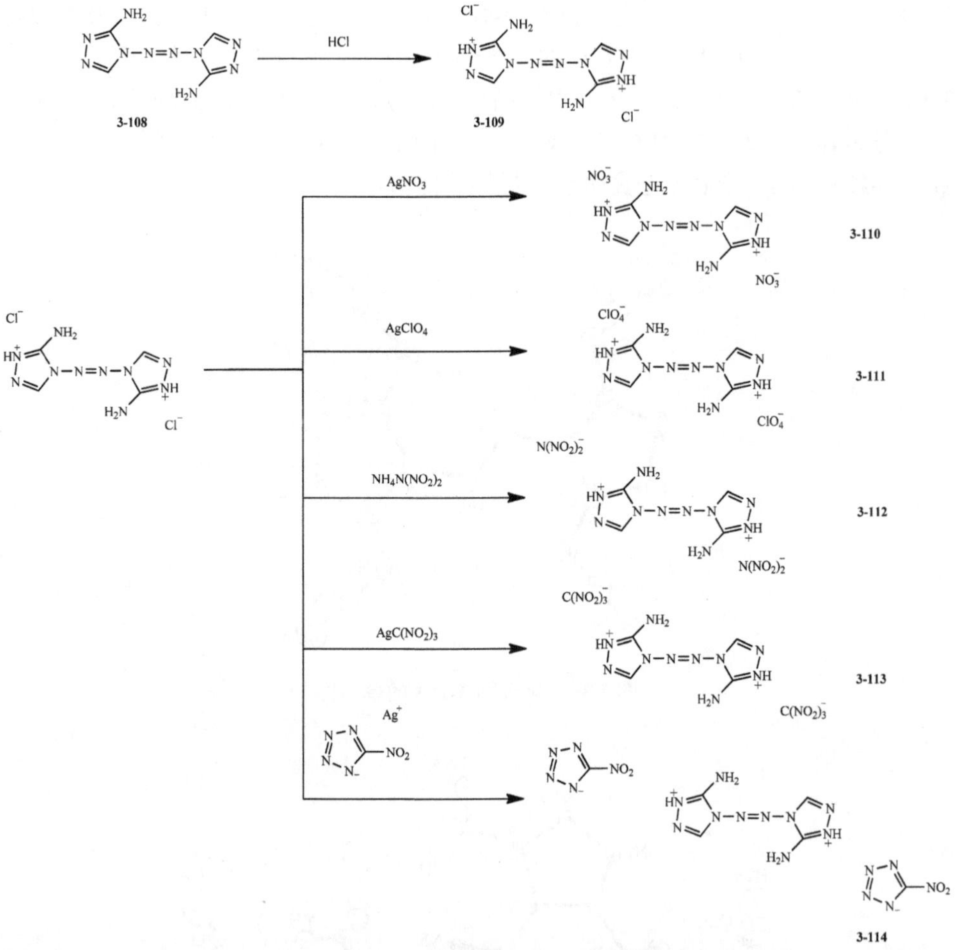

图 3.38　基于 3,3-二氨基-4,4-偶氮双-1,2,4-三唑的含能盐的合成路线

通过在常温常压下从水溶液中缓慢蒸发水获得适用于 X 射线衍射分析的 **3-109** 和 **3-110** 的晶体。化合物 **3-109** 在三斜空间群 $P\overline{1}$ 中结晶，每个分子有两个 H_2O，在 93(2) K 下的密度为 1.681 g/cm^3，化合物 **3-110** 在单斜空间群 $P2_1/n$ 中结晶，在 293(2) K 下计算密度为 1.761 g/cm^3。**3-111** 化合物在常温常压下，从甲醇缓慢蒸发得到适合 X 射线衍射分析的晶体。化合物 **3-111** 在三斜空间群 $P\overline{1}$ 中结晶，在 173(2) K 下计算密度为 2.004 g/cm^3。它们的结构如图 3.39～图 3.41 所示，这些结构中常见的是阳离子，它采用平面构象。阳离子的显著特征是偶氮键，其在盐 **3-109**、**3-110** 和 **3-111** 中的长度为 1.24～1.25 Å，几乎与中性分子 4,4′-偶氮双-1,2,4-三唑中的偶氮键相等。C2—N2(1.28～1.29 Å)键是所有 C—N$_{环}$键中最短的，也略短于 C—N$_{胺}$键 C1—N5(1.30～1.31 Å)。

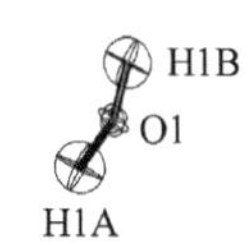

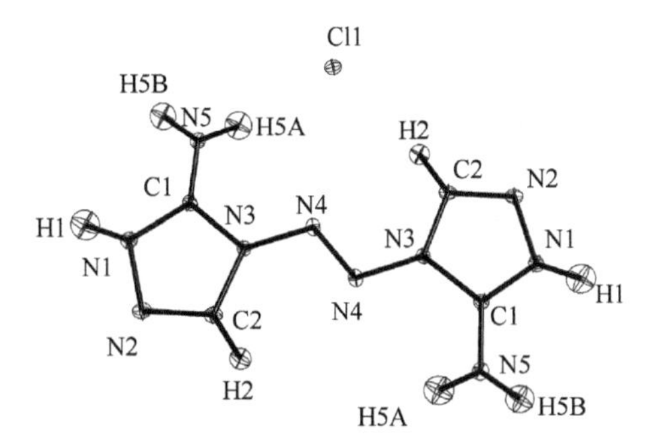

图 3.39　化合物 **3-109** 的单晶图

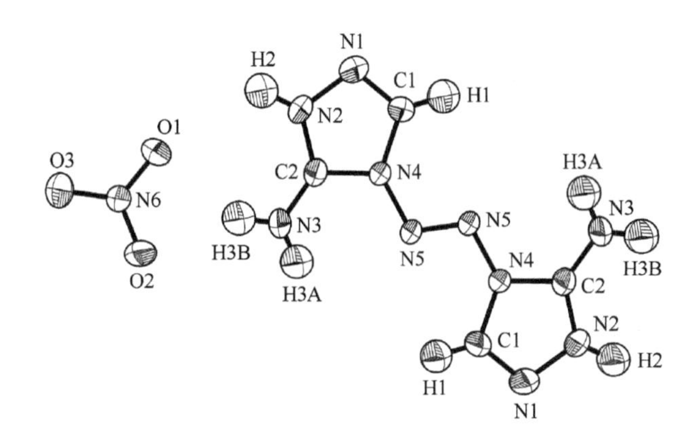

图 3.40　化合物 **3-110** 的单晶图

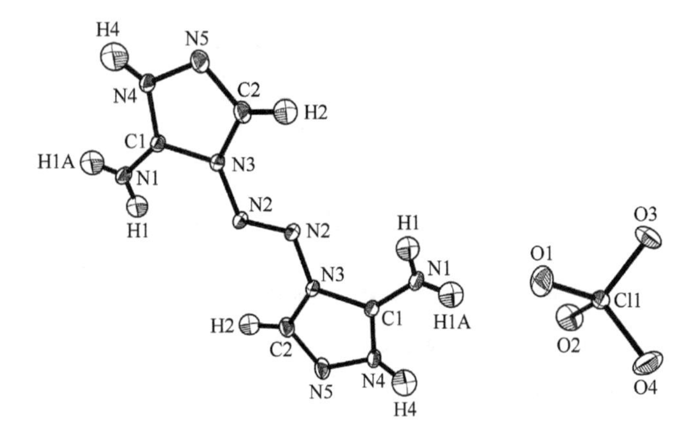

图 3.41　化合物 **3-111** 的单晶图

由于富氮的1,2,4-三唑离子在热稳定HEDM的设计中显示出巨大的潜力，基于4,4,5,5-四氨基-3,3-双-2,4-三唑离子衍生物的持续研究已被报道[21]。当双三唑阳离子与各种富氧阴离子结合时，可以很容易地得到含能盐，且其物理化学性质被充分表征，在较高的分解温度($T_d = 200℃$)下，**3-116** 二硝酰胺盐的热性能优于几乎所有已知的含能二硝酰胺(图3.42和表3.12)。

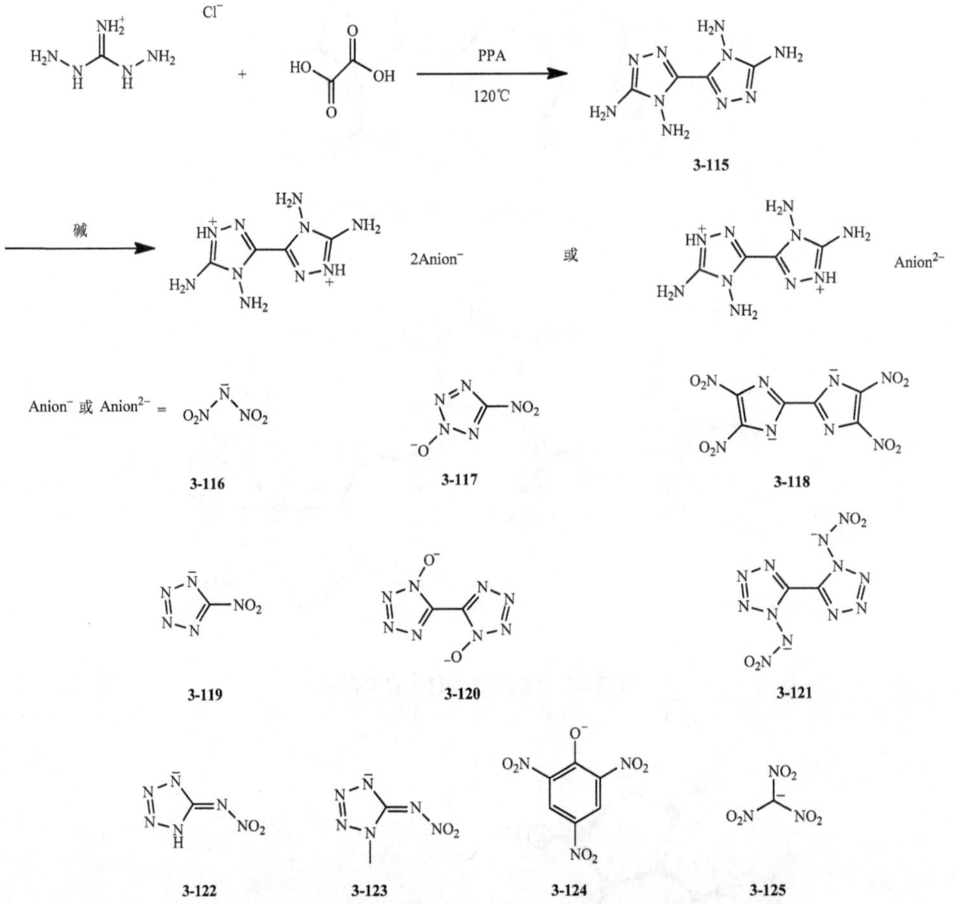

图3.42 基于4,4,5,5-四氨基-3,3-双-2,4-三唑阳离子的离子衍生物

表3.12 3-115及其含能盐的物理性能表

化合物	分解温度/℃	密度/(g/cm³)	生成焓/(kJ/mol)	爆速/(m/s)	爆压/GPa	撞击感度/J	摩擦感度/N
3-110	238.5	1.77	1230.3	9432	39.10	＞40	300
3-111	275.4	1.99	1306.3	9501	45.7	24	90
3-112	231.2	1.80	1560.1	9580	42.0	9.5	160

续表

化合物	分解温度/℃	密度/(g/cm³)	生成焓/(kJ/mol)	爆速/(m/s)	爆压/GPa	撞击感度/J	摩擦感度/N
3-113	80.2	1.87	1393.5	9569	42.9	—	—
3-114	209.7	1.79	2105.2	9395	37.0	8	240
3-115	342	1.68	472.0	8944	25.80	40	360
3-116	200	1.83	301.5	9053	33.80	5	360
3-117	220	1.80	761.2	8857	30.6	6	360
3-118	290	1.84	20.9	8237	26.0	40	360
3-120	279	1.66	597.4	8081	22.1	40	360
3-121	223	1.75	1107.7	8804	28.8	3	10
3-125	94	1.84	173.4	8879	34.3	4	160

3-116 在三斜空间群 $P\bar{1}$ 中结晶(图 3.43)，在 173 K 时密度为 1.860 g/cm³。化合物 **3-116** 的密度与先前报道的二硝胺的密度范围相同。例如，在 173 K 下密度为 1.856 g/cm³ 的二硝酰胺铵或二硝酰胺肼(1.83 g/cm³，298 K)显示出与新报道的化合物 **3-116** 相似的密度。N3—C2—C2^{i}—N1^{i} 的二面角为 0.5(2)°，表明两个三唑形成了一个近乎平面的环系。通过环系统的芳香性，三唑形成几乎规则的五边形，角度接近 108°，环上原子之间的键长几乎相等，为 1.3～1.4 Å。三唑环上连接的 C—C 键(1.445(3) Å)明显短于 C—C 单键(1.54 Å)。

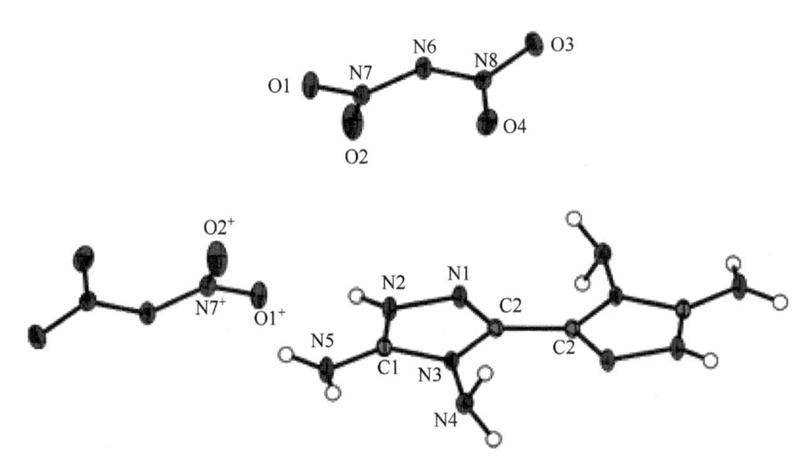

图 3.43　化合物 **3-116** 的单晶图

除了发挥含能阳离子的作用，**3-115** 还被用作基于硝胺的 HEDM 的前体[22]。在 100%硝酸存在下，**3-115** 的选择性 *N*-氨基硝化得到 *N,N*-二硝胺基化合物 **3-126**，其增强了能量性能并保持了热稳定性(图 3.44)。在通过 **3-126** 制备的含能盐中，羟胺盐 **3-127** 具有比分子形式的 **3-126** 更高的密度和爆轰性能(**3-126**，ρ = 1.76 g/cm^3，P = 31.2 GPa，D = 8846 m/s；**3-127**，ρ = 1.76 g/cm^3，P = 34.0 GPa，D = 9313 m/s)(表 3.13)。

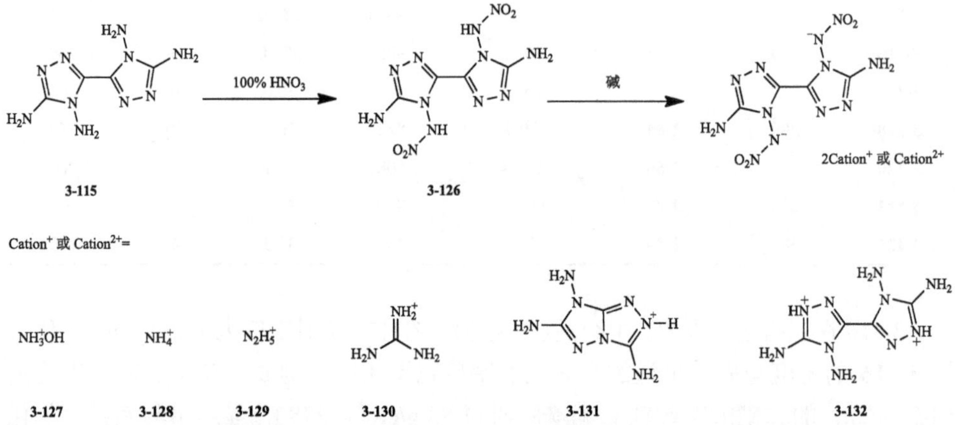

图 3.44　5,5-二氨基-4,4-二硝胺基-3,3-双-1,2,4-三唑及其含能盐的合成路线

表 3.13　3-126 及其含能盐的物理性能表

化合物	分解温度/℃	密度/(g/cm^3)	生成焓/(kJ/mol)	爆速/(m/s)	爆压/GPa	撞击感度/J	摩擦感度/N
3-126	259	1.76	691.9	8846	31.2	9	120
3-127	210	1.76	654.5	9313	34.0	8	288
3-128	278	1.67	524.5	8883	28.4	4	324
3-129	220	1.71	821.5	9497	33.0	9	240
3-130	266	1.66	516.8	8662	25.9	40	360
3-131	200	1.71	1674.0	8977	29.0	30	360
3-132	296	1.82	922.9	9191	31.0	35	360

3-126 在正交空间群 *Pbca* 中结晶，每个晶胞有四个分子，在 173K 下密度为 1.789 g/cm^3。图 3.45 中说明了 **3-126** 的分子单元。**3-126** 具有两性离子结构，在 N5 原子和质子化原子 N2 处带有负电荷。C1—C1^{i} 和 C2—N4 键比常见的 C—C/C—N 单键短，但与最近报道的键长处于同一范围内。由于三唑环中的电子离域，观察到的 N3—N5[1.398(2) Å]和 N5—N6(1.348(2) Å)的键长介于 N—N 单键(1.47 Å)和 N═N 双键(1.25 Å)之间。N3—C1—C1^{i}—N3^{i} 和 N1—N2—C2—N4 二面角几乎是 180°，这意味着这两个环体系和氨基都位于平面中。两个硝胺基向平面外倾斜 78°。此外，从氨基到硝胺基部分以及 N2 原子都建立了分子内氢键。

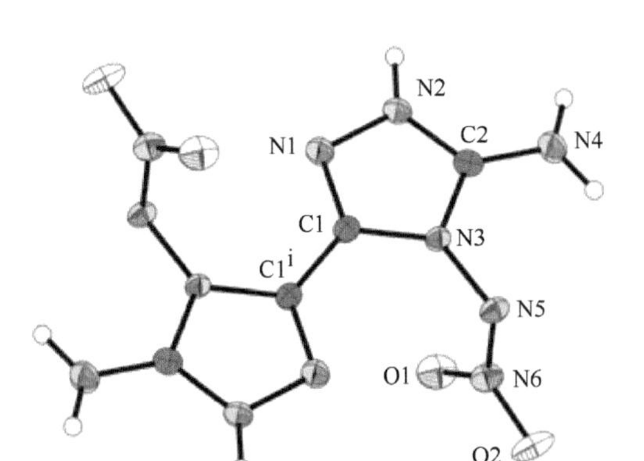

图 3.45　化合物 **3-126** 的单晶图

富氮杂环的 *N*-官能化提供了一种多样化的 HEDM 设计策略。通过构建通用键，如 N—C 键、N—N 键和 N—O 键，使高能材料的性质得到改进以适用于不同的应用中，4,4-双(5-硝基-1,2,3-2*H*-三唑)的 *N*-甲基化产生四种异构体(**3-133**～**3-136**)，它们具有中等密度和爆轰性能，但具有优异的低灵敏度(图 3.46)[23]。通过 *N*-胺化也发现了类似的异构体，可以分离出三种异构体。用 Oxone 在 pH 缓冲液中处理，*N*-氧化产物 **3-140** 太不稳定，不能分离干净。为了获得更稳定的衍生物，制备了两种含能盐：**3-141** 和 **3-142**，并评价了它们的含能性能。在这些离子衍生物中，羟胺盐 **3-142** 表现出最高的爆轰性能(P = 39.1 GPa，D = 9171 m/s)(表 3.14)。

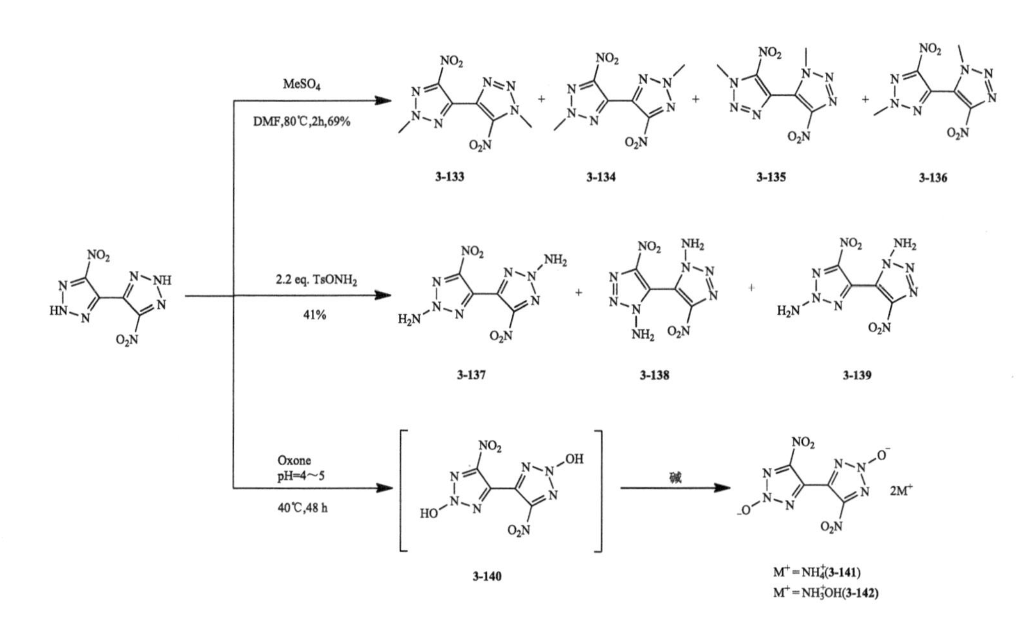

图 3.46　4,4-双(5-硝基-1,2,3-2*H*-三唑)的高能衍生物

表 3.14　化合物 3-133～3-142 的物理性能表

化合物	分解温度/℃	密度/(g/cm^3)	生成焓/(kJ/mol)	爆速/(m/s)	爆压/GPa	撞击感度/J
3-133	229	—	396.9	—	—	—
3-134	227	1.62	373.3	7563	21.3	>40
3-135	237	1.63	390.5	7626	21.9	>40
3-136	275	1.63	403.5	7942	22.0	>40
3-137	235	1.85	576.3	8884	33.9	10
3-138	198	1.85	581.1	8930	34.5	9
3-139	191	1.84	578.9	8887	34.0	9
3-141	251	1.81	152.2	8744	32.1	>40
3-142	172	1.88	271.9	9171	39.1	—

3.1.3　联四唑类高能材料

作为一种很有前途的富氮骨架，除了 1*H*-五唑外，1*H*-四唑的含氮量(79.98%)在常见的非取代五唑和六元嗪中排名最高。此外，大量连续的 N—N 键会产生高的生成焓，并在爆炸时释放出强大的能量。主要的分解产物为氮气，也符合绿色化学概念的要求。

N,*N*-醚键可以很容易地引入一些富氮四唑化合物，如 5-三硝基甲基四唑和 5-硝基四唑(图 3.47)[24]。与它们的前体相比，得到的双四唑(**3-143** 和 **3-144**)显示出低酸度和更好的热行为。更重要的是，它们具有高密度和优异的爆轰性能(**3-143**，$\rho = 1.83$ g/cm^3，$P = 35.1$ GPa，$D = 8909$ m/s；**3-144**，$\rho = 1.85$ g/cm^3，$P = 34.6$ GPa，$D = 8892$ m/s) (表 3.15)。

(a) $(HCHO)_n$, H_2SO_4 → **3-143**

(b) Na$^+$ → **3-144**

图 3.47　含能 *N*,*N*-醚桥联四唑的合成路线

表 3.15　化合物 3-143 和 3-144 的物理性能表

化合物	分解温度/℃	密度/(g/cm^3)	生成焓/(kJ/mol)	爆速/(m/s)	爆压/GPa	撞击感度/J	摩擦感度/N
3-143	130	1.83	434.7	8909	35.1	<2	20
3-144	203	1.85	486.9	8892	34.6	4	40

其中化合物 **3-143** 在三斜空间群 $P\overline{1}$ 中结晶，每个晶胞中有两个分子。与母体化合物 5-三硝基甲基四唑($\rho = 1.918$ g/cm^3)相比，**3-143** 在 100 K 的密度为 1.910 g/cm^3。氢键网络和 O…O 相互作用使高密度合理化(图 3.48)。可以看出，醚键桥联键合在四唑(N1)环的 2 位，与母体化合物中键合在同一位置的氢原子相当。

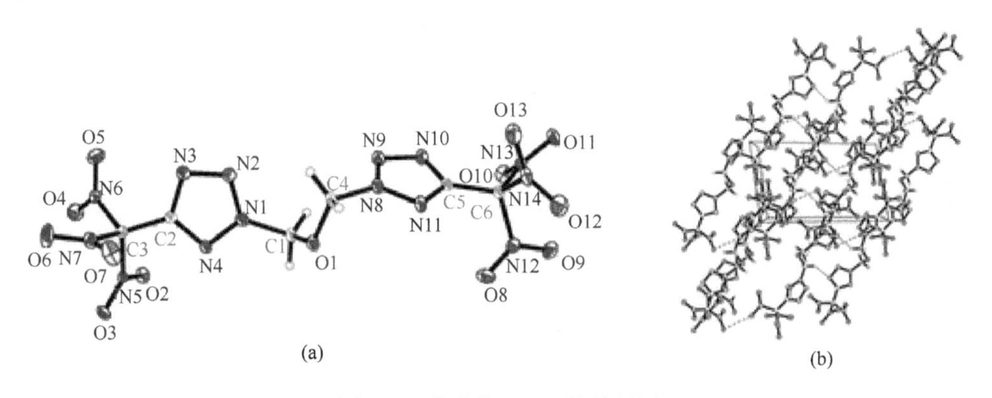

图 3.48　化合物 **3-143** 的单晶图

尽管 *N*-硝胺基四唑具有高度敏感的特性，但它们作为初级炸药的潜在应用已经被研究[25]。目前最常用的初级炸药，如叠氮化铅和苦味酸铅，对环境有很大毒性。*N*,*N*-双氨基双四唑也采用了类似的合成策略。以双氨基甲酸酯为中间体，在乙醚溶液中 HCl 存在下有效地构建了四唑环。然后 *N*-甲氧基羰基保护的 **3-145** 可以被 N_2O_5 顺利硝化(图 3.49)。最后在氢氧化钾水溶液中进行脱保护，得到 1,1-二硝胺基-5,5-双四唑钾盐(**3-147**)。结合高氮含量和高密度特性，**3-147** 钾盐是大多数有毒重金属炸药的理想替代品。

N_2H_4　0.5 eq. 乙二醛　72%

NaN_3　HCl Et_2O

N_2O_5 KOH

3-145 3-146 3-147

图 3.49　1,1-二硝胺基-5,5-双四唑钾盐的合成路线

如图 3.50 所示，**3-147** 在三斜空间群 $P\overline{1}$ 中结晶，在 100 K 时 **3-147** 的密度为 2.172 g/cm^3。钾原子由氮原子 N2、N3、N5 或硝基氧原子 O1 和 O2 不规则地配位。两个四唑环以及原子 N5 几乎彼此共面，硝基在这个平面上扭曲了将近 75°。

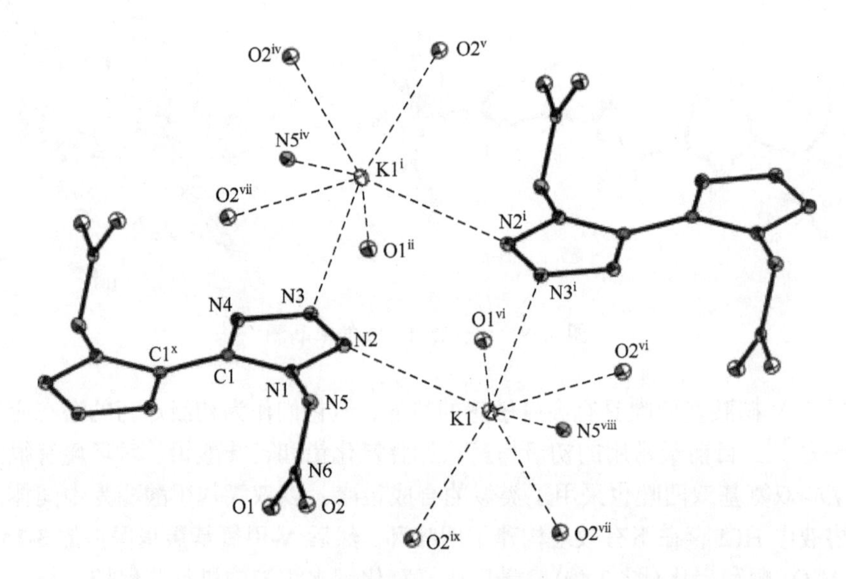

图 3.50　化合物 **3-147** 的单晶图

N-N 官能团的引入，如 *N*-氨基、*N*-硝胺基或 *N*,*N*-偶氮基团，大大提高了爆轰性能；然而，它们的高灵敏度使它们仅限于初级炸药。相比之下，引入氮氧官能团是生产低敏感二次炸药的更有利策略。*N*-羟基取代的四唑已经成为富氮 HEDM 研究的热点。2001 年，Tselinskii 等合成并表征了 5,5-双四唑-1,1-二醇二水合物(**3-148**)(图 3.51)[26]。后来对制备方法进行了改进，用富氮碱处理 **3-148**[27]得到了一系列含能盐(**3-149**～**3-164**)。在这些新型含能盐中，5,5-双四唑-1,1-二甲酸二羟胺盐(**3-149**)表现出高密度、良好的热稳定性、优异的爆轰性能以及低撞击和摩擦敏感性(**3-149**，ρ = 1.877 g/cm^3，T_d = 221℃，P = 42.4 GPa，D = 9698 m/s，IS = 20J，

FS = 120N）。基于低生产成本、强能量性能和良好的稳定性，**3-149** 的整体性能优于大多数已知的高能炸药，如 RDX、HMX。

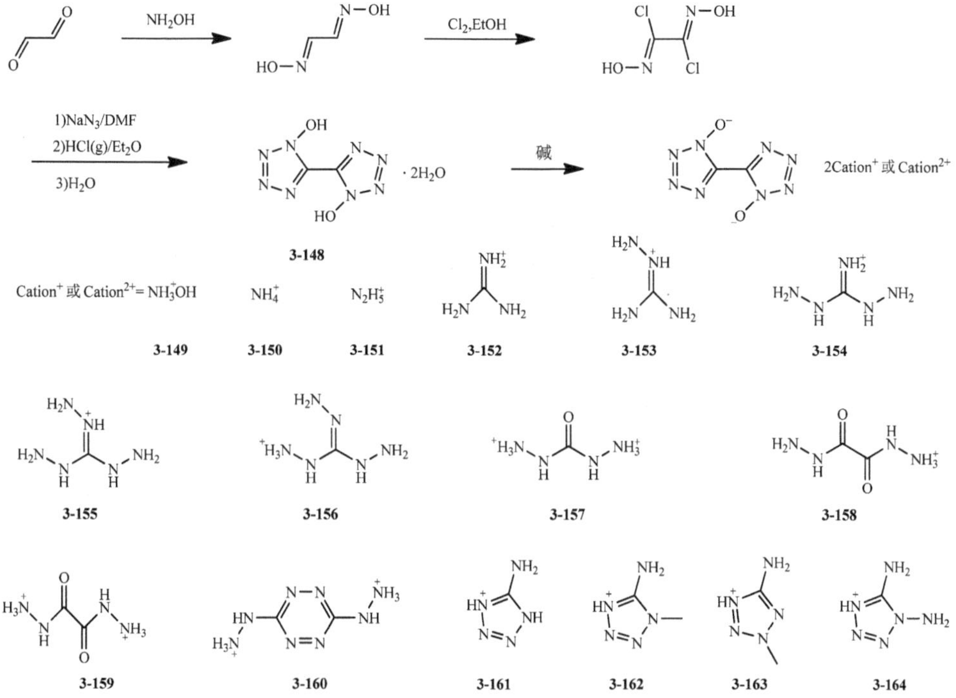

图 3.51　5,5-双四唑-1,1-二醇二水合物及其含能盐的合成路线

3.1.4　联五唑类高能材料

对于多氮化合物而言，五唑环相对稳定，因为它受益于环中电子离域产生的共轭，以及 s 和 p 电子系统的分离；因此，五唑环是产生更高多氮簇(N_n)的有用组成。在 $5<n<10$ 的情况下，涉及五唑环的 N_8 和 N_{10} 团簇表现出最小能量结构。联五唑环的多氮(N_n)簇($n>10$)，包括 N_{10} 和 N_{12}(图 3.52)，理论上作为簇比作为开链结构更稳定。N_{10} 和 N_{12} 的结构是由氮原子链连接的五唑环组成。这些团簇的能量比它们相应的开链结构低 5～7 kcal/mol，并且在大多数情况下，它们的分解势垒比一般情况下低 5～10 kcal/mol。与单环结构相比，含多个五唑环结构的稳定性有所提高[28]。

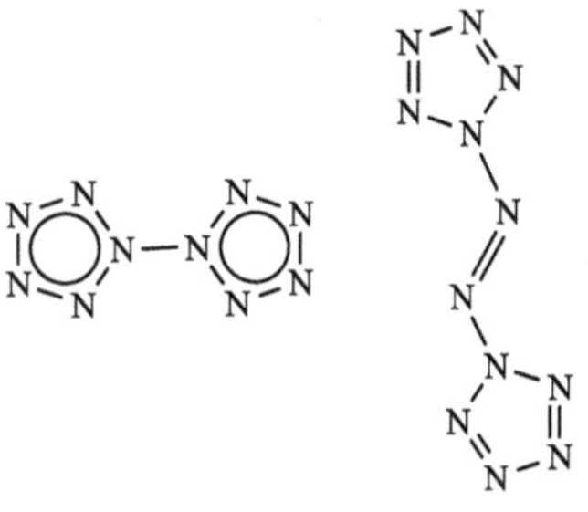

图 3.52　联五唑的预测结构图

3.1.5 不同唑类相联的高能材料

Chuan Li 等[29]以 4-氯吡唑为起始原料合成中间体 3,4,5-三硝基-1*H*-吡唑(TNP)的新的简单合成路线如图 3.53 所示。用浓硫酸和发烟硝酸硝化 4-氯吡唑，然后用 25%氨水胺化，最后用浓硫酸和 30%过氧化氢氧化，得到所需的 TNP。随后，在 KOH 水溶液中，容易获得的 5-氨基-3-硝基-1*H*-1,2,4-三唑(ANTA)选择性地取代所得中间体 TNP 中的 4 位，得到所需产物 **3-167**。

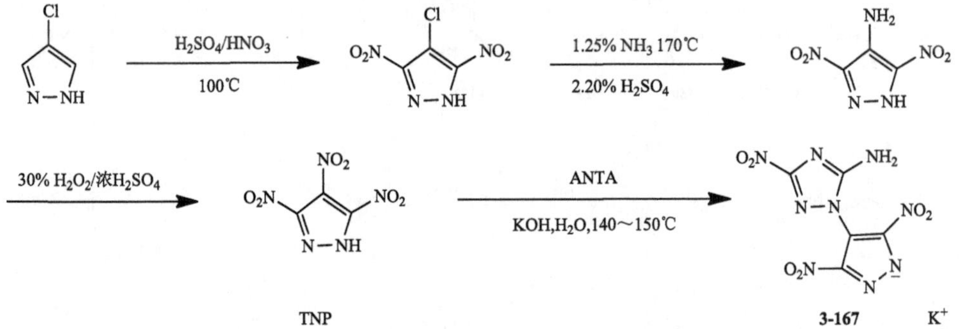

图 3.53 吡唑联三唑化合物的合成路线

3-167 与 $AgNO_3$ 在水中反应(图 3.54)，高收率形成棕色沉淀物银盐 **3-168**。**3-168** 与相应的盐酸在热水中发生复分解反应，容易合成中性化合物 **3-169** 和其他盐(表 3.16)。

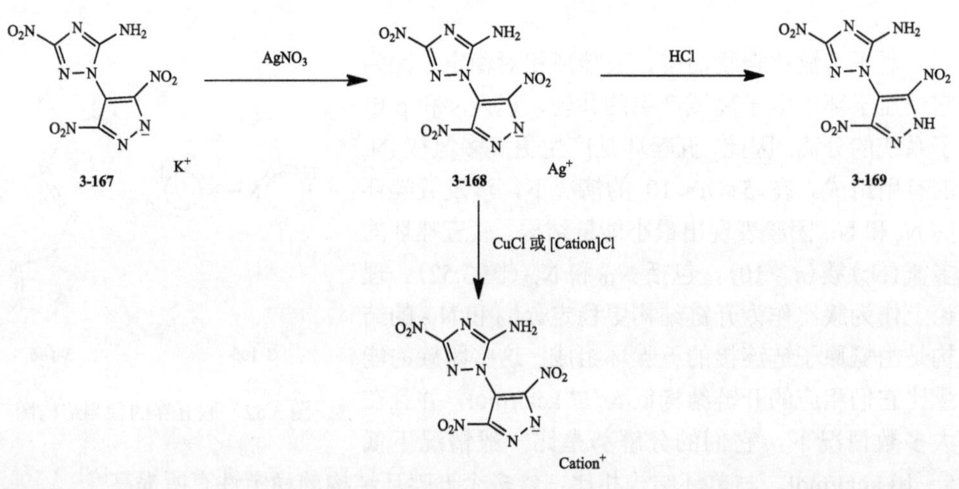

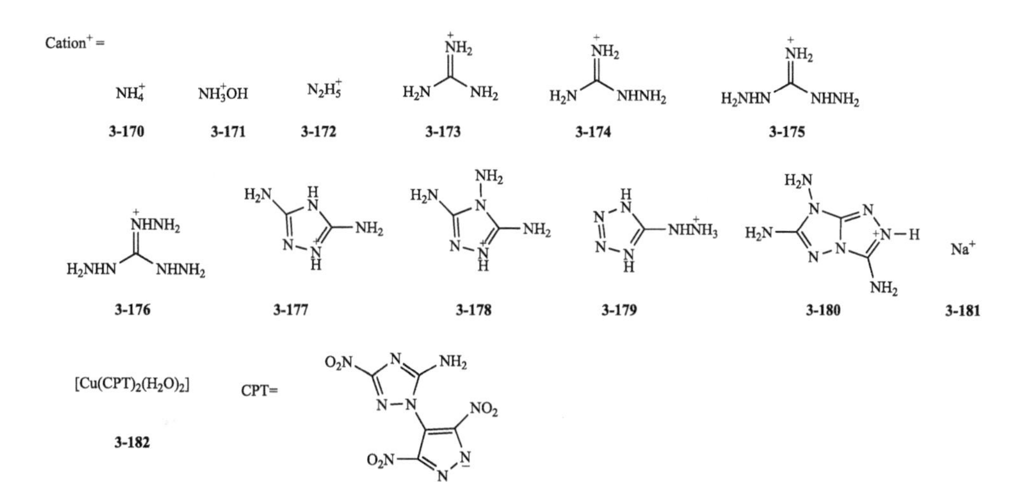

图 3.54　**3-169** 及其含能离子盐的合成路线

表 3.16　3-169 及其含能离子盐的物理性能表

化合物	分解温度/℃	密度/(g/cm³)	生成焓/(kJ/mol)	爆速/(m/s)	爆压/GPa	撞击感度/J	摩擦感度/N
3-169	270	1.84	833.4	9167	37.8	9	240
3-170	285	1.73	622.8	8621	31.6	>40	>360
3-171	215	1.76	709.9	8832	34.4	33	252
3-172	241	1.74	811.4	8798	32.9	>40	>360
3-173	340	1.78	451.4	8660	31.1	>40	>360
3-174	281	1.65	728.9	8236	25.6	>40	>360
3-175	262	1.70	831.7	8541	28.9	27	240
3-176	242	1.71	941.4	8685	30.0	20	216
3-177	279	1.72	828.3	8363	28.0	>40	252
3-178	292	1.74	944.8	8555	29.5	>40	>360
3-179	222	1.80	1211.7	9031	35.2	12	252
3-180	303	1.77	1166.1	8647	30.5	20	>360
3-181	261	1.75	—	—	—	7.5	252
3-182	281	1.91	—	—	—	5	216

图 3.55 表明 **3-169** 的晶胞结构三唑环和吡唑环之间的二面角为 75.5(3)°，与杂环结合的氨基和硝基几乎共面，夹角在 2.8(1)～9.7(10)°范围内，这归因于整个芳环中负电荷的离域。连接三唑环和吡唑环的 C—N 键的长度为 1.403(9)Å，比正常的 C—N 单键的长度(1.490 Å)短，C1—N3 键最短为 1.307(8)Å，而 C2—N4 键是两个杂环的 C—N 键中最长的，为 1.375(9)Å，这可能归因于给电子氨基和硝基的强吸电子诱导作用。

如图 3.56 和图 3.57 所示，不对称单元包含一个独立的 **3-169** 阴离子和一个阳离子[三氨基胍硝酸盐(**3-176**)和 3,4,5-三氨基-1,2,4-三唑(**3-178**)]，其中证实了质子从 **3-169** 的吡唑转移到氮基。两种化合物的 **3-169** 阴离子也被发现为无规构象，三唑环和吡唑环之间的二面角为 65.2(1)°～86.9(1)°。大多数取代基与吡唑/三唑环近似共面，角度在 0.9(1)°～12.4(2)°范围内。然而，**3-176** 的硝基(O3—N2—O4)基团和 **3-178** 的氨基(H9A—N9—H9B)基团稍微超出杂环平面，二面角分别为 20.3(1)°和 35.2(1)°，结合三唑和吡唑，**3-176** 和 **3-178** 的 C—N 键的长度分别为 1.404(2) Å 和 1.403(2) Å。这两种化合物的杂环内的 N—N 键长度在 1.348(2)～1.384(19) Å 之间，介于 N—N 单键(1.454Å)和 N═N 双键(1.245Å)长度之间。这一观察结果表明负电荷在整个芳香环上共轭。在化合物 **3-176** 和 **3-178** 中还发现了一些涉及 1-(3,5-二硝基-1*H*-吡唑-4-基)-3-硝基-1*H*-1,2,4-三唑-5-胺(CPT)阴离子和阳离子的分子内氢键，如 **3-176**[N13—H13B··· N3(2.459 Å)、N11—H11B···N6(2.278 Å)和 N15—H15B···O3(2.412 Å)]以及 **3-178**[N13—H13A···N6(2.327 Å)和 N15—H15B···N6(2.335 Å)]。

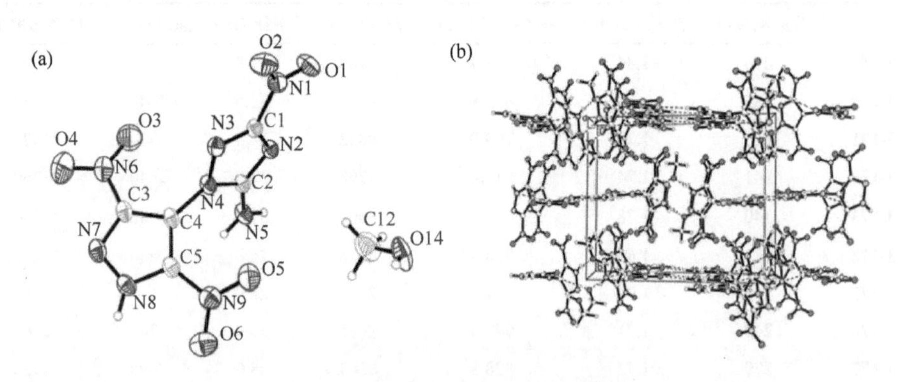

图 3.55　化合物 **3-169** 的单晶图

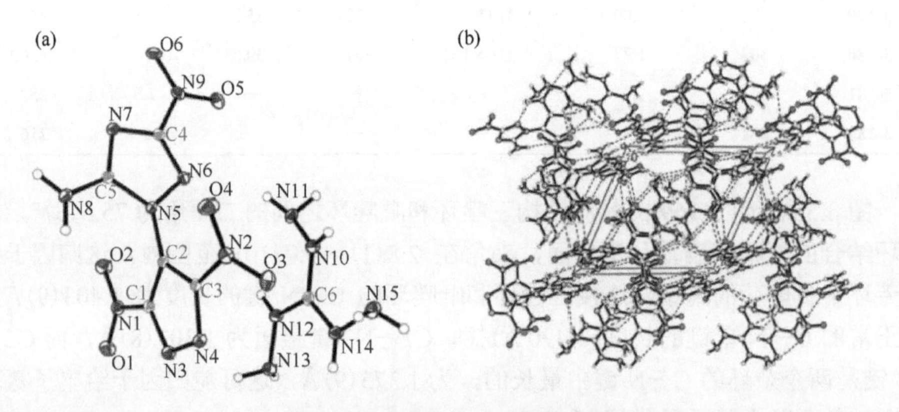

图 3.56　化合物 **3-176** 的单晶图

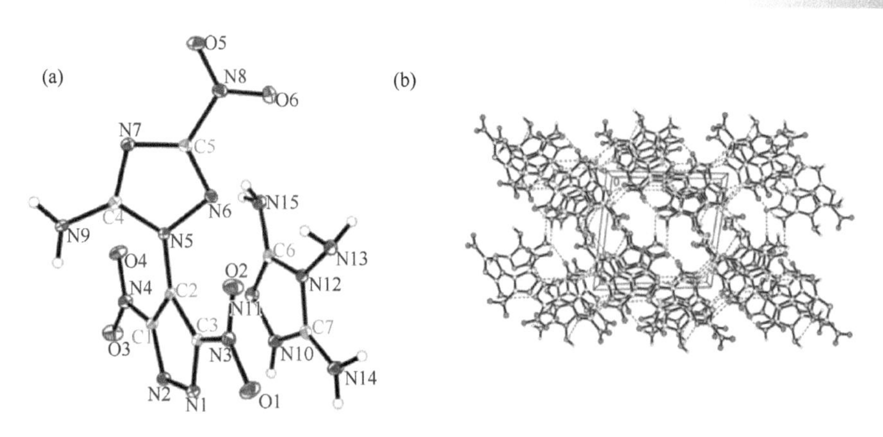

图 3.57　化合物 **3-178** 的单晶图

2009 年，开发了一种新的合成方法，能够将富氮的四唑基团引入仲胺[30]。对 5-氨基-3-硝基-1,2,4-三唑(ANTA)与叠氮氰反应的广泛研究表明，3-硝基-1-(2*H*-四唑)-1*H*-1,2,4-三唑-5-胺(**3-183**)(图 3.58)及其含能盐具有良好的爆轰性能和较低的撞击灵敏度，表明其作为 RDX 替代品的应用潜力(表 3.17)。

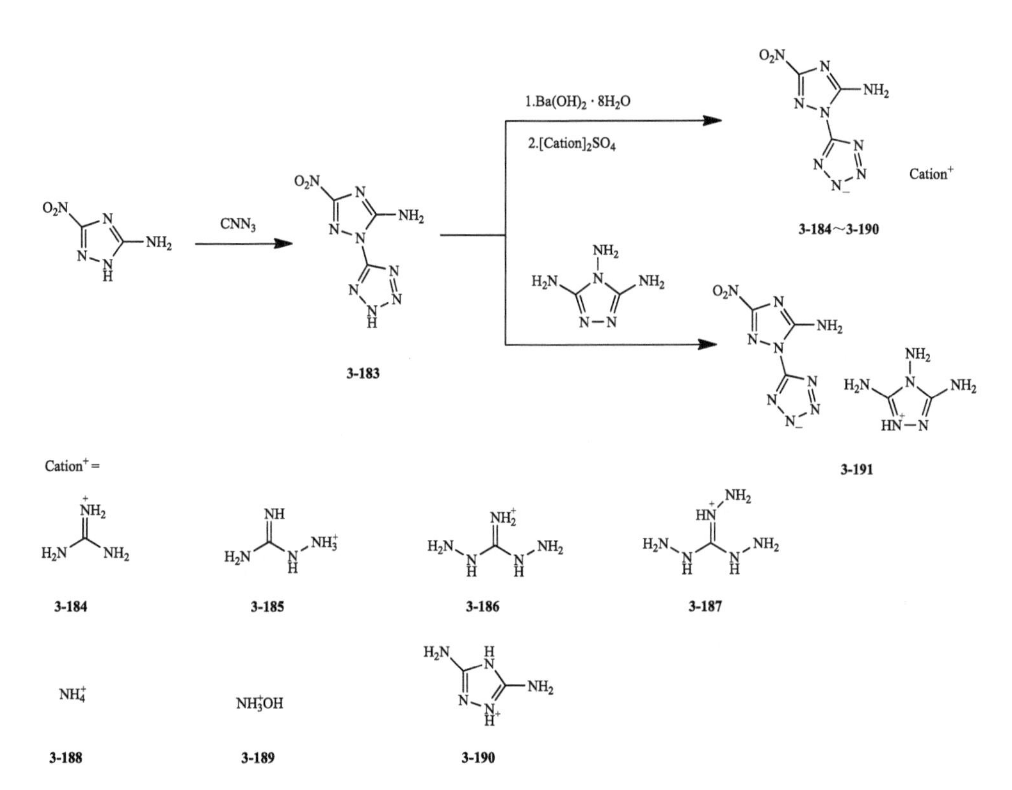

图 3.58　3-硝基-1-(2*H*-四唑)-1*H*-1,2,4-三唑-5-胺及其含能盐

表 3.17　化合物 3-183～3-191 的物理性能表

化合物	分解温度/℃	密度/(g/cm³)	生成焓/(kJ/mol)	爆速/(m/s)	爆压/GPa	撞击感度/J	摩擦感度/N
3-183	246	1.77	487.2	8316	28.8	>40	>360
3-184	321	1.65	392.2	7742	22.6	>40	>360
3-185	269	1.72	486.0	8149	25.9	>40	>360
3-186	—	1.69	595.5	8249	26.4	>40	>360
3-187	—	1.69	707.9	8390	27.5	>40	>360
3-188	281	1.79	409.1	8507	29.6	>40	>360
3-189	264	1.81	460.8	8779	32.6	>40	>360
3-190	277	1.68	595.5	7840	23.6	>40	>360
3-191	301	1.74	711.2	8217	26.7	>40	>360

通过在室温下缓慢蒸发乙醇/水，获得适合单晶 X 射线分析的 **3-183** 的无色晶体。化合物 **3-183** 在单斜空间群 $P2_1/c$ 中结晶，计算密度为 1.77 g/cm³。图 3.59 显示该单元由一个 **3-183** 分子和一个 H_2O 分子组成。

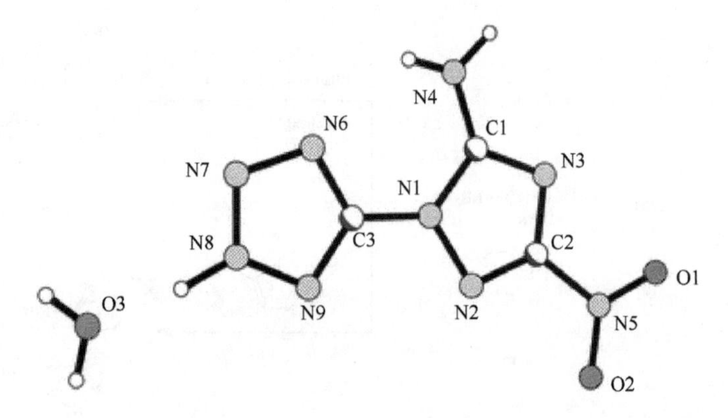

图 3.59　化合物 **3-183**·H_2O 的单晶图

3-183 的所有原子大致共面，最大二面角为 169.55(12)°。该角度位于 N2—N1—C3—N6 之间。将三唑与四唑结合的 C3—N1 键长为 1.3939(15) Å。三唑(C1—N1—N2—C2—N3)和四唑(C3—N6—N7—N8—N9)之间的二面角为 9.46°。在两个杂环中 C2—N2 键长最短为 1.3013(16) Å，而 C1—N1 键长最长为 1.3746(16) Å，这可能是由于给电子氨基和硝基的强吸电子诱导效应引起的。正如预期的那样，分子内氢键以六元环的形式表示，靠近 N4—H4B···N6(2.298 Å)。

随着四唑盐的巨大潜力被 **3-149** 所证实，对氨基和偶氮取代的醇酸盐的广泛研究被提出。叠氮化氰和羟胺的环化反应得到醇酸羟胺盐(**3-192**)(图 3.60)[31]。经

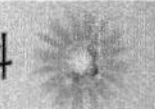

稀盐酸处理后，**3-192** 转化成分子形式 1-醇(**3-193**)，可与氨水反应生成 5-氨基四唑-1-胺盐(**3-194**)。**3-192** 在碱性溶液中使用高锰酸钾，得到偶氮桥联的双(5-氨基四唑-1-酸)钾盐(**3-195**)，还原和酸化分别生成 **3-196** 和 **3-197**，性能列于表 3.18。

图 3.60　5-氨基四唑-1-醇及其含能衍生物的合成路线

表 3.18　化合物 3-192～3-200 的物理性能表

化合物	分解温度/℃	密度/(g/cm³)	生成焓/(kJ/mol)	爆速/(m/s)	爆压/GPa	撞击感度/J	摩擦感度/N
3-192	155	1.66	284.8	9056	32.7	10	＞360
3-193	105	1.70	255.7	8609	29.8	10	108
3-194	195	1.53	226.7	8225	24.5	＞40	＞360
3-195	285	2.20	240.2	9753	41.0	20	＞360
3-196	120	1.71	390.1	8711	31.2	1	＜5
3-197	170	1.90	883.2	9548	42.4	＜1	＜5
3-198	190	1.78	730.9	9348	37.5	15	54
3-199	250	1.80	551.7	9032	33.8	3	160
3-200	190	1.67	932.5	9066	32.9	3	20

3-194 在单斜空间群 $P2_1/c$ 中结晶，不对称单元由两个阳离子/阴离子对组成。尽管有许多强氢键涉及胺阳离子上的所有质子（图 3.61），但密度仅为 1.53 g/cm^3。

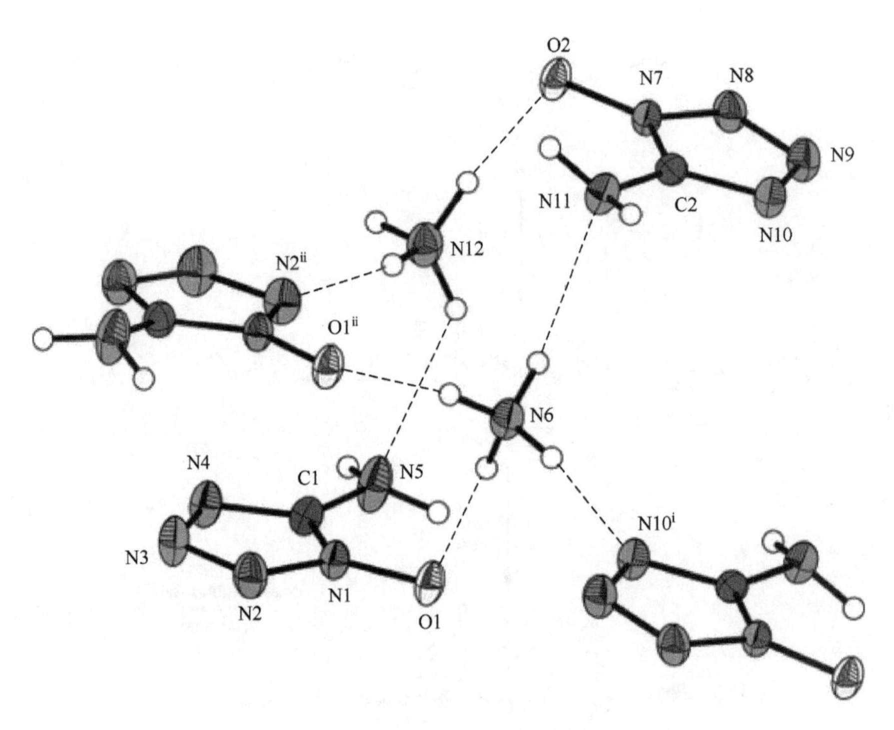

图 3.61　化合物 **3-194** 的单晶图

在相转移催化剂四乙基溴化胺（TEAB）的存在下，氯乙腈与 4-氨基-3,5-二硝基吡唑和 4-氯-3,5-二硝基吡唑铵盐的反应，在 DMF 中生成的乙腈衍生物分别为 **3-201** 和 **3-207**（图 3.62 和图 3.63）。在水溶液中，通过与叠氮化钠和氯化锌反应，将 **3-201** 和 **3-207** 转化为四唑，得到亚甲基桥联化合物 **3-202** 和 **3-208**，产率分别为 86%和 93%。在硫酸和 30%过氧化氢存在下，化合物 **3-202** 被氧化为 **3-203**，产率为 74%。**3-208** 在甲醇回流下与一水合肼反应或在二甲基亚砜中与叠氮化钠反应，分别生成黄色固体的棕色稠合杂环 *CN*-氧化物 **3-209** 或叠氮衍生物 **3-210**。为了研究盐的形成对化合物 **3-202** 和 **3-210** 的能量和物理性质的影响，它们在室温下与甲醇中的几种碱反应，分别形成能量盐 **3-204**～**3-206** 和 **3-211**～**3-213**，性能列于表 3.19[32]。

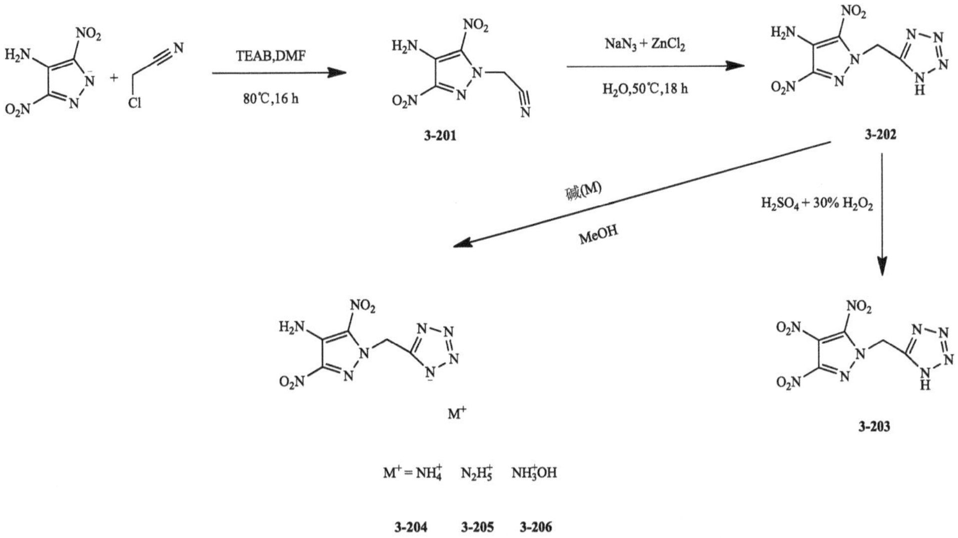

图 3.62　**3-202**、**3-203** 以及 **3-202** 含能盐的合成路线

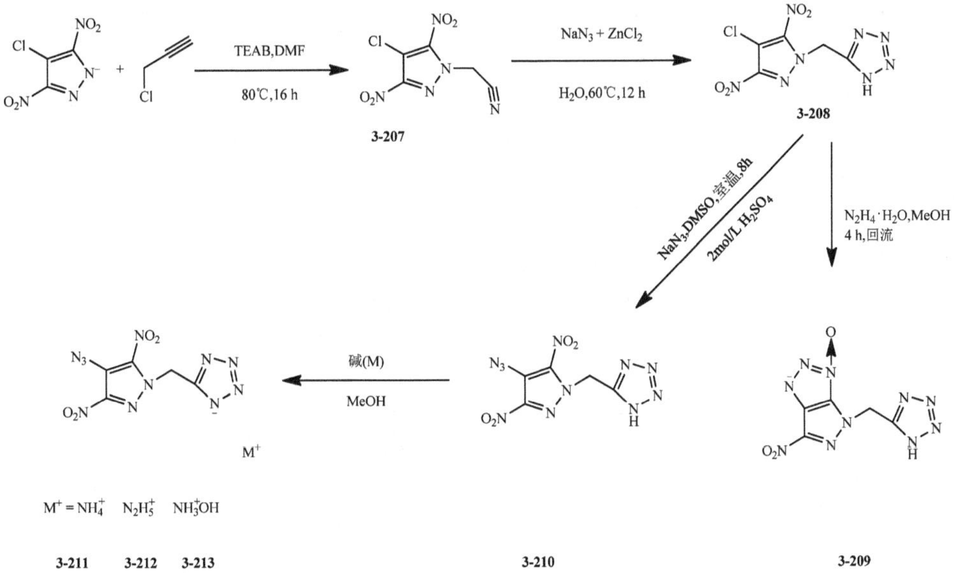

图 3.63　**3-209**、**3-210** 以及 **3-210** 的含能盐的合成路线

表 3.19　化合物 3-202～3-213 的物理性能表

化合物	分解温度/℃	密度/(g/cm^3)	生成焓/(kJ/mol)	爆速/(m/s)	爆压/GPa	撞击感度/J	摩擦感度/N
3-202	208	1.83	390.7	8548	30.0	30	240
3-203	155	1.86	456.7	8845	34.5	19	240

续表

化合物	分解温度/℃	密度/(g/cm³)	生成焓/(kJ/mol)	爆速/(m/s)	爆压/GPa	撞击感度/J	摩擦感度/N
3-204	260	1.68	422.3	8153	25.1	＞40	＞360
3-205	200	1.65	573.8	8264	25.6	＞40	＞360
3-206	260	1.75	470.2	8592	29.8	＞40	＞360
3-208	247	1.92	398.0	8246	29.5	＞40	＞360
3-209	127	1.69	883.2	8778	28.9	28	240
3-210	148	1.81	782.1	8707	32.1	12	80
3-211	156	1.64	793.0	8167	25.8	＞40	＞360
3-212	137	1.72	937.1	8640	29.7	28	240
3-213	151	1.76	834.3	8747	32.2	32	＞360

3.2 并环唑类高能材料

近年来，稠环高能材料被认为是传统高能材料的有力竞争者。共面多环结构的稠合杂环基高能材料表现出相当高的生成焓(HOF)和储存在分子中的环应变能，并表现出明显的高能特点。增强的热稳定性和对破坏性机械刺激的低敏感性，这增加了HEDM的合成、转移和存储的安全性[33,34]。到目前为止，可用于制备不同分子的稠环骨架数量有限，这阻碍了它们在HEDM领域的发展。因此，这一研究领域备受关注，特别是对这些系统的研究，以开发各种类型的具有良好爆轰性能和灵敏度的新型HEDM。[5,5]-二元稠杂环是用于构建高能材料分子的最简单的稠环。近年来，合成了几种[5,5]-二元稠杂环的高能材料(图3.64)。

图3.64　[5,5]-二元稠杂环高能材料

3.2.1　并二唑类高能材料

3,6-二硝基吡唑[4,3-*c*]吡唑(**3-214**)是一种具有吸引力的高能材料，它具有对外部机械刺激的低敏感性，而且由于它稳定的稠环骨架，因此还具有良好的热稳定性，它是通过一种优化过的合成方案合成，这种合成方案提高了效率和重复性(图 3.65)[35]。由于 **3-214** 有一定酸度，直接通过中和或复分解反应(图 3.36)[35,36]来合成一系列其含能盐(**3-214**～**3-227**)。化合物 **3-214** 及其含能盐表现出出色的热稳定性(209～395℃)。**3-214** 的盐的密度范围在 1.67～3.27 g/cm^3 之间，在 HEDM 中算是相对较高的密度。它们的爆速(7948～9005 m/s)和爆压(22.5～35.4 GPa)与 TNT 和 RDX 的相当。大多数盐具有可接受的摩擦感度(80 N 至＞360 N)和撞击感度(12 J 至＞40 J)(表 3.20)。研究用 3-氨基-1,2,4-三唑和 4-氨基-1,2,4-三唑和 **3-214** 的反应，得到了两种 **3-214** 与 3-氨基-1,2,4-三唑(**3-228**)或 4-氨基-1,2,4-三唑(**3-229**)摩尔比为 1∶2 的含能共晶[35]，3-氨基-1,2,4-三唑和 4-氨基-1,2,4-三唑中的氨基能够提供足够的氢键供体特性，驱使它们与 **3-214** 共结晶，相比于 **3-214**，共晶 **3-228** 和共晶 **3-229** 具有相似的爆炸威力，对撞击和摩擦的敏感性较低。这些特性使 **3-214** 的盐和共晶体成为对热稳定和不敏感 HEDM 进一步研究的潜在候选者。

1)AcOH/H_2O, $NaNO_2$, 0～5℃; 2)$NH_3·H_2O$, pH=8; 3) −15℃ → EtOAc / AcOH → HNO_3 / TFA → H_2SO_4 / $Na_2Cr_2O_7$ → HNO_3, 1)0～5℃,30 min 2)65℃,12 h → **3-214**

碱 → **3-215～3-227**（Cation$^+$）；共晶 **3-228～3-229**（碱）

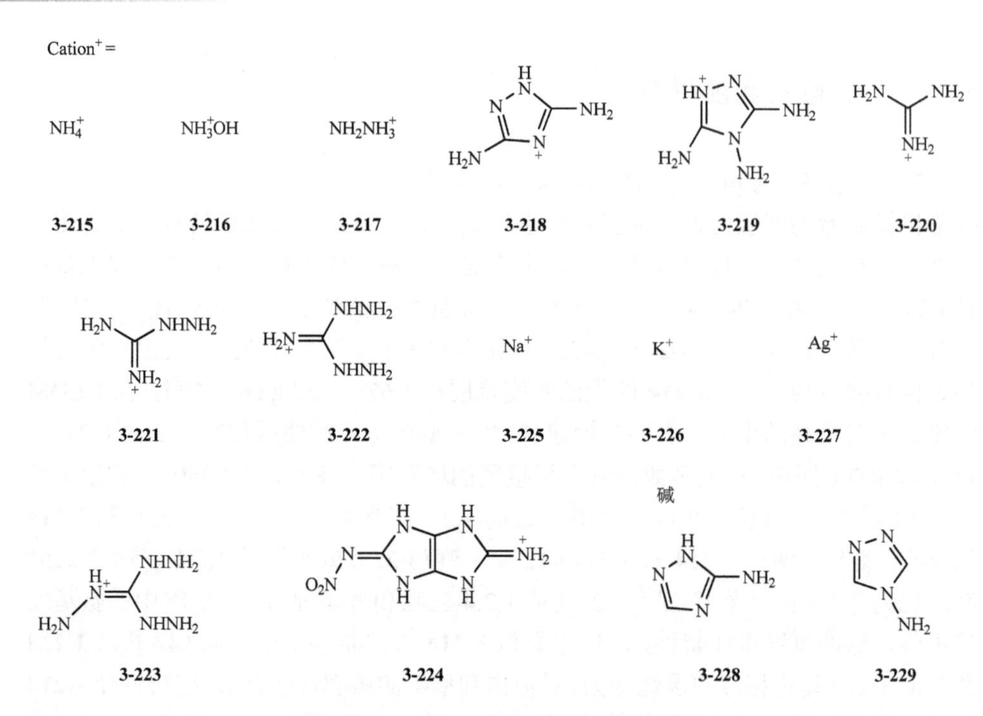

图 3.65　**3-214** 及其含能盐的合成路线

表 3.20　3-214 及其含能盐的物理性能表

化合物	分解温度/℃	密度/(g/cm³)	生成焓/(kJ/mol)	爆速/(m/s)	爆压/GPa	撞击感度/J	摩擦感度/N
3-214	336	1.85	322.6	8250	27.4	15	160
3-215	328	1.69	158.5	8212	25.4	>40	360
3-216	327	1.82	274.2	9005	35.4	29	360
3-217	247	1.72	501.0	8860	30.3	16	160
3-218	287	1.71	481.9	8036	24.5	>40	360
3-219	289	1.67	963.8	8230	24.6	>40	360
3-220	324	1.68	173.3	7948	22.5	>40	360
3-221	222	1.69	477.0	8400	25.6	>40	360
3-222	209	1.71	679.6	8732	28.0	>40	360
3-223	215	1.76	605.5	8814	29.9	12	80
3-224	238	1.79	505.6	8355	27.9	23	160
3-225	395	2.14	—	—	—	14	160
3-226	365	2.20	—	—	—	>40	160
3-227	327	3.27	—	—	—	29	160
3-228	282	1.70	706.2	8024	23.9	>40	>360
3-229	284	1.68	1051.1	8234	25.6	>40	>360

在室温下，分别从二甲基亚砜和水溶液中缓慢重结晶，得到适合 X 射线衍射分析的 **3-214** 和 **3-220** 晶体。它们的结构如图 3.66 和图 3.67 所示。晶体 **3-214**·2DMSO 符合单斜空间群 $P2_1/n$，计算密度为 1.563 g/cm^3。化合物 **3-220** 在单斜空间群 $P2_1/c$ 中结晶，计算密度为 1.68 g/cm^3。**3-220** 的结构由各种氢键稳定，这些氢键包括胍阳离子的所有氢原子、环上的氮原子和硝基氧原子。分子间氢键的键长在 2.93～3.02 Å 之间，对于晶体 **3-214**·2DMSO 和 **3-220** 晶体，硝基取代的稠吡唑环严格共面，二面角接近零或 180°，C-NO_2 的键长范围为 1.3822～1.4280 Å。

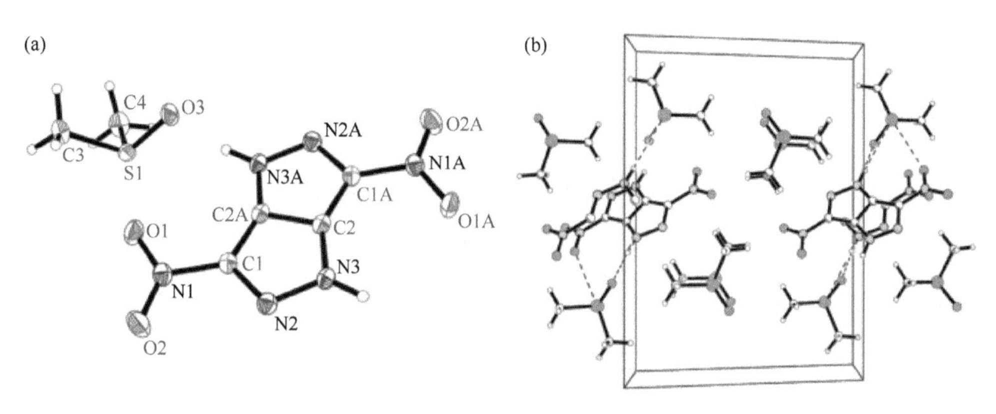

图 3.66　化合物 **3-214** 的单晶图

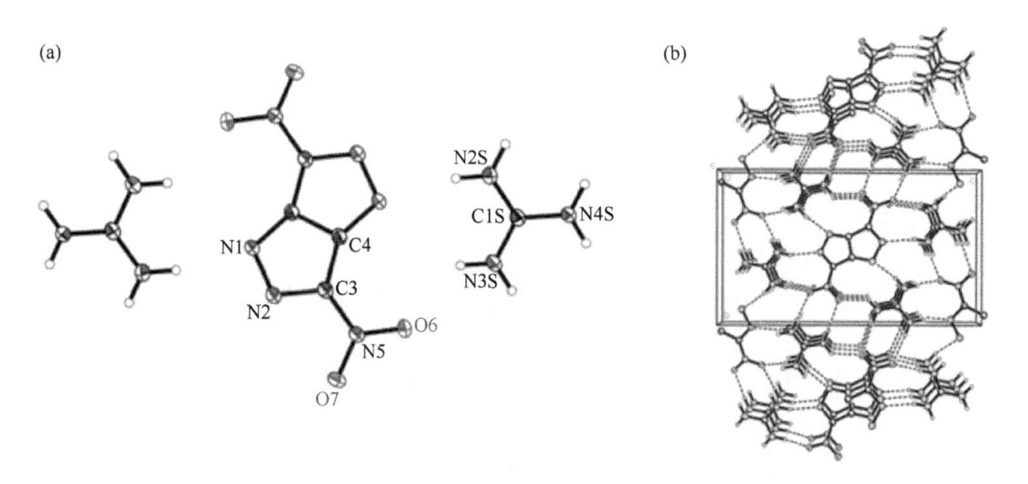

图 3.67　化合物 **3-220** 的单晶图

在室温下，通过水的缓慢蒸发，获得了高质量的单晶 X 射线衍射晶体 **3-228** 和 **3-229**，它们的结构如图 3.68 所示，结果有助于证实我们关于形成两个新的高能共晶的假设。**3-228** 和 **3-229** 分别由一个中性的 **3-214** 和两个 3-氨基-1,2,4-三唑

(3-AT)或两个4-氨基-1,2,4-三唑(4-AT)分子组成。共晶**3-228**在具有$P2_1/c$空间群的单斜晶系中结晶，共晶**3-229**具有三斜晶($P\bar{1}$)对称性。对于这两种共晶，相互作用主要是氢键，当沿*a*轴观察时，广泛的二维(2D)氢键网络非常明显(图3.69)。与**3-228**中混合形成的氢键网络相比，**3-229**显示了**3-214**和4-AT交替排列，每列由N—H···O和N—H···N氢键相连。此外，4-AT部分还作为连接相邻**3-214**层的连接分子，形成三维(3D)氢键网络。除了氢键外，π-π堆积相互作用在两个共晶的堆积中也很重要。

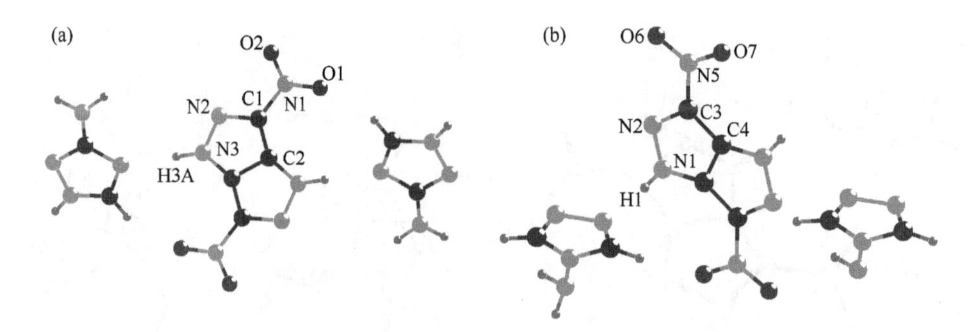

图3.68　化合物**3-228**(a)和**3-229**(b)的单晶图

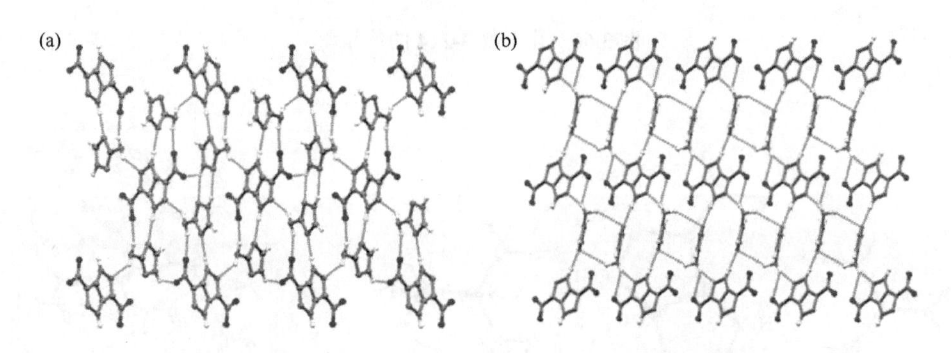

图3.69　化合物**3-228**(a)和**3-229**(b)的单晶堆叠图

除了从**3-214**合成含能盐外，化合物的修饰也是合成新的高能材料的简便方法。通过使用不同的*N*-官能化方法合成了一系列**3-214**的衍生物[37]，在该研究中，在酸性条件下用甲醛处理**3-214**，得到*N,N*-二羟基甲基中间体，然后使用发烟硝酸和乙酸酐硝化，得到3,6-二硝基吡唑[4,3-*c*]吡唑-1,4-二硝基(**3-230**)。在三氟乙酸酐中用硝酸铵(NH_4NO_3)对**3-214**进行*N*-硝化得到3,6-四硝基-1,4-二氢吡唑[4,3-*c*]吡唑(**3-231**)，用*O*-甲苯胺萘胺($TsONH_2$)通过胺化得到良好产量的**3-232**。硝化**3-232**得到1,3-二硝胺基-4,6-二硝基-1,4-二氢吡唑(**3-233**)(图3.70)，此外，用各种碱处理**3-233**，制备了一系列含能盐(**3-234**～**3-242**)。

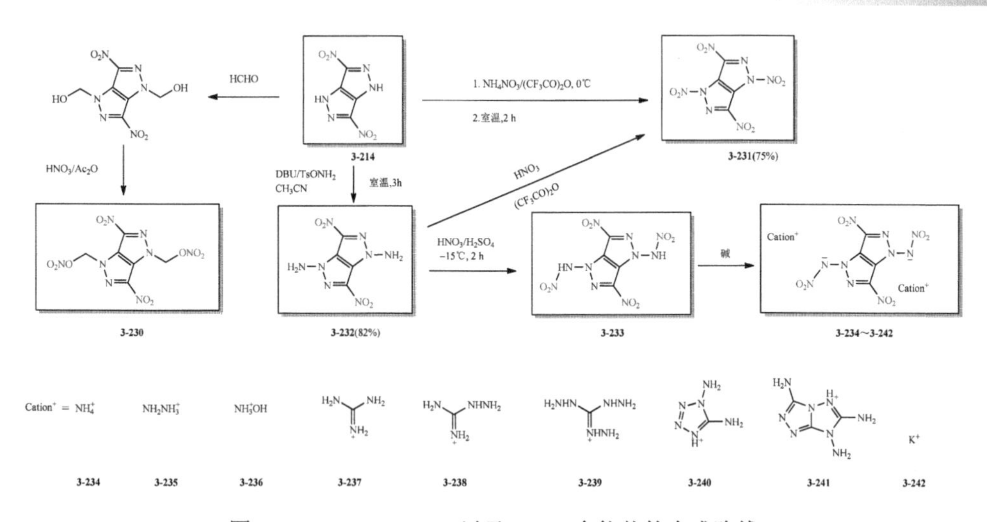

图 3.70　**3-230**～**3-233** 以及 **3-233** 含能盐的合成路线

利用 Gaussian 03 程序，采用等键方程法获得了 **3-230**～**3-233** 和高能阴离子的生成焓。如表 3.21 所示，所有 **3-214** 的衍生物均为吸热型，生成焓为正值。由于含有大量 N—N 和 N—O 键，**3-230**～**3-242** 的生成焓高于 RDX 和 HMX 的生成焓，范围为 133.7～1683.3 kJ/mol。用气体比重瓶测量 **3-20**～**3-42** 的密度。在测量密度和计算生成焓的基础上，使用 EXPLO5 v6.01 评估了 **3-230**～**3-242** 的爆轰性能，爆速在 8295～9507 m/s 之间，数值优于 **3-214**(8250 m/s)，而且在某些情况下，与 HMX(9320 m/s)基本相当。类似地，**3-230**～**3-242** 具有有利的爆压，介于 26.9～41.8 GPa 之间，其中化合物 **3-231**(40.9 GPa)、**3-233**(41.8 GPa)和 **3-236**(41.3 GPa)的爆压明显高于 HMX(39.5 GPa)。化合物中，**3-230**(9.2%)、**3-231**(22.2%)、**3-233**(15.1%)、**3-236**(8.3%)和 **3-242**(16.2%)表现出正的氧平衡。对于 **3-230**～**3-242**，中性化合物 **3-230**～**3-233** 及含能盐 **3-234**～**3-236** 和 **3-239**～**3-242** 对撞击相对敏感；然而，其他离子衍生物 **3-237** 和 **3-238** 具有更好的稳定性，撞击感度分别为 35J 和 30J。在摩擦敏感性试验中观察到类似的趋势，其中 **3-231**、**3-233**、**3-235**、**3-239**、**3-240** 和 **3-242** 对摩擦敏感，**3-230**、**3-232**、**3-234**、**3-236** 和 **3-241** 对摩擦较不敏感，**3-237** 和 **3-238** 对摩擦不敏感。

表 3.21　3-230～3-233 以及 3-233 含能盐的物理性能表

化合物	分解温度/℃	密度/(g/cm^3)	生成焓/(kJ/mol)	爆速/(m/s)	爆压/GPa	撞击感度/J	摩擦感度/N
3-230	206	1.82	133.7	8674	33.1	10	120
3-231	145	1.95	550.9	9460	40.9	3	20
3-232	230	1.84	467.0	8864	33.9	7	120
3-233	128	1.93	595.2	9507	41.8	2	20

续表

化合物	分解温度/℃	密度/(g/cm³)	生成焓/(kJ/mol)	爆速/(m/s)	爆压/GPa	撞击感度/J	摩擦感度/N
3-234	181	1.81	423.1	8977	35.9	10	120
3-235	174	1.85	738.9	9399	39.5	5	60
3-236	170	1.88	531.2	9495	41.3	7	120
3-237	190	1.68	454.7	8295	26.9	35	360
3-238	153	1.71	692.9	8612	29.3	30	360
3-239	141	1.70	1144.8	8884	30.8	10	80
3-240	163	1.78	1683.3	9166	36.0	5	60
3-241	203	1.83	1599.5	8993	33.1	10	120
3-242	208	2.11	152.9	8306	31.2	2	20

N-硝基和*N*-硝胺基官能团大大提高了密度和氧平衡，这使得**3-231**($\rho = 1.95$ g/cm^3；OB = 22.2%)和**3-233**($\rho = 1.93$ g/cm^3，OB = 15.1%)作为高密度高能氧化剂具有良好的应用前景。对于离子衍生物，钾盐**3-242**的撞击和摩擦感度较高，但具有更好的密度和良好的热稳定性。这些特性将使**3-242**成为一种潜在的绿色起爆药。

与**3-242**相比，其他含能盐**3-234**～**3-241**表现出更好的机械性能和更强的爆轰性能，从而突出了其作为高性能二次炸药的应用潜力。观察到**3-234**、**3-235**、**3-236**和**3-240**的总氮氧含量和比冲值较高，所有这些都优于RDX和HMX，这表明它们有可能用作高性能固体火箭推进剂。

综上所述，化合物**3-231**、**3-233**和**3-236**表现出高密度和优异的爆轰性能(表3.21)，这些性能都超过了HMX。与**3-214**相比，化合物**3-231**和**3-233**还具有更高的氧平衡和密度，突出了其作为含能氧化剂的潜力。钾盐**3-242**是一种具有竞争力的化合物，因为它非常敏感，而且具有良好的密度和热稳定性(表3.21)，可以作为绿色初级炸药。所有这些化合物都表现出良好的物理特性和爆炸性能，可以被分类为绿色初级炸药、富燃料推进剂、二次炸药或推进剂氧化剂。

在这项工作中，所有新制备的化合物都得到了充分的表征。化合物**3-233**、**3-234**、**3-236**和**3-242**的结构通过单晶X射线衍射进一步证实(图3.71)，**3-223**·H_2O和**3-234**的晶体从氯仿和甲醇的混合溶液中生长，**3-236**·2MeOH从甲醇中生长，**3-242**从水中生长。含能化合物**3-233**在具有*I*2/*a*对称性的单斜空间群中结晶，一个晶格包含一个水分子，每个单元由四个分子组成。**3-234**在$P2_1/c$对称的单斜空间群中结晶，在单胞中有两个单元($Z = 2$)。**3-234**的晶体密度在温度为150K时为1.854 g/cm^3。**3-236**·2MeOH的单胞在单斜空间群$P2_1/c$中结晶，每个单胞中有两个分子和四个MeOH分子。**3-242**的单胞在单斜空间群$P2_1/c$($Z = 2$)中结晶，在温度为150K时，计算密度为2.154 g/cm^3，根据晶体结构，**3-233**·H_2O、**3-234**、**3-236**·2MeOH

和 **3-242** 的中心稠合吡唑环中，两个 C-NO_2 官能团和两个吡唑上经 *N*-官能化的 *N*(H) 部分基本呈平面状结构，但是两个 N-NO_2 官能团被扭曲出平面之外。

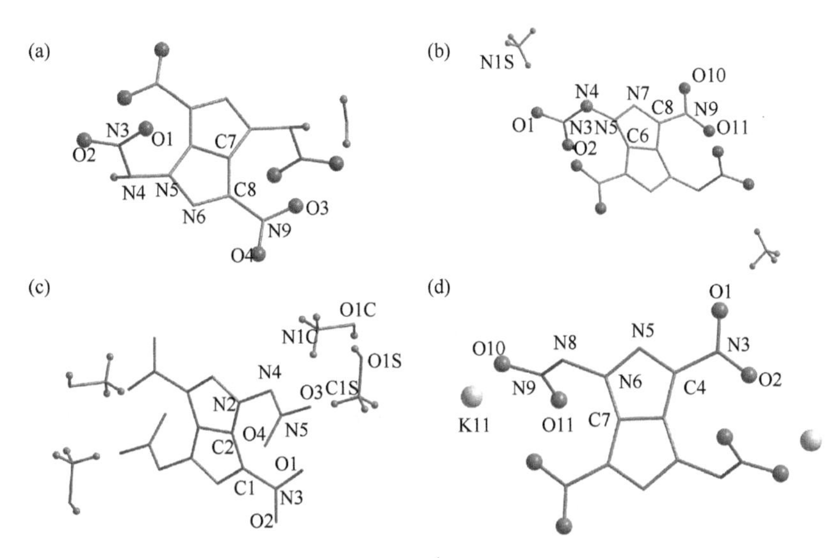

图 3.71　化合物 **3-233**(a)、**3-234**(b)、**3-236**(c)和 **3-242**(d)的单晶图

张庆华等[38]采用九步反应合成了一系列具有偕二硝基的新型稠环吡唑并[3,7-*c*]吡唑衍生物(**3-243**～**3-249**，图 3.72)。含有偕二硝基的分子通常具有高氮含量和正氧平衡，这确保了其优异的爆轰性能。**3-249** 表现出优于传统高能基准的爆震性能，如季戊四醇四硝酸酯(PETN)和 RDX(表 3.22)。

HNO_3

3-243　3-244　3-249

2Cation$^+$

Cation$^+$ =　K^+　NH_4^+　NH_3^+OH　$NH_2NH_3^+$

3-245　3-246　3-247　3-248　3-245～3-248

图 3.72　**3-243** 以及含能盐 **3-244**～**3-249** 的合成路线

表 3.22 化合物 3-245～3-249 的物理性能表

化合物	分解温度/℃	密度/(g/cm^3)	生成焓/(kJ/mol)	爆速/(m/s)	爆压/GPa	撞击感度/J	摩擦感度/N
3-245	113	2.02	−527.4	9018	33.6	2	30
3-246	169	1.78	188.9	8677	33.0	3	90
3-247	187	1.86	288.8	9148	37.3	2	20
3-248	165	1.81	497.5	8984	36.1	5	60
3-249	213	1.94	−51.2	8582	31.7	12	240

以上化合物都是唑基的[5,5]二元杂环。向稠环中引入呋咱基团可以提高氧平衡，增加高能材料的生成焓。迄今为止，仅报道了有限的含呋咱[5,5]双环杂环的高能材料。通过对相邻的氯羟基和氨基的硝化，然后 KI 还原，合成了 6-硝基-6*H*-吡唑[3,4-*c*]呋咱-5-氧化物(**3-251**)的钾盐(图 3.73)[39]。通过原位酸化 **3-251**(非分离)得到了含有稠环吡唑[3,4-*c*]呋咱氮氧化物的化合物 **3-250**。在此基础上，获得了具有优异爆轰性能的含能盐 **3-252**～**3-259**，但对撞击和摩擦高度敏感。此外，**3-256** 和 **3-259** 在爆轰特性、热稳定性和对撞击的敏感性方面很有前景(表 3.23)。

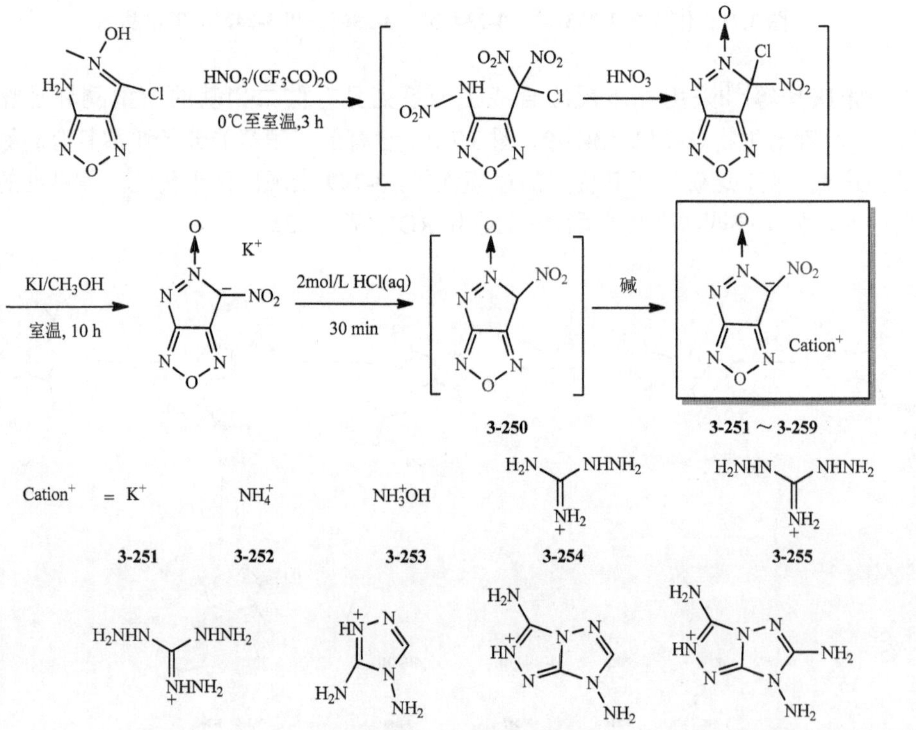

3-250

3-251 ～ **3-259**

3-251 **3-252** **3-253** **3-254** **3-255**

3-256 **3-257** **3-258** **3-259**

图 3.73 **3-250** 及其含能盐的合成路线

表 3.23　**3-250** 及其含能盐的物理性能表

化合物	分解温度/℃	密度/(g/cm^3)	生成焓/(kJ/mol)	爆速/(m/s)	爆压/GPa	撞击感度/J	摩擦感度/N
3-251	175	2.04	159.0	7973	28.6	2	40
3-252	179	1.80	285.9	8777	33.6	3	60
3-253	152	1.87	336.8	9174	39.1	2	40
3-254	163	1.69	375.1	8343	27.2	12	120
3-255	131	1.75	478.7	8741	30.0	10	120
3-256	141	1.76	591.7	8957	31.6	15	240
3-257	153	1.77	351.6	8545	29.2	18	240
3-258	164	1.76	630.2	8540	29.1	15	240
3-259	186	1.81	809.7	8741	30.8	20	360

钾盐 **3-251** 在单斜空间群 $P2_1/c$ 中结晶，在 173 K 温度下，计算密度为 2.124 g/cm^3［图 3.74(a)］。晶体是全分子无序的。O2A—N4A 的键长为 1.223(9) Å，介于 N═O 双键(1.17Å)和 N—O 单键(1.45Å)之间。图 3.74(b)给出了 **3-252** 的分子结构。它在正交空间群 $P2_12_12_1$ 中结晶，单胞体积为 675.72(3) Å^3。在 173 K 温度时计算密度为 1.849 g/cm^3。阴离子中的原子大致位于同一平面上，二面角 O3—N5—C1—N1 为 0.5(3)°，O2—N1—N2—C3 为−179.15(18)°，N1—N2 和 C1—N1 的键长分别为 1.341(3) Å 和 1.393(3) Å。这些结果表明，脱质子发生在 C1 而不是 N2。铵离子通过所有四个氢键与阴离子结合。

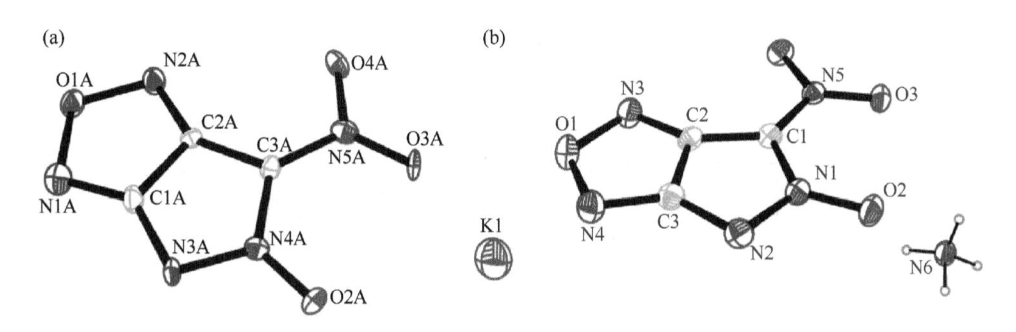

图 3.74　化合物 **3-251**(a)和 **3-252**(b)的单晶图

化合物 **3-259** 在正交晶系空间群 *Pccn* 中结晶为一水合物，晶胞体积为 2595.90(7) Å^3，单胞中有八个分子(图 3.75)。正如预期的那样，稠合的阳离子和阴离子形成平面环状系统。稠合阳离子的参数与报告研究中的参数相当。晶体结构分析还表明，稠合阴离子和水分子的氨基和氧原子之间存在大量氢键。

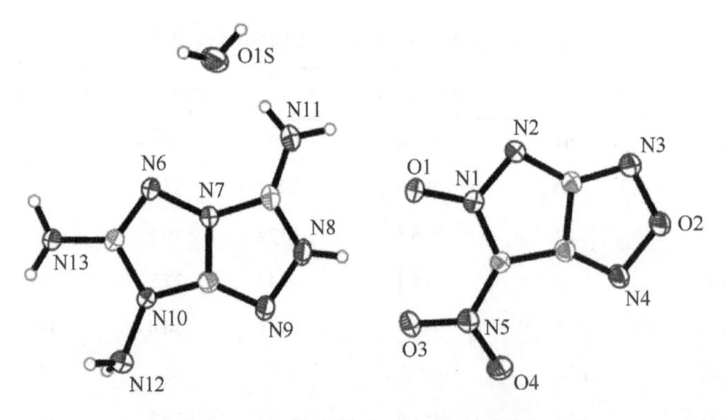

图 3.75　化合物 **3-259** 的单晶图

3.2.2　并三唑类高能材料

与其他稠环化合物的情况一样，骨架的构建是获得新的高能材料的第一步，3,6,7-三氨基-7*H*-[1,2,4]三唑[4,3-*b*] [1,2,4]三唑(**3-260**)是双三唑稠杂环，其骨架上的三个氨基官能团是通过氰基溴化物与三胺基胍氯化物环化合成，然后用碳酸钠(Na_2CO_3)碱化(图 3.76)，图 3.76 的离子盐分别有一个和两个位点。最近，通过与选定的含能酸反应，制备了一系列含有 3,5,7-三氨基-7*H*-三唑[5,1-*c*]三唑阳离子的一系列含能盐([$Anion^-$][$Anion^{2-}$])[22,33,34]，计算出 **3-260** 及其盐的爆速范围和爆压范围分别为 7791～9477 m/s 和 24.0～33.9 GPa(表 3.24)，其大多数性能水平(热稳定性、爆轰性能和敏感度)与 RDX 相当。其性能的提高主要是因为环上的三个氨基有助于在其盐中的阳离子和阴离子之间形成广泛的分子间氢键。

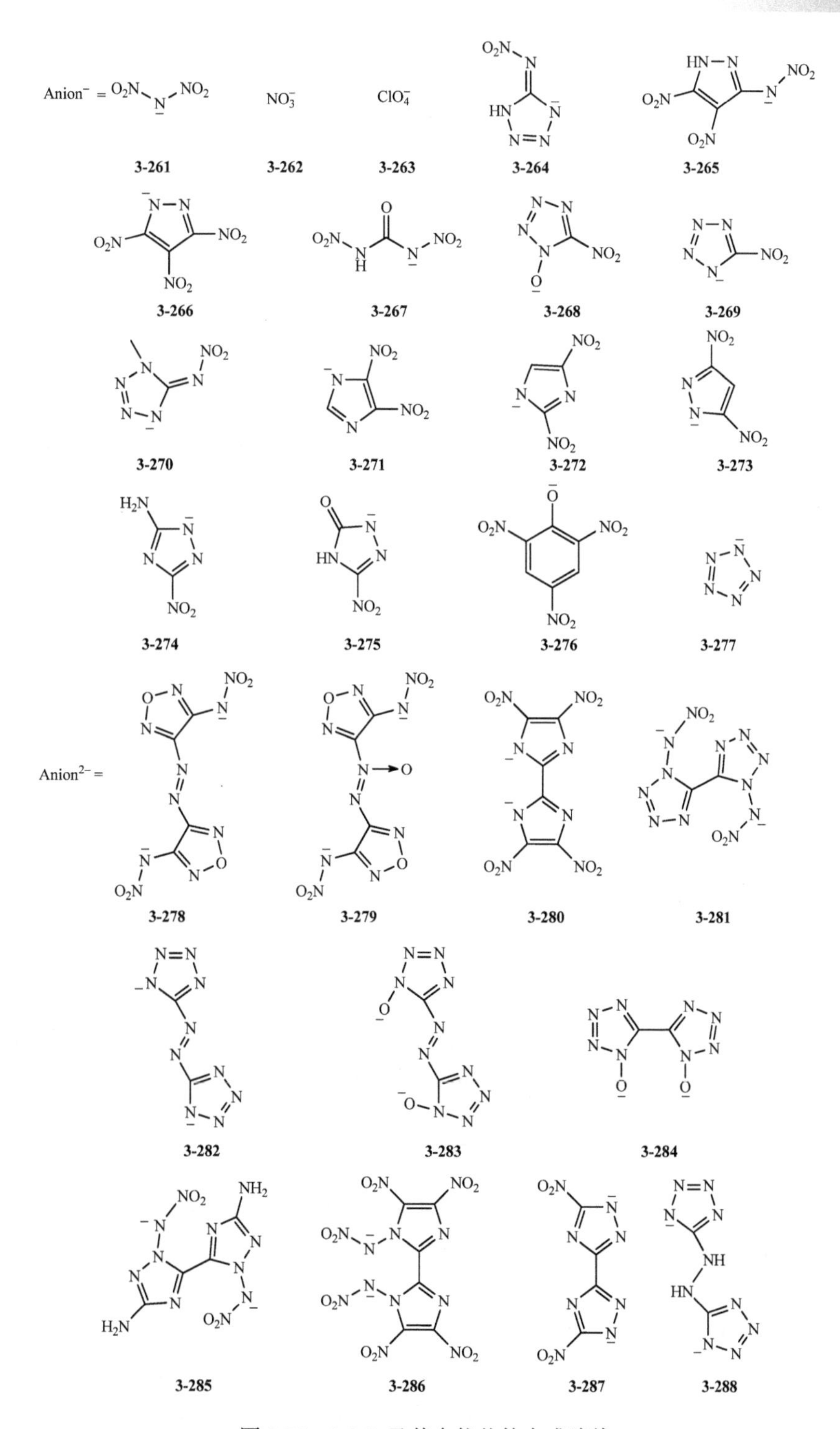

图3.76 **3-260**及其含能盐的合成路线

表 3.24　3-260 及其含能盐的物理性能表

化合物	分解温度/℃	密度/(g/cm^3)	生成焓/(kJ/mol)	爆速/(m/s)	爆压/GPa	撞击感度/J	摩擦感度/N
3-260	245	1.73	446.7	9385	29.7	40	360
3-261	199	1.82	463.3	9090	33.9	6	160
3-262	279	1.78	274.5	8765	29.7	40	360
3-263	257	1.77	325.9	8216	28.1	15	240
3-264	226	1.73	763.7	8618	27.9	10	240
3-265	211	1.80	666.0	8704	31.3	25	240
3-266	208	1.74	582.9	8365	28.3	40	360
3-267	167	1.81	424.4	8881	32.3	6	120
3-268	222	1.73	691.7	8814	29.0	25	360
3-270	237	1.65	783.9	8760	26.9	8	360
3-271	207	1.71	446.8	8189	24.7	22	—
3-272	226	1.70	422.4	8113	24.1	>40	—
3-273	246	1.72	490.0	8286	25.4	35	—
3-274	232	1.68	561.9	8549	25.6	>40	—
3-275	256	1.70	353.0	8232	24.2	>40	—
3-276	278	1.79	191.6	8162	25.9	15	—
3-277	121	1.62	853.8	7791	24.6	>40	>360
3-278	243	1.73	867.7	8052	24.0	10	120
3-279	246	1.80	918.8	8457	27.6	8	120
3-281	224	1.76	1845.5	9242	32.0	7.5	108
3-282	200	1.72	1811.8	9360	30.7	20	360
3-283	210	1.73	1834.1	9289	31.5	30	360
3-285	200	1.71	1674.0	8977	29.0	30	360
3-286	203	1.85	1455.2	8899	33.8	10	120
3-287	311	1.75	1208.2	8718	27.7	30	—
3-288	219	1.74	1138.0	9477	31.4	>40	—

从表 3.24 可以看出，大部分含能盐的分解温度≥200℃，因此，符合代替 RDX 的要求标准。硝酸盐 **3-262** 具有极高的热稳定性(T_d = 279℃)。根据临时危险分类(IHC)，其在测量前后未观察到质量损失，也未观察到元素组成的显著变化，确定了 **3-262** 的长期稳定性(75℃，48 h)。就灵敏度而言，除 **3-261**、**3-267**、**3-281** 外，所有化合物都符合机械刺激所需的标准(IS≥7.5 J 和 FS≥120 N)。值得注意的是，中性化合物 **3-260** 以及含能盐 **3-262**、**3-266**、**3-268**、**3-270**、**3-277** 和 **3-282**～

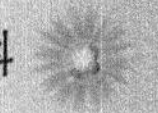

3-285 对摩擦不敏感(FS≥360 N)。

通过使用从表 3.24 中获得的室温密度值计算化合物 **3-260**、**3-262**、**3-264**、**3-267** 和 **3-269**～**3-272** 的爆炸参数，并在表 3.24 中进行总结。令人惊讶的是，关于计算的爆速(D)，中性化合物 **3-260** 表现出很高的值(D = 9385 m/s)，爆压 29.7 GPa 在含能盐的爆压范围内(24.1～33.9 GPa)，可以看出 **3-260** 的爆压低于 RDX(P_{RDX} = 34.9 GPa)，但爆速显著高于 RDX(D_{RDX} = 8795 m/s)。**3-268** 的爆速(D = 8814 m/s)与 RDX 相似，但爆压(P = 29.0 GPa)稍低。硝酸盐 **3-262** 表现出非常高的爆速(D = 8765 m/s)，明显高于高能肼盐(D = 8690 m/s)的爆速。但是，**3-262** 的爆压(P = 29.7 GPa)略低于 RDX。高氯酸盐 **3-263** 具有较低的爆速(D = 8216 m/s)，相当低的爆压(P = 28.1 GPa)，因此不符合替代 RDX 的要求。高能化合物 **3-281** 表现出很有潜质的高能特性，其爆速为 9242 m/s。爆速显著高于二钾盐(D = 8330 m/s)或 RDX 的爆速，而爆压仅略低于 RDX 的爆压。相比之下，偶氮四唑盐 **3-282** 具有极高的爆速(D = 9360 m/s)，这大大超过了 RDX 的爆速，甚至超过了高能二肼盐的爆速(D = 6330 m/s)。与化合物 **3-282** 相比，化合物 **3-283** 的爆速稍低(D = 9289 m/s)，而 **3-283** 的爆压(P = 31.5 GPa)略高于 **3-282** 的爆压。与相应的高能铵、羟胺和肼盐(分别为 33.8 GPa、37.5 GPa、32.9 GPa)相比，化合物 **3-283** 更具有竞争性。

化合物 **3-260** 在三斜晶系空间群 $P1$ 中结晶，在 173 K 温度时密度为 1.757 g/cm^3，每个单胞中有两个分子。**3-260** 的分子单位与选定的键长和角度如图 3.77 所示。键长为 1.306(2)～1.434(9) Å 的 1,2,4-三唑环原子间的距离介于碳-氮单键和双键、氮-氮单键和双键之间(C—N：1.47 Å，C═N：1.22Å；N—N：1.48 Å，N═N：1.20 Å)，表示具有芳香性。两个环的键角都在 108°附近；N1—N2—C1 角的偏差最大[100.97(13)°]。N5—N4—C2—N3 二面角为 180.00(19)°，形成平面环系。

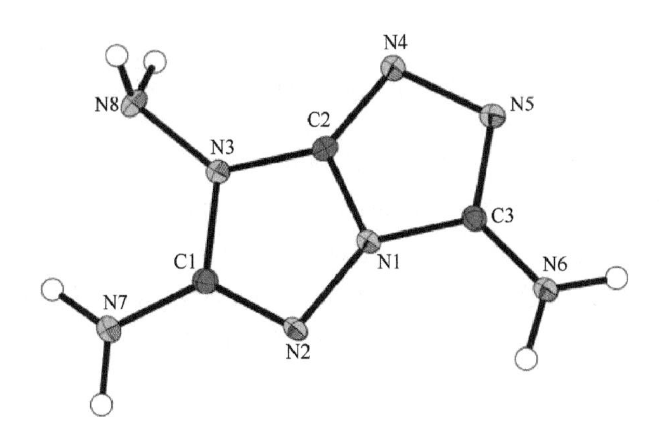

图 3.77　化合物 **3-260** 的单晶图

氨基的二面角略大于 0°(1～5°)，因此氨基稍微倾斜出环系统的平面。所有氨基都参与氢键，而在环系统中只有 N2、N4 和 N5 充当氢键受体。氢键的长度在范德瓦耳斯半径之和[r_w(N)+r_w(N) = 3.20 Å]的范围内，因此形成了强氢键网络。

化合物 **3-268** 在正交空间群 $P2_12_12_1$ 中结晶，在 173K 温度下密度为 1.765 g/cm^3，每个单胞中有四个分子。图 3.78 显示了 **3-268** 的分子单位以及选定的氢键长度。与高能羟胺盐(ρ = 1.850 g/cm^3)相比，该密度相当低。由于通过质子化将新的供体引入环系统，**3-268** 中的氢键网络的构建略有不同。只有 N10 的阳离子充当氢键受体，而其他氢键都是硝基四氮唑-2-氧化物阴离子的分子内氢键。此外，阳离子的几何形状与游离碱 **3-260** 略有不同。质子化三唑组分相对于中性 **3-260** 有轻微扭曲。N8—C4[1.347(3) Å]键长稍短，而 C4—N9 键[1.344(3) Å]相比于 **3-260** 的长度[N5—C3：1.318(2) Å]明显较长。此外，**3-268** 中 N9—N10 键长[1.412(2) Å]显示出与中性 **3-260**[1.434(9) Å]的偏差。类似地，质子化氮原子周围的键角显示出相对于 **3-260** 表现出约 4°的小偏差。硝基四氮唑-2*N*-氧化物阴离子的键长和键角与文献报道的相同。

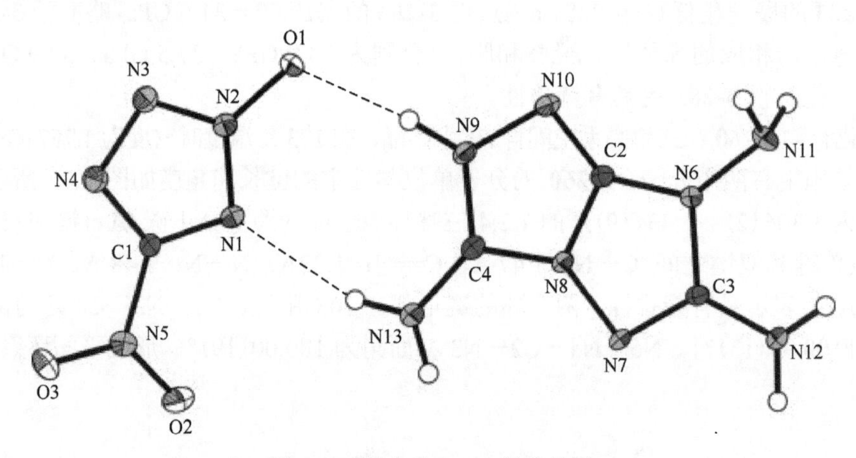

图 3.78　化合物 **3-268** 的单晶图

化合物 **3-281** 在单斜空间群 $P2_1/n$ 中由水结晶而成，每个单胞中有两个分子，图 3.79 显示了具有选定键长和角度的 **3-281** 的分子单元。温度 173K 时的密度为 1.792 g/cm^3。阴离子的四唑单元形成完全平面结构，N11—C4—C4—N14 二面角为 0.0(2)°。硝基在这个平面上扭曲了 78.66(15)°。阳离子的三唑环彼此略微倾斜，二面角为 177.94(11)°，N4—N5 键长为 1.405(8) Å。

盐 **3-282** 在单斜空间群 $P2_1/c$ 中由水结晶而成，每个单胞中有两个分子。图 3.80 显示了 **3-282** 的分子单元，包括选定的键长、角度、二面角和氢键长度。**3-282** 的密度为 1.72 g/cm^3。阳离子的两个环彼此略微倾斜，二面角为 176.67(17)°，而阴离子则表现出完全平面体系，阳离子的氨基向外扭曲的程度略小于 **3-263**。阳离子的几何形状与本研究中的其他阳离子非常相似。晶体结构分析还显示了大量的 N—H…N 氢键。晶体结构中形成若干氢键，包括一个分子内氢键、阳离子-阳离子氢键和各种阴离子-阳离子氢键。

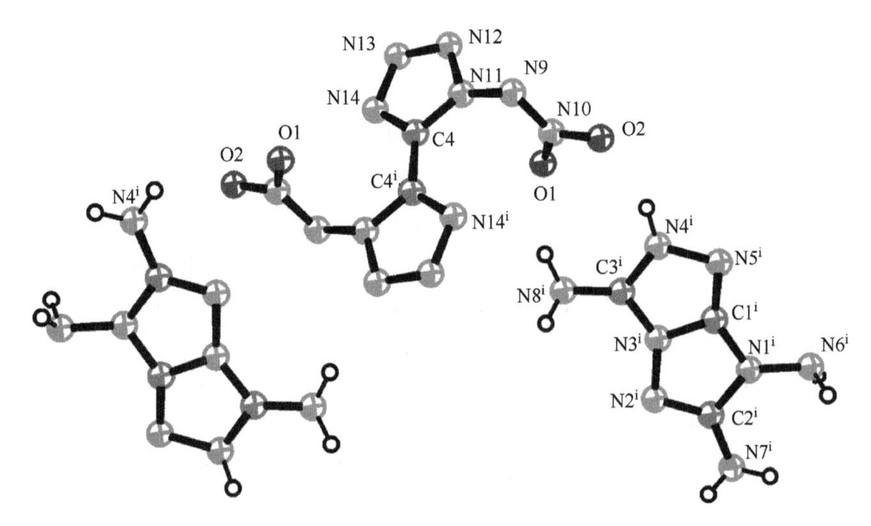

图 3.79　化合物 **3-281** 的单晶图

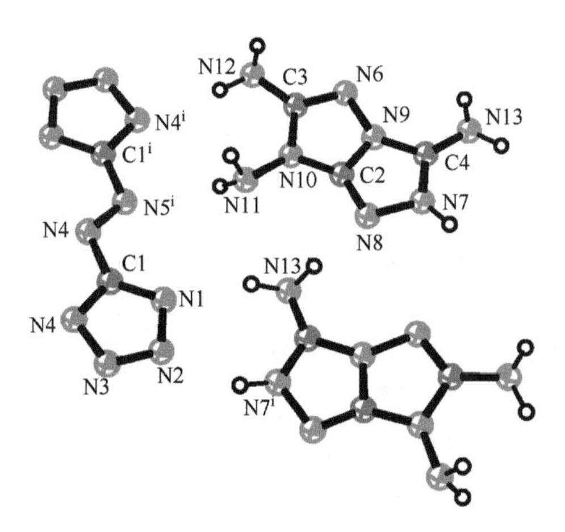

图 3.80　化合物 **3-282** 的单晶图

在这些分子中，化合物 **3-281**、**3-282** 和 **3-288** 是 HEDM 潜在应用中最有希望的候选材料。这些盐将良好的稳定性与优异的爆轰性（$D>9200$ m/s 和 $P>30$ GPa）相结合，所有这些盐都满足了机械感度和热（$T_d>200$℃）刺激的标准。这些研究表明，**3-260** 及其含能离子盐对热和机械刺激具有良好的稳定性，以及高的能量性能，使其成为在设计新的 HEDM 时有希望的含能骨架。

二级炸药的标准是撞击和摩擦感度不比 RDX 差，且分解温度在 200℃以上[33]。目前为了改善二级炸药的性能，主要通过①构建富氮杂环进行 N 氧化，②使用富氮阳离子来构筑离子盐，③形成氢键网络，来降低感度。多氨基的氮杂稠环中，氨基可以转化为硝基、硝胺基等高能基团，提升能量水平，同时可以作为富氮阳离子来构筑离子盐。因此，多氨基的氮杂稠环高能材料具有重要的地位。Potts 和 Hirsch 最早在 1968 年报道了 3,6,7-三氨基 7*H*-[1,2,4]三唑并[4,3*b*] [1,2,4]三唑(TATOT)[40](爆速 9385 m/s，爆压 29.7 GPa，撞击感度 40 J，摩擦感度 360 N)，表现出良好的能量水平。T. M. Klapotke 等将 TATOT 做成阳离子，与不同的阴离子进行反应，得到了一系列含能离子盐(图 3.81)，除了 **3-292** 的摩擦感度略低以外，其余所有离子盐均符合分解温度＞200℃，撞击感度＞7.5 J，摩擦感度＞120 N 的二级炸药标准。其中 **3-291**(爆速 9005 m/s，爆压 30.2 GPa，撞击感度 40 J，摩擦感度 360 N)、**3-295**(爆速 9360 m/s，爆压 30.7 GPa，撞击感度 20 J，摩擦感度 360 N)、**3-296**(爆速 9289 m/s，爆压 31.5 GPa，撞击感度 30 J，摩擦感度 360 N)(表 3.25)在感度和爆轰性能上都表现良好。因此，将 TATOT 这种多氨基的氮杂稠环化合物作为富氮阳离子，来构筑含能离子盐，是一种有效的寻找二级炸药的途径。

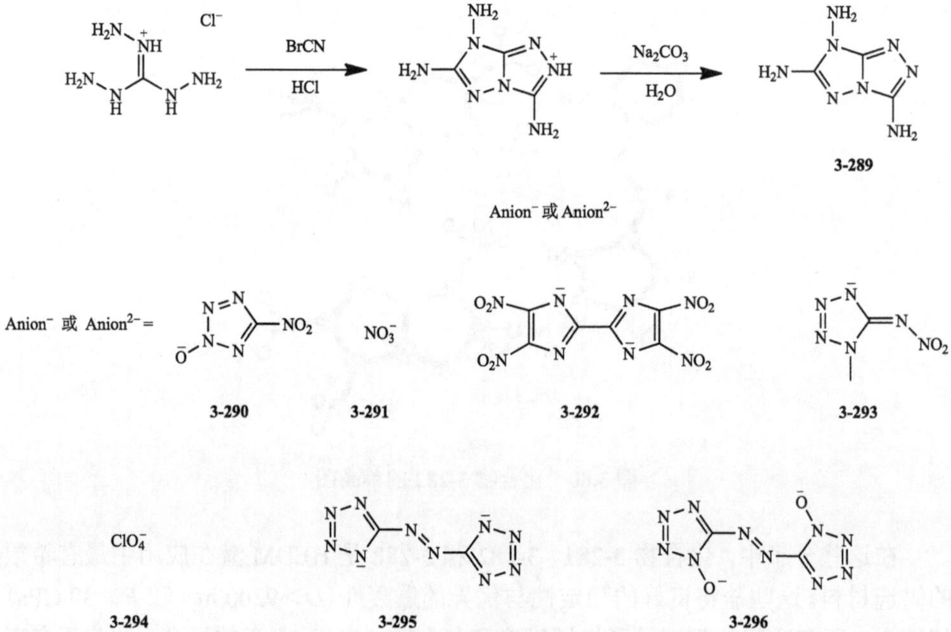

图 3.81　**3-289** 及其含能盐的合成路线

表 3.25 3-289 及其含能盐的合成的物理性能表

化合物	分解温度/℃	密度/(g/cm³)	生成焓/(kJ/mol)	爆速/(m/s)	爆压/GPa	撞击感度/J	摩擦感度/N
3-289	245	1.72	446.7	9385	29.7	40	360
3-290	222	1.73	691.7	8814	29.0	25	360
3-291	280	1.78	261.5	9005	30.2	40	360
3-292	224	1.76	1845.5	9242	32.0	7.5	108
3-293	237	1.65	783.9	8760	26.9	8	360
3-294	264	1.78	314.6	8312	28.1	9	216
3-295	200	1.72	1811.8	9360	30.7	20	360
3-296	210	1.73	1834.1	9289	31.5	30	360
3-299	219	1.71	480.3	8461	25.4	40	360
3-300	169	1.73	174.9	8271	26.6	6	120
3-301	220	1.78	364.4	8250	29.0	4	120
3-302	191	1.74	83.9	8590	28.4	15	360
3-303	167	1.74	141.6	8715	29.5	8	240
3-304	221	1.77	1682.9	8694	30.1	8	160
3-305	222	1.76	1853.2	8732	30.3	12	240
3-306	201	1.83	1882.0	9077	34.4	10	240
3-307	132	1.51	618.1	9121	32.1	12	360

受到 TATOT 的启发，继续采用这种 C—N 键作为共用键的结构，以 TATOT 种氨基三唑的部分为子结构进行拼接，合成了化合物 **3-299**，并对其进行了硝化，结果得到了硝胺键断裂的 **3-300**(图 3.82)[41]。同样地，将 **3-299** 这种多氨基的氮杂稠环作为阳离子，合成了一系列含能离子盐。除了 **3-300** 和 **3-307** 外，均表现出合适的热稳定性，并筛选出了 **3-306**(爆速 9077 m/s，爆压 34.4 GPa，撞击感度 10 J，摩擦感度 240 N)，因其良好的性能可以考虑作为 RDX 的替代品(表 3.25)。

化合物 **3-300** 在单斜空间群 $P2_1/c$ 中以一水合物的形式结晶。在温度为 150K 时计算密度为 1.774 g/cm³，如图 3.83(a)所示，它具有两性离子结构，在 N4 处带负电荷，在 N6 处为质子化氮原子。所有原子都位于同一平面上，N7—C8—N12—N11 的二面角为 178.94(16)°。如图 3.83(b)所示，晶体结构中存在多个氢键和较短键长的相互作用(C—N、C—O、C—C 和 N—O)。此外，**3-300** 的晶体结构由沿轴的平行层组成，这些层相互堆叠，层距为 3.135 Å。

3-303 的二水合物在 150 K 温度下密度为 1.749 g/cm³ 的单斜空间群 $P2_1/c$ 中结晶。每个单晶中有四个分子[图 3.84(a)]。在阳离子中，两个杂环位于同一平面上，N32—C28—N29—C25 二面角为−179.15°，N17—C18—N19—N20 为 179.93°。

N3—N4—C5—N6 二面角为−1.0(3)°，表明阴离子也在同一平面内。氮稠环阳离子、3,4-二硝胺基呋咱氮杂环阴离子和水分子通过氢键连接[图 3.84(b)]。

HCOOH　BrCN　NaHCO₃　100% HNO₃

3-297　3-298　3-299　3-300

3-299　含能酸　Anion⁻ 或 Anion²⁻

Anion⁻ 或 Anion²⁻ =　ClO_4^-　NO_3^-

3-301　3-302　3-303　3-304

3-305　3-306

3-300　$N_2H_4 \cdot H_2O$　$N_2H_5^+$

3-307

图 3.82　**3-299** 及其含能盐的合成路线

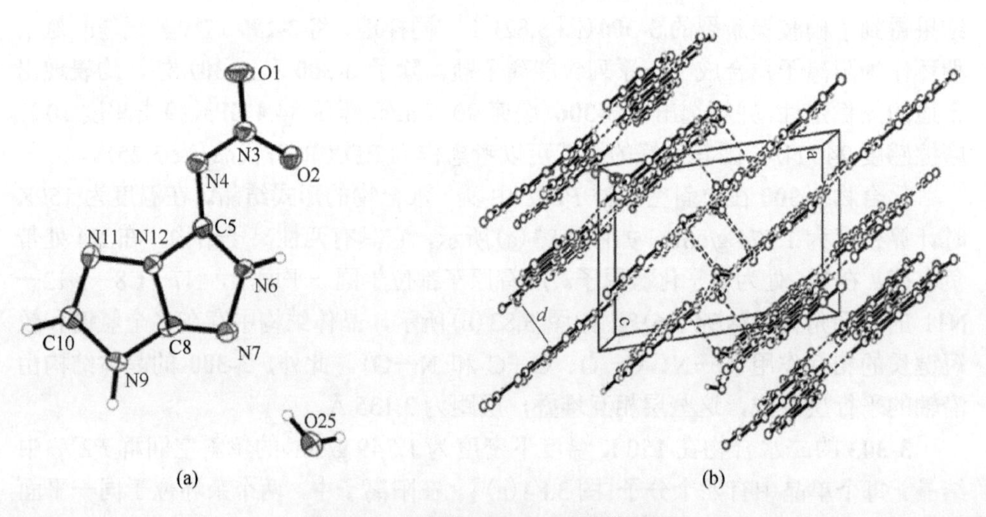

图 3.83　化合物 **3-300**·H_2O 的单晶图

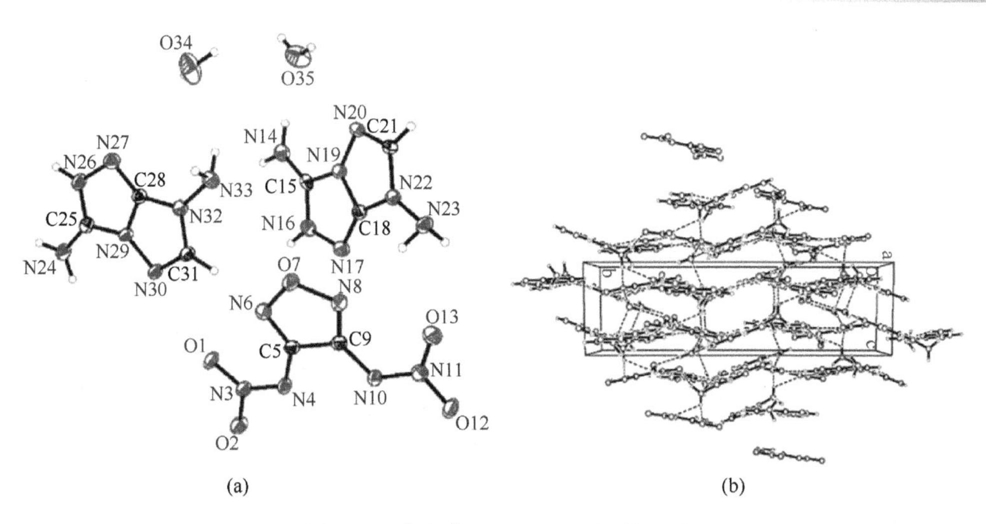

图 3.84 化合物 **3-303**·$2H_2O$ 的单晶图

3.2.3 并四唑类高能材料

并四唑类高能材料 CHN_7 是有争议的 1*H*-四唑[1,5-*d*]四唑。Taha[42]报道了通过亚硝酸钠在浓盐酸溶液中处理 1,5-二氨基四唑(DAT)制备的稠环化合物(图 3.85)，但很难重复。

HCl,$NaNO_2$ / 0℃ → **3-308**

图 3.85 并四唑类高能材料的合成路线

3.2.4 并五唑类高能材料

Tang 等[41]计算了五唑稠环 N_8(**3-309**)(图 3.86)的密度、爆轰性能和能量性能(表 3.26)，含能化合物的生成焓(HOF)和爆热(*Q*)是获得优异爆轰性能的重要参数，**3-309** 的 HOF 极高，达到 934.9 kJ/mol，远远超过六硝基六氮杂异伍兹烷(CL-20)和八硝基立方烷(ONC)(600 kJ/mol)。爆速(*D*)和爆压(*P*)描述含能化合物的能量参数。通过对比 HMX 参数($D = 8795$ m/s, $P = 34.5$ GPa)，可以发现 **3-309** 具有较高的爆速(9421 m/s)和爆压(38.0 GPa)。

3-309

图 3.86 并五唑类高能材料

表 3.26　N_8的预测物理性能表

化合物	密度/(g/cm³)	生成焓/(kJ/mol)	爆速/(m/s)	爆压/GPa	爆热/(J/g)
3-309	1.70	934.9	9421	38.0	8347.7

3.2.5　不同唑类相并的高能材料

Yin 等[34]以 6-硝基吡唑[3,4-*d*][1,2,3]三唑-3(4*H*)-酸盐为基础，通过 *N*-甲基或 *N*,*N*-乙烯取代的 4-氯-3,5-二硝基吡唑与水合肼的环化反应合成了含能盐(图 3.87)。所有化合物在 85～192℃(起始温度)之间分解而不熔化。因为含有大量氢键，胍盐 **3-314** 的热稳定性最好(表 3.27)。用气体比重瓶测量这些盐的密度，其值介于 1.62～1.76g/cm³之间，大部分高于 TNT(1.65g/cm³)，但略低于 RDX(1.80g/cm³)。与以前的稠合杂环含能盐相比，这些化合物的相对较低值可能是由烷基取代引起的。2-羟基-4-甲基-6-硝基吡唑并[3,4-*d*][1,2,3]三唑-3(4*H*)-胺盐(**3-313**)在所有富氮盐中的密度最高，为 1.76 g/cm³。所有含能盐都显示出正的生成焓，介于 371.0～916.4 kJ/mol 之间。3,6,7-三氨基-7*H*-[1,2,4]三氮唑[5,1-*c*][1,2,4]三氮唑-2-酸盐(**3-316**)的正值最高(916.4 kJ/mol，2.71 kJ/g)，高于目前使用的炸药，如 1,3,5-三氮杂环己烷(RDX，80 kJ/mol，0.36 kJ/g)。所有含能盐(**3-312**～**3-316**)显示出良好的爆压(22.5～31.9 GPa)和爆速(7911～8859 m/s)，超过 TNT(19.5 GPa，6881 m/s)，盐 **3-312**～**3-316** 的灵敏度(IS = 8～40 J；FS = 120～360 N)远低于 RDX(7 J，120 N)。此外，所有化合物的相对中等氧平衡(OB)范围为–43.4%～–22.2%。

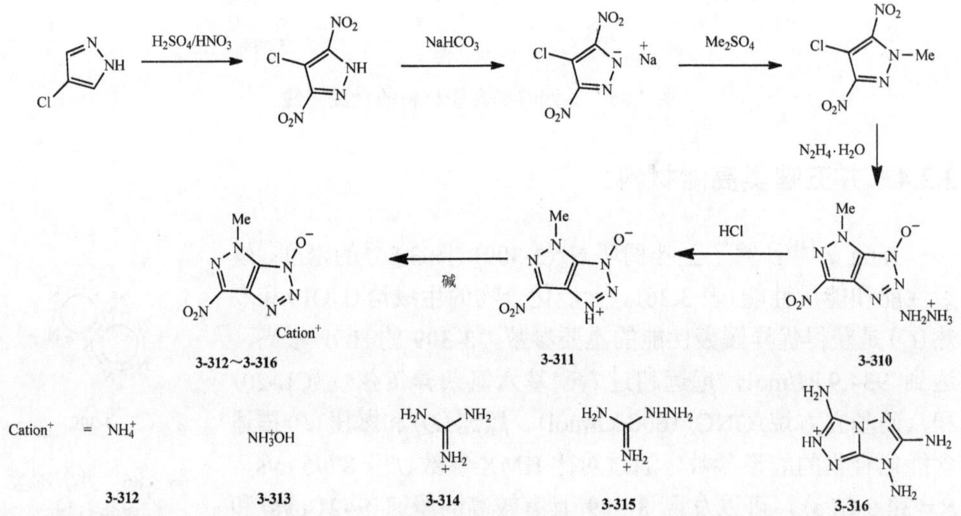

3-312～3-316　**3-311**　**3-310**

3-312　**3-313**　**3-314**　**3-315**　**3-316**

图 3.87　基于 6-硝基吡唑[3,4-*d*][1,2,3]三唑-3(4*H*)-阴离子盐(**3-312～3-316**)的合成路线

胍 4-甲基-6-硝基吡唑[3,4-*d*][1,2,3]三唑-3(4*H*)-酯(**3-314**)结晶于单斜空间群 $P2_1/c$。如图 3.88(a)所示，质子从 1,2,3-三唑环转移到胍上。与大多数已知的稠合杂环类似，**3-314** 的阴离子具有平面结构，由单晶结构中的二面角可以看出：O3—N6—C1—C2 = −179.63(9)°，O2—N6—C1—C2 = −0.83(15)°，N2—N3—C3—C2 = 0.96(10)°，O1—N3—C3—N4 = 1.2(2)°。然而，二面角 C4—N4—C3—N3 为 10.8(2)°，这表示甲基稍微扭曲出稠合骨架的平面。由于三唑环中的化学环境不同，N1—N2 和 N2—N3 的键长分别为 1.3416(12) Å 和 1.3558(12) Å。胍阳离子的氨基和吡唑环的硝基之间发生氢键相互作用。

以甲醇为原料，通过重结晶得到了适用于 X 射线晶体结构分析的氨基胍-4-甲基-6-硝基吡唑[3,4-*d*][1,2,3]三唑-3(4*H*)-酸盐(**3-315**)。化合物 **3-315** 在温度为 100K 下的计算密度为 1.667 g/cm^3，属于单斜空间群 $I_{2/a}$[图 3.89(a)]。与 **3-314** 相比，在三唑环和氨基胍阳离子之间观察到广泛的氢键相互作用；然而，硝基和 NH 基团之间没有显著的相互作用[图 3.89(b)]。这可能表明，与硝基相比，三唑-3-羧酸阴离子的 N-O 部分作为氢受体发挥着更重要的作用，这有利于共面二维堆积层的产生。

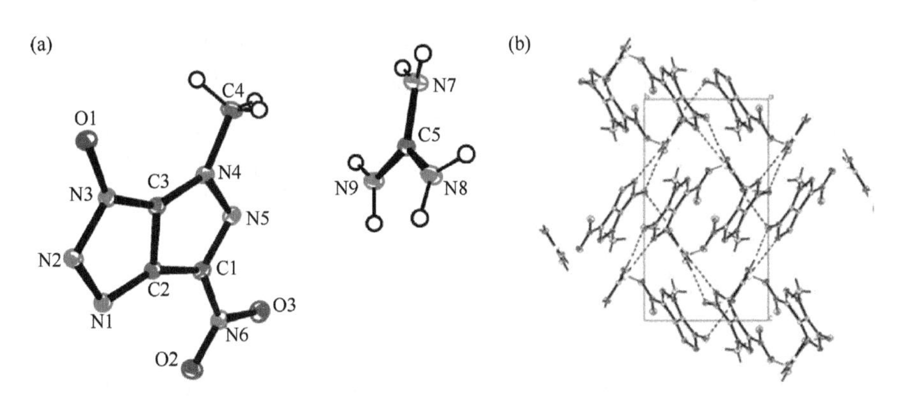

图 3.88　化合物 **3-314** 的单晶图

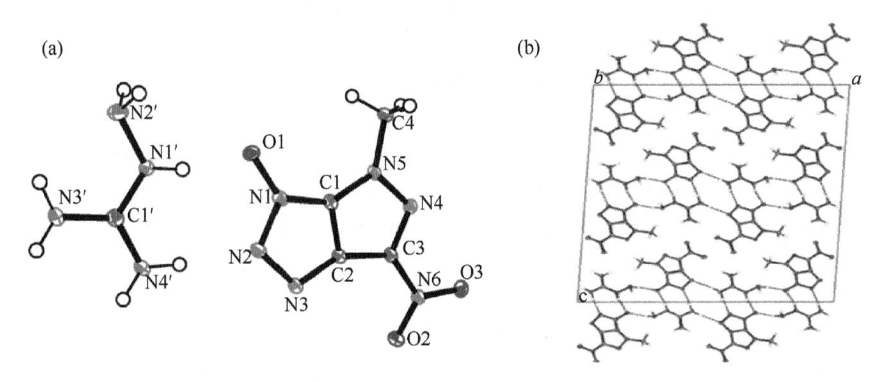

图 3.89　化合物 **3-315** 的单晶图

表 3.27　含能离子盐 3-312～3-316 的物理性能表

化合物	分解温度/℃	密度/(g/cm^3)	生成焓/(kJ/mol)	爆速/(m/s)	爆压/GPa	撞击感度/J	摩擦感度/N
3-312	144	1.67	393.1	8341	26.3	15	120
3-313	112	1.76	439.4	8859	31.9	8	120
3-314	192	1.62	371.0	7911	22.5	40	360
3-315	181	1.64	485.3	8196	24.3	25	240
3-316	188	1.74	916.4	8519	27.5	15	160

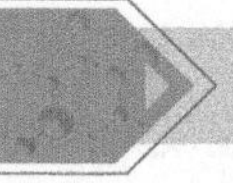

3.3　发展趋势

五元唑骨架的多功能家族成员促进了对 HEDM 结构性质的更好理解，并为 HEDM 的未来设计提供了多样化的选择。合理利用含能官能团和唑类主链是平衡含能性能和分子稳定性的关键因素。

随着杂环化学的迅速发展，我们相信唑基高能材料将继续成为材料科学框架的热点。从合成方法论的角度来看，探索各种功能化含能基团的新转变对于寻找下一代 HEDM 具有极大的吸引力。同时，考虑到工业利益，修改反应条件对于降低生产成本和限制环境污染也具有很大的吸引力。随着含能化合物理化性质数据库的不断增长，计算机辅助设计将为新的 HEDM 提供一条捷径。因此，未来高能材料的进一步发展需要合成化学家和计算机科学家之间更多的合作。

参考文献

[1] Yin P, Zhang J, Parrish D A, et al. Energetic *N,N'*-ethylene-bridged bis(nitropyrazoles): diversified functionalities and properties. Chemistry, 2014, 20(50): 16529-16536.

[2] Dalinger I L, Vatsadze I A, Shkineva T K, et al. Synthesis of 4-(*N*-azolyl)-3,5-dinitropyrazoles. Mendeleev Communications, 2010, 20(6): 355-356.

[3] Li C, Liang L, Wang K, et al. Polynitro-substituted bispyrazoles: a new family of high-performance energetic materials. Journal of Materials Chemistry A, 2014, 2(42): 18097-18105.

[4] Zhang J, He C, Parrish D A, et al. Nitramines with varying sensitivities: functionalized dipyrazolyl-*N*-nitromethanamines as energetic materials. Chemistry, 2013, 19(27): 8929-8936.

[5] Klapötke T M, Penger A, Pflüger C, et al. Advanced open-chain nitramines as energetic materials: heterocyclic-substituted 1,3-dichloro-2-nitrazapropane. European Journal of Inorganic Chemistry, 2013, (26): 4667-4678.

[6] Yin P, Parrish D A, Shreeve J M. *N*-diazo-bridged nitroazoles: catenated nitrogen-atom chains compatible with nitro functionalities. Chemistry, 2014, 20(22): 6707-6712.

[7] Klapötke T M, Preimesser A, Stierstorfer J, Energetic derivatives of 4,4′,5,5′-tetranitro-2,2′-bisimidazole (TNBI). Zeitschrift für Anorganische und Allgemeine Chemie, 2012, 638 (9): 1278-1286.

[8] Yin P, He C, Shreeve J M. Fully C/N-polynitro-functionalized 2,2′-biimidazole derivatives as nitrogen- and oxygen-rich energetic salts. Chemistry, 2016, 22 (6): 2108-2113.

[9] Hiskey M A, Chavez D E, Naud D L. LA-UR-01–1493.

[10] DeHope A, Pagoria P F, Parrish D. LLNL-CONF-624954.

[11] Churakov A M, Ioffe S L, Tartakovskii V A. Synthesis of l-aryl-2-nitrodiazene 1-*N*-oxides. Mendeleev Communications, 1996, 6 (1): 20-22.

[12] Sheremetev A B, Semenov S E, Kuzmin V S, et al. Synthesis and X-ray crystal structure of bis-3,3′- (nitro-NNO-azoxy) -difurazanyl ether. Chemistry—A European Journal, 1998, 4 (6): 1023-1026.

[13] Sheremetev A B, Kulagina V O, Aleksandrova N S, et al. Dinitro trifurazans with oxy, azo, and azoxy bridges. Propellants Explosives Pyrotechnics, 1998, 23: 142-149.

[14] Tang Y, Gao H, Imler G H, et al. Energetic dinitromethyl group functionalized azofurazan and its azofurazanates. RSC Advances, 2016, 6 (94): 91477-91482.

[15] Zhang J, Shreeve J M. Nitroaminofurazans with azo and azoxy linkages: a comparative study of structural, electronic, physicochemical, and energetic properties. Journal of Physical Chemistry C, 2015, 119 (23): 12887-12895.

[16] Thottempudi V, Gao H, Shreeve J M. Trinitromethyl-substituted 5-nitro- or 3-azo-1,2,4-triazoles: synthesis, characterization, and energetic properties. Journal of the American Chemical Society, 2011, 133 (16): 6464-6471.

[17] Liu W, Li S H, Li Y C, et al. Nitrogen-rich salts based on polyamino substituted *N*, *N*′-azo-1,2,4-triazole: a new family of high-performance energetic materials. Journal of Materials Chemistry A, 2014, 2 (38): 15978-15986.

[18] Dippold A A, Klapotke T M. A study of dinitro-bis-1,2,4-triazole-1,1′-diol and derivatives: design of high-performance insensitive energetic materials by the introduction of *N*-oxides. Journal of the American Chemical Society, 2013, 135 (26): 9931-9938.

[19] Yin P, Shreeve J M. From *N*-nitro to *N*-nitroamino: preparation of high-performance energetic materials by introducing nitrogen-containing ions. Angewandite Chemie International Edition in English, 2015, 54 (48): 14513-14517.

[20] Qi C, Li S H, Li Y C, et al. Synthesis and promising properties of a new family of high-nitrogen compounds: polyazido- and polyamino-substituted *N*,*N*′-azo-1,2,4-triazoles. Chemistry, 2012, 18 (51): 16562-16570.

[21] Klapötke T M, Schmid P C, Schnell S, et al. Thermal stabilization of energetic materials by the aromatic nitrogen-rich 4,4′,5,5′-tetraamino-3,3′-bi-1,2,4-triazolium cation. Journal of Materials Chemistry A, 2015, 3 (6): 2658-2668.

[22] Klapötke T M, Leroux M, Schmid P C, et al. Energetic materials based on 5,5′-diamino-4,4′-dinitramino-3,3′-bi-1,2,4-triazole. Chemistry-An Asian Journal, 2016, 11 (6): 844-851.

[23] He C, Shreeve J M. Energetic materials with promising properties: synthesis and characterization

of 4,4′-bis (5-nitro-1,2,3-2*H*-triazole) derivatives. Angewandite Chemie International Edition in English, 2015, 54 (21): 6260-6264.

[24] Tang Y, He C, Gao H, et al. Energized nitro-substituted azoles through ether bridges. Journal of Materials Chemistry A, 2015, 3 (30): 15576-15582.

[25] Fischer D, Klapotke T M, Stierstorfer J. Potassium 1,1′-dinitramino-5,5′-bistetrazolate: a primary explosive with fast detonation and high initiation power. Angewandite Chemie International Edition in English, 2014, 53 (31): 8172-8175.

[26] Tselinskii I V, Mel'nikova S F, Romanova T V. Synthesis and reactivity of carbohydroximoyl azides: I. Aliphatic and aromatic carbohydroximoyl azides and 5-substituted 1-hydroxytetrazoles based thereon. Russian Journal of Organic Chemistry, 2001, 37 (3): 430-436.

[27] Fischer N, Fischer D, Klapötke T M, et al. Pushing the limits of energetic materials — the synthesis and characterization of dihydroxylammonium 5,5′-bistetrazole-1,1′-diolate. Journal of Materials Chemistry, 2012, 22 (38): 20418-20422.

[28] Wang P, Xu Y, Lin Q, et al. Recent advances in the syntheses and properties of polynitrogen pentazolate anion cyclo-N_5^- and its derivatives. Chemical Society Reviews, 2018, 47 (20): 7522-7538.

[29] Li C, Zhang M, Chen Q, et al. 1-(3,5-Dinitro-1*H*-pyrazol-4-yl)-3-nitro-1*H*-1,2,4-triazol-5-amine (HCPT) and its energetic salts: highly thermally stable energetic materials with high-performance. Dalton Transactions, 2016, 45 (44): 17956-17965.

[30] Bian C, Zhang M, Li C, et al. 3-Nitro-1-(2*H*-tetrazol-5-yl)-1*H*-1,2,4-triazol-5-amine (HANTT) and its energetic salts: highly thermally stable energetic materials with low sensitivity. Journal of Materials Chemistry A, 2015, 3 (1): 163-169.

[31] Fischer D, Klapotke T M, Piercey D G, et al. Synthesis of 5-aminotetrazole-1*N*-oxide and its azo derivative: a key step in the development of new energetic materials. Chemistry, 2013, 19 (14): 4602-4613.

[32] Kumar D, Imler G H, Parrish D A, et al. *N*-Acetonitrile functionalized nitropyrazoles: precursors to insensitive asymmetric *N*-methylene-C linked azoles. Chemistry, 2017, 23 (33): 7876-7881.

[33] Song L, Zhang C, Sun C, et al. Stabilization mechanisms of three novel full-nitrogen molecules. Monatshefte für Chemie-Chemical Monthly, 2021, 152: 421.

[34] Yin P, He C, Shreeve J M. Fused heterocycle-based energetic salts: alliance of pyrazole and 1,2,3-triazole. Journal of Materials Chemistry A, 2016, 4 (4): 1514-1519.

[35] Zhang J, Parrish D A, Shreeve J M. Curious cases of 3,6-dinitropyrazolo[4,3-c]pyrazole-based energetic cocrystals with high nitrogen content: an alternative to salt formation. Chemical Communications, 2015, 51 (34): 7337-7730.

[36] Zhang J, Parrish D A, Shreeve J M. Thermally stable 3,6-dinitropyrazolo[4,3-*c*]pyrazole-based energetic materials. Chemistry-An Asian Journal, 2014, 9 (10): 2953-2960.

[37] Yin P, Zhang J, Mitchell L A, et al. 3,6-Dinitropyrazolo 4,3-*c* pyrazole-based multipurpose energetic materials through versatile N-functionalization strategies. Angewandte Chemie International Edition, 2016, 55 (41): 12895-12897.

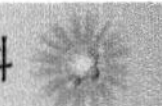

[38] Potts K T, Hirsch C. Synthesis and properties of 3,6-dinitropyrazolo[4,3-*c*]-pyrazole (DNPP) derivatives. Journal of Organic Chemistry, 1968, 33: 143-150.

[39] Tang Y, He C, Shreeve J M. A furazan-fused pyrazole *N*-oxide via unusual cyclization. Journal of Materials Chemistry A, 2017, 5 (9): 4314-4319.

[40] Zhang W, Xia H, Yu R, et al. 1,2,4-Triazoles. XVIII. Synthesis of 5*H*-s-triazolo[5,1-*c*]-s-triazole and its derivatives. Propellants Explosives Pyrotechnics, 2020, 45: 546.

[41] Tang Y, He C, Imler G H, et al. High-performing and thermally stable energetic 3,7-diamino-7*H*-[1,2,4]triazolo[4,3-*b*][1,2,4]triazole derivatives. Journal of Materials Chemistry A, 2017, 5 (13): 6100-6105.

[42] Taha M. Use of 1,5-diaminotetrazole in the synthesis of some fused heterocyclic compounds. Journal of the Indian Chemical Society, 2005, 82 (2): 172-174.

第 4 章

三环唑类高能材料

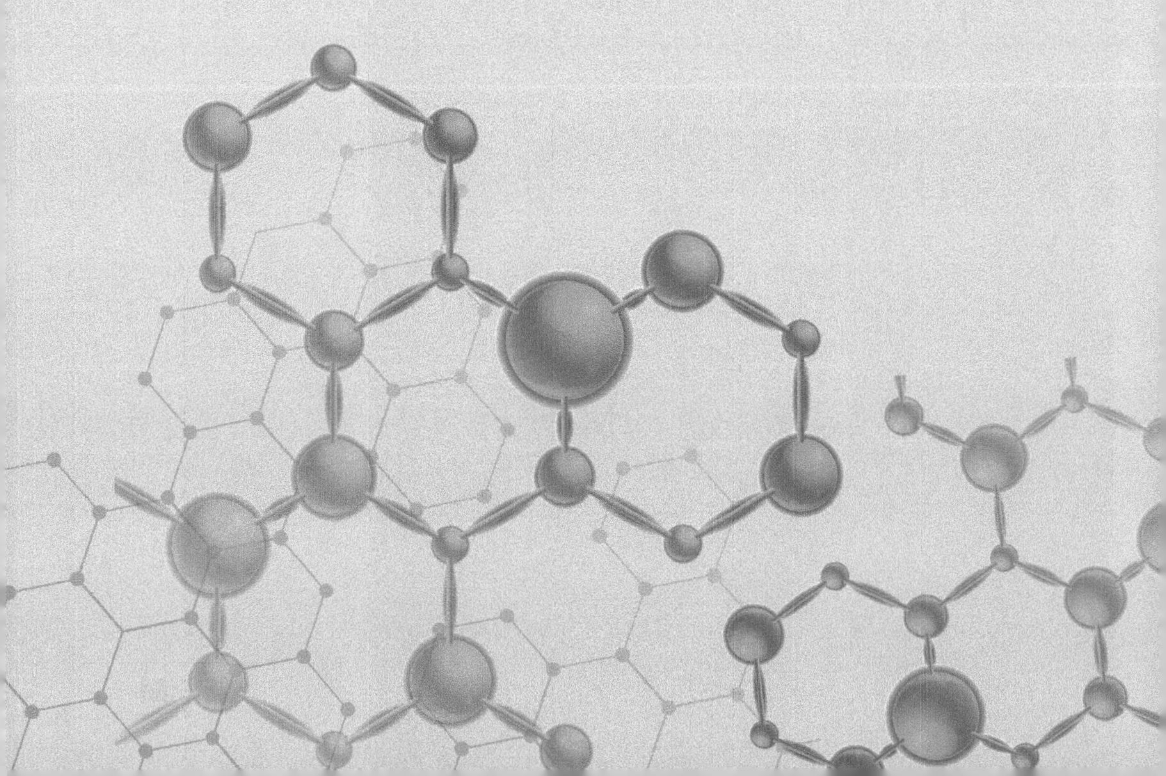

随着人们对低毒性、高性能和钝感的高能量密度材料的迫切需求，尽管科研人员已经合成了许多化合物，但仍需要继续寻找具有实际应用的新型高能材料[1-9]。在目标新材料中实现特定性能对科研人员来说仍然是一个巨大的挑战。在过去的二十年里，研究人员的注意力已经从传统的硝基酯(PETN)、硝胺(RDX 和 HMX)和硝基芳族(TNT 和 TATB)炸药转移到具有富氧和富氮的碳骨架分子结构的新型杂环炸药。最近合成的杂环高能材料不仅增加了密度和生成焓，而且有优秀的爆轰性能以及良好的稳定性。这些含能材料常以五或六原子环的简单杂环分子作为主链制备化合物，为科研人员合成新型高能材料提供了更广泛的选择。该领域至少有三个主要研究方向正在迅速发展：

(1) 硝基或氨基与碳或氮环原子相连的单环分子[10]。

(2) 离子杂环含能盐[11-13]。

(3) 线形或杂环在不同形状和大小分子的多环阵列中的组合[14, 15]。

本部分主要研究了三环类富氮杂环化合物的合成、性质和构效关系。

4.1　二联唑类高能材料

4.1.1　噁二唑联唑类

在研制开发新型含能化合物的过程中，噁二唑环受到了广泛的关注。其结构为含有两个碳原子、两个氮原子和一个氧原子的五元杂环结构，五个原子处于同一平面，氮含量 40%，氧含量 28%。如图 4.1 所示，噁二唑有四种同分异构体：1,2,4-噁二唑、1,2,5-噁二唑(呋咱)、1,3,4-噁二唑和 1,2,3-噁二唑(不能稳定存在)，所有结构都含有高能 N—O、C═N、N═N 键，可有效提高化合物的能量密度与氧平衡[16,17]。

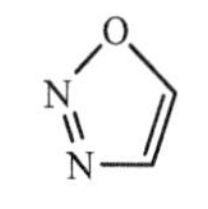

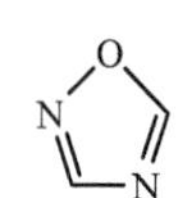

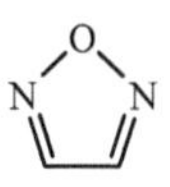

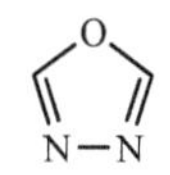

图 4.1　噁二唑的四种同分异构体

由于 1,2,5-噁二唑具有较高的能量和较大的生成焓(185 kJ/mol)，在推进剂和炸药配方中都有潜在的应用。此外，1,2,5-噁二唑-2-氧化物(呋喃)是呋咱的 *N*-氧化物衍生物，在其环的一侧具有“潜在”硝基。通过在分子中引入氧化呋咱环可使含能分子的密度和爆速分别提高 0.06～0.08 g/cm^3 和 300 m/s[18]。因此，含有呋咱或呋喃的多环含能化合物已经被广泛研究。多种氨基呋咱衍生物和氨基呋喃衍生物由于其良好的稳定性和高生成焓在高能材料领域中广为人知。

如图 4.2 所示，以 4-氨基-*N*-羟基-1,2,5-噁二唑-3-氨基肟(AAOF)为原料，进一步与亚硝酸钠的 HCl 水溶液生成 4-氨基-*N*-羟基-1,2,5-噁二唑-3-碳二酰氯，再通过 1,3-偶极环加成选择性合成双(氨基呋咱)呋喃(BAFF)，二氨基化合物 BAFF 经氧化得到二硝基化合物 BNFF[19]。BNFF 具有与传统炸药 HMX 相当的高密度(1.937 g/cm^3)和爆速(8930 m/s)。此外，BNFF 的低熔点(110℃)和相对较高的热稳定性使其在熔铸炸药和推进剂方向具有广阔的应用前景。然而，BNFF 也具有较高的撞击感度，限制了其广泛应用。高撞击感度应该源自中心氧化呋咱的活性配位氧原子。基于上述结果，研究人员通过分子间二聚、还原和卡罗酸氧化三步反应合成了具有高能量密度的双(硝基呋咱)呋喃不敏感化合物($BNFF^R$)。$BNFF^R$ 的晶体密度高，熔点低，对撞击和摩擦具有良好的敏感性，是一种具有高能量密度的不敏感材料(表 4.1)，可用作铸造炸药[20]。

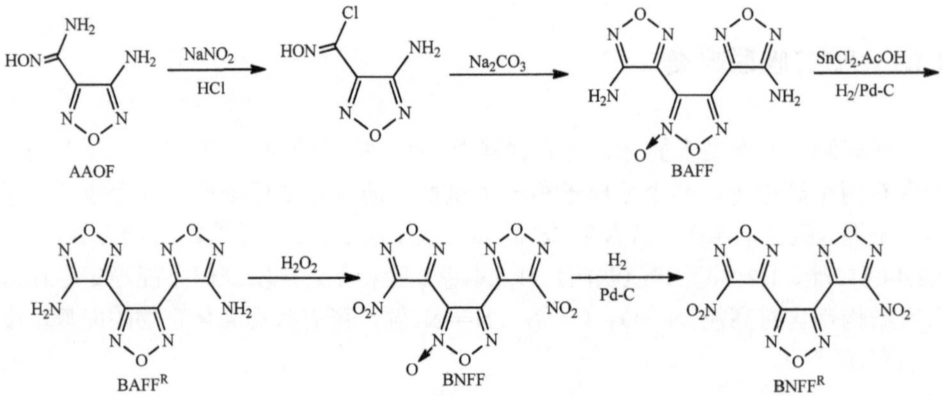

图 4.2　BNFF 的合成路线

此外，Alexander 在 H_2O_2/H_2SO_4 的条件下将 BAFF 的一个氨基氧化成硝基得到 ANTF(图 4.3)。从图 4.4 中可以看出，ANTF 的晶胞体积更小，且每个晶胞的分子量较低，所以密度明显小于 $BNFF^R$(1.839 g/cm^3)。虽然 ANFF 的密度较低，为 1.782 g/cm^3，但具有更高的熔点(表 4.1)。为了提高 ANTF 的能量，Alexander 对氨基进行了进一步的处理，如在 HNO_3/Ac_2O 中硝化得到硝胺基衍生物 NANTF；用浓亚硝基硫酸/H_2SO_4 重氮化，然后用叠氮化钠水溶液处理，得到叠氮化衍生物 AZNTF。

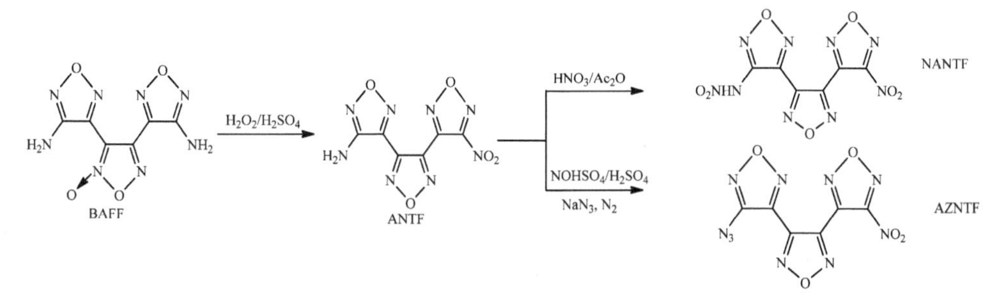

图 4.3　ANTF 及衍生物的合成路线

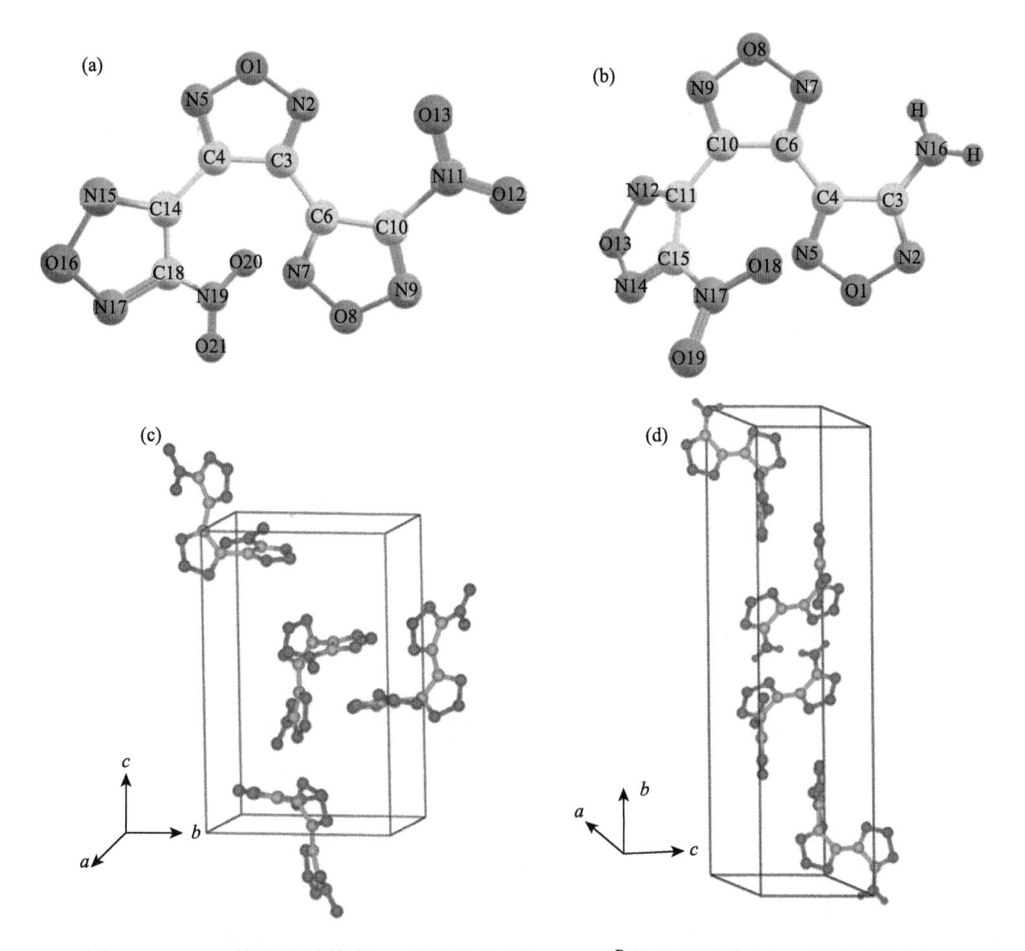

图 4.4　ANTF 的分子结构(a)、晶胞结构(c)；BNFF[R] 的分子结构(b)、晶胞结构(d)

由于硝基往往会增加所得含能化合物的生成焓和含氧量，三硝基乙氨基因其本身固有的特性，如高氮和高氧含量、正氧平衡以及高生成焓，成为提高高能材料性能的理想含能官能团[21]。为了提高分子的爆轰性能，于琼进一步将三硝基乙氨基引入 BAFF（图 4.5），得到系列化合物，这些化合物表现出高密度、高生成焓，从而具有优异的爆轰性能（表 4.1）。其中 *N*-硝基三硝基乙基氨基衍生物（**4-1**、**4-2**、**4-3**）具有高爆速（8673～9407 m/s）和相对较高的密度（1.83～1.90 g/cm^3），以及可接受的撞击敏感性（3.6～21.1 J），其中 *N*-硝基三硝基乙氨基化合物 **4-2** 密度最高（1.90 g/cm^3），爆速和爆压优于 HMX，计算出的爆轰性能和相当的低灵敏度表明这些高氮材料是很有吸引力的具有高爆震性能的高能材料[22]。这些性能的提升都可以从晶体结构来解释，化合物 **4-1**、**4-3** 中的三个噁二唑环都是非共面的，两个呋咱环的二面角分别为 31°和 26°，而三硝基乙基中存在广泛的分子内和分子间氢键，从而大大提高了其稳定性。这些氢键导致了 **4-1** 的面对面堆叠和 **4-3** 的波浪状层堆叠，层单元无限重复，形成了稳定的三维立方体层堆叠（图 4.6）。

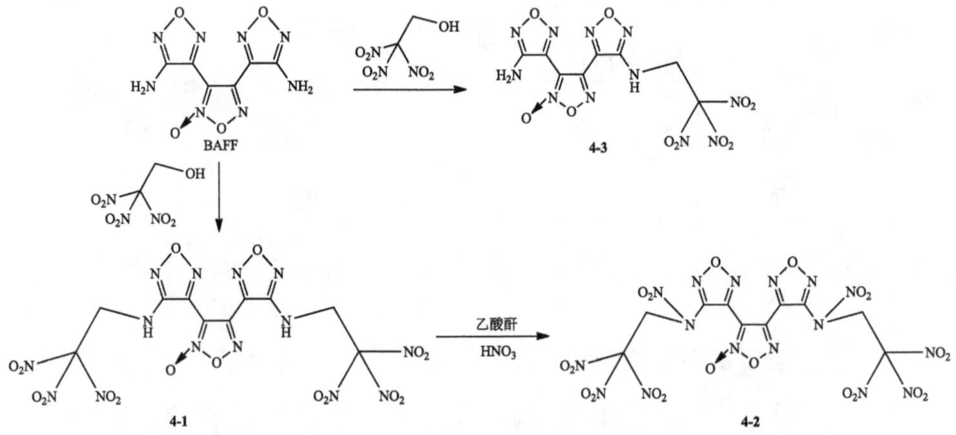

图 4.5　BAFF 的三硝基乙氨基衍生物的合成路线

同时，硝胺基也是一个理想的含能官能团，例如二硝胺基呋咱表现出优异的爆速（9376 m/s）和密度（1.899 g/cm^3），于琼对 3,4-(双氨基呋咱)-呋喃进行硝化，将硝胺基引入 BAFF，所得化合物 **4-4** 并不能在空气中稳定存在，为了稳定化合物 **4-4**，通过酸碱中和反应合成了多种含能盐（图 4.7），其中羟胺盐 **4-5** 表现出优秀的爆速（9046 m/s）以及更温和的摩擦感度（180 N），优于 RDX[22]（表 4.1）。从胍盐 **4-6** 的两个呋咱环 59°的二面角可以清楚地看出三个噁二唑是非共面的（图 4.8），扭曲结构可能是 **4-4** 不稳定的原因。成盐之后分子中存在大量的氢键以提高稳定性。在氢键和扭曲结构的共同作用下，形成螺旋状层结构。这样的层单元在无限堆叠中重复，这将整个晶体归类为螺旋形三维立方体堆叠结构。

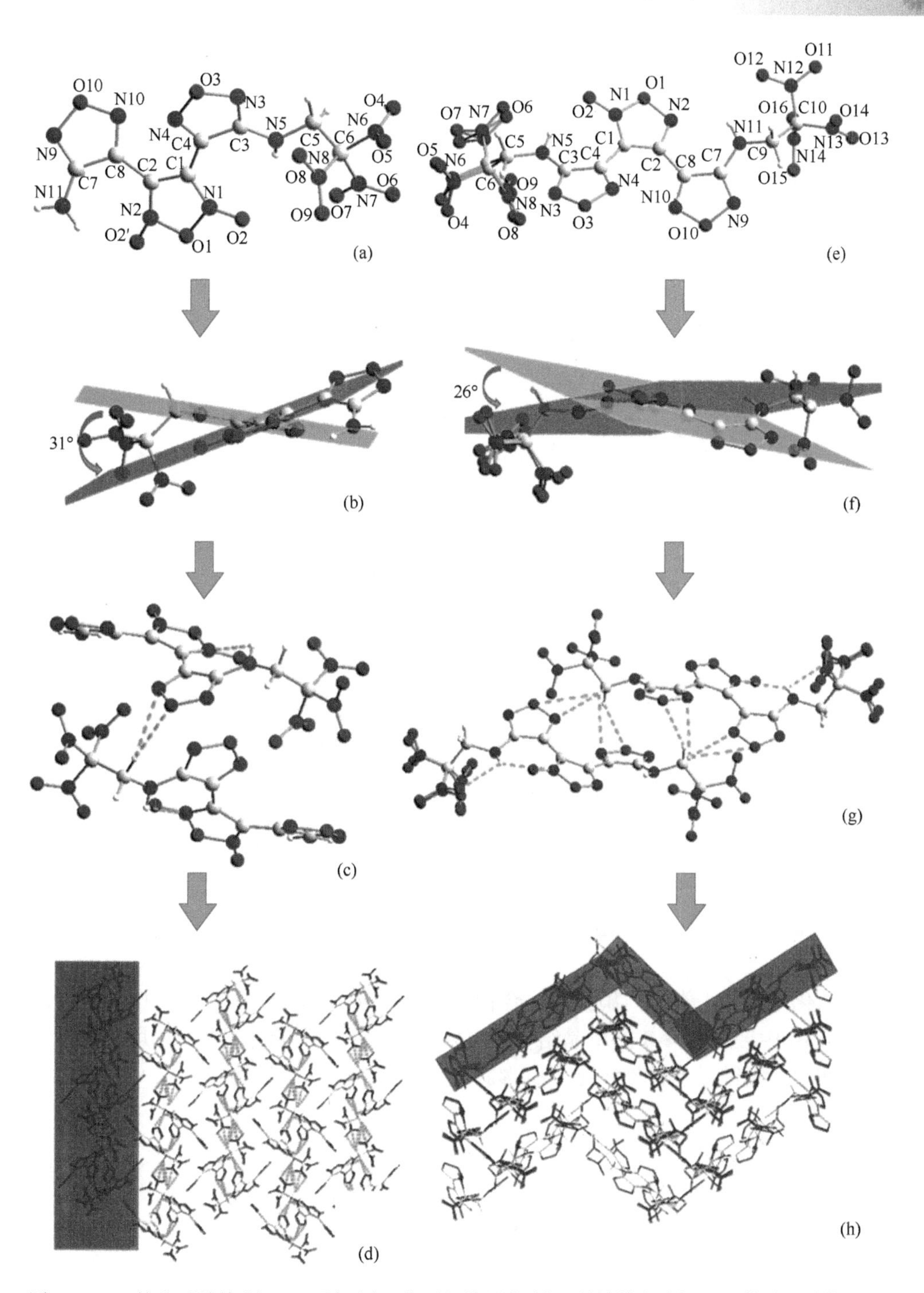

图 4.6　**4-1** 的分子结构(a)、二面角(b)、分子间作用力(c)、晶体堆积(d)；**4-3** 的分子结构(e)、二面角(f)、分子间作用力(g)、晶体堆积(h)

图 4.7　BAFF 硝化产物及衍生物的合成路线

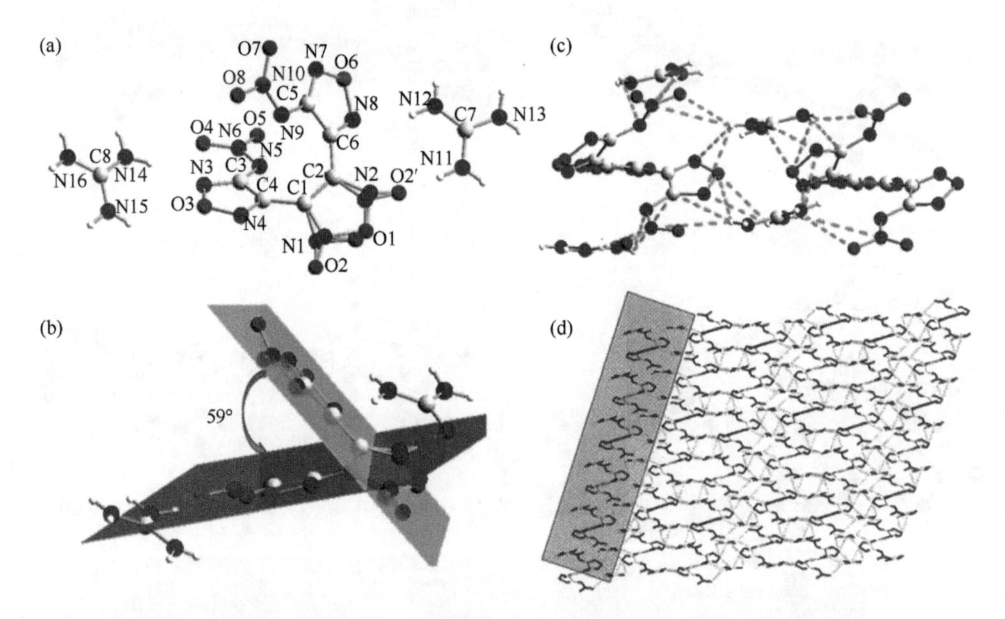

图 4.8　**4-6** 的晶体结构(a)、平面度(b)、分子相互作用(c)、晶体堆积图(d)

与化合物 **4-4** 类似，硝胺基化合物 **4-7**(合成路线见图 4.9)也具有扭曲结构，从图 4.10 中羟胺盐 **4-8** 的单晶结构图可以看到，两个呋咱环呈 70°夹角，且分子内存在大量氢键，晶体堆积是具有螺旋形三维立方体堆叠结构[23]。

图 4.9　$BAFF^R$ 硝化产物及衍生物的合成路线

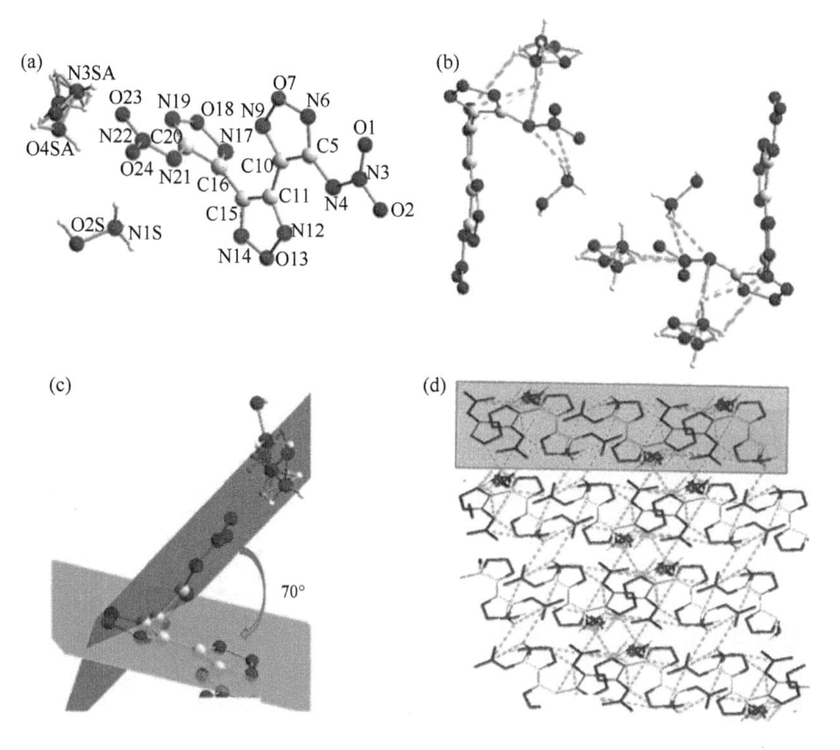

图 4.10　**4-8** 的晶体结构(a)、平面度(b)、分子相互作用(c)、晶体堆积图(d)

相比之下，由 1,2,4-噁二唑和 1,3,4-噁二唑组成的高能材料的例子相对较少。LLM-191 和 LLM-192 在结构上与 BNFF^{R} 和 ANTF 相似，唯一的区别是中心的噁二唑环是 1,2,4-噁二唑而不是 1,2,5-噁二唑。如图 4.11 所示，3-氨基-4-氨基肟呋咱与 3-氨基-4-氰基呋咱在氯化锌的条件下反应，得到三桥联噁二唑环化合物 **4-9**，可以

图 4.11　**4-9** 及其衍生物的合成路线

在三氟乙酸和 H_2O_2 的作用下得到 LLM-191、LLM-192（晶体结构见图 4.12）。LLM-191 具有较高的密度（1.899 g/cm^3），以及低熔点（62℃）和较高的分解温度（283℃），为了评估其安全特性，评估了撞击感度（40 cm，2.5 kg 落锤），优于 HMX 的。LLM-192 具有更高的熔点（92℃），还有较低的撞击感度（＞177 cm），但爆轰性能较差和密度较低（1.714 g/cm^3）[24]（表 4.1）。

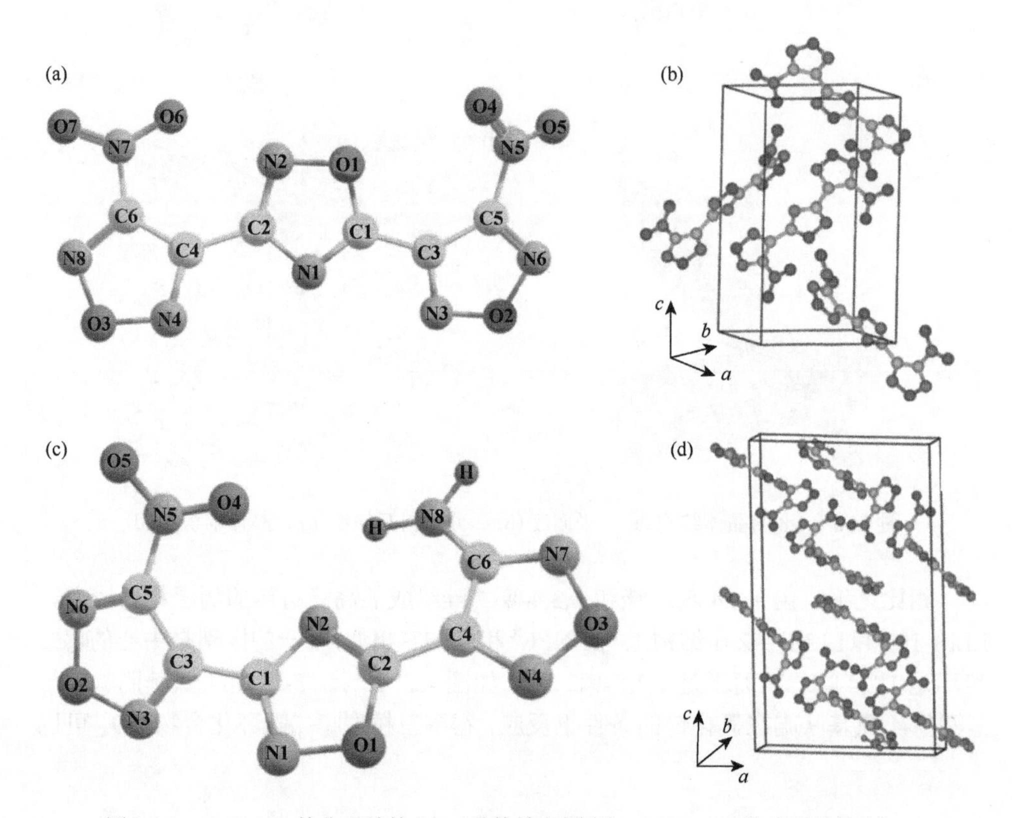

图 4.12　LLM-191 的分子结构(a)、晶体堆积图(b)；LLM-192 的分子结构(c)、晶体堆积图(d)

此外，也可与过量发烟硝酸反应可得到硝胺产物 **4-10**，但无法在空气中稳定存在，为了解决这一问题，将 **4-10** 与碱反应可得到含能离子盐 **4-11**、**4-12**。由于该母体结构的不对称性，离子盐的密度不高，铵盐和肼盐都只有 1.71 g/cm^3，爆速分别是 8271 m/s 和 8603 m/s，爆压分别是 27.9 GPa 和 30.1 GPa[25]。从图 4.13 可以看出，呋咱环、水、铵离子之间形成大量分子间氢键，三个环轻微扭曲，晶体堆积以无限面对面排列为主，形成面对面型堆叠，这也是铵盐能够稳定存在的原因。

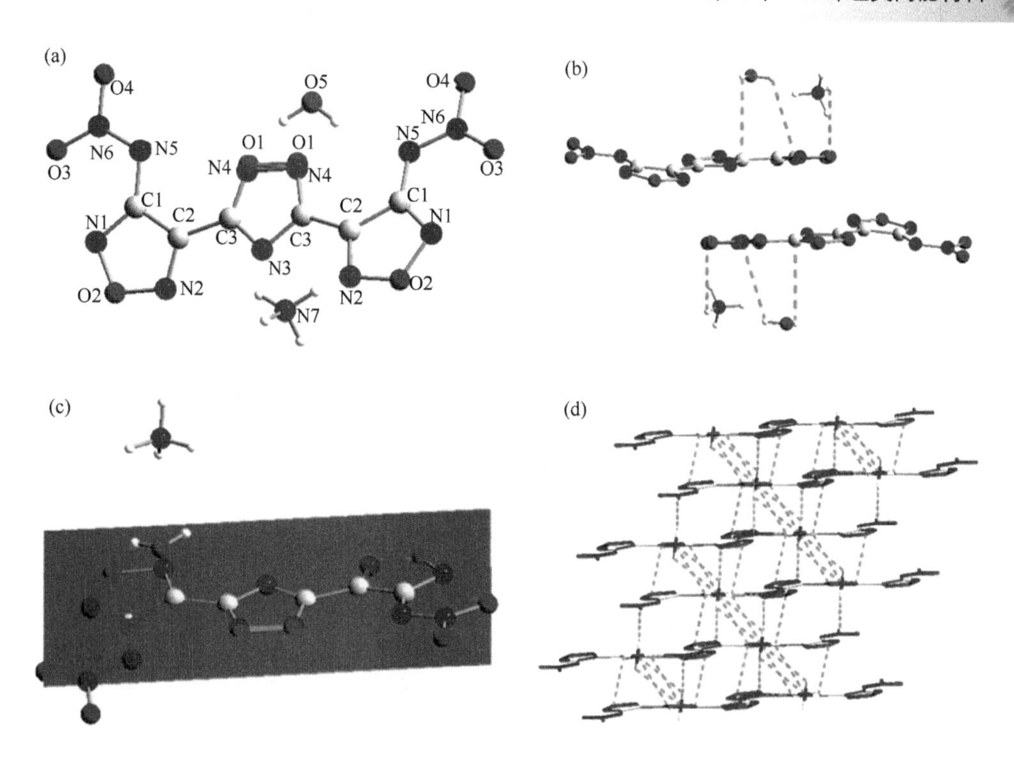

图 4.13　**4-11** 的晶体结构(a)、平面度(b)、分子相互作用(c)、晶体堆积图(d)

双-(1,2,4-噁二唑)-呋喃(BOF)首先由 Fershtat 等合成，利用原甲酸三甲酯和不同催化剂进行双脒肟双环化反应，总产率为 28.5%[26]。随后，张庆华课题组以乙二醛为原料，在 K_2CO_3 存在下，通过肟化、环化和氯化反应得到的 1,2,4-噁二唑-3-氯肟直接环化合成化合物 BOF[27]。然而，据报道这两种产品的熔点不同(即分别为 84～86℃和 98℃)。后来，Sabatini 等优化了 Fershtat 等的方案。使用不同的催化剂，即对甲苯磺酸一水合物(PTSA)和 BF_3OEt_2 代替 $Sc(OTf)_3$[28]。他们报道总产率提高了 34%，并实现了 25g 规模的反应而没有任何观察到放热现象。这种方法制备的 BOF 的起始熔化温度为 114.3℃，起始分解温度为 227℃，密度为 1.79 g/cm^3，理论爆速为 7577 m/s，撞击感度为 34.7 J，摩擦感度＞360 N，表明它可以作为 TNT 或 DNAN 的合适替代品(表 4.1)，合成路线见图 4.14。

当双脒肟与溴化氰反应时，可以将氨基引入 BOF 形成 3,4-双-(5-氨基-1,2,4-噁二唑)呋喃(**4-13**)。引入氨基后，分解温度 T_d = (214±1)℃升高到(273±1)℃。也有人在三噁二唑环主链上引入甲基，加热氢氧化钠水溶液中的二氨基肟脱水成 3,4-二甲酰胺肟呋咱，然后将该双脒肟与乙酸酐反应，得到 3,4-双(5-甲基-1,2,4-噁二唑-3-基)呋喃(**4-14**)[29](图 4.15)。

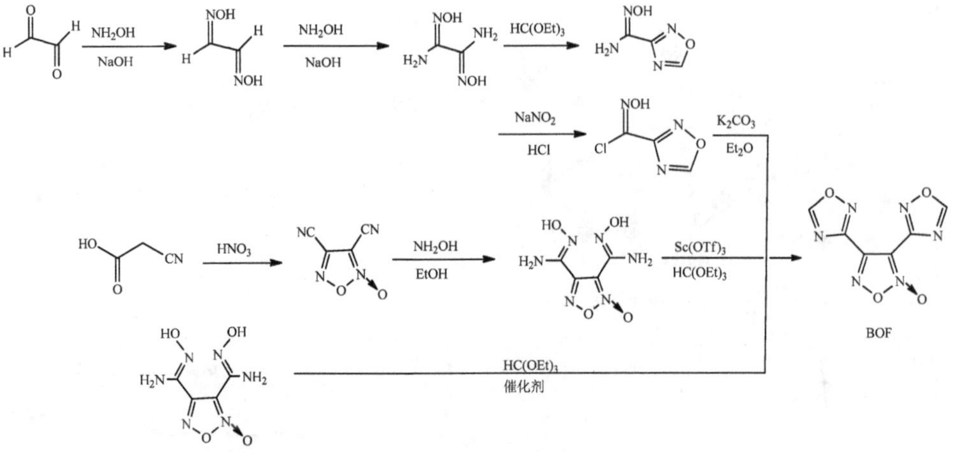

图 4.14 BOF 的合成路线

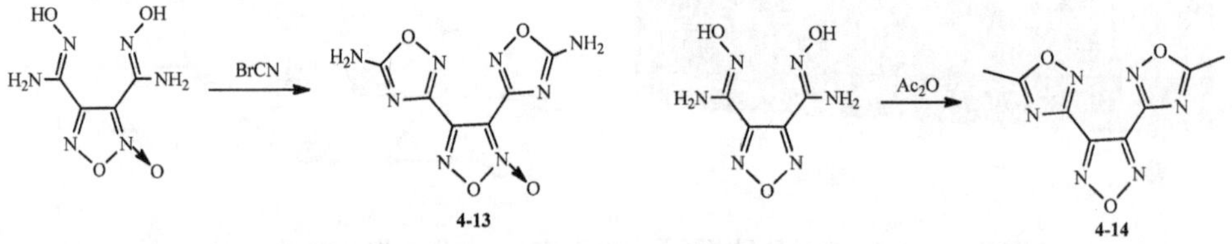

图 4.15 **4-13**、**4-14** 的合成路线

当双呋喃或三呋喃环被硝基取代时，如 4,4-二硝基-3,3-双呋咱或上述 BNFF，它们的稳定性大大提高，更利于实际应用。如图 4.16 所示，首先尝试在浓 HCl 中使用 $NaNO_2$ 对 3-氨基肟-4-氨基呋喃进行氯化反应制备 3-氯肟-4-氨基呋喃，再通过稀释的 K_2CO_3 水溶液处理进行二聚，以得到三呋喃结构。然而，在酸性 $NaNO_2$ 溶液中并没有得到中间体 3-氯肟-4-氨基呋喃，可能是由于作为起始原料的 3-脒肟-4-氨基呋喃 4-位氨基发生了重氮化。后来，J. M. Shreeve 团队报道了通过保护 3-氨基肟-4-氨基呋喃的 4 位氨基来合成目标化合物 **4-15**。他们以受保护的 3-氨基肟-4-氨基呋喃为原料，通过氯化、环化和氨化反应合成了 **4-15**。尝试使用多种氧化剂，如 H_2O_2/H_2SO_4 和 $H_2O_2/H_2SO_4/Na_2WO_4$，将 **4-15** 进一步氧化成二硝基化合物 BNTFO-IV。此外，仅使用 HOF 作为氧化剂，将二氨基化合物 **4-15** 氧化成 BNTFO-IV 的反应也被成功报道[30]。

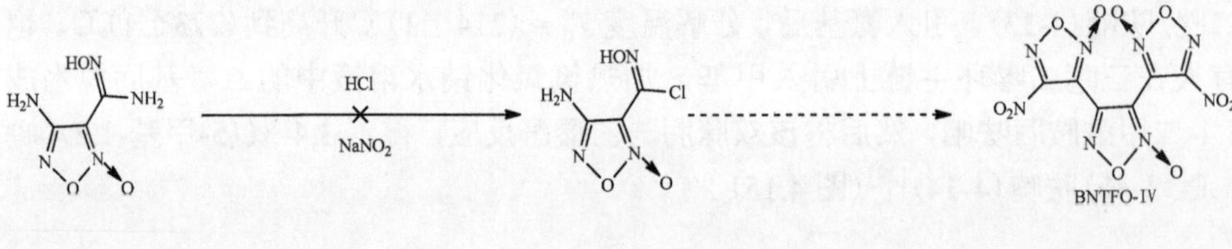

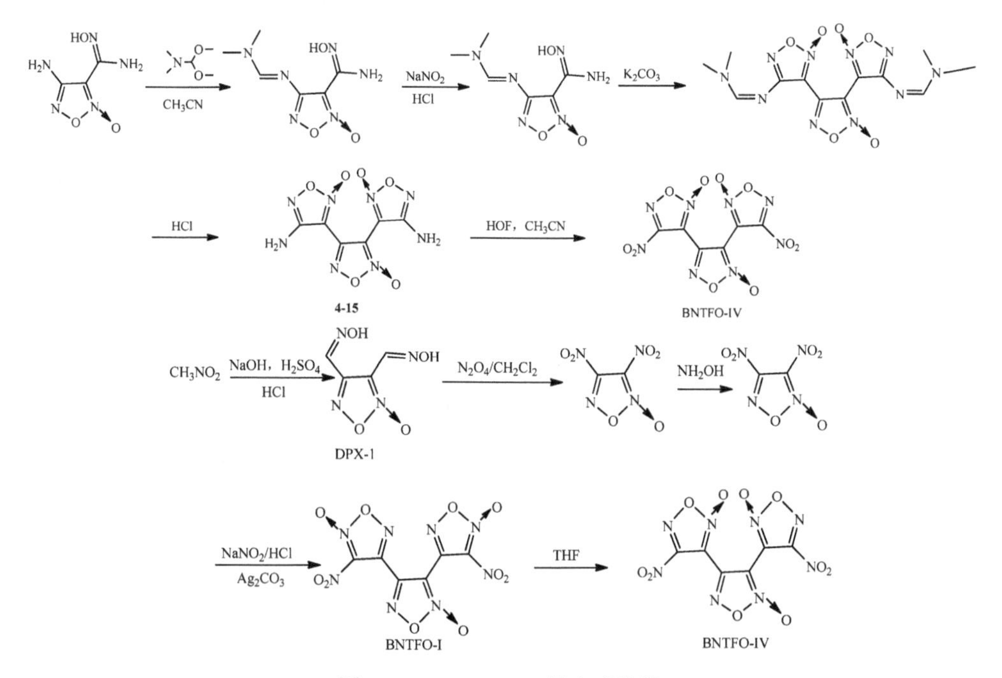

图 4.16　BNTFO-IV 的合成路线

2019 年，王伯周课题组报道了一种制备 BNTFO 的新方法(图 4.16)。首先使用硝基甲烷通过两步反应制备高纯度的双肟基甲基呋喃(DPX-1)，将 DPX-1 溶于 CH_2Cl_2 并通入 N_2O_4 进行氧化反应生成 3-硝基-4-氰基呋喃，然后在乙醇中用 50%羟胺水溶液处理得到 3-硝基-4-氨基肟呋喃。然后经重氮化、环化得到三呋喃环化合物 BNTFO-I，在乙腈、四氢呋喃等溶剂中可形成异构体 BNTFO-IV。两者均具有较高的密度及爆轰性能(表 4.1)，其中 BNTFO-IV 密度为 1.91 g/cm^3，爆速为 9503 m/s，爆压为 40.8 GPa，由于 BNTFO-I 结构中硝基和呋喃环的二面角更小以及相对接近 3D 网状结构，密度高达 1.98 g/cm^3，爆速和爆压分别为 9867 m/s、45.0 GPa[31]。

BNTFO-I 和 BNTFO-IV 的晶体结构如图 4.17 所示。BNTFO-I 中硝基在呋喃环的内侧，BNTFO-IV 中硝基在呋喃环的外侧。此外，BNTFO-I 中心的呋喃环和相邻的呋喃环平面二面角为 53°，两侧呋喃环之间的夹角为 73°，硝基平面角 14°。图 4.17(c)呈现了一个面对面的层，可以将其解释为两个相邻的 BNTFO-I 分子作为网络的连接点，然后层堆叠成层状结构，形成 3D 立方体堆积。值得注意的是，夹心式堆叠可以保护夹层中的能量部分，并在遇到外部刺激时增强分子稳定性。BNTFO-IV 中心的呋喃环和相邻呋喃环二面角为 45.5°和 58.3°，两侧呋喃环之间的夹角为 74°，硝基平面角分别为 17.21°和 14.81°[图 4.17(f)]。晶体单元堆叠重复，由于扭曲的分子导致 BNTFO-IV 的交叉堆叠，扭曲结构和无序晶体堆叠导致 BNTFO-IV 不太稳定。

除了上述 C—C 键的三环噁二唑衍生物外，还合成了一系列含有氧、偶氮和偶氮桥的硝基呋喃类化合物。如图 4.18 所示，二硝基呋咱在乙腈碱水溶液中水解，然后用盐酸酸化得到 3,4-二羟基呋喃。然后在乙醚中用乙醇钠处理将 3,4-二羟基呋咱转化为双盐。当二硝基呋咱和 3-氰基-4-硝基呋咱在甘醇二甲醚中加入双盐时，分别得到所需的三呋喃氧桥化合物 **4-16** 和 **4-17**。化合物 **4-17** 与羟胺发生加成反应以高收率得到纯二氨基肟呋咱化合物。然后，使用亚硝酸钠在浓盐酸中重氮化二氨基肟呋咱来获得氯代肟呋咱化合物。最后，在氯仿中使用 N_2O_5 氧化氯代肟呋咱并形成 3,4-双(3-氯二硝基甲基呋咱-4-氧基)呋咱(**4-18**)[32]。

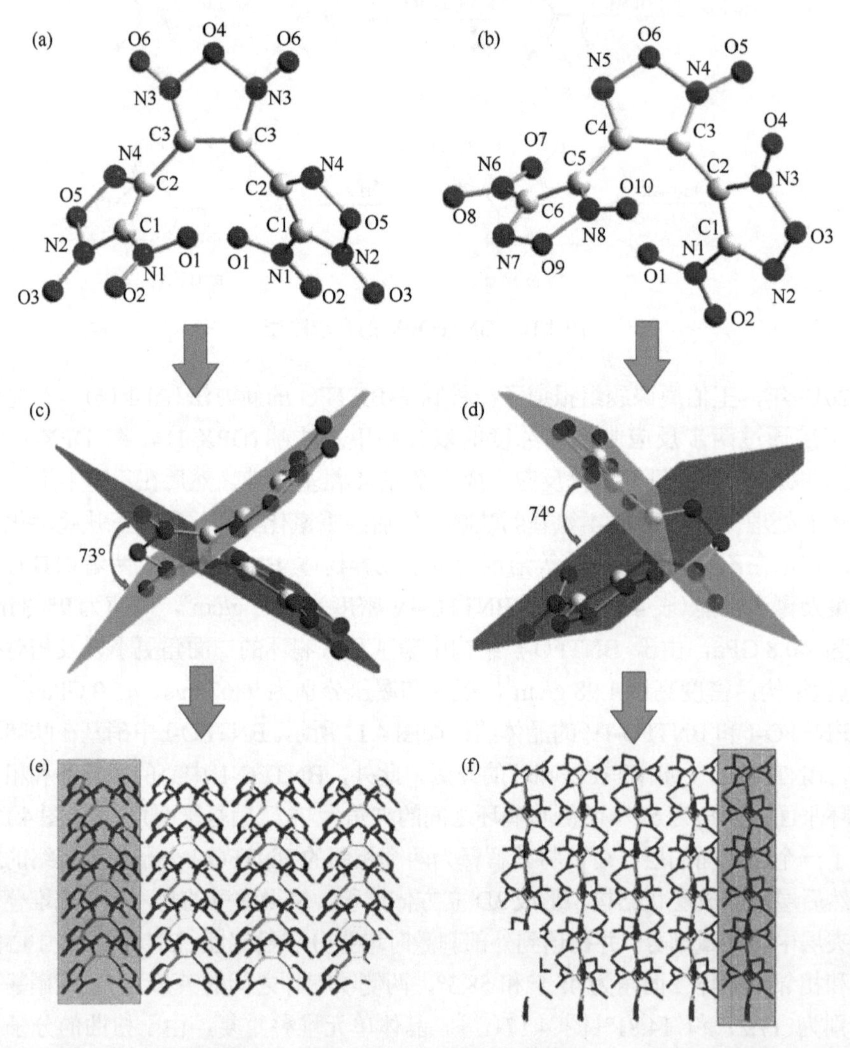

图 4.17　BNTFO-I 的晶体结构(a)、平面度(c)、晶体堆积图(e)；BNTFO-IV 的晶体结构(b)、平面度(d)、晶体堆积图(f)

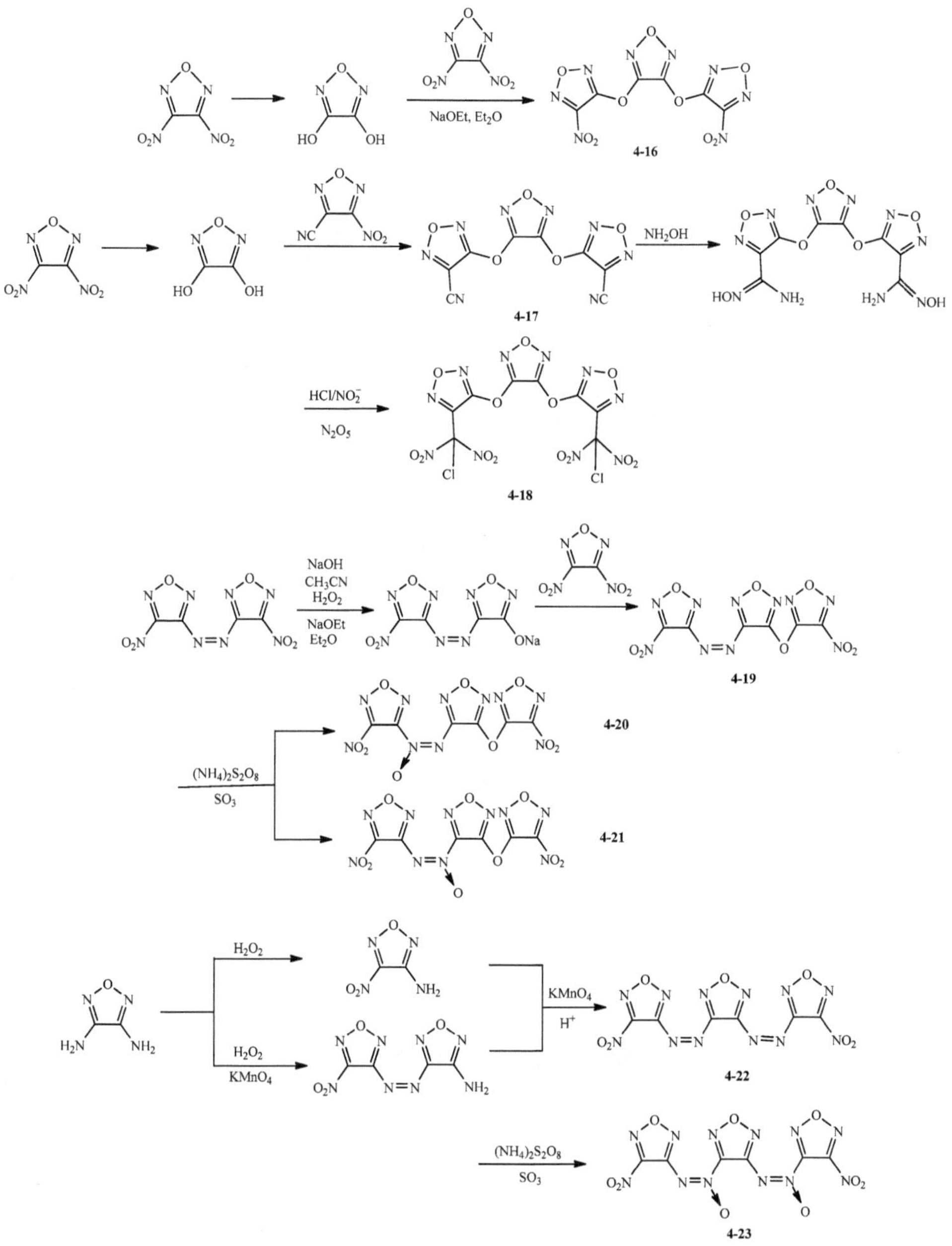

图 4.18 多种桥联三环噁二唑的合成路线

此外，偶氮桥联的三呋咱醚 **4-19** 也被成功合成，并在发烟硫酸/硫酸铵的条件下成功将 **4-19** 氧化得到化合物 **4-20**，同时生成极少量的 **4-21**。

二氨基呋咱(DAFF)在双氧水和高锰酸钾的作用下很容易就得到了 3-硝基-4-

氨基呋咱和 3-硝基-3′-氨基-4,4′-偶氮呋咱，在酸性高锰酸钾的催化作用下很快完成氧化偶联反应，得到产物 **4-22**。最后，偶氮桥化合物 **4-22** 在$(NH_4)_2S_2O_8/SO_3$的条件下通过对两个偶氮桥的四个氮原子的非选择性攻击来产生含有两个偶氮桥及两个配位氧的化合物 **4-23**。据我们所知，这些偶氮桥联或氧桥联呋咱衍生物的能量性能尚未见报道[33]。

此外，通过肼基与 3-甲基-4-醛基呋喃反应将胍桥也成功引入三噁二唑环（图 4.19）。3-甲基-4-醛基呋喃分别与 1,3-二氨基胍盐酸盐和三氨基胍硝酸盐反应生成 1,3-双-(3-甲基呋喃-4-亚甲基氨基)胍(**4-24**)和 1,2,3-三-(3-甲基呋喃-4-亚甲基氨基)胍(**4-25**)。由图 4.20 可以看出化合物 **4-24** 中三个呋喃环是平面的，晶体堆积以面对面排列为主，形成面对面型堆叠，此外，呋喃环和胍之间形成了大量的分子间氢键。两个相邻分子之间的距离小于 4.0 Å，这表明其中两个分子处于 π-π 相互作用范围内且堆积更紧密。因此，化合物 **4-24** 中分子的面对面堆叠通过氢键和 π-π 相互作用连接，形成 3D 网状结构，具有较优异的稳定性(IS = 22 J，T_d = 232℃)[34](表 4.1)。

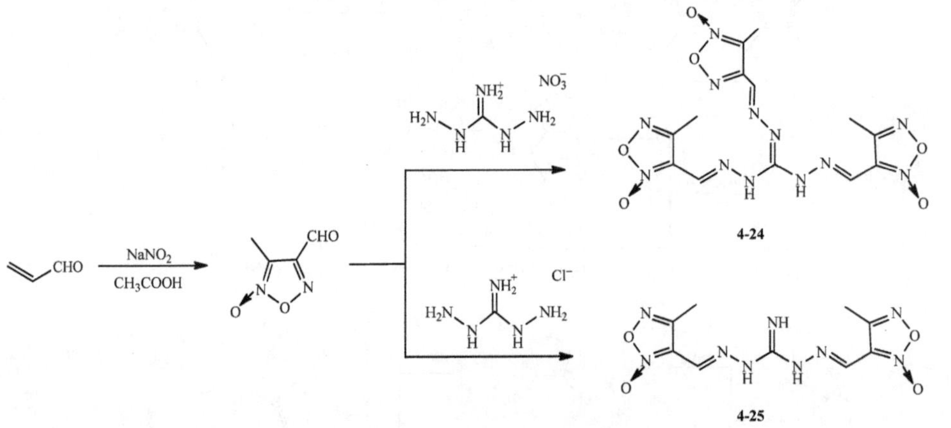

图 4.19 **4-24**、**4-25** 的合成路线

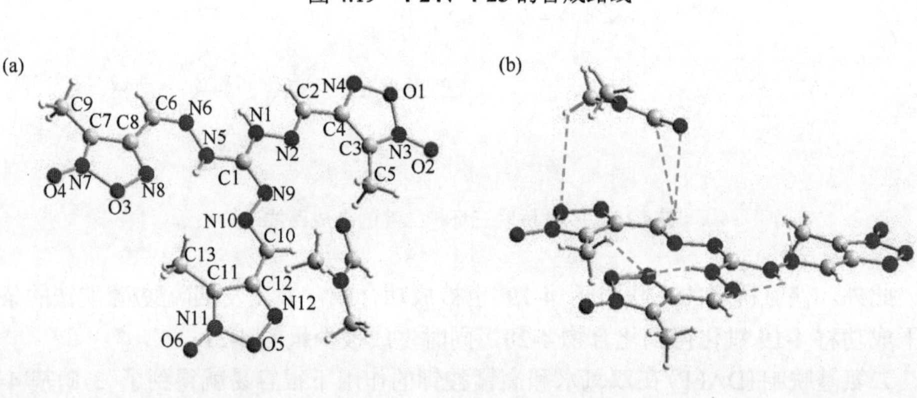

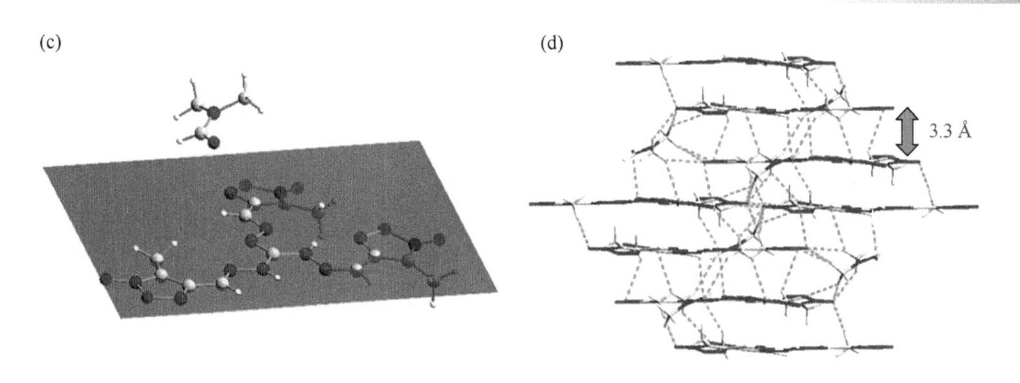

图 4.20　**4-24** 的晶体结构(a)、平面度(b)、分子相互作用(c)、晶体堆积图(d)

黄海锋首次将呋喃和四唑结合起来(图 4.21)，以二氰基呋喃为原料，与 NaN_3 反应生成 3,4-双(1*H*-5-四唑基)呋喃及其单阴离子盐(晶体结构见图 4.22)，所有盐都表现出不错的物理性质，如高密度(1.63～1.79 g/cm^3)和良好的热稳定性(177～251℃)，并具有较大的生成焓(775.2～1063.5 kJ/mol)。它们的爆速和爆压分别为 7740～8790 m/s 和 23.1～32.5 GPa。化合物的爆轰参数很高，与 RDX 相当(表 4.1)。这些化合物是有很大应用价值的“绿色”高能材料[35]。

表 4.1　噁二唑的一些衍生物及其他的物化性能数据表

化合物	分解温度/℃	密度/(g/cm^3)	生成焓/(kJ/mol)	爆速/(m/s)	爆压/GPa	撞击感度/J	摩擦感度/N
4-1	167.3	1.84	922.6	8935	35.9	14.2	240
4-2	108.6	1.90	1174.4	9407	40.5	3.6	100
4-3	151	1.83	840.3	8673	33.7	21.1	300
4-5	171.3	1.83	801.2	9046	36.7	12.2	180
4-6	157.1	1.73	644.8	7914	27.1	28.3	360
4-8	179	1.80	810	8979	36.3	8	160
4-11	231	1.71	1236.3	8271	27.9	16	120
4-12	234	1.71	1196.5	8603	30.1	19	240
4-15	184	1.79	326	8043	26.8	18	120
4-24	232	1.56	766	7532	20.2	22	—
4-25	215	1.57	1214	7528	20.8	18	—
4-26	220	1.62	727.8	7778	23.9	＜2	—
4-27	—	1.82	775.2	8790	32.5	—	—
4-28	225	1.78	859.8	8188	27.3	8	—
4-29	223	1.63	946.9	7740	23.1	25	—
4-30	177	1.78	1063.5	8469	29.6	4	—
4-31	225	1.76	968.4	8278	27.9	8	—

续表

化合物	分解温度/℃	密度/(g/cm^3)	生成焓/(kJ/mol)	爆速/(m/s)	爆压/GPa	撞击感度/J	摩擦感度/N
4-32	251	1.79	883.1	8326	28.1	9	—
4-33	204	1.68	1062.0	8153	26.4	9	—
4-34	218	1.67	1014.3	8049	25.6	14	—
ANTF	274	1.782	669.6	8260	33	＞177 cm (H_{50})	360
BAFF	—	1.795	525.39	8100	23.94	—	—
BNFF	279	1.937	731.5	8930	37	3.1	120
BNFF[R]	293	1.839	732.8	8750	35	43 cm (H_{50})	192
LLM-191	283	1.899	643.9	8850	38.2	40 cm (H_{50})	148
LLM-192	289	1.714	573.5	7950	300	＞177 cm (H_{50})	360
BOF	227	1.79	357	7577	24.1	34.7	＞360
BNTFO-IV	146	1.91	579	9503	40.8	3	40
BNTFO-I	131	1.98	668	9867	45.0	3	35
TNT	295	1.654	−59.4	7304	21.3	15	＞353
RDX	204	1.800	92.6	8795	34.9	7.5	120
HMX	287	1.91	104.8	9320	39.6	7.0	112

H_{50}：爆炸 50%的落高。

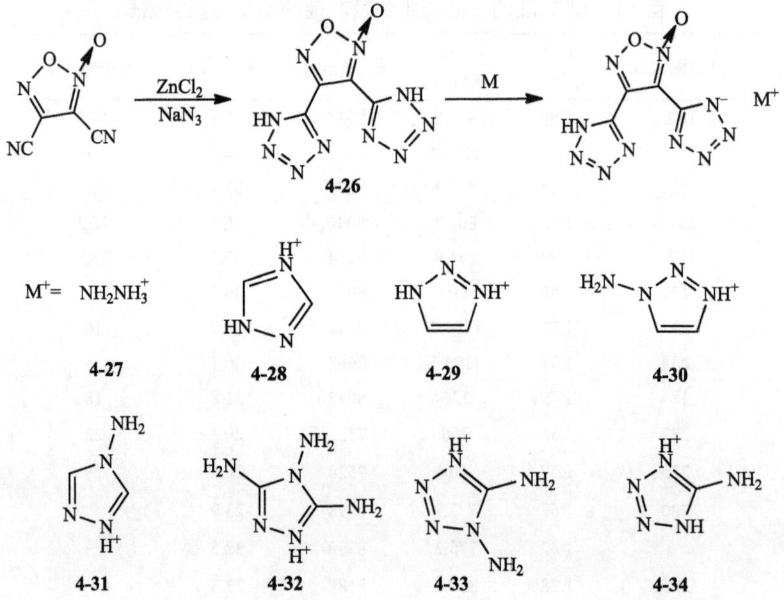

图 4.21　3,4-双(1*H*-5-四唑基)呋喃及其盐的合成路线

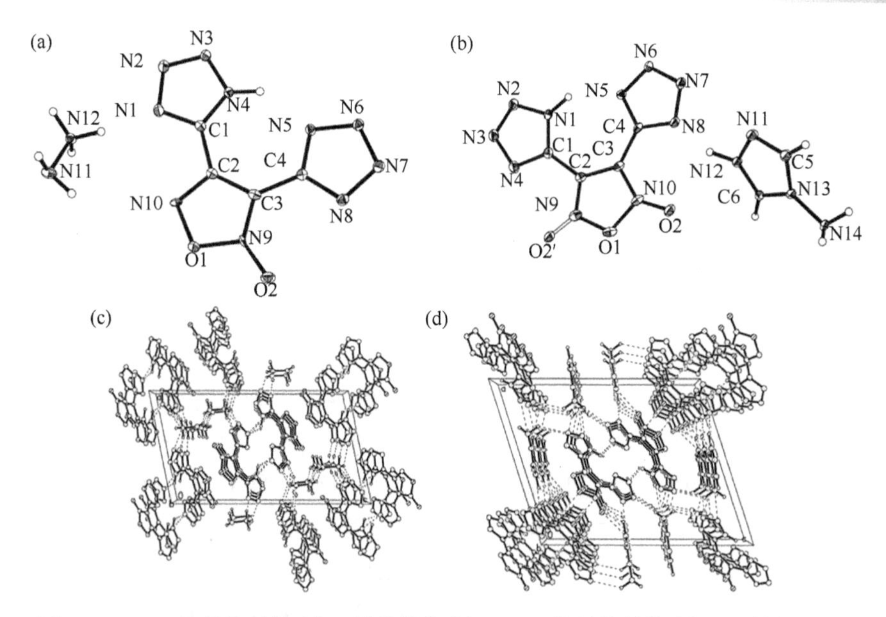

图 4.22　**4-27** 的晶体结构(a)、晶体堆积(c)；**4-31** 的晶体结构(b)、晶体堆积(d)

Pagoria 等以市售的氰基甲酸乙酯为原料，经一系列反应先得到二酰胺噁二唑，经过脱水、重氮化、叠氮化成环，最终得到化合物 3,5-二羟基四唑-1,2,4-噁二唑(**4-35**)并制备了一系列含能盐(图 4.23)，其中铵盐 **4-36** 密度高达 1.94 g/cm^3[36]，**4-35** 晶体结构如图 4.24 所示。

图 4.23　3,5-二羟基四唑-1,2,4-噁二唑及铵盐的合成路线

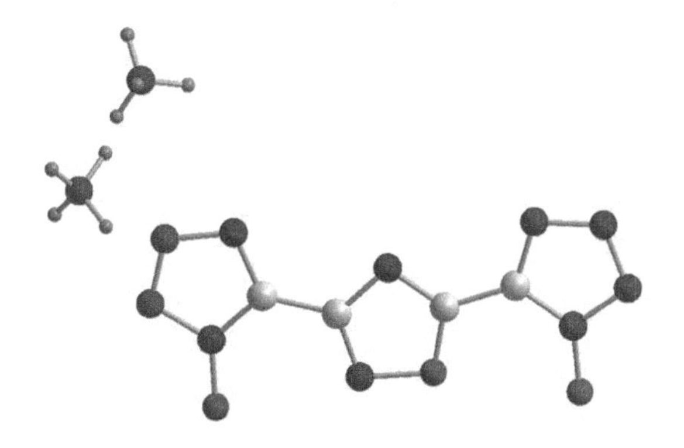

图 4.24　**4-35** 的晶体结构

4.1.2 二唑联唑类

吡唑基高能材料因其良好的热稳定性和低灵敏度而被广泛研究，其中代表性化合物是四硝基联吡唑(TNBP)，它由两个直接连接的二硝基吡唑部分组成，显示出良好的热稳定性(T_d = 243℃)、低灵敏度(IS = 30 J，FS = 360 N)以及不错的爆轰特性(D = 8556 m/s)[37](表 4.2)。

程广斌课题组探索了在 TNBP 两个二硝基吡唑之间插入 1,2,4-噁二唑的可能性(图 4.25)。以 3-羧基吡唑为原料，经氯化亚砜酰化得到 3-碳酰氯吡唑，随后与 3-氨基肟吡唑在碱性条件下发生环化反应得到三环化合物 3,5-二(1*H*-吡唑-3-基)-1,2,4-噁二唑(**4-37**)，并选用不同的硝化条件得到几种不同的硝化产物 **4-38**～**4-41**。结果表明，C-硝基衍生物 **4-40** 具有更令人满意的热稳定性(T_d = 274℃)和低灵敏度(IS = 33 J，FS＞360 N)，以及不错的爆轰性能(D = 8741 m/s；P = 34.0 GPa)，优于 RDX，在二次炸药方向有很大潜力[38](表 4.2)。从图 4.26 可以看出，分子间的氢键以及层与层间强烈的 π-π 相互作用是化合物 **4-40** 热稳定性良好的重要因素。图 4.27 展现了 **4-40**、**4-41** 的 Hirshfeld 表面分析、二维指纹谱和分子间作用力比例。

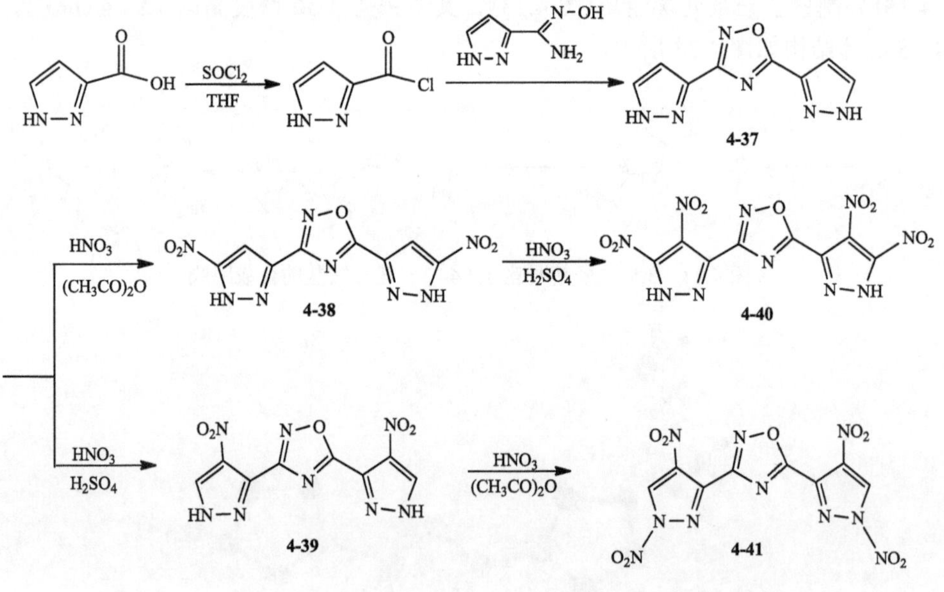

图 4.25 3,5-二(1*H*-吡唑-3-基)-1,2,4-噁二唑及硝化产物的合成路线

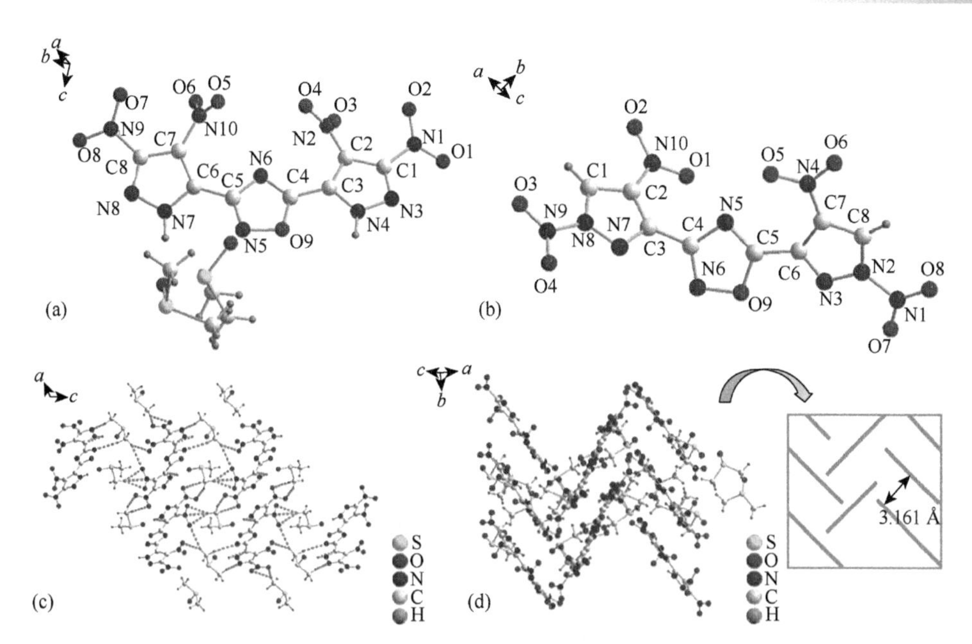

图 4.26　**4-40** 的晶体结构(a)、**4-41** 的晶体结构(b)、**4-40** 的分子相互作用(c)、**4-40** 的晶体堆积(d)

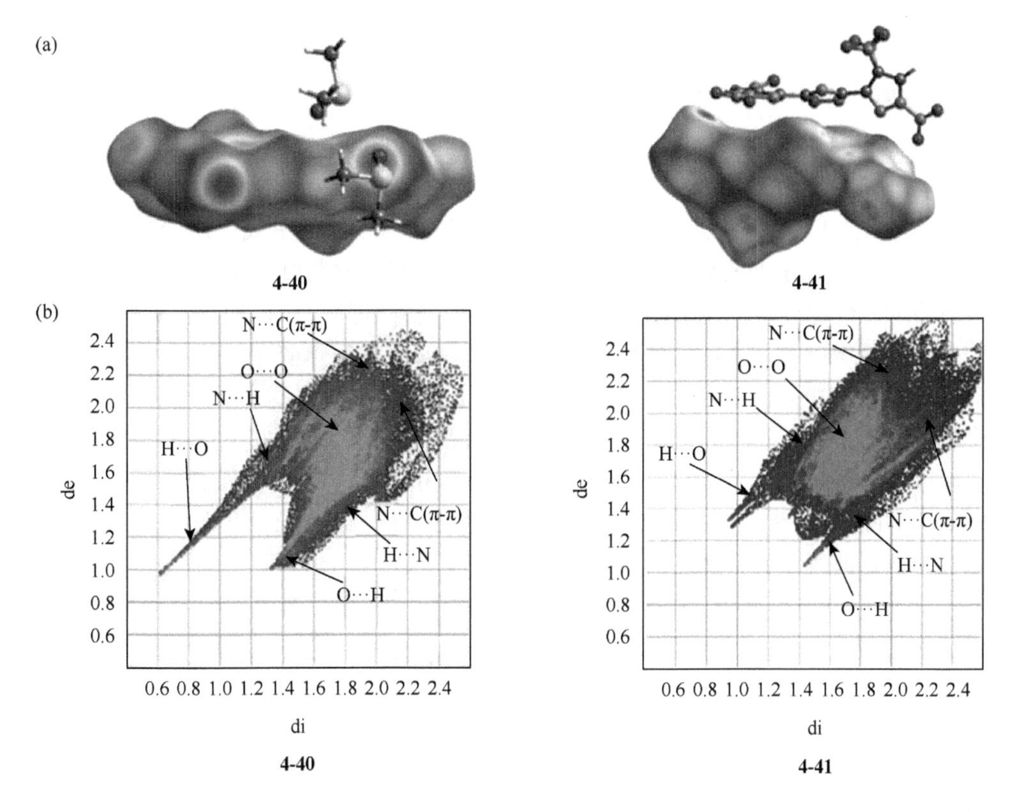

(c)

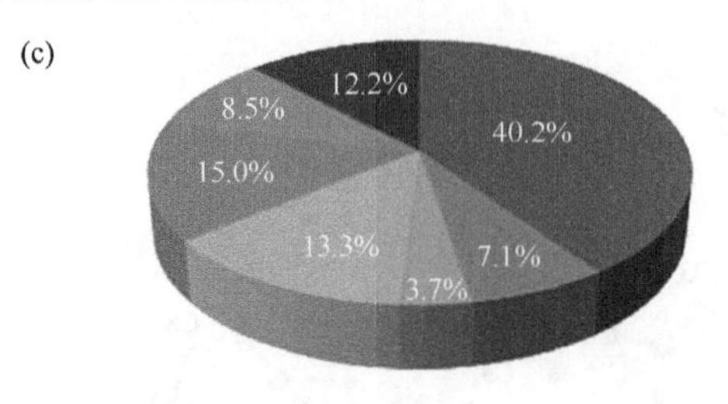

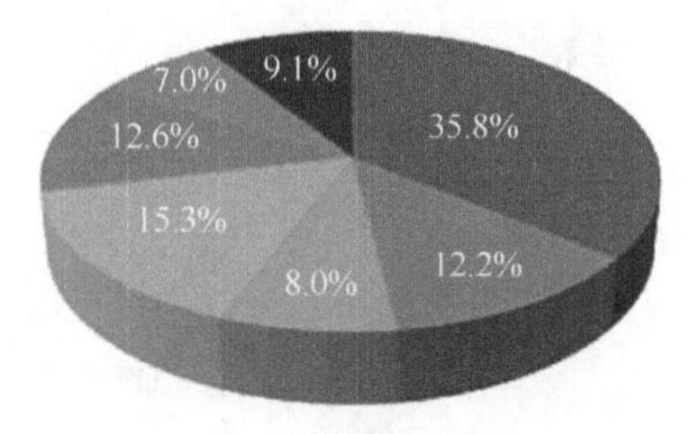

4-40 **4-41**

■H···O & O···H ■H···N & N···H ■N···C & C···N ■O···C & C···O ■N···O & O···N ■O···O

图 4.27 **4-40**、**4-41** 的 Hirshfeld 表面分析(a)、二维指纹谱(b)和分子间作用力比例(c)

表 4.2 4-37 衍生物及其他的物化性能数据表

化合物	分解温度/℃	密度/ (g/cm^3)	生成焓/ (kJ/mol)	爆速/(m/s)	爆压/GPa	撞击感度/J	摩擦感度/N
4-39	314	1.770	548.5	8027	26.4	>40	>360
4-40	274	1.843	659.8	8741	34.0	33	>360
4-41	156	1.820	825.4	8904	35.1	17	250
HNS	318	1.75	78.2	7612	24.3	5	240
RDX	204	1.80	92.6	8795	34.9	7.5	120
TNBP	243	1.84	42.7	8556	32.3	30	360

尽管 1,3,4-噁二唑显示出比其他两种异构体相对较低的生成焓，但它在能量和安全性之间表现出非常好的平衡。因此，将 1,3,4-噁二唑与吡唑结合，出现了一系列具有 C—C 键连接的 1,3,4-噁二唑基聚硝基吡唑衍生物(图 4.28)。3-碳酰肼吡唑与 3-碳酰氯吡唑在三乙胺的条件下生成化合物 **4-42**，在发烟硫酸的条件下进行环化反应得到联三唑化合物 **4-43**，并在不同的硝化条件下分别得到 C-硝基及 N-硝基衍生物 **4-44**～**4-47**(图 4.28)。化合物 **4-46** 示出优异的热稳定性(T_d = 338℃)和理想的灵敏度(IS>40 J，FS>360 N)。此外，它的爆轰特性(D = 8099 m/s，P = 27.14 GPa)也高于 HNS(T_d = 318℃，D = 7612 m/s，P = 24.3 GPa，IS = 5 J，FS = 240 N)，表明其在耐热炸药领域具有潜在的应用前景[39](表 4.3)。

从图 4.29 可以看到，在化合物 **4-46** 中吡唑和两个噁二唑环几乎共面，且存在多重氢键相互作用，溶剂也参与了氢键的形成，层与层间呈波浪状堆积，两个平面之间的距离为 3.151 Å，这表明 **4-46** 中存在强烈的 π-π 相互作用，这将导致紧密的晶体堆叠，从而有助于高分子稳定性。

图 4.28　3,5-二(1*H*-吡唑-3-基)-1,3,4-噁二唑及硝化产物的合成路线

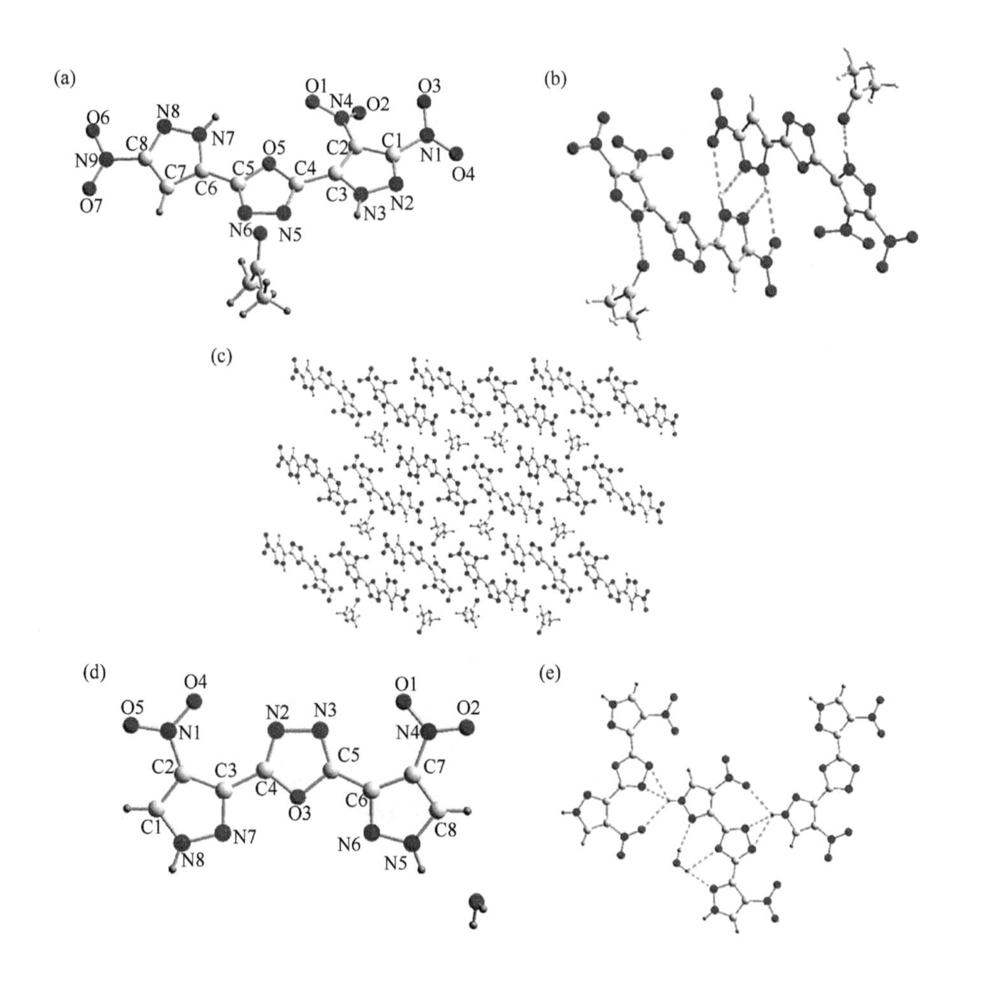

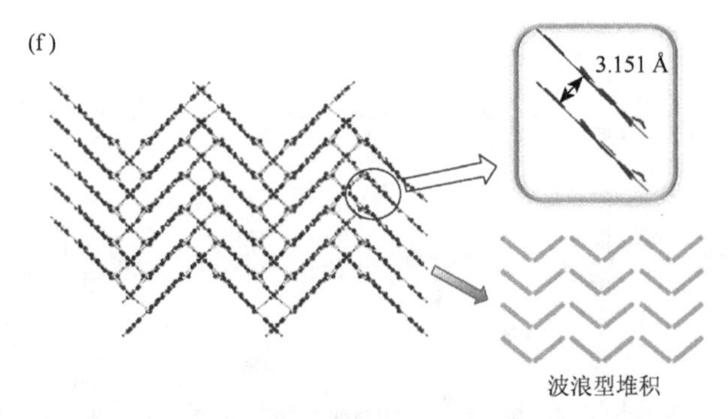

图 4.29 **4-45** 的晶体结构(a)、分子相互作用(b)、晶体堆积(c)；**4-46** 的晶体结构(d)、分子相互作用(e)、晶体堆积(f)

此外，由图 4.30 中可以看出，**4-46** 显示平面 π 共轭结构，并以板状出现，从二维指纹谱可以看出，O⋯H 和 N⋯H 氢键相互作用(左下角的一对显著尖峰)占总弱相互作用的 55.4%，此外，π-π 堆积以 C—N 和 C—O 相互作用的形式存在。**4-46** 中 C—N 和 C—O 接触的总比值为 13.5%，表明层间接触紧密，分子间氢键相互作用和 π-π 堆积相互作用的高比率对 **4-46** 的分子稳定性有很大贡献。

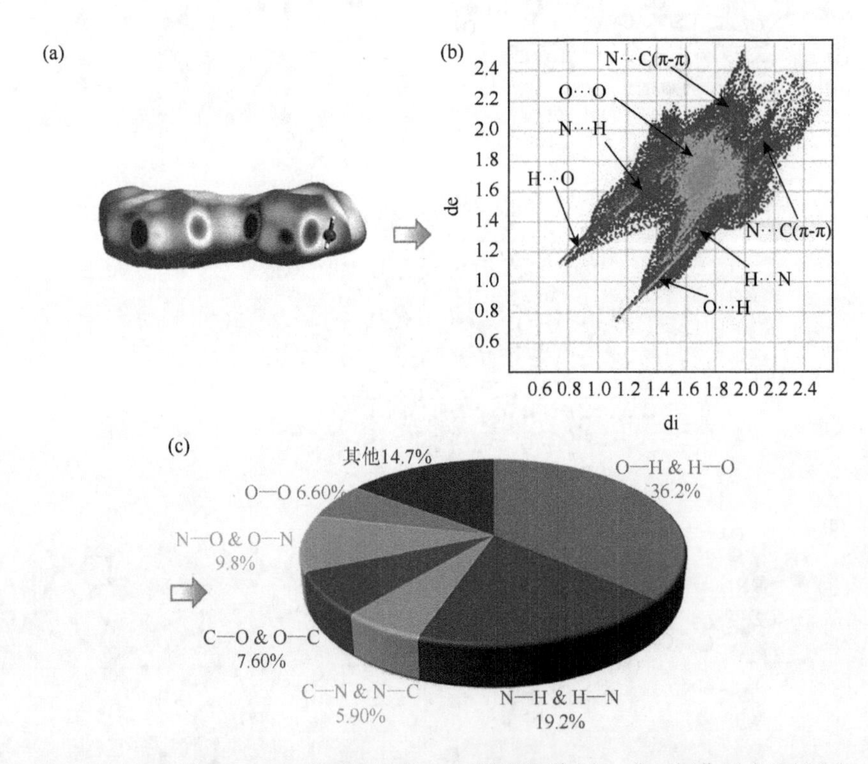

图 4.30 **4-46** 的 Hirshfeld 表面分析(a)、二维指纹谱(b)、分子间作用力比例(c)

表 4.3　4-43 衍生物及其他的物化性能数据表

化合物	分解温度/℃	密度/(g/cm^3)	生成焓/(kJ/mol)	爆速/(m/s)	爆压/GPa	撞击感度/J	摩擦感度/N
4-45	254	1.838	519.40	8543	31.71	35	＞360
4-46	338	1.800	521.57	8099	27.14	＞40	＞360
4-47	159	1.831	762.11	8855	34.23	＞40	＞360
HNS	318	1.75	78.2	7612	24.3	5	240
RDX	204	1.80	92.6	8795	34.9	7.5	120

为了获取更高的爆轰性能和更低的灵敏度，程广斌课题组结合每个杂环骨架的优点设计并制备了一种新型三环高能分子 **4-49**，其包含三种不同的杂环骨架(图 4.31)，即 1,2,4-噁二唑、呋咱和吡唑，它结合了呋咱的高能量和吡唑环的低灵敏度。3-氨基-4-氨基肟呋咱和 3-碳酰氯吡唑在碱性条件下发生环化反应得到三元环化合物 **4-48**，并通过不同的硝化条件得到 C-硝基、N-硝基两种硝化产物 **4-50**、**4-52**，也对化合物 **4-52** 先进行还原反应再硝化合成了化合物 **4-51** 的三种含能非金属盐 **4-55**、**4-56**、**4-57**，晶体结构见图 4.32。结果表明，**4-52** 具有高的密度(1.876 g/cm^3)、优秀的能量特性(D = 9094 m/s，P = 36.67 GPa)和较低的敏感特性(IS = 24 J，FS = 300 N)，同时具有令人满意的热稳定性(T_d = 265℃)。所有这些都展示了 **4-52** 综合性能优异(表 4.4)，同时显示了其作为高能炸药的光明前景[40]。

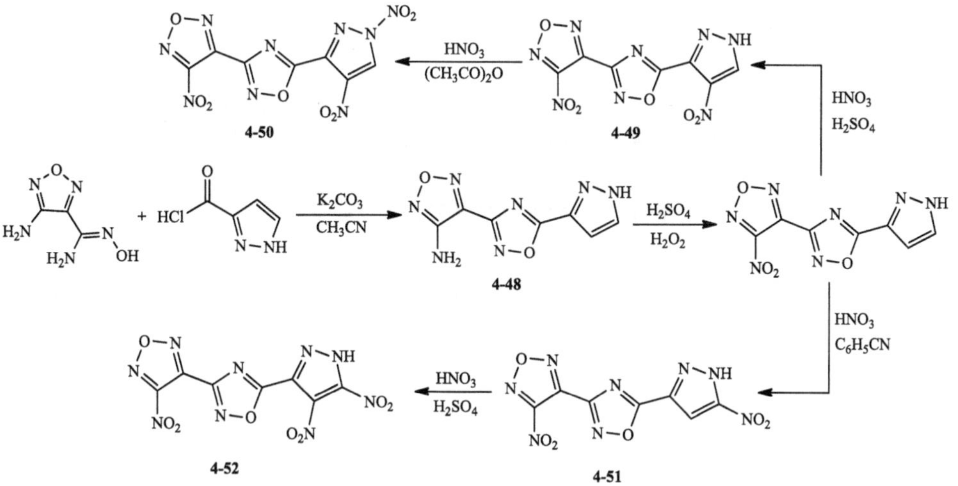

图 4.31 **4-48** 及衍生物的合成路线

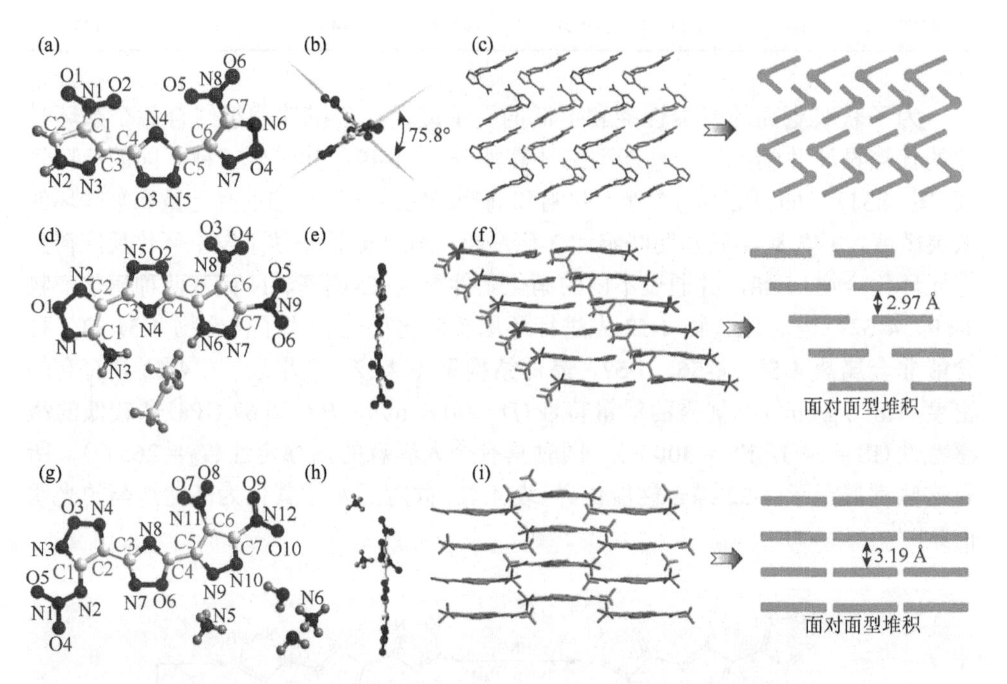

图 4.32 **4-49** 的晶体结构(a)、平面度(b)、晶体堆积(c)；**4-53** 的晶体结构(d)、平面度(e)、晶体堆积(f)；**4-55** 的晶体结构(g)、平面度(h)、晶体堆积(i)

表 4.4 4-48 衍生物及其他的性能参数

化合物	分解温度/℃	密度/(g/cm^3)	生成焓/(kJ/mol)	爆速/(m/s)	爆压/GPa	撞击感度/J	摩擦感度/N
4-49	272	1.845	648	8665	32.46	35	>360
4-50	172	1.851	773	9067	36.38	18	200
4-52	265	1.876	707	9094	36.67	24	300
4-53	215	1.84	636	8609	32.24	28	320
4-54	215	1.840	636	8609	32.24	28	320
4-55	197	1.792	563	8618	31.95	30	360
4-56	181	1.827	841	8996	35.01	22	240
4-57	182	1.831	699	8942	36.32	26	300

续表

化合物	分解温度/℃	密度/ (g/cm^3)	生成焓/ (kJ/mol)	爆速/(m/s)	爆压/GPa	撞击感度/J	摩擦感度/N
LLM-191	261	1.899	643.9	9278	38.2	9.4	—
BNFF-1	293	1.836	733.5	9149	36.8	10.5	—
RDX	204	1.80	92.6	8795	34.9	7.5	120

4-氨基-3,5-二硝基吡唑(LLM-116)是一种不敏感的高能材料[41]，也是许多新型炸药和推进剂的起始材料[42]。Zhang 在制备 LLM-116 的过程中发现一种不溶于水，难溶于乙腈和丙酮，但可溶于 *N,N*-二甲基甲酰胺(DMF)和二甲基亚砜(DMSO)的棕色固体，经分离纯化后鉴定为 4-重氮-3,5-双(4-氨基-3,5-二硝基吡唑-1-基)吡唑(LLM-226)(图 4.33)。随后 Zhang 提出并讨论了可能的机理，4-氨基-3,5-二硝基吡唑(LLM-116)在加热条件下经过三聚反应生成 4-重氮-3,5-双(4-氨基-3,5-二硝基吡唑-1-基)吡唑(LLM-226)。LLM-226 是一种新型的重氮基高能材料，由于氨基和硝基之间存在大量氢键，以及重氮基和硝基之间存在分子间相互作用(图 4.34)，所以在稳定性上得到很大提升[43]。

图 4.33　LLM-226 的合成路线

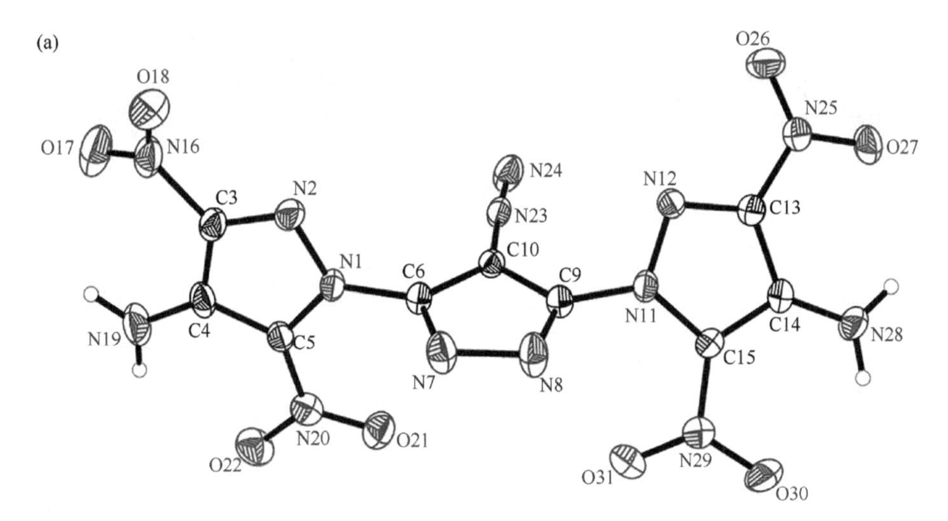

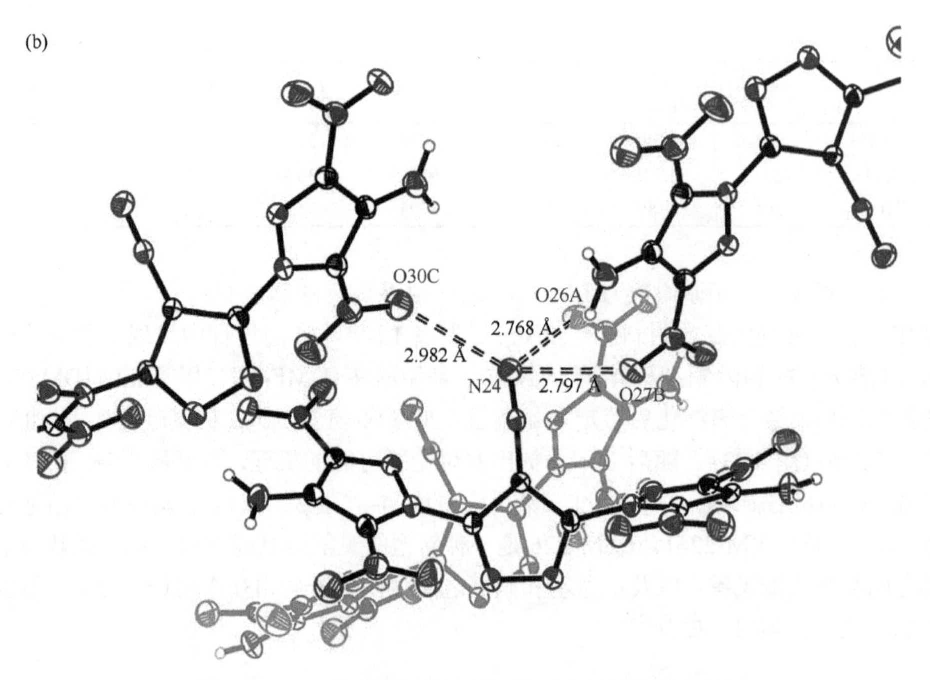

图 4.34　LLM-226 的晶体结构(a)、分子间作用力(b)

将氨基引入杂环和通过含能“桥”构建多杂环化合物是设计耐热高能材料的两种有效策略[44]，但它们中的大多数都表现出一些缺点，如复杂的合成步骤，以及相对较低的耐温和爆炸性能(如 TKX-55)。因此，迫切需要新的设计策略来开发先进的耐热炸药。为了将吡唑和三唑结合起来，分别将 3-氰基-1*H*-吡唑和 4-氰基-1*H*-吡唑同甲醇钠反应的产物与 4-碳酰肼-1*H*-吡唑发生闭环反应，得到三元环化合物 **4-58**、**4-59**(图 4.35)，在硝硫混酸中进一步硝化分别得到 BDT-1 和 BDT-2。结果表明，BDT-1(IS = 30 J，FS＞360 N)展示出优于 RDX 和 FOX-7 的低灵敏度。BDT-2 的热分解温度达到 300℃(RDX：204℃，FOX-7：219℃)[45]，爆轰性能见表 4.5。

CH_3ONa / CH_3OH；CH_3OH / KOH；回流；**4-58**；HNO_3 / H_2SO_4；HNO_3 / H_2SO_4；BDT-1

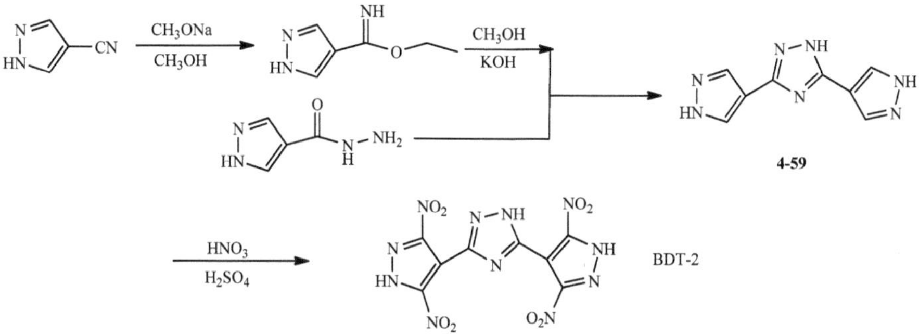

图 4.35　BDT-1、BDT-2 的合成路线

表 4.5　BDT-1、BDT-2 及其他的物化性能数据表

化合物	分解温度/℃	密度/(g/cm^3)	生成焓/(kJ/mol)	爆速/(m/s)	爆压/GPa	撞击感度/J	摩擦感度/N
BDT-1	254	1.867	643.1	8847	33.67	30	＞360
BDT-2	300	1.86	693.78	8813	33.08	22	300
HNS	318	1.75	78.2	7612	24.3	5	240
TATB	350	1.93	−139.7	8179	30.5	50	＞360
PYX	360	1.76	43.7	7757	25.1	10	360
FOX-7	219	1.88	−130	8870	34	25	340
RDX	204	1.80	92.6	8795	34.9	7.5	120

在过去的几十年里，具有超高耐热性和良好能级的高能材料的研究一直是一个非常严峻的挑战。在最近的研究中，一种新型耐热化合物 BPT-1 出现在人们的视野中(图 4.36)。两个硝基吡唑通过 1,2,4-三唑桥联，这种中性分子显示出 354℃的高热分解温度(图 4.37)，且具有优秀的爆轰性能($D = 7558$ m/s)，优于广泛使用的耐热炸药 HNS($D = 7164$ m/s)(表 4.6)。BPT-1 的这些突出特性支持它作为一种具有广阔前景的先进耐热炸药[46]。

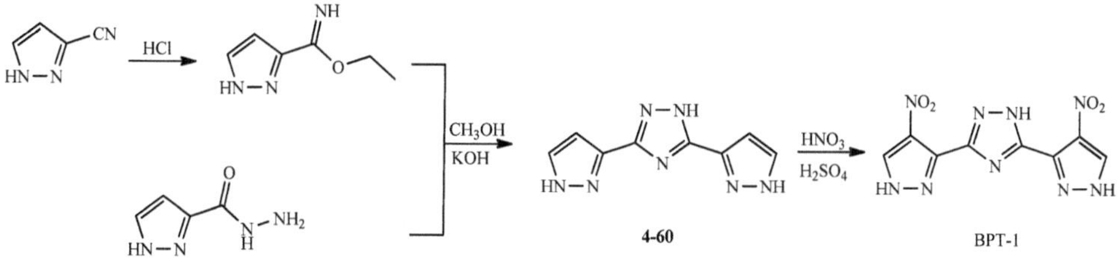

图 4.36　BPT-1 的合成路线

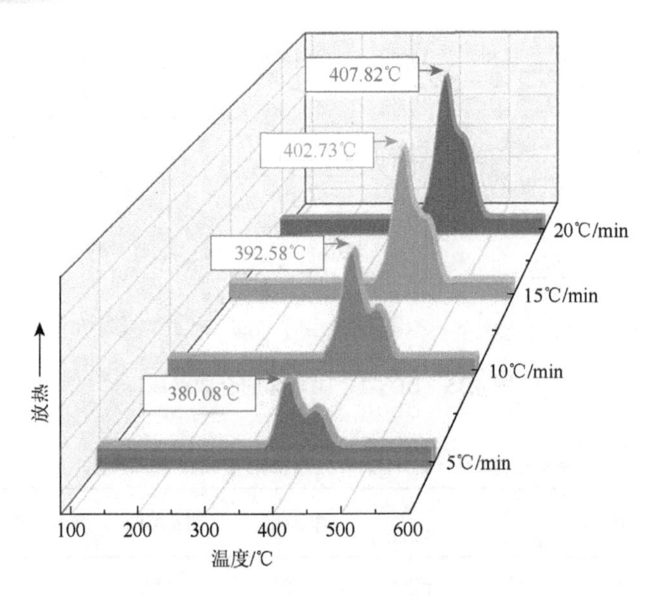

图 4.37 BPT-1 的 DSC 曲线

表 4.6 BPT-1 及其他的物化性能数据表

化合物	分解温度/℃	密度/(g/cm^3)	生成焓/(kJ/mol)	爆速/(m/s)	爆压/GPa	撞击感度/J	摩擦感度/N
BPT-1	354	1.786	629.52	7558	22.29	>30	>360
HNS	318	1.75	78.2	7164	21.65	5	240
TATB	350	1.93	−139.7	8176	27.72	50	>360

4.1.3 咪唑联唑类

与吡唑、1,2,4-三唑、1,2,3-三唑、四唑等氮杂环相比，咪唑环(图 4.38)具有优越的热稳定性，因其良好修饰性和适当环张力，还可以在其分子骨架上引入不同的含能基团和修饰基团实现对能量、安全等综合性能的调控，因而设计咪唑类高能材料是制备具有良好热稳定性的高能材料的重要研究方向之一[47,48]。

$T_d = 155℃$　$T_d = 169℃$　$T_d = 230℃$　$T_d = 285℃$　$T_d = 310℃$

图 4.38 几种常见分子骨架的热分解温度

4,5-二（1*H*-四唑-5-基）-1*H*-咪唑（**4-61**）的氮含量高达 68.61%，是一种结构新颖的咪唑高氮化合物[49]；而 Guo[50]于 2009 年发现化合物 **4-61** 的晶体中具有丰富的氢键作用，预示着该化合物具有较好的热稳定性（图 4.39）。2013 年，西安近代化学研究所的毕福强等[51]优化了化合物 **4-61** 的合成工艺，收率可达 94.6%，并通过 DSC 和 TG/DTG 技术研究其热分解行为，还通过非等温 DSC 技术研究其热分解动力学。研究发现，化合物 **4-61** 的热分解温度高达 325℃，高于 4,5-二（1*H*-四唑-5-基）-1,2,3-2*H*-三唑（T_d = 277℃），而其临界爆炸温度为 283℃，高于 RDX（215℃），表明其热稳定性优于 RDX（表 4.7）。

图 4.39　4,5-二（1*H*-四唑-5-基）-1*H*-咪唑的合成路线

表 4.7　咪唑类衍生物及其他的物化性能数据表

化合物	分解温度/℃	密度/(g/cm^3)	生成焓/(kJ/mol)	爆速/(m/s)	爆压/GPa	撞击感度/J	摩擦感度/N
4-61	325	—	—	—	—	—	—
4-62	223.7	1.80	90.3	6866	20.9	—	—
4-63	227	1.65	602	6330	16.86	—	—
TNT	295	1.65	−59.4	7304	21.3	15	＞353
RDX	204	1.80	92.6	8795	34.9	7.5	120

2017 年，西安近代化学研究所的王伯周课题组[52]以二氨基马来腈为起始物，经缩合反应和环化反应将三氟甲基引入化合物 **4-61**，自主设计合成了具有咪唑、四唑与三氟甲基结构的新型含能化合物 2-三氟甲基-4,5-二（1*H*-四唑-5-基）-咪唑（**4-62**）（图 4.40）。研究发现，化合物 **4-62** 的氮含量为 51.47%，氧平衡为–70.6%，密度为 1.80 g/cm^3，热分解温度为 223.7℃，生成焓为 90 kJ/mol，理论爆压和爆速分别为 20.9 GPa 和 6866 m/s，在低特征信号推进剂或气体发生剂等领域具有潜在的应用前景（表 4.7）。

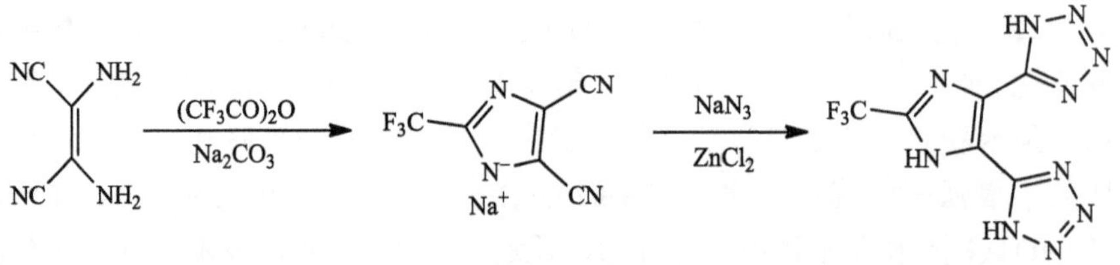

图 4.40　2-三氟甲基-4,5-二(1*H*-四唑-5-基)-咪唑的合成路线

此外，2014 年，Srinivas 等[53]以 2-氨基-4,5-二氰基咪唑为起始物，经两种四唑环的构建方式获得了 2-氨基-4,5-二(1*H*-四唑-5-基)-咪唑(**4-63**)(图 4.41)，其氮含量高达 70.3%，热分解温度为 227℃，生成焓为 602 kJ/mol，爆速和爆压分别为 6330 m/s 和 16.86 GPa(表 4.7)，是一类具有较高氮含量的咪唑联四唑化合物，通过后续的结构修饰可进一步提升能量水平。

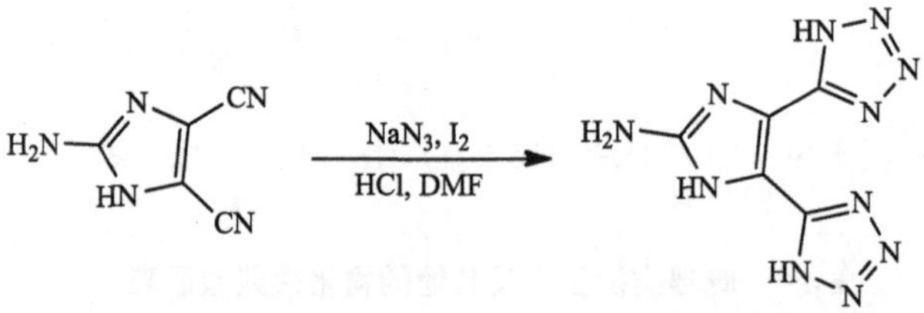

图 4.41　2-氨基-4,5-二(1*H*-四唑-5-基)-咪唑的合成路线

因此，在咪唑联四唑类含能化合物中，由化合物 **4-62**、**4-63** 可知，将咪唑环经 C—C 键与四唑环进行键合获得咪唑联四唑含能骨架，可以兼具咪唑环的良好化学修饰性、热稳定性和四唑环的高氮含量、高生成焓。因此，咪唑联四唑含能骨架构建新型高氮高能化合物是实现具有高能高氮的咪唑桥联双环唑类含能化合物的有效策略，是今后咪唑桥联双环唑类高氮高能化合物的重要发展方向。

虽然三唑和四唑衍生物在制备高性能高能材料方面显示出很大的潜力，但高灵敏度极大地限制了它们在实践中的应用，尤其是直接与硝胺基相连，它们都不能被定义为高性能的不敏感含能化合物[54]。吡唑因其良好的热稳定性和低敏感性被认为是构建高能低感含能化合物最受欢迎的骨架，其中性能显著的如 4-氨基-3,5-二硝基吡唑(LLM-116)[55]。通过深入研究其特征，很明显看出多个氢键在改善其密度和稳定性。氨基主要提供氢键。然而，氨基的引入必然会降低整体能级[56]。

因此，有人以三唑环作为氢供体，硝基吡唑作为氢受体设计了一种新的高能材料(图 4.42)。以二甲基吡唑为原料，通过硝化、氧化、酯化得到化合物 **4-64**，

在甲醇钠的催化下，化合物 **4-64** 与氨基胍硫酸盐成环得到三环化合物 **4-65**，然后将硝基和硝胺基等高能基团引入富氮骨架中，分别得到化合物 **4-66**、**4-67**，并得到一系列含能盐 **4-68**～**4-76**，单晶结构如图 4.43 所示。其中，硝基化合物和硝胺基化合物表现出优于 RDX 的爆轰性能且更加低感。化合物 **4-65** 表现出高热稳定性($T_d = 353.6$℃)和低灵敏性(IS＞40，FS＞360)，是一种耐热不敏感炸药。此外，羟胺盐和肼盐均表现出不错的爆轰性能和低敏感度(表 4.8)。这些结果表明构建三元氢键是一种提高炸药性能的有效方法[57]。

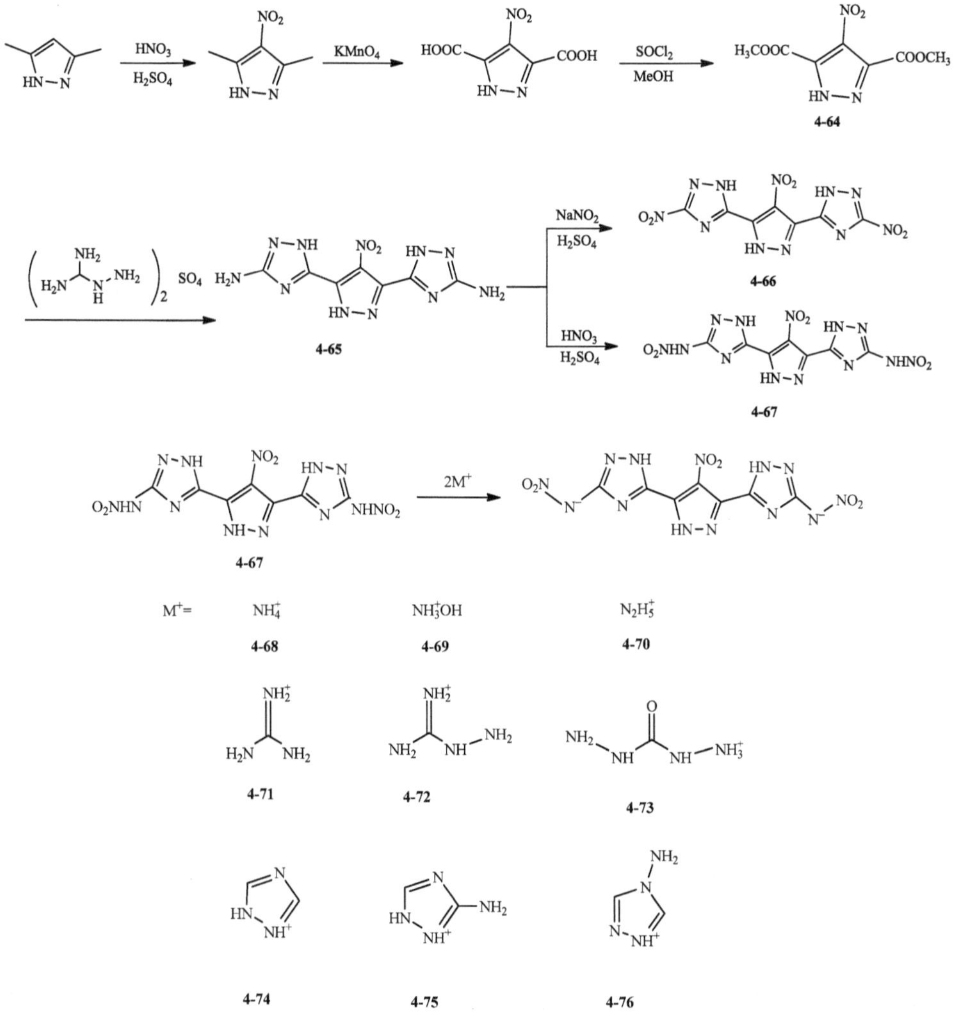

图 4.42　**4-64** 的合成路线，以及 **4-65** 氧化硝化及其盐的合成路线

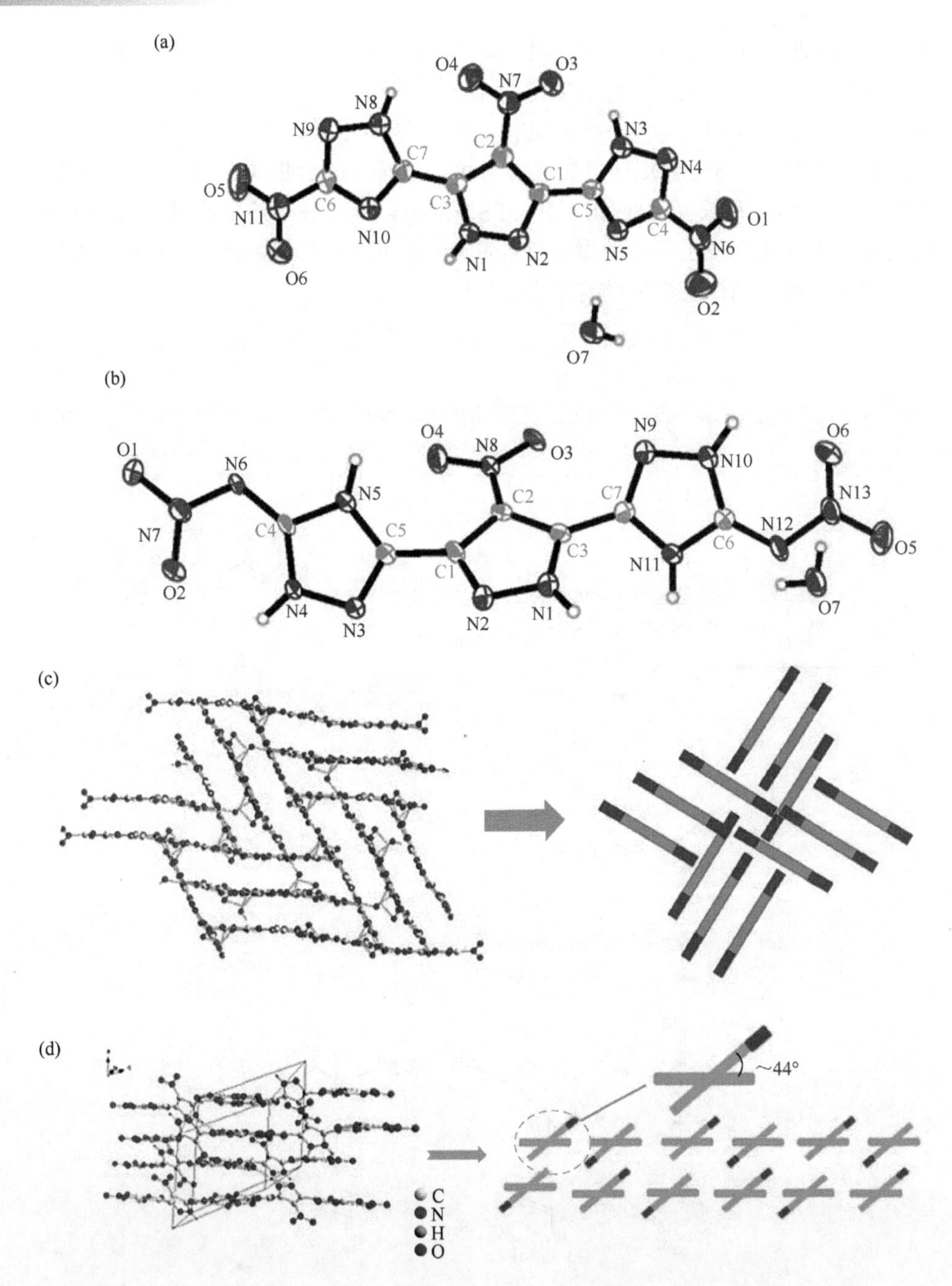

图 4.43 **4-66** 的晶体结构(a)、晶体堆积(c)；**4-67** 的晶体结构(b)、晶体堆积(d)

表 4.8　4-65 衍生物及其他的物化性能数据表

化合物	分解温度/℃	密度/(g/cm^3)	生成焓/(kJ/mol)	爆速/(m/s)	爆压/GPa	撞击感度/J	摩擦感度/N
4-65	353.6	1.770	555.0	8024	23.1	>40	>360
4-66	238.2	1.865	737.6	8747	33.0	30	360
4-67	134.4	1.915	791.8	9008	35.9	20	270
4-68	186.6	1.763	711.4	8680	30.0	>40	>360
4-69	171.3	1.786	842.0	9077	33.6	>40	>360
4-70	186.6	1.734	1062.4	8759	30.2	>40	>360
4-71	195.4	1.710	677.9	8193	25.1	>40	>360
4-72	191.3	1.709	1068.7	8502	27.3	>40	>360
4-73	208.2	1.753	1014.6	8705	29.7	22.4	>360
4-74	168.5	1.724	1300.5	8117	25.7	>40	>360
4-75	189.7	1.741	1270.5	8159	26.0	>40	>360
4-76	175.9	1.716	1511.2	8143	25.9	>40	>360
TNT	295	1.65	−59.4	7304	21.3	15	353
RDX	204	1.80	92.6	8795	34.9	7.5	120
HMX	280	1.90	70.4	9144	39.2	7.4	120

4.2　三唑联唑类高能材料

4.2.1　三唑联唑类

富氮含能盐作为一种重要的含能物质，受到了广泛的关注。因为与中性化合物相比，含能盐通常具有较高的生成焓和相当大的爆炸性能[58]。通常，酸碱中和和复分解反应是制备含能盐的主要方法。此外，灵敏度和爆轰性能之间的矛盾也可以得到缓解[59]。近十年来，人们对高能离子化合物进行了大量研究。大多数研究集中在由硝胺、偕二硝基甲基或硝基官能化的高能阴离子上[60]。然而，高能阳离子的研究量远小于高能阴离子。众所周知，高能阳离子的多样性可以为高能材料的合成提供新的思路[61]，近年来，一些新报道的富氮杂环阳离子，如三氨基三唑并三唑、二氨基三唑联二氨基三唑等都是基于 1,2,4-三唑[62]。然而，与 1,2,4-三唑相比，1,2,3-三唑几乎没有用于富氮高能阳离子的合成。由于 N-N-N(N_3)结构，1,2,3-三唑具有比 1,2,4-三唑(182 kJ/mol)更高的生成焓(240 kJ/mol)[63]。将 1,2,3-三唑带入含能分子，含能化合物的爆轰性能提高。

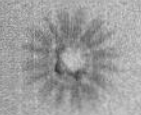

杨红伟课题组以苯并1,2,3-三唑为原料，通过氧化、二氨基胍成环将1,2,3-三唑和两个3,4-二氨基-1,2,4-三唑结合成一个高能化合物**4-77**(图4.44)，并基于化合物**4-77**合成了含能盐**4-78**～**4-88**，同时获得了作为两性高能离子盐的5-硝胺基四唑盐**4-83**，晶体结构见图4.45～图4.48，这些化合物表现出良好的能量性能和稳定性(表4.9)。其中化合物**4-77**、**4-80**和**4-82**～**4-88**具有高氮含量(50.95%～69.18%)和高生成焓(≥538.46 kJ/mol)。它们还表现出中等爆速(7555～8770 m/s)和爆压(20.8～31.2 GPa)。大多数这些含能化合物对撞击(IS≥24 J)和摩擦(FS≥252 N)不敏感，而二高氯酸盐**4-79**(IS = 7 J，FS = 120 N)的敏感性数据接近RDX(IS = 7.5 J，FS = 120 N)。两性离子盐**4-83**表现出最好的产气率(P_{max} = 13.58 MPa)和升压速率($[dP/dt]_{max}$ = 174.44 GPa/s)，优于常用试剂GN(P_{max} = 3.99 MPa，t = 0.42 ms)，可用作气体发生剂的成分[64]。

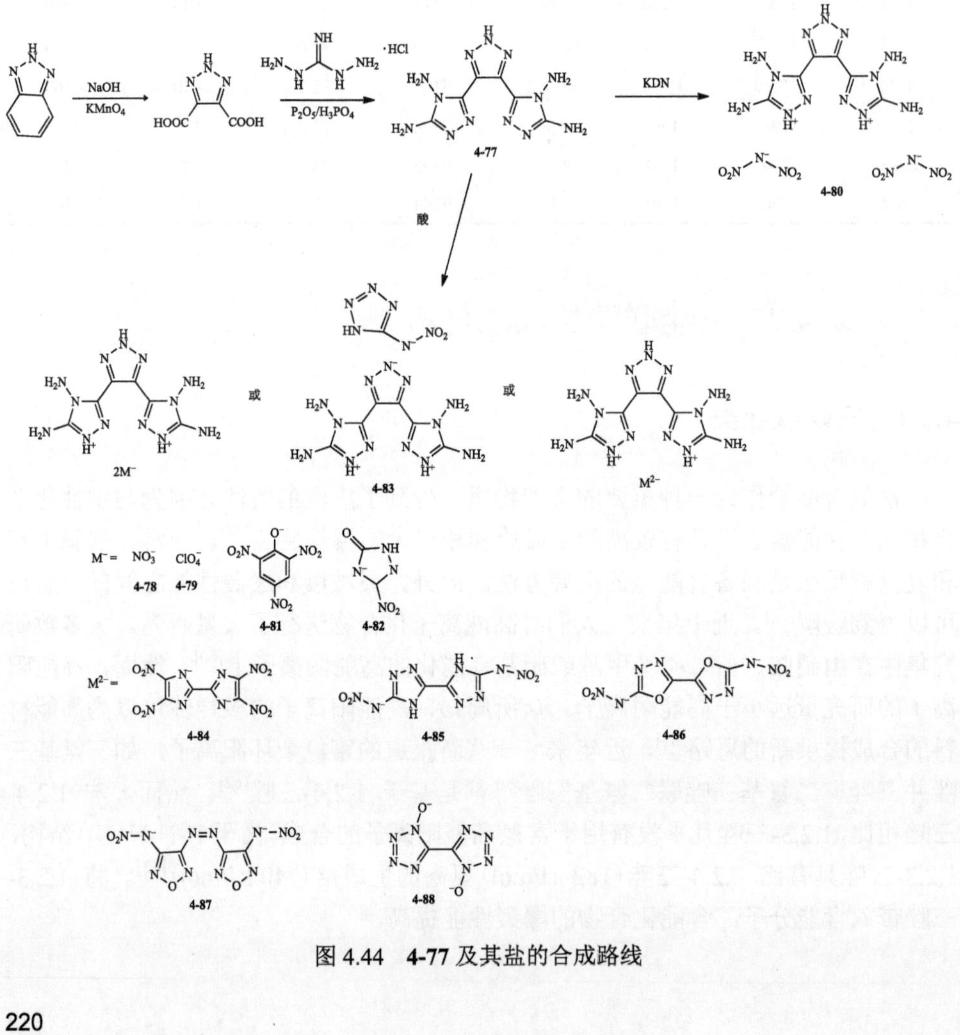

图4.44　**4-77**及其盐的合成路线

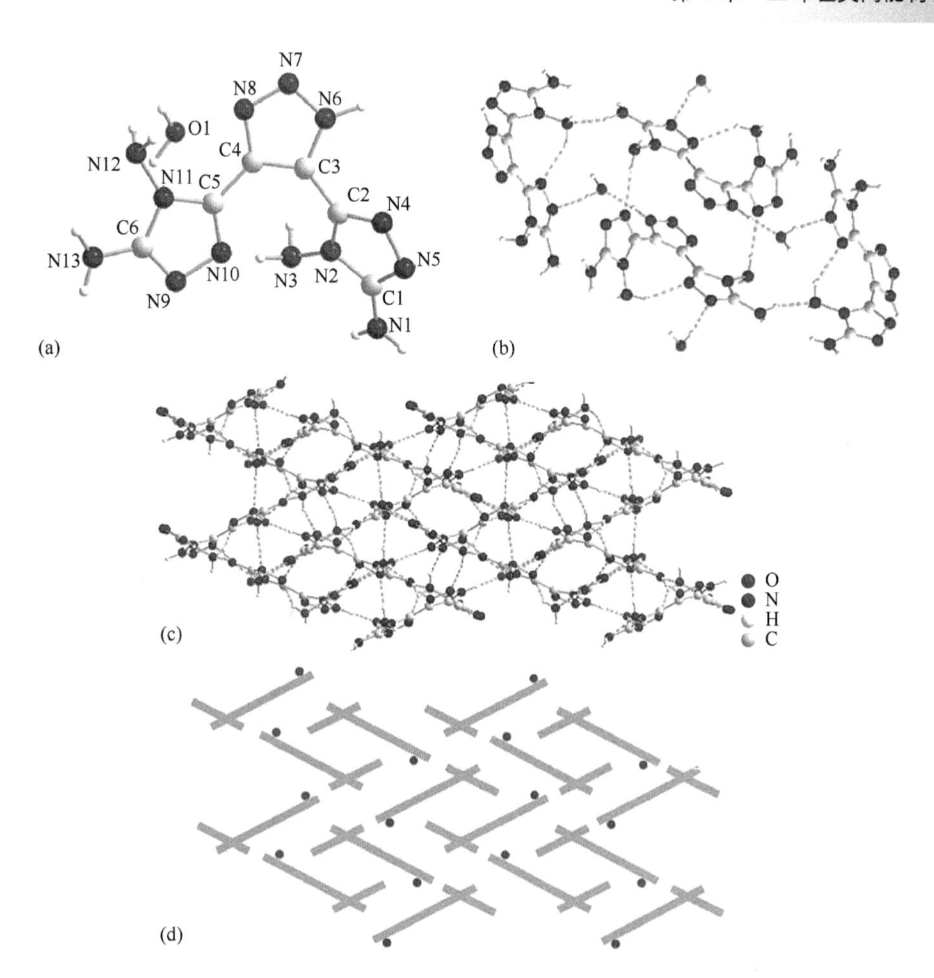

图 4.45　**4-77** 的晶体结构(a)、分子间作用力(b)、空间堆叠排列(c)、晶体堆积(d)

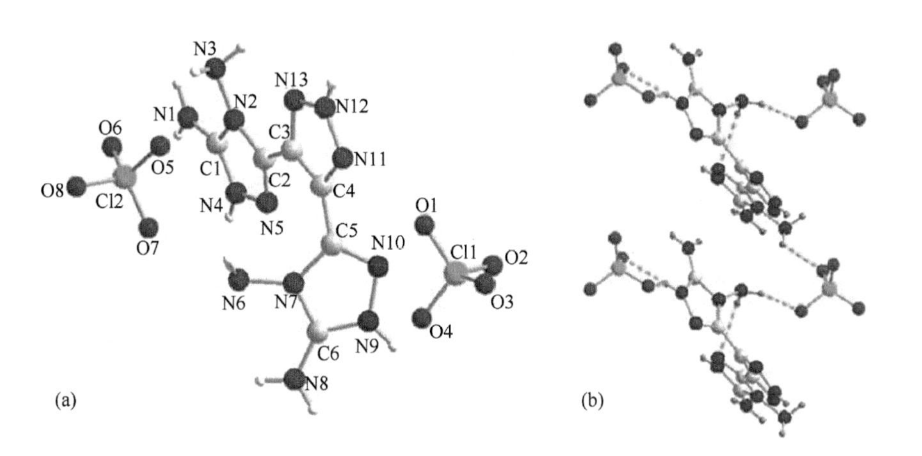

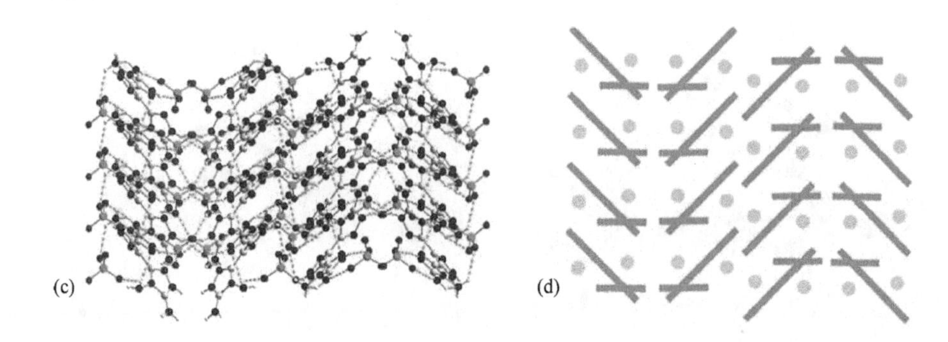

图 4.46 **4-78** 的晶体结构(a)、分子间作用力(b)、空间堆叠排列(c)、晶体堆积(d)

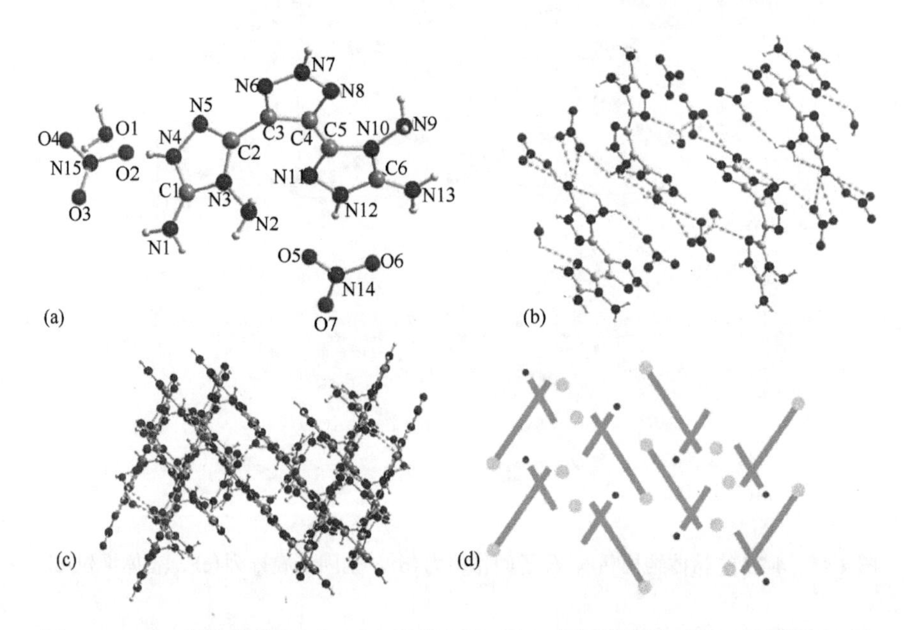

图 4.47 **4-79** 的晶体结构(a)、分子间作用力(b)、空间堆叠排列(c)、晶体堆积(d)

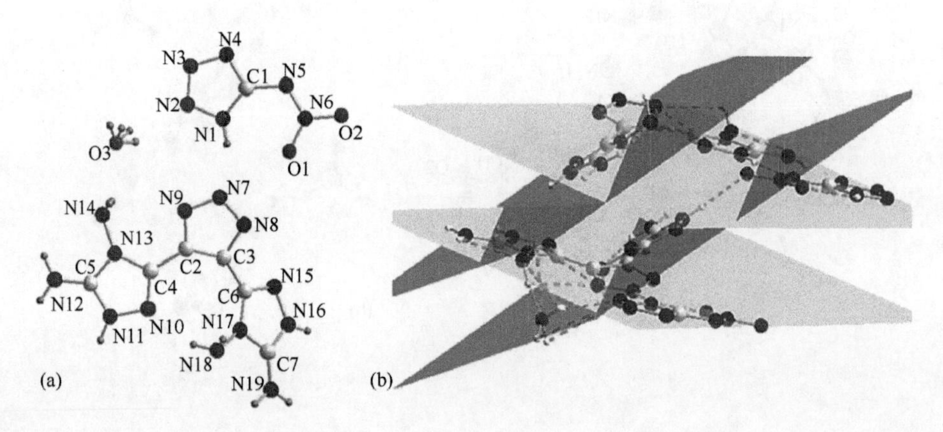

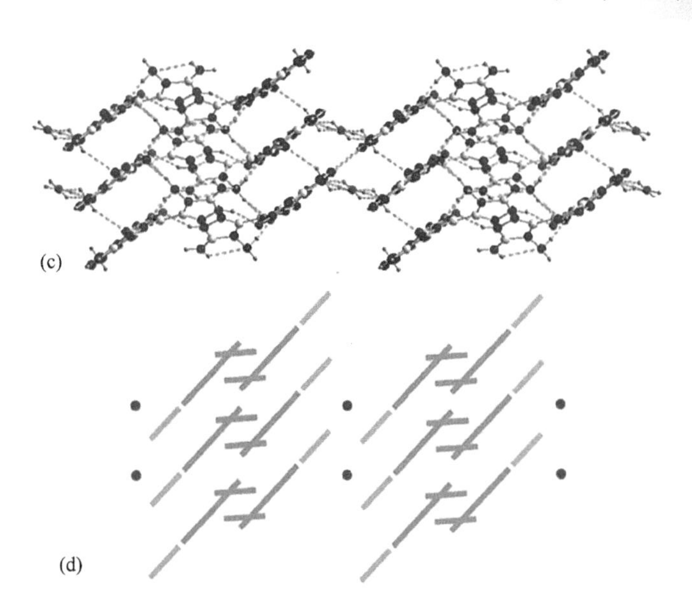

图4.48 **4-83**的晶体结构(a)、分子间作用力(b)、空间堆叠排列(c)、晶体堆积(d)

表4.9 4-77及其衍生物及其他的物化性能数据表

化合物	分解温度/℃	密度/(g/cm^3)	生成焓/(kJ/mol)	爆速/(m/s)	爆压/GPa	撞击感度/J	摩擦感度/N
4-77	258	1.70	984.08	8450	25.1	40	>360
4-78	232	1.78	119.16	8187	24.9	30	360
4-79	270	1.90	221.18	8328	29.5	7	120
4-80	169	1.73	1132.56	8770	31.2	28	>360
4-81	236	1.71	733.85	7585	21.7	>40	>360
4-82	249	1.67	989.02	7924	22.5	>40	>360
4-83	250	1.75	1141.92	8545	26.4	>40	>360
4-84	235	1.77	538.46	7599	21.5	>40	>360
4-85	216	1.70	1348.38	8192	26.3	>40	>360
4-86	187	1.73	600.81	7555	20.8	37	>360
4-87	196	1.70	1101.09	7995	24.0	24	252
4-88	212	1.71	992.96	7906	21.7	32	>360
TNT	295	1.65	−59.4	7304	21.3	15	353
RDX	204	1.80	92.6	8795	34.9	7.5	120

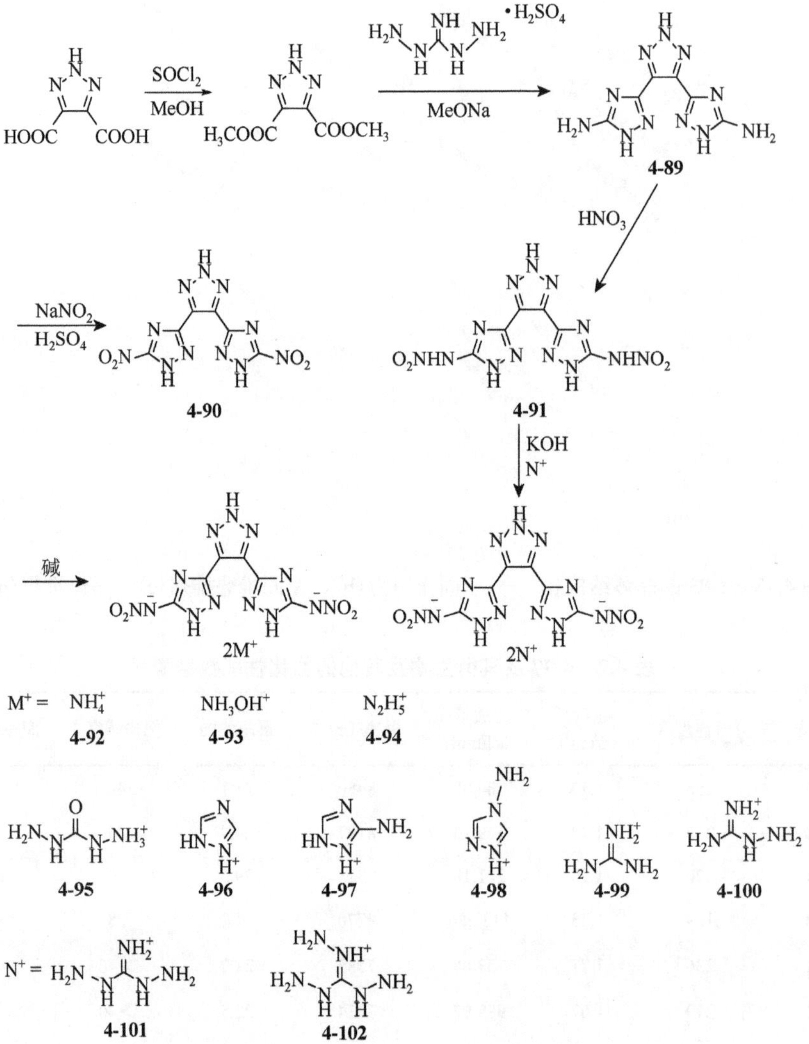

图 4.49 **4-68** 氧化硝化及其盐的合成路线

此外，有人将 1,2,3-三唑和两个 1,2,4-三唑主链组合成平面主链，设计并制备了 4,5-双(5-氨基-1，2，4-三唑)-1,2,3-三唑，并得到了氧化和硝化产物 **4-90**、**4-91**，基于硝胺化合物 **4-91** 可控合成了 11 种富氮含能盐作为二价阴离子物质(图 4.49)，晶体结构见图 4.50。化合物 **4-95** 和 **4-102** 表现出与 RDX 相当的爆炸性能(**4-95**：D = 8720 m/s，**4-102**：D = 8748 m/s，RDX：D = 8795 m/s)，且具有良好的产气能力(**4-95** 16.20 Pa，**4-102** 11.21 MPa)，远远优于硝酸胍(GN) (4.20 MPa) (表 4.10)。所有这些结果表明碳酰肼盐 **4-95** 和三氨基胍盐 **4-102** 可用作绿色气体发生剂成分[65]。

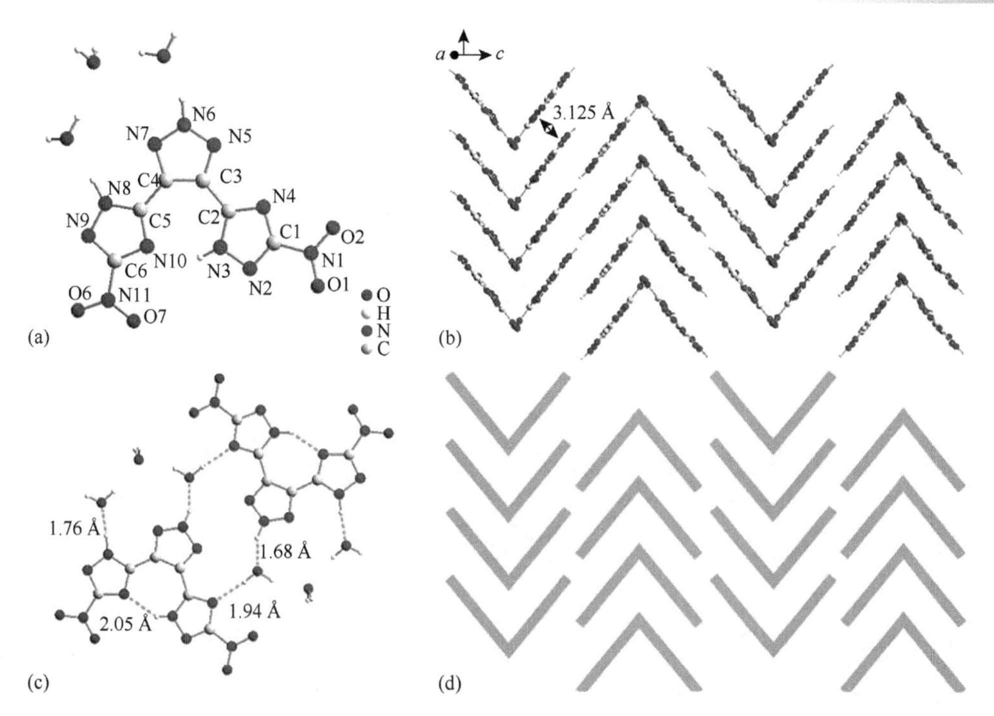

图 4.50　**4-90** 的晶体结构(a)、分子间作用力(b)、空间堆叠排列(c)、晶体堆积(d)

表 4.10　4-89 衍生物及其他的物化性能数据表

化合物	分解温度/℃	密度/(g/cm^3)	生成焓/(kJ/mol)	爆速/(m/s)	爆压/GPa	撞击感度/J	摩擦感度/N
4-90	190	1.81	866.01	8661	31.67	33	324
4-91	165	1.76	970.54	8548	29.71	28	324
4-92	215	1.71	783.94	8444	26.81	36	360
4-93	218	1.70	1141.79	8532	27.35	37	360
4-94	210	1.75	910.95	8473	27.99	32	360
4-95	214	1.72	1104.60	8720	28.90	35	360
4-96	185	1.70	1387.87	8169	25.15	40	360
4-97	180	1.71	1303.50	8264	25.55	40	360
4-98	192	1.70	1401.21	8136	25.10	40	360
4-99	209	1.67	756.99	8121	23.75	40	360
4-100	188	1.68	1157.39	8474	26.31	40	360
4-101	184	1.67	1207.80	8513	26.45	40	360
4-102	187	1.68	1432.22	8748	28.17	40	360
TNT	295	1.65	−59.4	7304	21.3	15	353
RDX	204	1.80	92.6	8795	34.9	7.5	120

4.2.2 三唑联四唑类

杜志明采用全新的方法将 1,2,3-三唑和四唑结合起来(图 4.51)，将 4,5-二氰基-1,2,3-三唑与 NaN_3 在氯化锌的条件下反应得到 4,5-双(5-四唑基)-1,2,3-三唑(BTT)，并对其性能进行了计算，此外，**4-103** 对撞击和摩擦不敏感(IS＞2 J 和 FS＞240 N)。**4-103** 的生成焓、爆压和爆速分别为 801 kJ/mol、24.8 GPa 和 8360 m/s，性能见表 4.11，它在环保气体发生器和炸药方面表现出良好的应用前景[66]。

NaN_3 / $ZnCl_2$

4-103(BTT)　　2Cation$^+$

Cation$^+$ = NH_4^+　　NH_3OH^+　　NH_2^+ / H_2N NH_2　　NH_2 / NH^+ / H_2N NH_2

4-104　　**4-105**　　**4-106**　　**4-107**

图 4.51　BTT 的合成路线

表 4.11　4-103 衍生物及其他的物化性能数据表

化合物	分解温度/℃	密度/(g/cm³)	生成焓/(kJ/mol)	爆速/(m/s)	爆压/GPa	撞击感度/J	摩擦感度/N
4-103	277	1.69	801	8360	24.8	2	240
4-104	301	1.62	591	8587	23.7	＞40	＞360
4-105	160	1.64	745	8798	27.3	＞40	＞360
4-106	289	1.52	615	7785	18.4	＞40	＞360
4-107	264	1.66	846	9022	26.3	＞40	＞360
TNT	295	1.65	92.6	8795	21.3	15	353
RDX	204	1.80	92.6	8795	34.9	7.5	120

此外，一些研究表明[67]可以通过形成相应的 *N*-羟基化合物来改善四唑的能量性能，而且四唑 *N*-氧化物通常对撞击和摩擦不太敏感。Dippold 以 4,5-二氰基-1,2,3-三唑为原料，通过与羟胺反应，然后在盐酸水溶液中重氮化，形成氯肟，再通过 NaN_3 引入叠氮肟，最后在饱和乙醚中闭环得到 4,5-双(1-羟基四唑-5-基)-2*H*-1,2,3-三唑(**4-108**)，并合成了 5 种富氮阳离子盐(图 4.52)。结果表明，**4-108** 的撞击感度很高，成盐后不仅爆轰性能得到很大提高，因为分子间存在大量氢键(图 4.53)，

感度也降低很多，可以归类为不敏感高能材料(表 4.12)。其中胍盐 **4-111** 由于大量分子间及分子内氢键的共同作用，具有较低的敏感性，在火炮推进剂混合物中有很大用途，而且含有四唑氧化物的混合物通常表现出更好的燃烧特性[68]。

NH_2OH　$NaNO_2$/HCl　NaN_3/EtOH　HCl/Et_2O

4-108　2M⁺

M^+= NH_4^+ (**4-109**)　NH_3OH^+ (**4-110**)　**4-111**　**4-112**　**4-113**

图 4.52　4,5-双(1-羟基四唑-5-基)-2*H*-1,2,3-三唑及其盐的合成路线

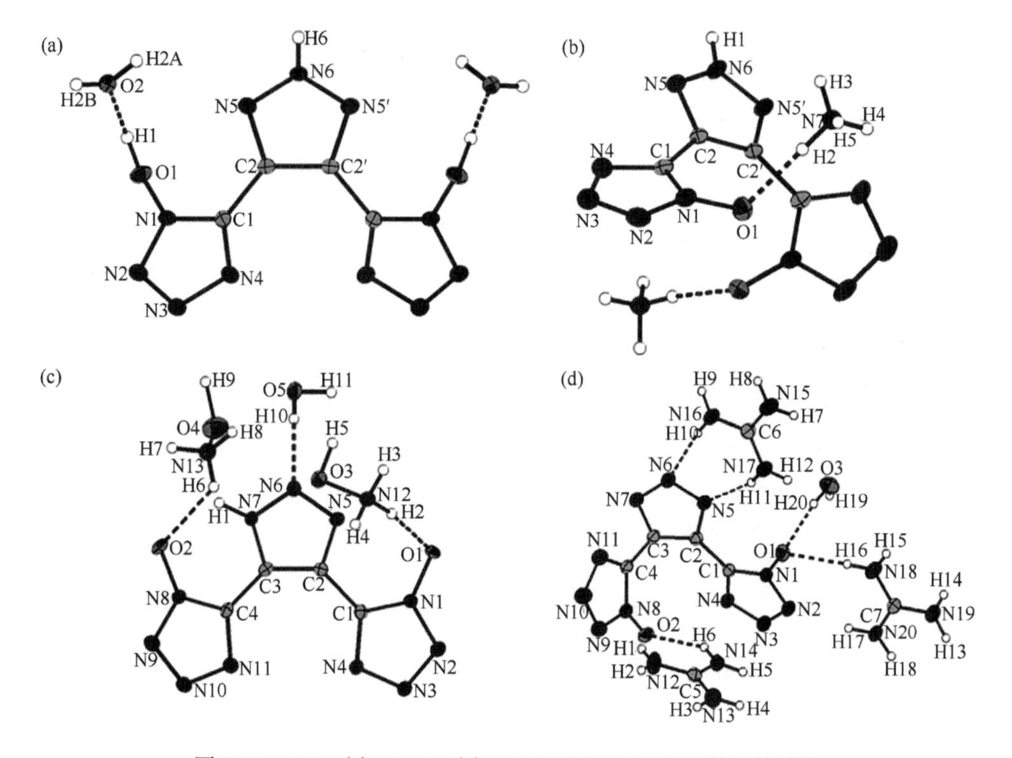

图 4.53　**4-108**(a)、**4-109**(b)、**4-110**(c)、**4-111**(d)的晶体结构

表 4.12 4-108 衍生物及其他的物化性能数据表

化合物	分解温度/℃	密度/(g/cm^3)	生成焓/(kJ/mol)	爆速/(m/s)	爆压/GPa	撞击感度/J	摩擦感度/N
4-108	246	1.67	823	8277	26	1	240
4-109	241	1.736	682	8991	28.8	10	>360
4-110	182	1.63	722	8561	27	7	>360
4-111	244	1.56	331	7659	18.6	>40	>360
4-112	215	1.63	928	8836	26.6	>40	>360
4-113	212	1.60	1128	8726	26.7	10	>360
TNT	295	1.65	−59.4	7304	21.3	15	353
RDX	204	1.80	92.6	8795	34.9	7.5	120

4.3 展望

在高能材料领域，实现能源和安全之间的良好平衡是一个具有吸引力和挑战性的问题。因此，随着化学研究人员对新型高能材料的设计和合成的深入研究，富氮三环基高能材料的设计和合成越来越受到研究人员的关注。近年来大量关于三环基高能材料的合成和研究的工作表明，该领域是新型高能材料的主要发展方向之一。希望未来可以在文献中出现更多新的强大且具有战略意义的新型高能材料。

参考文献

[1] Thottempudi V, Shreeve J M. Synthesis and promising properties of a new family of high-density energetic salts of 5-nitro-3-trinitromethyl-1*H*-1,2,4-triazole and 5,5′-bis (trinitromethyl)-3,3′-azo-1*H*-1,2,4-triazole. Journal of the American Chemical Society, 2011, 133: 19982-19992.

[2] Pagoria P F, Lee G S, Mitchell A R, et al. A review of energetic materials synthesis. Thermochimica Acta, 2002, 384, 187-204.

[3] Agrawal J P. High Energy Materials: Propellants, Explosives and Pyrotechnics. Weinheim: Wiley-VCH, 2010.

[4] Agrawal J P, Hodgson R. Organic Chemistry of Explosives. Chichester: John Wiley & Sons, 2007.

[5] Klapötke T M. Chemistry of High-Energy Materials. 2nd ed. Berlin: Walter de Gruyter GmbH & Co, 2012.

[6] Federoff B T, Aaronson H A, Reese E F, et al. Encyclopedia of Explosives and Related Items. Dover: Picatinny Arsenal, 1960.

[7] Jesse S, Karl O. Recent advances in the synthesis of high explosive materials. Crystals, 2016, 6(1)：5.

[8] Spear R J, Wilson W S. Recent Approaches to the synthesis of high explosive and energetic materials: a review. Journal of Energetic Materials, 1984, 2: 61-149.

[9] Fried L E, Manaa M R, Pagoria P F, et al. Design and synthesis of energetic materials. Annual Review of Materials Research. 2001, 31: 291-321.

[10] Zhang Y, Parrish D A, Shreeve J M. Derivatives of 5-nitro-1,2,3-2*H*-triazole—high performance energetic materials. Journal of Materials Chemistry A, 2013, 1: 585-593.

[11] Fischer N, Fischer D, Klapötke T M, et al. Pushing the limits of energetic materials—the synthesis and characterization of dihydroxylammonium 5,5′-bistetrazole-1,1′-diolate. Journal of Materials Chemistry A, 2012, 22: 20418-20422.

[12] Zhang J, Zhang Q, Vo T T, et al. Energetic salts with π-stacking and hydrogen-bonding interactions lead the way to future energetic materials. Journal of the American Chemical Society, 2015, 137: 1697-1704.

[13] Gao H, Shreeve J M. Azole-based energetic salts. Chemical Reviews, 2011, 111: 7377-7436.

[14] Tsyshevsky R, Pagoria P, Zhang M, et al. Searching for low-sensitivity cast-melt high-energy-density materials: synthesis, characterization, and decomposition kinetics of 3,4-bis(4-nitro-1,2,5-oxadiazol-3-yl)-1,2,5-oxadiazole-2-oxide. Journal of Physical Chemistry C, 2015, 119: 3509-3521.

[15] Klapötke T M, Witkowski T G. 5,5′-Bis(2,4,6-trinitrophenyl)-2,2′-bi(1,3,4-oxadiazole)(TKX-55): thermally stable explosive with outstanding properties. ChemPlusChem, 2016, 81: 357-360.

[16] Kettner M A, Klapotke T M. 5,5′-Bis-(trinitromethyl)-3,3′-bi-(1,2,4-oxadiazole): a stable ternary CNO-compound with high density. Chemical Communications, 2014, 50: 2268.

[17] Zhang J, Yin P, Mitchell L A, et al. *N*-Functionalized nitroxy/azido fused-ring azoles as high-performance energetic materials. Journal of Materials Chemistry A, 2016, 4: 7430.

[18] Zhang C. Computational investigation of the detonation properties of furazans and furoxans. THEOCHEM, 2006, 765: 77-83.

[19] Kim T K, Choe J H, Lee B W, et al. Synthesis and characterization of BNFF Analogues. Bulletin of Korean Chemical Society, 2012, 33: 2765-2768.

[20] Zhang Y, Zhou C, Wang B, et al. Synthesis and characteristics of bis(nitrofurazano)furazan (BNFF), an insensitive material with high energy-density. Propellants Explosives Pyrotechnics, 2014, 39: 809-814.

[21] Sheremetev A B, Aleksandrova N S, Palysaeva N V, et al. Ionic liquids as unique solvents in one-pot synthesis of 4-(*N*,2,2,2-tetranitroethylamino)-3-*R*-furazans. Chemistry—A European Journal, 2013, 19: 12446-12457.

[22] Yu Q, Yang H, Ju X, et al. The synthesis and study of compounds based on 3,4-bis (aminofurazano) furoxan. ChemistrySelect, 2017, 2: 688.

[23] Tang Y, He C, Parrishc D A et al. Small cation-based high-performance energetic nitramino-furazanates. Chemistry—A European Journal, 2016, 22: 11846-11853.

[24] Pagoria P F, Zhang X M. Melt-castable energetic compounds comprising oxadiazoles and

methods of production thereof. US, 8580054. 2013.
[25] Wei H, He C, Zhang J, et al. Combination of 1,2,4-oxadiazole and 1,2,5-oxadiazole moieties for the generation of high-performance energetic materials. Angewandte Chemie International Edition, 2015, 54: 9367.
[26] Fershtat L L, Ananyev I V, Makhova N N. Efficient assembly of mono-and bis(1,2,4-oxadiazol-3-yl) furoxan scaffolds via tandem reactions of furoxanylamidoximes. RSC Advances, 2015, 5: 47248-47260.
[27] Yan C, Wang K, Liu T, et al. Exploiting the energetic potential of 1,2,4-oxadiazole derivatives: combining the benefits of a 1,2,4-oxadiazole framework with various energetic functionalities. Dalton Transactions, 2017, 46: 14210-14218.
[28] Johnson E C, Bukowski E J, Sabatini J J. Bis(1,2,4-oxadiazolyl) furoxan: a promising melt-castable eutectic material of low sensitivity. ChemPlusChem, 2019, 84: 319-322.
[29] Hermann T S, Klapötke T M, Krumm B, et al. Synthesis, characterization and properties of ureido-furazan derivatives. Journal of Heterocyclic Chemistry, 2018, 55: 852-862.
[30] He C, Gao H, Imler G H, et al. Boosting energetic performance by trimerizing furoxan. Journal of Materials Chemistry A, 2018, 6: 9391-9396.
[31] Zhai L, Bi F, Luo Y, et al. New strategy for enhancing energetic properties by regulating trifuroxan configuration: 3,4-bis(3-nitrofuroxan-4-yl) furoxan. Scientific Reports, 2019, 9: 4321-4329.
[32] Zhai L, Fan X, Wang B, et al. A green high-initiation-power primary explosive: synthesis, 3D structure and energetic properties of dipotassium 3,4-bis(3-dinitromethylfurazan-4-oxy) furazan. RSC Advances, 2015, 5: 57833-57841.
[33] Sheremetev A B, Kulagina V O, Aleksandrova N S, et al. Dinitro trifurazans with oxy, azo, and azoxy bridges. Propellants Explosives Pyrotechnics, 1998, 23: 142-149.
[34] Wu B, Yang H, Lin Q, et al. New thermally stable energetic materials: synthesis and characterization of guanylhydrazone substituted furoxan energetic derivatives. New Journal of Chemistry, 2015, 39: 179-186.
[35] Huang H, Zhou Z, Liang L, et al. Nitrogen-rich energetic monoanionic salts of 3,4-bis(*1H*-5-tetrazolyl) furoxan. Chemistry-An Asian Journal, 2012, 7: 707-714.
[36] Pagoria P F, Zhang M, Zuckerman N B, et al. Synthesis and characterization of multicyclic oxadiazoles and 1-hydroxytetrazoles as energetic materials. Chemistry of Heterocyclic Compounds, 2017, 53: 760-778.
[37] Kumar D, Tang Y, He C, et al. Multipurpose energetic materials by shuffling nitro groups on a 3,3′-bipyrazole moiety. Chemistry—A European Journal, 2018, 24: 17220-17224.
[38] Yan T, Cheng G, Yang H. 1,2,4-Oxadiazole-bridged polynitropyrazole energetic materials with enhanced thermal stability and low sensitivity. ChemPlusChem, 2019, 84: 1567-1577.
[39] Yan T, Cheng G, Yang H. 1,3,4-Oxadiazole based thermostable energetic materials: synthesis and structure-property relationship. New Journal of Chemistry, 2020, 44: 6643-6651.
[40] Yan T, Yang C, Ma J, et al. Intramolecular integration of multiple heterocyclic skeletons for energetic materials with enhanced energy & safety. Chemical Engineering Journal, 2022, 428:

131400.

[41] Schmidt R D, Lee G S, Pagoria P F, et al. Synthesis of 4-amino-3,5-dinitro-1*H*-pyrazole using vicarious nucleophilic substitution of hydrogen. Journal of Heterocyclic Chemistry, 2021, 38: 1227-1230.

[42] Kumar D, Imler G H, Parrish D A, et al. 3,4,5-Trinitro-1-(nitromethyl)-1*H*-pyrazole (TNNMP): a perchlorate free high energy density oxidizer with high thermal stability. Journal of Materials Chemistry A, 2017, 5: 10437.

[43] Zhang M X, Pagoria P F, Imler G H, et al. Trimerization of 4-Amino-3,5-dinitropyrazole: formation, preparation, and characterization of 4-diazo-3,5-bis(4-amino-3,5-dinitropyrazol-1-yl) pyrazole (LLM-226). Journal of Heterocyclic Chemistry, 2019, 56: 781-787.

[44] Schulze M C, Scott B L, Chavez D E. A high density pyrazolo-triazine explosive (PTX). Journal of Materials Chemistry A, 2015, 3: 17963.

[45] Yan T, Yang H, Chen Y, et al. An advanced and applicable heat-resistant explosive through the controllable regiochemical modulation. Journal of Materials Chemistry A, 2020, 8: 23857.

[46] Yan T, Ma J, Yang H, et al. Introduction of energetic bis-1,2,4-triazoles bridges: a strategy towards advanced heat resistant explosives. Chemical Engineering Journal, 2022, 429: 132416.

[47] Yin P, He C, Shreeve J M. Fully C/N-polynitro-functionalized 2,2′-biimidazole derivatives as nitrogen- and oxygen-rich energetic salts. Chemistry—A European Journal, 2016, 22: 2108-2113.

[48] Klapötke T M, Preimesser A, Stierstorfer J. Energetic derivatives of 4,4′,5,5′-tetranitro-2,2′-bisimidazole (TNBI). Zeitschrift für Anorganische und Allgemeine Chemie, 2012, 638: 1278-1286.

[49] Dincă M, Harris T D, Iavaron A T, et al. Synthesis and characterization of the cubic coordination cluster (H_3IBT = 4,5-bis(tetrazol-5-yl) imidazole). Journal of Molecular Structure, 2008, 890: 139-143.

[50] Guo M. 4,5-Bis(1*H*-tetrazol-5-yl)-1*H*-imidazole monohydrate. Acta Crystallographica, 2009, 65 (Pt 6): o1403.

[51] 毕福强, 李吉祯, 许诚, 等. 4,5-二(1*H*-四唑-5-基)-1*H*-咪唑的合成及热性能. 含能材料, 2013, 21: 443-448.

[52] 吴敏杰, 毕福强, 周彦水, 等. 5,5′-(2-三氟甲基)-咪唑-4,5-二(1*H*-四唑)及其含能离子盐的合成与表征. 含能材料, 2017, 25: 315-320.

[53] Srinivas D, Ghule V D, Muralidharan K. Synthesis of nitrogen-rich imidazole, 1,2,4-triazole and tetrazole-based compounds. RSC Advances, 2014, 4: 7041-7051.

[54] Tang Y, Gao H, Parrish D A, et al. 1,2,4-Triazole links and *N*-azo bridges yield energetic compounds. Chemistry, 2015, 21: 11401-11407.

[55] Yin P, Zhang J, Mitchell L A, et al. 3,6-Dinitropyrazolo[4,3-*c*]pyrazole-based multipurpose energetic materials through versatile *N*-functionalization strategies. Angewandte Chemie International Edition in English, 2016, 55: 12895-12897.

[56] Yin P, Mitchell L A, Parrish D A, et al. Energetic *N*-nitramino/*N*-oxyl-functionalized pyrazoles with versatile π-π stacking: structure-property relationships of high-performance energetic

materials. Angewandte Chemie International Edition in English, 2016, 55: 14409-14411.

[57] Xu M, Cheng G, Xiong H, et al. Synthesis of high-performance insensitive energetic materials based on nitropyrazole and 1,2,4-triazole. New Journal of Chemistry, 2019, 43: 11157.

[58] Wang R, Xu R, Guo R, et al. Bis[3-(5-nitroimino-1,2,4-triazolate)]-based energetic salts: synthesis and promising properties of a new family of high-density insensitive materials. Journal of the American Chemical Society, 2010, 132: 11904-11905.

[59] Hu L, Yin P, Zhao G, et al. Conjugated energetic salts based on fused rings: insensitive and highly dense materials. Journal of the American Chemical Society, 2018, 140: 15001-15007.

[60] Xu Z, Cheng G, Zhu S, et al. Nitrogen-rich salts based on the combination of 1,2,4-triazole and 1,2,3-triazole rings: a facile strategy for fine tuning energetic properties. Journal of Materials Chemistry A, 2018, 6: 2239-2248.

[61] Xiong H, Yang H, Cheng G, et al. Energetic furazan and triazole moieties: a promising heterocyclic cation. ChemistrySelect, 2019, 4: 8876-8881.

[62] Ma Q, Chen Y, Liao L, et al. Energetic π-conjugated vinyl bridged triazoles: a thermally stable and insensitive heterocyclic cation. Dalton Transactions, 2017, 46: 7467-7479.

[63] Gu H, Ma Q, Huang S, et al. Gem-dinitromethyl-substituted energetic metal-organic framework based on 1,2,3-triazole from *in situ* controllable synthesis. Chemistry-An Asian Journal, 2018, 13: 2786-2790.

[64] Gu H, Xiong H, Yang H, et al. Tricyclic nitrogen-rich cation salts based on 1,2,3-triazole: chemically stable and insensitive candidates for novel gas generant. Chemical Engineering Journal, 2021, 408: 128021.

[65] Gu H, Cheng G, Yang H. Tricyclic nitrogen-rich explosives with a planar backbone: bis(1,2,4-triazolyl)-1,2,3-triazoles as potential stable green gas generants. New Journal of Chemistry, 2021, 45: 7758-7765.

[66] Du Z, Zhang Y, Han Z, et al. 4,5-Bis(5-tetrazolyl)-1,2,3-triazole: synthesis and performance. Propellants Explosives Pyrotechnics, 2015, 40: 954-959.

[67] Klöptke T M, Piercey D G, Stierstorfer J. The taming of CN_7^-: the azidotetrazolate 2-oxide anion. Chemistry, 2011, 17: 13068-13077.

[68] Dippold A A, Izsàk T M, Klapötke T M, et al. Combining the advantages of tetrazoles and 1,2,3-triazoles: 4,5-bis(tetrazol-5-yl)-1,2,3-triazole,4,5-bis(1-hydroxytetrazol-5-yl)-1,2,3-triazole, and their energetic derivatives. Chemistry—A European Journal, 2016, 22: 1768-1778.

第 5 章

多环唑类高能材料

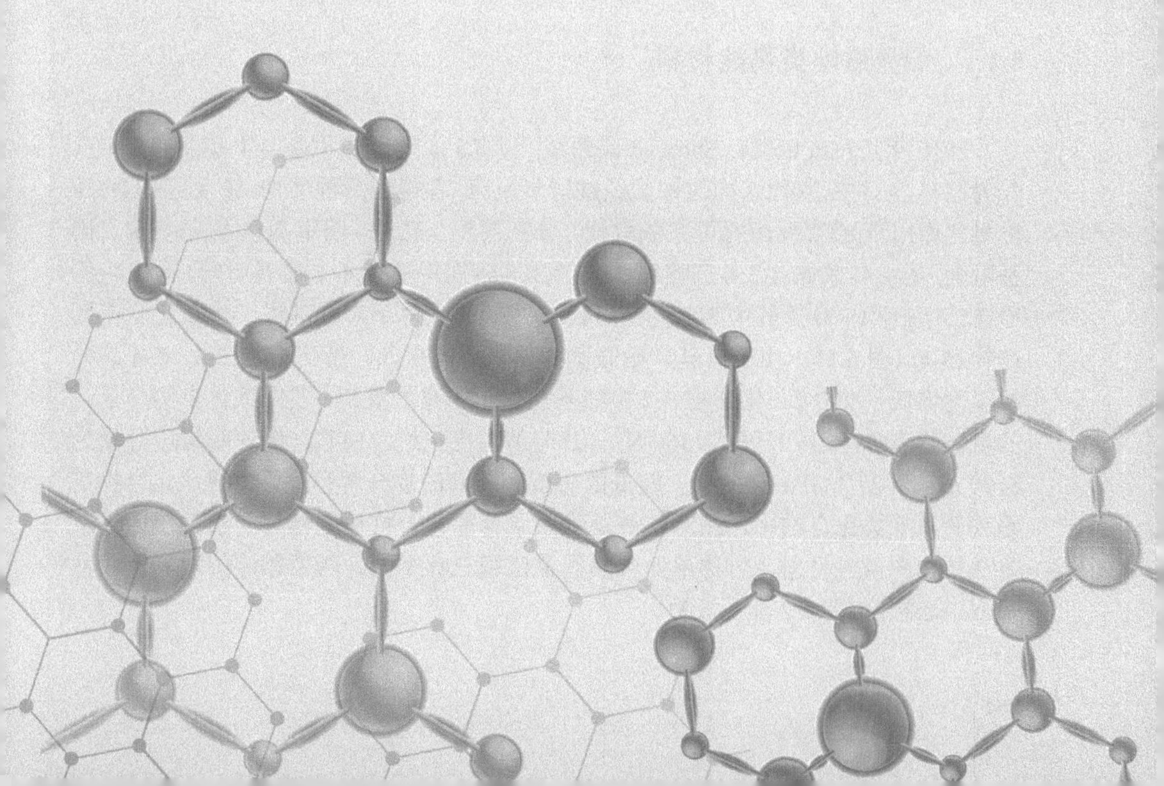

相对于传统唑类含能化合物，多环唑类含能化合物因其生成焓和氮含量较高，爆轰性能优异，以及分解产物主要是对环境无污染的氮气，近 20 年来受到国内外高能材料研究者的广泛关注和报道。作为富氮杂环含能化合物的一类——多环唑类含能化合物，与单环、双环、三环唑类杂环化合物相比，在结构上，多环唑类含能化合物拥有更多数量的 N═N、N—N、C—N、N—O 等化学键和更高的环张力，使得多环唑类含能化合物相对于单环、简单联环等唑类杂环化合物，拥有更高的生成焓、密度和爆轰性能。在选取合适的耐热骨架之后，引入大量高能键与高能量密度杂环，进一步优化了唑类含能化合物爆轰性能与稳定性之间的平衡。

5.1 多环联唑与并唑类高能材料

在多环唑类含能化合物中，将结构单元单纯以单键相连或以几种“桥”结构相连的联多环唑类含能化合物被大量合成。这类连接方式往往造成分子结构的扭转，不同程度地破坏了分子的平面性，但是人们发现，扭转结构这一特点如果与分子间/分子内广泛的氢键作用相结合，得到的离子型高能材料在总体上能够呈现出较好的能量水平，可以拥有更高的生成焓和密度。研究者们在这个方向上合成了用途不同、种类丰富的离子化合物。

5.1.1 偶氮联唑类高能材料

2015 年，Jean’ne M. Shreeve 课题组[1]以 3,3′,5,5′-四氯甲基-4,4′-偶氮-1,2,4-三唑为原料，与对应取代结构的铵盐经过一步反应，各得到两种产物，该反应在 DMF 溶剂化作用下 80℃反应就可完成取代，分别得到 3,3′,5,5′-四甲基(4-氨基-3,5-二硝基吡唑)基-4,4′-偶氮-1,2,4-三唑(**5-2**)与 3,3′,5,5′-四甲基(3,4-二硝基吡唑)基-4,4′-偶氮-1,2,4-三唑(**5-3**)，其中 **5-2** 可在双氧水/浓硫酸条件下对氨基进一步氧化，得到产物(**5-4**)(图 5.1)。由于硝基、硝胺基和偶氮桥的引入，新化合物 **5-3**、**5-4** 的分解温度均低于 200℃。化合物 **5-2** 中氨基提供了丰富的氢键，使得该化合物有合适的机械感度(IS = 36 J，FS＞360 N)，热分解温度也达 214℃，爆速和爆压分别为 8190 m/s 和 27.3 GPa(表 5.1)。较低的感度和较高的热分解温度，使得该化合物在系列偶氮唑类化合物中，相对更好地维系了含能化合物稳定性与能量的平衡。从单晶结构图可以看出，对称单元包括偶氮桥联三唑平面，四个相连的吡唑基团从平面中心扭出(图 5.2 和图 5.3)。

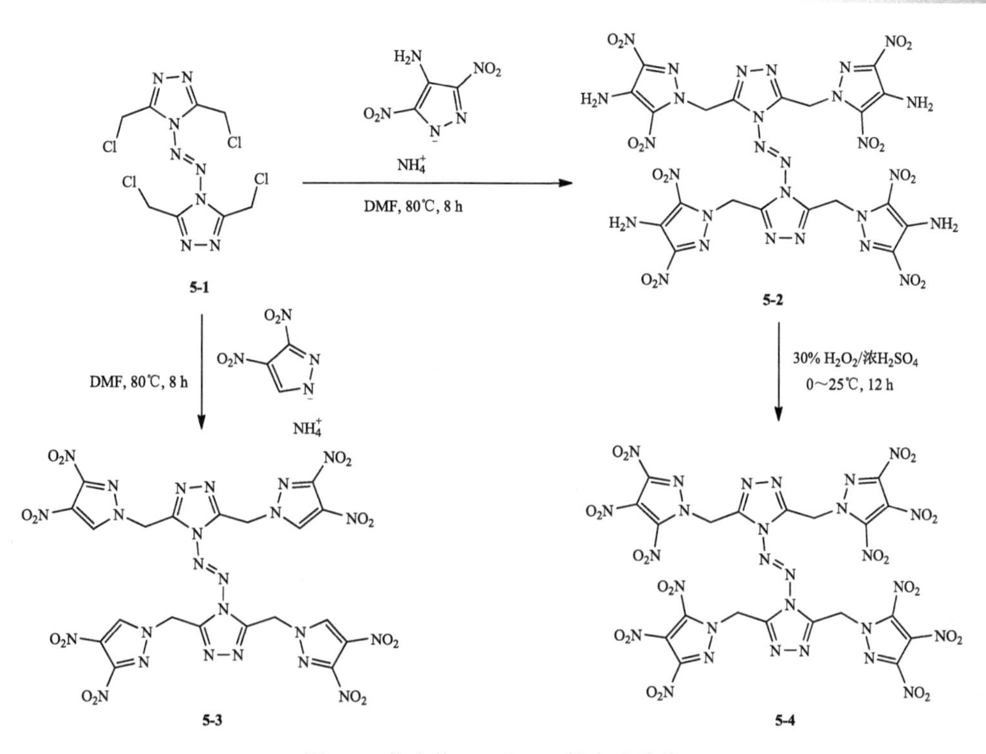

图 5.1　化合物 **5-3** 和 **5-4** 的合成路线

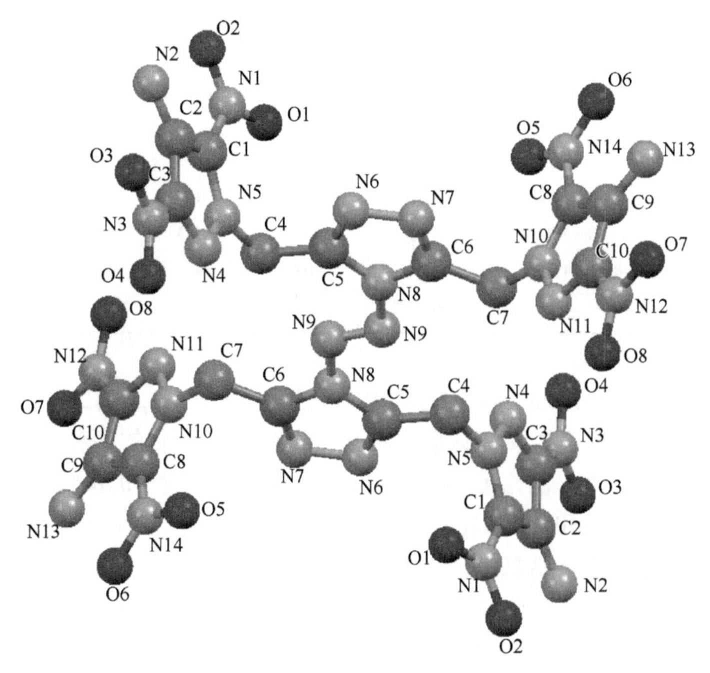

图 5.2　化合物 **5-2** 的单晶结构图

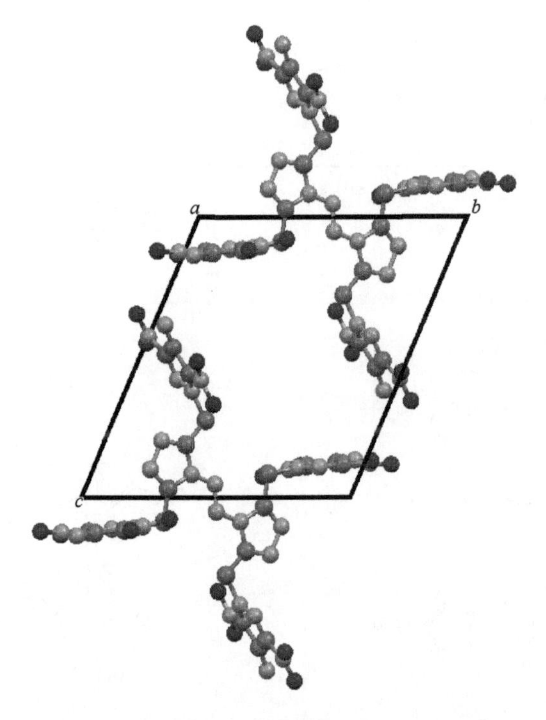

图 5.3 化合物 **5-2** 的单晶结构单元(*a* 轴视角)

表 5.1 化合物 5-2、5-3 和 5-4 及其他的物化性能数据表

化合物	分解温度/℃	密度/(g/cm^3)	生成焓/(kJ/mol)	爆速/(m/s)	爆压/GPa	撞击感度/J	摩擦感度/N
5-2	214	1.752	1483.4	8190	27.3	36	＞360
5-3	162	1.739	1381.8	8068	26.9	15	240
5-4	151	1.820	1359.0	8637	32.3	10	240
RDX	204	1.800	92.6	8795	34.9	7.5	120
TNT	295	1.654	−59.4	7304	21.3	15	＞353

同年，Jean’ne M. Shreeve 课题组[2]利用五(4-氨基-1,2,5-噁二唑-3-基)-1-羟基四唑(**5-5**)与高锰酸钾经过氧化偶联，并最终得到目标产物的两种非金属盐 **5-7-1** 和 **5-7-2**(图 5.4)。**5-7-1** 的密度为 1.71 g/cm^3，生成焓高达 1026.1 kJ/mol，爆速和爆压分别为 8456 m/s 和 27.7 GPa(表 5.2)。在四唑环上引入羟基并形成偶氮基团后，氧平衡更正，同时偶氮基团的存在有助于得到比氧化偶联前更大的生成焓以及更好的爆轰性能。至于安全性能，**5-7-1** 和 **5-7-2** 的撞击感度分别为 17 J 和 28 J，摩擦感度分别为 160 N 和 360 N，均优于 RDX。从 **5-6** 四水合物两种不同视角的单晶结构图(图 5.5 和图 5.6)可以看出，虽然在呋咱环和四唑环的二面角

(O1—N1—N2—C1 = 179.08°)处仍然是共平面，但在两个呋咱环的二面角(N4—C1—C2—C3 = 2.18°)处发生了弯曲。

图 5.4　离子盐 **5-7-1** 和 **5-7-2** 的合成路线

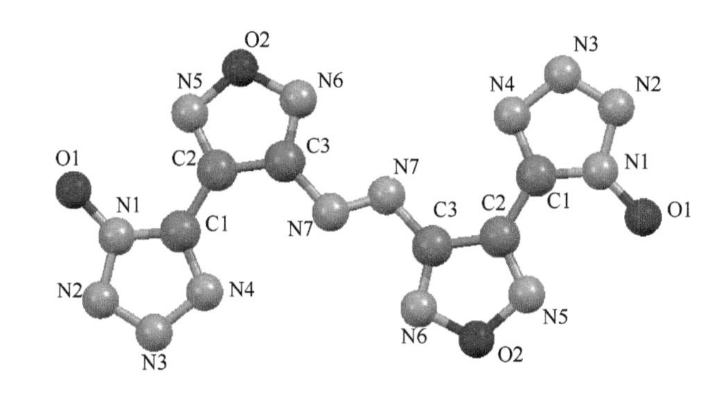

图 5.5　化合物 **5-6** 的单晶结构图

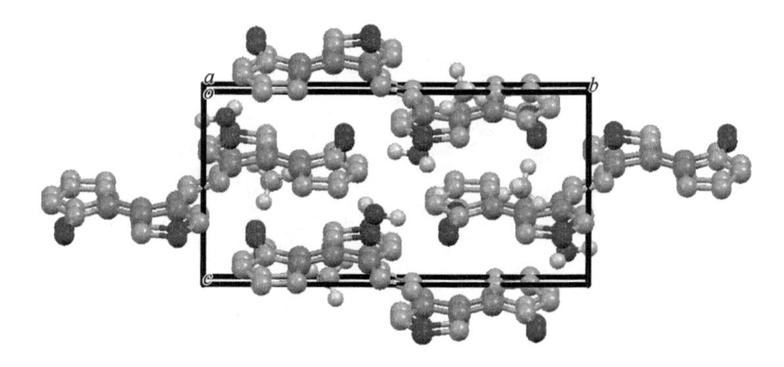

图 5.6　化合物 **5-6** 的单晶结构单元(*a* 轴视角)

表 5.2 离子盐 **5-7-1** 和 **5-7-2** 及其他的物化性能数据表

化合物	分解温度/℃	密度/(g/cm^3)	生成焓/(kJ/mol)	爆速/(m/s)	爆压/GPa	撞击感度/J	摩擦感度/N
5-7-1	266	1.71	1026.1	8456	27.7	17	160
5-7-2	291	1.65	1115.4	8043	23.7	28	360
RDX	204	1.80	92.6	8795	34.9	7.5	120
TATB	324	1.93	−139.3	8144	31.2	50	360

2016 年，杨光成课题组[3]以丙二腈为原料，经过偕氨基肟前体，分别用两步合成了化合物 **5-11** 与 **5-13**(图 5.7)，这两种偶氮唑类联多氮环衍生物具有良好的爆轰性能(表 5.3)，并且它们具有较低的静电敏感性(0.13～1.05 J)，这些特性加上它们的高氮含量，使它们成为具有高爆炸性能的机械不敏感高能材料的潜在候选物。室温下，**5-11** 与 **5-13** 分别在甲醇/丙酮和二甲亚砜中缓慢蒸发，生长出合适的偶氮呋咱晶体 **5-11**(图 5.8)与 **5-13**(图 5.9)，它们的堆积方式分别如图 5.10 与图 5.11 所示。

图 5.7 化合物 **5-11** 及 **5-13** 的合成路线

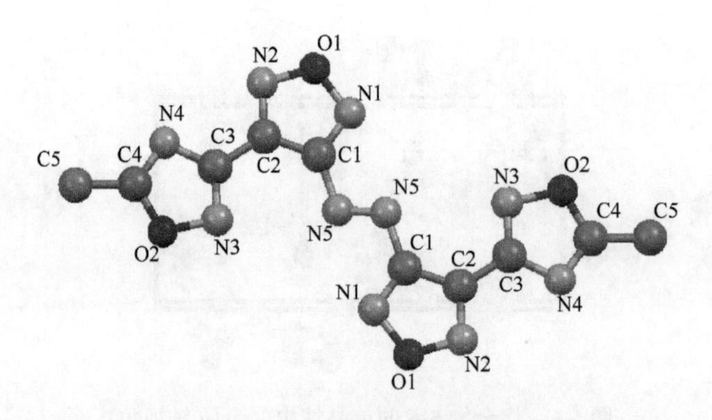

图 5.8 化合物 **5-11** 的单晶结构图

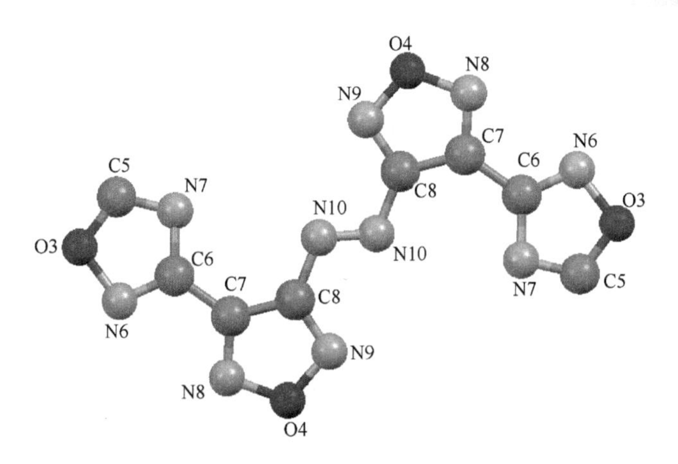

图 5.9　化合物 **5-13** 的单晶结构图

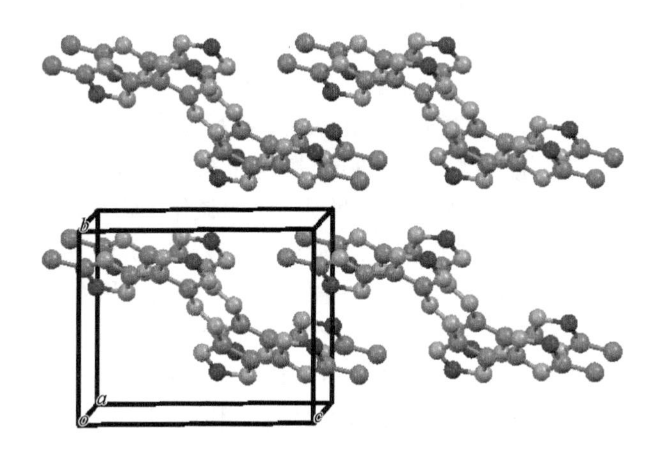

图 5.10　化合物 **5-11** 的单晶结构单元(*a* 轴视角)

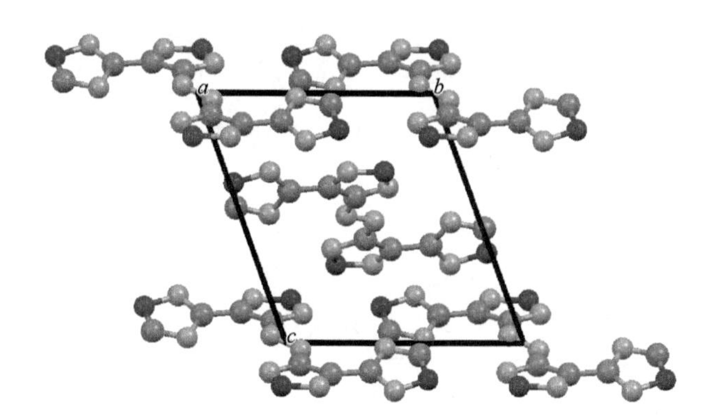

图 5.11　化合物 **5-13** 的单晶结构单元(*a* 轴视角)

表 5.3　化合物 5-11 和 5-13 及其他的物化性能数据表

化合物	分解温度/℃	密度/(g/cm^3)	生成焓/(kJ/mol)	爆速/(m/s)	爆压/GPa	撞击感度/J	摩擦感度/N
5-11	271	1.75	696.5	7781	22.6	≥80	80
5-13	259	1.68	832.9	7685	22.7	12.5	≥360
RDX	204	1.80	92.6	8795	34.9	7.5	120
HMX	280	1.905	70.4	9144	39.2	7.4	120

2016 年，Jean'ne M. Shreeve 课题组[4]从二氨基呋咱(**5-14**)出发，由第一步发烟硫酸/碳酸氢钠氧化，引入 3,3′-二氨基-4,4′-氧化偶氮呋咱(**5-15**)上的氧化偶氮键，再经过第二步溴酸钾/乙酸氧化偶联，两步反应得到联(4-氨基呋咱基-3-氧化偶氮基)偶氮呋咱(**5-16**)，该化合物经过进一步的硝化，得到的化合物 **5-17** 可以与多种非金属阳离子形成 10 种离子盐(图 5.12)。这些高能化合物的密度范围在 1.71～1.88 g/cm^3。母体化合物 **5-17** 的氮含量高达 72.7%，分解温度为 120℃，其生成焓高达 1623.4 kJ/mol，其密度(1.88 g/cm^3)相对于氮氧化前体(1.6 g/cm^3)有显著提升，与此同时，该化合物的爆轰性能(爆速为 9541 m/s，爆压为 40.5 GPa)优于 RDX。简单的合成步骤、优异的爆轰性能，使得该化合物在替代 RDX 方面前景可期(表 5.4)。通过在溶剂中缓慢挥发，得到了 **5-17**、**5-17-1**、**5-17-6** 与 **5-17-7** 的单晶。它们的单晶结构分别对应图 5.13～图 5.16，对应的堆积方式分别见图 5.17～图 5.20。从图 5.13 可以看出 **5-17** 只有一种分子间氢键作用位于(N3—H3…N7)。而在 **5-17** 的三种含能盐 **5-17-1**、**5-17-6** 与 **5-17-7** 的结构中，显然更加广泛地存在氢键作用，与母体结构 **5-17** 相比，丰富的氢键作用大大降低了它们的机械敏感性(表 5.4)。

发烟硫酸 / $NaHCO_3$
5-14
$KBrO_3$ / AcOH
5-15
HNO_3
5-16

碱

5-17

$2M^+$

$M^+ = NH_4^+$　$N_2H_5^+$　NH_3OH^+

5-17-1　5-17-2　5-17-3　5-17-4　5-17-5　5-17-6

5-17-7　5-17-8　5-17-9　5-17-10

图 5.12　化合物 **5-17** 及 10 种离子盐的合成路线

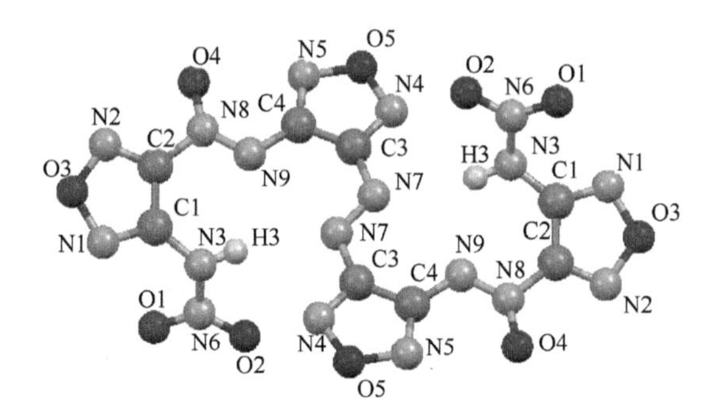

图 5.13　化合物 **5-17** 的单晶结构图

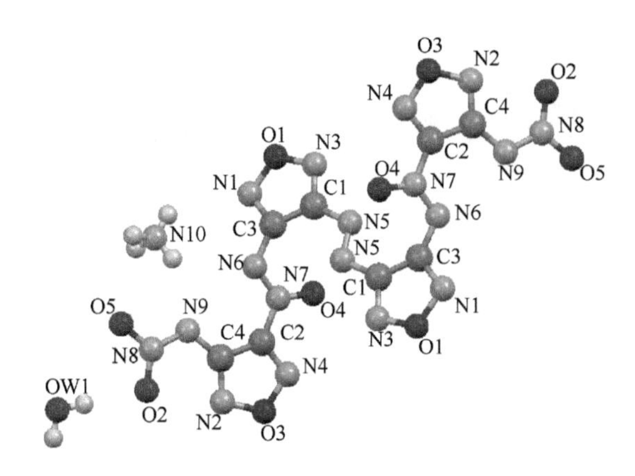

图 5.14　化合物 **5-17-1** 的单晶结构图

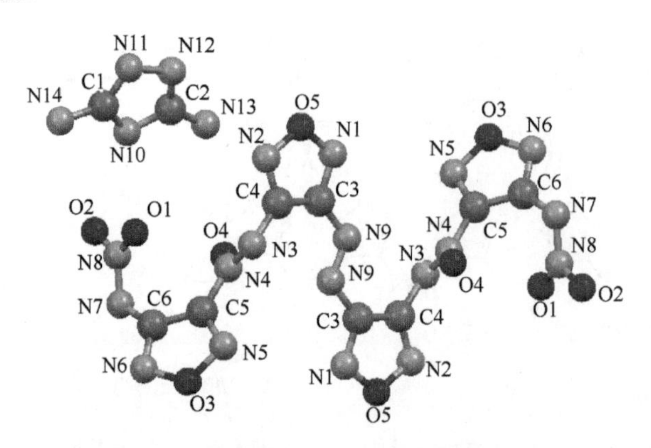

图 5.15　化合物 **5-17-6** 的单晶结构图

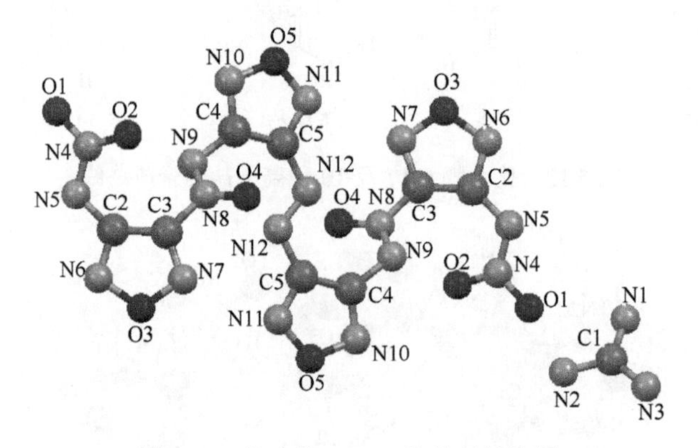

图 5.16　化合物 **5-17-7** 的单晶结构图

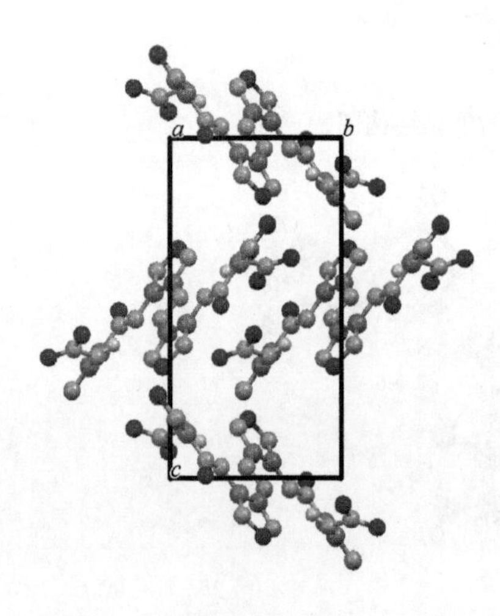

图 5.17　化合物 **5-17** 的单晶结构单元（*a* 轴视角）

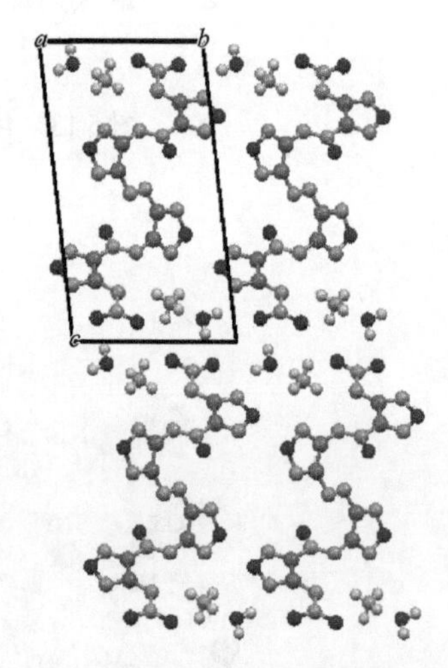

图 5.18　化合物 **5-17-1** 的单晶结构单元（*a* 轴视角）

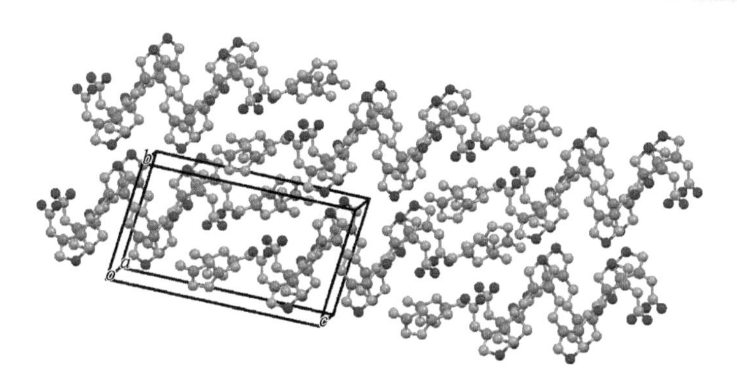

图 5.19　化合物 **5-17-6** 的单晶结构单元（*a* 轴视角）

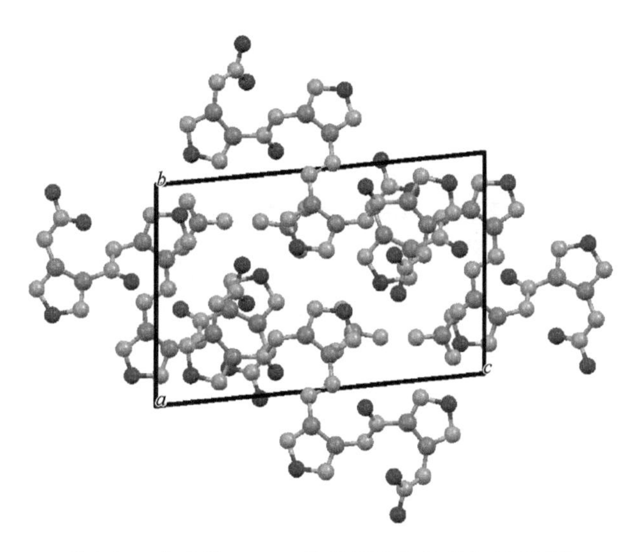

图 5.20　化合物 **5-17-7** 的单晶结构单元（*a* 轴视角）

表 5.4　化合物 5-17 和 10 种离子盐及其他的物化性能数据表

化合物	分解温度/℃	密度/ (g/cm^3)	生成焓/ (kJ/mol)	爆速/(m/s)	爆压/GPa	撞击感度/J	摩擦感度/N
5-17	120	1.88	1623.4	9541	40.5	2	10
5-17-1	154	1.75	1507.7	8893	33.5	15	120
5-17-2	175	1.78	1791.2	9065	35.0	14	120
5-17-3	124	1.83	1600.2	9256	38.0	15	120
5-17-4	151	1.78	1949.1	8768	31.8	21	160
5-17-5	181	1.72	2242.5	8649	30.5	17	120
5-17-6	189	1.80	1913.7	8890	32.4	25	240
5-17-7	209	1.75	1464.5	8716	31.0	26	240

续表

化合物	分解温度/℃	密度/(g/cm^3)	生成焓/(kJ/mol)	爆速/(m/s)	爆压/GPa	撞击感度/J	摩擦感度/N
5-17-8	195	1.71	1688.3	8584	29.1	22	240
5-17-9	203	1.73	1904.3	8803	30.7	19	160
5-17-10	209	1.75	2217.8	9015	32.2	15	120
RDX	204	1.80	92.6	8795	34.9	7.5	120
HMX	280	1.91	104.8	9059	39.2	7.4	120

2018 年，程广斌课题组[5]以丙酸乙酯(**5-18**)作为原料(图 5.21)，依次经硝酸/亚硝酸钠体系硝化、叠氮化钠/乙醛成环、高锰酸钾/氯化亚砜在甲醇中氧化，最后与氨基胍硫酸盐在甲醇钠中回流 24 h 得到母体分子 4-硝基-5-(5-氨基-1,2,4-三唑-3-基)-2*H*-1,2,3-三唑(**5-19**)，母体分子在高锰酸钾/盐酸条件下，一步氧化偶联得到最终产物 3,3′-双(5-硝基-1,2,3-2*H*-三唑-4-基)-4,4′-偶氮-1,2,4-三唑(**5-20**)。化合物 **5-20** 在 209.50℃分解，分解温度比熔点(90.48℃)高约 119℃，表明化合物 **5-20** 可以作为候选熔铸炸药(表 5.5)。

图 5.21 化合物 **5-20** 的合成路线

表 5.5 化合物 5-19、5-20 及其他的物化性能数据表

化合物	分解温度/℃	密度/(g/cm^3)	生成焓/(kJ/mol)	爆速/(m/s)	爆压/GPa	撞击感度/J	摩擦感度/N
5-19	263.32	1.762	520.81	8384	27.4	>40	>360
5-20	209.50	1.796	1206.92	8458	29.0	28	360
TNT	295	1.650	−67.0	6881	19.5	15	353

续表

化合物	分解温度/℃	密度/(g/cm^3)	生成焓/(kJ/mol)	爆速/(m/s)	爆压/GPa	撞击感度/J	摩擦感度/N
RDX	204	1.800	92.6	8795	34.9	7.5	120
HMX	280	1.905	70.4	9144	39.2	7.4	120

2018 年，陆明课题组[6]以丙二腈为原料经三步合成了母体结构 3-(4-硝基-1,2,5-噁二唑基-3-基)-1,2,4-噁二唑基-5-胺(**5-21**)，再一步氧化偶联得到最终产物 3-(4-硝基-1,2,5-噁二唑-3-基)-5-((3-(4-(硝基异噁唑-3-基)噁二唑-5-基)偶氮基)-1,2,4-噁二唑(**5-22**)(图 5.22)。根据单晶 X 射线衍射数据，化合物 **5-22** 接近共面(图 5.23)，并呈现波浪状面对面堆叠(图 5.24)。含能化合物的物化性质如表 5.6 所示，该化合物的晶体密度高达 1.92 g/cm^3，分解温度为 256℃，机械感度良好(撞击感度 18 J，摩擦感度 220 N)，爆轰性能优秀(爆速 9240 m/s，爆压 37.5 GPa)，意味着在应用领域化合物 **5-22** 具有取代 RDX 和 HMX 的可能。

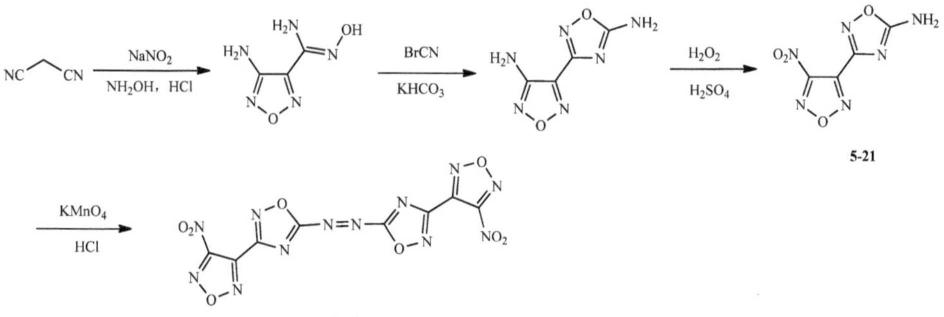

图 5.22　化合物 **5-22** 的合成路线

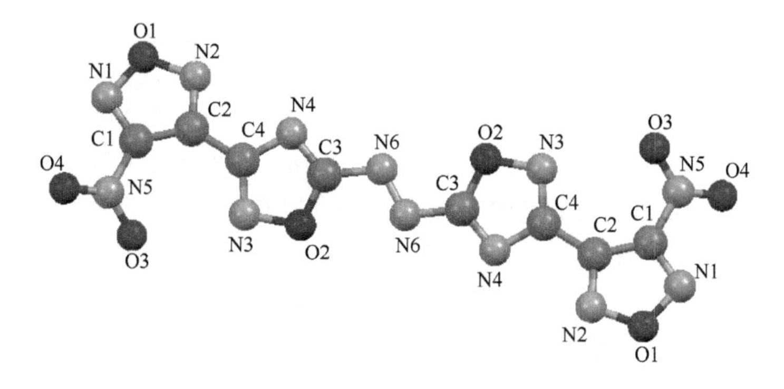

图 5.23　化合物 **5-22** 的单晶结构图

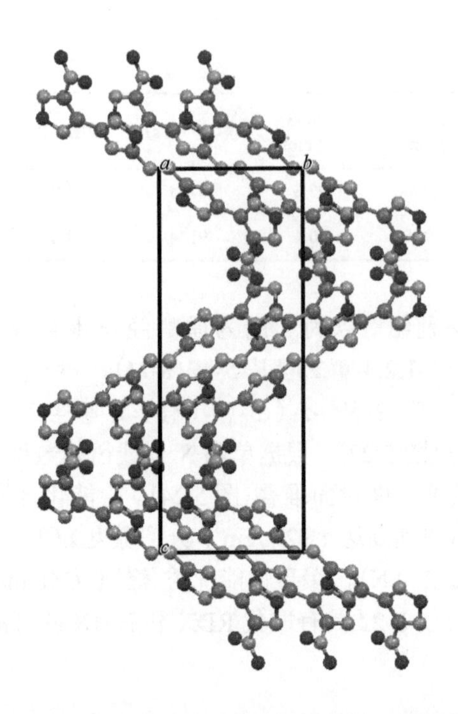

图 5.24 化合物 **5-22** 的单晶结构单元（*a* 轴视角）

表 5.6 化合物 5-22 及其他的物化性能数据表

化合物	分解温度/℃	密度/(g/cm^3)	生成焓/(kJ/mol)	爆速/(m/s)	爆压/GPa	撞击感度/J	摩擦感度/N
5-22	256	1.92	962.4	9240	37.5	18	220
TNT	295	1.650	–67.0	6881	19.5	15	353
RDX	204	1.800	92.6	8795	34.9	7.5	120
HMX	280	1.905	70.4	9144	39.2	7.4	120

2019 年，汤永兴和何春林等[7]以 2-乙基[5-(4-氨基-1,2,5-噁二唑基-3-基)-1*H*-1,2,4-三唑基-3-基]乙酯(**5-23**)为原料(图 5.25)，由高锰酸钾在盐酸中氧化 **5-23** 产生偶氮化合物 **5-24**。化合物 **5-24** 与浓硫酸和 100%硝酸的混合物形成二硝基取代产物 **5-25**，再用甲醇/氨脱羧得到胺盐 **5-26**。用浓盐酸在丙酮中酸化，得到中性偶氮化合物 **5-27**。化合物 **5-27** 再分别与肼和羟胺反应合成肼盐(**5-27-1**)和羟胺盐(**5-27-2**)(对应物化性质见表 5.7)。在二面角(C17—N18—N19—C2 = –177.63°)处，偶氮桥呈反式构象。与偶氮呋咱环相连的两个三唑环方向相同，因此它们形成了分子内氢键(N10—H10⋯N19、N10—H10⋯N29、N46—H46⋯N55 和 N46—H46⋯N65)和分子间氢键(N26—H26⋯N48)。此外，由于空间位阻的影响，两个

三唑环的二面角略有不同，分别为(N23—C24—C25—N29 = 179.5°)和(N12—C11—C13—C17 = 168.6°)，硝基与相连三唑环的平面不共面(图 5.26 和图 5.27)。

图 5.25　胺盐 **5-26**、化合物 **5-27** 及 **5-27** 的 2 种离子盐的合成路线

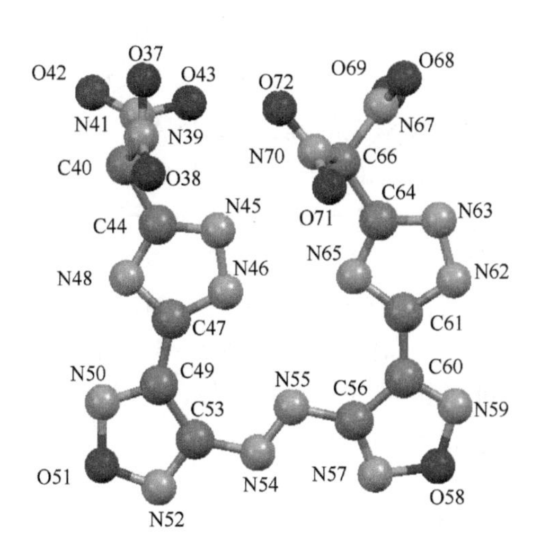

图 5.26　化合物 **5-27** 的单晶结构图

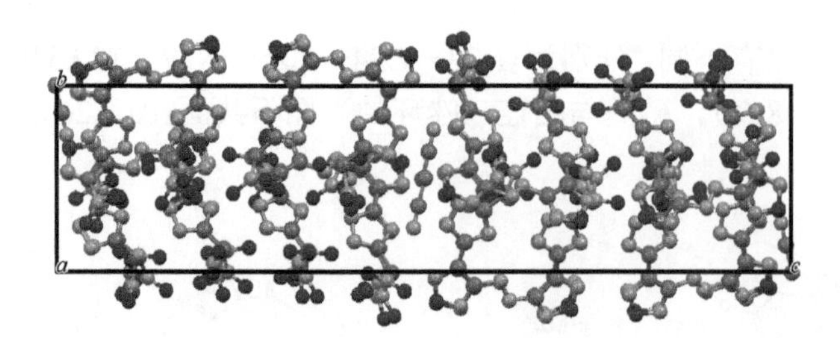

图 5.27　化合物 **5-27** 的单晶结构单元

表 5.7　离子盐 5-26、化合物 5-27 和 5-27 的 2 种离子盐及其他的物化性能数据表

化合物	分解温度/℃	密度/(g/cm^3)	生成焓/(kJ/mol)	爆速/(m/s)	爆压/GPa	撞击感度/J	摩擦感度/N
5-26	165	1.630	511.7	7938	24.7	18	240
5-27	120	1.760	904.9	8363	29.2	5	80
5-27-1	169	1.720	1256.9	8480	29.7	8	120
5-27-2	105	1.750	1050.3	8559	31.5	10	120
TNT	295	1.654	−59.4	7304	21.3	15	＞353
RDX	204	1.800	92.6	8795	34.9	7.5	120

2019 年，杨红伟等[8]选取 1,2,5-噁二唑-2-氧化物作为硝基的替代单元，5-氨基-(1,2,4-噁二唑-3-基)呋咱(**5-28**)作为母体分子，经过高锰酸钾/盐酸氧化，得到偶氮化合物 3,3′-双(5-氨基-(1,2,4-噁二唑-3-基)-4,4′-偶氮呋咱(**5-29**)。在硝酸/乙酸酐条件下得到 3,3′-双(1,2,4-噁二唑-5(4*H*)-酮)-3-基)-4,4′-偶氮呋咱(**5-30**)，在硝酸条件下顺利得到 3,3′-双(5-硝胺基-1,2,4-噁二唑-3-基)-4,4′-偶氮呋咱(**5-31**)，并在此基础上合成了 7 种离子盐(图 5.28)。化合物 **5-30** 的热稳定性最高，分解起始温度为 189℃。化合物 **5-30**(1.90 g/cm^3) 和化合物 **5-31**(1.92 g/cm^3) 的密度与 HMX(1.91 g/cm^3)接近(表 5.8)。从单晶结构来看，**5-30** 分子中 N5—N6 的键长为 1.254 Å，略高于典型的 N═N 双键的键长(1.245 Å)，这可能是由于 N5—N6 键与呋咱环发生 π-π 共轭所致。(N6—N5—C4—N4 = 3.9°)、(C4—N5—N6—C5 = 179.1°)、(N6—N5—C4—C3 = 177.2°)和(N5—N6—C5—C6 = −2.3°)的二面角表明两个呋咱环几乎处于同一平面上。呋咱环与 1,2,4-噁二唑-5(4*H*)-单环几乎在同一平面上，这从二面角(C5—C6—C7—N10 = 6.5°)与(N6—C5—C6—C7 = 0.1°)可以看出(图 5.29 和图 5.30)。而在 **5-31-1** 分子中，N1—N1′的键长(1.255 Å)与化合物 **5-30** 的键长(1.254 Å)相似。呋咱环与 1,2,4-噁二唑环之间的二面角(C2—C1—C3—N5 = 0.7°)和(N2—C1—C3—N4 = −0.6°)表明呋咱环与 1,2,4-噁二唑环在同一平面上。此外，硝胺基与 1,2,4-噁二唑共面，其二面角为(N7—N6—C4—N5 = −2.2°)、(C4—N6—N7—O5 = 0.4°)和(C4—N6—N7—O4 = −178.6°)，整个分子呈 S 形结构(图 5.31 和图 5.32)。

碱

5-30

2NH$_4^+$　2N$_2$H$_5^+$　2NH$_3$OH$^+$

5-30-1　5-30-2　5-30-3

100% HNO$_3$/Ac$_2$O

KMnO$_4$

HCl

5-28　5-29　5-30-4

100% HNO$_3$

碱

5-31

2NH$_4^+$　2N$_2$H$_5^+$　2NH$_3$OH$^+$

5-31-1　5-31-2　5-31-3

图 5.28　化合物 **5-30** 和 **5-31** 及对应离子盐的合成路线

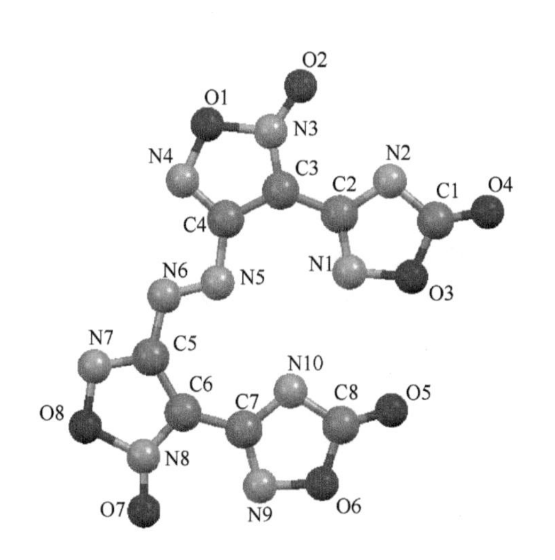

图 5.29　化合物 **5-30** 的单晶结构图

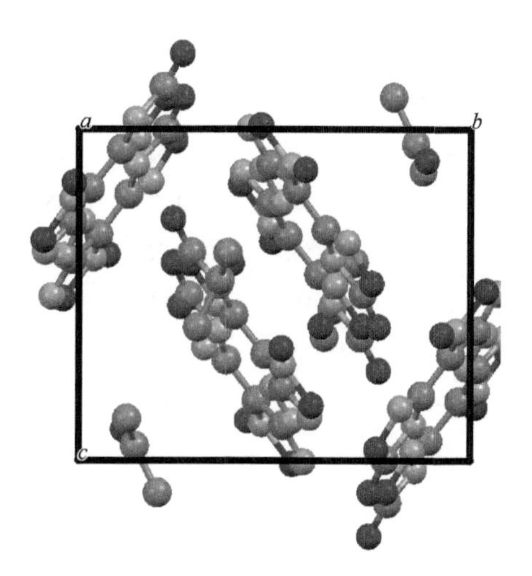

图 5.30　化合物 **5-30** 的单晶结构单元（*a* 轴视角）

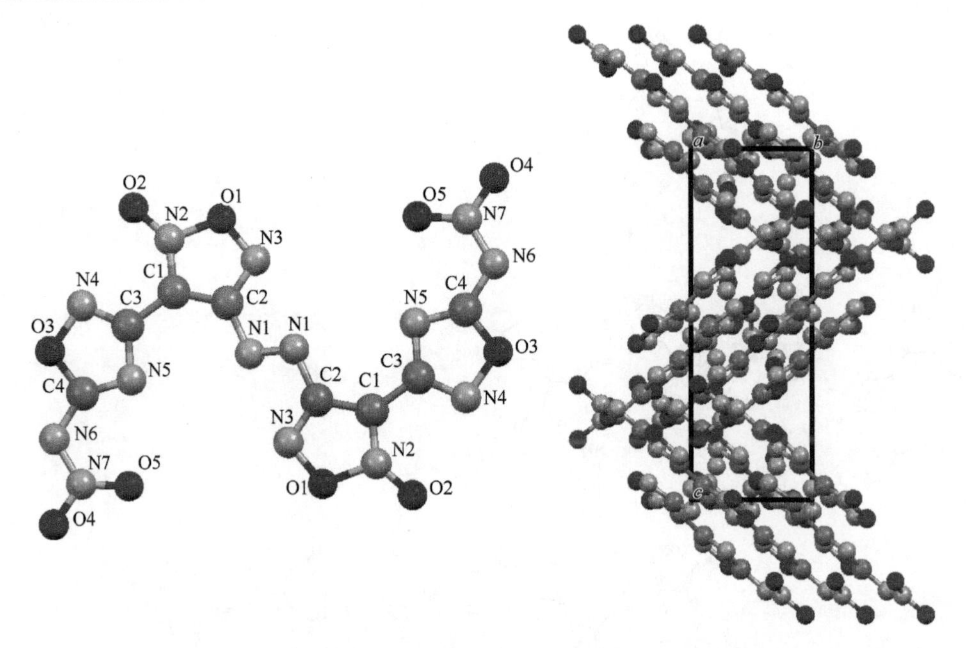

图 5.31　化合物 **5-31-1** 的单晶结构图

图 5.32　化合物 **5-31-1** 的单晶结构单元（*a* 轴视角）

表 5.8　化合物 5-30、5-31 和对应离子盐及其他的物化性能数据表

化合物	分解温度/℃	密度/(g/cm^3)	生成焓/(kJ/mol)	爆速/(m/s)	爆压/GPa	撞击感度/J	摩擦感度/N
5-30	189	1.90	633.44	8891	34.7	10	120
5-30-1	180	1.65	534.88	8234	27.3	18	180
5-30-2	174	1.71	887.15	8453	29.3	15	120
5-30-3	161	1.72	666.58	8445	30.7	17	120
5-30-4	168	1.65	504.79	8150	26.7	22	180
5-31	126	1.92	1241.13	9505	41.3	4	80
5-31-1	180	1.66	1060.87	8357	28.9	14	120
5-31-2	165	1.74	1187.52	8860	31.9	10	120
5-31-3	168	1.72	1405.62	8846	34.3	12	120
RDX	204	1.80	92.6	8795	34.9	7.5	120
HMX	280	1.91	104.8	9059	39.2	7.4	120
CL-20	195	2.04	403.2	9706	45.2	4	48

5.1.2　非偶氮联唑类高能材料

2016 年，Thomas M. Klapötke 课题组[9]以 TNT 为原料，经氯酸钠/硝酸氧化、三氯氧磷氯代、乙二酸二酰肼取代制备二(2,4,6-三硝基苯基)草氨酰肼(**5-34**)，最终由发烟硫酸脱水得到目标产物 **5-35**(图 5.33)。目标产物密度为 1.837 g/cm^3，其爆速可达 8030 m/s，爆压可达 27.3 GPa，同时还具有良好的感度(IS = 5 J，FS＞360 N)，热分解温度高达 335℃，优于 HNS，作为耐热炸药具有潜在应用前景(表 5.9)。在不同视角的单晶结构图中可以看出(图 5.34 和图 5.35)，两个 1,3,4-噁二唑环共面，并以(C2—C1—C7—N4 = 70.347°)扭转出 2,4,6-三硝基苯官能团的平面。2,4,6-三硝基苯环之间也相互平行，两个硝基在苯环平面上轻微扭曲(C3—C4—N3—O3 = 1.957°；C5—C6—N4—O4 = 5.667°)，而一个邻硝基明显弯曲(C3—C8—N5—O7 = 36.061°)。

图 5.33　化合物 **5-35** 的合成路线

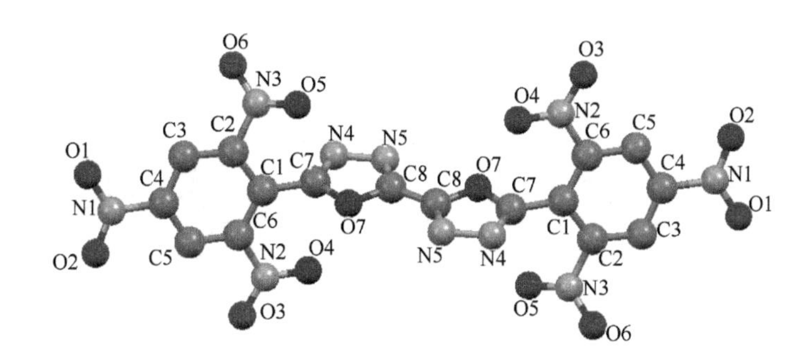

图 5.34　化合物 **5-35** 的单晶结构图

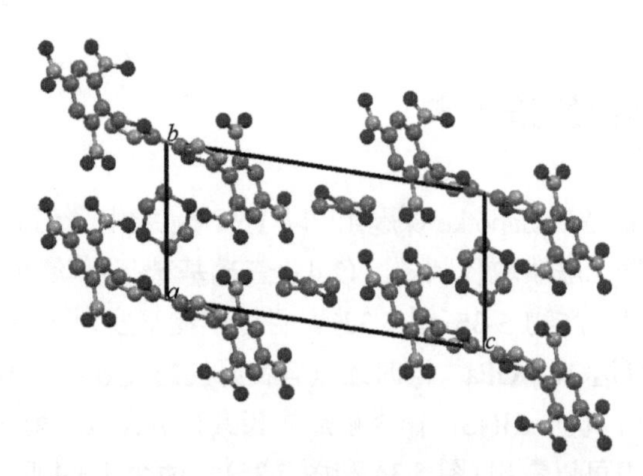

图 5.35　化合物 **5-35** 的单晶结构单元（*a* 轴视角）

表 5.9　化合物 5-35 及其他的物化性能数据表

化合物	分解温度/℃	密度/(g/cm^3)	生成焓/(kJ/mol)	爆速/(m/s)	爆压/GPa	撞击感度/J	摩擦感度/N
5-35	335	1.837	197.6	8030	27.3	5	＞360
PYX	360	1.757	43.7	7757	25.1	10	360
HNS	318	1.74	78.2	7612	24.3	5	240

2019 年，陆明课题组[10]对 **5-35** 的合成工艺进行了改进，研究了氯代试剂对氯代反应的影响，确定了氯代试剂为氯化亚砜，收率稳定在 88.8%；并研究了不同溶剂、缚酸剂以及反应时间对酰肼化反应的影响，确定了溶剂为四氢呋喃，缚酸剂为碳酸氢钠，反应时间为 24 h，比原文献报道缩短了 48 h，收率为 84.9%。

2016 年，Jean'ne M. Shreeve 课题组[11]以 1,3,5 三(1*H*-吡唑-1-基)苯(**5-36**)为原料，一步得到了碘含量高达 80%的多碘吡唑联多环化合物 1,3,5-三(3,4,5-三碘 -1*H*-吡唑-1-基)苯(**5-37**)(图 5.36)，收率达 71%。化合物 **5-37** 的分解温度、碘含量等数据见表 5.10。

I_2, H_2SO_4, TFA, $K_2S_2O_8$

DCE, 60℃, 24 h

5-36　　**5-37**

图 5.36　化合物 **5-37** 的合成路线

表 5.10　化合物 5-37 的物理性质

化合物	分解温度/℃	密度/(g/cm^3)	碘含量/%	氧平衡/%
5-37	374	2.87	81.04	−18.7

同年，张嘉恒等[12]为了进一步挑战 *N,N'*-烷基桥联的唑类化合物的能量上限，同时维持这种骨架良好的热稳定性和机械稳定性。选择 3-氨基-4-(1,2,4-噁二唑-3-基)呋咱(**5-38**)作为母体分子，合成路线如下(图 5.37)：分别经过 2 步和 3 步反应得到 *N,N'*-二硝基-*N,N'*-双[3-(1,2,4-噁二唑基)呋咱-4-基]甲基乙烯二胺(**5-40**)和 *N,N'*-二硝基-*N,N'*-双[3-(1,2,4-噁二唑基)呋咱-4-基]乙基乙烯二胺(**5-43**)。与直接硝化产物 **5-45** 相比，呋咱基双氮烷基桥接的含能化合物(**5-40，5-43**)表现出更好的稳定性和更高的生成焓，*N,N'*-烷基桥联策略效果显而易见(对应物化性质见表 5.11)。晶体结构上，**5-43** 分子的核心呋咱环与 1,2,4-噁二唑的原子几乎共面，二面角(N5—C4—C6—N7 = 5.28°)接近于零。该晶体中的硝胺基团在呋咱和 1,2,4-噁二唑平面上也有相当大的扭转，二面角(N12—N11—C10—N9)为 118.41°(图 5.38 和图 5.39)。

图 5.37　化合物 **5-40**、**5-43** 和 **5-45** 的合成路线

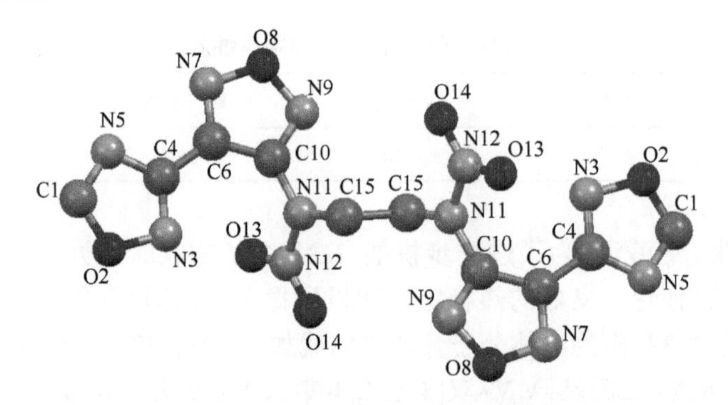

图 5.38　化合物 **5-43** 的单晶结构图

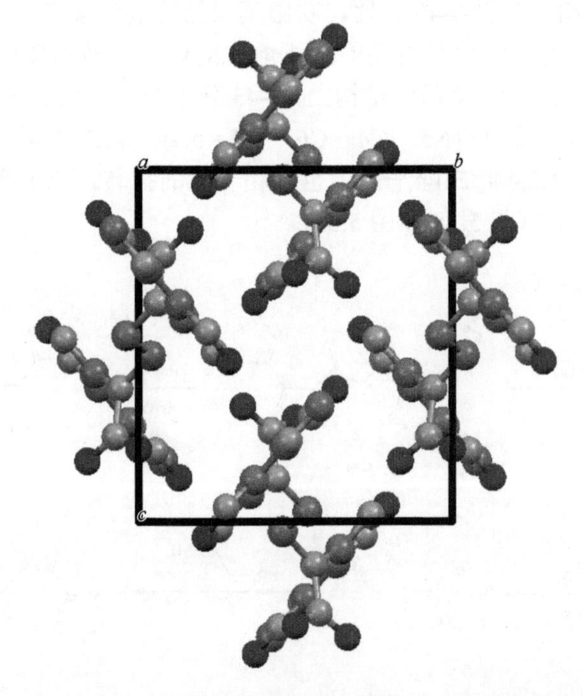

图 5.39　化合物 **5-43** 的单晶结构单元(*a* 轴视角)

表 5.11　化合物 5-40、5-43 和 5-45 及其他的物化性能数据表

化合物	分解温度/℃	密度/(g/cm^3)	生成焓/(kJ/mol)	爆速/(m/s)	爆压/GPa	撞击感度/J	摩擦感度/N
5-40	149	1.77	586.2	8182	27.7	27	240
5-43	175	1.75	785.8	8185	27.9	31	240
5-45	141	1.73	366.1	8644	32.0	8	60
TNT	295	1.654	−59.4	7304	21.3	15	＞353
PETN	160	1.77	−502.8	8564	31.3	3	60

2020 年，程广斌课题组[13]通过合理的区域化学调节，降低硝基间的排斥作用，合成了两种高度耐热的含能分子 5,5′-双(3,4-二硝基-1*H*-吡唑-5-基)-2*H*,2′*H*-3,3′-双(1,2,4-三唑)(**5-50**)和 5,5′-双(3,5-二硝基-1*H*-吡唑-4-基)-1*H*,1'*H*-3,3′-双(1,2,4-三唑)(**5-54**)。合成路线如下(图 5.40)：将 1*H*-吡唑-3-羰基腈(**5-46**)或 1*H*-吡唑-4-羰基腈(**5-51**)与甲醇钠(CH_3ONa)反应，分别生成前体 **5-47** 和 **5-52**。然后，在无水甲醇中加入 **5-47** 或 **5-52** 和相应的羧酸酰肼，在氢氧化钾溶液中加热，收集多杂环中间体 **5-48** 或 **5-53**。在最终产物 **5-50** 的第一步硝化步骤中，中间体 **5-48** 在硝酸/乙酸酐体系中反应，然后在氰苯中进行热重排，得到 **5-49**。在第二步中，**5-49** 在硫酸/硝酸体系中反应，得到目标产物 **5-50**。对于具有对称 4-取代吡唑结构的 **5-54**，两个硝基可一步引入，采用硫酸/硝酸在高温下对 **5-53** 进行硝化，生成目标化合物 **5-54**。

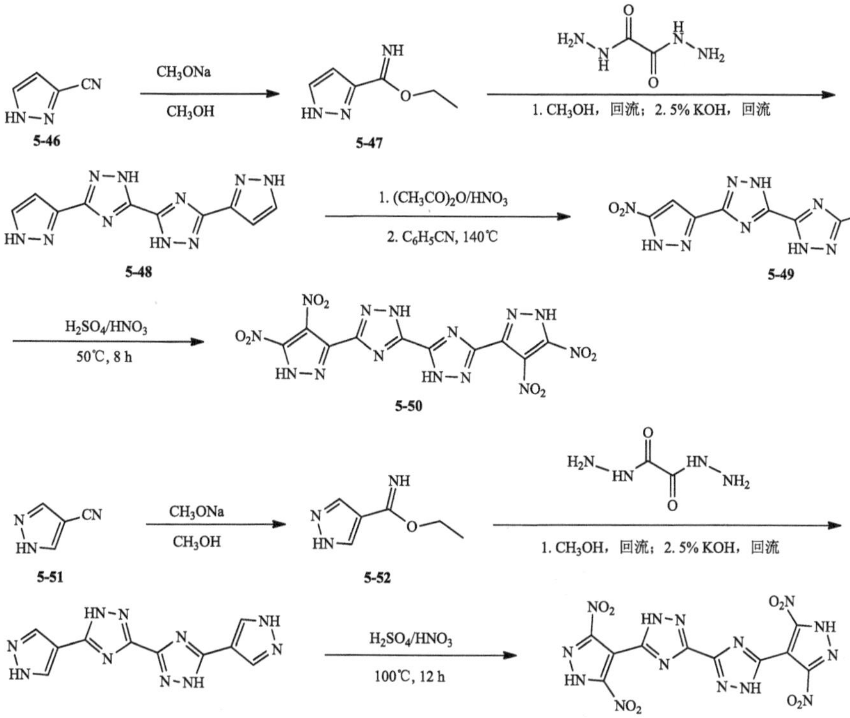

图 5.40　化合物 **5-50** 及 **5-54** 的合成路线

5-50 和 **5-54** 的密度是在氦气(He)下用气体比重计测定的。对于这些化合物，在 40℃下干燥，完全去除溶剂。它们的密度均高于 1.85 g/cm^3，优于 HNS(1.75 g/cm^3)和 RDX(1.80 g/cm^3)。此外，根据等键反应计算生成焓，由于 1,2,4-三唑的较高焓值，它们都表现出正的高焓值。利用获得的密度和生成焓，测定了爆速和爆压。**5-50** 和

5-54 的爆速分别为 8729 m/s 和 8705 m/s，优于 HNS(7612 m/s)和 PYX(7757 m/s)。**5-54** 突出的热稳定性和爆轰性能支持它作为先进耐热炸药的合适候选(表 5.12)。

从单晶结构来看，**5-50** 分子中除了连接硝基的 C2/C2′外，单晶结构中其他所有原子都接近共面。分子间呈波浪状叠加，层间距为 3.01 Å，远小于常见的芳香对相互作用(3.65～4.00 Å)。如此短的层间距离表明分子间存在强烈的 π-π 相互作用(图 5.41 和图 5.42)。**5-54** 分子中双(1,2,4 三唑)环与相邻的 4-取代吡唑环不共面，二面角为 65.9°。4-取代吡唑上的两个硝基距离较远，并与吡唑环(O2—N1—C3—C2 = 180.0°，O2—N1—C3—N2 = −3.6°，O4—N4—C1—C2 = −12.4°，O3—N4—C1—C2 = 168.0°)共面，这将使空间位阻最小化，并降低硝基之间的排斥(图 5.43 和图 5.44)。

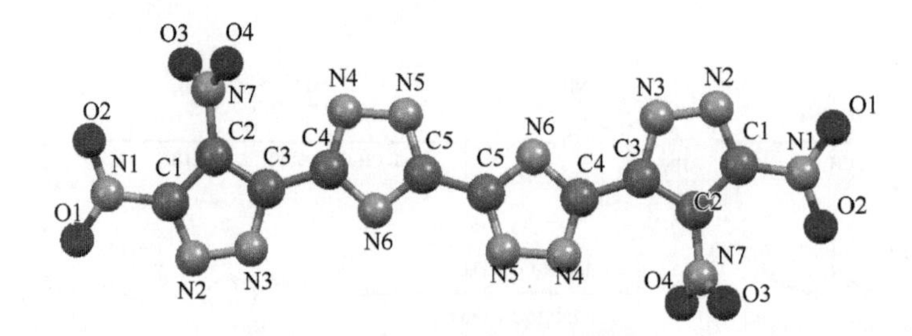

图 5.41　**5-50** 的单晶结构图

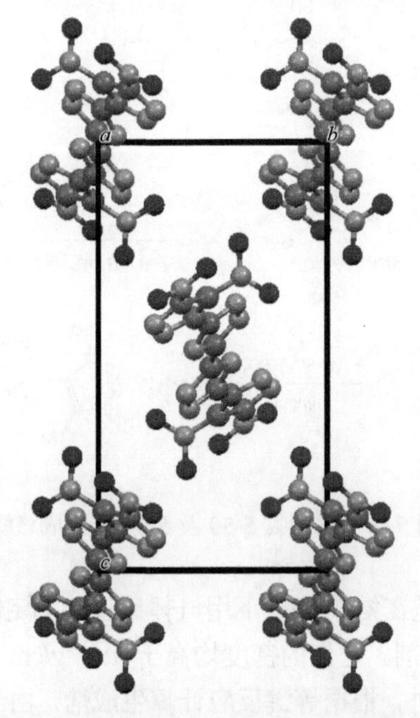

图 5.42　**5-50** 的单晶结构单元(*a* 轴视角)

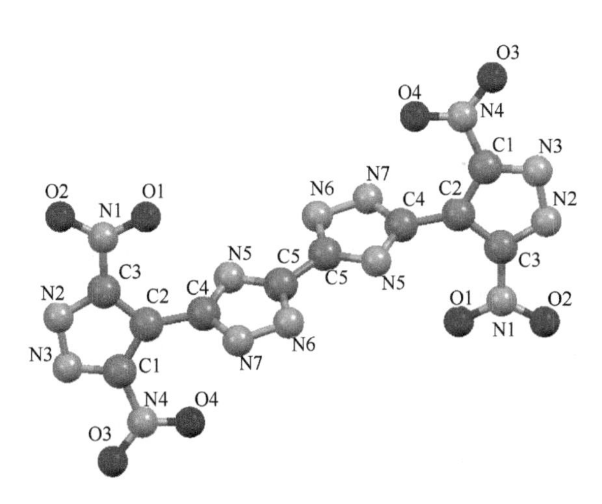

图 5.43　**5-54** 的单晶结构图

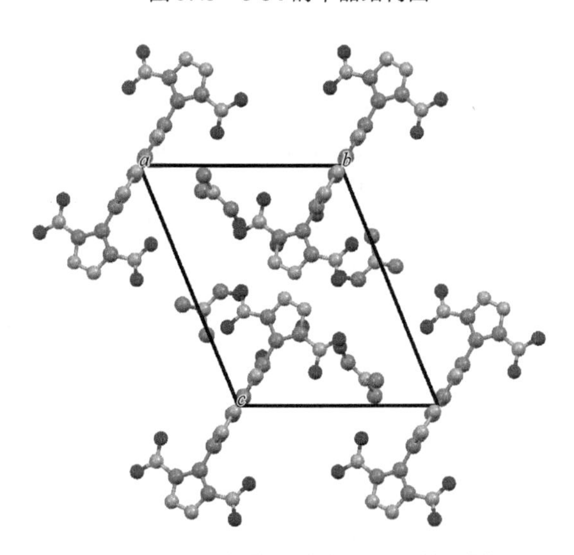

图 5.44　**5-54** 的单晶结构单元(*a* 轴视角)

表 5.12　化合物 5-40、5-44 及其他的物化性能数据表

化合物	分解温度/℃	密度/ (g/cm^3)	生成焓/ (kJ/mol)	爆速/(m/s)	爆压/GPa	撞击感度/J	摩擦感度/N
5-50	276	1.882	829.40	8729	32.76	35	>360
5-54	372	1.877	875.21	8705	32.25	26	>360
TATB	324	1.93	−139.3	8144	31.2	50	360
HNS	318	1.75	78.2	7612	24.30	5	240
PYX	360	1.76	43.7	7757	25.1	10	360
RDX	204	1.800	92.6	8795	34.9	7.5	120
FOX-7	219	1.885	−130	8870	34.0	25	340

5.1.3 多环并唑类高能材料

作为唑类杂环含能化合物的一类——并环唑类含能化合物，与单环、联环类富氮杂环化合物相比，在结构上，并环唑类化合物拥有更高的环张力，与此同时，并环结构的共平面特性，使得 π 电子更易在此类大平面稠环内离域共振以及更容易在稠环之间产生 π-π 堆积，因此，并多环唑类含能化合物又表现出较低的机械感度和较高的热稳定性。

2016 年 Deepak Chand 等[11]以苯并咪唑为骨架，采用一锅法的亲电性碘化反应，进行一系列的修饰得到化合物 **5-59**(图 5.45)。首先，将苯并咪唑原料进行一锅法的亲电性碘化反应合成出前体化合物 **5-56**。然后将化合物 **5-56** 以二甲基亚砜作溶剂加入叠氮化钠，取代苯环上的碘得到化合物 **5-57**。最后加入乙酸进行环化反应，叠氮基与硝基在乙酸下环化成呋咱结构化合物 **5-58**，随后 **5-58** 在乙酸酐和硝酸的作用下生成化合物 **5-59**。化合物 **5-58** 的实测密度为 1.75 g/cm^3，分解温度为 199℃，摩尔生成焓为 515.5 kJ/mol，爆速 7843 m/s，爆压 24.85 GPa，撞击感度为 10 J，摩擦感度大于 360 N。化合物 **5-58** 中引入硝基得到的 **5-59** 爆轰性能增加，爆速 8402 m/s，爆压 29.78 GPa，实测密度也增加到了 1.80 g/cm^3，摩尔生成焓为 525.2 kJ/mol，但硝基的引入也使得它摩擦感度(240 N)和撞击感度(1 J)更低(表 5.13)。

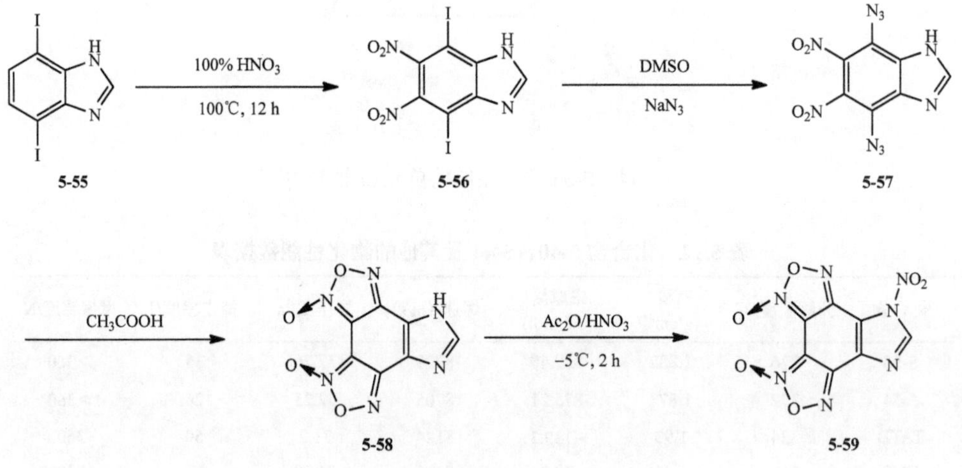

图 5.45 化合物 **5-58** 和 **5-59** 的合成路线

表 5.13　化合物 5-58 和 5-59 及其他的物化性能数据表

化合物	分解温度/℃	密度/	生成焓/	爆速/(m/s)	爆压/GPa	撞击感度/J	摩擦感度/N
		(g/cm^3)	(kJ/mol)				
5-58	199	1.75	515.5	7843	24.85	10	＞360
5-59	148	1.80	525.2	8402	29.78	1	240
TNT	295	1.654	−59.4	7304	21.3	15	＞353
RDX	204	1.800	92.6	8795	34.9	7.5	120

2018 年，何春林等[14]合成出三呋咱的氮氧化物，并对三呋咱化合物和三呋咱氮氧化物的基本性能进行了对比，其结果表明三呋咱氮氧化物具有更高的密度和氧平衡。合成路线如下(图 5.46)：将含肟官能团的氮氧化呋咱化合物(**5-60**)为前体，乙腈为溶剂，与 1,1-二甲氧基-*N*,*N*-2-甲基甲胺反应生成氨基肟化合物(**5-61**)。在 0～10℃下与亚硝酸钠和盐酸反应 2 h，使氨基肟上的氨基发生取代反应，生成含氯肟官能团的化合物 **5-62**。将化合物 **5-62** 在 0℃的碱性环境下以乙醚作溶剂反应 8 h，发生环化反应生成化合物 **5-63**。然后在 40℃条件下，加入 11%盐酸酸化 8 h，脱去叔胺基团形成氮氧化物 3,4-二(4′-氨基氧化呋咱-3′)-氧化呋咱化合物(**5-64**)。最后，在室温下将化合物 **5-64** 溶解在乙腈溶液中滴加三氯异氰尿酸，反应 5 min 后洗涤干燥，提纯得到黄色固体化合物 **5-65**，产率为 64.3%。化合物 **5-65** 的实测密度为 1.895 g/cm^3，分解温度为 161.1℃，摩尔生成焓为 894.9 kJ/mol，且一氧化碳氧平衡为零，与同样具备零氧平衡的高能炸药 RDX(D = 8795 m/s，P = 34.9 GPa)和 HMX(D = 9144 m/s，P = 39.2 GPa)相比，它表现出更优异的爆速(9417 m/s)与爆压(39.6 GPa)，同时也具备可接受的撞击感度(19 J)和摩擦感度(80 N)(表 5.14)。从单晶结构中可以看出(图 5.47 和图 5.48)，N1A—N2A 间(1.225 Å)和 N1B—N2B 间(1.235 Å)的氮氮双键比类似化合物中的偶氮键(1.252 Å、1.260 Å 或 1.264 Å)都要短，这意味着 **5-65** 具有更高的密度。

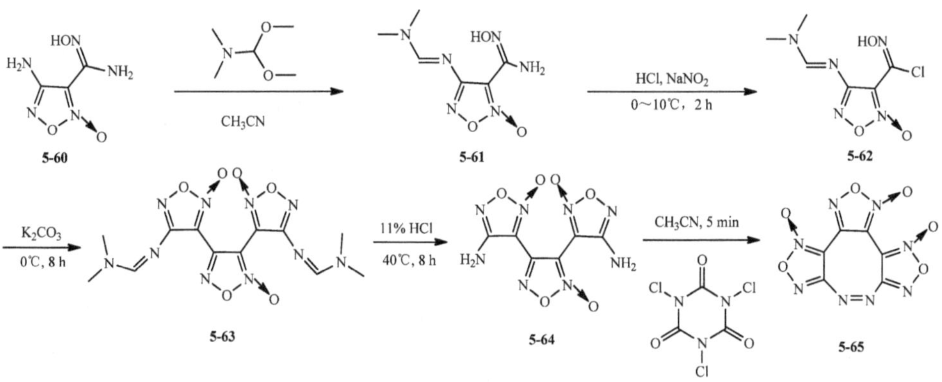

图 5.46　化合物 **5-65** 的合成路线

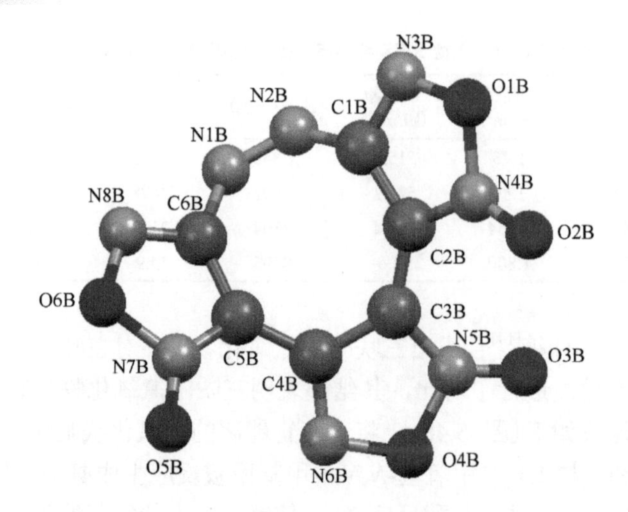

图 5.47　**5-65** 的单晶结构图

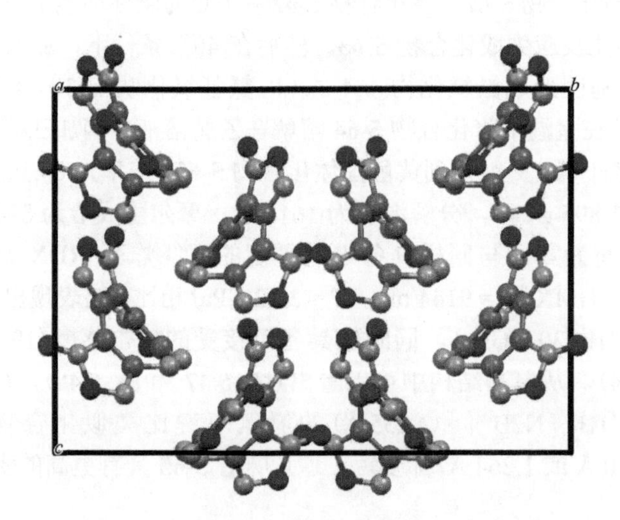

图 5.48　化合物 **5-65** 的单晶结构单元(a 轴视角)

表 5.14　化合物 5-65 及其他的物化性能数据表

化合物	分解温度/℃	密度/(g/cm³)	生成焓/(kJ/mol)	爆速/(m/s)	爆压/GPa	撞击感度/J	摩擦感度/N
5-65	161.1	1.895	894.9	9417	39.6	19	80
RDX	204	1.800	92.6	8795	34.9	7.5	120
HMX	280	1.905	75.0	9144	39.2	7.4	120
CL-20	195	2.038	403.2	9706	45.2	4	48

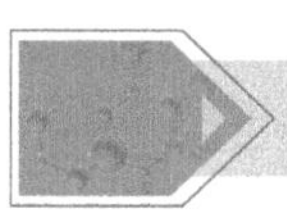

5.2　复杂多环唑类高能材料

对于多环唑类高能材料，可以通过并环与联环同时存在的方式，进一步扩大共轭体系，合成具有复杂连接方式的多环唑类高能材料。而且，得益于 π 电子的离域，这类含能化合物的机械感度和热稳定性仍处于一个理想的水平。在复杂多环唑类含能化合物骨架上引入含能基团，以及利用富氮稠环结构与其他离子成盐反应，仍然是目前研究复杂多环唑类高能材料两种最常规的方法。

5.2.1　联(并嗪)唑类高能材料

2019 年，尹平等[15]指出了芳环上的氮氧键和氨基的组合，对构建低感高能材料是一个不错的选择。以不同的氧化条件对三唑并四嗪类二元稠环化合物进行了氧化，发现 HOF 虽然具有较好的氧化性能，但氮氧化物的产率较低，副产物较多。TFAA/H_2O_2 的体系中产率会有所提高，产物却较难分离。H_2SO_4/H_2O_2 的氧化体系中产率仍然非常低，但可以得到较为纯净的产物。具体合成路线如下(图 5.49)：3,6-二氨基三唑并四嗪化合物(**5-66**)以 50% H_2O_2 和 H_2SO_4 作为氧化剂，分离提纯后得到化合物 6-氨基-3-硝基-[1,2,4]三唑[4,3-*b*][1,2,4,5]四嗪-7-氧化物(**5-67**)。化合物 **5-69** 和硝酸盐 **5-68** 的合成方法：化合物 **5-66** 以三氟乙酸酐和 50% H_2O_2 作氧化剂得到硝酸盐 **5-68** 和化合物 **5-69**，其中 NO_3^- 来自化合物 **5-69** 的氧化分解，且反应时间的延长会促使化合物 **5-69** 更多地转化为硝酸盐 **5-68**。化合物

图 5.49　化合物 5-67、5-68、5-69 与 5-70 的合成路线

5-70 的合成方法：将硝酸盐 **5-68** 在酸性条件下加入高锰酸钾回流 4 h 得到化合物 3,3′-(二氮烯-1,2-二基)二(6-氨基-[1,2,4]三唑[4,3-*b*][1,2,4,5]四嗪-7-氧化物)·H_2O (**5-70**)。化合物 **5-69** 是一种高能量密度材料，密度达到 1.82 g/cm^3，具有可接受的分解温度 196℃，摩尔生成焓为 492 kJ/mol，爆速为 9008 m/s，爆压为 34.7 GPa，撞击感度大于 40 J，摩擦感度大于 360 N，爆轰性能优良，感度也低。拥有硝基官能团的化合物 **5-67** 的密度为 1.86 g/cm^3，分解温度为 220℃，摩尔生成焓为 744 kJ/mol，爆速为 9384 m/s，爆压为 39.1 GPa，配位氧的引入使得化合物 **5-70** 的撞击感度(22 J)和摩擦感度(40 N)均有所增加(表 5.15)。

表 5.15　化合物 5-67～5-70 及其他的物化性能数据表

化合物	分解温度/℃	密度/(g/cm^3)	生成焓/(kJ/mol)	爆速/(m/s)	爆压/GPa	撞击感度/J	摩擦感度/N
5-67	220	1.86	744	9384	39.1	25	240
5-68	191	1.81	502.3	8808	30.1	＞40	＞360
5-69	196	1.82	492	9008	34.7	＞40	＞360
5-70	210	1.82	1062	8542	28.8	22	40
RDX	204	1.800	92.6	8795	34.9	7.5	120
HMX	280	1.90	104.8	9320	39.5	7.4	120

2018 年，汤永兴等[16]发现，重氮盐与硝基乙腈钠的反应被证明是获得氨基/硝基的稠环化合物的有效途径，与母体分子 **5-74** 相比，该反应产物 **5-76** 很可能具有更高的热稳定性和较低的灵敏度。于是汤永兴等从中间体 **5-71** 出发，用亚硫酰氯在甲醇中回流得到 **5-72**。在室温下用氨水处理 **5-72**，得到酰胺 **5-73**，在氢氧化钠溶液中将液溴加入 **5-73** 的悬浮液中，通过霍夫曼反应形成胺 **5-74**。化合物 **5-74** 的悬浮液与 2.2 倍当量的亚硝酸钠在 51℃的稀硫酸中氧化，然后加入硝基乙腈钠，以 70%的高得率分离得到 **5-75**，最后，**5-75** 在甲醇和水的混合物中回流成环得到中性化合物 **5-76**(图 5.50)。化合物 **5-76** 的实测密度为 1.85 g/cm^3，分解温度为 315℃，摩尔生成焓为 899 kJ/mol，爆速 8572 m/s，爆压 31.4 GPa，撞击感度大于 60 J，摩擦感度大于 360 N。相对于母体分子 **5-74**，化合物 **5-76** 在良好维持母体的低感度特征下，同时显著提高了爆轰性能(表 5.16)。这种具有良好性能的 5 + 6 稠环体系由于其优越的热稳定性和较优秀的能量表现，可以用作耐热炸药。从单晶结构来看，C10—C14—C17—C18 的二面角为 66.91°，而氨基氮(N1)和硝基氮(N4 和 N11)与它们相连的环共面，这一点保证了除 C14—C17 连接处以外结构的平面性(图 5.51 和图 5.52)。

MeOH, $SOCl_2$ → $NH_3 \cdot H_2O$ → NaOH, Br_2, H_2O → $NaNO_2 \cdot HCl$, $CNCH_2NO_2Na$ → CH_3OH, H_2O, 回流

5-71　**5-72**　**5-73**　**5-74**　**5-75**　**5-76**

图 5.50　化合物 **5-74** 和 **5-76** 的合成路线

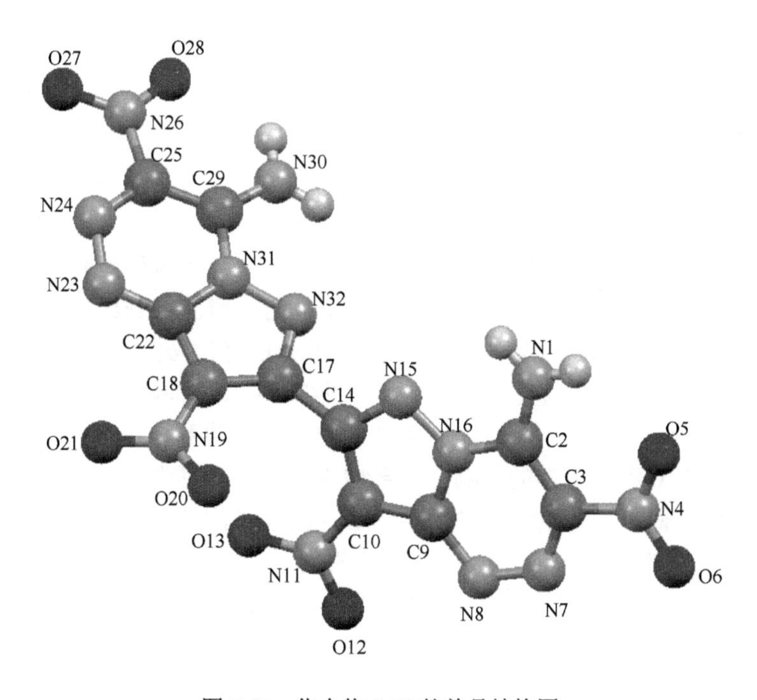

图 5.51　化合物 **5-76** 的单晶结构图

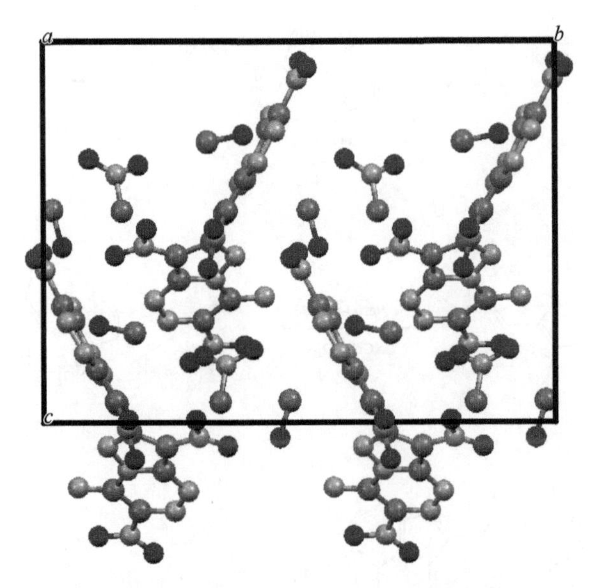

图 5.52　**5-76** 的单晶结构单元(*a* 轴视角)

表 5.16　化合物 5-74 和 5-76 及其他的物化性能数据表

化合物	分解温度/℃	密度/(g/cm³)	生成焓/(kJ/mol)	爆速/(m/s)	爆压/GPa	撞击感度/J	摩擦感度/N
5-74	228	1.72	212	7779	23.0	＞60	＞360
5-76	315	1.85	899	8572	31.4	＞60	＞360
TATB	350	1.93	−139.7	8179	30.5	50	＞360
LLM-105	342	1.92	11	8639	31.7	20	360

2019 年，Jean'ne M. Shreeve 课题组[17]对高氮含量的稠环体系做了进一步拓展。引入三唑并四嗪稠环骨架在提高氮含量的同时，可能得到比三唑并三嗪骨架更高的爆轰性能。最后选择以 3-氮氨基[1,2,4]三唑并[4,3-*b*][1,2,4,5]四嗪(**5-78**)和 3-氨基[1,2,4]三唑并-6-叠氮基-[4,3-*b*][1,2,4,5]四嗪(**5-82**)为母体，得到对应的偶氮中性化合物 **5-79** 和 **5-83**(图 5.53)。两种偶氮产物在感度和能量上的差别，充分体现了引入叠氮基对稠环骨架的影响。化合物 **5-79** 的实测密度为 1.91 g/cm^3，分解温度为 305℃，摩尔生成焓为 1525.2 kJ/mol，氮含量高达 71.1%，与同样具备较高分解温度的高能炸药 HMX(D = 9320 m/s)相当，同时也具备可接受的撞击感度(16 J)和摩擦感度(＞360 N)，显然 **5-79** 具有作为耐热炸药的潜力。化合物 **5-83** 非常敏感，并且表现出良好的计算爆轰性能(D = 8690 m/s，P = 30.2 GPa)，在目前的含叠氮化物起爆炸药中，拥有较高的数值(表 5.17)。

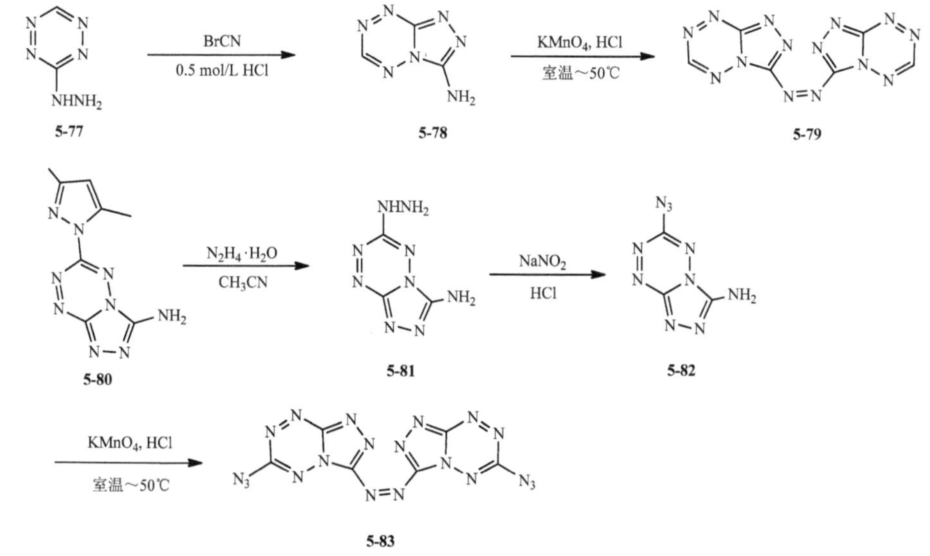

图 5.53　化合物 **5-79** 和 **5-83** 的合成路线

表 5.17　化合物 5-79 和 5-83 及其他的物化性能数据表

化合物	分解温度/℃	密度/ (g/cm^3)	生成焓/ (kJ/mol)	爆速/(m/s)	爆压/GPa	撞击感度/J	摩擦感度/N
5-79	305	1.91	1525.2	9200	34.8	16	＞360
5-83	183	1.77	2194.6	8690	30.2	1	＜5
HMX	280	1.90	105.0	9320	39.5	7	120
$Pb(N_3)_2$	315	4.80	450.1	5855	33.4	0.6～4	0.3～0.5

5.2.2　联(并唑)唑类高能材料

2015 年，Jean’ne M. Shreeve 课题组[1]采用 4-氨基-3,5-联甲基(4-氯-3,5-二硝基吡唑-1-基)-1,2,4-三唑(**5-84**)为原料(图 5.54)，与水合肼在室温条件下反应，再经过一步酸化得到其并环产物 4-氨基-3,5-联甲基(3-硝基-{[4,5-*d*][1,2,3]三唑-3-氧}-1*H*-吡唑-1-基)-1,2,4-三唑一水合物(**5-86**)，该化合物的热分解温度高达 308℃，与前体热分解温度相当，其生成焓高达 1253.6 kJ/mol 相对于前体(527.9 kJ/mol)有显著提升，与此同时，该化合物的爆轰性能(爆速为 8329 m/s，爆压为 27.9 GPa)优于 TNT，撞击感度与摩擦感度优于 RDX(表 5.18)。简单的合成步骤、良好的机械稳定性与热稳定性，使得该化合物有作为 RDX 替代品的应用前景。

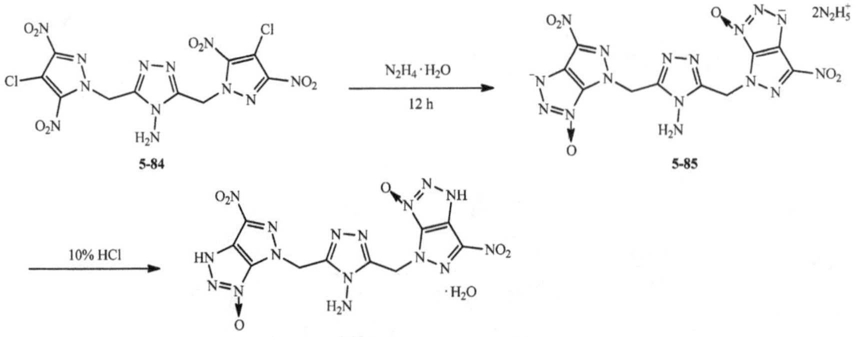

图 5.54　化合物 **5-86** 的合成路线

表 5.18　化合物 5-84 和 5-86 及其他的物化性能数据表

化合物	分解温度/℃	密度/(g/cm^3)	生成焓/(kJ/mol)	爆速/(m/s)	爆压/GPa	撞击感度/J	摩擦感度/N
5-84	309	1.856	527.9	7848	26.2	15	240
5-86	308	1.745	1253.6	8329	27.9	18	240
RDX	204	1.800	92.6	8795	34.9	7.5	120
TNT	295	1.654	−59.4	7304	21.3	15	＞353

2019 年，张庆华课题组[18]在由俄罗斯研究人员首次发现 3,6-二硝基吡唑[4,3-*c*]吡唑(DNPP)结构的基础上，并未执着于对 DNPP 的 N-官能团修饰，而是另辟蹊径引入四唑环，扩大唑类稠环化合物的骨架结构，一方面提升了氮含量，能量表现更好，另一方面也很好地维持母体分子的低感与热稳定性。合成路线如下(图 5.55)：按照文献报道的方法合成了母体分子 3,6-二硝基吡唑[4,3-*c*]吡唑(DNPP)，再依次通过氢氧化钾中和、溴化氰和叠氮化钠原位合成叠氮氰引入四唑基团，盐酸酸化得到化合物 **5-88**，并在中和后合成了 **5-88** 的一系列离子盐。钾盐 **5-88-1** 的热分解温度最高可达 329℃，甚至超过了六硝基二苯(HNS, T_d = 316℃)等传统耐热高能材料，并且具有较低的灵敏度(撞击感度 25 J，摩擦感度 252 N)，是潜在的耐热炸药。化合物 **5-88** 本体的爆速可达 8721 m/s，与 RDX 相当，比 DNPP(8250 m/s)高出约 500 m/s，肼盐 **5-88-4** 的爆速甚至超过了 FOX-7(8870 m/s)，说明引入两个四唑环，在较好保持热稳定性的前提下，显著提高了爆速(表 5.19)。从单晶结构来看，硝基与吡唑[4,3-*c*]吡唑环共面，硝基 N7 通过 C1—N7(1.433 Å)形成 8.012°的二面角。四唑环和稠环通过 C3—N5 连接，键长为 1.399 Å，二面角为 50.245°(图 5.56)。沿着 *a* 轴观察，每个含能分子通过 π-π 共轭与两个相邻的含能分子相互作用(图 5.57)。

图 5.55　化合物 **5-88** 及 **5-88** 的各类离子盐的合成路线

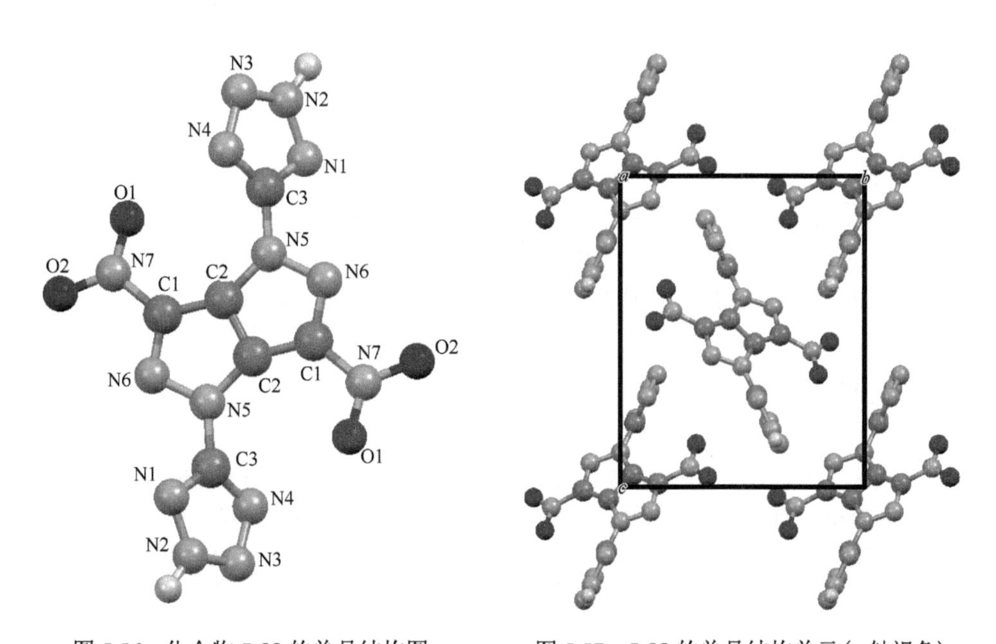

图 5.56　化合物 **5-88** 的单晶结构图

图 5.57　**5-88** 的单晶结构单元(a 轴视角)

表 5.19 化合物 5-88 和其离子盐及其他的物化性能数据表

化合物	分解温度/℃	密度/(g/cm^3)	生成焓/(kJ/mol)	爆速/(m/s)	爆压/GPa	撞击感度/J	摩擦感度/N
5-88	281	1.79	1111.5	8721	30.9	15	192
5-88-1	329	2.00	638.9	8807	28.5	25	252
5-88-2	280	1.69	916.8	8404	26.2	19	＞360
5-88-3	178	1.61	1062.2	8237	26.0	27.5	324
5-88-4	221	1.75	1223.0	9082	31.3	12	144
5-88-5	299	1.62	926.9	8023	22.4	＞60	＞360
5-88-6	255	1.64	1143.3	8396	24.9	35	＞360
RDX	204	1.800	92.6	8795	34.9	7.5	120
FOX-7	219	1.885	−130	8870	34.0	25	340

5.3 总结与展望

综上所述，与传统高能材料相比，多环唑类含能化合物因具有较高的生成焓和较大的环张力，使得该类化合物具有较为优异的爆轰性能，同时，由于稠环所拥有独特平面结构和 π 电子的离域共振，以及更易产生共轭堆积效应，该类化合物在拥有高能量密度的同时，其机械感度和热稳定性均处于较为理想的水平。这就使得多环唑类含能化合物在平衡高能材料能量与稳定性方面展现巨大的优势和应用前景。

同时，作为富氮稠环含能化合物的一员，多环唑类含能化合物的发展很好地补充和拓展高能材料的研究思路和研究范围。相信在不久的将来，大量具有高爆轰性能、优异稳定性以及巨大应用前景的稠环含能化合物被高能材料研究人员探索合成出来，以服务于我国国防工业。

参考文献

[1] Tang Y X, Gao H X, Parrish D A, et al. 1,2,4-Triazole links and *N*-azo bridges yield energetic compounds. Chemistry—A European Journal, 2015, 21(32): 11401-11407.

[2] Wei H, Zhang J H, He C L, Shreeve et al. Energetic salts based on furazan-functionalized tetrazoles: routes to boost energy. Chemistry—A European Journal, 2015, 21(23): 8607-8612.

[3] Qu Y, Zeng Q, Wang J, et al. Furazans with azo linkages: stable CHNO energetic materials with high densities, highly energetic performance, and low impact and friction sensitivities. Chemistry—A European Journal, 2016, 22(35): 12527-12532.

[4] Liu Y, Zhang J, Wang K, et al. Bis(4-nitraminofurazanyl-3-azoxy) azofurazan and derivatives: 1,2,5-oxadiazole structures and high-performance energetic materials. Angewandte Chemie International Edition, 2016, 55(38): 11548-11551.

[5] Xu Z, Cheng G, Zhu S, et al. Nitrogen-rich salts based on the combination of 1,2,4-triazole and 1,2,3-triazole rings: a facile strategy for fine tuning energetic properties. Journal of Materials Chemistry A, 2018, 6(5): 2239-2248.

[6] Wang Q, Shao Y, Lu M. $C_8N_{12}O_8$: a promising insensitive high-energy-density material. Crystal Growth & Design, 2018, 18(10): 6150-6154.

[7] Tang Y X, He C L, Lmler G H, et al. Energetic furazan-triazole hybrid with dinitromethyl and nitramino groups: decreasing sensitivity via the formation of a planar anion. Dalton Transactions, 2019, 48(22): 7677-7684.

[8] Xiong H L, Yang H W, Lei C J, et al. Combinations of furoxan and 1,2,4-oxadiazole for the generation of high performance energetic materials. Dalton Transactions, 2019, 48(39): 14705-14711.

[9] Klapötke T M, Witkowski T G. 5,5′-Bis(2,4,6-trinitrophenyl)-2,2′-bi(1,3,4-oxadiazole) (TKX-55): thermally stable explosive with outstanding properties. ChemPlusChem, 2016, 81(4): 357-360.

[10] 刘洋, 申程, 陆明. TKX-55 合成工艺优化及性能. 含能材料, 2019, 27(3): 220-224.

[11] Chand D, He C, Mitchell L A, et al. Electrophilic iodination: a gateway to high iodine compounds and energetic materials. Dalton Transactions, 2016, 45(35): 13827-13833.

[12] Zhang J H, Dharavath S, Mitchell L A, et al. Bridged bisnitramide-substituted furazan-based energetic materials. Journal of Materials Chemistry A, 2016, 4(43): 16961-16967.

[13] Yan T, Yang H, Yang C, et al. An advanced and applicable heat-resistant explosive through controllable regiochemical modulation. Journal of Materials Chemistry A, 2020, 8(45): 23857-23865.

[14] He C, Gao H, Lmler G H, et al. Boosting energetic performance by trimerizing furoxan. Journal of Materials Chemistry A, 2018, 6(20): 9391-9396.

[15] Hu L, Yin P, Lmler G H, et al. Fused rings with *N*-oxide and-NH_2: good combination for high density and low sensitivity energetic materials. Chemical Communications, 2019, 55(61): 8979-8982.

[16] Tang Y, He C, Lmler G H, et al. A C-C bonded 5,6-fused bicyclic energetic molecule: exploring an advanced energetic compound with improved performance. Chemical Communications, 2018, 54(75): 10566-10569.

[17] Liu Y, Zhao G, Tang Y, et al. Multipurpose [1,2,4]triazolo[4,3-*b*][1,2,4,5] tetrazine-based energetic materials. Journal of Materials Chemistry A, 2019, 7(13): 7875-7884.

[18] Xia H, Zhang W, Jin Y, et al. Synthesis of thermally stable and insensitive energetic materials by incorporating the tetrazole functionality into a fused-ring 3,6-dinitropyrazolo-[4,3-*c*] pyrazole framework. ACS Applied Materials & Interfaces, 2019, 11(49): 45914-45921.

第 6 章

唑并嗪类高能材料

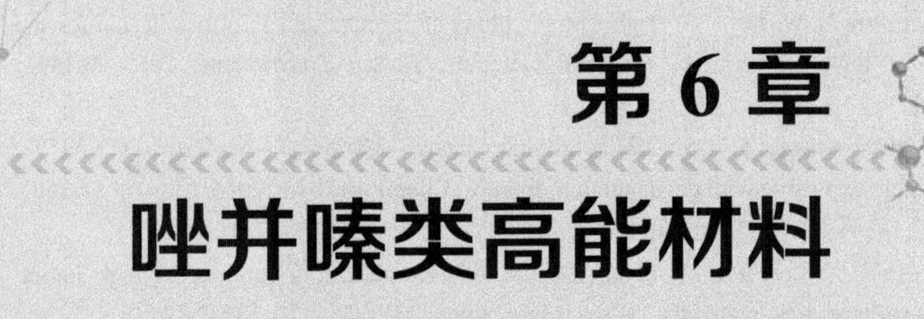

传统耐热炸药依托硝基苯，在空间应用中始终表现出优异的热稳定性和低压，但其爆轰性能较低，在制造过程中也面临诸多环境问题。近年来，唑并嗪类稠环化合物似乎是制备新型耐热炸药的理想候选化合物，而且其中一些确实表现出很高的热稳定性和良好的爆轰性能。在过去一段时间里，大量的稠环类高能材料被制备出来，其中包括一些经典的稠环类高能材料(图 6.1)。例如 David E. Chavez 在 2015 年和 2016 年分别报道的 PTX 和 TTX，其爆速分别高达 8998 m/s 和 8700 m/s，撞击感度和摩擦感度分别为 58.4 J、29 J 和 324 N、>360 N，综合性能优于黑索金，是良好的低感高能材料。

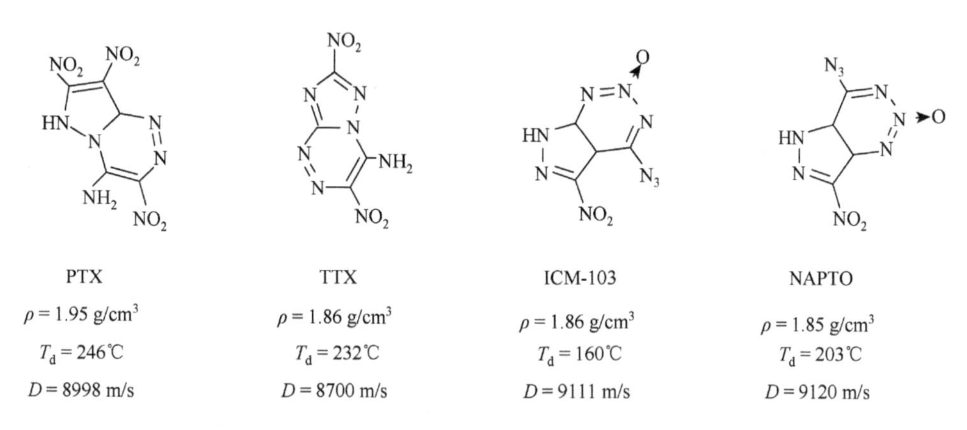

图 6.1 各类稠环高能材料的基本参数

通过对晶体结构和性能之间关系的研究表明，主要有两种方法可以提高高能材料的热稳定性：①芳香族或杂环化合物上存在的邻位的氨基和硝基，通过形成分子内/分子间氢键产生稳定作用[1,2]；②分子中具有共轭作用和 π-π 堆积[3-7]，LLM-105 和 TATB 就是典型的例子(图 6.2)[8,9]。此外，稠环化合物的分解产物主要是对环境无污染的氮气。可以看出，稠环类高能材料具有良好的爆轰性能和稳定性，在新型钝感高能材料领域有着广阔的应用前景。本章将介绍唑并嗪类的稠环类高能材料。

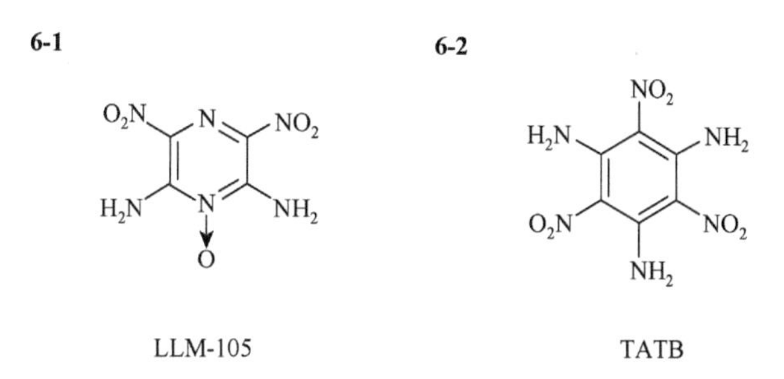

图 6.2 LLM-105 和 TATB 的分子式

6.1 二唑并嗪类高能材料

6.1.1 二唑并二嗪类化合物

二唑环由于其较低的氮含量不具有理想的爆轰性能，因而受到较少的关注。但这是否意味着低氮含量的稠环在高能材料方向没有前景呢？在高能材料的设计中，硝基(NO_2)、硝酸酯基(ONO_2)、硝胺基(NNO_2)和叠氮基(N_3)等高能基团是最常用的[10-13]，因为它们可以提高密度和生成焓。其中，硝胺基能增加化合物的氧平衡和密度，使其具有较好的爆轰性能。此外，硝胺基与碱反应生成含能盐，为制备高爆轰性能、低灵敏度的高能材料提供了一条有用的途径[14]。含两个硝胺基的高能材料具有较高的爆轰性能，因而受到人们的广泛关注。然而，许多含两个硝胺基的中性化合物具有较低的热稳定性和较高的灵敏度。这是因为稠环的设计主要是以高氮和高氧的稠环作为主链，该主链几乎没有高能基可取代的位置，因此通常在稠环的不同杂环中发现硝胺基。

从图 6.3 可以看出，带有两个硝胺基的单环的敏感度高，热稳定性较低，因此很难得到(**6-3**)[15]。当硝胺基被硝基亚胺基取代时，稳定性得到一定程度的提高(**6-4** 和 **6-5**)[16]。然而，当稠环代替单环时，化合物的灵敏度降低和稳定性都有很大的提高(**6-6**)[17]。

6-3 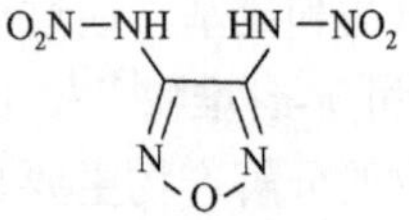
撞击感度 = 1 J
摩擦感度＜5 N
分解温度 = 99℃

6-4 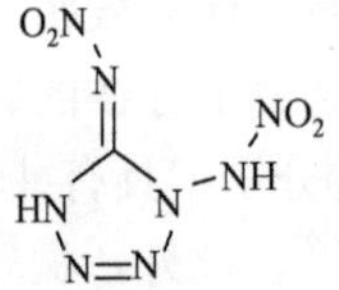
撞击感度 = 1 J
摩擦感度＜5 N
分解温度 = 110℃

6-5 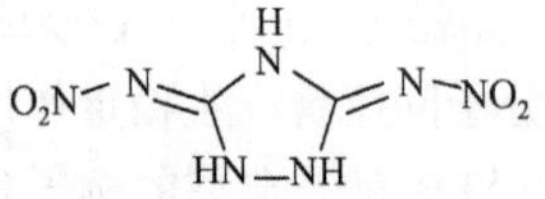
撞击感度，摩擦感度＞RDX
分解温度 = 125℃

6-6 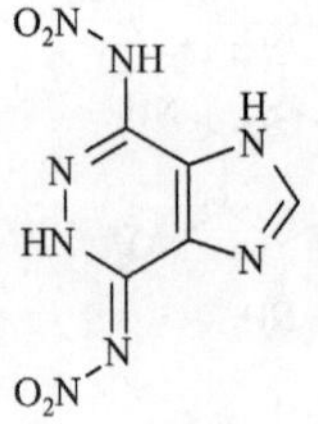
撞击感度 = 32 J
摩擦感度 = 120 N
分解温度 = 166℃

6-7 H_2O
撞击感度 = 18 J
摩擦感度 = 120 N
分解温度 = 162℃

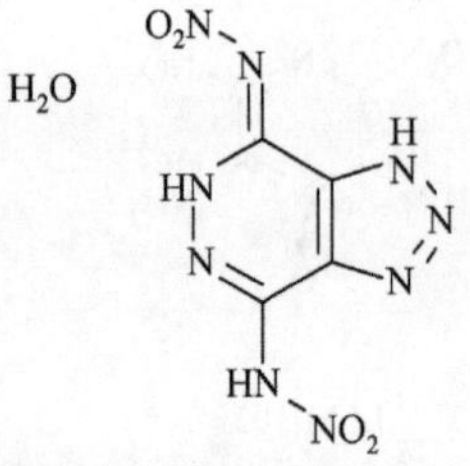

图 6.3 不同硝胺基和硝基亚胺基取代物

Jean'ne M. Shreeve 课题组以 4,5-二氰咪唑为原料，以水合肼为溶剂，在乙酸的催化作用下，反应得到 4,7-二氨基咪唑[4,5-*d*]吡啶(**6-9**)。随后在发烟硝酸中进行硝化反应，**6-9** 中的两个氨基转化为硝胺基，随后发生结构重排，其中一个硝胺基中的一个氢转移到吡嗪环上。由于只有一个硝胺基和一个酸性氢，当 **6-6** 与氨、羟胺或肼反应得到系列非金属 **6-10**、**6-11**、**6-12**。**6-6** 与氢氧化钠反应时，得到二钠盐(**6-14**)图(6.4)。

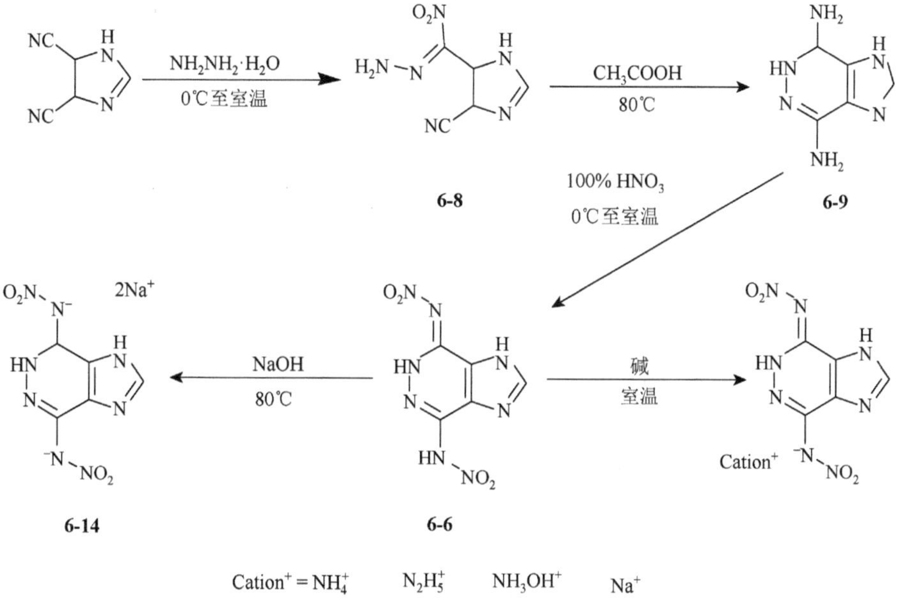

$NH_2NH_2 \cdot H_2O$　0℃至室温

CH_3COOH　80℃

100% HNO_3　0℃至室温

NaOH　80℃

碱　室温

6-8　**6-9**　**6-14**　**6-6**

$Cation^+ = NH_4^+$　$N_2H_5^+$　NH_3OH^+　Na^+

6-10　**6-11**　**6-12**　**6-13**

图 6.4　二唑并二嗪化合物的合成路线

他们分别从水和 DMSO 中得到了化合物 6-6 的单晶结构，这导致晶胞中包含一个水和两个 DMSO 分子。在 173 K 时晶体密度为 1.63 g/cm^3。它的单晶 X 射线衍射结构和数据分别如图 6.5 和表 6.1 所示。

晶体数据中不对称单元的重复次数 *Z'*的值为 2，表示在不对称单元中有两个独立的分子(分子 A 和分子 B)。如图 6.5(a)所示，在分子 A 中，咪唑上的 N—H 与硝胺基在同一边，而在分子 B 中则与硝基亚胺基在同一边。分子 A 中，硝胺基的一个质子转移到吡啶环上，并且吡啶环上的一个氢与硝基亚胺基中的氧形成分子内氢键，使硝基亚胺基与稠环几乎是平面，二面角为 C2—N—N8—O4 = 176.06(14)°，C2—N7—N8—O3 = –4.1(2)°，N8—N7—C2—C3 = 179.75(14)°，N8—N7—C2—N2 = –3.2(3)°。而在分子 B 中，N6A—N5AC1A—C5A = 178.06(14)°，C1A—N5A—N6A—O1A = –0.1(2)°，C1A—N5A—N6AO2A = –179.2(14)°，而另一个硝基亚胺基则完

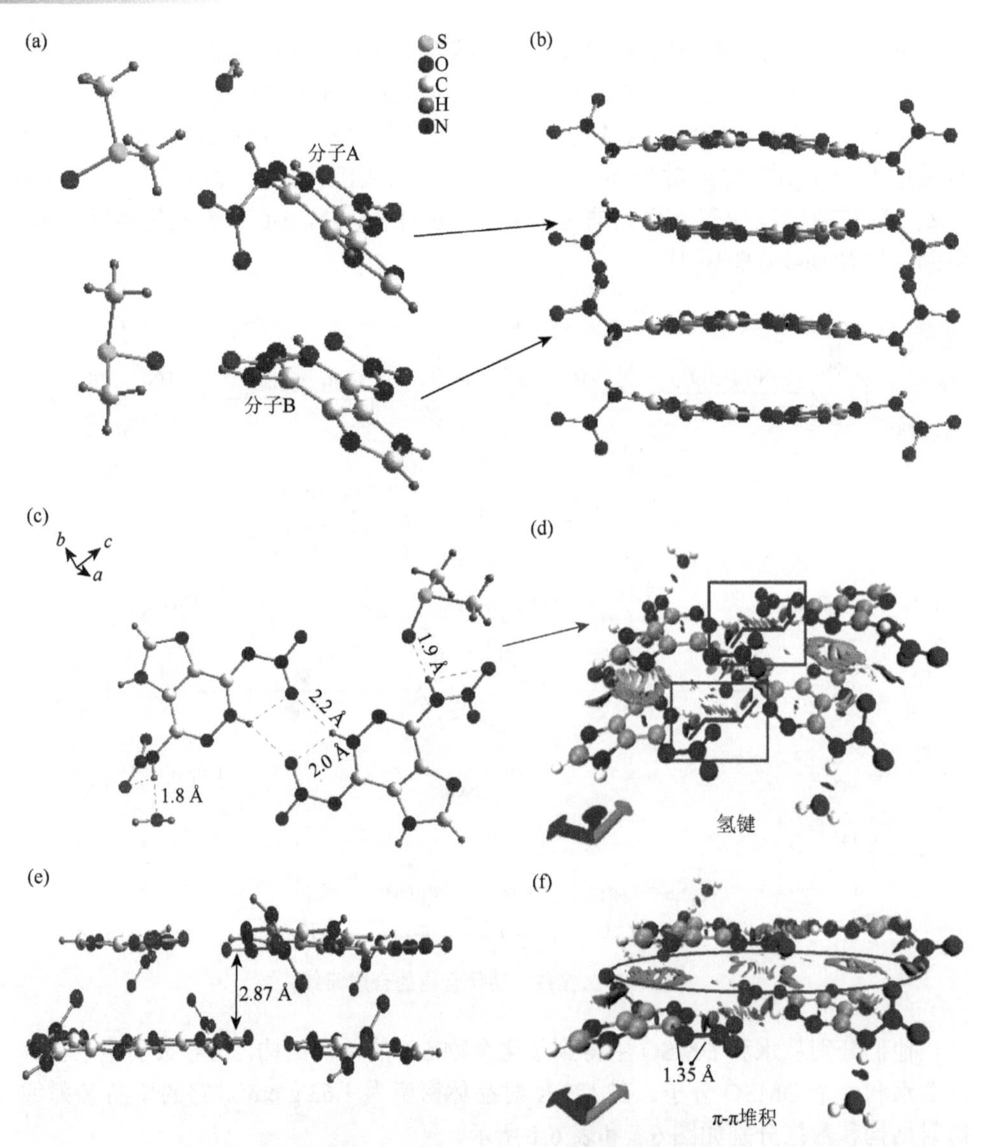

图 6.5　分子 **6-6** 在 DMSO 中的单晶结构图

表 6.1　4-硝胺基-7-硝基亚胺基-6-二氢咪唑[4,5-*d*]嘧啶和其衍生物及其他的物化性能数据表

化合物	氮含量/%	分解温度/℃	密度/(g/cm^3)	生成焓/(kJ/mol)	爆速/(m/s)	爆压/GPa	撞击感度/J	摩擦感度/N
6-6	46.7	166	1.82	355.2	8360	29.0	32	120
6-10	49.0	212	1.75	412.8	8425	27.8	24	240
6-11	51.5	228	1.78	561.4	8782	30.6	16	120

续表

化合物	氮含量/%	分解温度/℃	密度/(g/cm^3)	生成焓/(kJ/mol)	爆速/(m/s)	爆压/GPa	撞击感度/J	摩擦感度/N
6-12	46.2	199	1.78	461.3	8673	31.1	18	160
RDX	37.8	204	1.8	70.3	8795	34.9	7.5	120
TATB	32.6	350	1.93	−154.2	8504	31.7	50	353

全脱离了平面(N6—N5—C1—N1 = 117.5°，N6—N5—C1—C5 = 66.9°)。由于硝胺基的质子转移到吡嗪环上，形成了头对头的氢键体系，其中硝基亚胺基中的氧与吡嗪环中的质子之间存在一个分子内氢键。这个氢键系统是在同一个平面上的，使这些分子呈平面状，从而导致面对面的堆积[图 6.5(b)]。

如图 6.5(c)所示，分子 A 中硝胺基的质子在水中与氧形成氢键，而分子 B 中硝胺基与 DMSO 中的氧形成氢键。通过分析量子力学电子密度(ρ)与还原密度梯度之间的关系，可以很容易地观察到分子 B 中咪唑的质子与分子 A 中咪唑的氮之间形成的分子间氢键。如图 6.5(d)和 6.5(f)所示，可以观察到氢键、范德瓦耳斯相互作用和排斥空间碰撞之间的差异。如图 6.5(d)所示，分子内和分子间存在较强的氢键。在图 6.5(e)和(f)中，平行层间 NCI 域较大，层间距离较短，仅为 2.87 Å，说明层间有较强的共轭体系。在该结构中，NCI 结构域不仅存在于稠环的平行部分，而且还存在于 C-NNO_2 基团之间，因为 C—N 和 N—N 距离均为 1.35 Å，表明双键具有明显的共轭效应。因此，在氢键和共轭体系的共同作用下，相对于其他含有硝胺基或硝基亚胺基的单环高能材料，**6-6** 有着更好的稳定性。

由表 6.1 可知，中性化合物(**6-6**)的密度最高，为 1.82 g/cm^3，生成焓最低，为 355.2 kJ/mol。铵盐(**6-10**)的密度最低，为 1.75 g/cm^3，生成焓为 412.8 kJ/mol。肼盐(**6-11**)和羟胺盐(**6-12**)的密度相同，为 1.78 g/cm^3，但肼盐的生成焓(561.4 kJ/mol)略高于羟胺盐(461.3 kJ/mol)。根据这些新含能化合物的密度和生成焓，利用 EXPLO5(v6.01)程序对其爆轰性能进行了计算。由于生成焓最高，肼盐(**6-11**)的爆速最高，为 8782 m/s，爆压为 30.6 GPa，接近 RDX 的爆速和爆压。其次是羟胺盐(**6-12**)和铵盐(**6-10**)，爆速分别为 8673 m/s 和 8425 m/s。由于 **6-6** 的生成焓最低，所以 **6-6** 的爆速也最低，为 8360 m/s。

热稳定性和灵敏度是决定实际应用的关键性能。从图 6.6 可以看出，所有化合物都有一个尖锐的放热峰，分解温度(起始温度)＞150℃。对于硝胺基化合物，触发键是 NNO_2 键。硝基亚胺基的键解焓(BDE)为 205.8 kJ/mol，远高于硝胺基的键解焓(127.1 kJ/mol)。因此，与传统的硝基相比，重排后的硝基具有更好的热稳定性。中性化合物的分解温度最低，为 166℃，但仍高于大多数二硝胺基化合物。其中肼盐(**6-11**)分解温度最高，为 228℃。铵盐(**6-10**)和羟胺盐(**6-12**)分别在 212℃和 199℃分解。

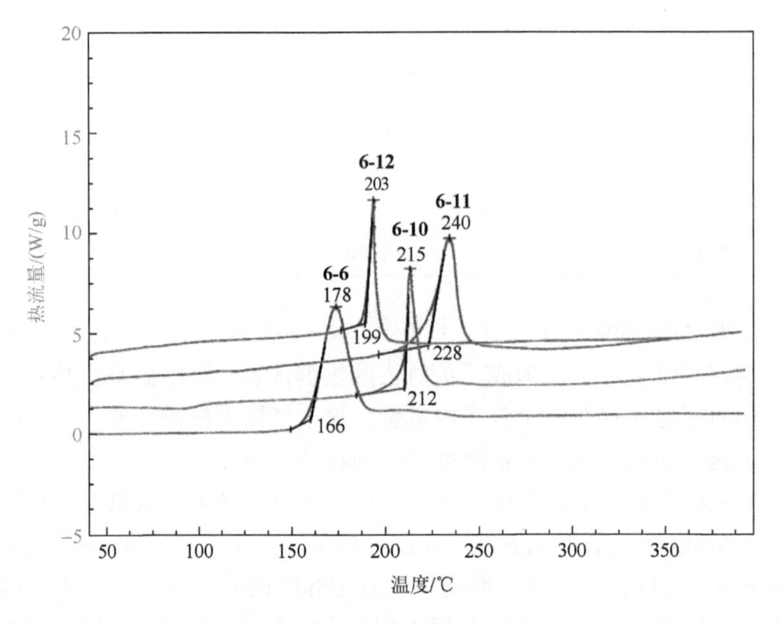

图 6.6　化合物 **6-6**～**6-12** 的 DSC 图

所有新化合物的撞击和摩擦敏感性由标准BAM落锤和摩擦试验机技术测定，并且所有化合物的撞击感度都低于 RDX。与盐相比，分子 **6-6** 的撞击敏感性最低，这可能是由于特殊的面对面堆积的晶体结构造成的。然而，由于一个硝基亚胺基从平面结构中扭曲出来，其摩擦感度与 RDX 相似。在这些盐中，铵盐(**6-10**)具有最低的敏感度，其撞击感度和摩擦感度分别是 24 J 和 240 N，其次是肼盐(**6-11**)(撞击感度为 16 J，摩擦感度为 120 N)和羟胺盐(**6-12**)(撞击感度为 18 J，摩擦感度为 160 N)，它们的撞击感度都比 RDX 低。

6.1.2　二唑并三嗪类化合物

在之前的工作中，吡唑或咪唑重氮盐与硝基乙腈可以在温和的条件下进行环化反应。此外，由于 C-NH_2/C-NO_2 可以形成氢键，因此该体系比咪唑或吡唑类化合物的母体单环分子具有更高的热稳定性。在 3,5-二氨基-4-硝基吡唑中 C-NO_2 基团的两侧有两个氨基，而且吡唑环上还有一个非功能化的 NH，这使得 3,5-二氨基-4-硝基吡唑成为许多含能化合物的潜在前体[18-20]。因此，Jean'ne M. Shreeve 等[21]以 **6-15** 作为原料(图 6.7)，向 **6-15** 的甲醇悬浮液中通入过量的 HCl 气体，形成了盐酸盐 **6-16**。但是，**6-16** 没有被叔丁基亚硝酸盐转化成相应的重氮盐 **6-17**。而当使用叔丁基亚硝酸盐与 **6-15** 反应时，只有一个氨基转化为相应的重氮盐 **6-17**，该重氮盐立即与硝基乙腈钠在稀硫酸中反应生成 **6-18**。**6-18** 在甲醇和水的混合物中

回流得到 **6-19**。在这双环结构中环中有两个相邻的氨基和硝基。这种化合物除了表现出良好的爆轰性能外，还应表现出优异的热稳定性和钝感。

6-15　6-16　t-BuONO　6-17　Na^+ $^-C(CN)NO_2$　20% H_2SO_4　6-18　CH_3OH/H_2O 回流　6-19

图 6.7　二唑并三嗪化合物的合成路线

6-19 的结晶为 DMSO 加合物(**6-19**·DMSO)，20℃结晶密度为 1.681 g/cm^3。分子结构如图 6.8(a)所示，氨基、硝基和稠环基本在同一平面上。如图 6.8(b)所示，在相邻的氨基和硝基之间形成分子内氢键(N10—H10B···O13 和 N6—H6B···O2)。此外，分子间也存在氢键(N10—H10A···O14 和 N6—H6A···O1)。如此广泛的氢键使分子沿 b 轴形成一个平面层。层之间的距离为 3.09 Å[图 6.8(c)]。

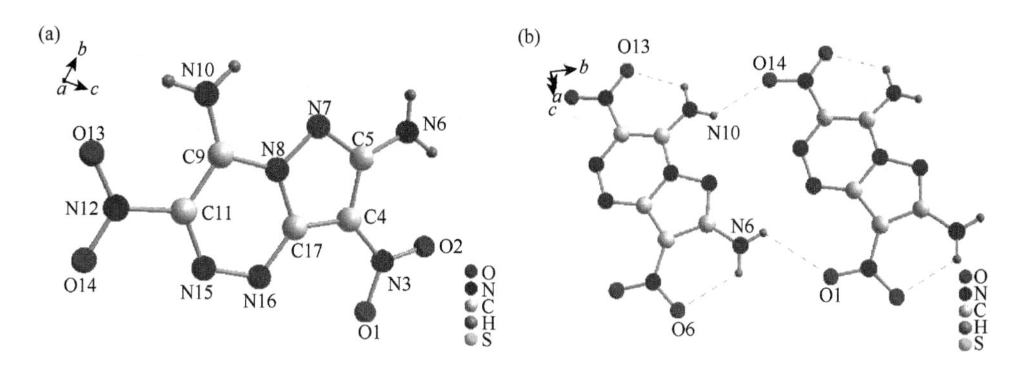

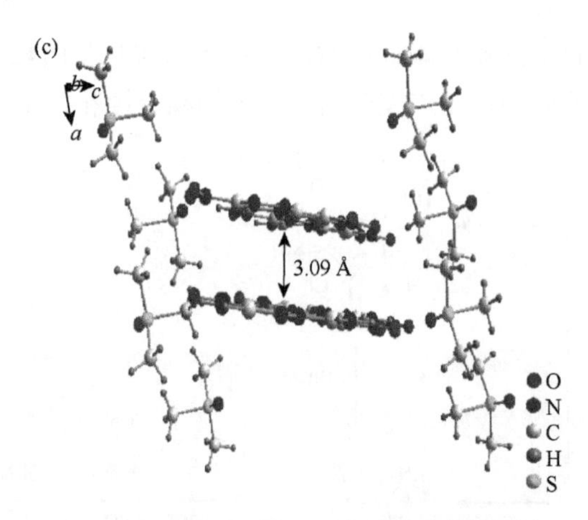

图 6.8　**6-19** 在 DMSO 中的单晶结构图

随后针对 **6-19** 的性能，他们也展开一系列的工作。从表 6.2 可以看出 **6-19** 具有非常高的热稳定性，其起始分解温度为 355℃，略高于传统耐热高能化合物 TATB 和 LLM-105。除了较高的热稳定性外，**6-19** 还展现出良好的爆轰性能。同时，**6-19** 的生成焓高于 TATB 和 LLM-105。所以，**6-19** 综合了 TATB 的耐热性和钝感性以及 LLM-105 的良好的爆轰性能。

表 6.2　6-19、TATB 和 LLM-105 的物化性能数据表

化合物	分解温度/℃	密度/(g/cm^3)	生成焓/(kJ/mol)	爆速/(m/s)	爆压/GPa	撞击感度/J	摩擦感度/N
6-19	355	1.90	344	8727	32.6	＞60	＞360
TATB	350	1.93	−139.7	8179	30.5	50	＞360
LLM-105	342	1.92	11	8639	31.7	20	360

由于化合物 **6-19** 具有良好的热稳定性，他们还研究了其与传统耐热炸药 TATB 的热力学性能。图 6.9 为 **6-19** 在不同升温速率下的 DSC 曲线。表 6.3 和表 6.4 结果显示，Kissinger 和 Ozawa 计算方法的活化能近似相同，并且线性相关系数非常接近，表明结果是可靠的。**6-19** 的活化能和外推峰值温度均高于 TATB，说明 **6-19** 的耐热性优于 TATB，这可能是因为 **6-19** 具有较大的共轭体系。不仅如此，**6-19** 的反应焓(1701 J/g)也大于 TATB 的反应焓(628.8 J/g)[21]，所有的证据都表明 **6-19** 是一种很好的耐热炸药。

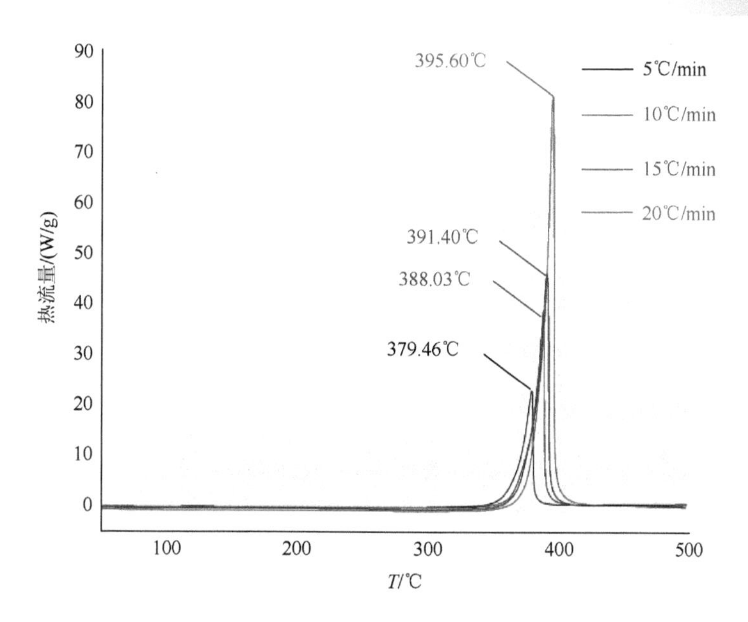

图 6.9　**6-19** 在不同升温速率下的 DSC 曲线

Kissinger 方程[式(6.1)]和 Ozawa 方程[式(6.2)]如下

$$\ln\frac{\beta}{T_p^2}=\ln\frac{AR}{E}-\frac{E}{RT_p} \tag{6.1}$$

$$\lg\beta+\frac{0.4567E}{RT_p}=C \tag{6.2}$$

式中，β 为升温速率；T_p 为外推峰值温度(K)；R 为摩尔气体常量[(8.314 J/(K·mol)]；E 为活化能(kJ/mol)；C 是常数。

为了获得额外的动力学参数如外推峰值温度、活化熵、活化焓、吉布斯自由能，作者采用式(6.3)～式(6.6)对其进行了计算，其中，k_B 是玻耳兹曼常数(1.381×10^{-23} J/K)，H 是普朗克常量($6.626\ 10^{-34}$ J·s)。

$$T_{pi}=T_{po}+a\beta_i+b\beta_i^2+c\beta_i^3\quad(i=1,2,3,4) \tag{6.3}$$

$$A=(k_BT/h)e^{\Delta S^{\neq}/R} \tag{6.4}$$

$$\Delta H^{\neq}=E-RT \tag{6.5}$$

$$\Delta G^{\neq}=\Delta H^{\neq}-T\Delta S^{\neq} \tag{6.6}$$

表 6.3　6-19 和 TATB 在不同升温速率下的分解温度和热力学参数

化合物	升温速率/(℃/min)	分解温度/℃	Kissinger 计算方法得到的活化能/(kJ/mol)	指数前因子/s^{-1}	r_k	Ozawa 计算方法得到的活化能/(kJ/mol)	r_o
6-19	5	379.46	306.2	24.14	0.9934	301.62	0.9938
	10	388.03					
	15	391.40					
	20	395.60					
TATB	5	368.00	211.4	16.71	211.34	211.34	0.9994
	10	379.10					
	15	385.70					
	20	389.90					

r_k：通过 Kissinger 方法计算得到的线性相关系数；r_o：通过 Ozawa 方法计算得到的线性相关系数。

表 6.4　6-19 和 TATB 的热力学数据

化合物	外推峰值温度/℃	活化熵/[J/(mol·K)]	活化焓/(kJ/mol)	吉布斯自由能/(kJ/mol)
6-19	359.66	211.1	300.8	167.2
TATB	350.30	68.9	206.1	163.1

原子核独立的化学位移不仅是描述分子芳香性或磁性的重要工具，而且是基于π共轭各向异性效应评价分子热稳定性的可靠参数。因此，他们利用 Multiwfn v3.5 软件，得出 **6-19** 和 TATB 的等化学屏蔽表面(ICSS)图。**6-19**[图 6.10(b)]的屏蔽面比 TATB[6.10(a)]大且高，说明 **6-19** 比 TATB 具有更大的π共轭。此外，**6-19**[图 6.10(d)]中的 20 ppm(粉色)的面积大于 TATB[图 6.10(c)]。这样的结果证明了 **6-19** 比 TATB 具有更高的热稳定性。

6.1.3　二唑并四嗪类化合物

2021 年，杨红伟课题组[22]以乙氧基亚甲基丙二腈为原料(图 6.11)，经缩合和硝化得到稠环化合物 **6-20** 和 **6-21**。同时，他们还分别计算了 **6-20** 和 **6-21** 的物化性能。从表 6.5 可以看出 **6-20** 的起始分解温度为 225℃，低于前面的化合物 **6-21**。主要是因为化合物 **6-21** 中存在氨基，可以形成分子间氢键，从而提高了分子的稳定性。而且，因为 **6-21** 的生成焓高于 **6-20**，所以它的爆速也较高，为 8935 m/s。

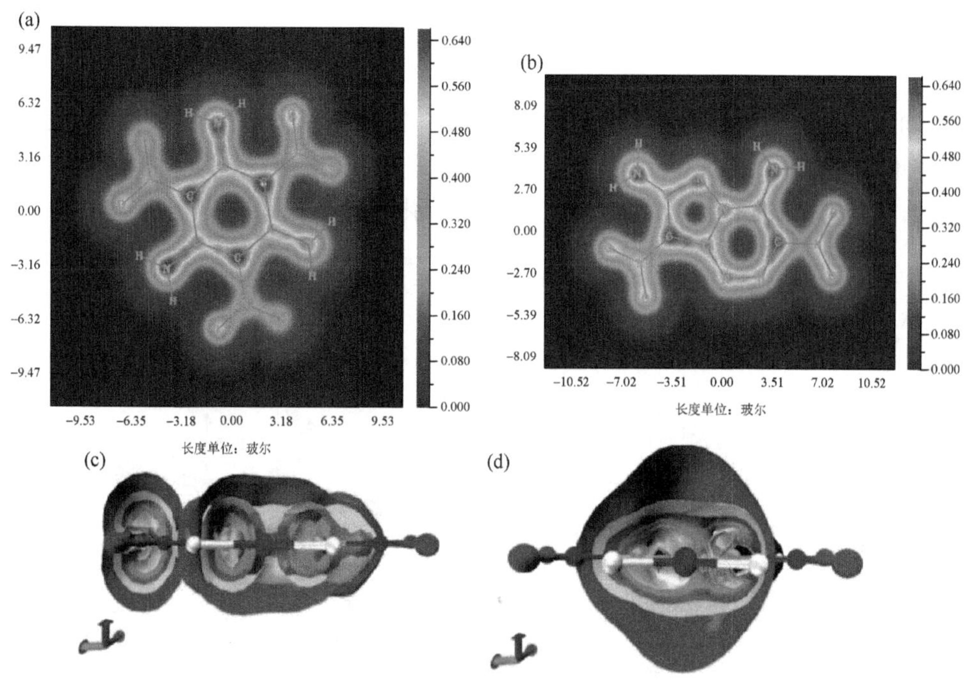

图 6.10　TATB (a, c)、**6-19** (b, d) 的 ICSS 图

图 6.11　二唑并四嗪化合物的合成路线

表 6.5　6-20 和 6-21 的物化性能数据表

化合物	分解温度/℃	密度/(g/cm³)	生成焓/(kJ/mol)	爆速/(m/s)	爆压/GPa	撞击感度/J	摩擦感度/N
6-20	225	1.882	393.1	8770	33.7	19	252
6-21	302	1.874	501.2	8935	34.5	>20	>360

6-20·$2H_2O$ 的晶胞中有四个分子($Z = 4$)，在 100 K 时晶体密度为 1.884 g/cm^3。通过计算 N2—N1—C3—C1 = −179.6°(3)和 C4—N4—N5—C2 = 178.4°(2)的二面角[图 6.12(b)]，我们发现 **6-20** 中的所有原子都是共面的。**6-20** 的堆积方式属于逐层堆叠，与 **6-21** 相似。由于化合物 **6-20** 分子与两个 H_2O 分子之间存在丰富的氢键，层与层之间的距离为 2.56 Å，远远小于化合物 **6-21**。

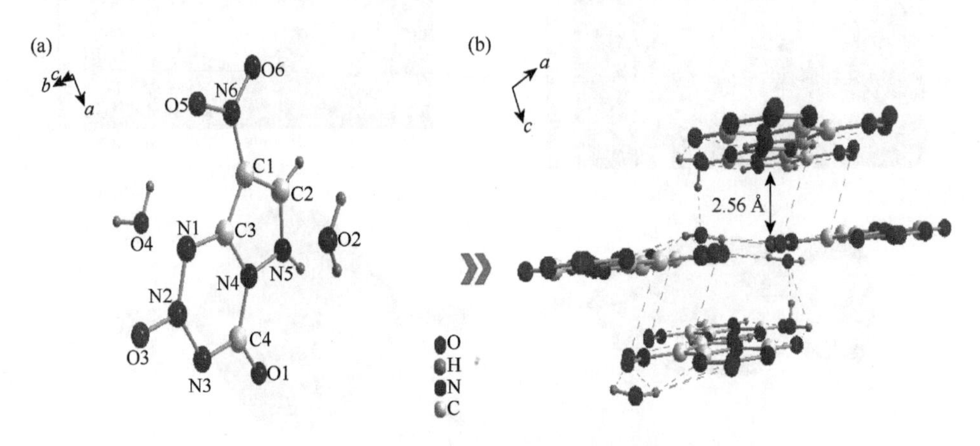

图 6.12　**6-20**·$2H_2O$ 的单晶结构图

6-21 的晶胞中有四个分子($Z = 4$)，100 K 时晶体密度为 1.884 g/cm^3。如图 6.13(b)所示，**6-21** 中的所有原子共面，二面角分别为 O3—N3—C3—C2 = 178.4°(2)和 C2—N1—N2—C4 = −0.11°(19)。在图 6.13(b)中，可以看到逐层堆叠。层与层之间的距离为 2.91 Å，远小于芳香烃的 π-π 相互作用下的层距(3.65～4.00 Å)。氢键和 π-π 相互作用导致了分子间的紧密堆积，使其具有较高的稳定性。

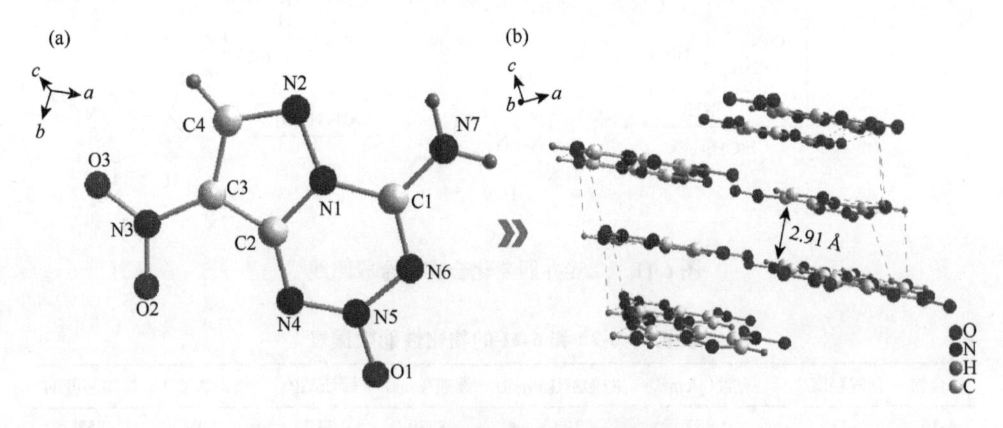

图 6.13　化合物 **6-21** 的单晶结构图

为了进一步研究分子间和分子内作用力对晶体堆积的影响，他们绘制了**6-20**·$2H_2O$[图 6.14(a)]和**6-21**[图 6.14(b)]的 NCI 图。如图 6.14 所示，与其他化合物相比，**6-21** 的 π-π 键更加强烈、更加丰富，可以很容易地观察到较大的绿色等势面。为了进一步了解化合物 **6-20** 和 **6-21** 的弱相互作用和氢键，他们研究了化合物 **6-20** 和 **6-21** 的 Hirshfeld 表面及其二维指纹谱。可以很容易地发现氢键包括 O···H 和 H···O、N···H 和 H···N。在 **6-20** 和 **6-21** 中，氢键的含量分别为 46.2% 和 63.4%。此外，如图 6.14 所示，π-π 相互作用(C—N 和 N—C 相互作用)也可以在图中观察到。从理论和实验上分析，这些丰富的氢键相互作用和 π-π 相互作用是提高化合物 **6-20** 和 **6-21** 稳定性的驱动力。此外，在 **6-20**·$2H_2O$ 中可以观察到

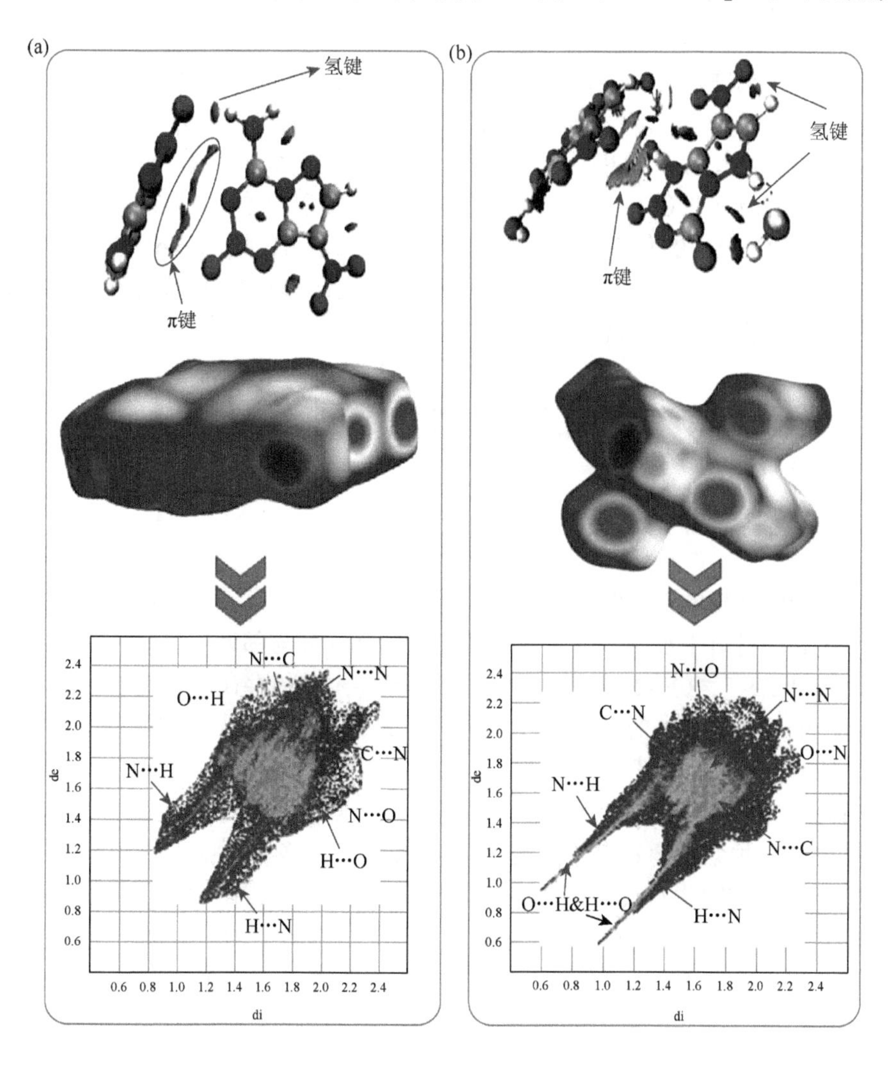

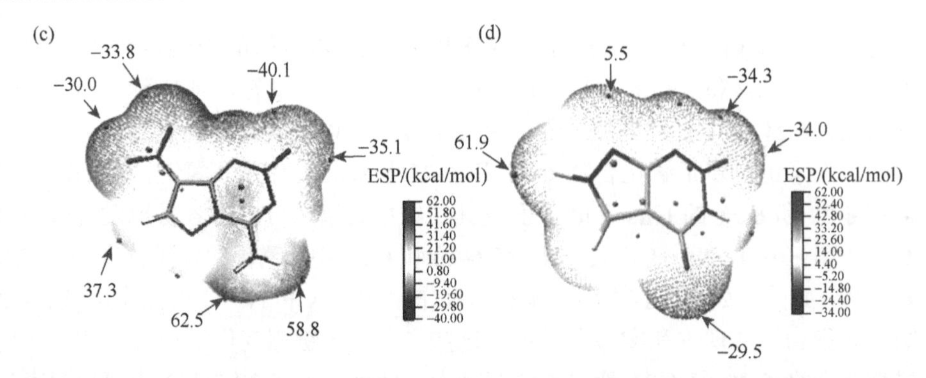

图 6.14　化合物 **6-20**·$2H_2O$ (a, c) 和 **6-21** (b, d) 的 NCI、Hirshfeld 表面分析及其二维指纹谱和 ESP 图

丰富的分子内氢键。这些广泛的 π-π 键和氢键相互作用有助于增加晶体密度，降低撞击和摩擦敏感性。为了进一步研究其稳定性，采用静电势(ESP)分析 **6-20** 和 **6-21** 的极性与分子间相互作用的关系，由图 6.14 可以看出，**6-20** 的负值(–40.1 kcal/mol)和正(+ 62.5 kcal/mol)值分别来自氮氧化物的 O 原子和氨基的 H 原子。化合物 **6-21** 的负值(–34.3 kcal/mol)和负值(+ 61.9 kcal/mol)分别来自氮氧化物的 O 原子和吡唑环的 H 原子。可以看出，化合物 **6-20** 表现出比化合物 **6-21** 更大的静电势值，可以表现出更高的稳定性。

6.2　三唑并嗪类高能材料

6.2.1　三唑并二嗪类化合物

在含能化合物的设计中，氢键对高能材料的稳定性有着非常重要的作用。我们经常在高能材料中观察到分子内氢键是由硝基部分与邻近的氨基相互作用而产生的，如 1,3,5-三氨基-2,4,6-三硝基苯(TATB)。氢键的存在可以增加化合物的密度，这是由于形成较好的堆叠方式，使得堆积更加紧密，从而达到降低灵敏度的效果。然而，相对于硝基，硝胺基形成分子内氢键的倾向更小。2021 年，Jean'ne M. Shreeve 等[23]合成了 4-硝胺基-7-硝基亚胺三唑[4,5-*d*]哒嗪(**6-25**，图 6.15)。他们报道了一种新的氢键体系，它是通过将质子转移到吡嗪环的邻位氮上，使硝胺基与吡嗪环发生重排，形成硝基亚胺基官能团，这个质子可以与硝基中的氧形成分子内氢键。这种氢键体系减小了分子之间的空间，有助于提高热稳定性，降低溶解度和提高密度。有利于提高合成的容易程度和收率，对工业生产有积极的影响。同时硝基与稠环分子的共轭作用以及 π-π 堆积，使得 **6-25**·H_2O 表现出低撞击灵敏度(18 J)和热稳定性(＞150℃)。

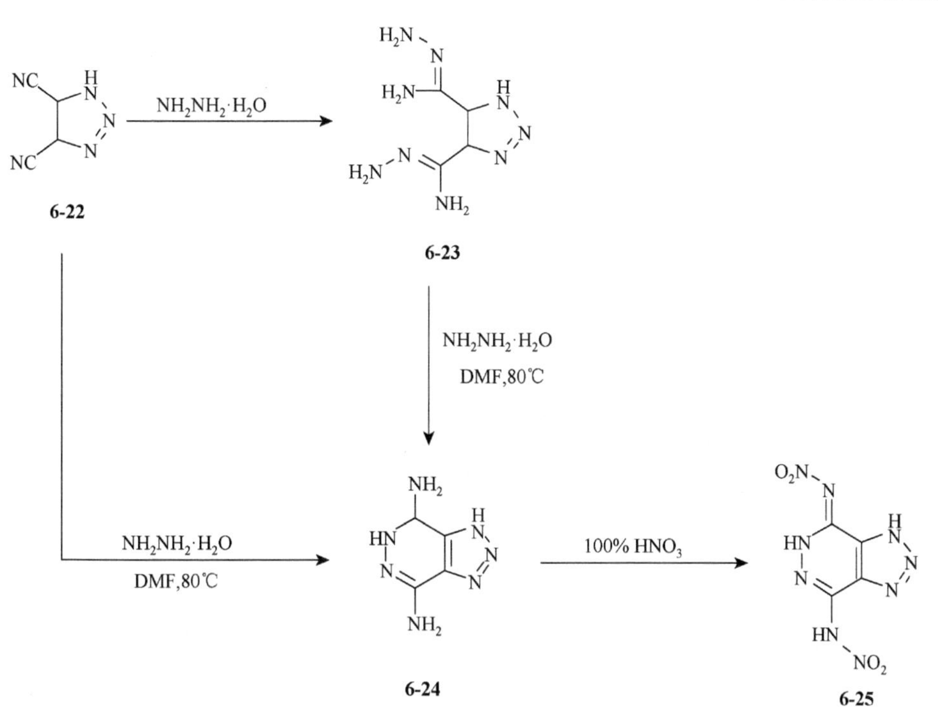

图 6.15　三唑并二嗪类化合物的合成

此外，还通过单晶 X 射线衍射分析对 **6-25** 进行了表征[图 6.16(b)]，化合物 **6-25**·H_2O 的晶体密度为 1.947 g/cm^3(100 K)。**6-25**·H_2O 中包含一个无法被去除的水分子。水通过形成分子间的氢键，成为连接这些分子的重要纽带。首先，水与

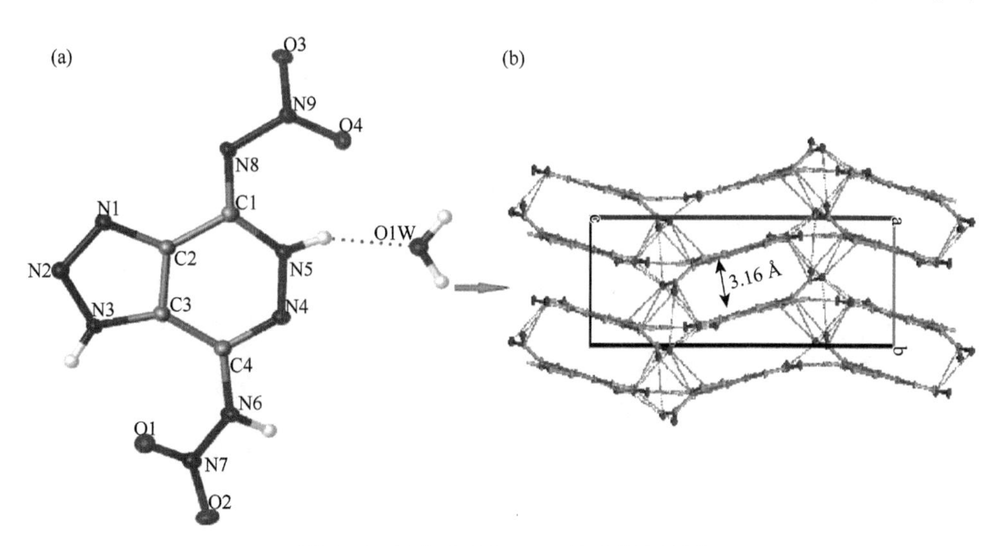

图 6.16　化合物 **6-25**·H_2O 的单晶结构图

同一层的分子形成氢键(N5—H5···O1W)[图 6.16(a)]。接着，形成波浪状堆积[图 6.16(b)]。除水形成的氢键外，硝胺基转化为硝基亚胺基形成的分子内氢键还提供了另一种波浪状堆积的方式，其堆积系数较高，为 0.78。水的结构导向作用也可以在一些药物多组分晶体中看到。新形成的硝基亚胺基与稠环近似共面，其二面角分别为 C1—N8—N9—O3 = 177.78°(13)，C1—N8—N9—O4 = –2.5°(2)，N9—N8—C1—N5 = 0.4°(2)，N9—N8—C1—C2 = 179.69°(12)，N7—N6—C4—N4 = 150.39°(14)，N6—N5—C4—C3 = 33°(2)。

为了进一步了解 **6-25** 的感度，Jean'ne M. Shreeve 还分析了与撞击灵敏度密切相关的中性化合物的静电势(ESP)。如图 6.17(a)所示。正负电势分别用红色和蓝色表示；较大和较强的正电势通常表明较高的撞击敏感性。ESP 的最大值和最小值分别用橙色和青色的球体表示。如图 6.16(a)所示，硝基亚胺基具有最小的电势，硝基的静电势分别为–37.53 kcal/mol 和–33.41 kcal/mol，N-NO_2 为–41.07 kcal/mol 和–40.67 kcal/mol。而 **6-25** 中唯一的硝胺基具有最大的电势，其中硝基的静电势分别为–11.16 和–14.62 kcal/mol，硝胺基分别为 40.29 和 58.79 kcal/mol，说明质子向稠环的转移降低了撞击灵敏度，这与实验结果一致。这也解释了为什么中性化合物的灵敏度低于大多数二硝胺基化合物。图 6.17(d)为表面静电势的定量分布。正、负静电势的范围几乎相同，表明该化合物只是轻微敏感。NCI 图用于研究氢

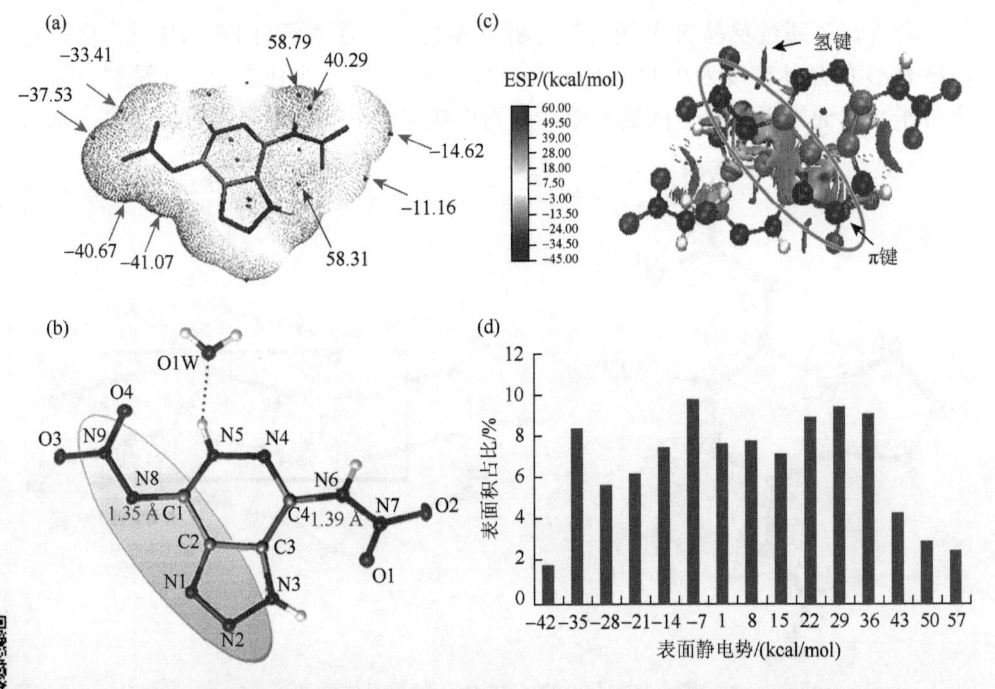

图 6.17 化合物 **6-25** 的 ESP 图(a)、单晶图(b)、NCI 图(c)和静电势分布柱形图(d)

键、范德瓦耳斯相互作用和排斥空间碰撞之间的差异。在图6.17(b)中，发现了强烈的分子内和分子间氢键。对于面对面的π-π相互作用，硝基亚胺基重排体系之间的NCI结构域丰富且大于硝胺基部分，表明硝基亚胺基与稠环结合形成了更强的共轭体系。在吡嗪环的硝胺基部分只有少量的NCI结构域。由图6.17(c)可以看出，硝基亚胺基上的键距C1—N8的距离为1.35 Å，是由共轭引起的。硝胺基的键距C—N为1.39 Å，比硝基亚胺基的键距长，且没有π-π相互作用。

为了进一步了解分子间/分子内的弱相互作用，使用Crystal Explorer 17对**6-25**·H_2O单晶进行了研究，分析了**6-25**·H_2O的Hirshfeld表面分析和二维指纹谱。如图6.18(a)所示，**6-25**·H_2O为平面结构。在Hirshfeld图中表面上的红色和蓝色区域分别代表较高和较低的距离接触。如图6.18(a)所示，红点主要出现在Hirshfeld图中的侧面，表示由于氢键的密切相互作用。蓝色部分覆盖在Hirshfeld图中的正面，表示由N···N和N···C相互作用导致的范德瓦耳斯力。二维指纹谱显示[图6.18(b)]，底部显著的尖刺被认为是O···H和N···H氢键。由于存在一个水分子，氢键的相互作用占总相互作用力的50.5%。由N—N引起的相互作用占总相互作用力的12.0%，由N···O引起的相互作用占总相互作用力的13.4%，表明存在共轭稠环结构，这是低敏感的高能化合物的一个显著特征。

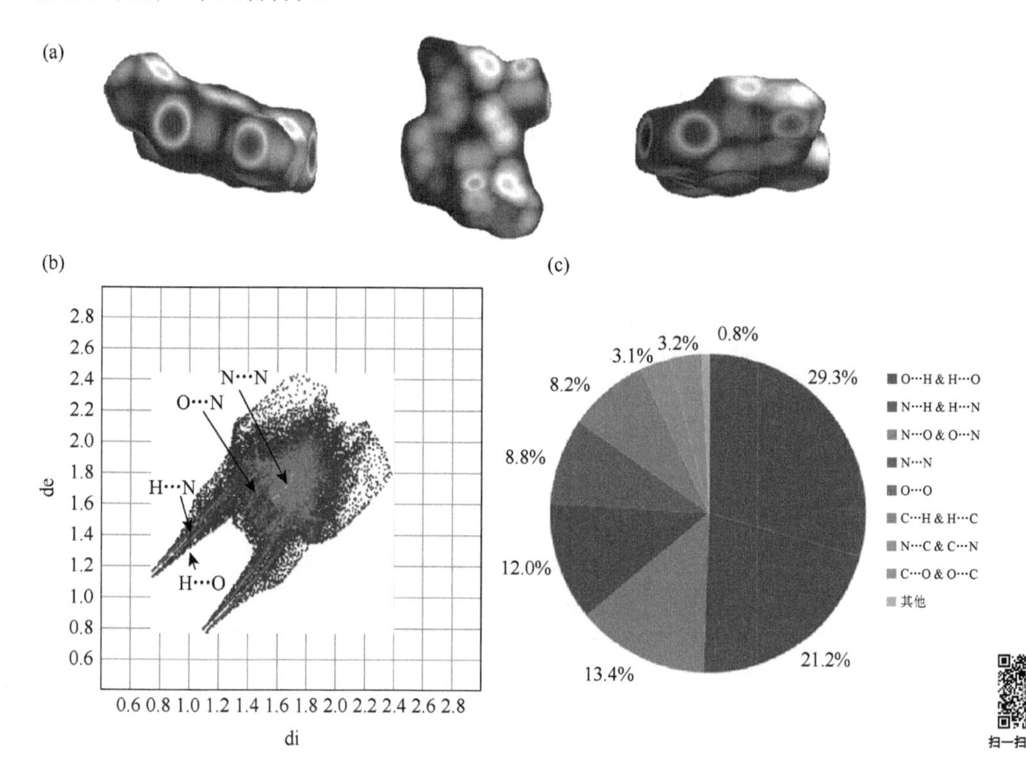

图6.18 化合物**6-25**的Hirshfeld表面分析(a)、二维指纹谱(b)和分子间作用力比例(c)

总之，硝基亚胺基有助于形成更好的堆叠方式，从而降低撞击敏感性。通过这些相互作用，**6-25**·H_2O 具有面对面的堆积，导致其具有较高的密度(1.87 g/cm^3)和较低的撞击灵敏度(18 J)。此外，中性化合物 **6-25** 的合成成本低，这表明它可能适合工业化生产。这种对硝胺基向硝基亚胺基的重排为高能量密度材料的设计提供了新的思路，对工业生产和实际应用有着潜在的价值。

6.2.2 三唑并三嗪类化合物

1,2,4-三唑并[5,1-*c*]1,2,4 三嗪是典型的芳香氮杂稠环骨架。2016 年，David E. Chavez 等[24]报道了 4-氨基-3,7-二硝基三氮唑-[5,1-*c*][1,2,4]三嗪(**6-27**)及其氧化产物 4-氨基-3,7-二硝基三氮唑-[5,1-*c*][1,2,4]三嗪(**6-28**)的合成(图 6.19)。他们以 3-氨基-5-硝基-1,2,4 三唑为原料，经亚硝酸钠重氮化得到 **6-26**，接着加入硝基乙腈钠在室温反应三天得到了 **6-27**。接着，进一步将 **6-27** 和次氟酸(HOF)反应得到 **6-28**。尽管 N—O 键的引入使得 **6-28** 的生成焓(378 kJ/mol)相对于 **6-27** 有所降低，但是引入的 N—O 键能显著增加化合物的密度，使得 **6-28** 的密度达到了 1.904 g/cm^3，高于 **6-27**(1.860 g/cm^3)。从表 6.6 中可以看出，**6-28** 密度的提升，使得它的爆速和爆压分别达到了 8970 m/s 和 35.4 GPa，高于 RDX。而且撞击和摩擦感度分别为 10.3 J 和 258 N，也高于 RDX。因其理想的机械感度、优异的爆轰性能，使得 **6-27** 和 **6-28** 都有着巨大的应用前景。

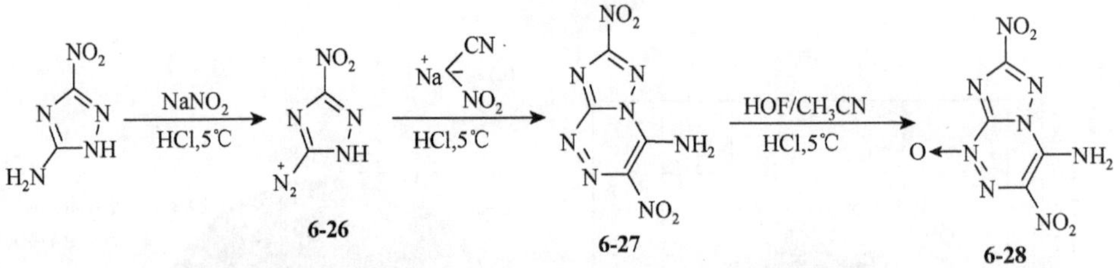

图 6.19 三唑并三嗪类化合物的合成路线

表 6.6 化合物 6-27 和 6-28 及 RDX 的机械感度数据

化合物	撞击感度/J	静电感度/J	摩擦感度/N	爆速/(m/s)	爆压/GPa
6-27	29	0.125	>360	8580	31.2
6-28	10.3	0.062	258	8970	35.4
RDX	4.6	0.062	157	8795	34.9

通过分析 **6-27** 的单晶(图 6.20)，发现它是平面结构，每个晶胞含有 12 个分子，在 293 K 时显示密度为 1.860 g/cm^3。最终产物是 **6-28** 和两分子水的配合物，并通过 X 射线晶体学得到了证实。对 **6-28**·$2H_2O$ 配合物的 X 射线结晶分析表明[图 6.21(a)]，该配合物为正交晶系。比较 **6-27** 和 **6-28**·$2H_2O$ 中几个原子间的键长。**6-27** 的三唑环与三嗪环之间的键长从 **6-27** 的 1.363 Å(C4—N4) 和 1.345 Å(C2—

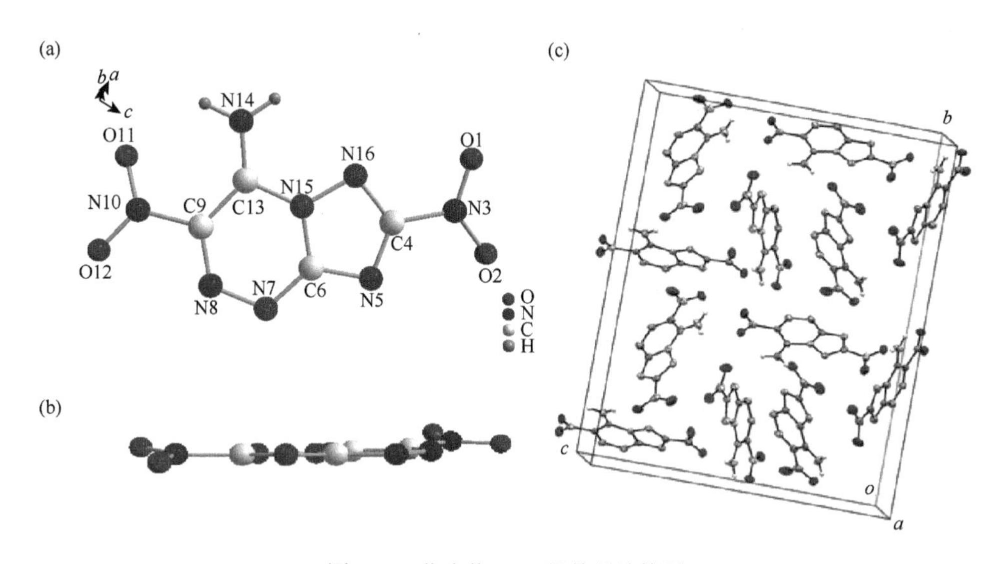

图 6.20　化合物 **6-27** 的单晶结构图

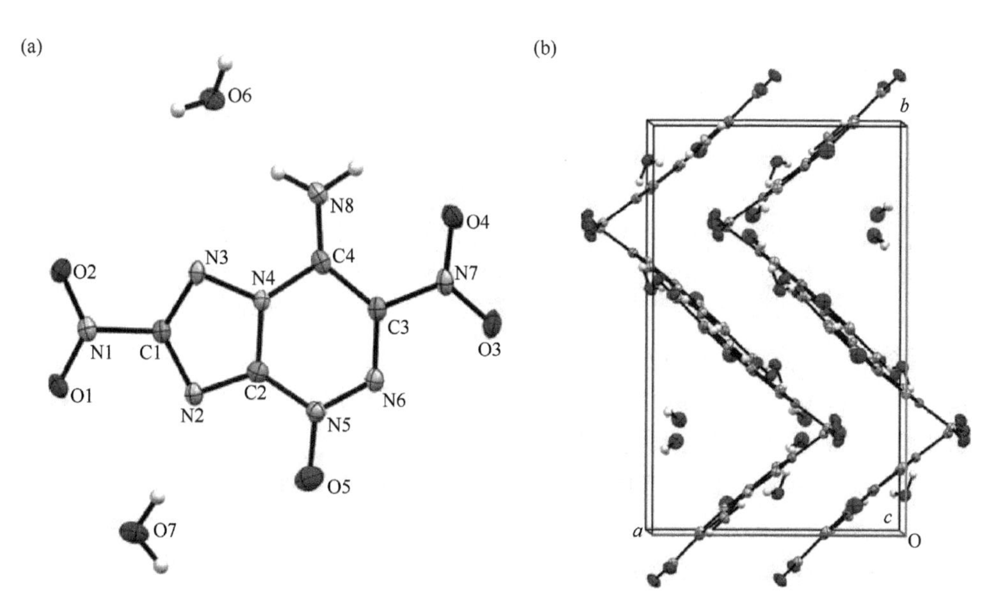

图 6.21　化合物 **6-28**·$2H_2O$ 的单晶结构图

N5）延长到 **6-28**·$2H_2O$ 的 1.382 Å 和 1.377 Å。这两个效应导致 1,2,4-三嗪环与三唑环的分离。在 100 K 时，**6-28** 的晶胞如图 6.21(b)所示，为鱼骨状晶体结构，晶胞中含有 8 个分子。

由于 **6-27** 的反应时间周期太长，2017 年，Dheeraj Kumar 等[25]对该方法进行了改进。该方法以 3-氨基-5-硝基-1,2,4-三唑为原料(图 6.22)，经重氮化得到 3-硝基-1*H*-1,2,4-三唑-5-重氮。接着立即与硝基乙腈钠发生反应，生成棕色固体 **6-30**。最后将 **6-30** 在 70℃下的甲醇/水(1∶1)混合物中加热 3 h 得到 **6-31**(TTX)，大大缩短了 4-氨基-3,7-二硝基三氮唑-[5,1-*c*][1,2,4]三嗪的制备时间。

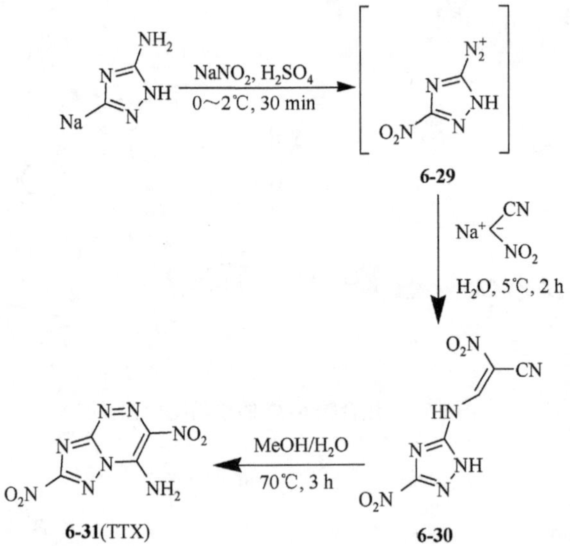

图 6.22　化合物 TTX 的合成路线

通过分析 TTX 的单晶发现，TTX 的不对称单元中有三个分子，在 150 K 时其计算晶体密度为 1.86 g/cm^3。此外，TTX 环和 C4 和 C9 上两个硝基的二面角分别为 6.46(3)°和 6.82(2)°，而 C13 上 NH_2 基团的二面角为 2.60(2)°[图 6.23(a)和(b)]。从图 6.23(c)和(d)中发现很多分子内和分子间氢键，并观察到强烈的硝基-π 相互作用。由此可见，TTX 中的氢键和硝基-π 相互作用以及其平面共轭结构是其高热稳定性和不敏感性的主要因素。

此外，在测 TTX 的氮谱时还发现了一个有趣的现象。在 TTX 的 ^{15}N NMR 谱中，用 DMSO 溶解时没有看到一个可分配给 NH_2 的信号，但在 DMSO 溶液中加入一滴 D_2O 后却可以观察到 NH_2 的信号。这是因为 TTX 中的 NH_2 质子与 DMSO 的快速交换，导致 NH_2 信号非常广泛，在 NMR 时间尺度上难以分辨。加入一滴

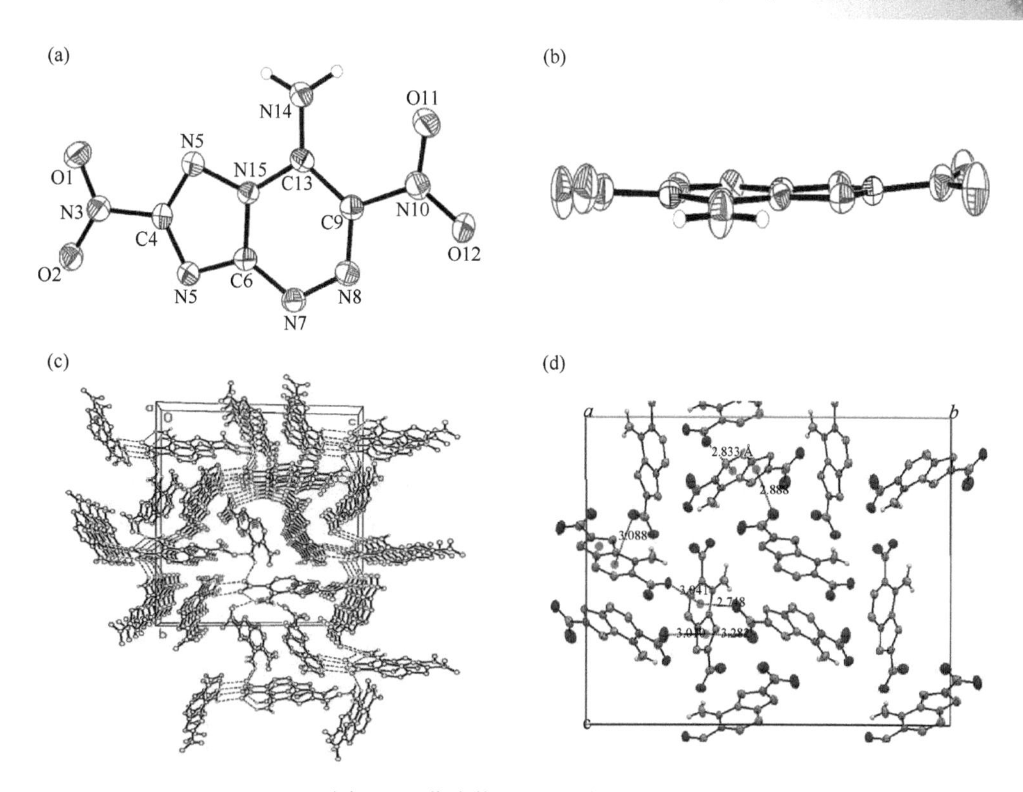

图 6.23　化合物 TTX 的单晶结构图

D_2O 后，NH_2 被转换成 ND_2，重氘核减缓了交换过程，因此在−281.99 ppm 处可以观察到 ND_2 对应的信号。在图 6.24 是 **6-30** 和 TTX 的 ^{15}N NMR 谱。TTX 的 ^{15}N NMR 谱中，在−117.12 ppm 和−169.78 ppm 之间的共振信号是三唑环的氮原子，而在 +30.43ppm 的信号则是三嗪环上与硝基相连的碳的邻近的氮原子。TTX 中硝基对应的信号分别在−19.28 ppm 和−27.94 ppm 处。前体 **6-30** 的 ^{15}N NMR 显示两个硝基的共振位置有很大的不同，在−16.08 ppm 处观察到一个附着在三唑环上的硝基。而硝基乙腈中的硝基则在 +75.47 ppm 处被观察到。

总之，4-氨基-3,7-二硝基三氮唑-[5,1-*c*][1,2,4]三嗪的优势取决于其特殊结构。①氮稠环的结构紧密，密度较高，使其具有良好的爆轰性能。②三唑三嗪的稠环芳香性一方面提高了稠环骨架的稳定性进而提高了化合物的热分解温度，另一方面其芳香性使得三唑三嗪骨架内部的所有原子尽可能处于同一平面，并且通过共轭效应减小了硝基、氨基与骨架分子的二面角，进而使其具有类平面结构，既有利于提高分子的密度，又利于降低敏感度。③硝基乙腈在骨架分子环外引入了邻位的氨基和硝基，由于邻位的氨基和硝基可以形成分子内氢键，有利于降低敏感度。可以看出，氮杂稠环是平衡高能材料能量与稳定性的重要结构因素，硝基乙腈也是合成邻位硝胺基的重要试剂。

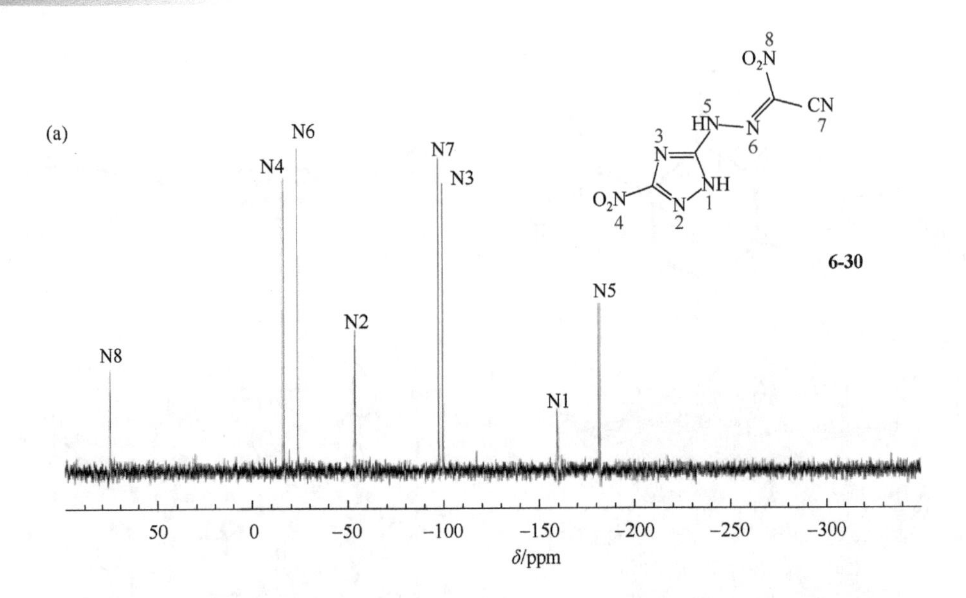

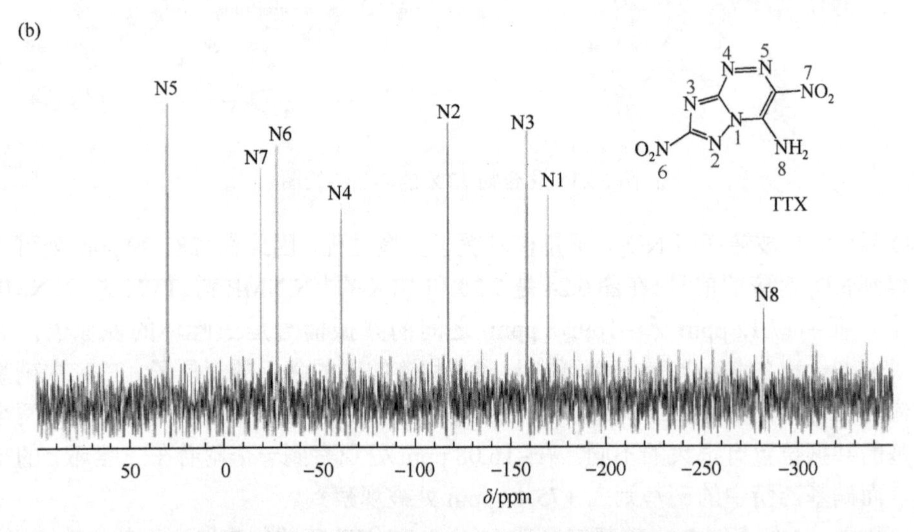

图 6.24　化合物 **6-30**(a)和 TTX(b)的 ^{15}N NMR 谱

6.2.3　三唑并四嗪类化合物

三唑并四嗪类含能化合物作为富氮稠环化合物的一种，其氮含量高于其他稠环类含能化合物，使得其具有较高的生成焓和能量密度。而且，由于离域效应，这类高能材料有着较低的敏感度和较高的热稳定性。因此，近年来这类高能材料广泛地受到人们的关注。

2015 年，周智明课题组[26]以 3-硝基-1-(2*H*-四唑)-1*H*-1,2,4-三唑-5-氨基为原料，在发烟硫酸和发烟硝酸的条件下硝化得到了富氮稠环类含能化合物 7-硝基-4-氧-4,8-二羟基-[1,2,4]三唑[5,1-*d*][1,2,3,5]四嗪-2-氮氧(HBCM，图 6.25)。

发烟硫酸
发烟硝酸
6-32
6-33(HBCM)

图 6.25　化合物 HBCM 的合成路线

随后，他们以 HBCM 为阴离子，制备了一系列的含能离子盐(图 6.26)。不同于单一的分子，含能离子盐属于双组分化合物。这类化合物不仅拥有双方各自的特性，同时新组分的引入使得含能离子盐拥有了新的性质。一般而言，新组分的引入，往往会产生新的堆积方式和相互作用，如平面堆积和共轭效应等。就稠环类含能离子盐而言，稠环部分基本为共平面结构，更容易产生 π-π 堆积和共轭效应，使得稠环类含能离子盐的稳定性优于其对应的稠环分子。

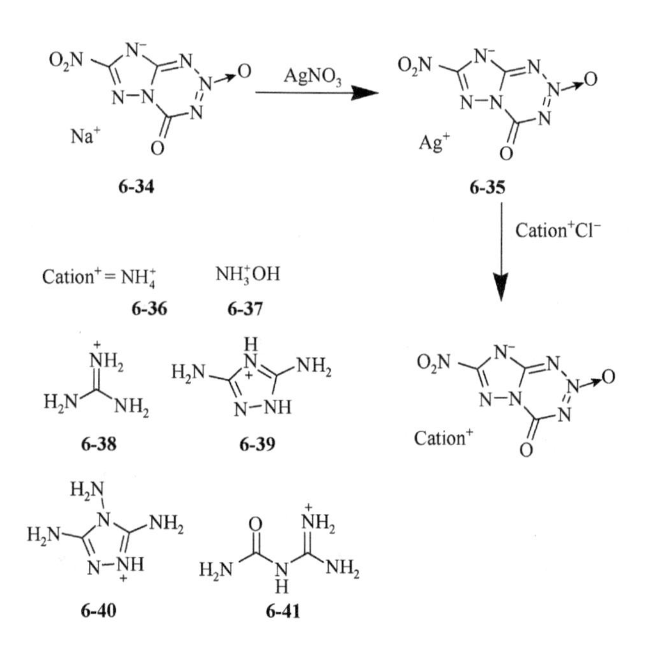

图 6.26　化合物 **6-36**～**6-41** 的合成路线

这些含能离子盐的性能研究发现(表 6.7)，稠环所构成的大多数含能离子盐的热分解温度都在 230℃以上。**6-34** 和 **6-41** 属于钝感的高能材料，它们的撞击感度和摩擦感度分别在 40 J 和 360 N 以上。**6-36**～**6-40** 均为钝感材料，除 **6-40** 外，大多数盐对 20 kV 的静电不敏感。所有含能盐的灵敏度都比 RDX 低得多，这可能是因为分子内和分子间存在大量氢键。此外，**6-41** 的敏感度甚至可以与 TATB 媲美。

表 6.7　化合物 6-34～6-41 及其他的物化性能数据表

化合物	熔化温度/℃	分解温度/℃	密度/(g/cm³)	生成焓/(kJ/mol)	爆压/GPa	爆速/(m/s)	撞击感度/J	摩擦感度/N	静电感度	氧平衡/%
6-34		296	2.02				＞40	＞360	–	–39.8
6-36		249	1.77	180.6	29	8252	＞40	324	–	–29.6
6-37		197	1.97	218.6	39.5	9069	＞40	324	–	–20.6
6-38	266	269	1.78	151.8	27.1	8113	＞40	324	–	–43.3
6-39		252	1.89	350.8	30.7	8463	＞40	360	–	–48.2
6-40	213	237	1.81	475.6	29.2	8374	＞40	324	+	–48.5
6-41	208	241	1.80	–55.6	25.2	7856	＞40	＞360	–	–45.1
TATB	350	约 360	1.93	–154.2	31.2	8114	50	＞360	–	–55.8
RDX		204	1.82	92.6	34.9	8795	7	120	–	–21.6

对静电放电的敏感度(+/–)：“+”代表敏感，“–”代表不敏感。

密度是影响炸药性能的最重要的特性之一。如表 6.7 所示，Na(BCM)(**6-34**)的密度为 2.02 g/cm^3，而盐 **6-36**～**6-41** 的密度为 1.77～1.97 g/cm^3。值得注意的是，化合物 **6-37** 和 **6-39**～**6-41** 的密度在新高能密度材料的指定范围内(1.8～2.0 g/cm^3)。此外，**6-37** 的密度(1.97 g/cm^3)甚至与 CL-20(1.94～2.04 g/cm^3)和 HMX(1.91 g/cm^3)相当。

接着，通过计算发现它们的爆速、爆压分别介于 7856 m/s(**6-41**)到 9069 m/s(**6-37**)和 25.2 GPa(**6-41**)到 39.5 GPa(**6-37**)。除了盐 **6-41** 外，大多数含能盐的爆轰性能均优于 TATB(D = 8114 m/s，V_P = 31.2 GPa)。其中，羟胺盐(**6-37**)的性能最好，因为它具有最高的密度(ρ = 1.97 g/cm^3)和最高的氧平衡(OB = –20.6%)，所以它的计算爆速为 9069 m/s，计算爆压为 39.5 GPa。从爆轰参数、敏感度和热稳定性来看，羟胺盐(**6-37**)比 RDX 有着更高的敏感度和更高的密度。氧平衡(OB)用来表示炸药的氧化程度。所有含能盐的氧平衡均为负值，范围为–48.5%(**6-40**)～

–20.6%(**6-37**)。羟胺盐(**6-37**)具有最少的负氧平衡(–20.6%)，略高于 RDX。通常，硝基、羰基和氧化基的存在会降低化合物的生成焓。然而，大部分含能盐具有较高的吸热生成焓，从 151.8 kJ/mol(**6-38**)到 475.6 kJ/mol(**6-40**)。由于阳离子的生成焓远低于其晶格能，*N*-氨甲酰胍盐(**6-41**)具有负的生成焓($\Delta H_f = -55.6$ kJ/mol)。其中 3,4,5-三氨基-1,2,4-三唑盐(**6-40**)的正数最大，其 C—N、N—N 和 C═N 键数量最多；其次是 3,5-二氨基-1,2,4-三唑盐(**6-39**)($\Delta H_f = 350.8$ kJ/mol)。

在室温下由 **6-34** 的水溶液缓慢蒸发得到单晶(图 6.27)，经单晶 X 射线衍射分析发现化合物 **6-34**·$3H_2O$ 结晶于正交空间群，计算密度为 1.807 g/cm^3。如图 6.27(a)所示，1,2,4-三唑基团的 NH 官能的去质子化得到了证实。晶胞由一个 BCM 阴离子、一个钠阳离子和三个水分子组成。每个钠离子与两个水分子氧原子和一个 BCM 阴离子的 O1 原子配位。Na—O1 距离为 2.4079(9)Å。三个 BCM 负离子共面。碳氮键长为 1.3163(18)Å(C3—N5)～1.3951(17)Å(C1—N6)。C═O 键长为 1.2209(16)Å。**6-34**·$3H_2O$ 的堆积结构是由各种氢键连接在一起的二维结构，沿 *b* 轴的方向展开[图 6.27(b)]。同时，这些氢键使得 **6-34** 具有高热稳定性和不敏感性。

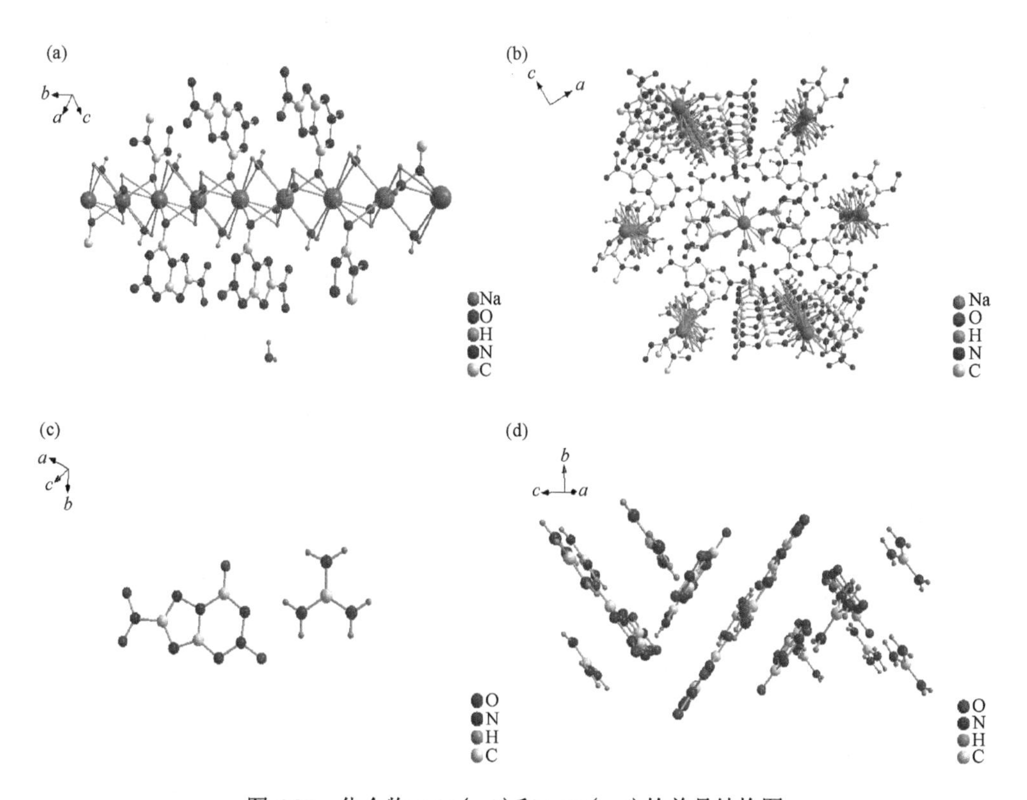

图 6.27　化合物 **6-34**(a, b)和 **6-38**(c, d)的单晶结构图

化合物 **6-38** 在单斜空间群 $P2_1/c$ 中结晶，其计算密度为 1.78 g/cm^3。该单位晶胞包含一个 BCM 阴离子和一个胍阳离子，其中确定了从 HBCM 到胍的质子转移。BCM 阴离子的所有原子几乎共面，C3—N5—N6—C1 之间的最大二面角为 –177.84(12)。C═O 键长为 1.2207(16) Å。N2—O2 的键长为 1.2535(15) Å，比 6-38H_2O 的键长。环中碳氮键的长度范围为 1.3189(17) Å(C3—N5)～1.3962(16) Å(C1—N6)，与 **6-34**·3H_2O 相似。胍离子和 BCM 阴离子几乎共面，它们之间的二面角为 6.08°。

6.3 四唑并嗪类高能材料

与传统的碳基高能材料相比，高氮高能材料具有明显的优势。高氮高能材料具有大量的 N—N 和 C—N 键，因此具有较高的正生成焓。在这些化合物中低含量的碳和氢有着一个积极的作用，它提高了高能材料的密度，增加了爆轰性能。但是，由于四氮唑分子中可以反应的位点较少，人们对于含四唑的稠环化合物的研究也比较少。因此，对于四唑并嗪类高能材料的研究还有很大的空间。

6.3.1 四唑并二嗪类高能材料

2020 年，张庆华课题组[27]设计了两种低感高能材料(图 6.28)，分别是 6,8-二氨基-7-硝基-四唑[1,5-*b*]哒嗪(**6-42**)和 8-氨基-6,7-二硝基-四唑[1,5-*b*]哒嗪(**6-43**)。他们巧妙地以四唑[1,5-*b*]哒嗪为分子骨架，再将 5 个氮原子相连的同时，又保证

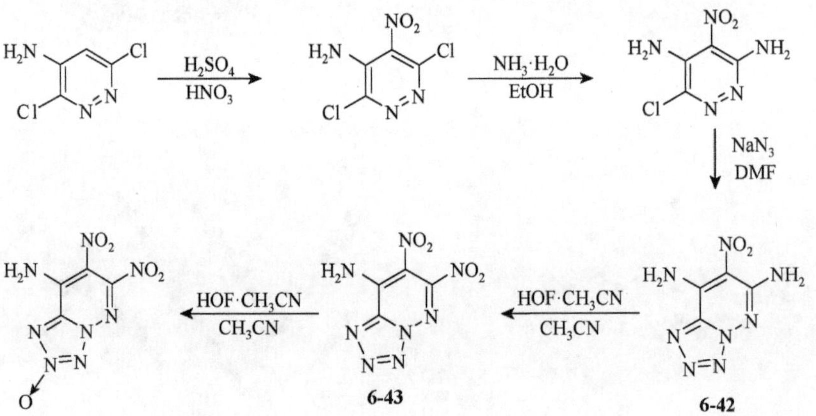

图 6.28 化合物 **6-42** 和 **6-43** 的合成路线

了在三个相邻的碳原子上进一步引入氨基和硝基。这不仅提高了分子的密度，还提高了分子的稳定性。

该反应以 3,6-二氯哒嗪-4-胺为原料，经硝化、氨化和环化三步得到了 6,8-二氨基-7-硝基-四唑[1,5-*b*]哒嗪。接着又用氟氧酸乙腈络合物对 6,8-二氨基-7-硝基-四唑[1,5-*b*]哒嗪进行氧化，得到了 8-氨基-6,7-二硝基-四唑[1,5-*b*]哒嗪。

在对这两个分子的性能进行研究发现(表 6.8)，**6-42** 的起始分解温度高达 287℃，是一种潜在的耐热炸药。**6-43** 的分解温度为 202℃。**6-42** 和 **6-43** 的生成焓 ($\Delta_f H$) 分别为 398 kJ/mol 和 470 kJ/mol，均远高于 TATB (−139 kJ/mol)、RDX (70 kJ/mol) 和 FOX-7 (−134 kJ/mol)。由于高能量的氮原子链固定在共轭稠环上，**6-42** 和 **6-43** 有着较高的生成焓。通过计算，**6-42** 的爆速和爆压分别为 8899 m/s 和 30.3 GPa，**6-43** 的爆速和爆压分别为 9021 m/s 和 34.8 GPa。因此，**6-42** 和 **6-43** 的爆速 (V_D) 均高于 TATB (8114 m/s)、RDX (8795 m/s) 和 FOX-7 (8800 m/s)。在安全性能方面，这两个分子的撞击感度和摩擦感度都比较高。**6-42** 的撞击感度和摩擦感度分别大于 40 J 和大于 360 N。**6-43** 的撞击感度和摩擦感度分别是 18 J 和 112 N。接着，通过计算两个分子的碳-硝基解离能发现，**6-42** 和 **6-43** 的碳-硝基键解离能分别为 286.0 kJ/mol 和 201.1/249.2 kJ/mol，表明 **6-42** 和 **6-43** 都具有良好的安全性。

表 6.8　化合物 6-42 和 6-43 及其他的物化性能数据表

化合物	分解温度/℃	密度/(g/cm³)	氧平衡/%	生成焓/(kJ/mol)	爆速/(m/s)	爆压/GPa	撞击感度/J	摩擦感度/N	BDE/(kJ/mol)
6-42	287	1.869	−65.3	398	8899	30.3	>40	>360	286.0
6-43	202	1.886	−35.4	470	9021	34.8	18	112	249.2
TATB	360	1.940	−55.8	−139	8114	32.4	>40	>360	287.2
RDX	204	1.800	−21.6	70	8795	34.9	7.4	120	145.6
FOX-7	238	1.885	−21.6	−134	8800	35.0	>40	>360	280.2

化合物 **6-42** 具有共面分子结构[图 6.29(a)和(b)]，所有二面角均在 0°±6° 或 180°±6°左右，这可能与它的共轭稠环骨架和两个较强的分子内氢键(N3—H3A⋯O2[1.93(3) Å]和 N1—H1B⋯O1[1.94(3) Å])有关。受这些强分子内氢键的影响，C1—N1(C-NH_2)的键长为 1.333(3) Å，C2—N2(C-NO_2)的键长为 1.423(3) Å，C3—N3(C-NH_2)的键长为 1.324(3) Å，远远短于没有强分子内氢键的 C-NO_2/C-NH_2 化合物。此外，在其分子堆积过程中还存在面对面的 π-π 相互作用。由于这些强烈

的分子间和分子内相互作用，**6-42** 晶体的堆积系数为 0.7750，甚至高于典型炸药 TATB(0.7722)、RDX(0.7524)和 FOX-7(0.7734)。

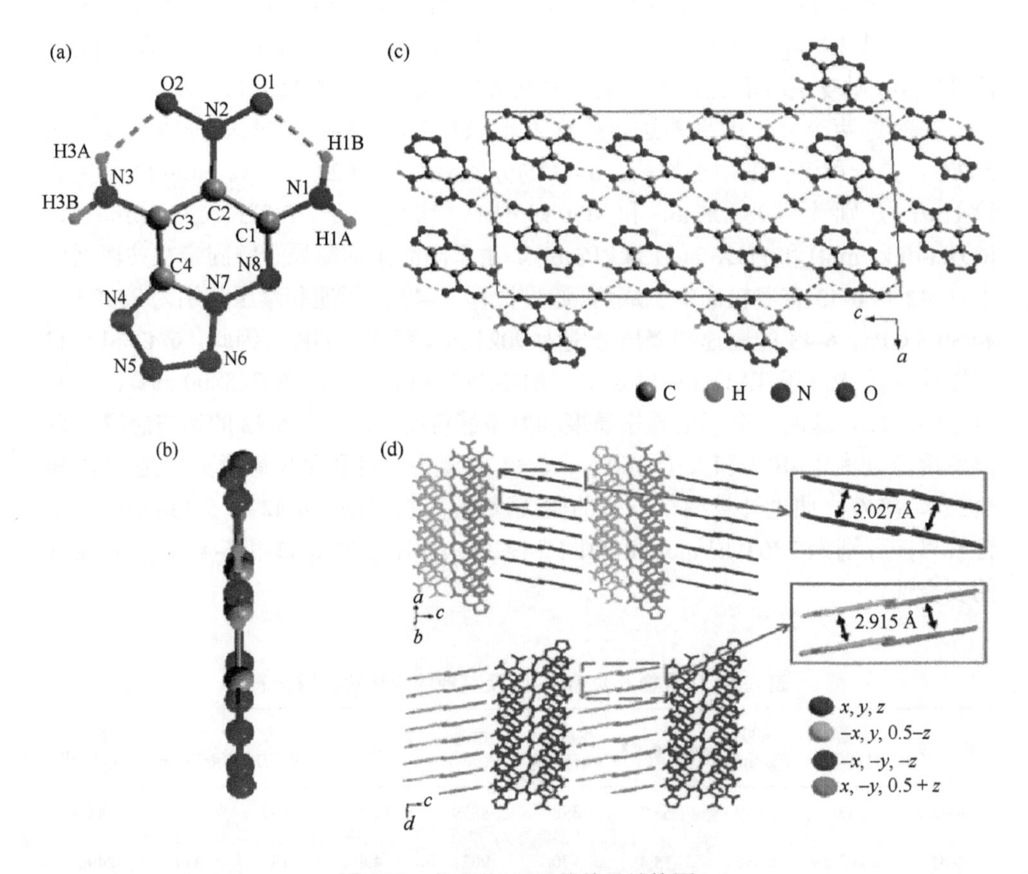

图 6.29 化合物 **6-42** 的单晶结构图

6-43 的晶体中有两种堆叠模式[图 6.30(a)～(c)]，命名为 **6-43-A** 和 **6-43-B**。除了与 C4 或 C8 相连的硝基外，**6-43-A** 和 **6-43-B** 都具有共面分子结构[图 6.30(b)]。分子内氢键 N1—H1A···O1 和 N9—H9B···O5 的长度分别为 2.05 Å 和 2.07 Å，均大于 **6-42**。C2-NH_2[1.302(4)Å]、C3-NO_2[1.424(4)Å]、C6-NH_2[1.317(4)Å]和 C7-NO_2[1.439(4)Å]的键长也比没有分子内氢键的 C-NO_2/C-NH_2 化合物短。并且 C4-NO_2 和 C8-NO_2 的键长分别为 1.494(4)Å 和 1.489(4)Å。有趣的是，**6-43-A** 为层状叠加，而 **6-43-B** 为波浪状叠加[图 6.30(c)]。因为 **6-43** 中 N 和 O 原子的数量大于 **6-42**，所以 **6-43** 的密度(1.886 g/cm^3)高于 **6-42**，但 **6-43** 的填充系数较低(0.7431)。

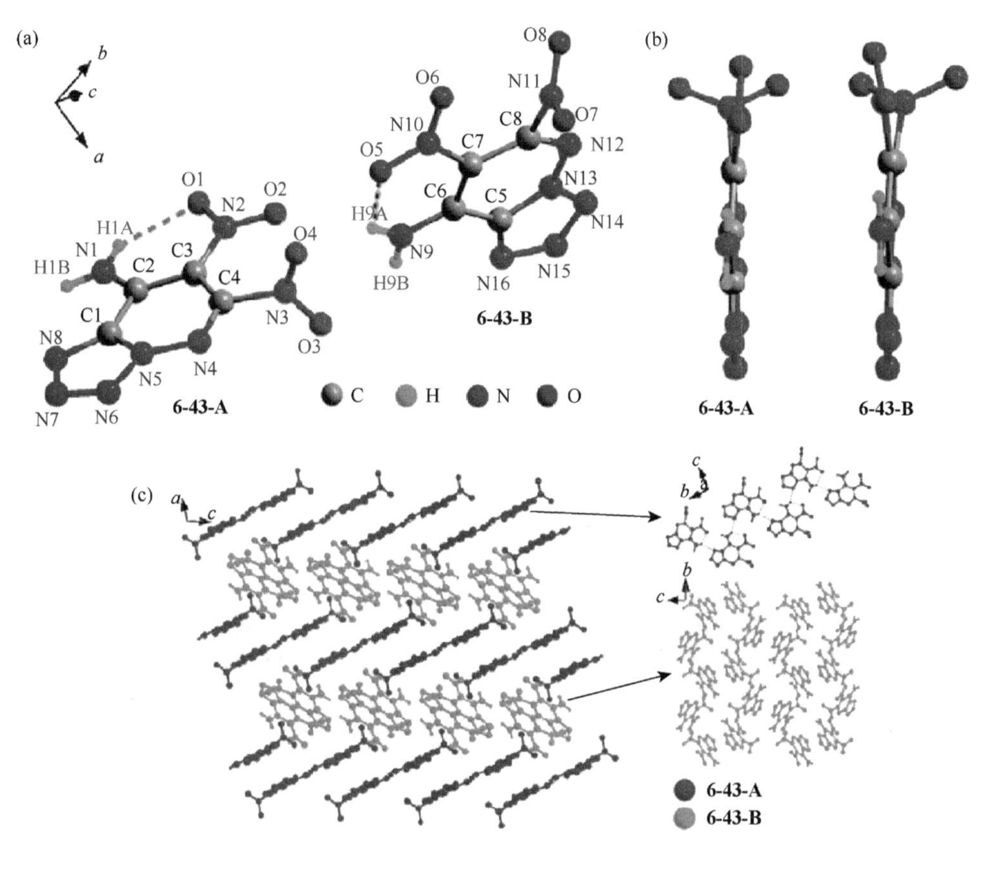

图 6.30　化合物 **6-43** 的单晶结构图

接着，通过二维指纹谱和 Hirshfeld 表面分析对分子间的作用力进行研究(图 6.31)。在 **6-42** 的分子晶体中，所有的红点都与分子间氢键有关(N—H⋯N，N—H⋯O，O—H⋯N)，占全部分子间相互作用的 48.0%。N⋯N 和 O⋯N 相互作用均属于 π-π 相互作用，分别占 6.9%和 15.3%。这意味着氢键和 π-π 相互作用占弱相互作用总量的 70.7%[图 6.31(d)]。这与 TATB(71.9%)相似，远高于 RDX(58.7%)。此外，**6-42** 的 O⋯O 相互作用的占比为 0.7%，比 TATB(13.6%)更小。在 **6-43** 的晶体中，**6-43-A** 和 **6-43-B** 的 O⋯O 相互作用分别占总分子间相互作用的 15.3%和 11.7%，与 TATB(13.6%)相近。而 O⋯H 和 N⋯H 相互作用则分别占 32.9%和 30.0%，均小于 TATB(51.1%)和 **6-42**(48.0%)，说明 **6-43** 的晶体中分子间氢键较少。这些结果也与实验结果一致，即 **6-43** 比 **6-42** 具有更敏感的撞击和摩擦感度。

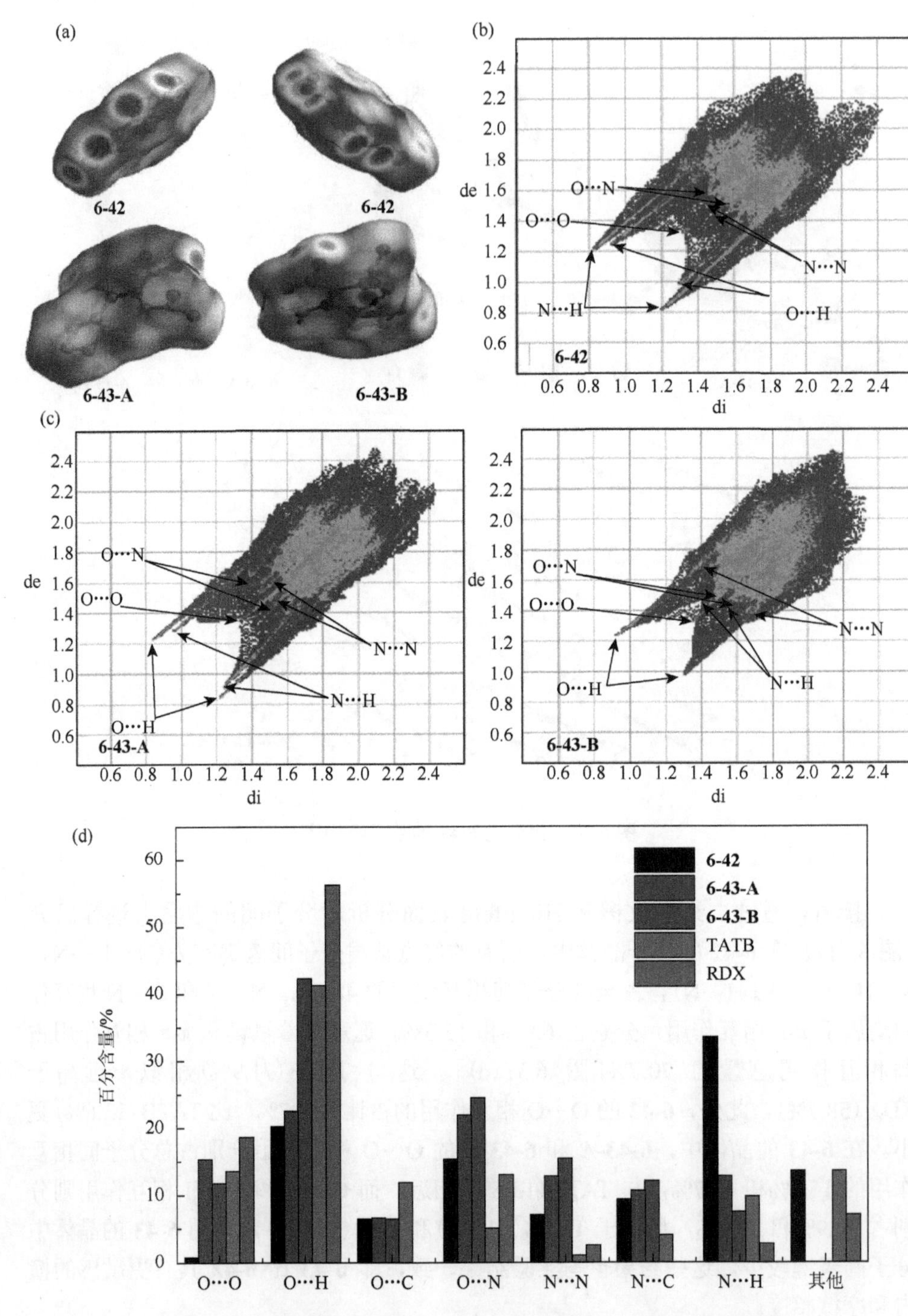

图 6.31　化合物 **6-42** 和 **6-43** 的 Hirshfeld 表面分析和二维指纹谱

6.3.2　三唑并四嗪类高能材料

2019 年，陈甫雪课题组以 **6-44** 为原料[28,29]，利用不同无机酸对其进行重氮化反应得到了不同的产物(图 6.32)。他们先是用 $NaNO_2$ 和 65% HNO_3 处理 **6-44**，得到 **6-45** 和硝基取代物 **6-47**，总收率为 27.2%，然后 **6-47** 在 $NH_3 \cdot H_2O$ 压力下转化为目标化合物 TTNA。另一种方法是用 H_2SO_4 和 $NaNO_2$ 处理化合物 **6-44**，得到 **6-45** 和 **6-47**，产率为 23.5%。而当用 HCl 代替 HNO_3 时，通过桑德迈尔机制分离出 **6-45** 和氯化物 **6-46**，总收率为 78.5%。为了提高 TTNA 的合成效率，他们使用了其他合成路线和新的中间体，如 **6-54** 和 **6-55**，但都没有成功(图 6.33)。

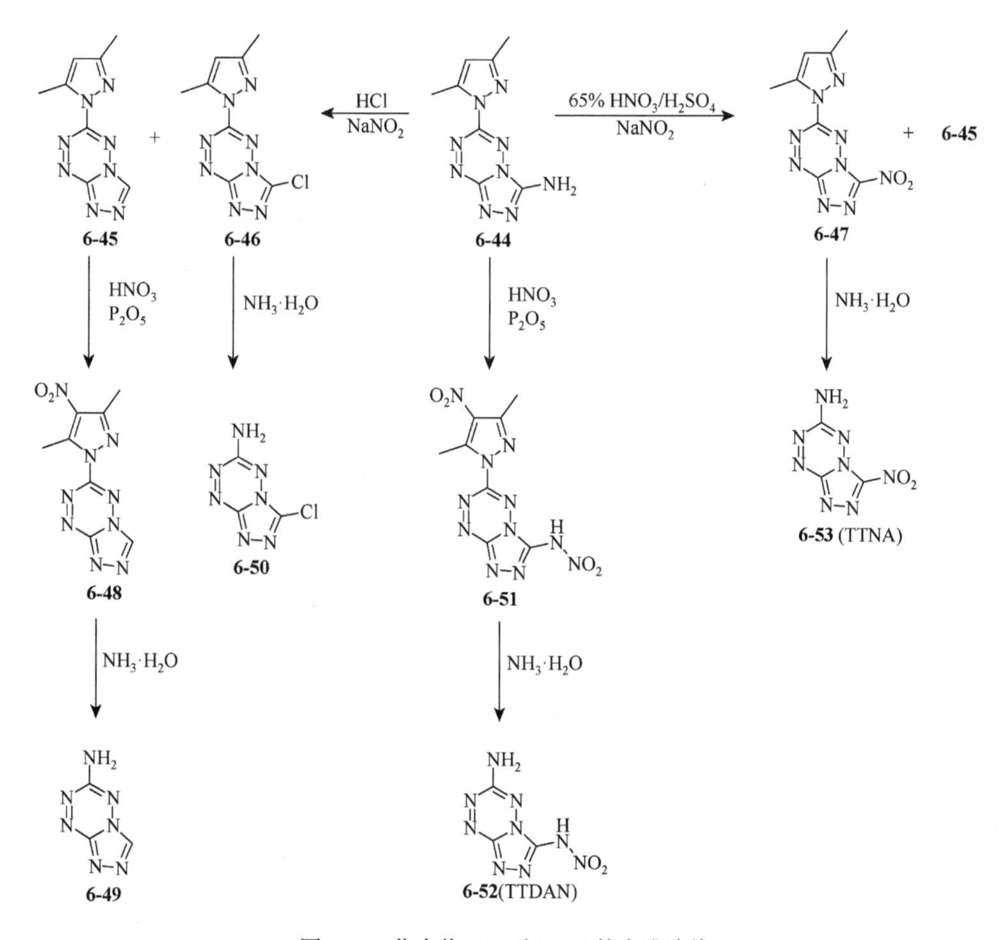

图 6.32　化合物 **6-52** 和 **6-53** 的合成路线

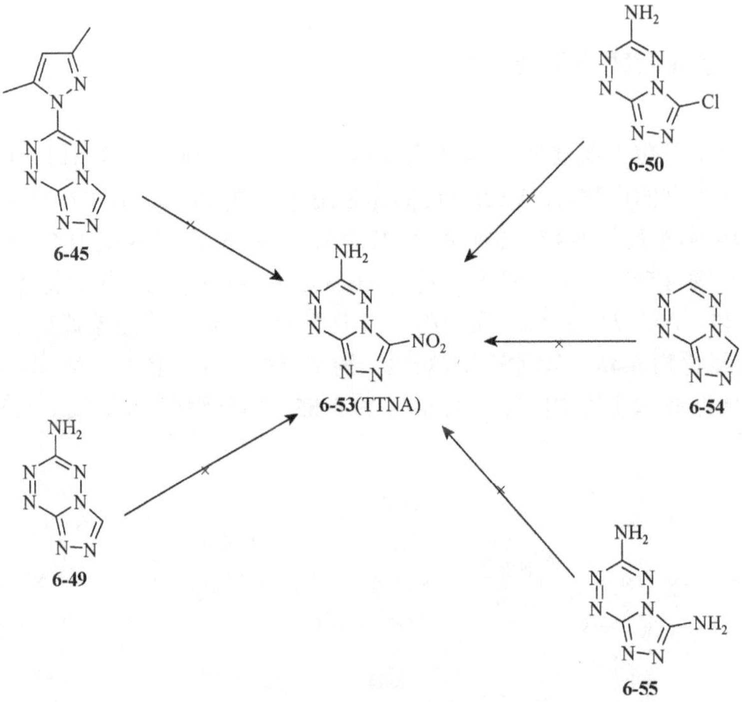

6-45

6-50

6-53(TTNA)

6-54

6-49

6-55

图 6.33　其他失败的 TTNA 制备方法

TTNA 和 TTDAN 的灵敏度值由标准 BAM 落锤法和 BAM 摩擦试验机技术测定。两种化合物对机械撞击的敏感度均较低(IS＞40 J，FS＞360 N)。用差示扫描量热法(DSC)测定其热稳定性，扫描速率为 5℃/min。TTNA 和 TTDAN 的起始分解温度均较高，分别为 213℃和 292℃，表明其具有较高的热稳定性(图 6.34)。为了评估它们的爆轰性能，通过等键法和 Gaussian 09(vB.01)程序计算了 TTNA 和 TTDAN 的生成焓。由表 6.9 可知，TTDAN 和 TTNA 的正生成焓分别为 634.3 kJ/mol 和 656.8 kJ/mol，远高于 RDX 和 TATB。根据其密度和生成焓对爆压和爆速进行了计算。TTDAN 和 TTNA 的计算爆速分别为 8763 m/s 和 8953 m/s，均高于 TATB。从爆轰性能和稳定性来看，TTNA 是一种良好的综合性炸药，可以用作钝感二次炸药。

表 6.9　化合物 TTNA 和 TTDAN 及其他的物化性能数据表

化合物	分解温度/℃	密度/(g/cm^3)	生成焓/(kJ/mol)	爆速/(m/s)	爆压/GPa	撞击感度/J	摩擦感度/N
TTNA	213	1.83	656.8	8953	33.9	＞40	＞360
TTDAN	292	1.79	634.3	8763	31.3	＞40	＞360
RDX	204	1.80	92.6	8795	34.5	7.5	120
TATB	305	1.93	−139.7	8179	30.5	＞40	＞360

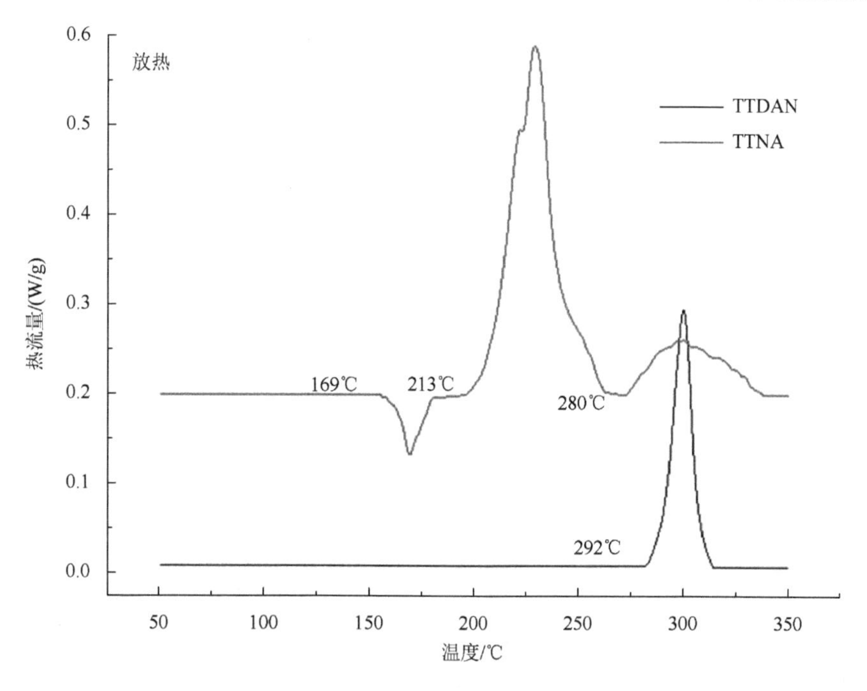

图 6.34　TTNA 和 TTDAN 的 DSC 图

此外，Jean'ne M. Shreeve 等[30]还对分子 **6-53** 和 **6-55** 进行了优化(图 6.35)。以 3,6-二氨基-1,2,4-三唑啉[4,3-*b*][1,2,4,5]-四嗪作为起始原料，用 H_2O_2/TFAA、H_2O_2/H_2SO_4 体系将 N-氧化物部分引入四嗪。在此反应中，当反应温度较低，反应时间较短时，得到的 **6-57**(固体)较少。为了确保所有的起始物质都转化为 N-氧化物的形式，在室温下延长反应时间，更有利于 **6-58** 到 **6-57** 的转化。化合物 **6-56**～

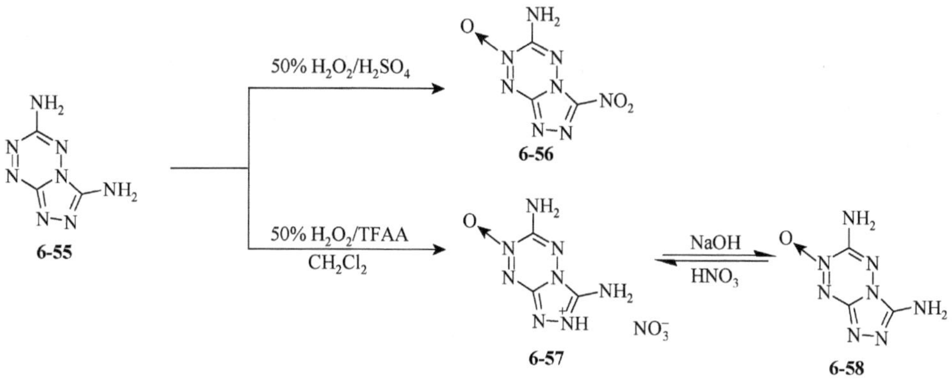

图 6.35　化合物 **6-56**～**6-58** 的合成路线

6-58 的敏感性较低，并且爆轰性能优于 RDX(表 6.10)。化合物 **6-56** 的分解温度为 220℃，爆轰性能良好(D = 9384 m/s，P = 39.1 GPa)，灵敏度也较低(IS = 25 J，FS = 240 N)。

表 6.10　化合物 6-56～6-58 的物化性能数据表

化合物	分解温度/℃	密度/(g/cm^3)	生成焓/(kJ/mol)	爆速/(m/s)	爆压/GPa	撞击感度/J	摩擦感度/N
6-56	220	1.86	744	9384	39.1	25	240
6-57	191	1.81	502.3	8808	30.1	＞40	＞360
6-58	196	1.82	492	9008	34.7	＞40	＞360

6.3.3　四唑并四嗪类高能材料

1999 年，David E. Chavez 课题组[31]以 3-氨基-6-氯-1,2,4,5-四嗪为原料(图 6.36)，在室温下将 NaN_3 加到 3-氨基-6-氯-1,2,4,5-四嗪的乙醇溶液中反应 7 h，得到四唑并嗪类化合物 6-氨基-四唑-[1,5-*b*]-1,2,4,5-四嗪(ATTZ)。

6-59　　**6-60**(ATTZ)

图 6.36　化合物 ATTZ 的合成路线

2015 年，Jean'ne M. Shreeve 课题组[32]又以 ATTZ 的同分异构体为原料(图 6.37)，在 0℃条件下与双氧水和三氟乙酸酐反应，得到其氧化物 6-氨基-四唑-[1,5-*b*]-1,2,4,5-四嗪-7-氮氧(ATTN)。该化合物的密度为 1.87 g/cm^3。同时，该化合物的爆速(9326 m/s)优于 RDX，并与 HMX 相似。

6-61　　**6-62**(ATTN)

图 6.37　化合物 ATTN 的合成路线

通过单晶 X 射线衍射分析(图 6.38)，发现在室温下 ATTN 的晶体密度

(1.87 g/cm^3)与其他高氮化合物相比(表 6.11)，可以看到显著的密度增加，这支持引入 N-氧化物的价值。此外，还发现对于整个化合物，所有的原子都是共面的(二面角 N1—N4—C2—N6 = –179.0°，N4—N1—C1—N5 = 179.7°，O8—N7—C1—N1 = 1.0°)。化合物 ATTN 的热稳定性通过差示扫描量热法(DSC)测定，扫描速率为 5℃/min。结果显示，化合物 ATTN 急剧放热峰在 185℃。利用生成焓和密度的计算值，通过 EXPLO5 v6.0121 计算爆压和爆速，其爆速为 9326 m/s，超过 RDX(8795 m/s)。与 DiAT、TAT 和 TAAT 等其他高氮化合物相比，其性能得到了显著提高。ATTN 爆压(36.4 GPa)非常高，高于 RDX(34.9 GPa)，也显著高于 DiAT、TAT 和 TAAT(表 6.11)。使用 BAM 落锤法对其撞击感度进行测试，其撞击感度为 10 J(表 6.11)，远低于 DiAT、TAT 和 TAAT，也低于 HMX 和 RDX(7.4 J)。此外，ATTN 的摩擦感度为 160 N，也低于 RDX 和 HMX。

表 6.11　化合物 ATTN 与 DiAT、TAT、TAAT、RDX 和 HMX 的物化性能数据表

化合物	分解温度/℃	密度/(g/cm^3)	生成焓/(kJ/mol)	爆速/(m/s)	爆压/GPa	撞击感度/J	摩擦感度/N
DiAT	130	1.62	1130	8306	26.5	<1	—
TAT	187	1.74	1053	8308	26.9	<1	—
TAAT	200	1.67	2171	8252	26.4	<1	—
ATTN	185	1.87	631.4	9326	36.4	10	160
RDX	210	1.82	80	8795	34.9	7.4	120
HMX	280	1.91	104.8	9320	39.5	7.4	120

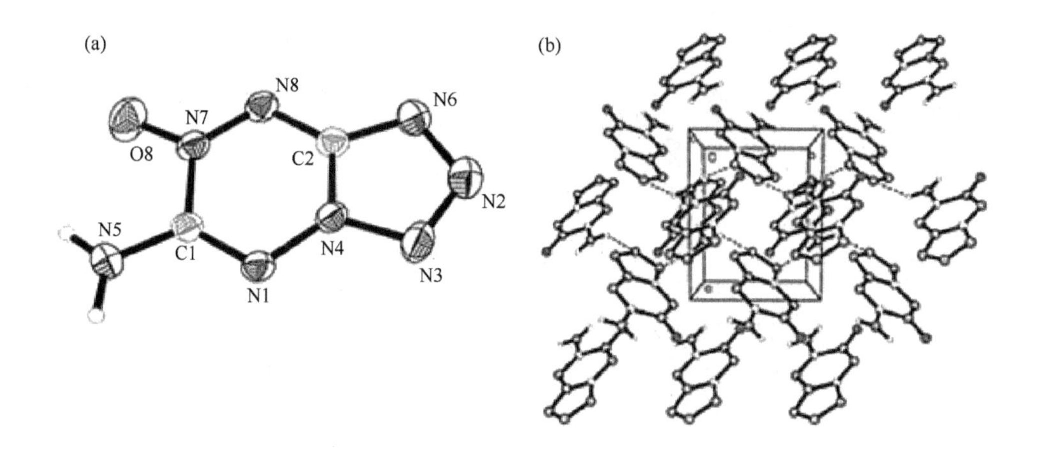

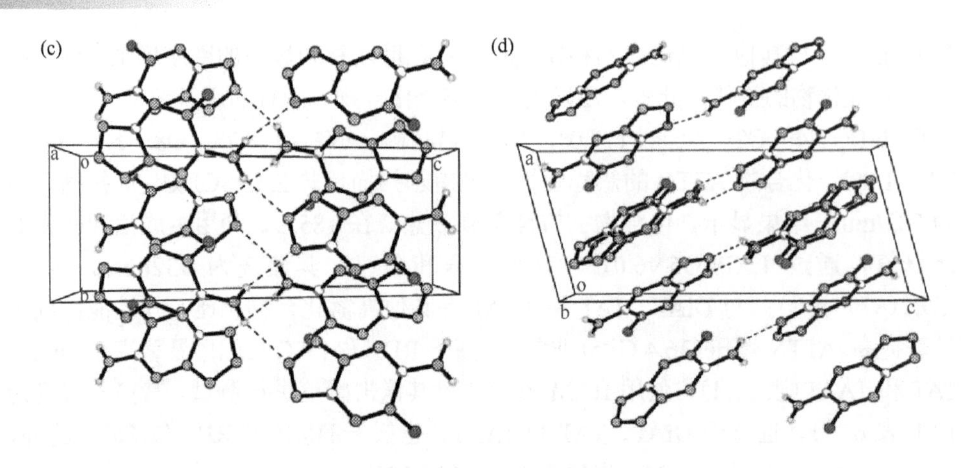

图 6.38　化合物 ATTN 的单晶结构图

为了获得更多关于非共价相互作用的信息，特别是 N-氧化物在晶体堆积中的作用，他们还对 ATTN 进行了 NCI 分析(图 6.39)。在晶胞中，没有发现蓝色等势面，表明没有强氢键存在。然而，氮氧化物和氨基之间存在一些弱的相互作用，可以归类为弱的分子间氢键。此外，二聚体的稳定性主要由 N-氧化物周围的弱相互作用等势面所主导。

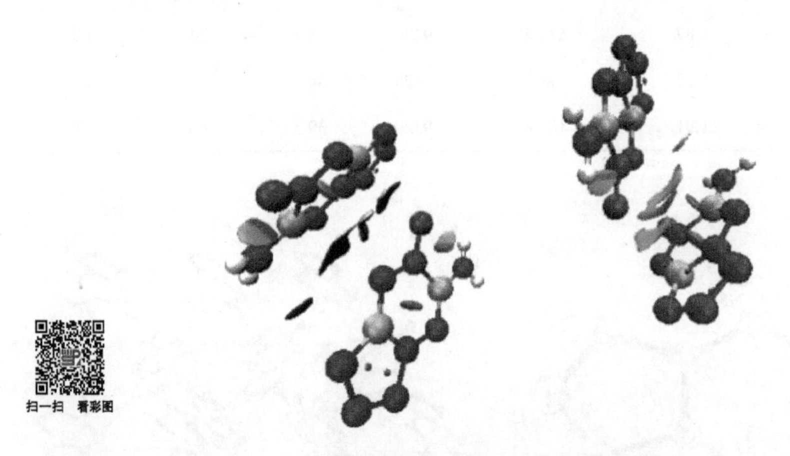

图 6.39　化合物 ATTN 的 NCI 图

2017 年，David E. Chavez 课题组[33]以 ATTZ 为原料(图 6.40)，添加一个当量的次氟酸生成了 **6-63**，而添加两个当量的次氟酸则生成了 **6-64**。随后，使用过量的次氟酸都不会对底物产生任何额外的氧化作用。在任何情况下，都没有观察到胺氧化成亚硝基或硝基衍生物。该材料在 20℃时密度较大，为 1.932 g/cm^3，在 123℃时密度为 1.958 g/cm^3。同时，其爆速相对于 ATTN 也有所提升，为 9600 m/s。

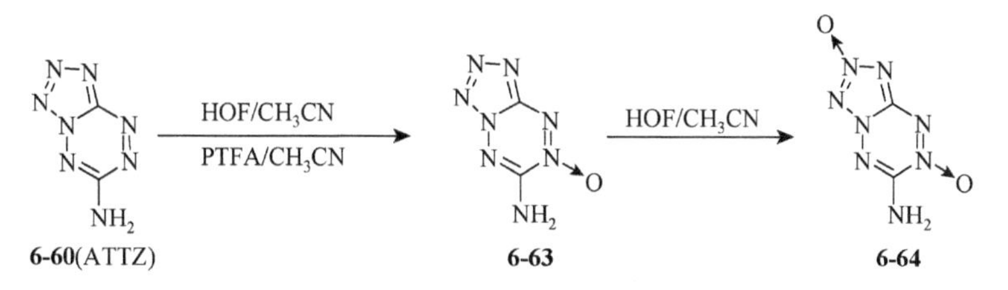

图 6.40　化合物 **6-63** 和 **6-64** 的合成路线

为了确定氮氧化在 **6-64** 上的位置，对 **6-64** 的晶体进行了分析(图 6.41)。有趣的是，第二个氮氧被发现位于四唑环的中心氮原子上，而不是四嗪环的 α-氮原子到氨基上。N2—O12 键长为 1.25 Å，N7—O11 键长为 1.24 Å。总的来说，每个晶胞中有 4 个分子。这种分子也聚集成面对面排列的方式。此外，差示扫描量热法显示 **6-64** 的起始热分解温度为 150℃。

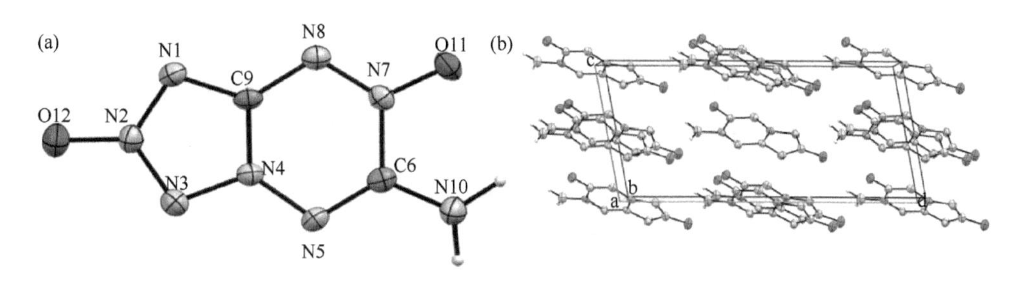

图 6.41　化合物 **6-64** 的晶体结构图

6.4　唑并嗪类化合物发展趋势

总之，与传统的高能材料相比，稠环类高能材料有着较高的生成焓和较大的密度，使其有着优异的爆轰性能。此外，由于稠环分子中具有共轭作用和 π-π 堆积作用，该类高能材料在具有高爆速的同时，还具有理想的机械感度和较高的热稳定性，这使得稠环化合物在新型钝感高能材料领域有着广阔的应用前景。此外，随着现代战争的快速发展，武器对高能材料的爆轰性能、机械感度和热稳定性的要求越来越高。因此，稠环类高能材料的发展有效地弥补了这一方面的不足。相信在不久的将来，大量性能优异的稠环类高能材料将被合成出来，以服务于我国的国防事业。

参考文献

[1]　He C, Yin P, Mitchell L A. Energetic aminated-azole assemblies from intramolecular and

intermolecular N—H···O and N—H···N hydrogen bonds. Chemical Communications, 2016, 52: 8123-8126.

[2] Yin P, Parrish D A, Shreeve J M. Energetic multifunctionalized nitraminopyrazoles and their ionic derivatives: ternary hydrogen-bond induced high energy density materials. Journal of the American Chemical Society, 2015, 137: 4778-4786.

[3] Pagoria P. A Comparison of the structure, synthesis, and properties of insensitive energetic compounds. Propellants Explosive Pyrotechnics, 2016, 41: 452-469.

[4] Meng L, Lu Z, Ma Y. Enhanced intermolecular hydrogen bonds facilitating the highly dense packing of energetic hydroxylammonium salts. Crystal Growth Design, 2016, 16: 7231-7239.

[5] Ma Y, Zhang A, Xue X. Crystal packing of impact-sensitive high-energy explosives. Crystal Growth Design, 2014, 14: 6101-6114.

[6] Ma Y, Zhang A, Zhang C. Crystal packing of low-sensitivity and high-energy explosives. Crystal Growth Design, 2014, 14: 4703-4713.

[7] Zhang J, Mitchell L A, Parrish D A. Enforced layer-by-layer stacking of energetic salts towards high-performance insensitive energetic materials. Journal of the American Chemical Society, 2015, 137: 10532-10535.

[8] Boddu V M, Viswanath D S, Ghosh T K, et al. 2,4,6-Triamino-1,3,5-Trinitrobenzene（TATB） and TATB-based formulations-a review. Journal of Hazardous Materials, 2010, 181: 1-8.

[9] Cady H H, Larson A C. The crystal structure of 1,3,5-triamino-2,4,6-trinitrobenzene. Acta Crystallographica Section, 1965, 18: 485-496.

[10] Gospodinov I, Klapotke T M, Stierstorfer J. Energetic functionalization of the pyridazine scaffold: synthesis and characterization of 3,5-diamino-4,6-dinitropyridazine-1-oxide. European Journal of Organic Chemistry, 2018, 8: 1004-1010.

[11] Tan Y, Liu Y, Wang H. Different stoichiometric ratios realized in energetic-energetic cocrystals based on CL-20 and 4, 5-MDNI: a smart strategy to tune performance. Crystal Growth & Design, 2020, 20: 3826-3833.

[12] Tang Y, He C, Imler G H. Energetic furazan-triazole hybrid with dinitromethyl and nitramino groups: decreasing sensitivity via the formation of a planar anion. Dalton Transactions, 2019, 48: 7677-7684.

[13] Huang W, Tang Y, Imler G H. Nitrogen-rich tetrazolo [1,5-*b*]pyridazine: promising building block for advanced energetic materials. Journal of the American Chemical Society, 2020, 142: 3652-3657.

[14] Hu L, Yin P, Zhao G. Conjugated energetic salts based on fused rings: insensitive and highly dense materials. Journal of the American Chemical Society, 2018, 140: 15001-15007.

[15] Tang Y, Zhang J, Mitchell L A. Taming of 3,4-di(nitramino) furazan. Journal of the American Chemical Society, 2015, 137: 15984-15987.

[16] Astachov A M, Revenko V A, Vasiliev A D. In 13th international seminar. new trends in research of energetic materials. Pardubice: University of Pardubice, 2010: 390.

[17] Hu L, Staples R J, Shreeve J M. Hydrogen bond system generated by nitroamino rearrangement: new character for designing next generation energetic materials. Chemical Communications, 2021, 57: 603-606.

[18] Guillard J, Goujon F, Badol P. New synthetic route to diaminonitropyrazoles as precursors of energetic materials. Tetrahedron Letters, 2003, 44: 5943-5945.

[19] Makarov V A, Ryabova O B, Alekseeva L M. Investigation of the reaction of 3,5-diamidino-4-nitropyrazole with amines. Chemistry of Heterocyclic Compounds, 2002, 38: 947-953.

[20] Makarov V A, Solov'eva N P, Ryabova O B. Synthesis of pyrazolo[1,5-*a*]-pyrimidines by reaction of 3,5-diamino-4-nitropyrazole with acetoacetic ester in the presence of alkaline agents. Chemistry of Heterocyclic Compounds, 2000, 36: 65-69.

[21] Tang Y X, He C L, Imler G H. Aminonitro groups surrounding a fused pyrazolo-triazine ring: a superior thermally stable and insensitive energetic material. ACS Applied Energy Materials, 2019, 2: 2263-2267.

[22] Lei C J, Cheng G B, Yi Z X, et al. A facile strategy for synthesizing promising pyrazole-fused energetic compounds. Chemical Engineering Journal, 2021, 416: 129190.

[23] Hu L, Staples R J, Shreeve J M. Energetic compounds based on a new fused triazolo[4, 5-*d*]pyridazine ring: nitroimino lights up energetic performance, Chemical Engineering Journal, 2021, 420: 129839.

[24] Piercey D G , Chavez D E, Scott B L. An energetic triazolo-1,2,4-triazine and its *N*-oxide. Angewandte Chemie International Edition, 2016, 55: 1-5.

[25] Kumar D, Imler G H, Parrish D A. A highly stable and insensitive fused, triazolo-triazine explosive（TTX）. Chemistry—A European Journal, 2017, 23: 1743-1747.

[26] Bian C M, Dong X, Zhou Z M. The unique synthesis and energetic properties of novel fused heterocycle: 7-nitro-4-oxo-4,8-dihydro-[1,2,4]triazolo[5,1-*d*][1,2,3,5]tetrazine 2-oxide and Its energetic salts. Journal of Materials Chemistry A, 2015, 3（7）: 3594-3601.

[27] Zhang Q H, Chen S T, Liu Y J. 5,6-fused bicyclic tetrazolo-pyridazine energetic materials. Chemistry Communications, 2020, 56: 1493-1496.

[28] Wang G L, Lu T, Fan G J, et al. Synthesis and properties of insensitive [1,2,4]triazolo[4,3-*b*]-1, 2,4,5-tetrazine explosives. New Journal of Chemistry, 2019, 43: 1663.

[29] Chavez D E, Hiskey M A. Synthesis of the bi-heterocyclic parent ring system 1,2,4-triazolo[4, 3-*b*][1,2,4,5]tetrazine and some 3,6-disubstituted derivatives. Journal of Heterocyclic Chemistry, 1998, 35: 1329-1332.

[30] Hu L, Yin P, Imler G H, et al. Fused rings with *N*-oxide and-NH_2: good combination for high density and low sensitivity energetic materials. Chemical Communications, 2019, 55: 8979-8982.

[31] Chavez D E, Hiskey M A. 1,2,4,5-Tetrazine based energetic materials. Journal of Energetic Materials, 1999, 17: 357-377.

[32] Wei H, Zhang J H, Shreeve J M. Synthesis, characterization, and energetic properties of 6-amino-tetrazolo[1,5-*b*]-1,2,4,5-tetrazine-7-*N*-oxide: a nitrogen-rich material with high density. Chemistry-An Asian Journal, 2015, 10（3）: 1130-1132.

[33] Chavez D E, Parrish D A, Mitchell L. Azido and tetrazolo 1,2,4,5-tetrazine *N*-oxides. Angewandte Chemie International Edition, 2017, 56: 1-5.

第 7 章 唑类高能金属有机骨架

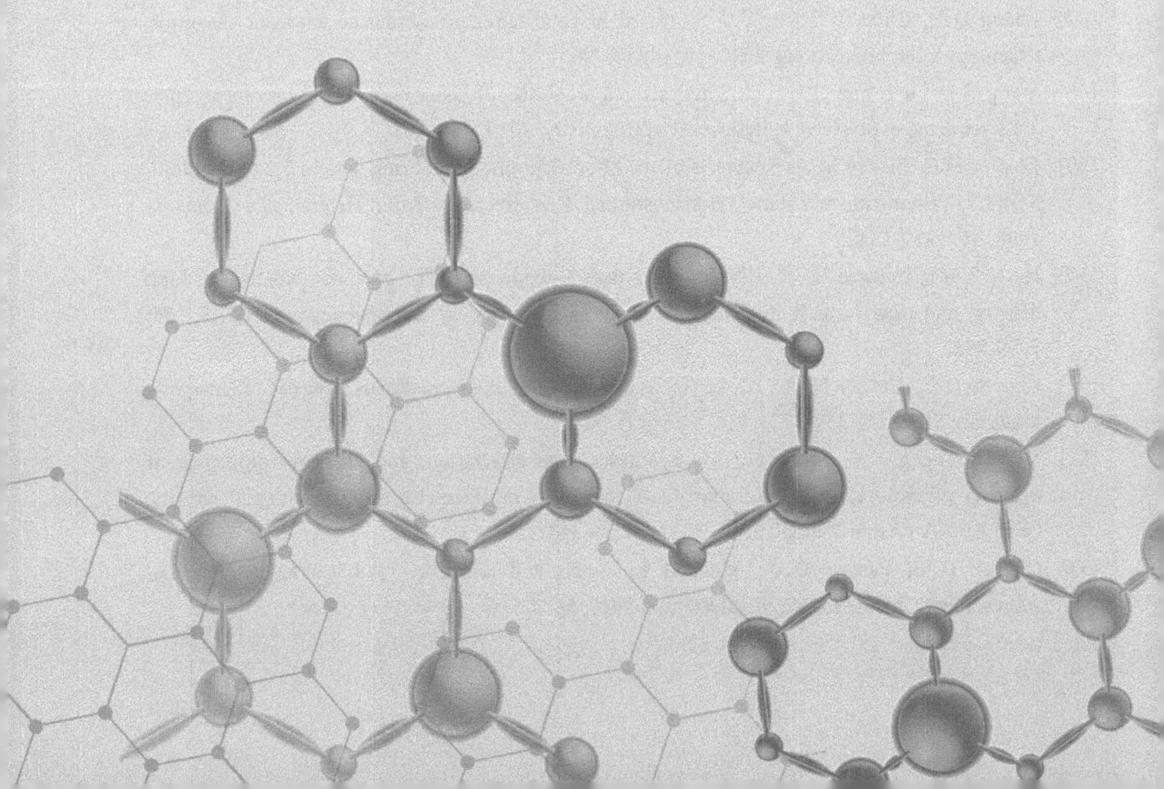

近年来，在配位聚合物(CPs)的开发领域，尤其是在金属有机骨架(MOF)领域，人们进行了广泛且极具竞争力的研究。金属有机骨架是一种由有机配体和无机金属离子自组装形成的一类具有稳定结构的材料。通过金属节点[也称二级建筑单元(SBUS)]与可以提供电子的有机配体自组装，制备具有一维(1D)、二维(2D)或三维(3D)超分子结构的金属有机骨架。而采用不同的含能有机配体和金属离子，通过配位作用自组装成有高能量密度的金属有机骨架材料称为高能金属有机骨架(EMOF)。

与传统高能材料相比，高能金属有机骨架(EMOF)具有紧凑的晶体结构，固有的结构稳定性和化学稳定性以及相对较高的爆轰性能，对机械撞击和摩擦表现出广泛的敏感性，涵盖了起爆药和钝感高能材料的特性。并且可以根据中心金属离子和高能配体的性质来选择性地设计和调整材料的能量、感度和热稳定性等特性。因此，基于各种含氮高能配体产生丰富的配位模式的新型 EMOF 成为新一代具有潜力的高能材料。

众所周知，EMOF 的金属离子可以包括 Li^{+}、Ag^{+}、Cu^{2+}、Cd^{2+}、Co^{2+}、Pb^{2+}等。金属锂原子半径较小，因此对 EMOF 整体的密度影响较小，所以使得制备的配合物更接近于有效的能量密度。金属银导热系数高，所以对应的 EMOF 的热分解有良好的促进作用。铜离子相对于其他金属更环保。镉离子对 EMOF 的分解温度有明显的提升。在过去的十几年中，不同类型的一维、二维及三维 EMOF 材料被不断报道出来。本部分主要概述以唑类为含能有机配体(如二唑、三唑、四唑等)和多种金属离子组成的 EMOF 的合成、性能和晶体结构，并对 EMOF 所面临的挑战奠定基础，同时为更进一步发展方向提出一定的建议。

7.1　单环唑类高能金属有机骨架

7.1.1　二唑类高能金属有机骨架

二唑环因其两个氮原子的相对位置的不同而被区分为吡唑环和咪唑环，它们因具有较高的生成焓和丰富的可官能化位点被视为出色的高能材料前体。DNP、DNI、TNP 和 TNI 是二唑类含能化合物中最基本的高能化合物，但由于碳上硝基的强吸电子特性，吡唑和咪唑环上的 N-H 质子具有较高的酸性，这阻碍了它们的实际应用。Thomas M. Klapötke 等[1]通过将这些多硝基的吡唑和咪唑与金属碳酸盐反应制备得到了相应的多硝基二唑的 MOF **7-4**～**7-20**(图 7.1)。在图 7.2 的晶体结构中观察到，**7-9** 中的硝基群体仅扭曲了环平面，两种吡唑酸根离子几乎呈平面排列。与其他钡盐相比，该化合物在 173 K 下的密度相对较低，为 1.86 g/cm^3。

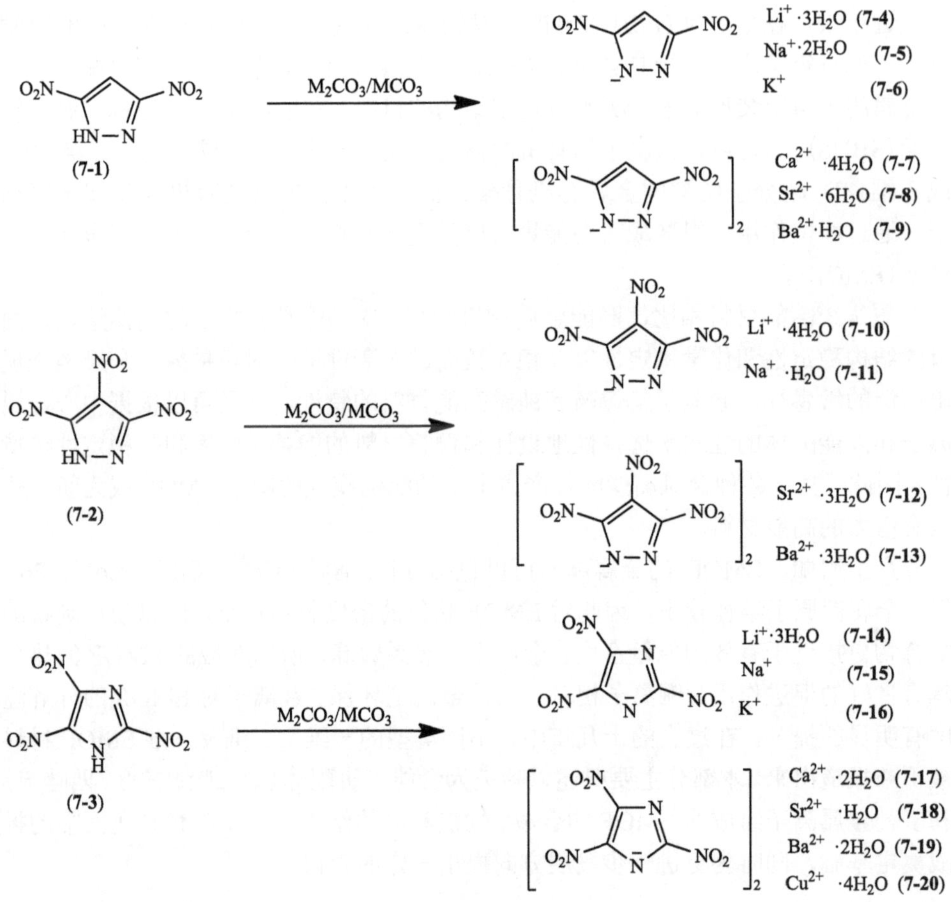

图 7.1　**7-4～7-20** 的合成路线

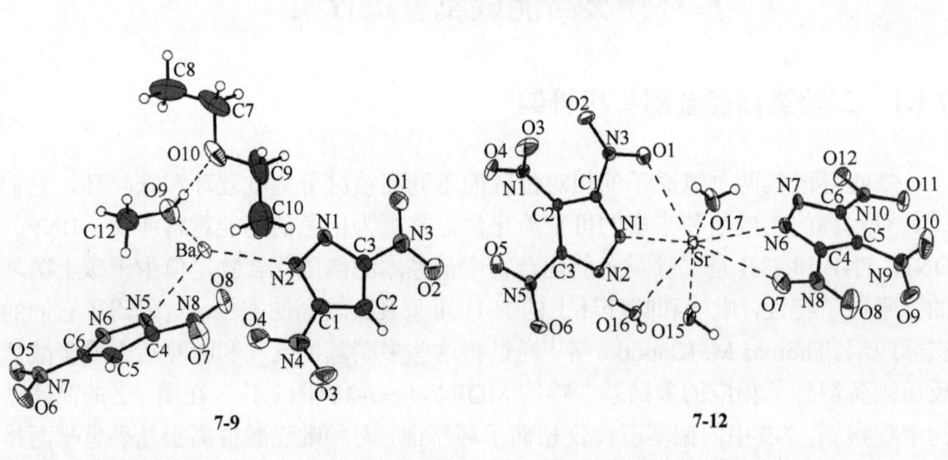

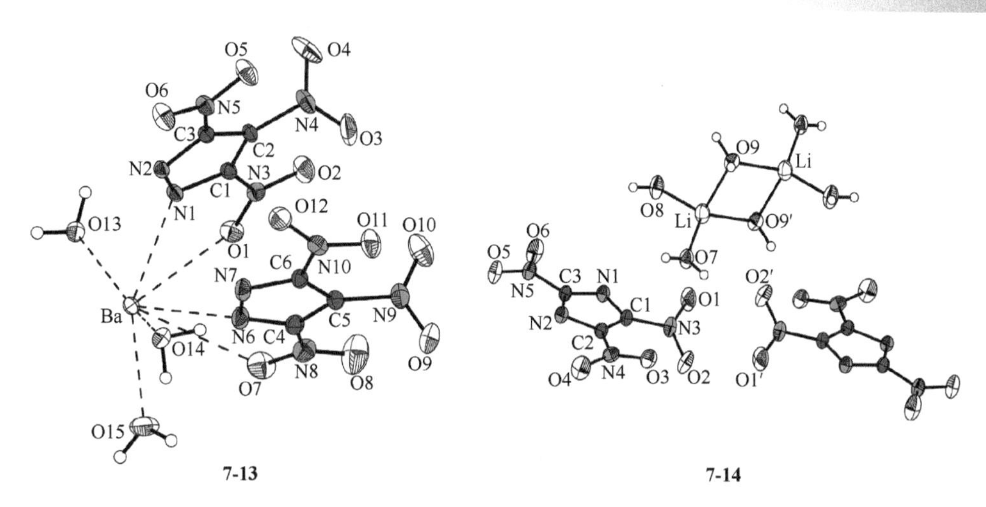

图 7.2　**7-9**、**7-12**～**7-14** 的晶体结构图

与二硝基吡唑相比，由 3,4,5-三硝基吡唑获得锶盐 **7-12** 和钡盐 **7-13** 的单晶都是三水合物。有趣的是，这两种盐在非中心对称正交晶系空间群 *Fdd2* 中均以同型结晶，在单位晶胞中有 16 个阴离子/阳离子对。钡盐的密度(100 K 时为 2.162 g/cm^3)略高于锶盐(173 K 时为 2.103 g/cm^3)。配位距离也在相同范围内。三硝基吡唑酸根离子的结构与铵盐的结构相似，在铵盐中，由于空间位阻的原因，内硝基明显扭曲出环平面。

7-14 密度为 1.740 g/cm^3，黏合到碳原子 C3 的硝基遵循平面环结构，相邻的硝基通过四个水分子收缩成四面体。这些化合物因金属的种类和结合水的量的不同而在机械感度(FS = 72～360 N，IS = 3～40 J)和分解温度(T_d = 166～400℃)等特性上表现出广泛的变化范围(表 7.1)。

表 7.1　MOF 7-4～7-20 的物化性能数据表

化合物	FS/N	IS/J	ESD/J	$T_{dehydro}$/℃	T_m/℃	T_d/℃
7-4	＞360	＞40	0.7	78	145	325
7-5	＞360	＞40	0.5	98	295	324
7-6	216	20	0.1	—	—	306
7-7	360	8	0.5	120	—	＞400
7-8	＞360	＞40	0.2	89	—	398
7-9	72	30	0.1	150	—	361
7-10	96	40	0.2	104	—	274
7-11	80	25	0.2	—	—	254

续表

化合物	FS/N	IS/J	ESD/J	$T_{dehydro}$/℃	T_m/℃	T_d/℃
7-12	80	40	0.2	21	—	193
7-13	144	5	0.1	115	158	302
7-14	＞360	＞40	0.5	79	152	252
7-15	＞360	＞40	0.6	—	—	249
7-16	120	25	0.2	—	—	231
7-17	＞360	＞40	0.7	110	—	188
7-18	＞360	＞40	0.7	104	—	239
7-19	＞360	＞40	0.6	98	123	166
7-20	80	3	0.1	107	—	170

FS：摩擦感度；IS：撞击感度；ESD：静电感度；$T_{dehydro}$：脱水温度；T_m：熔点；T_d：分解温度。

近几年 Jean'ne M. Shreeve 等[2]通过 4-氯-3,5-DNP(**7-21**)制备了相应的衍生高能金属有机骨架**7-22**～**7-25**(图 7.3)。与基于 LLM-116 的高能金属有机骨架**7-24**和**7-25**相比，由 4-羟基-3,5-DNP 为配体的高能金属有机骨架**7-22**和**7-23**具有更多的配位位点，这不仅促使**7-22**和**7-23**具备比**7-24**和**7-25**更高的密度($\rho_{(7\text{-}22)} = 2.13\ g/cm^3$，$\rho_{(7\text{-}23)} = 2.22\ g/cm^3$，$\rho_{(7\text{-}24)} = 1.85\ g/cm^3$，$\rho_{(7\text{-}25)} = 1.90\ g/cm^3$)，而且具有更出色的热稳定性($T_{d(7\text{-}22)} = 395℃$，$T_{d(7\text{-}23)} = 376℃$，$T_{d(7\text{-}24)} = 317℃$，$T_{d(7\text{-}25)} = 315℃$)。

NH_4OH, HCl / KOH/NaOH　　KOH/NaOH / 80℃

$M^+ = Na^+$ (**7-24**)　K^+ (**7-25**)　(**7-21**)　$M^+ = Na^+$ (**7-22**)　K^+ (**7-23**)

图 7.3　**7-22～7-25** 的合成路线

7-22 的每个晶胞包含 8 个 4-羟基-3,5-DNP、16 个 H_2O 分子和 16 个 Na 离子(图 7.4)。O6(去质子化 OH)与 Na13、Na14 和 Na15 配位，而其他 O 原子的配位位点不超过两个。Na13—O6、Na14—O6、Na15—O6 的长度分别为 2.336 Å、2.363 Å 和 2.390 Å，并且比其他大多数 Na—O 键短。在晶体结构中形成 8 个 Na—O 配位键，平均长度为 2.409 Å。Na—O 键结构充当构建块，通过 4-羟基-3,5-DNP 阴离子连接，形成一个 3D 网络。此外，H_2O 和 NO_2 组之间(H—O 键长为 1.994 Å 和 2.114 Å)，以及吡唑环的 H_2O 和 N 原子(H—N 键长为 2.331 Å 和 2.476 Å)之间还形成了氢键。

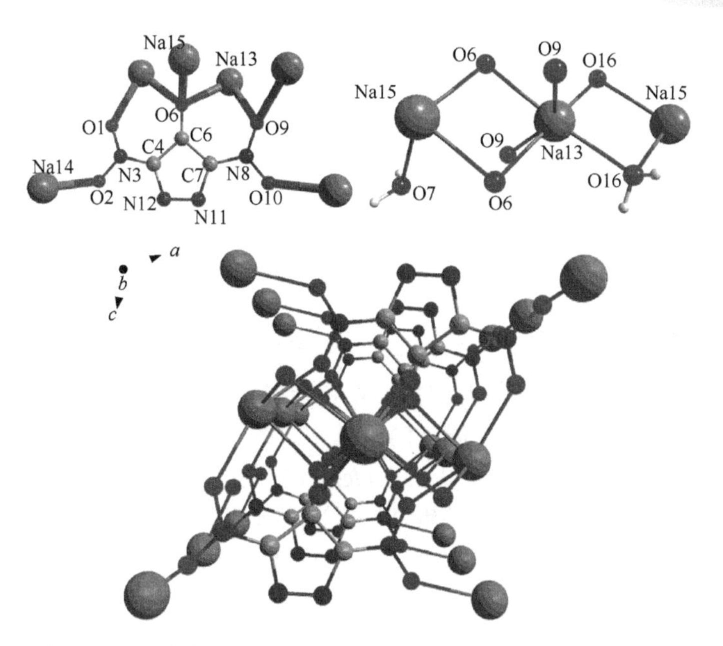

图 7.4　**7-22** 中的 4-羟基-3,5-DNP 阴离子的配位环境和填充结构

7-23 每个晶胞中有两种钾阳离子(K13 和 K14)。O6 的配位模式(去质子化 OH)具有三个与钾的配位位点：K13—O6、K13′—O6、K13″—O6，这与 **7-22** 相同(图 7.5)。O(来自 NO_2 和 H_2O)的配位键的数量不超过两个。更有趣的是，一个 O 与周围钾离子形成 9 个配位键，并且这 9 个 K—O 键的平均长度为 2.807 Å。K13 和 K14 在 **7-23** 中使整个晶体为紧凑三维网络结构。虽然由于金属离子的引入，**7-22** 和 **7-23** 生成焓较低，这在很大程度上降低了它们的爆轰性能，但是作为耐热炸药 **7-22** 和 **7-23** 的爆轰性能($D_{(\mathbf{7\text{-}22})}$ = 6840 m/s，$D_{(\mathbf{7\text{-}23})}$ = 7085 m/s)依然是很可观的(表 7.2)。

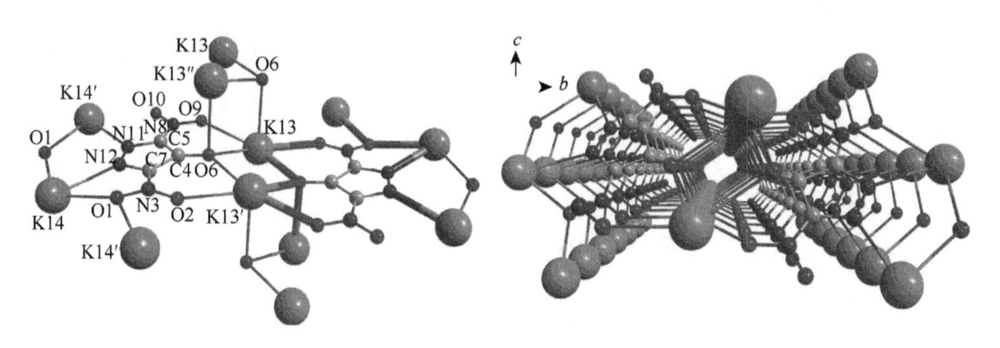

图 7.5　**7-23** 中的 4-羟基-3,5-DNP 阴离子的配位环境和结构图

表 7.2　7-22～7-25 的物化性能数据表

化合物	分解温度/℃	密度/(g/cm³)	生成焓/(kJ/mol)	爆速/(m/s)	爆压/GPa	撞击感度/J	摩擦感度/N
7-22	395	2.13	–445	6840	20.9	＞40	＞360
7-23	376	2.22	–543	7085	21.8	25	＞360
7-24	317	1.85	14.3	7378	23.4	27	240
7-25	315	1.90	–62.3	7299	22.5	18	160

杨红伟和程广斌等[3]以 3-硝基-4-氰基吡唑(**7-26**)为原料经过氰基的还原，以及氨基肟的氯化得到含有偕氯肟的中间化合物(**7-27**)，偕氯肟在三氟乙酸酐和纯硝酸的体系下能够被硝化为氯偕二硝甲基，再经过金属碘化物置换得到相应的MOF **7-28** 和 **7-29**(图 7.6)。**7-28** 以 2.01 g/cm³ 的高密度在三斜晶系空间群 *P*1 中结晶，结构如图 7.7 所示。二硝基甲基和吡唑环不共面，二面角 N1—C1—C2—C3 = 48.2°。K17 被 O1、O2、O4、O5、O6 和 N4 螯合，键长分别为 2.6784(12) Å、2.9073(12) Å、2.7556(12) Å、3.0776(12) Å、2.9737(13) Å 和 2.8220(14) Å。

CN
O_2N
HN—N
(**7-26**)
NH_2OH
HCl, $NaNO_2$
Cl N OH
O_2N
HN—N
(**7-27**)
1. TFAA/100% HNO_3
2. KI/NaI
O_2N – NO_2 M^+
O_2N
HN—N
$M^+ = K^+$ (**7-28**)
Na^+ (**7-29**)

图 7.6　**7-28** 和 **7-29** 的合成路线

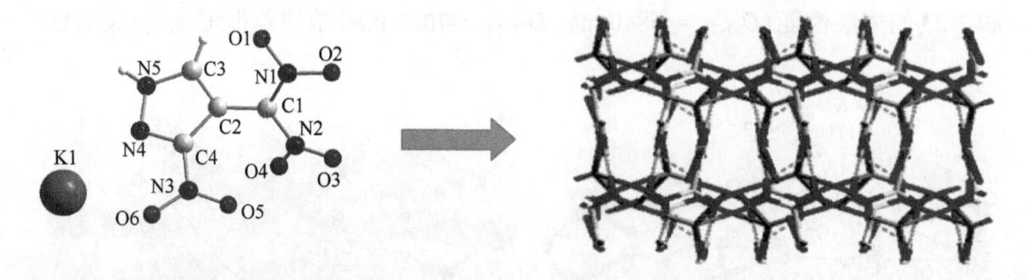

图 7.7　**7-28** 的配位环境和 3D 结构

7-29 在正交空间群 *Pbca* 中结晶，单胞中有 8 个分子，计算密度为 1.89 g/cm³(100 K)。图 7.8 显示了 **7-29** 沿不同轴的 3D 框架。与 **7-28** 相比，**7-29** 表现出更多的氢键，这解释了其敏感性低于 **7-28** 的原因。在爆轰性能上，**7-28** 和 **7-29** 都具有高于 8000 m/s 的爆速，这要比上面提到的 **7-22** 和 **7-23** 高很多，尤其

是 **7-29** 的爆速($D_{(7\text{-}29)}$ = 8256 m/s)(表 7.3)。但由于偕二硝基官能团本身的不稳定特性，**7-28** 和 **7-29** 在热稳定性上并不突出。

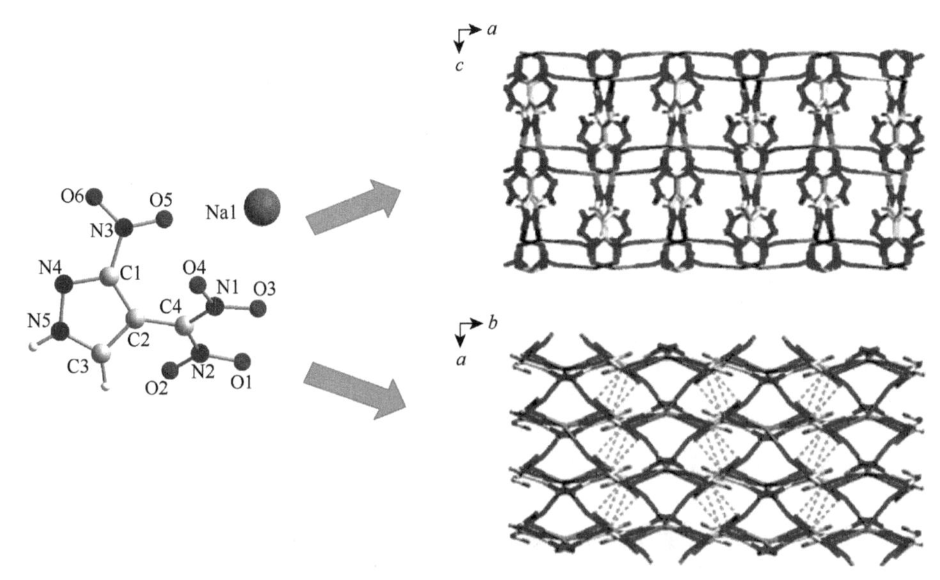

图 7.8　**7-29** 的配位环境以及沿 *b* 轴和 *c* 轴的视图

表 7.3　7-28 和 7-29 的物化性能数据表

化合物	分解温度/℃	密度/(g/cm³)	生成焓/(kJ/mol)	爆速/(m/s)	爆压/GPa	撞击感度/J	摩擦感度/N	氧平衡/%
7-28	171	2.01	−55.7	8132	29.5	4	36	−21.9
7-29	203	1.87	28.2	8256	28.6	9	120	−23.4

Jean’ne M. Shreeve 等[4]通过对 LLM-116 进一步改进得到了性能更为出色的两种多硝基吡唑 **7-30** 和 **7-32**，并以此为高能配体制备了相应的高能金属有机骨架 **7-31** 和 **7-33**(图 7.9)。这些化合物的密度在 1.801～2.161 g/cm^3 之间，**7-33** 由于钾离子的存在引起较高密度。与 **7-30** 较差的热稳定性相比，**7-31** 的分解温度为 272 ℃。与 **7-30** 和 **7-31** 形成鲜明对比的是，**7-32** 和 **7-33** 表现出类似的热行为，分解温度分别为 176℃ 和 179℃。

$\bar{N}NO_2$　O_2N　NO_2　N–N　$O_2N\bar{N}$　$2NH_4^+$　**7-30**　—$AgNO_3$, KI→　$\bar{N}NO_2$　O_2N　NO_2　N–N　$O_2N\bar{N}$　$2K^+$　**7-31**

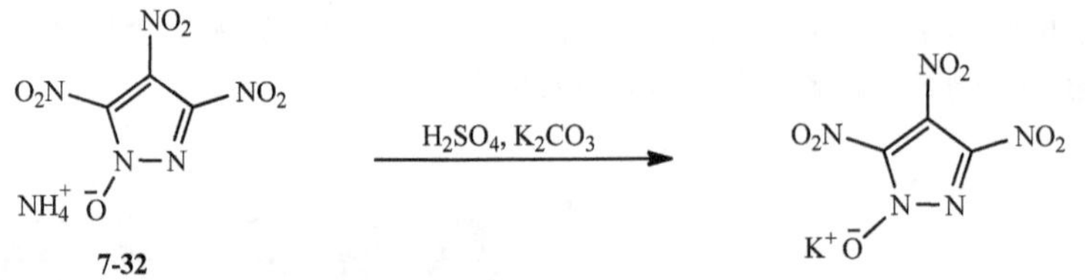

7-32　H_2SO_4, K_2CO_3　7-33

图 7.9　**7-31** 和 **7-33** 的合成路线

7-31 因其面对面的 π-π 堆积结构而具有出色的热稳定性和较低的机械感度，是潜在的高能主装炸药，而具有波浪状 π-π 堆积结构的 **7-33** 具有更高的氧平衡($OB_{(CO)}$ = 21.8%)和适当高的机械敏感性(IS = 3 J，FS = 60 N)(表 7.4)。这些差异可以根据 π-π 堆叠的变化来解释：从 **7-30** 到 **7-31** 的反应产生了有利的面对面类型，而不是不利的波浪状类型，而 **7-32** 的面对面 π-π 堆叠改变为 **7-33** 的波浪状 π-π 堆叠。

表 7.4　7-31 和 7-33 的物化性能数据表

化合物	分解温度/℃	密度/(g/cm^3)	生成焓/(kJ/g)	撞击感度/J	摩擦感度/N	氧平衡/%
7-31	272	2.161	−0.38	15	120	18.1
7-33	179	2.102	−0.38	3	60	21.8

7.1.2　三唑类高能金属有机骨架

三唑因氮原子的相互位置的不同而有两种不同的结构，即 1,2,4-三唑和 1,2,3-三唑。它们都因具有较高的氮含量和生成焓而被视为重要的高能材料母环。4-氨基-1,2,4-三唑-3,5-二酮(**7-35**)，作为高能金属有机骨架的配体最早是由王博等[5]提出的，该配体不仅具有较高的氧氮含量，并且易于合成(图 7.10)。将配体 **7-35** 与硝酸镉水溶液在高温条件下反应即可得到高氧氮含量高能金属有机骨架 **7-36**。在 **7-36** 中，镉离子采用 sp^3d^2 杂交(图 7.11)，来自配体 **7-35** 的 N 和 O 的孤对电子可以容纳在来自中心镉离子的 6 个空轨道内。并且部分的羰基和氨基均能够在与中央金属原子配位时作为电子供体，得到细长的八面体结构。Cd 原子和刚性配体交替地锁定并组装以形成 1D 链，这些 1D 链以规则间隔相互编织成 3D 框架结构。另外，在 **7-36** 中存在六种类型的氢键，这有助于它们在密度和稳定性上的提升，使得在热稳定性和能量性能上均表现得十分出众。除此之外，**7-36** 还具有高达 445℃的起始分解温度，使得它能够作为耐热炸药运用于航空和深井采油等领域的相关设备中。

7-34 $\xrightarrow{N_2H_4 \cdot H_2O}$ 7-35 $\xrightarrow{Cd(NO_3)_2 \cdot 4H_2O}$ 7-36（$Cd^{2+} \cdot H_2O$）

图 7.10　**7-36** 的合成路线

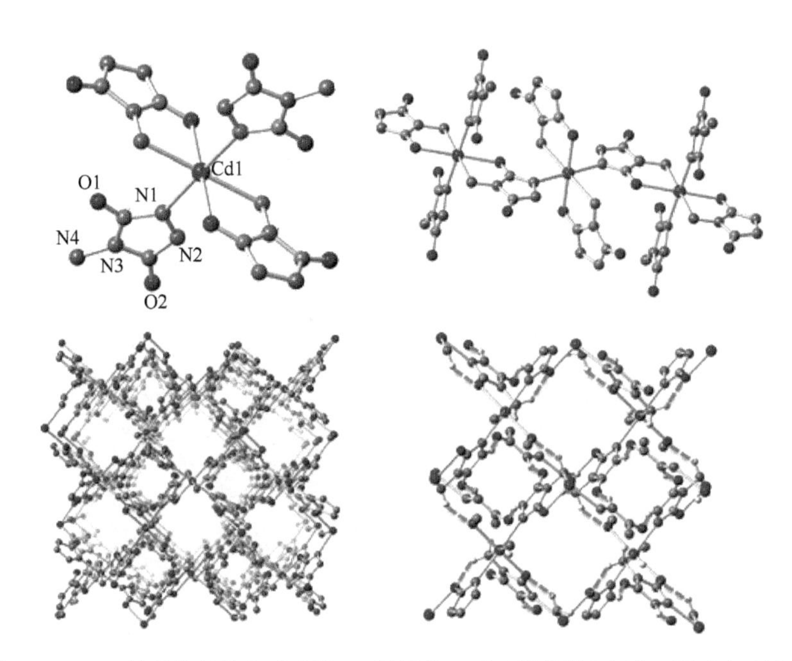

图 7.11　**7-36** 的配位环境和形成的 1D 链结构，以及晶体堆积图与配体之间的氢键

在不含有其他高能性的官能团时形成的 MOF 在能量性能方面并不突出，因此通过掺入其他高能量性的组分来提高 MOF 整体的能量水平是十分简便易行的方法。许建刚和陈三平等[6,7]分别通过硝酸镉和硝酸钴与叠氮化钠和氨基三唑(**7-37**)在水热条件下反应得到了以氨基三唑和叠氮基团为高能单元，金属镉和钴为金属骨架的富氮 3D MOF **7-38** 和 **7-39**(图 7.12)。尽管有叠氮根的存在，但 **7-38** 和 **7-39** 仍然表现出极高的热稳定性和对机械刺激的不敏感性，其起始分解温度分别为 372℃和 372℃，撞击感度高于 40 J，摩擦感度大于 360 N。因为挥发性配体可以通过与 Cd1(Ⅱ)和 Cd2(Ⅱ)离子的配位在 3D 框架中被稳定(图 7.13)，以建立一个密切压实的 3D 架构，这使得 **7-38** 具有相对低的机械敏感性。在图 7.14 的 **7-39** 晶体结构中，Co1 和 Co2 通过相邻的 **7-37** 和叠氮基团桥接，产生 1D Co(Ⅱ)离子链。而具有四面体几何形状的两个相邻的 Co3 由来自 **7-37** 配体的两个 N 原子连接，形成双金属单元。同时沿两个方向彼此平行的 1D 链通过双金属单元连接以产生 3D 框架。同时值得一提的是，**7-39** 具有显著

的超磁性、长程有序和弛豫动力学的共存特征，这为开发具有多功能的磁性材料提供了合理的依据。

$$\text{H}_2\text{N-C}_2\text{H}_2\text{N}_3\ (\textbf{7-37}) \xrightarrow[\text{NaN}_3]{\text{M(NO}_3)_2\cdot 4\text{H}_2\text{O}} \text{H}_2\text{N-C}_2\text{HN}_3^-\ \text{M}^{2+}\ \text{N}_3^-$$

M = Cd **7-38**
Co **7-39**

7-37

图 7.12 **7-38** 和 **7-39** 的合成路线

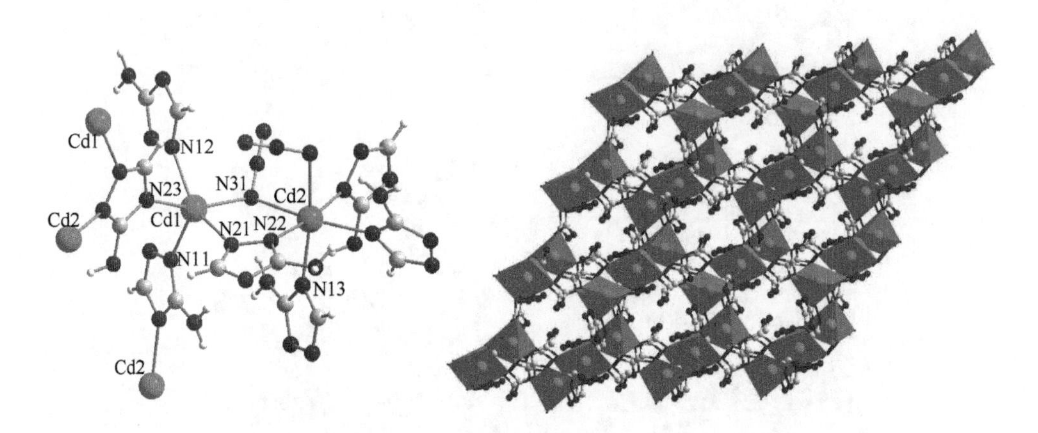

图 7.13 **7-38** 中 Cd(Ⅱ)离子的配位环境和三维框架的多面体视图

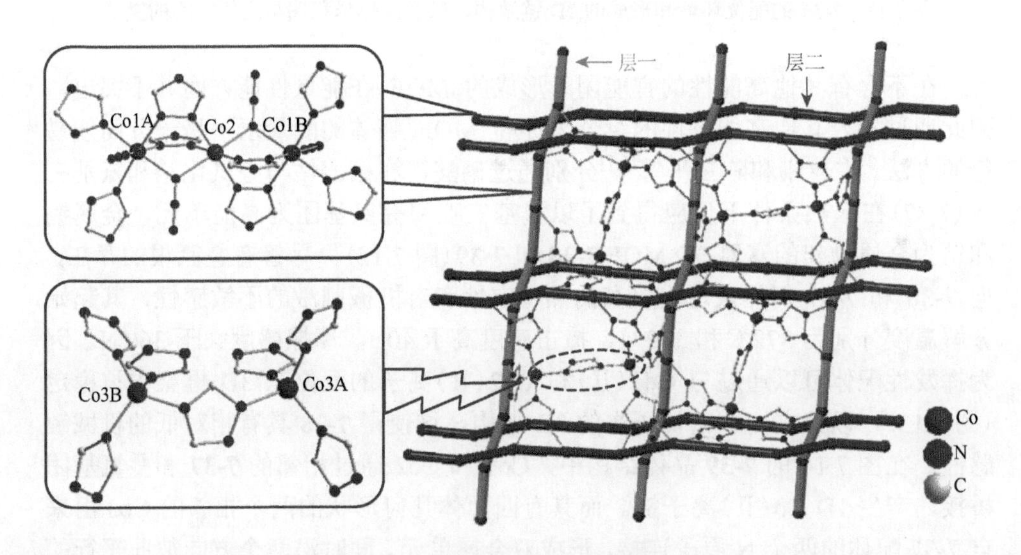

图 7.14 **7-39** 的单元结构和堆叠方式

与此类似的实例还有以氨基三唑衍生物为配体，以高氯酸或硝酸为含能组分合成的高能金属有机骨架。张建国等[8]以 3-肼基-4-氨基-1,2,4-三唑(**7-40**)盐酸盐与金属高氯酸盐反应得到了以 **7-40** 的盐酸盐和高氯酸为高能组分的 MOF **7-41**～**7-52**(图 7.15)，单晶结构图见图 7.16。与前面提到的通过掺入叠氮根的化合物不同(**7-38** 和 **7-39**)，它们具有更高的氧含量。

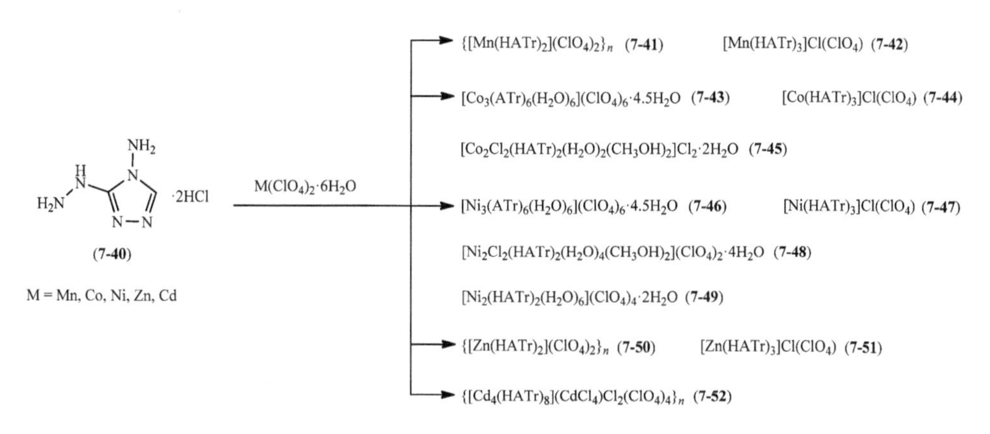

图 7.15　**7-41**～**7-52** 的合成路线

以 **7-43** 的结构模型为例(图 7.17)，Co1 阳离子与三个单独的三唑配体中的氮原子和三种氧原子配位，以完成扭曲的八面体几何形状。Co2 阳离子也存在于偏移的八面体几何形状中，由三唑配体的六个氮原子包围。所有三唑配体都采用双齿桥联配位模式。这些 MOF 中 **7-46** 具有最出色的热稳定性，其起始分解温度为 375℃(表 7.5)。

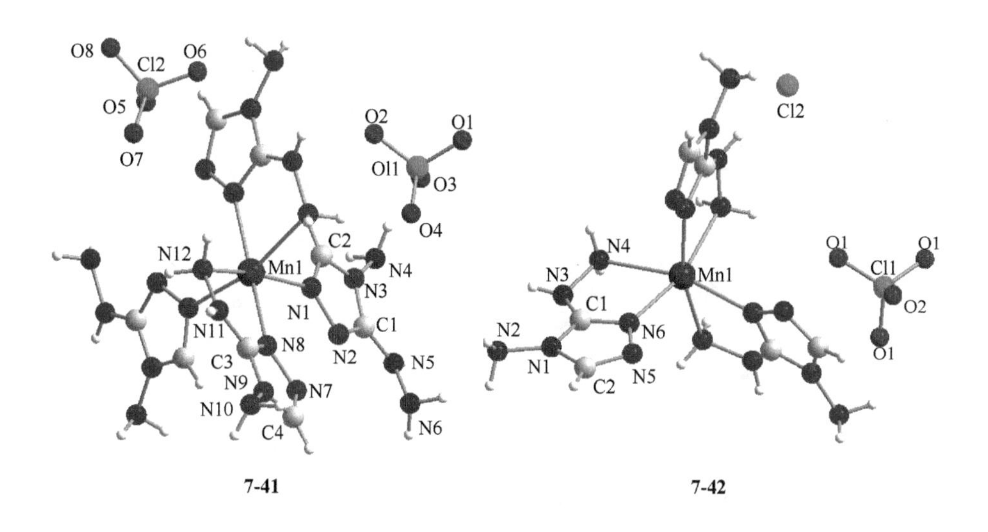

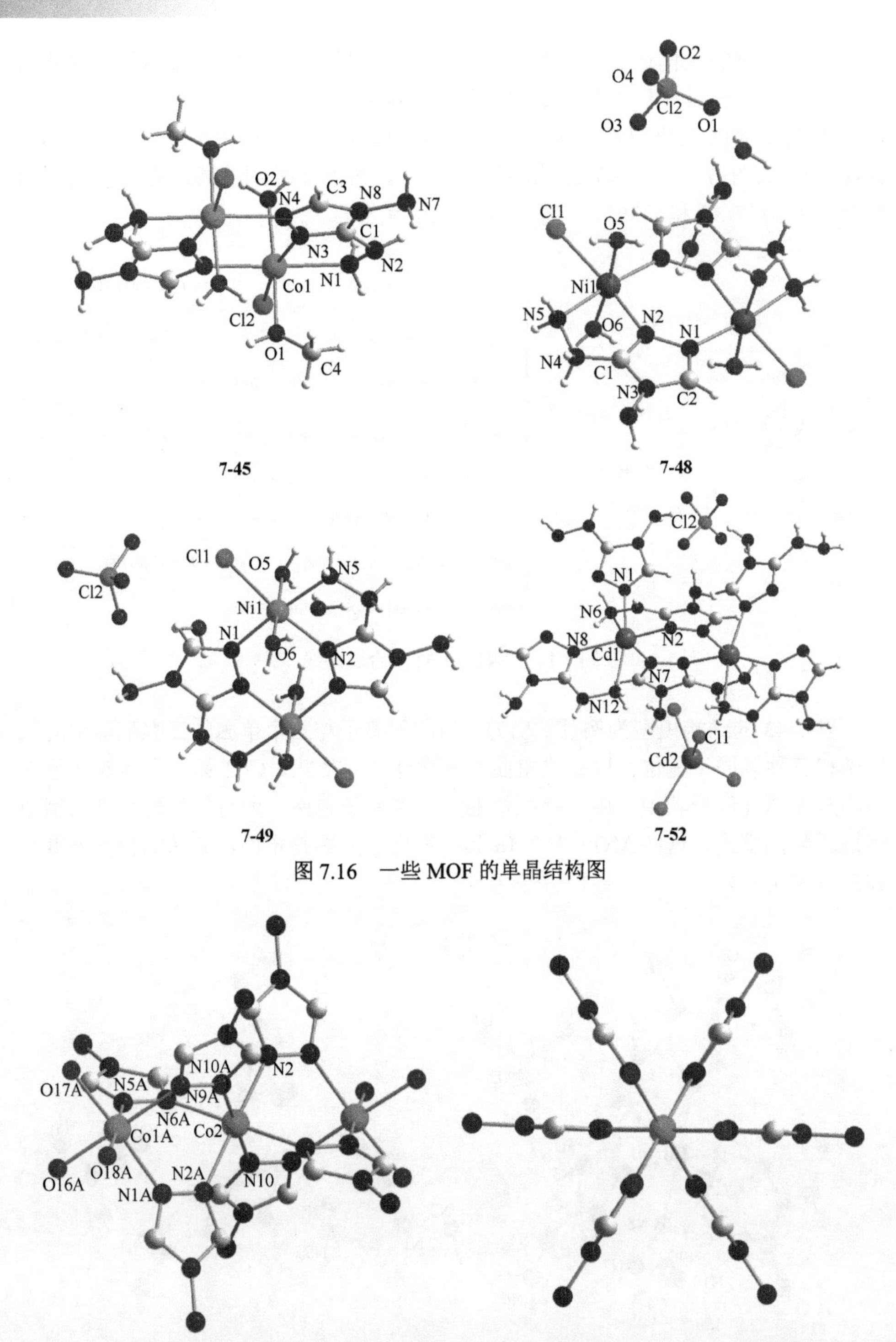

图 7.16　一些 MOF 的单晶结构图

图 7.17　**7-43** 中 Co1(Ⅱ)和 Co2(Ⅱ)的配位环境和沿 *a* 轴观察的六边形

表 7.5　7-41～7-52 的物化性能数据表

化合物	分解温度/℃	撞击感度/J	摩擦感度/N
7-41	294	4	72
7-42	269	7	96
7-43	238	3	24
7-44	292	3	80
7-45	234	—	—
7-46	375	3	36
7-47	300	3	72
7-48	255	3	120
7-49	256	3	6
7-50	300	2	12
7-51	296	3	28
7-52	268	3	84

张琪等[9]制备了以 5-氨基-3 酰肼-1,2,4-三唑(ATCA，**7-53**)为高氮配体，高氯酸根为富氧基团，银为金属骨架的高能配合物 **7-54**(图 7.18)。从图 7.19 可以看出，它包含一个银离子、一个富氮配体 ATCA 和一个氧化性酸根离子(即高氯酸根)。银阳离子在 **7-54** 中具有两个不同类型的氮原子的配位位点，其中一个属于三唑环，另一个是甲酰肼基的末端氮原子(Ag—N5 = 2.183 Å 和 Ag—N6A = 2.130 Å)，形成无限延伸的周期性单 α-螺旋链结构。这些手性链在螺旋线圈中向前延伸，每个线圈由两个 Ag(Ⅰ)阳离子和两个中性 ATCA 配体组成，其螺距沿 b 轴为 8.034 Å。同时，具有不同手性的两类链通过不同主链的相邻三唑环之间的 π-π 相互作用(3.381 Å)交替插入彼此以形成二维层状结构和 N1—H—O1(N1—O1 = 2.976 Å)的强氢键，这应该是链结构本身螺旋形成的主要原因。更有趣的是这些链可以分为左手和右手手性单螺旋结构，这种交替结构使得高能配合物 **7-54** 成为介质晶体。

H_2N　H　O　NH_2　N—N　H
$AgClO_4$
$[Ag(ATCA)ClO_4]_n$
7-53　**7-54**

图 7.18　高能配合物 **7-54** 的合成路线

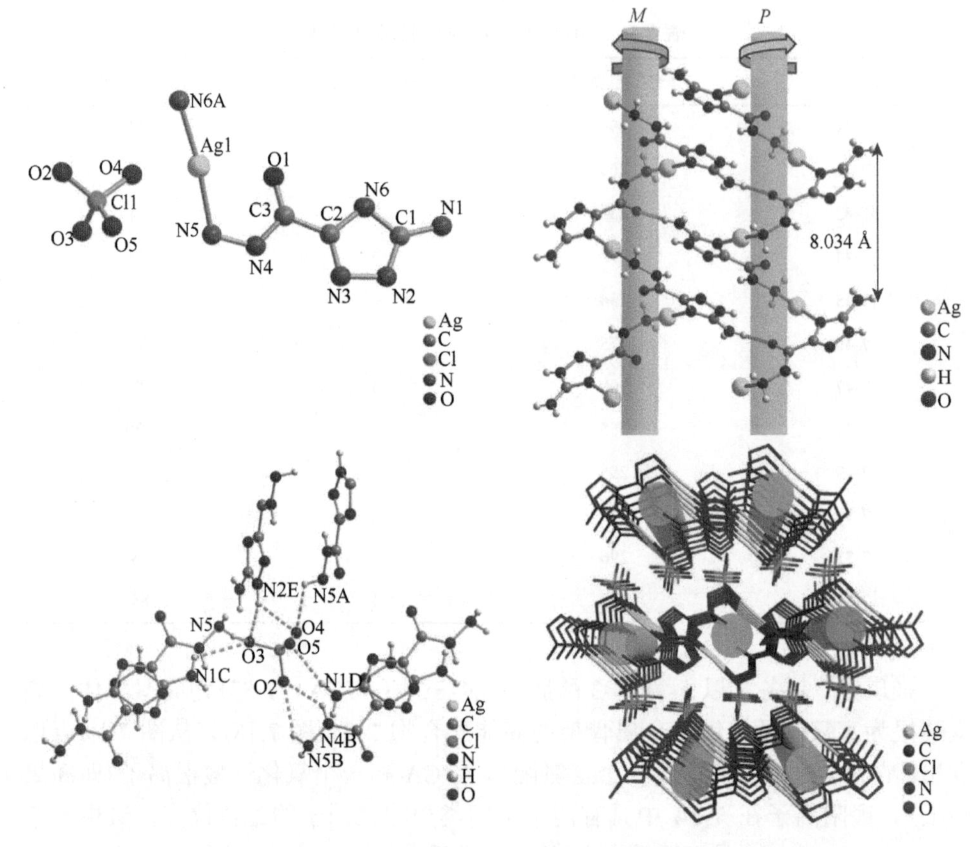

图 7.19 高能配合物 **7-54** 中 Ag(Ⅰ)的配位环境和两种不同的手性螺旋结构

另外，银阳离子嵌入由单螺旋链构成的夹层中，而高氯酸根则作为反作用阴离子。根据这一结果，可以得出结论，手性链也是阳离子螺旋结构。在螺旋循环中，主链两侧的 Ag(Ⅰ)阳离子附近有两个 ClO_4^- 自由基呈螺旋分布。此外，高氯酸盐对螺旋链的构型和稳定性也起着重要作用。它作为桥联配体，通过甲酰肼或氨基的氮原子之间以及与高氯酸盐自由基中的每个氧原子之间的多个氢键连接其周围的五个相邻螺旋链。N—H—O 的氢键长度在 2.839～3.257 Å 之间。这种效应大大缩短了单螺旋链之间的距离，形成了紧密的堆积，这对高能材料非常重要，因为它可以增加高能材料的有效密度，使能量释放更大。此外，通过这些相互作用，高氯酸根和由螺旋链组成的层被组装成电中性 3D 结构。此外，高氯酸盐的存在使这种 3D 结构保持高达−18.3%的氧平衡，这也意味着它应该具有良好的能量特性和启动能力。配合物 **7-54** 的爆速为 6800 m/s，分解温度为 230℃。与上面提到的配合物不同的是，**7-54** 具有对撞击和摩擦较高的敏感性(IS = 5 J，FS = 72 N)。通过激光点火实验，张琪等发现在着火后 72.68 ms 时出现爆轰波，即燃烧转爆轰的时间(DDT)。较高的分解温度、高的机械敏感性和短的燃烧转爆轰时间的特性使得该高能配合物可以被用作良好的起爆药。

以本身具有硝基的三唑结构作为配体是最常见的制备高能 MOF 的方法。3-硝基-1,2,4-三唑(NTZ，**7-55**)、5-氨基-3-硝基-1,2,4-三唑(ANTA，**7-59**)和 3-硝基-1,2,4-三唑-5-酮(NTO，**7-62**)是具有良好的稳定性和爆炸性能的含能化合物，陈三平、宋纪蓉、Adam J. Matzger 和张同来分别以 NTZ、ANTA 和 NTO[10-15]作为配体制备出以铜、银、锌和钴为金属组分的高能 MOF(图 7.20)，它们表现出出色的热稳定性、高密度和氧平衡。高能配合物 **7-56** 和 **7-57** 的结构研究表明，**7-56** 具有 Cu_2N_4 单元环的六元环和 $Cu_4N_8C_4$ 单元的十六元环，并且这些六元环和十六元环彼此进一步连接以产生紧密的 3D 网状结构(图 7.21)。**7-57** 表现出 1D 蝶形链结构，不对称单元由一个晶型上独立的Cu(Ⅱ)阳离子、一个NTZ配体、一个 N_3^- 和一个配位水分子组成(图7.22)。

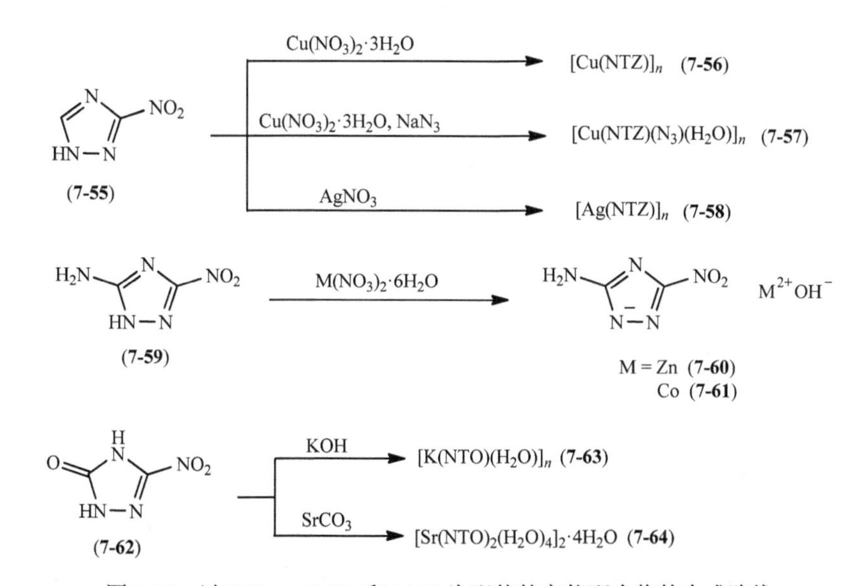

图 7.20 以 NTZ、ANTA 和 NTO 为配体的高能配合物的合成路线

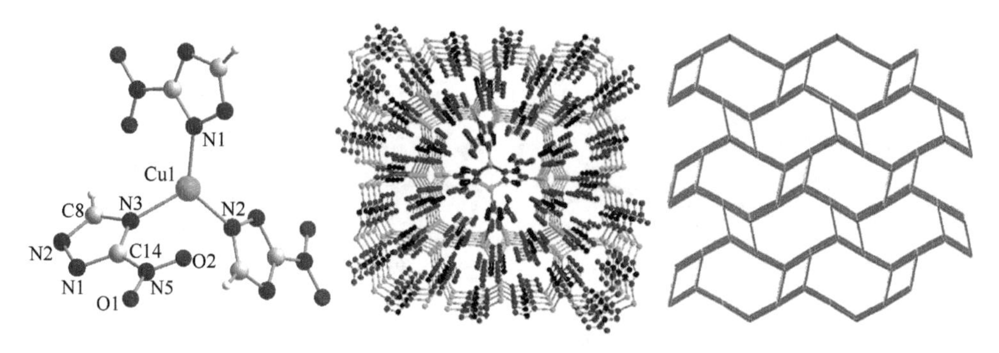

图 7.21 高能配合物 **7-56** 中 Cu(Ⅰ)离子的配位环境和 3D 框架结构以及拓扑的示意图

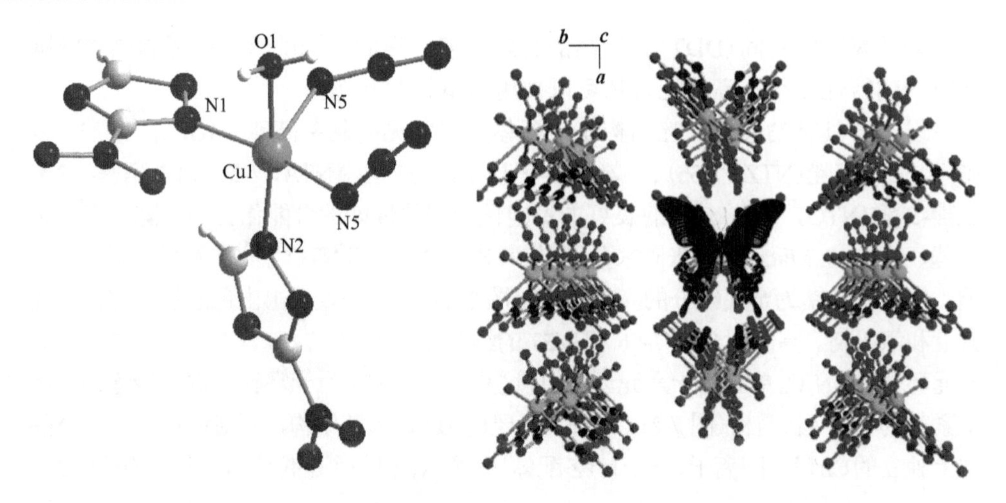

图 7.22　高能配合物 **7-57** 的 Cu(Ⅱ)离子的配位环境和 3D 框架结构

在高能配合物 **7-60** 的结构中，金属离子 Zn 表现出四面体构型，并由两个去质子化的 ANTA 和两个氢氧根离子配位。在图 7.23 中，**7-60** 氢氧化物桥接金属离子并形成一维 1D $[M(OH)]_n^+$ 链，该链通过 ANTA 的阴离子连接，形成 2D 网络。ANTA 的阴离子定向垂直于波纹状的 2D 层，使得相邻的 ANTA 阴离子的硝基和氨基交替地从层中突出。与上述两组 MOF 不同的是陈三平还通过掺入叠氮阴离子的方法制备了具有两种高能配体的 MOF **7-63** 和 **7-64**，它们具有十分出色的热稳定性(表 7.6)，**7-63** 的晶体结构见图 7.24。

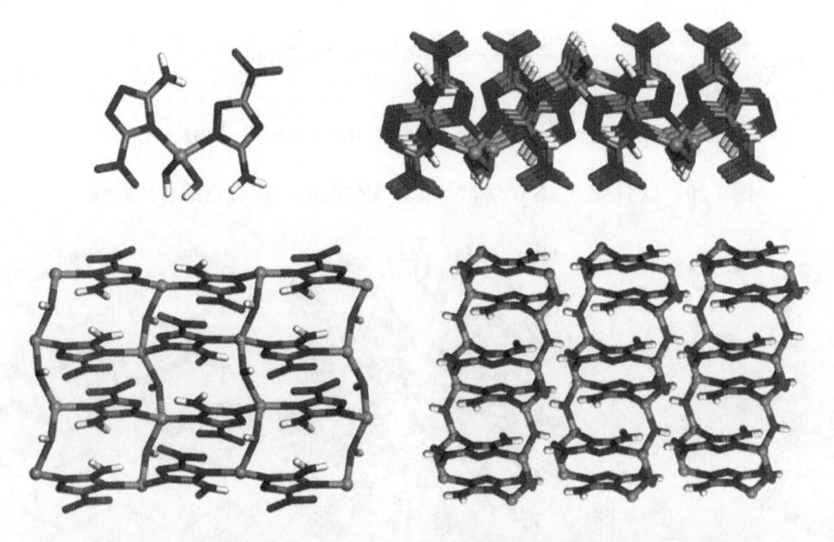

图 7.23　高能配合物 **7-60** 中 Zn 离子的配位环境和 2D 填充结构

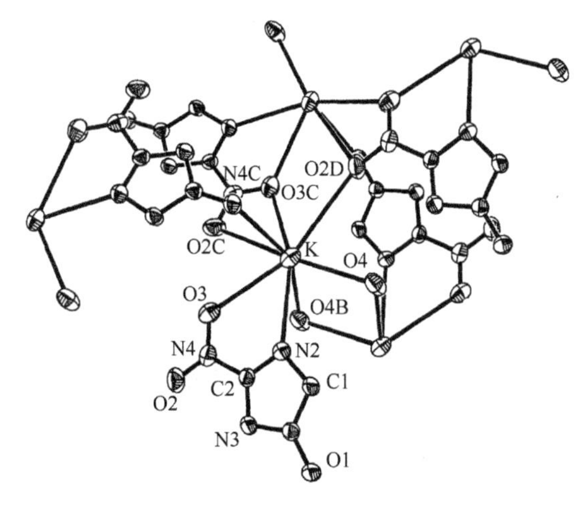

图 7.24　高能配合物 **7-63** 的晶体结构

表 7.6　7-56～7-64 的物化性能数据表

化合物	密度/(g/cm^3)	分解温度/℃	爆热/(kcal/g)	爆速/(m/s)	爆压/GPa
7-56	2.428	315	1.65	7970	33.1
7-57	2.218	108.8	0.034	2220	4.46
7-58	3.121	305	1.163	7938	36.47
7-60	2.405	330	—	—	—
7-61	2.326	310	—	—	—
7-63	1.892	—	—	—	—
7-64	1.936	—	—	—	—

硝基是最有效的供氧基团，因此提高 MOF 结构中的硝基数量能够明显地提高高能 MOF 的氧平衡。陆明等[16]以硝仿三唑羧酸为高氧含量的高能配体通过分别与金属碘化物和金属硝酸盐反应得到了具有不同氧平衡的多硝基高能 MOF(图 7.25)。这些高能 MOF 中 Ag 基 MOF(**7-70**)拥有最高的氧平衡和最好的能量性能。在晶体结构方面(图 7.26)，**7-70** 的硝基不参与形成氢键，且相邻的 2D 层(纵向)彼此以硝仿基团相互接近的方式排列，这使得当 MOF 受到外部机械刺激时可以在硝仿基团附近的空腔中产生导致燃烧或爆炸的“热点”，而横向的相邻 2D 薄层间则通过配位键 Ag—N3 将彼此紧密相关联(层间距为 2.735 Å)。这种结构特点赋予了 **7-70** 具有硝仿含能化合物中较高的分解温度(189.9℃)、出色的氧平衡(OB(CO_2) = –4.3%))和出众的爆轰性能(D = 8740 m/s，P = 41.1 GPa)，此外由于 Ag 的高传热效率，**7-70** 对高氯酸铵(AP)的分解有明显的促进分解作用(AP

的最高分解温度提前了 85.5℃)(表 7.7)。这为高氧含量高能 MOF 的制备和应用提供了有价值的参考意义。

NO_2 O_2N O_2N N N COOH N (7-65)

金属碘化物 → NO_2 O_2N N N COOH N M^+ M = K (**7-66**) Rb (**7-67**) Cs (**7-68**)

金属硝酸盐 → NO_2 O_2N O_2N N N COO^- N M^+ M = K (**7-69**) Ag (**7-70**)

图 7.25 富氧高能 MOF **7-66**～**7-70** 的合成路线

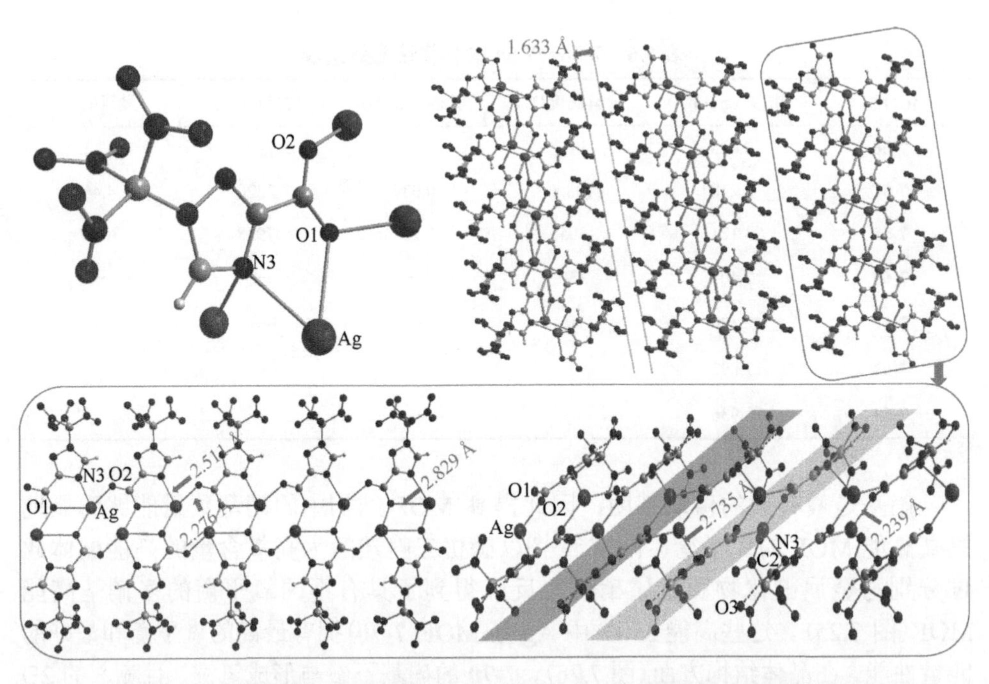

图 7.26 **7-70** 中配位环境配位键的分布图，以及相邻薄层之间的连接结构

表 7.7 富氧高能 MOF 7-66～7-70 的物化性能数据表

化合物	密度/(g/cm^3)	氧平衡/%	分解温度/℃	爆热/(kcal/g)	爆速/(m/s)	爆压/GPa	撞击感度/J	摩擦感度/N
7-66	2.001	–21.1	168.1	1.12	7730	28.1	2.0	80
7-67	2.297	–17.9	153.9	—	—	—	2.0	80

续表

化合物	密度/(g/cm^3)	氧平衡/%	分解温度/℃	爆热/(kcal/g)	爆速/(m/s)	爆压/GPa	撞击感度/J	摩擦感度/N
7-68	2.301	−13.4	144.4	—	—	—	2.5	80
7-69	1.880	−7.9	161.9	1.16	7910	28.5	1.5	60
7-70	2.595	−4.3	189.9	1.21	8740	41.1	1.5	50

范桂娟等[17]通过将具有两个偕氯二硝基甲基的 1,2,3-三唑与碘化钾反应得到了二(二硝甲基)-1,2,3-三唑的二钾盐 MOF(图 7.27)。**7-72** 中 K^+由于其配体的高结构对称性而在 1,2,3-三唑框架的两侧与 N 原子配位。氢键的存在以及 O 原子和 N 原子与 K^+配位使得 **7-72** 显示出笼状的 3D 框架(图 7.28)。该 MOF 的密度为 2.04 g/cm^3，加之其较高的硝基数量(高的氧平衡)使得该高能 MOF 的爆速达到了 8715 m/s。同时也由于二硝基甲基的低稳定性，**7-72** 表现出较高的机械敏感性，这也促使其可以作为起爆药被用于起爆设备中。

KI

CH_3OH,室温

7-71　　**7-72**

图 7.27　多硝基高能 MOF **7-72** 的合成路线

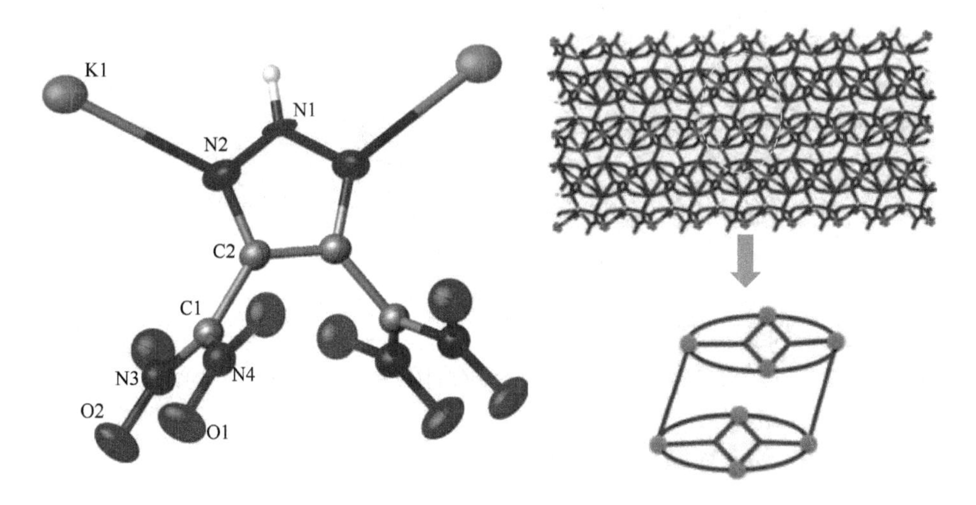

图 7.28　**7-72** 的晶体结构和 3D 框架

与上述不同的是张嘉恒等[18]选择通过采用不同的硝基源(硝仿基、硝胺基和硝基)来进一步提升整体的氧平衡，如图 7.29 所示。在 **7-74** 中，每个 K^+与两个高能阴离子和两个水分子配位，每个高能阴离子与三个 K^+配位(图 7.30)。K—O 键长范围为 2.687～2.872 Å，K—N 键长度为 2.791 Å。由 K1、O1、N1、N2、N3 和 C1 形成的六元环出现在与三唑环大致相同的平面上。两组([K1，O1，N3]和[O1，N2，N3])定义的两个平面之间的二面角为 15.627°。每个水分子与两个 K^+配位，K^+和水分子形成的无机链通过高能阴离子进一步连接，得到 2D 层状结构并且在分层结构中观察到沿[010]方向具有四边形窗口的一维通道[图 7.30(b)]。其氧平衡 OB(CO_2)为 + 14.77%，爆速达到了 8739 m/s，但由于硝仿基团的影响，**7-74** 的分解温度仅有 115℃。

7-73 —— KOH, CH_3OH,室温 → **7-74**

图 7.29 高氧平衡 MOF **7-74** 的合成路线

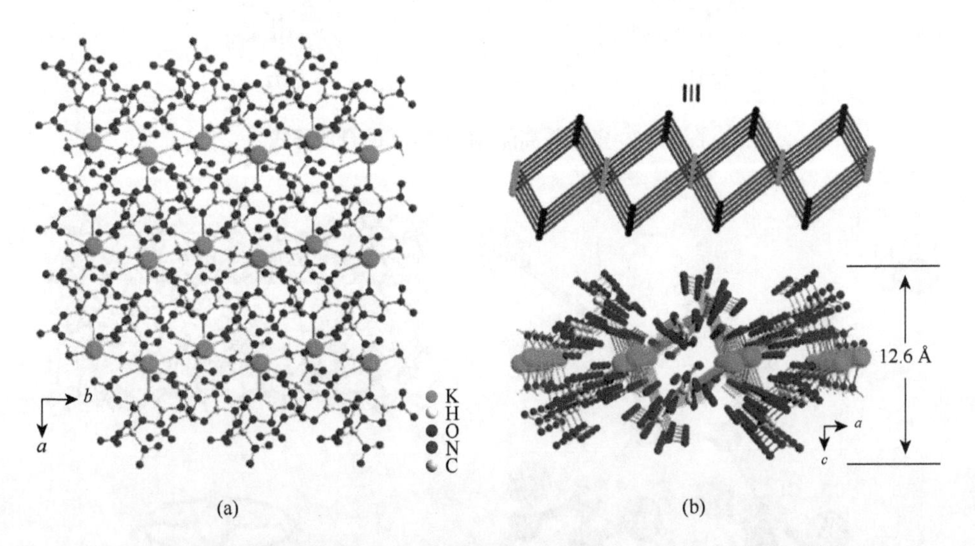

图 7.30 高氧平衡 MOF **7-74** 分别沿[001](a)和[010](b)方向的层结构

7.1.3 四唑类高能金属有机骨架

四唑环是单环生成焓和含氮量最高的氮杂环类结构，也是当前最受青睐的用

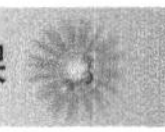

于制备高能 MOF 的高能配体。但由于四唑结构的特性，因此由其形成的单环配体通常由碳原子上的取代基不同而进行区别。5-甲基四唑是最简单的四唑衍生物，由于其高氮量，而常被作为高能 MOF 的配体。陆明等[19]通过原位反应的方法以乙腈、叠氮化钠和硝酸银为原料在水热条件下直接得到了以 5-甲基四唑为配体的高能 MOF(**7-75**)(图 7.31)。**7-75** 具有网状二维(2D)层，其通过相邻层中的配体之间的 π-π 相互作用连接，以形成 3D 超分子结构，如图 7.32 所示。

$$CH_3CN + NaN_3 \xrightarrow{AgNO_3} [Ag(Mtta)]_n \ (\textbf{7-75})$$

图 7.31　5-甲基四唑基的高氮 MOF **7-75** 的合成路线

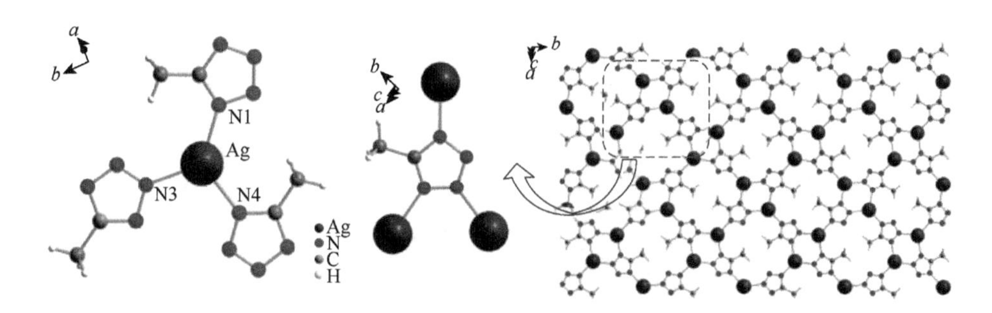

图 7.32　在 **7-75** 中 Ag(Ⅰ)和配体的配位环境以及 3D 超分子框架

5-乙酸基四唑(tza)是很常见的一种四唑结构，首次被陈三平等[20,21]以高能 MOF 的配体被报道，如图 7.33 所示。由于四唑结构所带来的高生成焓，**7-77**、**7-78**、**7-79** 和 **7-80** 具有较高的爆热。对于 **7-77** 和 **7-78**，各种配位环境的银离子与具有不同配位模式的有机配体连接，有助于构建结构致密的 3D MOF(图 7.34 和图 7.35)。同时由于银本身的高密度性，整体密度较高，分别为 $\rho_{(7\text{-}77)} = 2.572\ g/cm^3$ 和 $\rho_{(7\text{-}78)} = 2.566\ g/cm^3$，这种高爆热和高密度的特点促使 **7-77** 和 **7-78** 在没有其他含能官能团的存在下仍然表现出良好的爆轰性能($D_{(7\text{-}77)} = 8016\ m/s$，$D_{(7\text{-}78)} = 8089\ m/s$)。

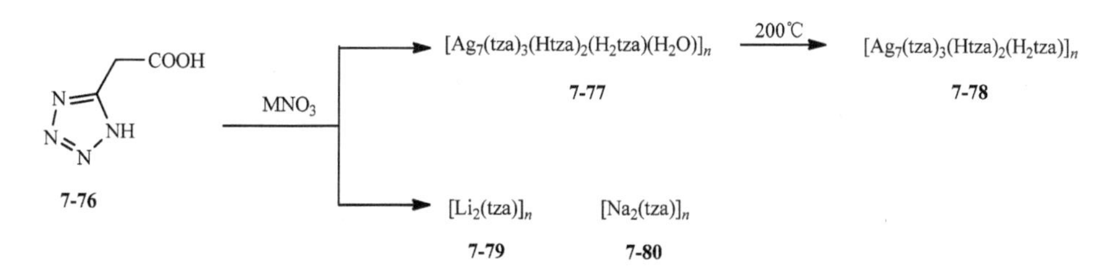

图 7.33　基于 5-乙酸基四唑的高能 MOF 的合成路线

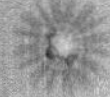

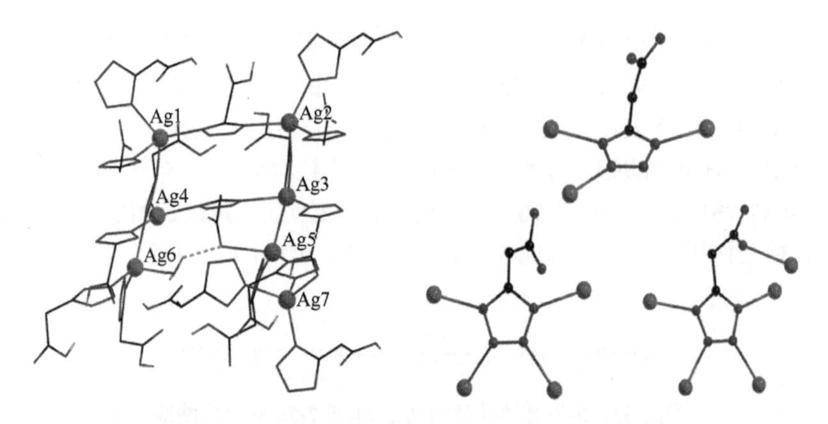

图 7.34　**7-77** 的 Ag1～Ag7 和有机配体的配位环境

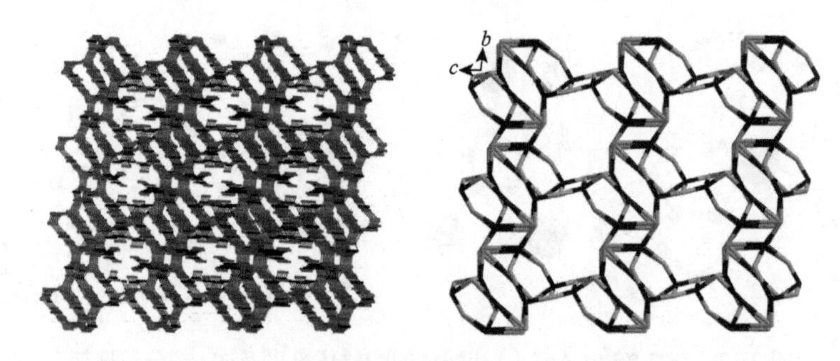

图 7.35　**7-77** 的 3D 框架和 3D 拓扑网络

7-79 的每个不对称单元存在两个 Li1 离子和一个 tza^{2-}离子。对于 Li1 离子，由两个羧基 O 原子(O1C 和 O2B)和来自四种不同 tza^{2-}配体的两种原子(N2 和 N4A)配位。Li2 被两个羧基 O 原子(O1C 和 O2D)和两个 N 原子(N1 和 N3E)包围，表明与 Li1 具有相似的配位情况(图 7.36)。**7-79** 配体的高氮氧含量赋予了其高达 3.475 kcal/g 的爆热，除了高爆热外，**7-79** 还具有高达 403℃的分解温度，这使得它可以作为出色的耐热炸药被应用于航空航天领域。

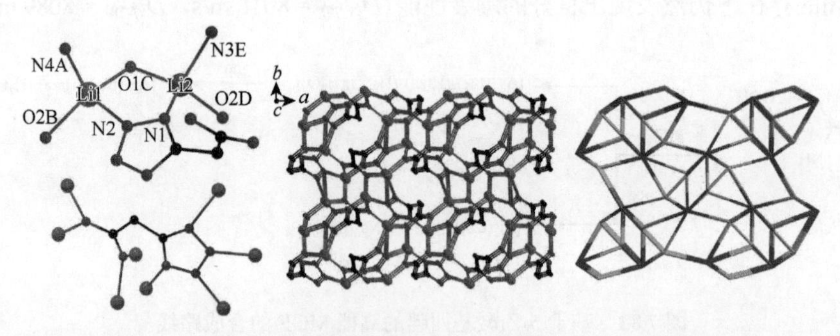

图 7.36　**7-79** 中离子的配位环境、3D 框架以及 3D 拓扑网络

同样是作为碳原子被非含能官能团取代的四唑结构 5-氨基四唑(**7-82**)和 5-甲酸乙酯基四唑(**7-81**)被林建地等[22]作为混合配体(图 7.37)。在 **7-83** 的不对称单元中，存在两个独立的锌(Ⅱ)离子、两个 ATZ^-阴离子和两个 TZ^-阴离子(图 7.38)。两种锌(Ⅱ)离子都处于有点扭曲的四面体环境中。结构中 Zn—N 的键长从 1.9734(11) Å 到 2.0157(11) Å 不等，这与之前报道的 Zn(Ⅱ)/杂环氮 MOF 的值一致。TZ^-配体连接 Zn1(Ⅱ)离子以生成 3D 钻石结构，而 ATZ^-配体连接 Zn2(Ⅱ)离子以构建另一个 3D 钻石结构。并且通过两个独立的 3D 菱形骨架彼此互连的形式实现最终的 3D 互渗透高能 MOF(图 7.38)。该 MOF **7-83** 的氮含量达到了 57.66%，且具备出色的热稳定性(T_d = 332℃)和极低的对机械刺激的敏感性(IS＞40 J，FS＞360 N)。

$COOC_2H_5$ (7-81) + NH_2 (7-82) $\xrightarrow{Zn(NO_3)_2\cdot 6H_2O}$ $[Zn_2(ATZ)_2(TZ)_2]_n$ (7-83)

7-81　　**7-82**　　**7-83**

图 7.37　以两种四唑结构为配体的高能 MOF **7-83** 的合成路线

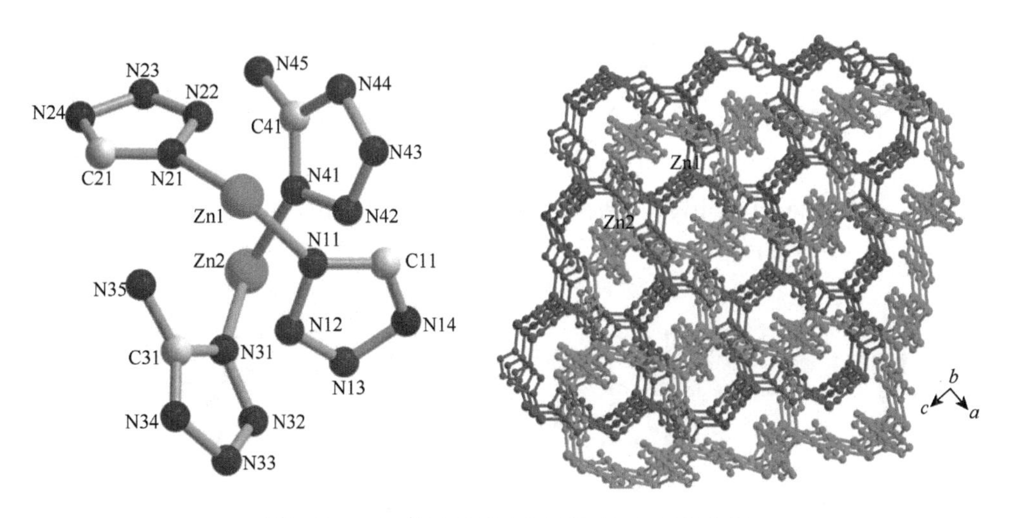

图 7.38　**7-83** 的不对称单元结构和 3D 网络结构

与 **7-77**～**7-80** 不同，陈三平等[21,23]采用四唑上氮原子取代羧基的结构 **7-84** 和 **7-86** 作为配体与硝酸金属盐(银、锂、钠)发生水热反应得到了相应的四种高氮 MOF **7-85**、**7-87**、**7-88** 和 **7-89**(图 7.39)。**7-85** 结构中 tza^{-1} 配体采用单态桥接模式来连接四种相应的 Ag(Ⅰ)离子，通过 Ag 与配体中的 N2 和 O1 原子配位扩展为 3D 骨架(图 7.40)。在图 7.41 的 **7-87** 结构中 Ag(Ⅰ)中心位于三角形几何形状中，

COOH

N

N

N

N

(**7-84**)

$AgNO_3$

$[Ag(tza)]_n$

(**7-85**)

H_2N

COOH

N

N

N

N

(**7-86**)

MNO_3

$[Ag(atza)]_n$ (**7-87**)

$[Li(atza)]_n$ (**7-88**)

$[Na(atza)]_n$ (**7-89**)

图 7.39　氮原子上乙酸基取代的高能 MOF 的合成路线

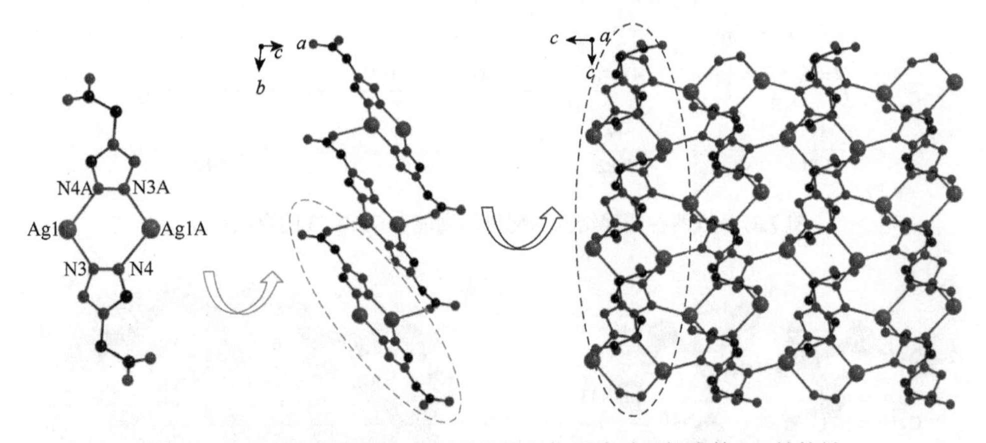

图 7.40　**7-85** 中银离子和有机配体的配位环境以及组成的 1D 结构链

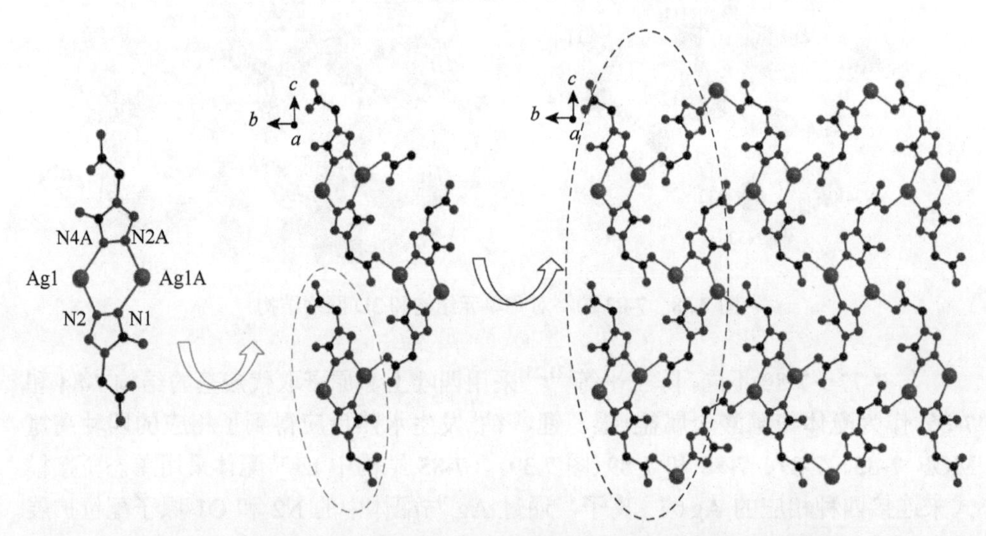

图 7.41　**7-87** 中银离子和有机配体的配位环境以及组成的 1D 结构链

由来自 atza^{-1}配体的两个氮原子和一个氧原子组成，并且通过配体连接产生沿 *bc* 平面延伸的 2D 层。

由于四唑结构的高氮量和高的生成焓这些 MOF 表现出较高的爆热(均高于传统的高能炸药 RDX 和 HMX)，其中 **7-88** 的爆热达到了 3.112 kcal/g。在稳定性上，这些 MOF 都具有不错的表现，它们的分解温度都大于 250℃，其中 **7-88** 的分解温度最高，其分解温度为 306℃，而且对机械的刺激也不敏感，这可能是羧基作为主要配位点的原因之一。在爆轰性能上，由于 Ag 所带来的高密度性，**7-85** 和 **7-87** 的爆速分别达到 8698 m/s 和 8620 m/s。

氨基-5-酮基四唑 ATO(**7-90**)是出众的高能化合物，常作为高能 MOF 的重要配体。张建国等[24]就以 ATO 作为高氮配体与金属碳酸盐反应得到了 9 种不同形状的 1D、2D 和 3D 结构的高能 MOF **7-91**～**7-99**，并且每种金属以特定的方式结合(图 7.42)。由于大多数 MOF 中都含有水分子，这在很大程度上降低了它们的爆热的计算值和密度的实测值，这导致了这些高能 MOF 的爆轰性能并不出色，它们的爆速在 6830～8110 m/s 之间(表 7.8)，**7-93** 的高爆速得益于其不含水的结构(图 7.43)。**7-93** 具备了该系列高能 MOF 中最为出色的爆轰性能，其爆速为 8110 m/s。**7-93** 中的 K 金属中心具有扭曲的多面体配位几何形状，并且 2D 层中相邻的 K 离子由两个方向上的 ATO 配体相关联，2D 层互相交叠形成 3D 框架。

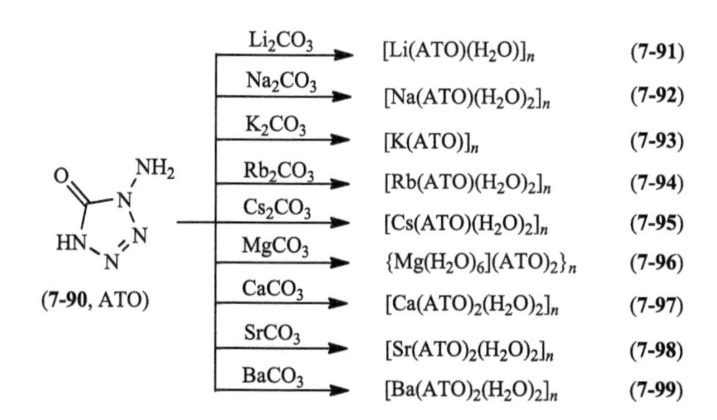

图 7.42　以 ATO 为高能配体的高能 MOF 的合成路线

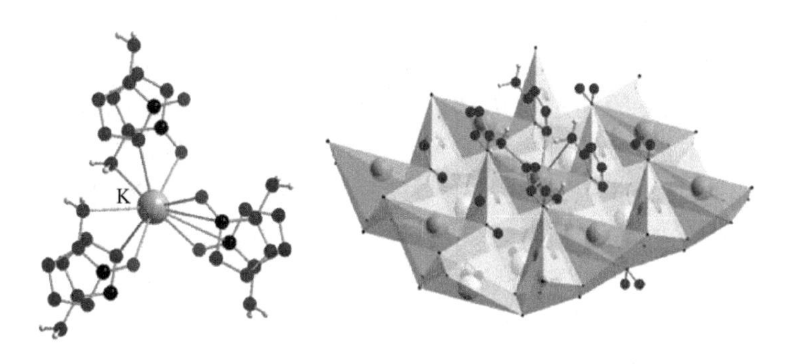

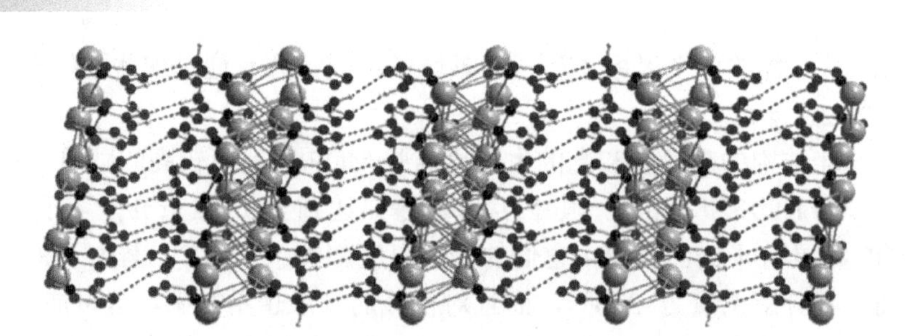

图 7.43　**7-93** 中 K 金属中心周围的配位环境、2D 层以及形成的 3D 网络

表 7.8　7-91～7-99 的物化性能数据表

化合物	密度/(g/cm^3)	爆速/(m/s)	爆压/GPa	撞击感度/J	摩擦感度/N	焰色
7-91	1.602	7300	16.81	＞40	＞360	紫红色
7-92	1.701	7300	16.53	36	＞360	黄色
7-93	2.067	8110	24.51	＞40	＞360	淡紫色
7-94	2.118	—	—	＞40	＞360	紫色
7-95	2.411	—	—	＞40	＞360	蓝色
7-96	1.562	6880	19.02	＞40	＞360	白色
7-97	1.705	6830	18.50	＞40	＞360	砖红色
7-98	—	—	—	＞40	＞360	洋红色
7-99	2.575	6980	21.92	＞40	＞360	蓝色

同时，**7-94** 的 Rb 阳离子与来自三个 ATO 配体的五个氮原子，来自三个水分子的三种氧原子，以及来自另一种 ATO 配体的一种氧和一个碳原子配位。在图 7.44 中，**7-94** 显示出规整的 2D 层，其中相邻的 Rb 金属中心在两个方向上通过 ATO 配体连接，以形成几乎方形的栅格。相邻的层通过氢键彼此紧密相关，得到稳定的 3D 网络结构。由于配位金属不同，这些 MOF 在燃烧时表现出不同的焰色，为它们成为各种“绿色”烟火剂配方带来了可行性。

羟基四唑是潜在的高能化合物，其首次被 Thomas M. Klapötke 等[25]所报道，其合成路线如图 7.45 所示。1-羟基-5*H*-四唑(**7-101**)具有低的熔点和较高的酸性，这极大地导致其可以被进一步作为高氮含量的高能配体带来了可能。Thomas M. Klapötke 等通过将 **7-101** 与硝酸银在水溶液中反应直接得到了相应的银基高能 MOF **7-102**。图 7.46 显示了 **7-102** 的晶体结构，所有的银离子都通过配位键(Ag—N4、Ag—N3 和 Ag—O1)与周围三个高能配体阴离子进行配位。与中性配体相比，**7-102** 具有对机械和静电极高的敏感性(IS＜1 J，FS = 1N，ESD＜0.28 mJ)，起爆药起爆测试结果显示其能起爆季戊四醇四硝酸酯(PETN)的最小起爆药量为 50 mg，这说明 **7-102** 可以作为起爆药被应用于相应的起爆设备中。

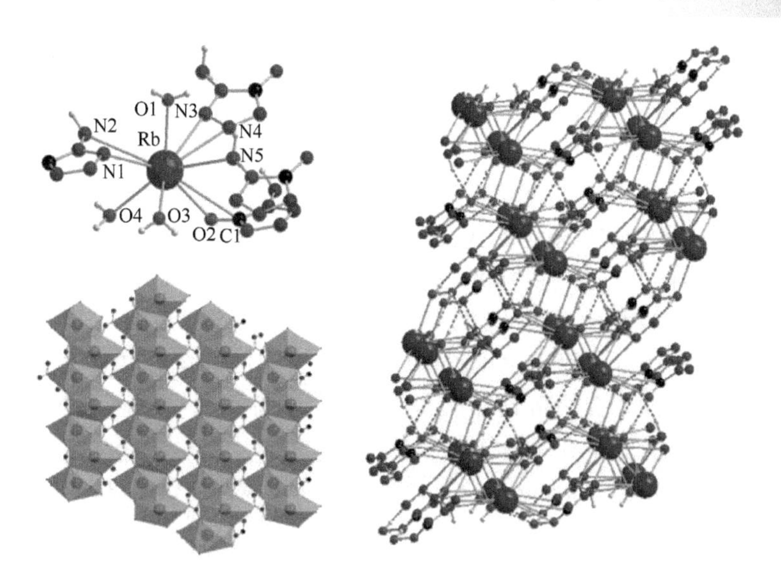

图 7.44　**7-94** 的配位环境、2D 层和 3D 网络结构

HO–N1, NH_2 (N, N, N) **7-100** —(1.$NaNO_2$, H_2SO_4; 2. Cu)→ HO–N (N, N, N) **7-101** —($AgNO_3$)→ Ag^+ O^-–N (N, N, N) **7-102**

图 7.45　基于羟基四唑的高能 MOF(**7-102**)的合成路线

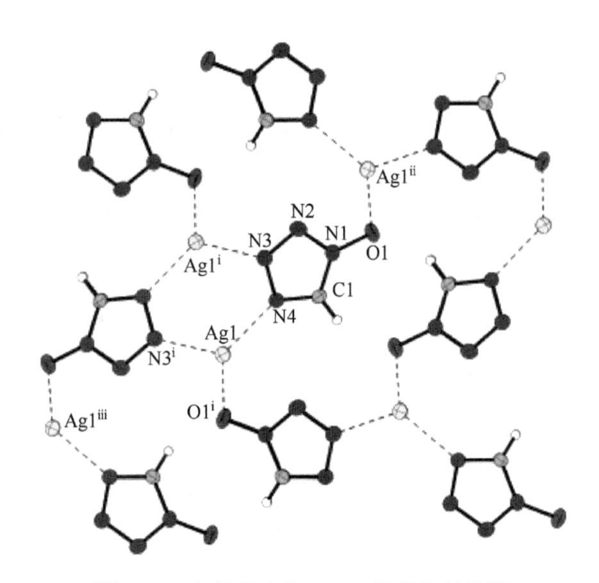

图 7.46　高能配合物 **7-102** 的晶体结构图

与 5-甲基四唑结构相似的 5-氨基四唑也是很好地制备高能材料的前体，它不仅具有高的氮含量，还具有良好的热稳定性。尽管如此，单独直接将其作为高能配体的报道仍然很少见。陈三平等[26]将 5-氨基四唑、叠氮化钠和硝酸银在水热条件下反应得到了以 5-氨基四唑和叠氮根为高能配体的高能 MOF **7-104**(图 7.47)。在单晶模型中能够观察到两个 Ag 分别与来自 5-氨基四唑和叠氮基的氮原子间产生配位作用，以完成扭曲的四面体几何形状。5-氨基四唑配体的氮原子与 Ag2 原子具有较强的配位作用，而叠氮基团的氮原子与 Ag1 原子间也产生了较强的配位作用。这两个不同的单元进一步彼此间隔，以产生压实的 3D 框架结构(图 7.48)。由于高氮含量和 Ag 的多配位现象，该高能 MOF 的密度达到 3.4 g/cm^3，遗憾的是对爆炸产物的能量贡献很小(只有 3.5%)，这导致了该 MOF 的爆热并不高(Q = 0.6 kcal/g)，最终表现为爆轰性能较差(D = 7000 m/s)。

$$\underset{\textbf{7-103}}{\text{5-氨基四唑}} + NaN_3 \xrightarrow{AgNO_3} \underset{\textbf{7-104}}{[Ag_2(5\text{-}ATZ)(N_3)]_n}$$

图 7.47　基于 5-氨基四唑和叠氮根的高能配合物 **7-104** 的合成路线

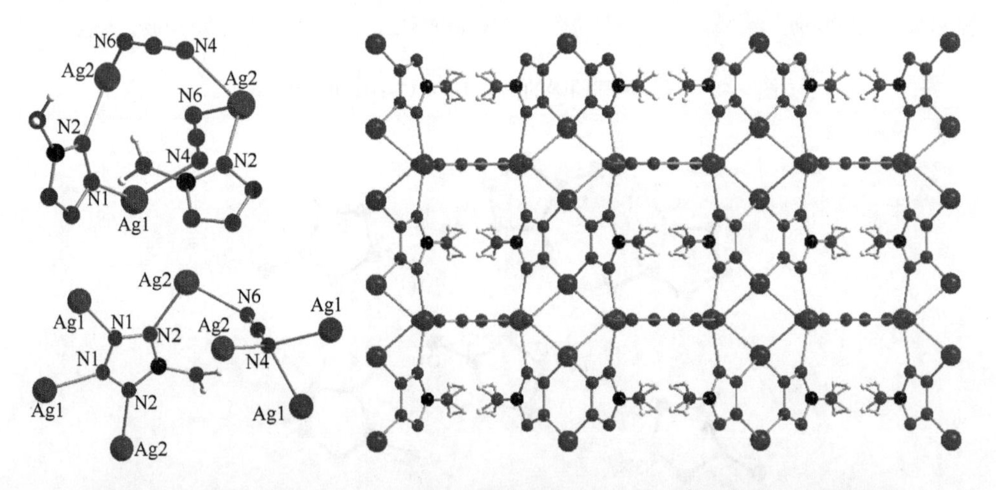

图 7.48　**7-104** 中 Ag(Ⅰ)中心和配体配位模式以及 3D 交错结构和 3D 框架结构

1,5-二氨基四唑是由 Stollé 等[27]首次报道的具有高能量密度特性的高氮化合物，与 5-氨基四唑相比，它具有更高的氮含量和生成焓，并且配位能力很强，可作为中性分子配体与金属离子形成配合物。目前以 DAT 为高氮配体的金属配合物已有很多被报道，它们多以高氯酸根、硝酸根、氯离子和叠氮离子为第二能量配

体，金属钴、铬、锰和铜为金属配体[28-33](图 7.49)。单晶结构图见图 7.50，这些高能配合物具有良好的热稳定性。

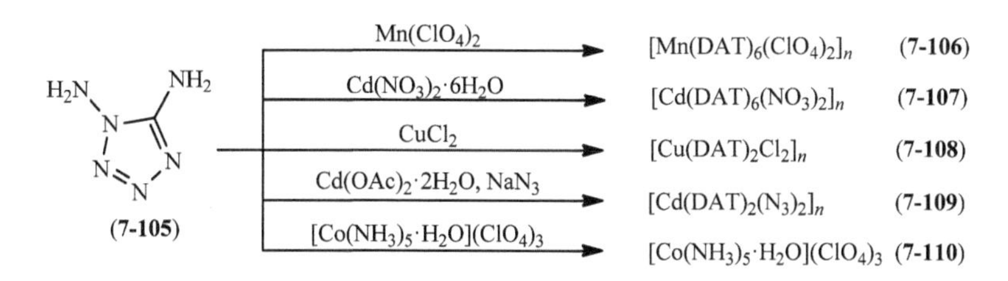

图 7.49　基于二氨基四唑的高能配合物 **7-106**～**7-110** 的合成路线

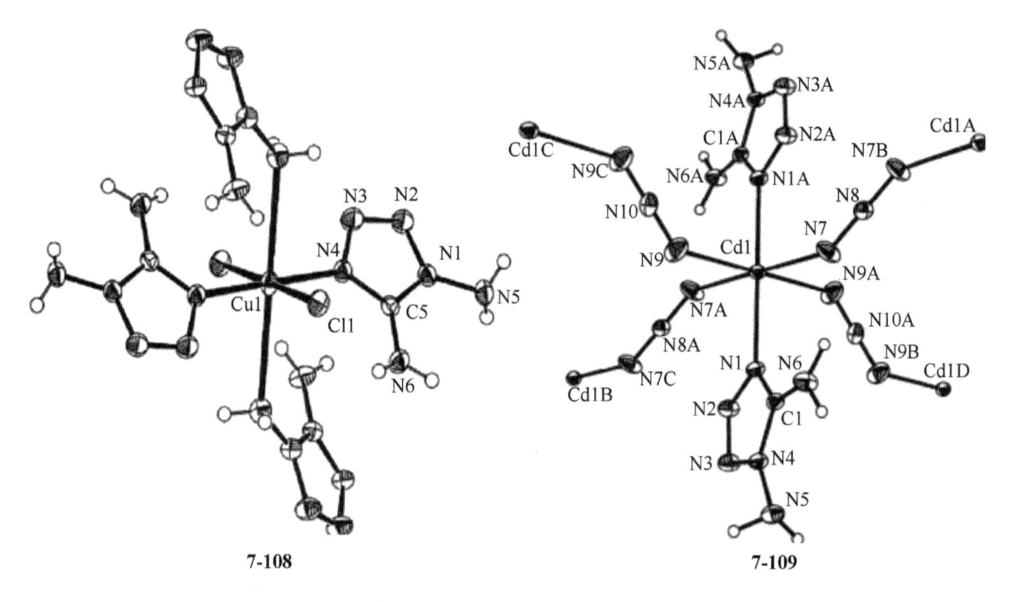

图 7.50　高能配合物 **7-108** 和 **7-109** 的单晶结构图

5-硝基四唑是由 5-氨基四唑氧化得到的高能量密度材料，根据 5-硝基四唑制备的一些金属配合物，如 5-硝基四唑铜和 5-硝基四唑铅(图 7.51)，从热稳定性和机械感度来看，它们都是潜在的高能起爆药，但由于 5-硝基四唑以较大的晶体颗粒的形式存在，其流变性较差不利于实际的应用，而 5-硝基四唑铅则由于铅的高毒性不能很好地满足“绿色”高能材料的发展需求。相对于 5-硝基四唑铜来说，5-硝基四唑亚铜更适合实际的使用[34,35]。

5-硝基四唑和 1,5-二氨基四唑一样具有出色的高配位性，因此可以与其他富氧酸(高氯酸和硝酸)共同与金属配位得到聚合度较高的富氧高能配合物，陆明等[36]就以 5-硝基四唑为高能配体通过将其形成 5-硝基四唑银然后再与硝酸或

NH_2 / HN–N=N–N 四唑 $\xrightarrow{NaNO_3,\ CuSO_4}$ Cu^{2+} $[\,5\text{-}NO_2\text{-tetrazolate}\,]_2$

7-111

NO_2 四唑 $(H_2O)_4$ $\xrightarrow[CuCl]{NaOH}$ Cu^{+} $[\,5\text{-}NO_2\text{-tetrazolate}\,]$

7-112

图 7.51　5-硝基四唑铜和 5-硝基四唑亚铜的合成路线

高氯酸反应得到高能配合物 **7-113** 和 **7-114**(图 7.52)。**7-113** 和 **7-114** 表现出非常相似的刚性的三维结构，这可能对 ECP 的密度和热稳定性表现出积极影响。两种堆积结构都由五个环以交叉排列方式组成，并且每个环由 4 个富氧阴离子、8 个银离子和 8 个 5-NT 配体组成(图 7.53 和图 7.54)。因此，这些高能配合物不仅具有良好的热稳定性，还具有正的氧平衡($OB_{(7\text{-}113)} = 0.7\%$和 $OB_{(7\text{-}114)} = 1.5\%$)，这些参数共同影响使得它们可以作为潜在的高能起爆药。

5-硝基四唑 $\xrightarrow{AgNO_3}$ 5-硝基四唑-1-Ag $\xrightarrow{HNO_3}$ $[Ag_5NT_4NO_3]_n$　(**7-113**)

5-硝基四唑 $\xrightarrow{AgClO_4}$ 5-硝基四唑-1-Ag $\xrightarrow{HClO_4}$ $[Ag_5NT_4ClO_4]_n$　(**7-114**)

图 7.52　基于 5-硝基四唑的富氧高能配合物的合成路线

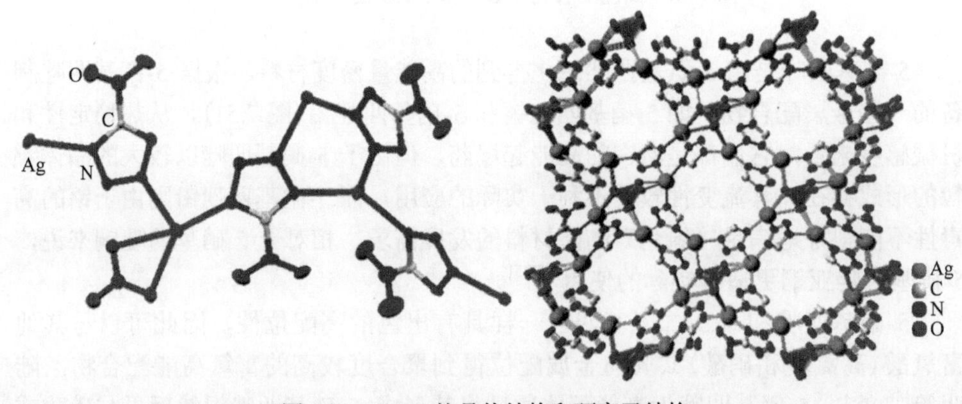

图 7.53　**7-113** 的晶体结构和环交叉结构

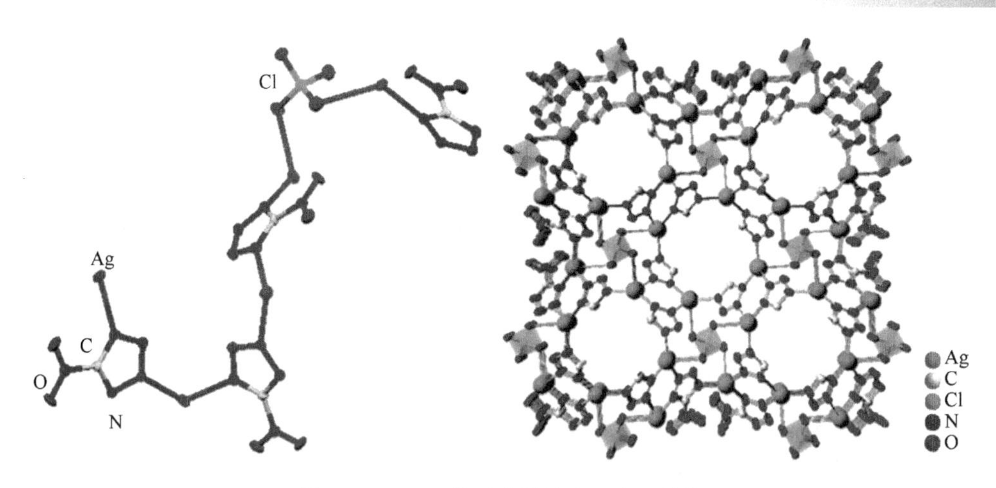

图 7.54 **7-114** 的晶体结构和环交叉结构

7.2 双环唑类高能金属有机骨架

7.2.1 双二唑环类高能金属有机骨架

4-氨基-3,5-二硝基吡唑(LLM-116，**7-115**)是著名的钝感炸药，其氨基和硝基的作用致使该化合物整体的生成焓较低，这在一方面弱化了其能量性能。周志明等[37]通过在碱性条件下用高锰酸钾促进 LLM-116 进行偶氮作用得到了新型高能 MOF **7-116**(图 7.55)。在二维结构中，第一柱由 K—O 键连接，第二柱由 K—N 键连接，形成二维多孔框架。相邻的四个 K 原子与一个平面内包含的两个硝基中的四个 O 原子配位。在 **7-116** 的三维网络中，中心配体与 12 个钾离子配位，为高晶体密度奠定了基础(图 7.56)，使得该化合物具备出色的热稳定性($T_d = 315$℃)，同时由于结构中形成了具有比氨基更高生成焓的偶氮结构，促使整个 MOF 的能量水平较高，其爆速达到了 8275 m/s。

NH_2, O_2N, NO_2, HN, N

$KMnO_4$, KOH

K^+, NO_2, O_2N, N=N

7-115, LLM-16　　　　**7-116**

图 7.55 **7-116** 的合成路线

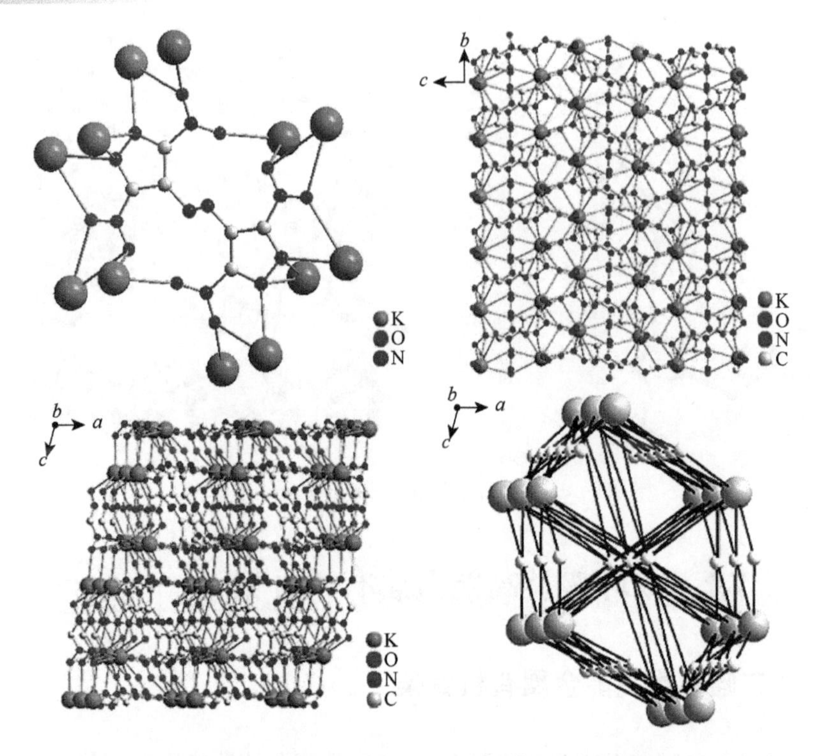

图 7.56 离子盐 **7-116** 的晶体结构及 3D 框架

7.2.2 双三唑环类高能金属有机骨架

通常情况下三唑环由 C—C 或—N═N—键相连接，因此与单环三唑相比，双环体系具有更高的热稳定性和生成焓，这是其作为高能 MOF 配体的极有利的优点。偶氮二氨基三唑(atrz，**7-117**)结构中的四氮链赋予了整体结构的高能量性能，庞思平等[38-40]以 **7-117** 为高能配体与硝酸铜、硝酸银和高氯酸锌在水热条件下分别得到了以铜、银和锌为金属组元的高能配合物 **7-118**、**7-120** 和 **7-121**(图 7.57)。配合物 **7-118** 的不对称单元由一个 Cu(Ⅱ)原子、三个 atrz 配体和两个硝酸盐阴离子组成。Cu(Ⅱ)原子由六个 atrz 氮原子在一个正八面体中六配位，Cu—N 键长为 2.010～2.030 Å。赤道面由四个氮原子(N1′、N5、N6 和 N7)和一个铜原子(Cu1)配位而成。轴向位置由 N8 和 N9 原子占据，N8—Cu1—N9 键角为 180°。所有 Cu(Ⅱ)原子都具有相同的八面体几何配位环境。在三维结构中，每个 atrz 作为一个双齿桥联两个 Cu(Ⅱ)中心，形成一个三维等边三角形多孔框架，其尺寸约为 69.50 $Å^2$(图 7.58)。

配合物 **7-121** 的不对称单元由一个 Zn(Ⅱ)原子、三个能量 atrz 配体和两个非配位的 ClO_4^- 组成(图 7.59)。Zn(Ⅱ)原子由六个 atrz 氮原子在正八面体中配位。

每个 atrz 分子连接两个相邻的 Zn(Ⅱ)中心，从而延伸到 2D 无限层中，并通过 Zn—N 键产生 3D 柱形框架结构(图 7.59)。该框架具有一维(1D)三角形通道，直径为 4.10 Å(最大圆圈)，通道中充满了电荷平衡的无序 ClO_4^- 阴离子和晶格水分子，这些分子无法通过单晶 X 射线衍射完全映射，同时，在高对称结构中观察到沿轴的相邻层之间的距离长达 10.10 Å(*c* 轴的长度)。

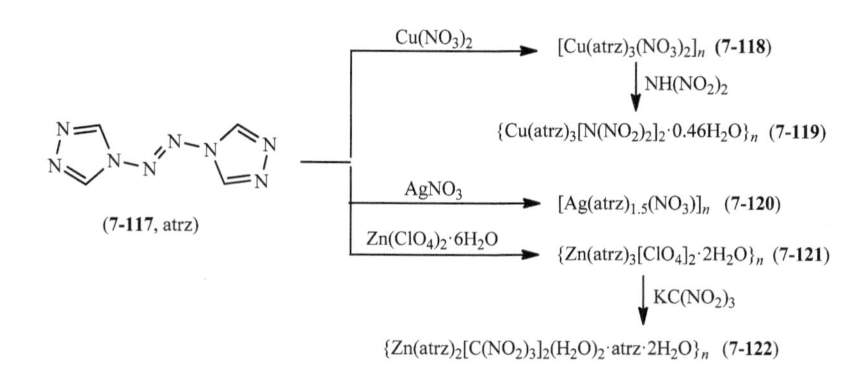

图 7.57　基于偶氮双三唑的高能配合物 **7-118**～**7-122** 的合成路线

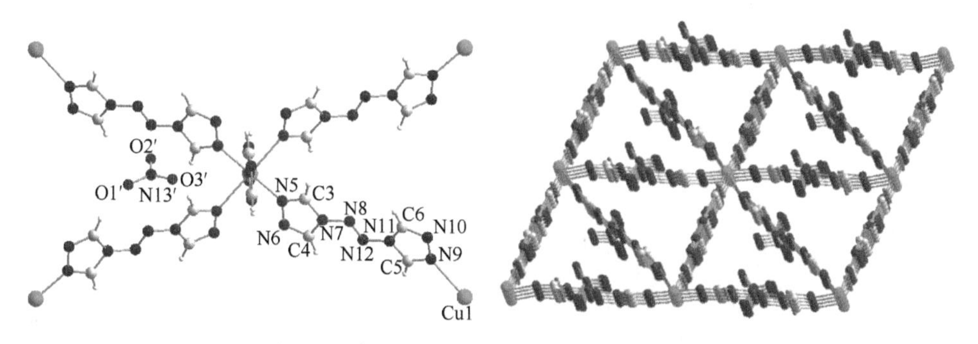

图 7.58　离子盐 **7-118** 的晶体结构及 3D 框架

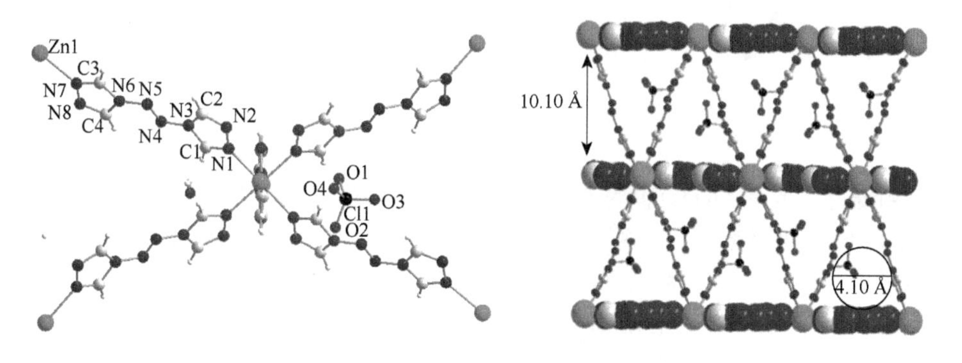

图 7.59　离子盐 **7-121** 的晶体结构及 3D 框架

同样以偶氮三唑为高能配体，郭国聪等[41]选择以叠氮根为第二高能配体，钴和镉为金属组元形成了同样具有良好的热稳定性($T_{d(7\text{-}123)}$ = 208℃，$T_{d(7\text{-}124)}$ = 218℃)和良好能量性能($D_{(7\text{-}123)}$ = 7672 m/s，$D_{(7\text{-}124)}$ = 7538 m/s)的 MOF **7-123** 和 **7-124**(图 7.60)。配合物 **7-123** 的每个 Co(Ⅱ)中心由四个对称叠氮离子的四个氮原子和两个对称中性 atrz 配体的两个氮原子构成扭曲的八面体几何，叠氮化物离子进一步将来自相邻链的两个 Co(Ⅱ)原子与 Co(Ⅱ)连接起来，产生一个 2D 层，这与配合物 **7-124** 相似(图 7.61)。尽管晶体内部形成了大量的 π-π 相互作用，但 MOF 晶体内部没有氢键作用，且叠氮基团和四氮链的高敏感性使得 **7-123** 和 **7-124** 表现出较高的机械感度($IS_{(7\text{-}123)}$ = 1.2 J, $FS_{(7\text{-}123)}$ = 5 N; $IS_{(7\text{-}124)}$ = 1.6 J, $FS_{(7\text{-}124)}$ = 12 N)。从热稳定性、感度和爆轰性能综合来看，MOF **7-123** 和 **7-124** 具有作为起爆药的潜在应用价值。

(7-117) —[$Co(NO_3)_2\cdot 6H_2O$, NaN_3]→ $[Co(N_3)_2(atrz)]_n$ (**7-123**)

(7-117) —[$Cd(ClO_4)_2\cdot 6H_2O$, NaN_3]→ $[Cd(N_3)_2(atrz)]_n$ (**7-124**)

图 7.60　高能配合物 **7-123** 和 **7-124** 的合成路线

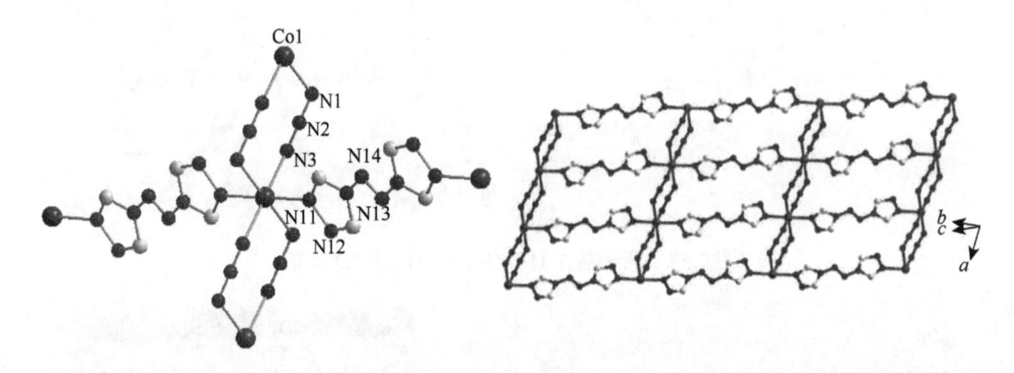

图 7.61　离子盐 **7-123** 的晶体结构及 2D 层结构示意图

由氨基三唑酮(ATO)偶氮得到的偶氮双三唑酮(ZTO，**7-125**)具有和化合物 **7-117** 相似的四氮链，尽管酮基并不是有效的供氧官能团，但为形成高能 MOF 提供了更多的配位点。束庆海等[42]就以化合物 **7-125** 为高能配体与金属氢氧化物反应得到了相应的高能 MOF **7-126**～**7-133**(图 7.62)，单晶结构见图 7.63 和图 7.64。其中 **7-129**、**7-132** 和 **7-133** 具有较高的密度($\rho_{(7\text{-}129)}$ = 2.378 g/cm^3，$\rho_{(7\text{-}132)}$ =

2.077 g/cm^3，$\rho_{(7\text{-}133)}$ = 2.261 g/cm^3)和热稳定性($T_{d(7\text{-}129)}$ = 248.77℃，$T_{d(7\text{-}132)}$ = 287.01℃，$T_{d(7\text{-}133)}$ = 234.00℃)，此外低的感度促成它们可以作为新型的钝感高能炸药。

MOH　M: Li (**7-126**), Na (**7-127**), K (**7-128**), Cs (**7-129**)

$Mg(OH)_2$　Mg^{2+} (**7-130**)

$M(OH)_2$　M: Ca (**7-131**), Sr (**7-132**), Ba (**7-133**)

(**7-125**, ZTO)

图 7.62　基于偶氮双三唑酮的高能 MOF 的合成路线

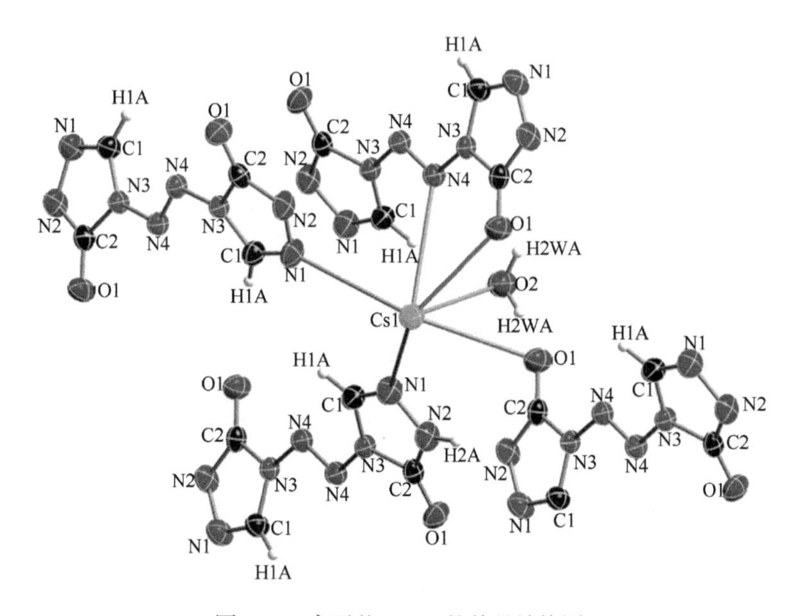

图 7.63　离子盐 **7-129** 的单晶结构图

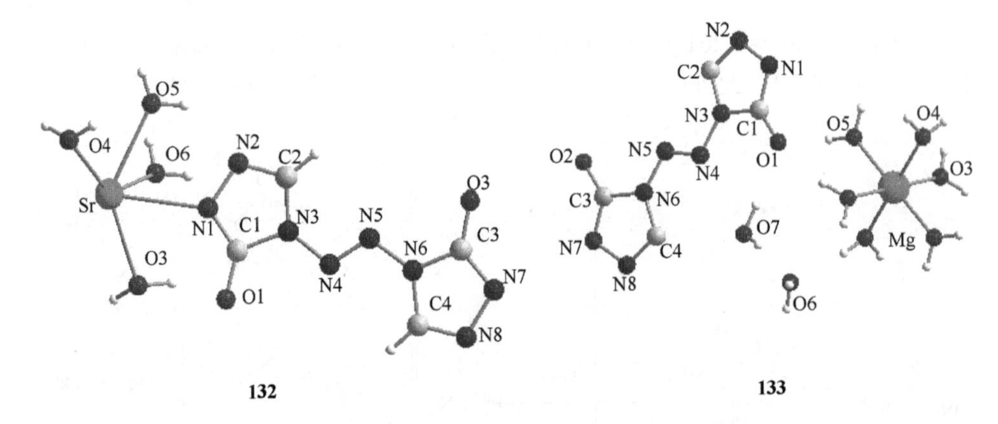

图 7.64　离子盐 **7-132** 和 **7-133** 的单晶结构图

与其他取代基的双三唑体系相比，硝基双三唑(**7-134**，DNBT)具有更高的氧含量(有效氧)，因此在发生燃爆时能够释放出更多的能量，Adam J. Matzger 等[43]以化合物 DNBT 为高能配体分别与硝酸镍和硝酸铜在水热条件下反应得到了两种高能 MOF **7-135** 和 **7-136**，其中 **7-136** 的分解温度高达 335℃(图 7.65)。如图 7.66 所示，Ni-DNBT 是一种离散的阴离子配合物，其中 Ni^{2+}处于八面体的中心，由来自赤道位置的两个 DNBT 离子所螯合，而轴向位点被水分子占据。$[Ni(DNBT)_2(H_2O)_2]^{2-}$配合物的负电荷被二甲基胺阳离子补偿。图 7.67 中，**7-136** 的每个 Cu(Ⅱ)离子表现出八面体配位模式，相比之下，Cu(Ⅰ)离子则显示为四面体配位模式，并将两个相邻的八面体 Cu(Ⅱ)复合物连接，产生 1D 链。

$Ni(NO_3)_2 \cdot 6H_2O$ → $[Ni(DNBT)_2(H_2O)_2]_n$　(**7-135**)

$Cu(NO_3)_2 \cdot 6H_2O$ → $[Cu(DNBT)_2(H_2O)_2]_n$　(**7-136**)

(**7-134**, DNBT)

图 7.65　基于 DNBT 的高能 MOF 的合成路线

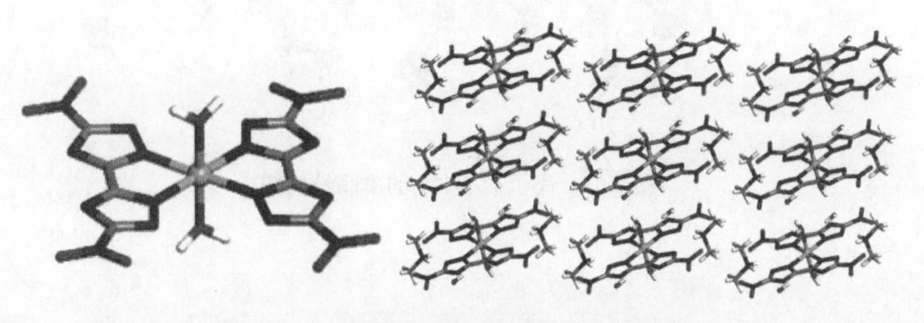

图 7.66　离子盐 **7-135** 的晶体结构和堆积图

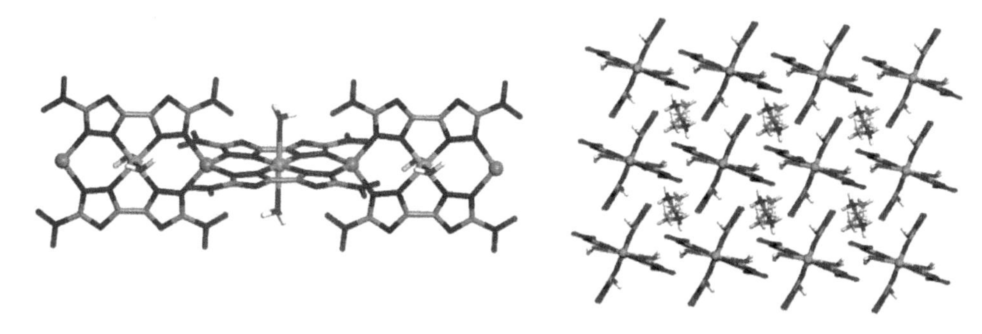

图 7.67　离子盐 **7-136** 的晶体结构和堆积图

陆明等[44]通过硝化四氨基酮得到了四硝胺双三唑的高能量密度化合物，并通过与碱反应制备得到了具有多硝基的高能 MOF **7-138** 和 **7-139**(图 7.68)，**7-138** 的单晶结构见图 7.69。它们具有良好的热稳定性和极高的机械敏感性，是一个潜在的高能起爆药，但由于燃烧热的数据缺乏而并未对它们的能量性能进行预估。

(7-137)

1. HNO_3
2. MOH

$4M^+$
M = K　(**7-138**)
M = Na　(**7-139**)

图 7.68　基于四硝胺双三唑的高能 MOF 的合成路线

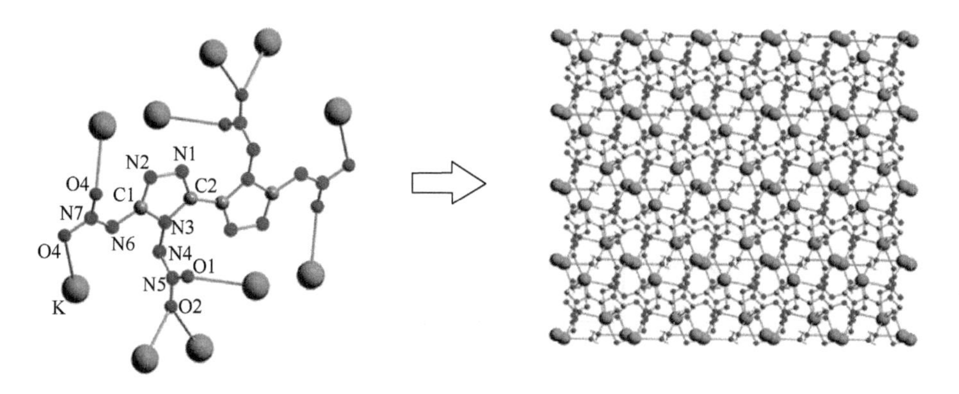

图 7.69　离子盐 **7-138** 的晶体结构及堆积图

7.2.3 双四唑环类高能金属有机骨架

四唑环由于可官能化的位点较其他唑类少，却具有更高的生成焓和配位能力，因此四唑结构是最受欢迎制备高能 MOF 的配体。Jörg Stierstorfer 等[45]以三种不同连接位点的三亚甲基双四唑 **7-140**(1,1-DTP)、**7-147**(1,2-DTP)和 **7-150**(2,2-DTP)为高氮配体分别与高氯酸、TNR、CDNM 和 DN 的金属盐反应得到了十二种不同的高能配合物(图 7.70)。**7-148** 的结构中两个环保持其 Gauche 构象，与丙基链和四个不同的银(Ⅰ)原子之间的唑基丙烷构建成三维聚合物网络(图 7.71)。如图 7.72 所示，**7-149** 配合物有一个八面体配位球，六个配位四唑构建了一个三维聚合物网络。这些配合物中除了 **7-148** 外，都具有高于 200℃的分解温度，其中 **7-144** 具有最高的分解温度(297℃)。在机械感度上，尽管配体本身对外部机械刺激并不敏感，但由于金属离子和富氧酸根离子的引入，配合物表现出较高的机械感度，尤其是以高氯酸根为富氧基团的配合物(撞击感度：1 J≤IS≤8 J，静电感度：0.1≤ESD＜0.4 J)。这些配合物中 **7-142**、**7-145**、**7-149** 和 **7-151** 具有最低的激光起爆能量(0.2 mJ)，这为它们作为起爆药提供了可能性。

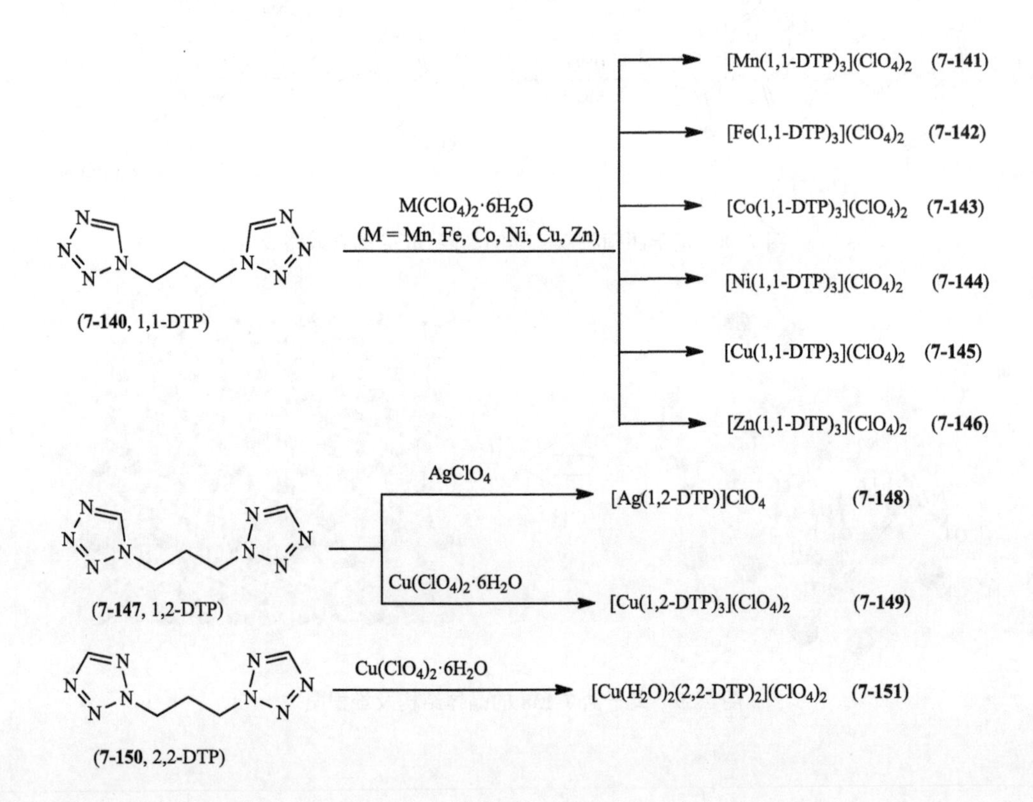

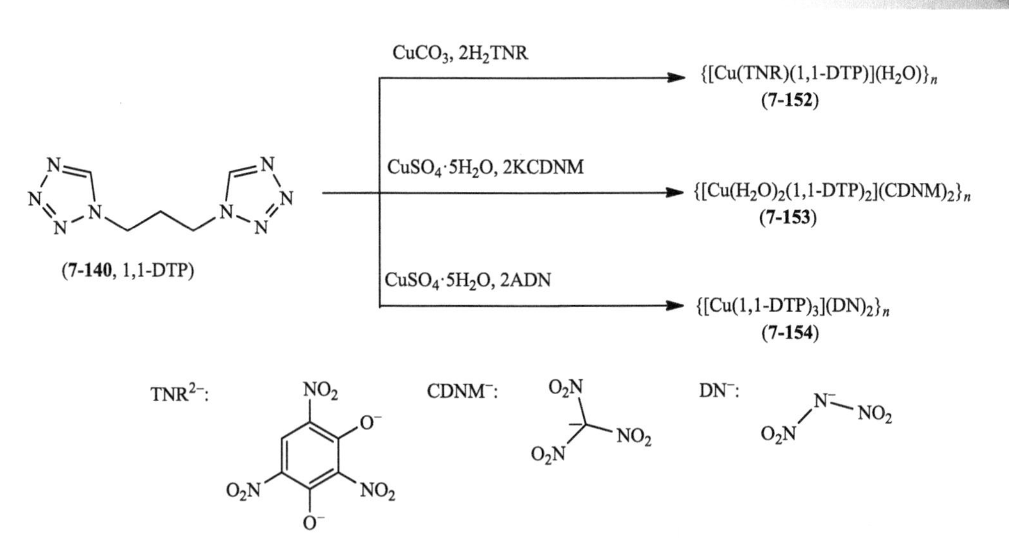

图 7.70　基于三亚甲基双四唑(1,1-DTP、1,2-DTP 和 2,2-DTP)的高能配合物的合成路线

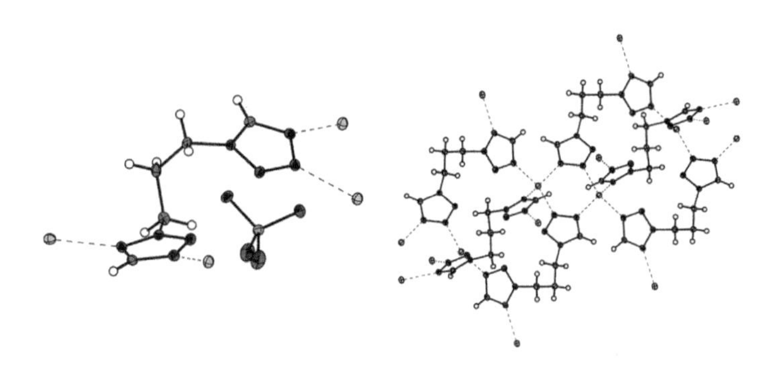

图 7.71　离子盐 **7-148** 的单晶结构

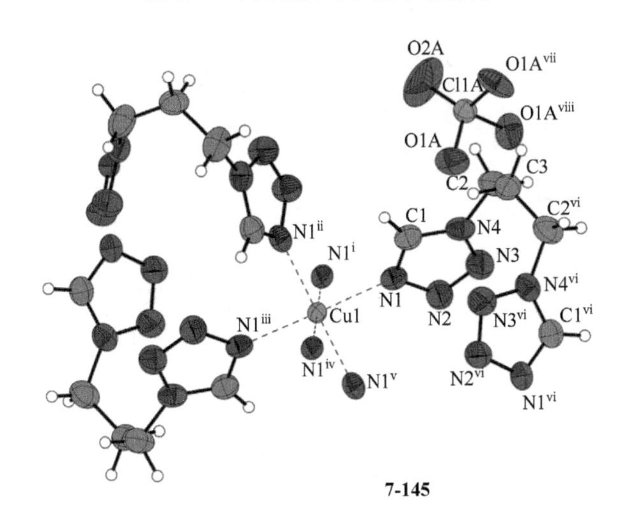

7-145

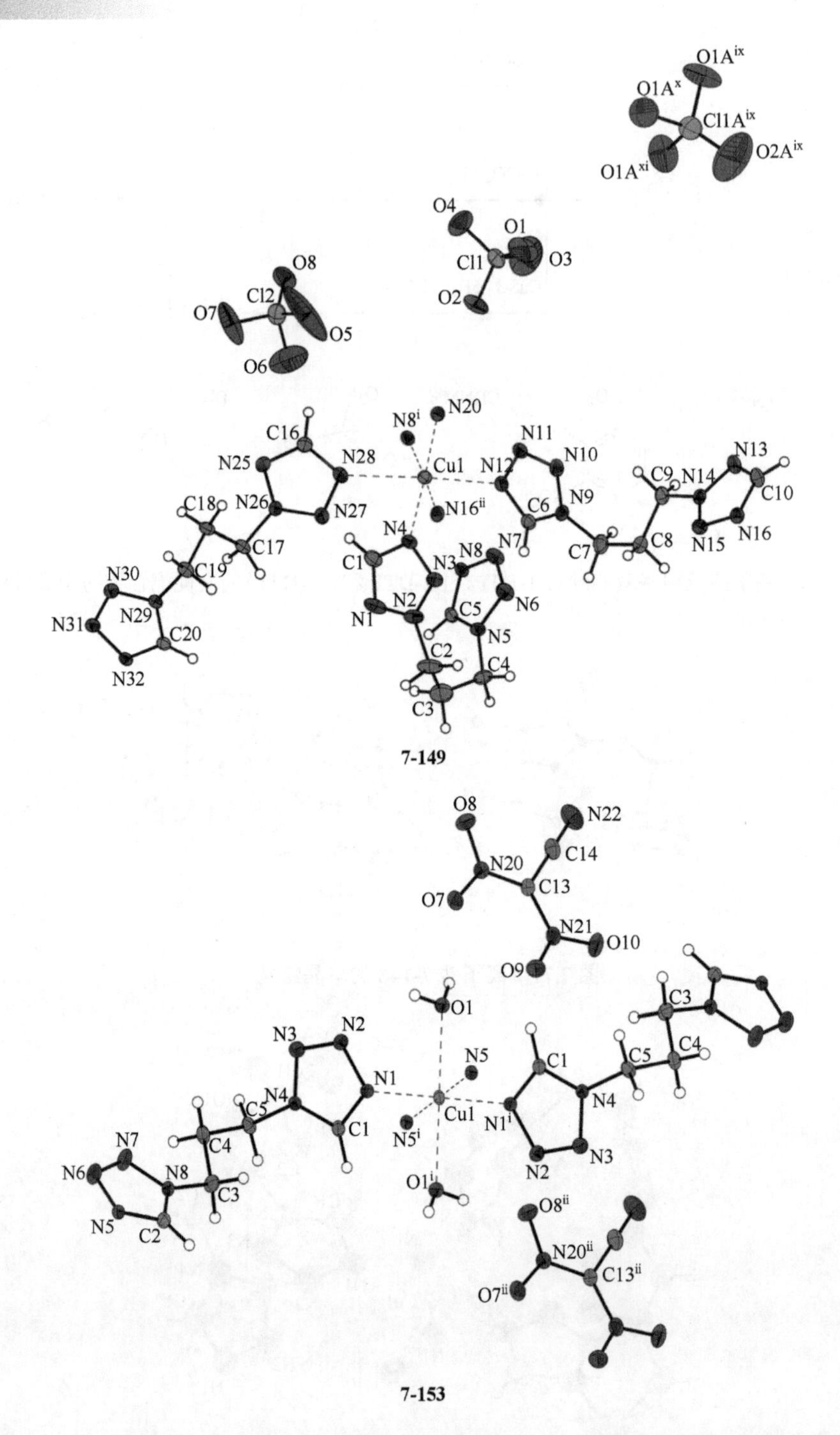
O1A^ix
O1A^x
Cl1A^ix
O1A^xi
O2A^ix
O4
O1
Cl1
O3
O2
O8
Cl2
O7
O5
O6
N8^i
N20
C16
N25
N28
Cu1
N11
N12
N10
N13
C9
N14
C10
C18
N26
N16^ii
C6
N9
N27
N4
N8
N7
C7
C8
N15
N16
C17
C1
N3
N30
C19
N29
N2
C5
N6
N31
N1
N5
C20
C2
C4
N32
C3
O8
N22
C14
N20
C13
O7
N21
O10
O9
O1
C3
N3
N2
N5
C1
C5
C4
N1
N4
Cu1
N1^i
N7
C5
N4
C1
N5^i
N6
N8
C4
N2
N3
C3
O1^i
N5
C2
O8^ii
N20^ii
C13^ii
O7^ii

7-149

7-153

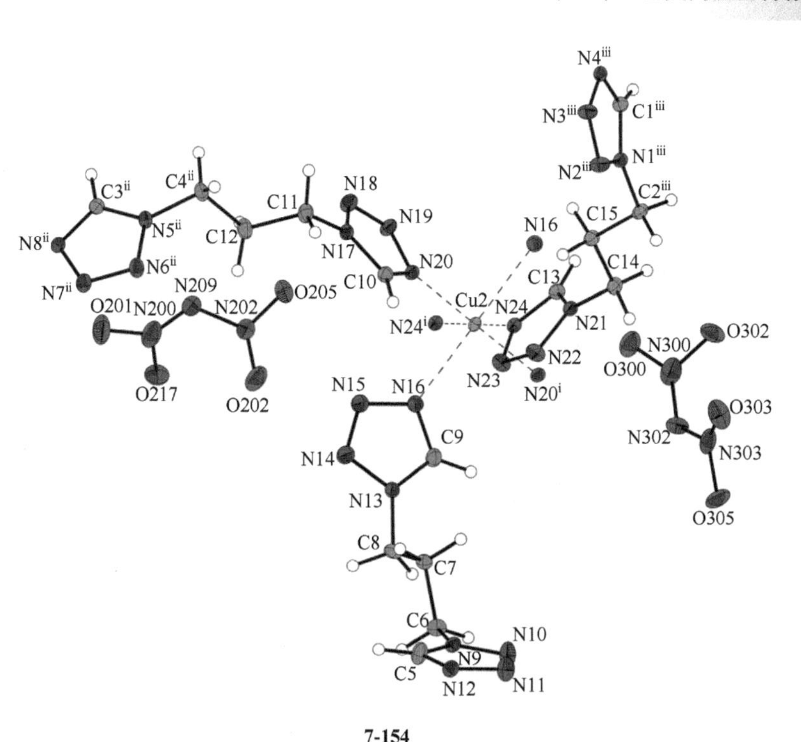

7-154

图 7.72　几种配合物的单晶结构

Jörg Stierstorfer 等[46]与上面报道不同，他们换用乙基为连接基团的双四唑衍生物 **7-155**(DTE)和 **7-159**(BMTE)为高能配体与高氯酸和硝酸的金属盐反应得到了四种新型高能配合物(图 7.73)。与之前报道的 DTP 基高能配合物一样，这四种

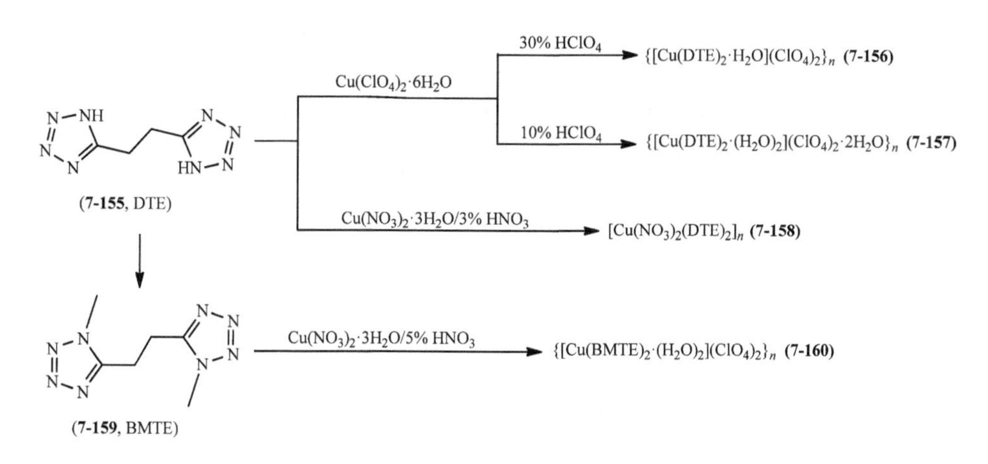

图 7.73　基于 DTE 和 BMTE 的高能配合物的合成路线

高能配合物也具有极高的机械感度(撞击感度：1≤IS≤4 J)。由于在很宽的范围内(500～1200 nm)具有高光吸收特性，化合物 **7-156** 显示出对激光辐射的出色响应，这也使得它具备了作为激光点火设备的可能性(图 7.74)。

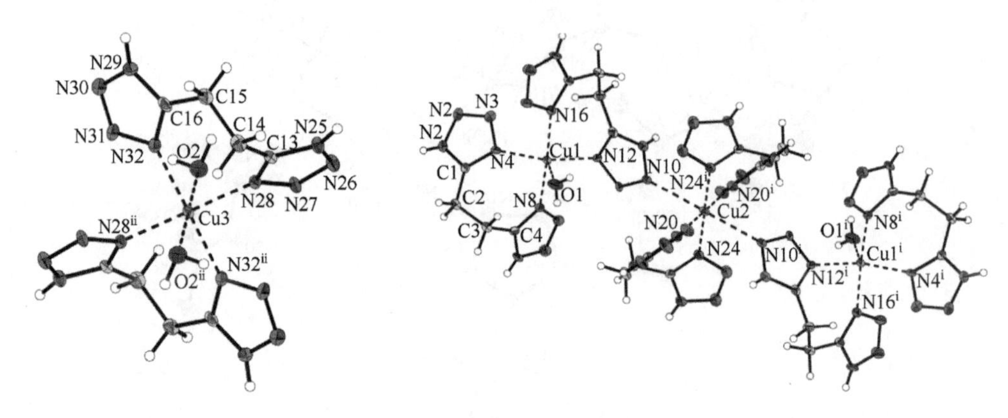

图 7.74　离子盐 **7-156** 的晶体结构图

张同来和 Thomas M. Klapötke 等[47-49]同时选择亚甲基四唑(**7-161**, BTM)为高能配体与金属的不同酸根盐反应得到了九种不同的高能配合物，由于制备方法的不同，这些配合物中除了 BTM 外还分别有氨基胍、羟胺、硝酸根和高氯酸根等非金属组分(图 7.75)。配合物 **7-162** 中 Co(Ⅲ)离子与 BTM 阴离子中的氮原子配位，而 BTM 阴离子则由通过氢键与氨基胍相联系，这种配位键和氢键的组装作

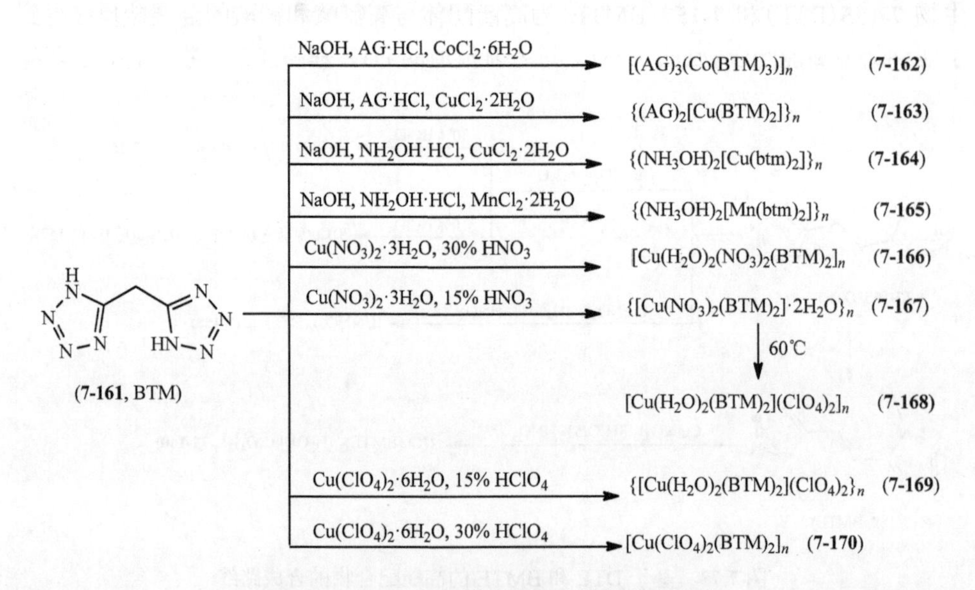

图 7.75　基于 BTM 的高能配合物的合成路线

用形成了 **7-162** 的独特 3D 框架结构(图 7.76)。配合物 **7-163** 的不对称单元由一个二价 Cu(Ⅱ)离子、两个 BTM 阴离子和两个氨基胍阳离子组成，从图 7.77 可以看出，Cu 离子位于常规八面体的中心位置，氨基胍阳离子位于相邻层之间，它们导致大量氢键的形成，促使 2D 配位聚合物进一步形成 3D 网络。

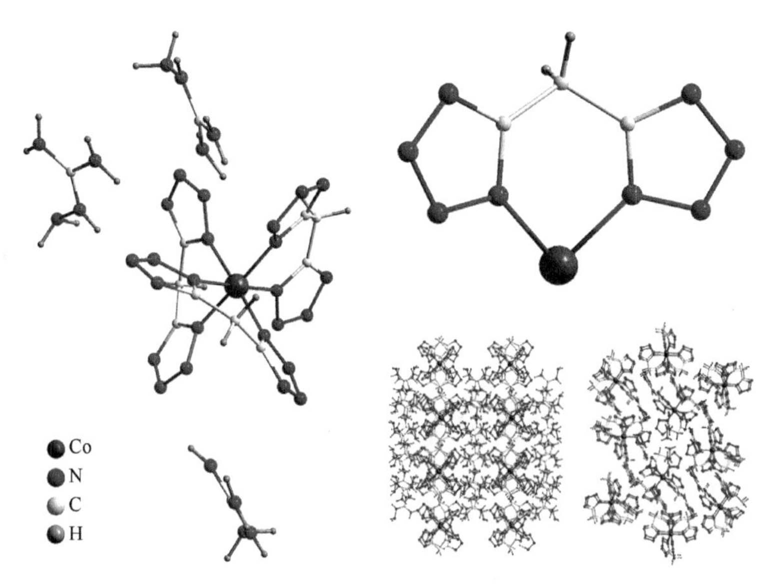

图 7.76　离子盐 **7-162** 中 Co(Ⅲ)离子的配位环境和 3D 框架结构

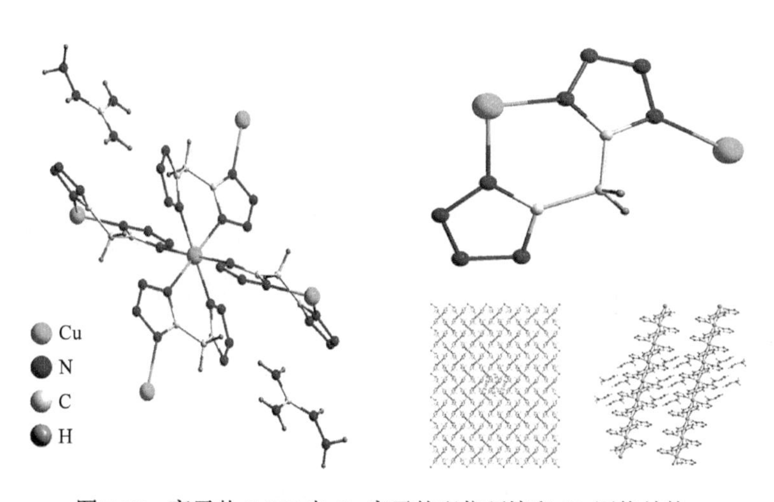

图 7.77　离子盐 **7-163** 中 Cu 离子的配位环境和 3D 网络结构

配合物 **7-164** 和 **7-165** 中形成无限扩展的 2D 分层网络，通过 BTM^{2-} 和 NH_3OH^+ 之间的大量氢键键合形成了沿轴的 2D MOF 堆叠层(图 7.78 和图 7.79)。尽管与

DTM 相比，BTM 的非含能链更短，但由其得到的高能配合物(**7-167** 和 **7-168**)在激光起爆性能上并不如 **7-156**，它们需要更长的时间(940 nm，600 μs)才能被起爆。

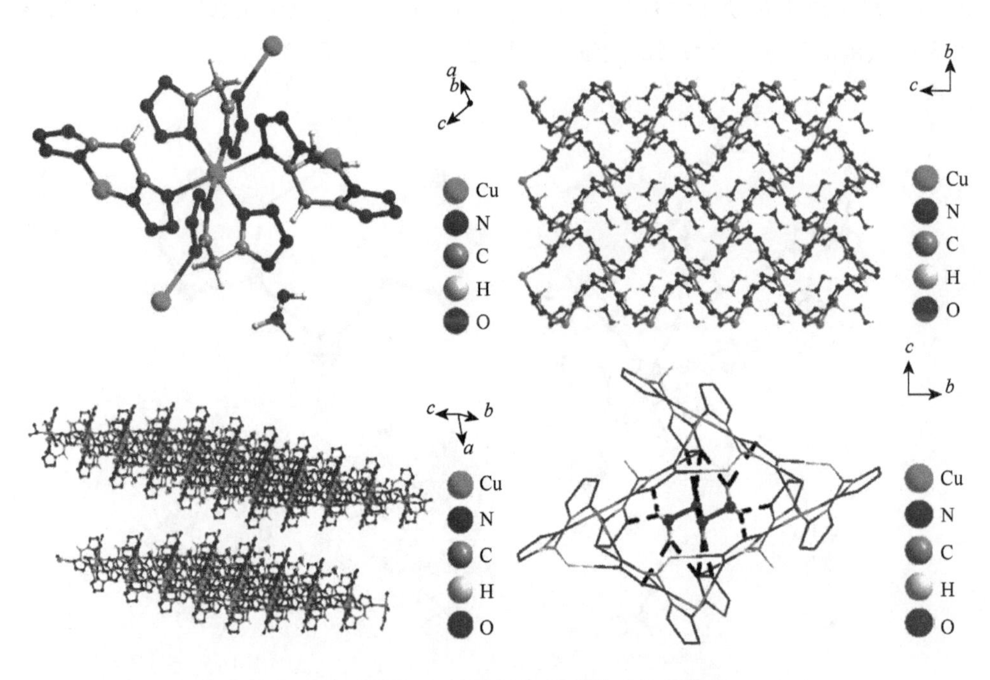

图 7.78　离子盐 **7-164** 的晶体结构和 2D 结构

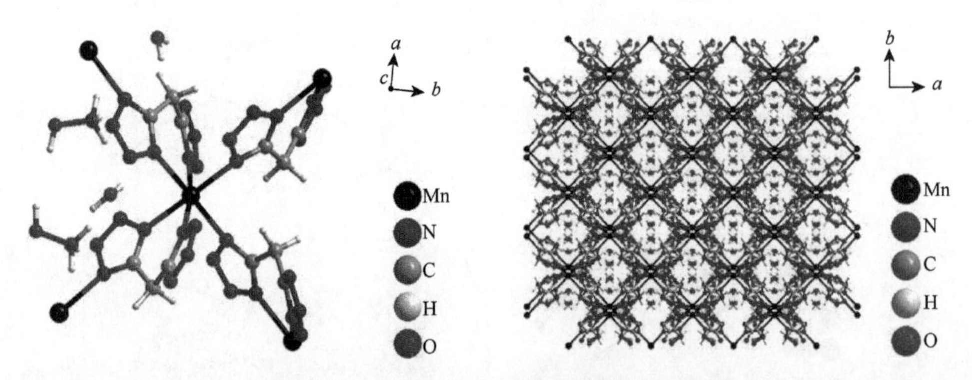

图 7.79　离子盐 **7-165** 的晶体结构和 2D 结构

相较于甲基、乙基等脂肪链，以亚氨基为链接基元的四唑(**7-171**，BTA)配体具有更高的生成焓和丰富的配位点。张同来、陈三平、Israel Goldberg 和高恩清等对 BTA 作为配体的高能配合物做了大量的研究[50-54]，由于合成的方法和原料的差异，得到的 BTA 基的高能配合物的结构物性有极大的差别。陈三平和张同来都以

BTA 直接为起始原料通过水热法得到相应的高能配合物(**7-172**～**7-181**)(图 7.80)。配合物 **7-172** 具有十分出色的热稳定性(T_d = 300℃)，而由其脱水得到的配合物 **7-173** 则表现出极高的爆热(Q = 2.658 kcal/g)和出色的爆轰性能(D = 8657 m/s，P = 32.18 GPa)。**7-172** 在不对称单元中包含四个半独立的钴阳离子、一个 HBTA 和 5 个 BTA^{2-}阴离子，五个配位的水和十一个晶格水分子。这些配体采用螯合桥接配位模式，连接 Co(Ⅲ)和 Co(Ⅱ)中心，形成包含氢键和水分子通道的 3D 多孔 MOF(图 7.81)。

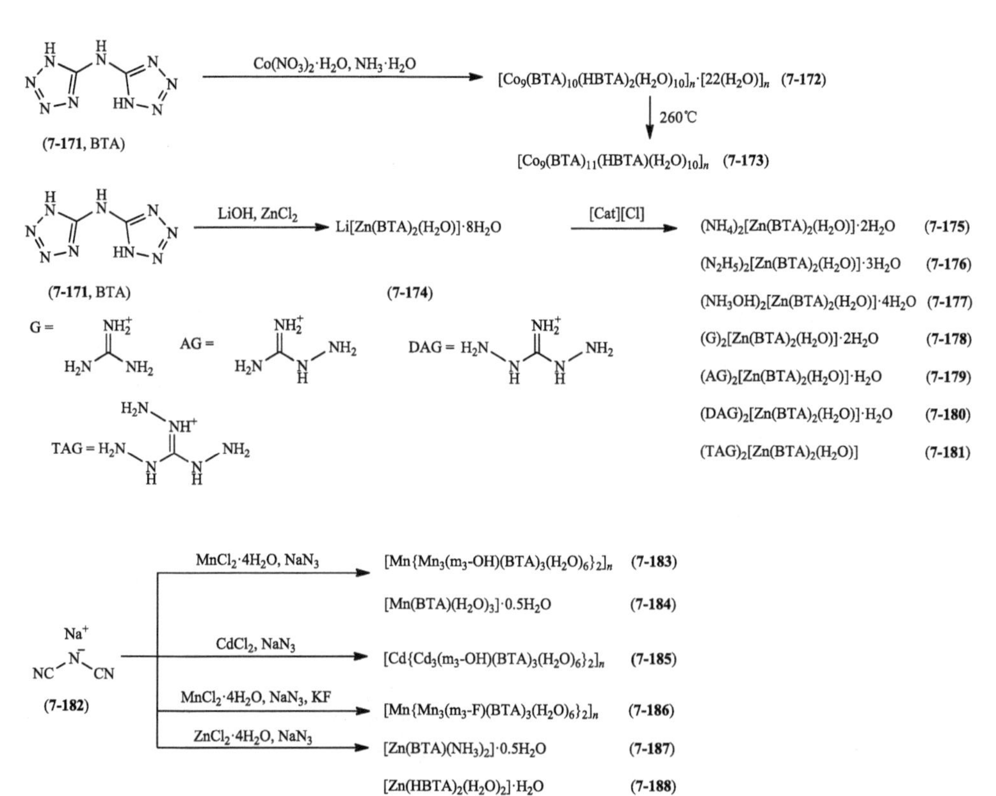

图 7.80　基于 BTA 的高能配合物的合成路线

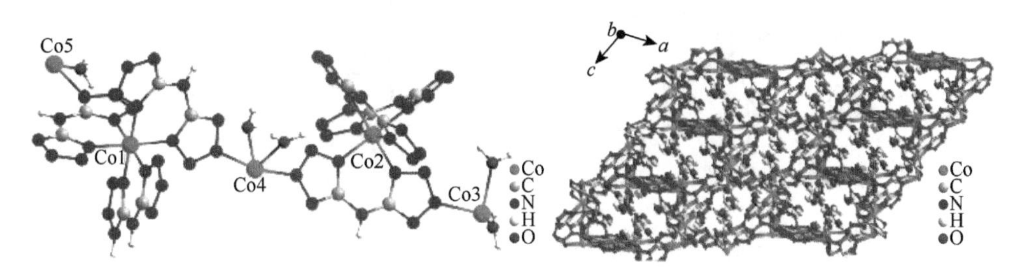

图 7.81　**7-172** 中 Co 的配位环境和 3D 结构

与陈三平不同，张同来通过引入其他的高氮成分(胍、氨基胍、二氨基胍和三氨基胍)形成了在氮含量上更出色的高能 MOF，单晶结构见图 7.82。这些配合物(**7-175**～**7-181**)具有分解温度高于 200℃的良好的热稳定性，并且对外界的机械刺激极不敏感(IS＞40 J，FS＞360 N)。Israel Goldberg 和高恩清则选择以二氰胺钠为原料经过原位反应直接得到以 BTA 为配体的高能配合物 **7-183**～**7-188**。其中 **7-186** 表现为具有抗磁性的反铁磁性特征，其中[$M_3(\mu_3\text{-}x)$]三角形基序充当三个连接节点和用作由配体相互连接的六个连接节点的单核基序层产生具有新颖的几何自旋特征的晶格 2D 层。在 **7-188** 中，单阴离子 HBTA 配体在非桥接双齿模式中配位 Zn 以产生单核分子，其通过扩展氢键组装，以产生具有十个连接的网状拓扑的 3D 框架(图 7.83)。

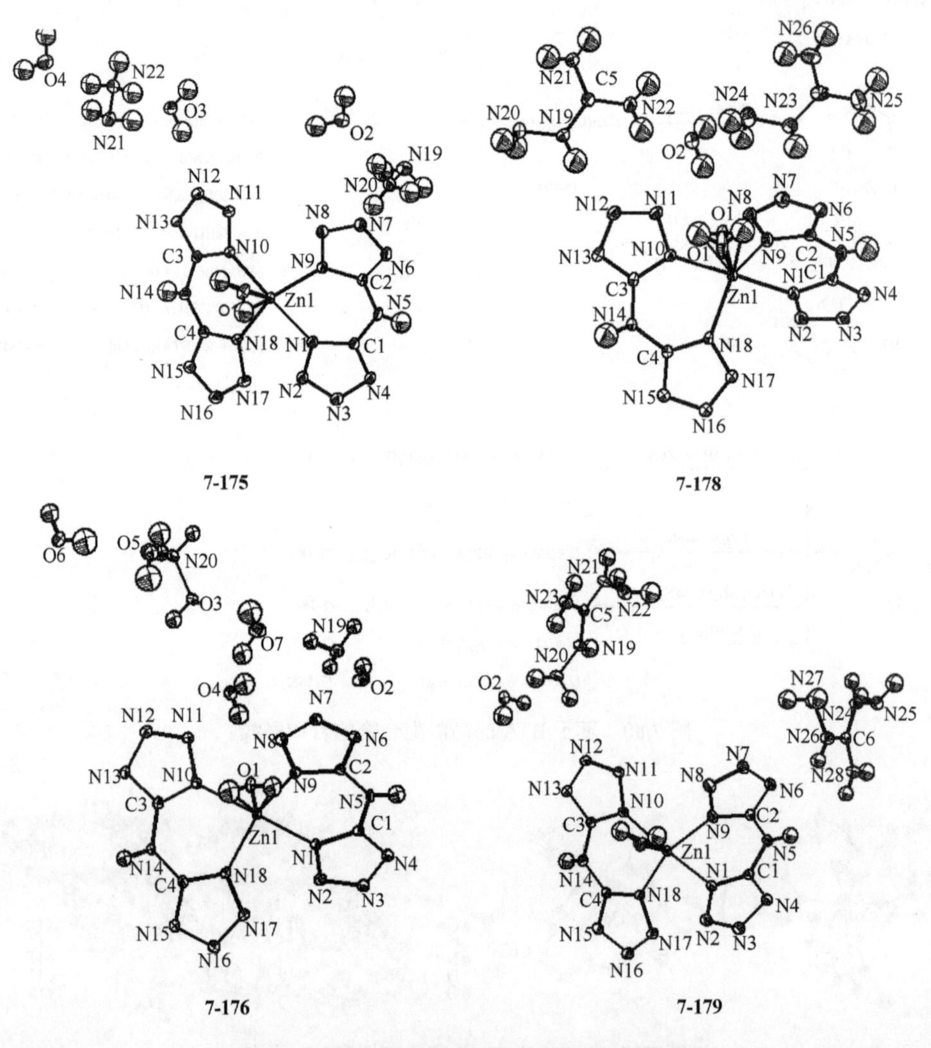

图 7.82　基于 BTA 的高能配合物的单晶结构图

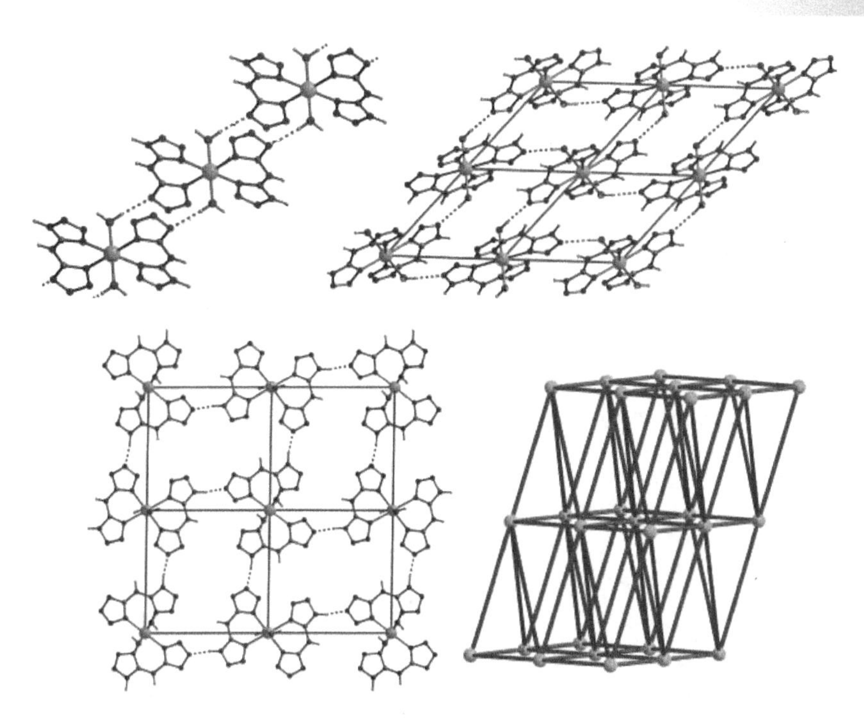

图 7.83 **7-188** 的配位环境和结构图

联双四唑(**7-189**，H_2BT)具有体积小、平面高氮化和分解温度高的特点，是十分有利的构建高能 MOF 的高能配体。杨国平和张同来等[55,56]将 H_2BT 与硝酸的金属盐反应得到了如图 7.84 中的四种高能 MOF(**7-190**～**7-193**)，这些配合物中除了 **7-192** 外都具有高于 300℃的分解温度，尤其是 **7-193** 的分解温度达到了 394.2℃。从图 7.85 看出 **7-193** 是非对称构建单元，包含一个 Pb(Ⅱ)离子、一个 BT 配体和三个配位水分子，每个 BT 配体用三种 Pb(Ⅱ)离子配位，作为重复单元，以形成 1D 链结构。但在能量性能上最突出的是 **7-190**，其结构中配体 BT^{2-} 结合四种不同的金属原子以形成 3D 架构(图 7.86)，它不仅具有较高的密度(2.505 g/cm³)、极高的爆热(26.7267 kJ/g)，还表现出良好的引爆性能(100%被起爆)。这些特性都暗示着 **7-190** 作为高能材料的可行性。

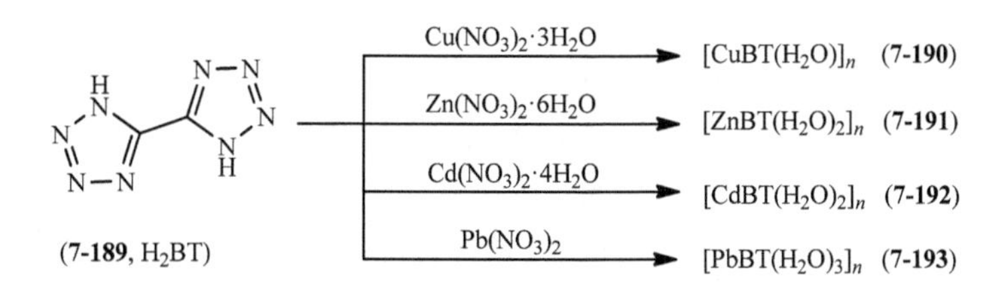

图 7.84 基于 H_2BT 的高能 MOF 的合成路线

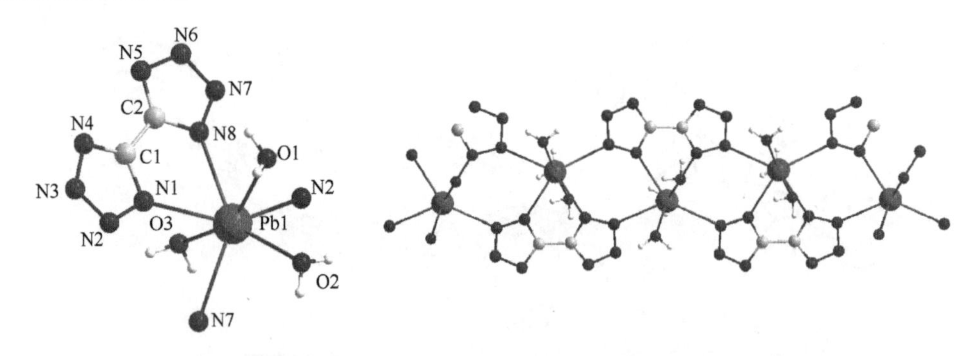

图 7.85　**7-193** 中 Pd(Ⅱ)离子配位环境和形成的 1D 链结构

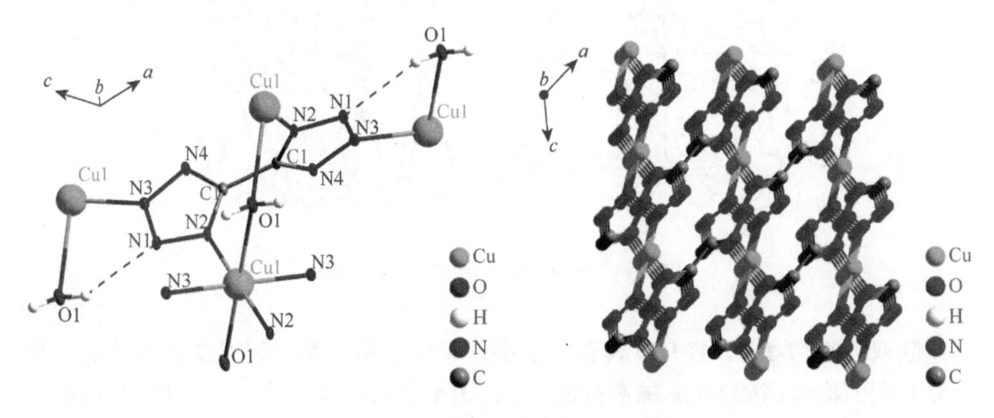

图 7.86　**7-190** 的晶体结构和 3D 框架

偶氮双四唑因高能的偶氮键(—N═N—)连接两个四唑环，这不仅保证了整体分子结构的平面化构型，还进一步提高了分子的含氮量和能量性能。Jean'ne M. Shreeve 和李洪珍等[57,58]以偶氮双四唑的钠盐为高能配体得到了五种高能配合物(**7-195**～**7-199**)，这些高氮配合物中除了 **7-196**(189℃)外都具有高于 200℃的分解温度(图 7.87)。如图 7.88 所示，在 **7-196** 的单晶模型中，归因于 Jahn-Teller 效应产生了这种扭曲的以 Cu(Ⅱ)为中心的八面体。并且随着它在手性空间组中结晶，**7-196** 被确认为外消旋体。**7-198** 是一维配位阵列聚合物，除了两个配体外没有配位水分子的存在，当从 *a* 轴上观察时，**7-198** 的显著结构特征是以 ABT 为基本单位进行连接，以形成平行于 *b* 轴的孤立的蝴蝶结结构链(图 7.89)。

从图 7.90 看出，配合物 **7-199** 中每个 Ag(Ⅰ)离子具有三角几何形状，与 ATZ 配体的三个氮原子配位。每个 Ag_4N_{12} 环的腔填充有 ATZ 配体的两个氨基，且相邻的层依次堆叠以形成 3D 超分子框架，这种特殊的结构赋予了 **7-199** 良好的光催化作用。这为其在光催化设备中的应用提供了可靠的依据。

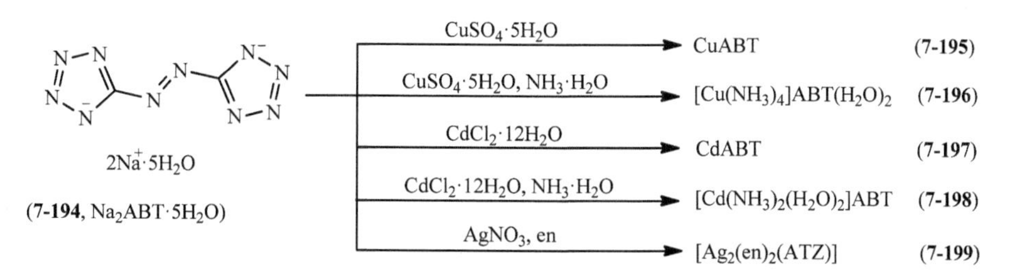

图 7.87　基于偶氮双四唑的高能配合物的合成路线

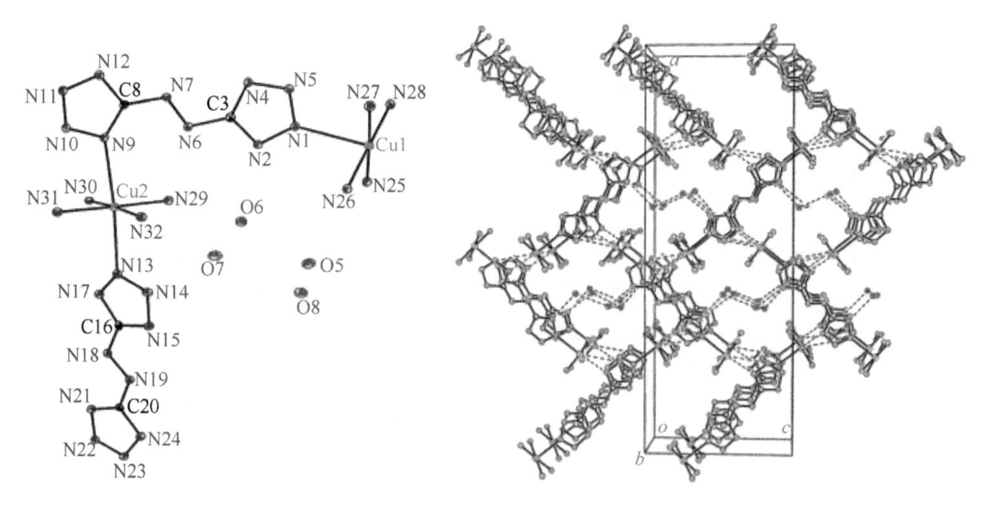

图 7.88　**7-196** 的 2D 结构模型和沿 *b* 轴的堆积图

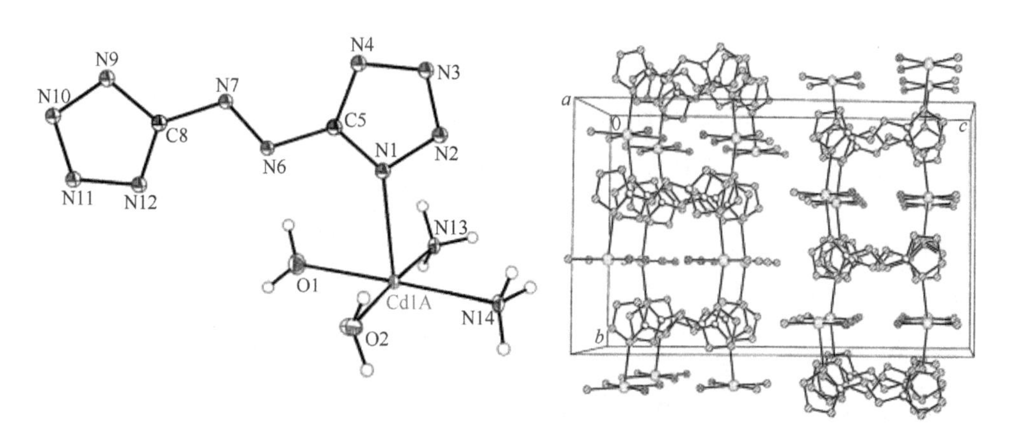

图 7.89　**7-198** 的 2D 结构模型和沿 *b* 轴的堆积图

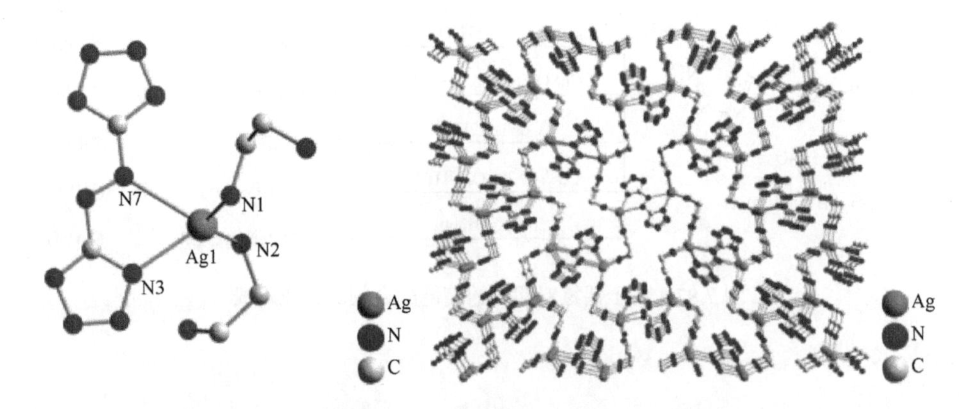

图 7.90　**7-199** 中 Ag 原子的配位环境和 3D 结构

与 H_2BT 相比，二(羟基四唑)(**7-200**，H_2BTO)具有更高的氧平衡和能量性能，彭汝芳和张琪等[59,60]以 H_2BTO 为配体制备得到了六种高能配合物(**7-201**～**7-206**)，这些配合物都表现出极为出色的热稳定性(图 7.91)，**7-205** 的单晶结构如图 7.92 所示。在图 7.92 中 **7-205** 中每个 BTO^{2-}采用双齿螯合模式，两侧有两个 Zn^{2+}离子，并且通过这种配位方式沿轴线延伸成链状结构。如图 7.93 所示，**7-206** 的所

(**7-200**, H_2BTO)

$MnSO_4$ → $[Mn(BTO)\cdot 2H_2O]_n$ (**7-201**)

$M(NO_3)_2$ (M = Zn, Ni, Co, Cu, Pb) → $[M(BTO)\cdot 2H_2O]_n$ M = Co (**7-202**), Ni (**7-203**), Cu (**7-204**), Zn (**7-205**), Pb (**7-206**)

图 7.91　基于 H_2BTO 的高能配合物的合成路线

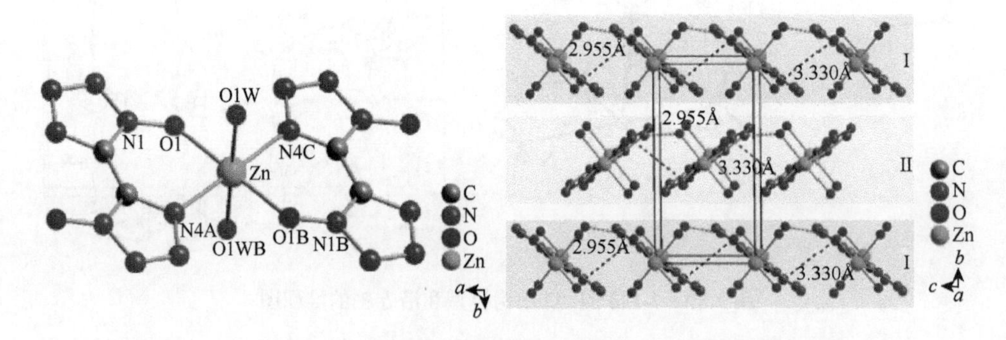

图 7.92　**7-205** 的配位环境和沿 *a* 轴观察相同链中的氢键和 π-π 相互作用

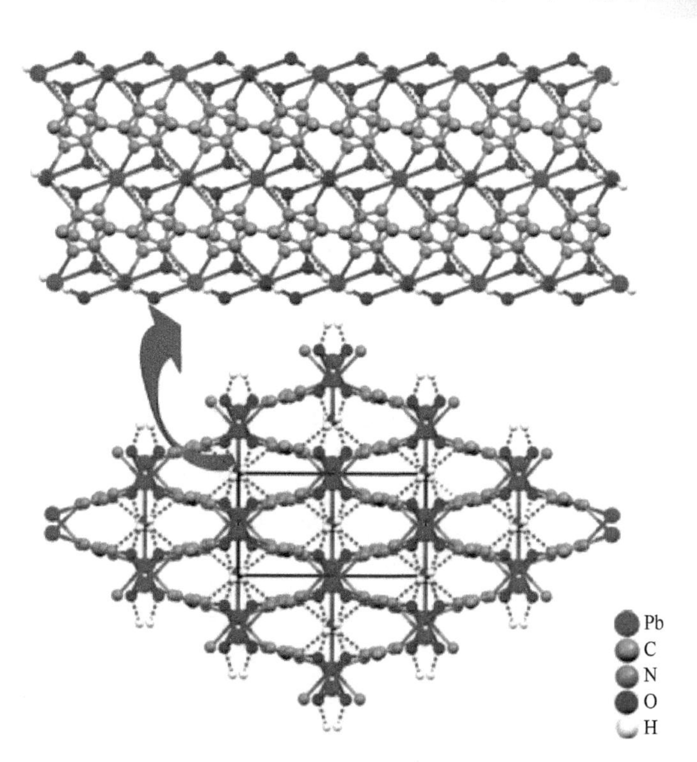

图 7.93　**7-206** 分别沿 *b* 轴和沿着 *c* 轴的晶体模型

有 Pb(Ⅱ)离子具有相同略带扭曲的几何形状。相邻 Pb(Ⅱ)离子由两种不同配体的两种氧以反平行的方式桥接。**7-206** 的每个 BTO 通过配位作用连接六个 Pb(Ⅱ)离子形成 3D 多孔框架，其中孔隙处由配位的水分子填充。尽管羟基四唑是所熟知的高敏感化合物，由于结合水的存在，这些配合物的撞击感度均低于 7.5 J，结合水的存在也使得这些配合物在能量性能上表现得并不出色。

偶氮二(羟基四唑)(**7-207**，H_2AzTO)在 H_2BTO 的基础上多了一个高能结构元(—N═N—)，这进一步提升了配体的能量性能。陆明和彭汝芳等[61,62]就以 H_2AzTO 为高能配体制备得到了六种新型配合物(**7-208**～**7-213**)，这些配合物具有出色的爆轰性能(爆速均大于 7362 m/s)(图 7.94)。在图 7.95 中配合物 **7-208** 的每个 AzTO 阴离子都充当了双齿桥，连接了两个相邻的 Co 离子中心。因此，在相互平行的四唑环之间形成单核结构通过氢键进一步扩展到 3D 超分子框架。**7-209** 具有比 **7-208** 更规则和对称的填充结构，因此也具有更高的密度，并且由 Co^{2+} 离子形成的八面体构造沿相同的方向，使晶体比 **7-210** 具有更好的空间占用率(图 7.96)。图 7.97 的 **7-211** 单晶模型中，因为同一层中的阴离子配体不在同一平面中，所以层与层之间的距离增加，使得 π-π 相互作用的填充较少。并且 **7-211** 的稳定性随氢键密度的减少而降低。

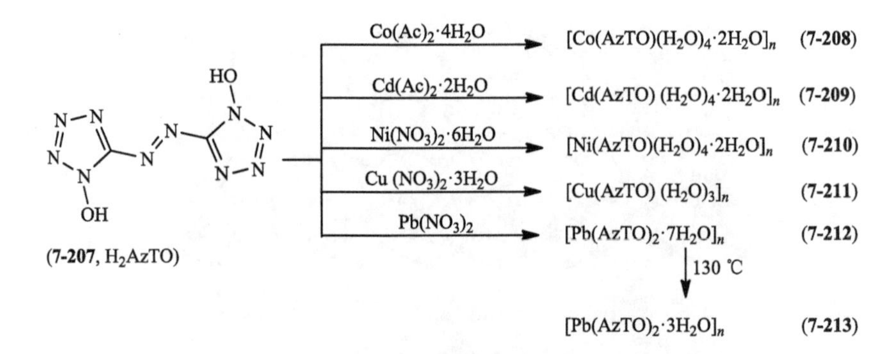

图 7.94　基于 H_2AzTO 的高能配合物的合成路线

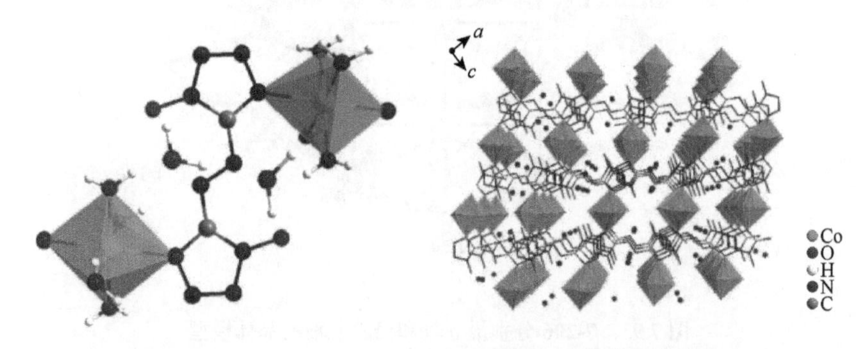

图 7.95　在 **7-208** 中 Co 离子的配位环境和多面体堆叠

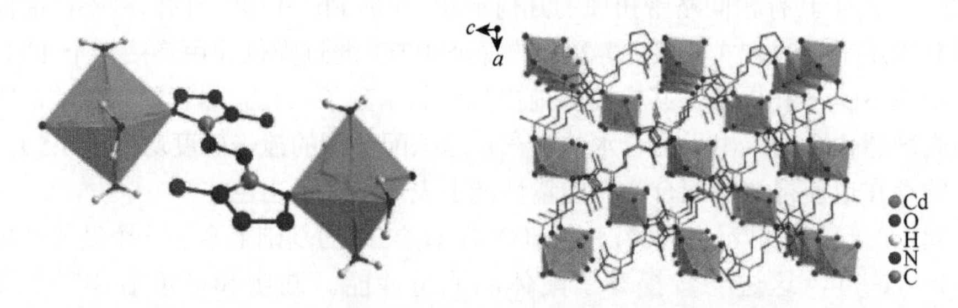

图 7.96　在 **7-209** 中 Cd 离子的配位环境和多面体堆叠

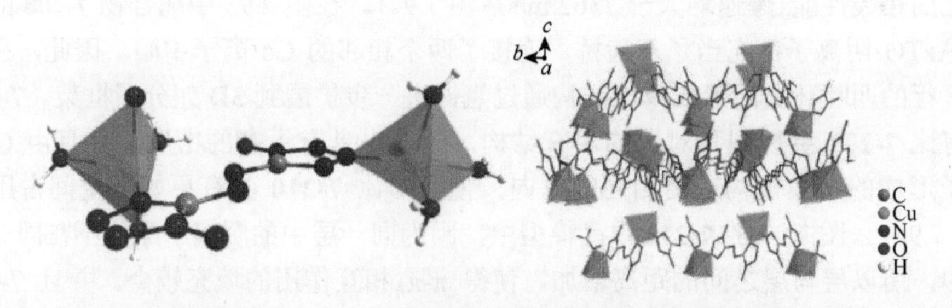

图 7.97　在 **7-211** 中 Cu 离子的配位环境和多面体堆叠

7-212 的单晶结构图表明该 MOF 具有两种不同配位模式的 Pb(Ⅱ)离子，并且每个 AOT 配体与三个 Pb(Ⅱ)离子配位。两种 Pb(Ⅱ)离子中一种分别与来自 AOT^{2-}的三个氧原子和两个氮原子，以及来自结合水分子的三个氧原子进行配位形成以 Pb 离子为中心的八面体结构。另一种 Pb 离子表现出不同的配位模式，它与来自 AOT^{2-}的一个氮原子和四个氧原子，以及来自结合水分子的两个氧原子(图 7.98)进行配位。与 **7-212** 的结构不同，**7-213** 中只有一种 Pb(Ⅱ)离子(图 7.99)。**213** 的爆速能达到 9344 m/s，且表现出对 AP 分解的良好的促进作用(混合 AP 的最大分解温度提前了 122 K)，这为其作为高能 AP 促进剂带来了可靠的依据。

二硝胺二四唑(H_2DNABT)是性能极其优良的高能化合物。张同来和 Jörg Stierstorfer 等[63,64]分别以 H_2DNABT 的钾盐和铵盐为原料得到了 14 种高能配合物(图 7.100)。这些配合物都表现出极其高的对机械刺激的敏感性(IS≤3 J)，单晶结构见图 7.101。在热稳定性方面除了有 NH_3 参与的配合物外都具有较好的热稳定性，这种高敏感性和较好的热稳定性使得这些配合物具有运用于起爆设备的实际使用价值。

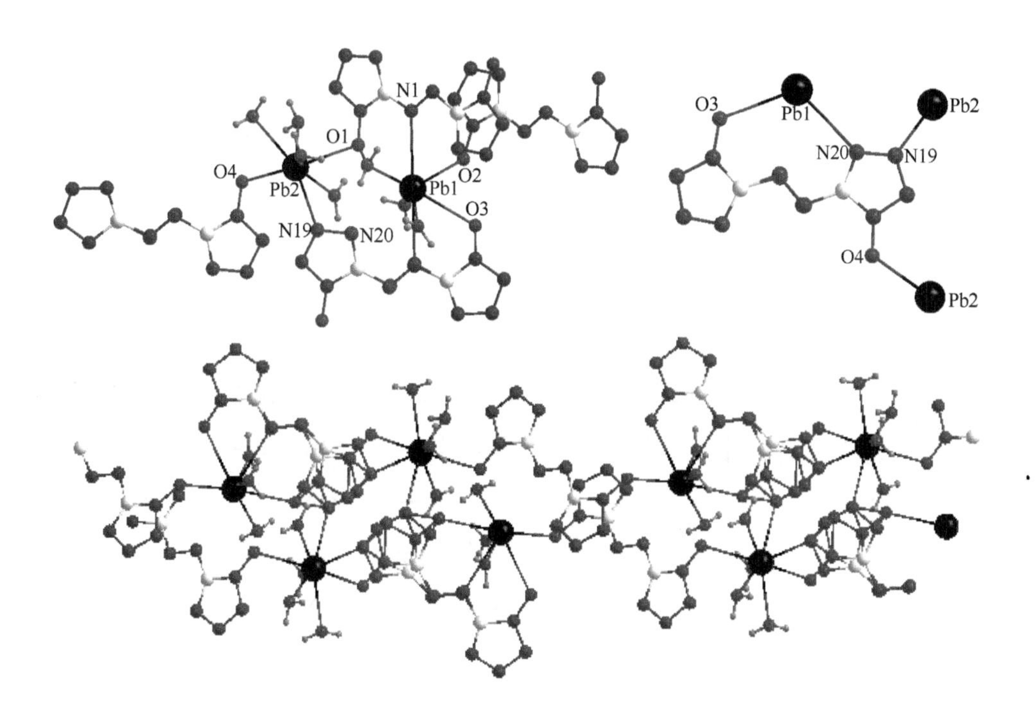

图 7.98　配合物 **7-212** 的 Pb 离子和配体的配位环境以及 3D 结构

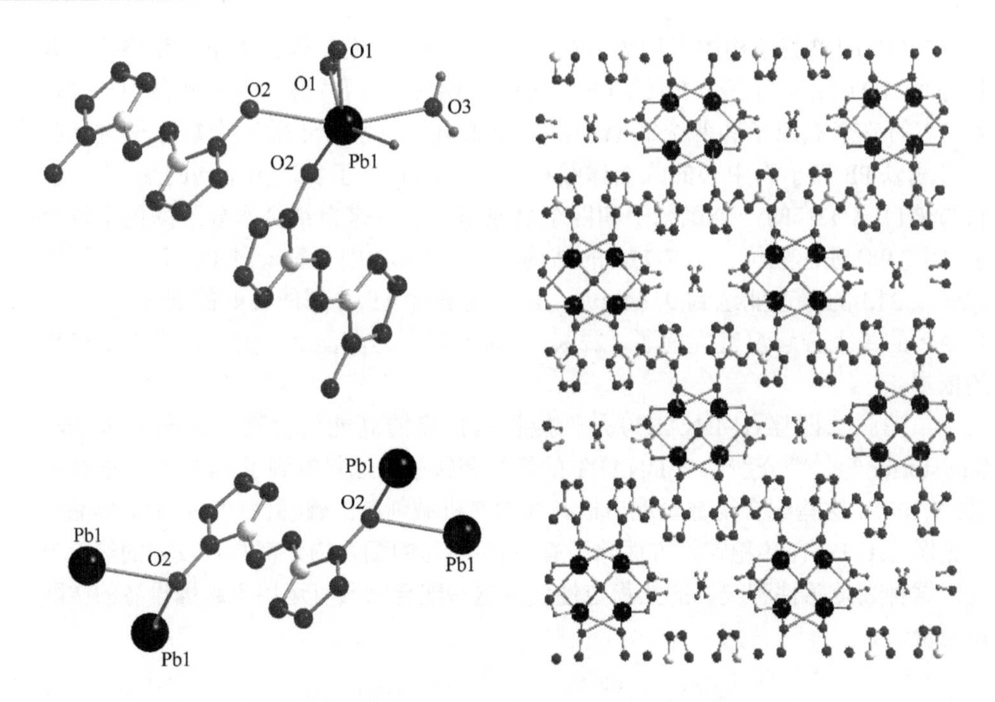

图 7.99 配合物 **7-213** 的 Pb 离子和配体的配位环境以及 3D 结构

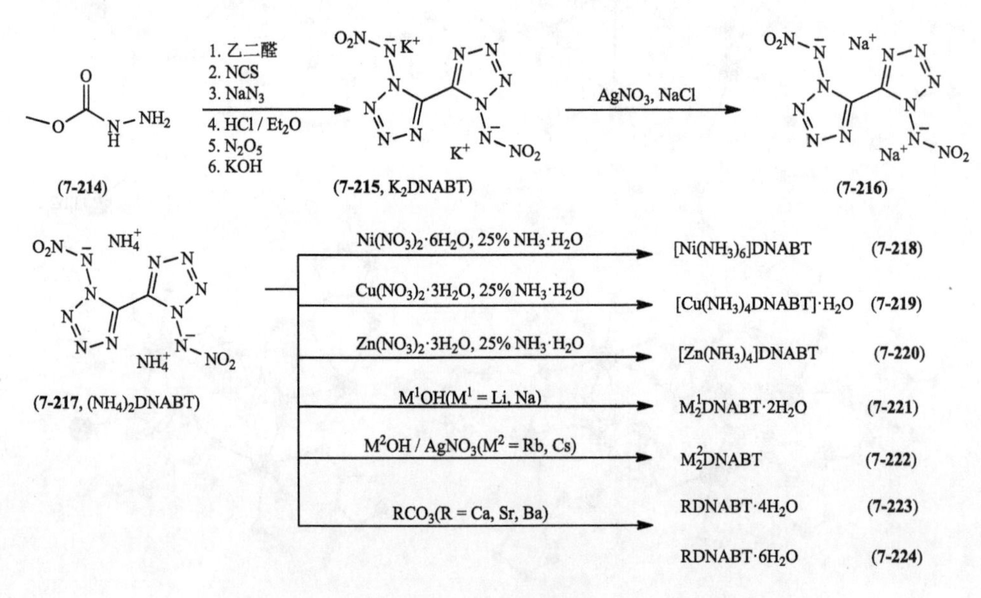

图 7.100 基于 H_2DNABT 的高能配合物的合成路线

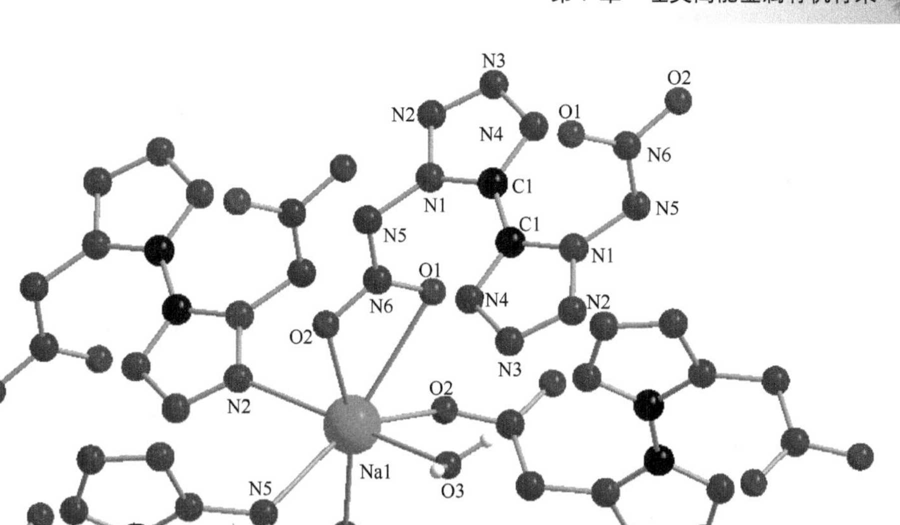

图 7.101　基于 H_2DNABT 的高能配合物的单晶结构图

7.2.4　二唑联三唑类高能金属有机骨架

2017 年，周智明等[65]通过 ANTA(**7-225**)与 TNP(**7-226**)反应制备了高能 MOF **7-227**(图 7.102)。拓扑分析(图 7.103)中提供了更清晰的复杂 3D 框架的视角，在这个框架中，钾离子和配体都可以简单地看作五连接节点，这与它们的实际配位模式一致。因此，3D MOF 的整个结构可以成为一个五连拓扑网络，具有较高的热稳定性，分解温度为 323℃。此外，还表现出优秀的爆轰性能(D = 8457 m/s，P = 32.5 GPa)，同时保持合适的撞击感度(7.5 J)，这使其成为有前途的耐热炸药之一。

O_2N, NH_2, N, N, NH (**7-225**) + O_2N, NO_2, O_2N, N, NH (**7-226**) —KOH, 140～150℃→ O_2N, N, NH_2, N, N, NO_2, O_2N, N, N^-, K^+ (**7-227**)

7-225　　**7-226**　　**7-227**

图 7.102　**7-227** 的合成路线

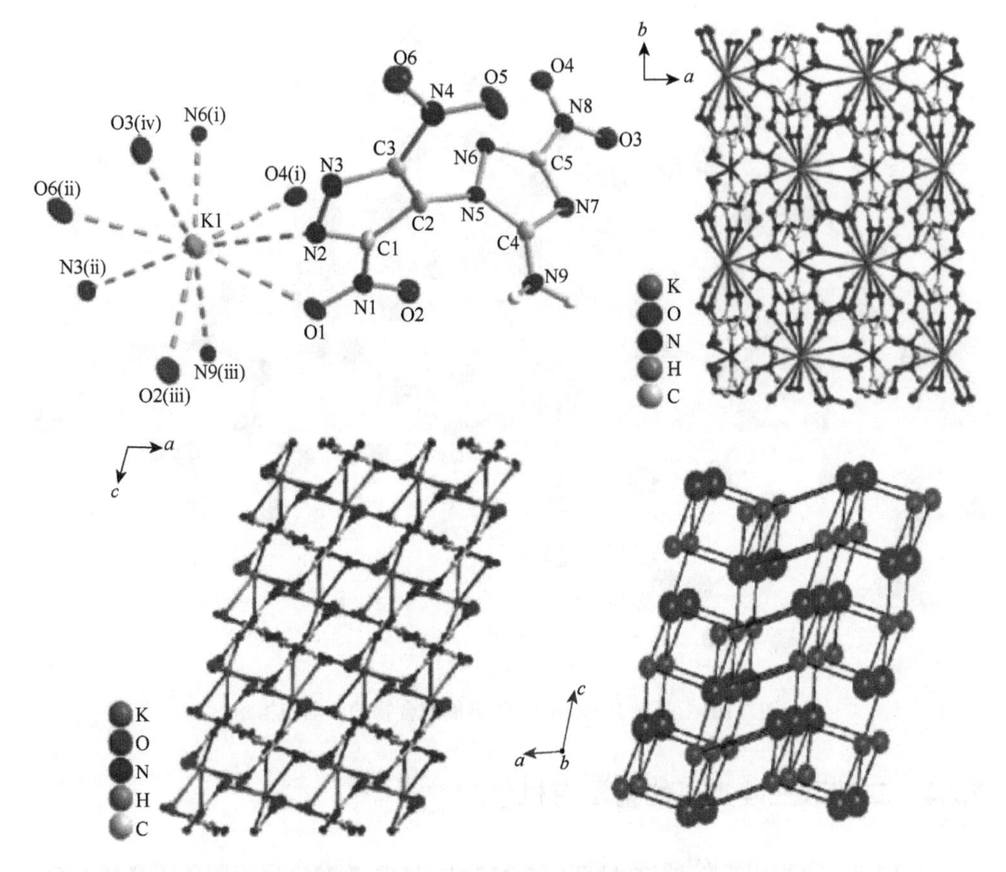

图 7.103 **7-227** 的单晶结构和 3D 框架

7.2.5 三唑联四唑类高能金属有机骨架

3-(1*H*-四唑-5-基)-1*H*-三唑(H_2tztr)具有高达 71%的氮含量，是组装各种高能 MOF 的一种非常理想的配体。并且 H_2tztr 具有十分出色的热稳定性(T_d = 312℃)和刚性结构框架，能够提高预期配位化合物的不敏感性和热稳定性。高胜利等[66]以 H_2tztr(**7-228**)和铜盐为原料采用不同的方法制备了一系列高能配合物。通过水热反应形成了三种高能 MOF(**7-229**～**7-231**)，见图 7.104。从它们各自的[Cu(Ⅱ)/Cu(Ⅰ)]的配位几何构型和配体的柔性配位环境可以看出，当它们从单核结构 **7-229** 转变为与客体水分子结合的 3D 多孔 MOF，再转变为隔离良好的层状结构 **7-231**(图 7.105)时，**7-229**～**7-231** 的能量逐渐提高。经实验和理论表征证实，三种配合物表现出优异的热稳定性(T_d = 345℃、325℃和 355℃)，以及低灵敏度和优越的爆轰性能。

$$\mathbf{(7\text{-}228)}\xrightarrow{CuCl_2\cdot 2H_2O}[Cu(Htztr)_2(H_2O)]_n\ \mathbf{(7\text{-}229)}\begin{cases}\xrightarrow{NH_3\cdot H_2O}\{[Cu(tztr)]\cdot H_2O\}_n\ \mathbf{(7\text{-}230)}\\ \xrightarrow{CuCN}[Cu(Htztr)]_n\ \mathbf{(7\text{-}231)}\end{cases}$$

图 7.104　**7-229**～**7-231** 的合成路线

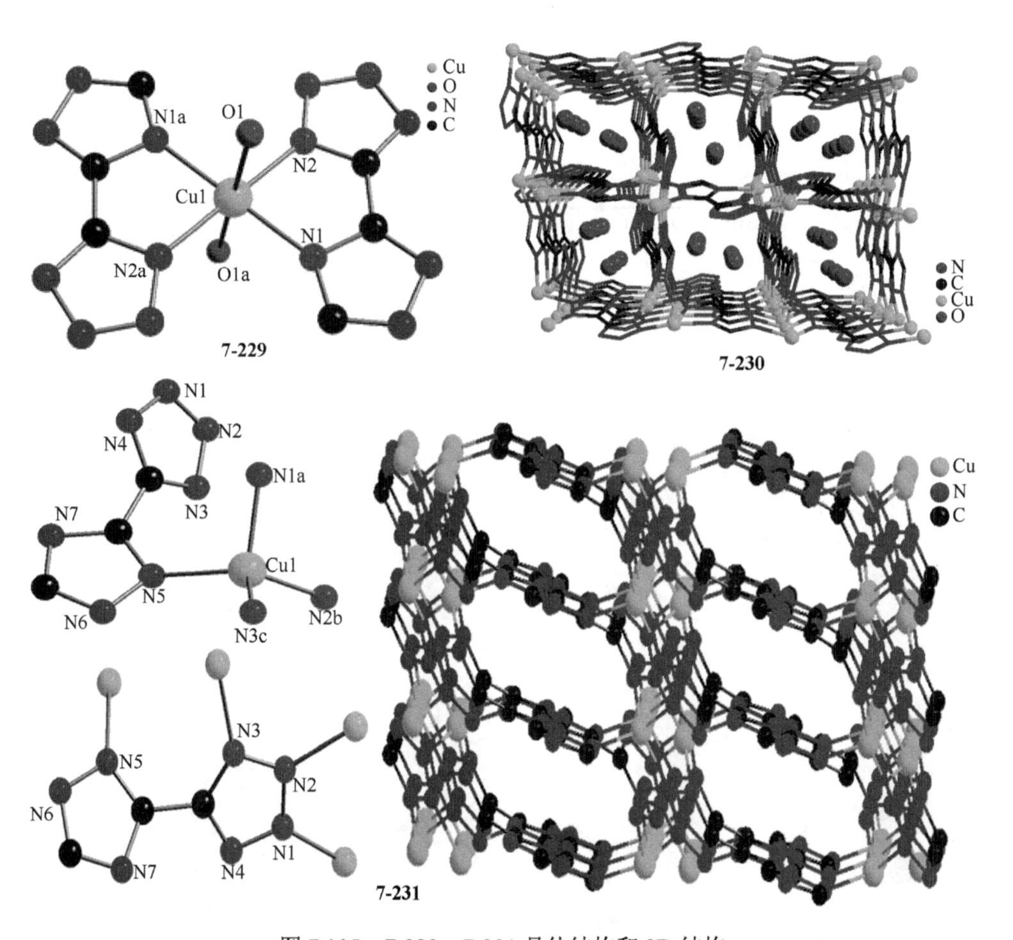

图 7.105　**7-229**～**7-231** 晶体结构和 3D 结构

尽管上述的铜盐与 H_2tztr 配体结合得到的[Cu(Htztr)$_2$(H_2O)$_2$]$_n$ 具有良好的能量性能。然而，由于水分子的存在，其有效能量密度显著降低，导致爆轰性能降低。为了进一步改善爆轰性能，高胜利等[67]通过 NO_3^- 和 $HCOO^-$的轴向取代水分子的反应合成得到了 MOF **7-232** 和 **7-233**(图 7.106)。通过单晶 X 射线衍射表征结构，两者都表现出高热稳定性和对撞击和摩擦的不敏感性。参见图 7.107 的 **7-232** 的结构，每个不对称单元含有一种 Cu(Ⅱ)离子、一个 Htztr$^-$配体、一个配位的水

分子以及一个 NO_3^-。Cu(Ⅱ)离子由来自三个 $Htztr^-$ 配体氮原子和来自配位水分子的一个氧原子配位形成扭曲的四方金字塔几何形状。并且每个 $Htztr^-$ 配体将三个 Cu(Ⅱ)离子连接起来形成 2D 层，进一步形成 3D 分子层结构。**7-233** 中央 Cu(Ⅱ)离子为六配位离子，具有扭曲的八面体几何形状，有来自 H_2tztr 配体的四个氮原子和来自 $HCOO^-$ 的两个氧原子。与 **7-232** 相比，**7-233** 中的 Cu—O 键的距离显著增长，这反映了强大的 Jahn-Teller 畸变。相邻的单核单元通过强氢键相互作用进一步连接形成 3D 超分子框架(图 7.108)。

(7-228) $\xrightarrow[150℃, pH=4]{Cu(NO_3)_2}$

$\xrightarrow{HNO_3,\ H_2O}$ $\{[Cu(Htztr)(H_2O)]NO_3\}_n$ **(7-232)**

$\xrightarrow{HCOOH,\ H_2O}$ $[Cu(H_2tztr)(HCOO)_2]_n$ **(7-233)**

图 7.106　**7-232** 和 **7-233** 的合成路线

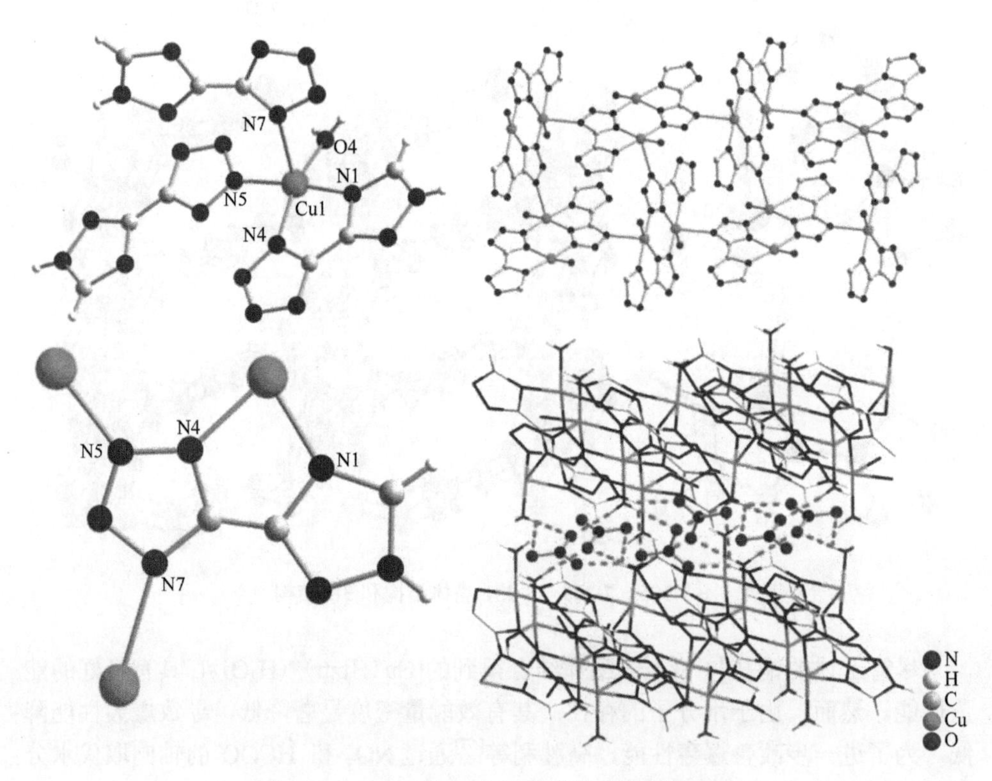

图 7.107　**7-232** 的 Cu(Ⅰ)的配位环境和结构图

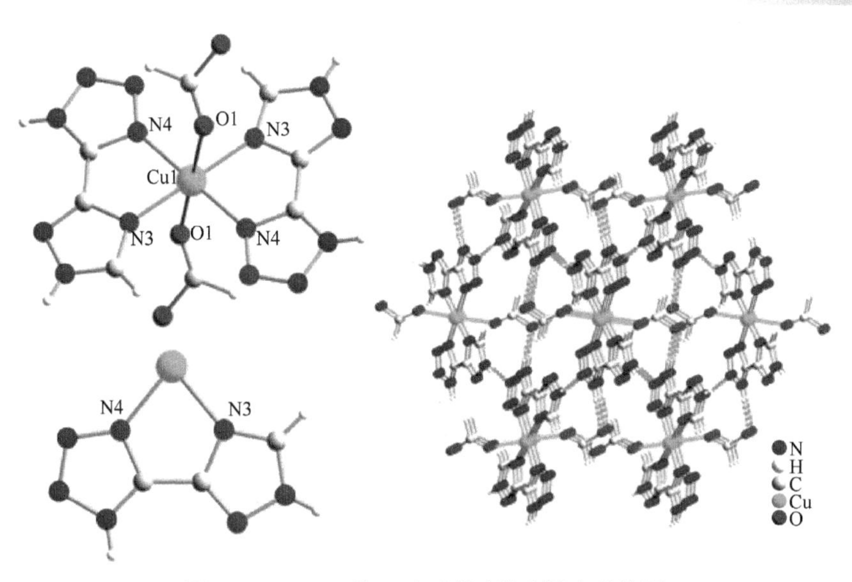

图 7.108　**7-233** 的 Cu(Ⅱ)的配位环境和结构图

陈三平等[68]合成了两种 MOF 化合物 **7-234** 和 **7-235**，见图 7.109。结构分析表明，这两种化合物都具有网状的二维结构。其中，**7-235** 中的 H_2tztr 配体采用双齿螯合和桥接模式，连接到两个 Pb 离子；相邻的 Pb 离子由两个桥接 O 原子同时连接，形成一条一维链。O 原子与 Pb 离子在轴向位置配位而形成二维层。相邻层通过两种氢键相互作用而产生稳定的三维超分子网络(图 7.110)。配合物 **7-234** 的爆热为 1.359 kcal/g，配合物 **7-234** 和 **7-235** 具有十分出色的热稳定性，分解温度分别为 340℃和 318℃(表 7.9)。

(**7-228**) + $Pb(NO_3)_2$ —— H_2O：EDA (5：1) → $[Pb(Htztr)_2(H_2O)]_n$ (**7-234**)

(**7-228**) + $Pb(NO_3)_2$ —— H_2O：EtOH (2：1) → $[Pb(H_2tztr)_2(O)]_n$ (**7-235**)

图 7.109　**7-234** 和 **7-235** 的合成路线

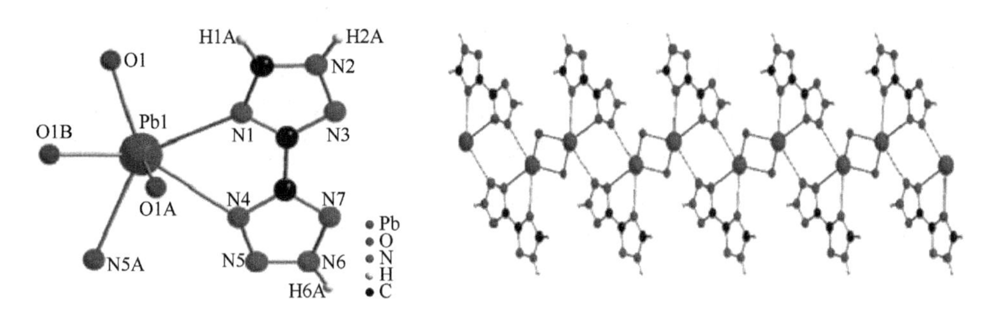

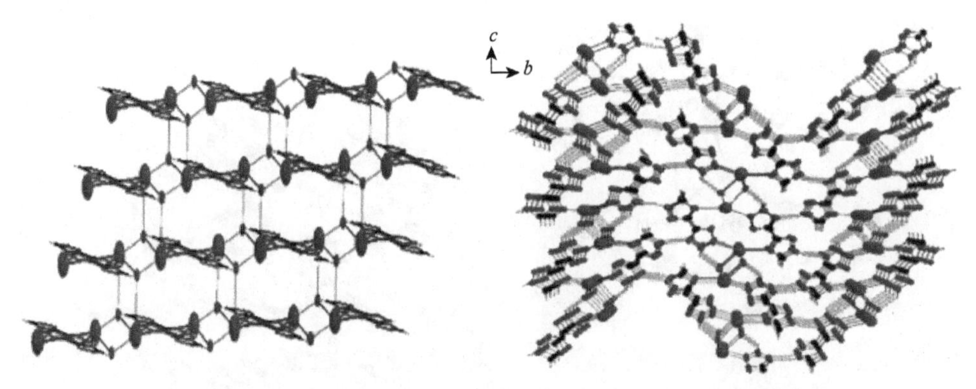

图 7.110 **7-235** 的晶体结构及 1D、2D、3D 结构示意图

表 7.9 7-229～7-235 的物性参数

化合物	密度/(g/cm^3)	氧平衡/%	分解温度/℃	爆热/(kcal/g)	爆速/(m/s)	爆压/GPa	撞击感度/J	摩擦感度/N
7-229	1.892	–60.24	345	—	8180	30.57	＞40	＞360
7-230	2.316	–48.00	325	—	7920	31.99	＞40	＞360
7-231	2.435	–56.09	355	—	10400	56.48	32	＞360
7-232	2.242	–5.72	302	2.12	9220	42.56	＞40	＞360
7-233	1.884	–29.78	338	3.56	9280	39.21	＞40	＞360
7-234	2.519	–45.03	340	1.359	7715	31.57	＞40	＞360
7-235	3.511	–28.86	318	0.255	8122	40.12	＞40	＞360

7.2.6 呋咱联四唑类高能金属有机骨架

呋咱是极为出色的富氮氧含能母环，其与四唑环相连形成的富氮母环被广泛地应用于新型高能材料的设计与制备，尤其是在高能 MOF 的制备上。武碧栋等[69]以 3-氨基-4-四唑基-1,2,5-噁二唑(HAFT，**7-236**)为配体在 60℃下与 $Cd(ClO_4)_2$ 或 $Cd(NO_3)_2$ 反应得到了新型高能 MOF 化合物 **7-237**(图 7.111)，该 MOF 中，Cd^{2+} 与四个 AFT 基团和两个水分子六配位。值得注意的是，AFT 基团的四唑环呈现典型的双齿配位模式，而呋咱环不参与配位(图 7.112)。在热稳定性上 **7-237** 的开始分解温度超过 250℃，由 Kissinger、Ozawa 和 Starink 法计算得到爆炸临界温度、活化熵、活化焓、活化自由能分别为 300.23℃、–0.67 J/(K·mol)、183.46 kJ/mol 和 183.65 kJ/mol，这些数据显示了该 MOF 的高稳定性。

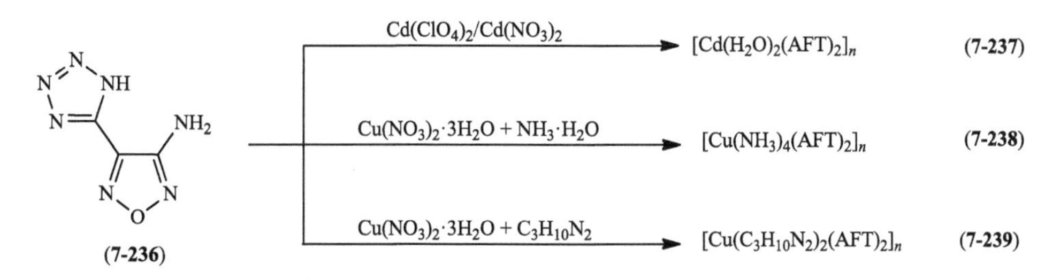

图 7.111　**7-237～7-239** 的合成路线

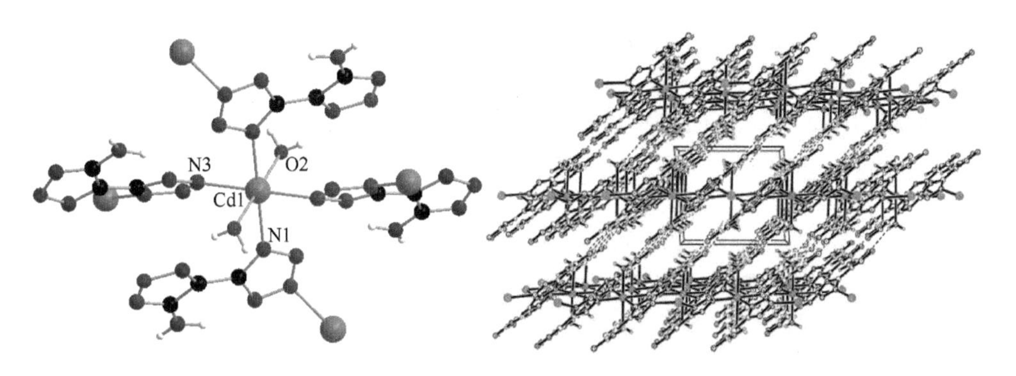

图 7.112　**7-237** 的晶体结构和 3D 堆积结构

与武碧栋等不同，黄杰等[70]以 HAFT 为配体，$Cu(NO_3)_2·3H_2O$ 为金属离子源情况下再分别与氨水和二氨基丙烷在 60℃下反应得到了两种新型高能 MOF 化合物 **7-238** 和 **7-239**。晶体数据显示 **7-238** 的密度为 1.703 g/cm^3，且最小结构单元由 1 个 Cu^{2+}离子、2 个 AFT 阴离子和 4 个氨分子组成(图 7.113)。中心 Cu^{2+}离子与两个四唑的氮原子和四个 NH_3 分子的氮原子进行配位，这种配位情况促使 2D 分子层的产生，得益于氨分子产生的强氢键作用，2D 分子层得以彼此相关联。这种氢键和配位键的相互配合赋予了 **7-238** 较高的热稳定性(T_d = 275℃)。

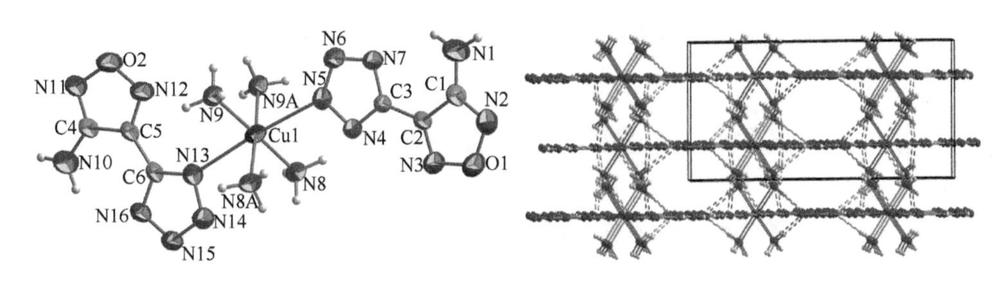

图 7.113　**7-238** 的晶体结构和 3D 堆积结构

与氨基取代的呋咱不同，羟基取代的呋咱具有更丰富的氧含量，这为高能 MOF 的充分燃烧或爆炸提供了有效的氧含量。陈三平等[71]以 3-硝基-4-四氮唑基-1,2,5-噁二唑为原料在碱性条件下得到了硝基被羟基取代的新型高氮含能化合物（**7-239**，HTZF），并以该化合物为配体分别与 $Zn(NO_3)_2 \cdot 6H_2O$ 和 $Co(ClO_4)_2 \cdot 6H_2O$ 在水热条件下反应得到了两种新型高能 MOF 化合物 **7-240** 和 **7-241**（图 7.114）。在 **7-240** 的不对称单元中存在 1 个 Zn^{2+} 离子、1 个配体、3 个配位水分子和 1 个游离水分子。如图 7.115 所示，Zn1 在略微扭曲的八面体几何环境中配位，其中基面由来自两个配体的两个氮原子和两个氧原子形成。每个不对称单元通过 Zn2 离子的连接以生成 1D 无限链，该 1D 链通过配位水的氢键作用形成了紧凑的 3D 结构。**7-241** 的不对称单元包含一个 Co^{2+} 离子、一个配体、三个配位水分子和两个游离水。如图 7.116 所示，Co^{2+} 在略微扭曲的八面体几何环境中配位，其中基面由来

OH^- ; **7-239**

$Zn(NO_3)_2 \cdot 6H_2O$ → $\{[Zn(HTZF)(H_2O)_3] \cdot H_2O\}_n$ (**7-240**)

$Co(ClO_4)_2 \cdot 6H_2O$ → $\{[Co(HTZF)(H_2O)_3] \cdot 2H_2O\}_n$ (**7-241**)

图 7.114　**7-240** 和 **7-241** 的合成路线

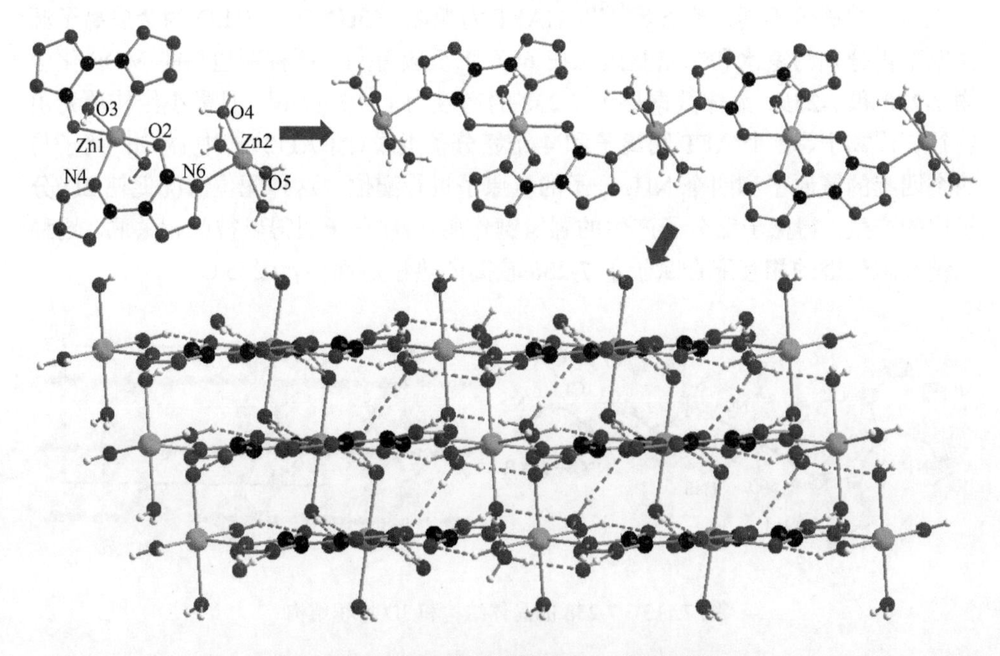

图 7.115　**7-240** 的晶体结构和 3D 堆积结构

自一个配体的四个氧原子形成，在轴向位置由属于两个配体的两个氮原子形成配位作用。每个配体连接两个 Co^{2+}离子形成 1D 无限链，其中配体以双齿螯合配位和桥接配位模式与 Co^{2+}配位。与 **7-240** 一样，**7-241** 的 1D 无限链通过 π-π 堆叠和配位水进一步形成 3D 超分子结构。这种氢键、配位键和 π 电子的共同作用使得这两种新型高能 MOF 具有较为突出的热稳定性($T_{d(\mathbf{7\text{-}240})}$ = 293℃和 $T_{d(\mathbf{7\text{-}241})}$ = 295℃)和极低的机械感度。在能量性能方面，尽管 **7-240** 具有更高的密度，但由于其低的焓值使得其爆速和爆压较 **7-241**($D_{(\mathbf{7\text{-}241})}$ = 8846 m/s 和 $D_{(\mathbf{7\text{-}241})}$ = 35.3 GPa)高。**7-241** 这种高能钝感的综合特性为其应用于高能炸药提供了可靠的依据。

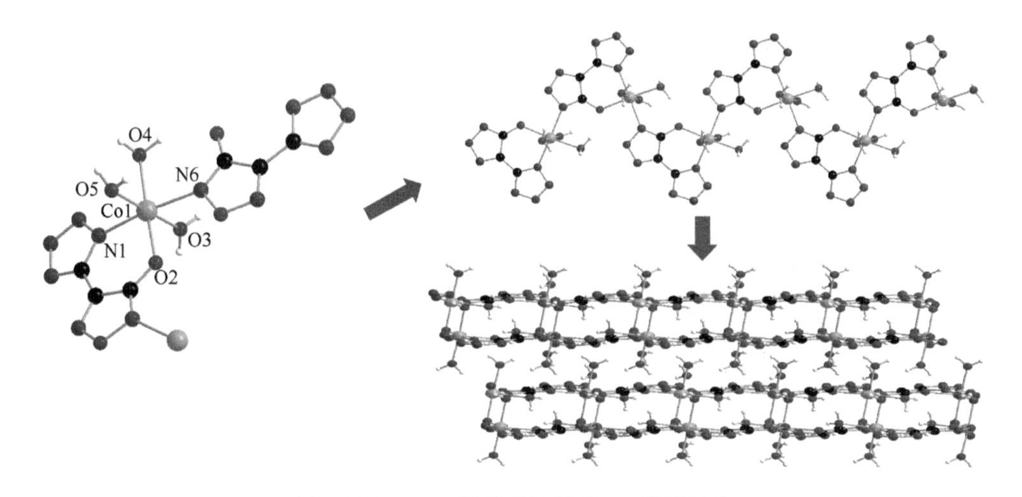

图 7.116　**7-241** 的晶体结构和 3D 堆积结构

同样是碳原子上羟基取代的呋咱，彭汝芳等[72]以 BOFOF 为原料分别与 $Pb(NO_3)_2$和 $Ba(NO_3)_2$在水热条件下反应得到了两种以羟基四唑取代的 3-羟基呋咱为高能配体(**7-242**，BTF)的新型高能 MOF 化合物 **7-243** 和 **7-244**(图 7.117)。在 **7-243** 中一个 Pb 离子分别与两个水分子的氧原子、四个配体阴离子的羟基氧原子和两个配体阴离子的氮原子进行配位，且由于水分子的存在，在晶体内部还产生了大量的氢键。归功于 Pb 离子和配体本身的富氮氧结构，**7-243** 的密度达到了 3.382 g/cm^3，这要高于绝大多数的高能 MOF(图 7.118)。在 **7-244** 的晶体中，Ba 离子通过与两个配体阴离子的羟基氧原子以及水分子的氧原子进行配位，与周围的两个配体相连并形成水分子桥“—Ba—O—Ba—”。与 **7-243** 相同，水分子的存在为晶体内部氢键的形成提供了有利的条件，这更进一步提高了 MOF 结构的稳定性(图 7.119)。在物化和爆轰性能上，两种新型 MOF 都具有高于 250℃的起始分解温度，归因于 **7-243** 极高的密度，其爆速和爆压分别达到 9.21 km/s 和

50.93 GPa。此外，**7-243** 还表现出对高氯酸铵分解的良好促进作用，当其与高氯酸铵混合后混合物的活化能较纯 AP 的活化能降低了 63.04 kJ/mol，最高分解温度降低了 93.4℃。**7-243** 的高能高稳定性和对高氯酸铵分解的良好促进作用使得其成为一款潜在的高能催化剂(图 7.120)。

BOFOF

$Pb(NO_3)_2$ → $[Pb(BTF)(H_2O)_2]_n$ (**7-243**)

$Ba(NO_3)_2$ → $[Ba(BTF)(H_2O)_2]_n$ (**7-244**)

(**7-242**, BTF)

图 7.117 **7-243** 和 **7-244** 的合成路线

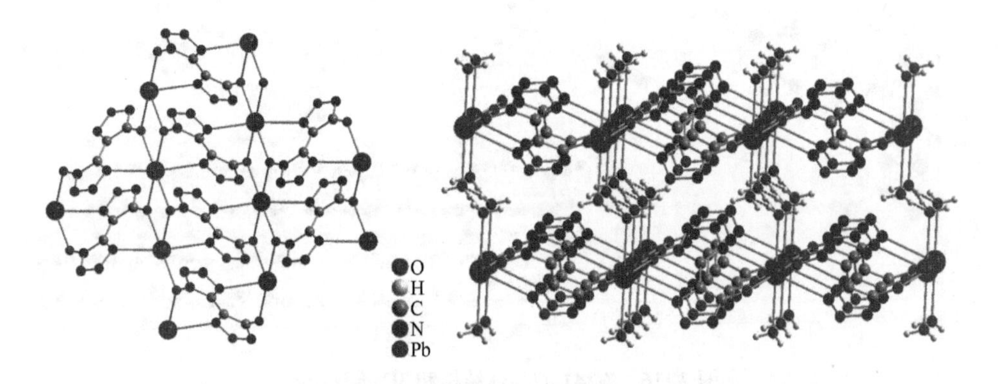

图 7.118 **7-243** 晶体内部配体阴离子的配位环境和 3D 堆积结构

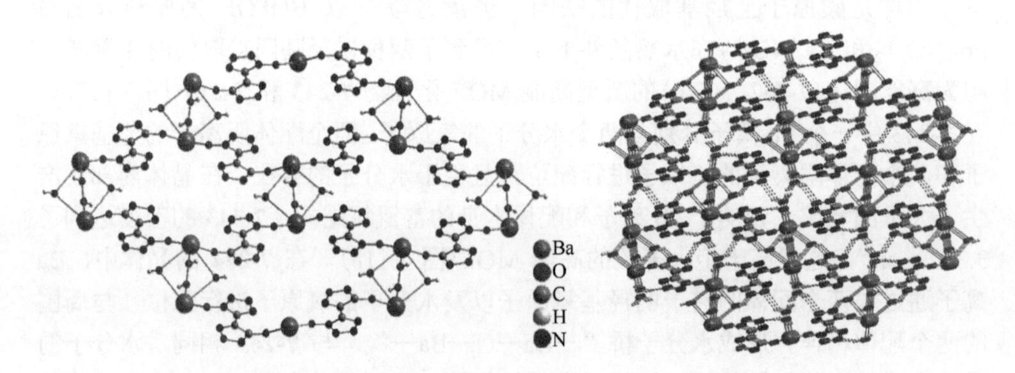

图 7.119 **7-244** 晶体内部配体阴离子的配位环境和 3D 堆积结构

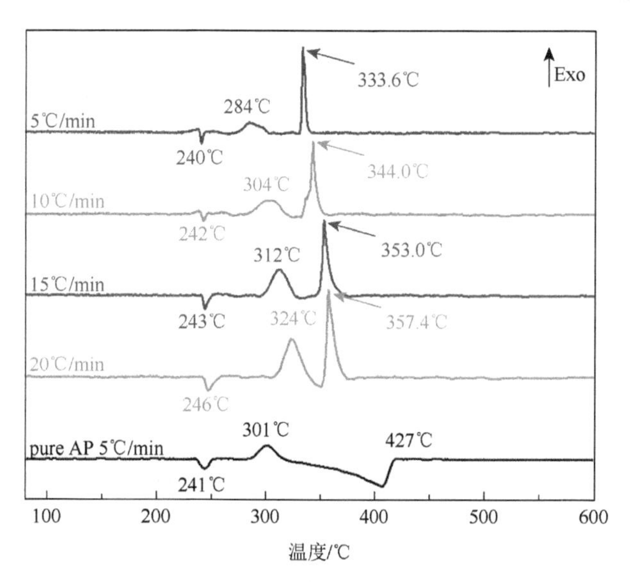

图 7.120　**7-243** 对高氯酸铵分解的促进作用

7.3　唑类高能金属有机骨架的发展趋势

综上所述，通过不同金属离子和唑类配体的自组装，可以得到结构可调、种类多样以及性能优越的高能有机金属骨架配合物。唑类配体的性质以及金属离子的种类都对配合物能量的提升发挥着重要作用。高能唑类配体可以提供能量的来源，而且可形成 1D、2D、3D 等多种配位模式，金属离子具有提升配体性能的作用。随着越来越丰富的高能 MOF 的研究，我们认识到具有高密度、高能、强稳定性结构的 3D 高能 MOF 将成为研究的热点，且具有更为广阔的发展前景。因此，我们对高能 MOF 配合物的研究不能仅仅在合成，而是应该更注重高能 MOF 性能的突破，研究结构、配体、金属离子与性能之间的关系。为此，以下是我们对关于唑类高能 MOF 材料未来发展方向的几点展望：

(1) 调节唑类配体中氮含量和氧含量，进一步提升稳定性和改善系统的氧平衡，使能量得到充分释放。例如，偶氮唑类配体具有优异的能量和机械稳定性，是提高高能材料性能的研究重点之一。

(2) 优化金属离子的选择，注重研究配体与金属离子之间的作用关系，以及配体和金属离子对高能 MOF 的结构和性能的影响。

(3) 从高能 MOF 结构优化入手，可以开发尺寸可控、形貌可控和性能可调的纳米配合物，构筑满足不同应用领域要求的高能配合物。

(4) 应尽可能缩短高能 MOF 的合成工艺，简化合成条件，有利于工艺放大，为进一步实际应用做准备。

参考文献

[1] Drukenmüller I E, Klapötke T M, Morgenstern Y, et al. Metal salts of dinitro-, trinitropyrazole, and trinitroimidazole. Zeitschrift für Anorganische und Allgemeine Chemie, 2014, 640, (11): 2139-2148.

[2] Zhang J, Zhang J, Imler G H, et al. Sodium and potassium 3,5-dinitro-4-hydropyrazolate: three-dimensional metal-organic frameworks as promising super-heat-resistant explosives. ACS Applied Energy Materials, 2019, 2(10): 7628-7634.

[3] Lei C, Yang H, Cheng G. New pyrazole energetic materials and their energetic salts: combining the dinitromethyl group with nitropyrazole. Dalton Transactions, 2020, 49(5): 1660-1667.

[4] Yin P, Mitchell L A, Parrish D A, et al. Energetic *N*-nitramino/*N*-oxyl-functionalized pyrazoles with versatile π-π stacking: structure-property relationships of high-performance energetic materials. Angewandte Chemie International Edition, 2016, 55(46): 14409-14411.

[5] Wang Q, Wang S, Feng X, et al. A heat-resistant and energetic metal-organic framework assembled by chelating ligand. ACS Applied Materials & Interfaces, 2017, 9(43): 37542-37547.

[6] Lin J, Li Y, Xu J, et al. Stabilizing volatile azido in a 3D nitrogen-rich energetic metal-organic framework with excellent energetic performance. Journal of Solid State Chemistry, 2018, 265: 42-49.

[7] Liu X, Qu X, Zhang S, et al. High-performance energetic characteristics and magnetic properties of a three-dimensional cobalt(II) metal-organic framework assembled with azido and triazole. Inorganic Chemistry, 2015, 54(23): 11520-11525.

[8] Xu C X, Zhang J G, Yin X, et al. Structural diversity and properties of M(II) coordination compounds constructed by 3-hydrazino-4-amino-1,2,4-triazole dihydrochloride as starting material. Inorganic Chemistry, 2016, 55(1): 322-329.

[9] Wang T, Zhang Q, Deng H, et al. Evolution of oxidizing inorganic metal salts: ultrafast laser initiation materials based on energetic cationic coordination polymers. ACS Applied Materials & Interfaces, 2019, 11(44): 41523-41530.

[10] Qu X, Zhai L, Wang B, et al. Copper-based energetic MOFs with 3-nitro-1*H*-1,2,4-triazole: solvent-dependent syntheses, structures and energetic performances[J]. Dalton Transactions, 2016, 45(43): 17304-17311.

[11] Seth S, McDonald K A, Matzger A J. Metal effects on the sensitivity of isostructural metal-organic frameworks based on 5-amino-3-nitro-1*H*-1,2,4-triazole. Inorganic Chemistry, 2017, 56(17): 10151-10154.

[12] 张同来，胡荣祖，李福平. NTO金属盐的制备及结构表征. 含能材料, 1993, (4): 1-12.

[13] Qu X, Zhang S, Yang Q, et al. Silver(i)-based energetic coordination polymers: synthesis, structure and energy performance. New Journal of Chemistry, 2015, 39(10): 7849-7857.

[14] 宋纪蓉，陈兆旭，肖鹤鸣，等. 3-硝基-1,2,4-三唑-5-酮钾配合物的制备、晶体结构和量子化学研究. 化学学报, 1998, 03: 270-277.

[15] 宋纪蓉, 胡荣祖, 李福平, 等. 3-硝基-1,2,4-三唑-5-酮锶配合物的制备、晶体结构和热力学性质研究. 化学学报, 2000, 02: 222-228.

[16] Yang F, Xu F G, Wang P C, et al. Oxygen-enriched metal-organic frameworks based on 1-(trinitromethyl)-1*H*-1,2,4-triazole-3-carboxylic acid and their thermal decomposition and effects on the decomposition of ammonium perchlorate. ACS Applied Materials And Interfaces, 2021, 13(18): 21516-21526.

[17] Gu H, Ma Q, Huang S, et al. Gem-dinitromethyl-substituted energetic metal-organic framework based on 1,2,3-triazole from *in situ* controllable synthesis. Chem-An Asian Journal, 2018, 13(19): 2786-2790.

[18] Liu T L, Qi X J, Wang K C, et al. Green primary energetic materials based on *N*-(3-nitro-1-(trinitromethyl)-1*H*-1,2,4-triazol-5-yl) nitramide. New Journal of Chemistry, 2017, 41(17): 9070-9076.

[19] Xu Y G, Liu W, Li D X, et al. In situ synthesized 3D metal-organic frameworks (MOFs) constructed from transition metal cations and tetrazole derivatives: a family of insensitive energetic materials. Dalton Transactions, 2017, 46(33): 11046-11052.

[20] Ma X H, Cai C, Sun W J, et al. Enhancing energetic performance of multinuclear Ag(Ⅰ)-cluster MOF-based high-energy-density materials by thermal dehydration. ACS Applied Materials & Interfaces, 2019, 11(9): 9233-9238.

[21] Liang C, Yang J H, Guo Y, et al. Solvent-free lithium/sodium-based metal-organic frameworks with versatile nitrogen-rich ligands: insight for the design of promising superheat-resistant explosives. Inorganic Chemistry, 2021, 60(13): 9282-9286.

[22] Lin J, Chen F, Xu J, et al. Framework-interpenetrated nitrogen-rich Zn(Ⅱ) metal-organic frameworks for energetic materials. ACS Applied Nano Materials, 2019, 2(8): 5116-5124.

[23] Cao S, Ma X, Ma X, et al. Modulating energetic performance through decorating nitrogen-rich ligands in high-energy MOFs. Dalton Transactions, 2020, 49(7): 2300-2307.

[24] Yang J Q, Yin X, Wu L, et al. Alkaline and earth alkaline energetic materials based on a versatile and multifunctional 1-aminotetrazol-5-one ligand. Inorganic Chemistry, 2018, 57(24): 15105-15111.

[25] Klapötke T M, Kofen M, Schmidt L, et al. Selective synthesis and characterization of the highly energetic materials 1-hydroxy-5*H*-tetrazole (CHN_4O), its anion 1-oxido-5-htetrazolate(CN_4O^-) and bis(1-hydroxytetrazol-5-yl) triazene. Chem-An Asian Journal, 2021, 16(19): 3001-3012.

[26] Qu X N, Yang Q, Han J, et al. High performance 5-aminotetrazole-based energetic MOF and its catalytic effect on decomposition of RDX. RSC Advances, 2016, 6(52): 46212-46217.

[27] Stollé R, Gaetner E. Über Amino-1-amino-5-tetrazole und Amino-1-hydrazino-5-tetrazol. Journal für Praktische Chemie, 193(1): 209-226.

[28] 齐书元, 张建国, 张同来, 等. 含能配合物$[Mn(DAT)_6](ClO_4)_2$的合成、晶体结构、热行为及感度性质. 高等学校化学学报, 2009, 30(10): 1935-1939.

[29] Smirnov A V, Ilyushin M A, Tselinskii I. Synthesis of cobalt(Ⅲ) ammine complexes as explosives for safe priming charges. Russian Journal of Applied Chemistry, 2004, 77: 794-796.

[30] Gaponik P N, Voitekhovich S V, Lyakhov A S, et al. Crystal structure and physical properties of

the new 2D polymeric compound bis(1,5-diaminotetrazole) dichlorocopper(Ⅱ). Inorganica Chimica Acta, 2005, 358(8): 2549-2557.

[31] Tang Z, Zhang J, Liu Z, et al. Synthesis, structural characterization and thermal analysis of a high nitrogen-contented cadmium (Ⅱ) coordination polymer based on 1,5-diaminotetrazole. Journal of Molecular Structure, 2011, 1004(1): 8-12.

[32] Zhang J, Li J, Zang Y, et al. Synthesis and characterization of a novel energetic complex $[Cd(DAT)_6](NO_3)_2$ (DAT = 1,5-diamino-tetrazole) with high nitrogen content. Zeitschrift für Anorganische und Allgemeine Chemie, 2010, 636(6): 1147-1151.

[33] Huynh M H V, Coburn M D, Meyer T J, et al. Green primary explosives: 5-nitrotetrazolato-N^2-ferrate hierarchies. Proceedings of the National Academy of Sciences of United States of America, 2006, 103(27): 10322.

[34] 蒲彦利, 盛涤伦, 朱雅红, 等. 新型起爆药 5-硝基四唑亚铜工艺优化及性能研究. 含能材料, 2010, 18(6): 654-659.

[35] Krawiec M, Anderson S R, Dubé P, et al. Hydronium copper(Ⅱ)-tris(5-nitrotetrazolate) trihydrate—a primary explosive. Propellants Explosives Pyrotechnics, 2015, 40(4): 457-459.

[36] Sun Q, Li X, Lin Q H, et al. Dancing with 5-substituted monotetrazoles, oxygen-rich ions, and silver: towards primary explosives with positive oxygen balance and excellent energetic performance. Journal of Materials Chemistrg A, 2019, 7: 4611-4618.

[37] Zhang M, Fu W, Li C, et al. (*E*)-1,2-Bis(3,5-dinitro-1*H*-pyrazol-4-yl)-diazene—Its 3D potassium metal-organic framework and organic salts with super-heat-resistant properties. European Journal of Inorganic Chemistry, 2017: 2883-2891.

[38] Li S H, Wang Y, Qi C, et al. 3D Energetic metal-organic frameworks: synthesis and properties of high energy materials. Angewandte Chemie International Edition, 2013, 52: 14031-14035.

[39] Zhang J C, Su H, Dong Y L, et al. Synthesis of denser energetic metal-organic frameworks via a tandem anion-ligand exchange strategy. Inorganic Chemistry, 2017, 56: 10281-10289.

[40] Zhang J C, Du Y, Dong K, et al. Taming dinitramide anions within an energetic metal-organic framework: a new strategy for synthesis and tunable properties of high energy materials. Chemistry of Materials, 2016, 28: 1472-1480.

[41] Xu J, Sun C, Zhang M, et al. Coordination polymerization of metal azides and powerful nitrogen-rich ligand toward primary explosives with excellent energetic performances. Chemistry of Materials, 2017, 29 (22): 9725-9733.

[42] Zhu J, Jin S, Wan L, et al. Nitrogen-rich 4,4′-azo bis(1,2,4-triazolone) salts—the synthesis and promising properties of a new family of high-density insensitive materials. Dalton Transactions, 2016, 45: 3590-3598.

[43] Seth S, Matzger A J. Coordination polymerization of 5,5′-dinitro-2*H*, 2*H*′-3,3′-bi-1,2,4-triazole leads to a dense explosive with high thermal stability. Inorganic Chemistry, 2017, 56: 561-565.

[44] Lang Q, Sun Q, Wang Q, et al. Embellishing bis-1,2,4-triazole with four nitroamino groups: advanced high-energy-density materials with remarkable performance and good stability. Journal of Materials Chemistry A, 2020, 8: 11752-11760.

[45] Szimhardt N, Wurzenberger M H H, Klapotke T M, et al. Highly functional energetic

complexes: stability tuning through coordination diversity of isomeric propyl-linked ditetrazoles. Journal of Materials Chemistry A, 2018, 6: 6565-6577.

[46] Evers J, Gospodinov I, Joas M, et al. Cocrystallization of photosensitive energetic copper(Ⅱ) perchlorate complexes with the nitrogen-rich ligand 1,2-di(1*H*-tetrazol-5-yl)ethane. Inorganic Chemistry, 2014, 53: 11749-11756.

[47] Feng Y G, Bi Y G, Zhao W Y, et al. Anionic metal-organic frameworks lead the way to eco-friendly high-energy-density materials. Journal of Materials Chemistry A, 2016, 4: 7596-7600.

[48] Freis M, Klapötke T M, Stierstorfer J, et al. Di(1*H*-tetrazol-5-yl)-methane as neutral ligand in energetic transition metal complexes. Inorganic Chemistry 2017, 56: 7936-7947.

[49] Feng Y A, Chen S T, Deng M C, et al. Energetic metal-organic frameworks incorporating NH_3OH^+ for new high-energy-density materials. Inorganic Chemistry, 2019, 58: 12228-12233.

[50] Li F G, Bi Y G, Zhao W Y, et al. Nitrogen-rich salts based on the energetic [monoaquabis(*N*,*N*-bis(1*H*-tetrazol-5-yl)amine)-zinc(Ⅱ)] anion: a promising design in the development of new energetic materials. Inorganic Chemistry, 2015, 54: 2050-2057.

[51] Liu N, Yue Q, Wang Y Q, et al. Coordination compounds of bis(5-tetrazolyl)-amine with manganese(Ⅱ), zinc(Ⅱ) and cadmium(Ⅱ): synthesis, structure and magnetic properties. Dalton Transactions, 2008: 4621-4629.

[52] Friedman Y, Goldberg I. Tetrazole-bridged manganese coordination polymer as high-energy material. Polyhedron, 2018, 139: 327-330.

[53] Zhang S, Liu X, Yang Q, et al. A new strategy for storage and transportation of sensitive high energy materials: guest-dependent energy and sensitivity of 3D metal-organic-framework-based energetic compounds. Chemistry—A European Journal, 2014, 20: 7906-7910.

[54] Yang Q, Song X, Zhang W, et al. Three new energetic complexes with *N*,*N*-bis(1*H*-tetrazole-5-yl)-amine as high energy density materials: syntheses, structures, characterization and effects on the thermal decomposition of RDX. Dalton Transactions, 2017, 46: 2626-2634.

[55] Guo Z, Wu Y, Deng C, et al. Structural modulation from 1D chain to 3D framework: improved thermostability, insensitivity, and energies of two nitrogen-rich energetic coordination polymers. Inorganic Chemistry, 2016, 55: 11064-11071.

[56] Chen S, Zhang B, Yang L, et al. Synthesis, structure and characterization of neutral coordination polymers of 5,5′-bistetrazole with copper(Ⅱ), zinc(Ⅱ) and cadmium(Ⅱ): a new route to reconcile oxygen balance and nitrogen content of high-energy MOFs. Dalton Transactions, 2016, 45: 16779-16783.

[57] Tao G, Twamley B, Shreeve J M. Energetic nitrogen-rich Cu(Ⅱ) and Cd(Ⅱ) 5,5′-azobis (tetrazolate) complexes. Inorganic Chemistry, 2009, 48: 9918-9923.

[58] Zhang Q, Chen D, He X, et al. Structures, photoluminescence and photocatalytic properties of two novel metal-organic frameworks based on tetrazole derivatives. CrystEngComm, 2014, 16: 10485-10491.

[59] Shang Y, Jin B, Peng R, et al. A novel 3D energetic MOF of high energy content: synthesis and superior explosive performance of a Pb(Ⅱ) compound with 5,5′-bistetrazole-1,1′-diolate.

Dalton Transactions, 2016, 45: 13881-13887.

[60] Zhang Q, Chen D, Jing D, et al. Access to green primary explosives via constructing coordination polymers based on bis-tetrazole oxide and non-lead metals. Green Chemistry, 2019, 21: 1947-1955.

[61] Li X, Sun Q, Lu M, et al. Improving properties of energetic coordination polymers through structural modulation from 1D to 3D without changes of ligands or metal nodes. CrystEngComm, 2019, 21: 937-940.

[62] Zhang J H, Jin B, Li X Y, et al. Study of H_2AzTO-based energetic metal-organic frameworks for catalyzing the thermal decomposition of ammonium perchlorate. Chemical Engineering Journal, 2021, 404: 126287.

[63] Szimhardt N, Bölter M F, Born M, et al. Metal salts and complexes of 1,1′-dinitramino5, 5′-bitetrazole. Dalton Transcations, 2017, 46: 5033-5040.

[64] He P, Zhang J, Wu L, et al. Sodium 1,1′-Dinitramino-5,5′-bistetrazolate: a 3D metal-organic framework as green energetic material with good performance and thermo stability. Inorganica Chimica Acta, 2017, 445: 152-157.

[65] Li C, Zhang M, Chen Q, et al. Three-dimensional metal-organic framework as super heat-resistant explosive: potassium 4-(5-amino-3-nitro-1*H*-1,2,4-triazol-1-yl)-3,5-dinitropyrazole. Chemistry, 2017, 23 (7): 1490-1493.

[66] Liu X, Gao W, Sun P, et al. Environmentally friendly high-energy MOFs: crystal structures, thermostability, insensitivity and remarkable detonation performances. Green Chemistry, 2015, 17 (2): 831-836.

[67] Li X, Yang Q, Wei Q, et al. Axial substitution of a precursor resulted in two high-energy copper(ii) complexes with superior detonation performances. Dalton Transactions, 2017, 46 (38): 12893-12900.

[68] Gao W, Liu X, Su Z, et al. High-energy-density materials with remarkable thermostability and insensitivity: syntheses, structures and physicochemical properties of Pb(ii) compounds with 3-(tetrazol-5-yl) triazole. Journal of Materials Chemistry A, 2014, 2 (30): 11958-11965.

[69] Wu B D, Liang J, Wang J Y, et al. Preparation, crystal structure and thermal decomposition of a 2D MOF high-nitrogen (N% = 43.3%) compound $[Cd(H_2O)_2(AFT)_2]_n$ (HAFT = 4-amino-3-(5-tetrazolate)-furazan). Main Group Chemistry, 2017, 16: 67-75.

[70] Ding Z, Cao W, Ma X, et al. Synthesis, structure analysis and thermal behavior of two new complexes: $Cu(NH_3)_4(AFT)_2$ and $Cu(C_3H_6N_2H_4)_2(AFT)_2$. Journal of Molecular Structure, 2019, 1175: 373-378.

[71] Chang S, Wei S L, Zhao J L, et al. Thermostable and insensitivity furazan energetic complexes: syntheses, structures and modified combustion performance for ammonium perchlorate. Polyhedron, 2019, 164: 169-175.

[72] Hao W, Jin B, Zhang J, et al. Novel energetic metal-organic frameworks assembled from the energetic combination of furazan and tetrazole. Dalton Transactions, 2020, 49: 6295-6301.